TECHNISCH-PHYSIKALISCHE MONOGRAPHIEN

HERAUSGEGEBEN VON

PROF. DR. DR. H. C. PAUL GÖRLICH, JENA

DER VORLIEGENDE BAND IN ZUSAMMENARBEIT MIT

DR. RER. NAT. HABIL. HELMUT GÜNTHER SCHNEIDER, LEIPZIG

BAND 44

VERBINDUNGSHALBLEITER

VON EINEM AUTORENKOLLEKTIV

UNTER LEITUNG VON
PROF. DR. SC. NAT. KONRAD UNGER
SEKTION PHYSIK DER KARL-MARX-UNIVERSITÄT LEIPZIG

DR. RER. NAT. HABIL. HELMUT GÜNTHER SCHNEIDER
VEB GALVANOTECHNIK LEIPZIG

MIT 199 ABBILDUNGEN UND 69 TABELLEN

LEIPZIG 1986
AKADEMISCHE VERLAGSGESELLSCHAFT
GEEST & PORTIG K.-G.

Das Autorenkollektiv besteht aus:

Boudriot, Heinz, Dr. sc. nat.
Buhrig, Eberhard, Dr. sc. techn.
Cisowski, Jan, Dr.
Goede, Ottfried, Dr. sc. nat.
Hennig, Dieter, Dr. rer. nat.
Herrmann, Klaus, Prof. Dr. sc. nat.
Jacobs, Klaus, Prof. Dr. sc. nat.
Kreher, Konrad, Dr. sc. nat.
Langhammer, Hans-Theo, Dr. rer. nat.
Neumann, Hans, Dr. sc. nat.
Oettel, Heinrich, Dr. sc. techn.
Schneider, Helmut Günther, Dr. rer. nat. habil.
Stecker, Kurt, Prof. Dr. sc. nat.
Stordeur, Matthias, Dr. rer. nat.
Unger, Konrad, Prof. Dr. sc. nat.
Żdanowicz, Witold, Prof. Dr. habil.

Verbindungshalbleiter/von e. Autorenkoll. unter Leitung von Konrad Unger. Helmut Günther Schneider.
Leipzig: Akadem. Verlagsges. Geest & Portig, 1986.
1. Aufl. – 440 S.: 199 Abb., 69 Tab.
(Technisch-physikalische Monographien; 44)
NE: Unger, Konrad [Hrsg.]; Schneider, Helmut Günther [Hrsg.]; GT

ISBN 3-321-00014-8

Tech.-phys. Monogr., Bd. 44
ISSN 0138-2020

1. Auflage
VLN 276-105/19/86 · LSV 3555
Lektor: Dr. rer. nat. Renate Müller
Printed in the German Democratic Republic
Gesamtherstellung: IV/2/14 VEB Druckerei „Gottfried Wilhelm Leibniz“, 4450 Gräfenhainichen · 6459
Bestell-Nr. 669 643 7

09800

Vorwort

Der vorliegende Band 44 der „Technisch-physikalischen Monographien" ist den werkstoffwissenschaftlichen Grundlagen, die für den praktischen Einsatz von *Verbindungs*halbleitern maßgebend sind, in einer anwendungsbezogenen Darstellung gewidmet. Damit liegt eine Fortsetzung und Vertiefung zum Band 37 der gleichen Reihe mit dem Titel „Festkörperphysik – Kristallstruktur/Elektronenzustände/Wechselwirkungen" (K. Unger, H. G. Schneider et al.) vor.

Nach wie vor ist sicher der Elementhalbleiter Silicium der wichtigste Halbleiterwerkstoff. Trotzdem ist nicht zu übersehen, daß gerade in den letzten Jahren Verbindungshalbleiter, insbesondere die binären, durch ihren konkreten Einsatz in Bauelementen erheblich an Bedeutung gewonnen haben. Diese Tatsache hat das Zustandekommen des vorliegenden Buches wesentlich stimuliert.

Die einzelnen Verbindungsklassen wurden jeweils in einem Kapitel von Wissenschaftlern behandelt, die dafür langjährige Erfahrungen mitbringen. Um die Abhandlung des Stoffes übersichtlich und in den einzelnen Kapiteln nach einheitlichen Kriterien vornehmen zu können, wurden die Kapitel durchgehend folgender Unterteilung in drei Hauptabschnitte unterzogen:

- Darstellung, einschließlich der dafür relevanten thermodynamischen, kristallographischen und festkörperchemischen Eigenschaften;
- Eigenschaften, d. h. mechanische Eigenschaften, Gitterschwingungen, Bandstrukturen, elektrische und optische Eigenschaften;
- Anwendungen und Ausblick, mit einer von den verschiedenen Anwendungsgebieten bestimmten Reihenfolge und mit einer Erörterung perspektivischer Entwicklungstendenzen.

Um eine Reihe von prinzipiellen und für mehrere Verbindungsklassen gleichermaßen relevanten Grundtatsachen bezüglich z. B. Züchtungsverfahren, Gitterschwingungen und Bandstrukturen nicht redundant an mehreren Stellen behandeln zu müssen, wurde dies in Kapitel 2 einführend und ausführlich dargestellt. Daß dem SiC erst Kapitel 4 gewidmet ist, obwohl es logischerweise den Elementhalbleitern, die ja den Ausgangspunkt bilden, am nächsten steht, ist genau darin begründet, daß für SiC eine Reihe sonst verwendeter Züchtungsverfahren praktisch keine Rolle spielt, über diese Verfahren aber in Kapitel 2 ein genereller Überblick zu geben war. Bei der gewählten Kapitelreihenfolge war es möglich, sich jeweils auf substanzspezifische Darstellungsverfahren zu beschränken.

Daraus ergeben sich Besonderheiten, auf die hier hinzuweisen ist:

- Die Kapitel sind demzufolge nicht völlig unabhängig voneinander.
- Der den einzelnen Verbindungsklassen im Buch gewidmete Umfang steht nicht in strenger Proportionalität zu deren Bedeutung in der Forschung und für die gegenwärtig sich abzeichnende technische Nutzung.
- Die Reihenfolge der Kapitel ergibt sich mit Ausnahme des SiC durch den Übergang vom Einfacheren zum Komplizierteren entsprechend einer „Genealogie" der Verbindungshalbleiter, die von den Elementhalbleitern

tetraedrischer Koordinierung ausgeht. Der gedachte Stammbaum der Verbindungshalbleiter auf der Grundlage des Periodensystems der Elemente wird in Abschnitt 1.3. genauer beschrieben.

Für das Verständnis des vorliegenden Buches werden festkörperphysikalische Kenntnisse vorausgesetzt, wie sie z. B. in der „Einführung in die Festkörperphysik" von Ch. Kittel, in der „Festkörperphysik" von K. Kreher oder im obengenannten Band 37 der „Technisch-physikalischen Monographien" vermittelt werden. Darüber hinaus ist eine gewisse Kenntnis der wesentlichen Entwicklungslinien der Mikroelektronik (vgl. das einleitende Kap. 1) wünschenswert.

Es wurde angestrebt, von den Grundtatsachen über wesentliche Entwicklungsschritte bis an die Grenzen gesicherter Erkenntnis *heranzuführen* und hiermit auch in die Originalliteratur *einzuführen*. Bei der Angabe von Originalliteratur war freilich Vollständigkeit in keiner Weise realisierbar. Dies muß besonders bezüglich der III–V-Halbleiter im Kap. 2 betont werden, da deren Anwendungspalette in der Optoelektronik und in der Hochgeschwindigkeitselektronik bereits so breit ist, daß hier nur eine *Auswahl* wesentlicher und charakteristischer Züge der Umsetzung von Grundeigenschaften in konkreten Bauelementen darstellbar war. Bei den Verbindungshalbleitern, deren konkrete Anwendungen keineswegs so klar und umfassend sind, wurde trotzdem im entsprechenden Kapitel Wert darauf gelegt, die potentiellen *Möglichkeiten* auszuweisen.

Da abzusehen ist, daß die Entwicklung der Festkörperelektronik weiterhin beschleunigt abläuft und dies insbesondere dort, wo die Einbeziehung der materialspezifischen Möglichkeiten bestimmter Gruppen von Verbindungshalbleitern in die technische Nutzung, speziell auch in die Mikroelektronik (z. B. sei auf die durch den Einsatz von III–V-Verbindungen sich rasch entwickelnde VHSI-Technik oder die Display-Technik auf der Basis von II–VI-Verbindungen hingewiesen), immer umfangreicher, ernster und erfolgreicher betrieben wird, kam es im vorliegenden Buch darauf an, die für den heutigen Stand wichtigen Gesichtspunkte herauszuarbeiten und auf zukünftige Entwicklungen vorzubereiten.

K. UNGER
H. G. SCHNEIDER

Inhalt

K. Jacobs und K. Kreher

Humboldt-Universität Berlin, Sektion Physik, und
Karl-Marx-Universität Leipzig, Sektion Physik

W. Żdanowicz und J. Cisowski

Institut für Festkörperphysik der Polnischen Akademie der Wissenschaften, Zabrże

K. H. Herrmann

Humboldt-Universität Berlin, Sektion Physik

K. Stecker, M. Stordeur und H.-T. Langhammer

Martin-Luther-Universität Halle, Sektion Physik

H. Boudriot, E. Buhrig, H. Oettel und H. G. Schneider

Bergakademie Freiberg, Sektionen Physik und Werkstoffwissenschaften, und
VEB Galvanotechnik Leipzig

1. Einleitung

Von K. Unger und H. G. Schneider

Da sich das vorliegende Buch mit der *Darstellung*, den *Eigenschaften* und den *Anwendungsaspekten* sowie weiterführend mit Entwicklungstendenzen verschiedener Klassen von *Verbindungs*halbleitern befassen soll, ist einleitend eine generelle Wichtung am Platze. Dabei ist zunächst festzustellen, daß viele Verbindungshalbleiter im Vergleich zum Silicium im wesentlichen für Sonderanwendungen und Sonderbauelemente zum Einsatz kommen und daher in nur geringerem quantitativem Umfang zur Verfügung stehen müssen. Diese Aussage beinhaltet keine generelle Abwertung dieser Substanzen; im Gegenteil kommt entsprechend bemessenen Forschungsarbeiten insofern besondere Bedeutung zu, als sie die Grundlage ausgefeilter Sonderanwendungen auf qualitativ hohem Niveau und oft ohne breit ausgearbeitete technologische Basis zu erbringen haben.

Entscheidend für den Umfang der Arbeiten zu Verbindungshalbleitern und für ihren praktischen Einsatz ist die Frage, ob *Eigenschaften* für gezielte *Anwendungen* zur Verfügung gestellt werden können oder wenigstens absehbar sind, bei denen ein prinzipieller Vorteil gegenüber dem Silicium vorliegt, und wie groß die Chancen einer ausreichend zuverlässigen Beherrschung der *Darstellung* und weiteren Verarbeitung sind. Die Entwicklung der letzten Jahre bzw. Jahrzehnte hat diese Frage für einige Verbindungshalbleiter im Zusammenhang mit bestimmten Anwendungsfeldern schon eindeutig positiv beantwortet: Hierzu gehört der schon breite Einsatz der III–V-Halbleiter, insbesondere GaAs, AlAs, GaP und InP und abgeleitete Mischkristalle, in der Halbleiter-Optoelektronik [1, 2]. Auch den II–VI-Halbleitern kommt durch die Realisierung von Displays ein steigender Einsatz in der Optoelektronik zu. Zur Optoelektronik zählen hier sowohl lichtemittierende Bauelemente und Anordnungen (Lumineszenzdioden und Displays, Laserdioden) als auch photoelektrische Bauelemente (Detektoren und Solarzellen) – besonders für jene Wellenlängen, bei denen Silicium nicht lichtempfindlich ist. Während für das nahe Infrarot hauptsächlich III–V-Verbindungen (für die Realisierung optischer Nachrichtenübertragung längs Glasfasern) eingesetzt werden, dominieren im mittleren Infrarot die IV–VI-Verbindungen.

Obwohl die Verwendung von zwei oder mehr chemischen Komponenten schon für die Grundmatrix eines Halbleiterwerkstoffes wesentliche Probleme der Beherrschung der Stöchiometrie, der Vielfalt der Bindungen der Bausteine untereinander und damit der Fehlordnungsmöglichkeiten in sich birgt, sind andererseits die Vorzüge ausgesprochen niedersymmetrischer Verbindungshalbleiter sowohl für die nichtlineare Optik als auch für Materialien niedriger Wärmeleitfähigkeit zur Realisierung thermoelektrischer Kühlelemente eindeutig.

Die Gruppe der III–V-Halbleiter, allen voran wieder GaAs und InP sowie daraus abgeleitete ternäre und quaternäre Mischkristalle, sind heute dabei, sich ein weiteres Anwendungsfeld zu erobern, und zwar als Werkstoffe der Mikroelektronik zur Realisierung von Hochgeschwindigkeitslösungen (VHSI-Schaltkreise = *v*ery *h*igh *s*peed *i*ntegrated circuits). Die auf Si-Basis hergestellten Logikschaltkreise sind ständig hin zu höheren Geschwindigkeiten der Informationsverarbeitung weiterentwickelt worden, und dabei sind Grenzen der Materialeigenschaften des Siliciums deutlich geworden: Die mit III–V-Halbleitern realisierbaren, wesentlich höheren Ladungsträgerbeweglichkeiten ergeben auch gegenüber Si-Schaltkreisen niedrigere Verlustleistungen bei hohen Schaltgeschwindigkeiten bzw. geringen Signaltransportverzögerungszeiten. Daraus resultiert ein wesentlich kleineres Verlustleistungs-Verzögerungszeit-Produkt (Abb. 1.1). Feste Werte dieses Produktes sind als gestrichelte schräge Linien in Abb. 1.1 eingetragen; der Vorteil der

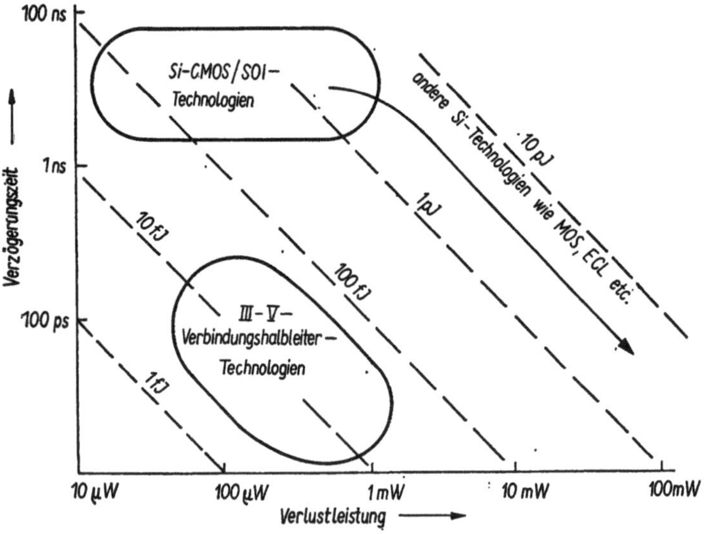

Abb. 1.1. Verzögerungszeit-Verlustleistungs-Produkt für verschiedene Halbleitertechnologien

Verwendung von III–V-Halbleitern ist deutlich. Diese Vorteile der III–V-Halbleiter waren prinzipiell lange bekannt und gewannen besonders an Interesse, als sich Anfang der 70er Jahre beim Silicium bei dem Streben nach immer höheren Frequenzen (oder Verarbeitungsgeschwindigkeiten, s. o.) Schwierigkeiten auftaten, über 2 GHz zu kommen. Da sich aber auf GaAs andererseits nicht ohne weiteres solche stabile Oxidschichten wie auf Silicium abscheiden lassen, war die bewährte MOS-Struktur für Feldeffekttransistoren nicht auf GaAs übertragbar. Es mußte erst die Herstellung von Schottky-Kontakten für die Gate-Elektrode beherrscht werden: Bei dieser Variante einer FET-Struktur wird die Kanalbreite durch Veränderung der Breite der Raumladungsschicht unter dem Schottky-Kontakt mit der Gate-Spannung gesteuert, und man spricht von einer MESFET(*m*etal-*s*emiconductor *f*ield *e*ffect *t*ransistor)-Struktur. MESFETs aus GaAs sind Mitte der 70er Jahre eingeführt worden [18] und haben inzwischen Arbeitsfrequenzen über 20 GHz erreicht [19].

Für eine volle Beurteilung der Situation ist jedoch auf die höheren Materialkosten und die Tatsache hinzuweisen, daß erst bei Verwendung erniedrigter Arbeitstemperaturen (bei der Temperatur des fl. Stickstoffs und darunter) Rekordwerte der III–V-Halbleitertechnologie zu erreichen sind [3, 4, 5]. Damit werden heute Schaltzeiten erreicht, die an die durch Josephson-Technologie realisierbaren heranreichen[1]), bei der jedoch Arbeitstemperaturen von 4 K erforderlich sind.

Zur Zeit wird international in diese integrierte III–V-Elektronik ein so außerordentliches Maß an Forschung und Entwicklung investiert, daß viele bisherige Voraussagen hinsichtlich der Relation Si/III–V und des Anwendungsumfanges der III–V-Halbleiter in Frage zu stellen sind. Von einer Ablösung des Siliciums bei integrierten Schaltkreisen kann zwar keine Rede sein, doch wird die Materialbasis dafür wesentlich ergänzt werden.

Für diese Entwicklung scheint es angezeigt, vom werkstofftechnischen, werkstoffphysikalischen Standpunkt aus wesentliche Tatsachen etwas ausführlicher zu erläutern.

1.1. Vergleichende Betrachtung der Vorteile und Grenzen des Halbleiterwerkstoffes Silicium

Silicium ist gegenwärtig und auch für die absehbare Zukunft der wichtigste Halbleiterwerkstoff und für die Mikroelektronik der bestimmende, obwohl es nach wie vor einen werkstofftechnisch-technologischen Kompromiß darstellt (Tab. 1.1).

Seine wesentlichen Vorteile sind:

- die Verfügbarkeit und der erreichte Stand bei der Züchtung großer Einkristalle;
- die Möglichkeit der Herstellung stabiler Oxid- und Nitridschichten als die wesentliche Voraussetzung für die Realisierung der Planartechnologie und damit der Herstellung integrierter Schaltkreise;
- das zu diesem Werkstoff und darauf aufbauenden Technologien angesammelte Wissen und Können in Verbindung mit den dazu notwendigen enorm hohen Investitionen.

Als Grenzen der Verwendbarkeit von Silicium erweisen sich:

- Die indirekte Bandstruktur, die relativ hohe effektive Massen der Elektronen und niedrige Trägerbeweglichkeiten bedingt. Außerdem ergibt sich

---

[1]) Für diese Schaltzeiten um 10 ps liegen heute allerdings die Verlustleistungen bei der Josephson-Technologie noch um etwa drei Größenordnungen niedriger als bei der III–V-Technologie.

Tabelle 1.1.
Einige wesentliche Eigenschaften von Si, GaAs, InP, GaInAs, AlGaAs (bei Raumtemperatur)

Material	Ladungsträgerbeweglichkeiten μ_n [cm²/Vs]	μ_p [cm²/Vs]	Effektive Massen $\frac{m_n}{m_0}$	$\frac{m_p}{m_0}$	Bandabstand E_g [eV]	Gitterkonstante a_0 [pm]	Strukturtyp	Thermischer Ausdehnungskoeffizient α [K⁻¹]
Si	1350	480	1,1	0,59	1,12 (indirekter Halbleiter)	543,1	Diamantgitter	$2{,}3 \times 10^{-6}$
GaAs	8800	450	0,067	0,54	1,43 (direkter Halbleiter)	565,31	Zinkblendegitter	$6{,}63 \times 10^{-6}$
InP	4600	150	0,075	0,24	1,27 (direkter Halbleiter)	586,88	Zinkblendegitter	$6{,}20 \times 10^{-6}$
$Ga_{0,47}In_{0,53}As$	12000	300	0,04	0,4	0,8 (direkter Halbleiter)	575,45	Zinkblendegitter	$5{,}85 \times 10^{-6}$
$Al_{0,32}Ga_{0,68}As$	3000				1,90 (direkter Halbleiter)	565,81	Zinkblendegitter	$6{,}14 \times 10^{-6}$
Heteroübergang $Al_{0,32}Ga_{0,68}As$	10000							
intrinsisches GaAs bzw. ähnliche Strukturen auf InP-Basis	60000 bei 77 K, bis 300000 bei 10 K							

hiermit ein niedriger Absorptionskoeffizient für Photonenenergien in der Nähe der Bandlücke, so daß photoelektrische Bauelemente (Fotodioden, Solarzellen) bei nicht zu geringer Absorptionsstrecke gut realisierbar sind, aber Lumineszenzlicht wie z. B. in optoelektrischen Bauelementen auf Siliciumbasis nicht mit diskutablem Wirkungsgrad erzeugbar ist.

– Der festliegende Betrag der Breite der verbotenen Zone (1,1 eV bei Raumtemperatur). Damit entfallen die vielfältigen Möglichkeiten der Verwendung gezielt variierter Mischkristallsysteme und von Heteroübergängen. Mittels subtiler Schichtherstellungsverfahren wie der Molekularstrahlepitaxie und der metallorganischen CVD konnte deren Nutzung für sehr schnelle Logikschaltkreise demonstriert werden. Während bei Si durch die Wirkung eines elektrischen Feldes Elektronen und Löcher stets in entgegengesetzte Richtungen bewegt werden, können durch Variation der Bandlücke in einem Mischkristall die Gradienten des Leitungsbandrandes und des Valenzbandrandes so eingestellt werden, daß entweder nur Elektronen oder nur Löcher oder beide in gleicher Richtung bewegt werden, womit erweiterte Bauelementkonzeptionen möglich sind [6].

Außerdem können durch Verwendung von III–V-Heteroübergängen die Vorteile der höheren Beweglichkeit in diesen Materialien (s. Tab. 1.1) noch wesentlich ausgebaut werden (s. a. Abschnitt 2.3.):

Bringt man z. B. auf eine sehr reine GaAs-Schicht eine n-dotierte (GaAl)As-Schicht und gestaltet diesen Übergang sehr scharf und sehr eben, dann werden die Dotierungselektronen in das GaAs-Material mit niedrigerer Bandlücke transferiert und können dort fast ohne Streuung an ionisierten Störstellen mit weiter erhöhter Beweglichkeit längs des Heteroüberganges transportiert werden [7]. Die sich ausbildende Raumladung begrenzt die Dicke der leitfähigen Schicht, so daß sich die Dotierungselektronen wie ein zweidimensionales Elektronengas in einem Potentialtrog verhalten. Die Akkumulation von Elektronen an der Grenzfläche (GaAl)As/

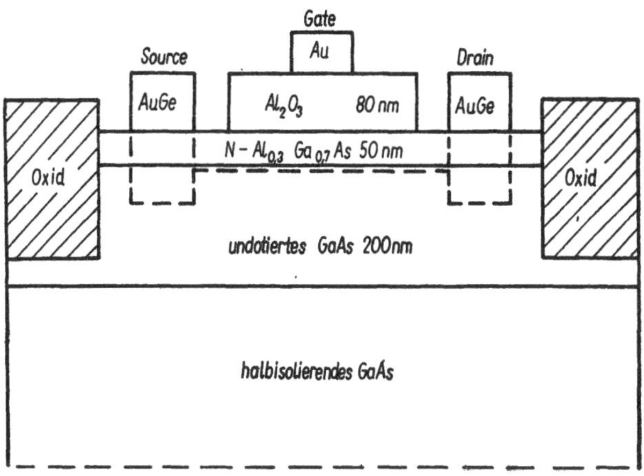

Abb. 1.2. MISFET-Struktur (nach [8])

GaAs kann durch eine Gatespannung noch verändert werden wie im Beispiel von Abb. 1.2, wo eine FET-Realisierung unter Nutzung des beschriebenen Mechanismus gezeigt wird.

Zur Realisierung von GaAs- und InP-Schaltkreisen ist es erforderlich, dichte Isolatorschichten auf dem Halbleiter erzeugen zu können. Am erfolgversprechendsten scheinen plasmagestützte Anodisierungsverfahren (150 bis 180 °C) zur Herstellung von Al_2O_3-Schichten aus zuvor aufgedampften Al-Schichten zu sein. Zur Realisierung besserer Bindungsverhältnisse werden zuvor zweckmäßigerweise extrem dünne (< 10 nm) anodisch hergestellte arteigene (native) Oxidschichten untergelegt.

- Die kleine, technologisch z. Z. und in absehbarer Zukunft in Si nicht realisierbare Kanalabmessung zur Erzeugung ballistischen Elektronentransports.

Während üblicherweise die Driftgeschwindigkeit von Elektronen der elektrischen Feldstärke proportional ist, was durch die Beweglichkeit beschrieben wird, liegen in sehr kurzen Kanallängen (bei III–V-Halbleitern Abmessungen von $\leq 0{,}5$ µm) von ultraschnellen Feldeffekttransistoren „ballistische“ Verhältnisse für die längs des Kanals beschleunigten Elektronen – wie in einer Vakuumdiode – vor. Beim Einschalten eines elektrischen Feldes wirkt dieser ballistische Transport über eine gewisse Strecke, bis nach genügend vielen Stößen die quasistationäre Endgeschwindigkeit erreicht wird. Dabei liegt anfangs die Driftgeschwindigkeit noch über der Endgeschwindigkeit (“overshooting”), was in Abb. 1.3 gezeigt

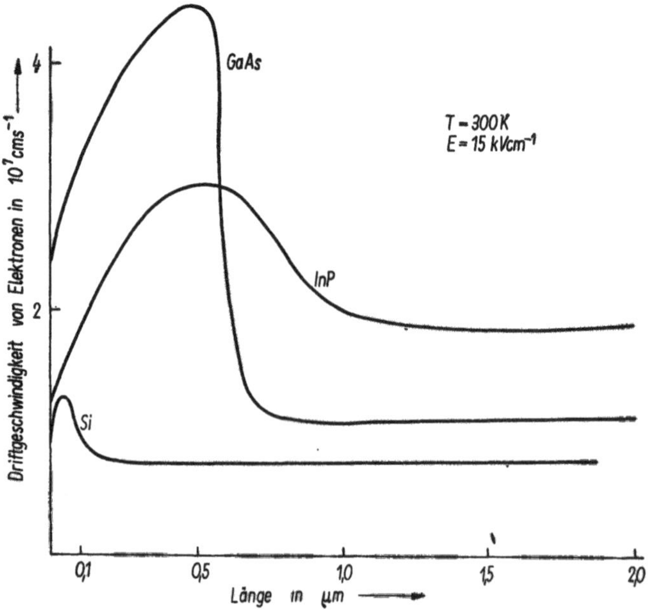

Abb. 1.3. Kritische Länge für ballistischen Elektronentransport (nach [9])

wird. Man sieht deutlich die Vorteile von GaAs und InP gegenüber dem Silicium, wo die anfänglich überhöhte Driftgeschwindigkeit absolut klein ist und nur bei Kanallängen unter 0,1 μm wirksam wird. Bei den III–V-Halbleitern sind die geforderten Längen dagegen im Labor schon realisierbar.

Wenn also höchste Verarbeitungsgeschwindigkeiten verlangt werden, gibt es somit mehrere Gründe für die gegenüber Silicium vorteilhaftere Verwendung von III–V-Halbleitern, ohne daß deshalb dem Silicium generell der Rang streitig zu machen ist.

1.2. Einige Eigenschaften und Anwendungsmöglichkeiten von Verbindungshalbleitern

Beim Übergang von den Element- zu den Verbindungshalbleitern ergibt sich eine Symmetrieerniedrigung des Kristallgitters, womit prinzipiell eine Reihe von Eigenschaftsänderungen verknüpft sind, die wie folgt zusammengefaßt werden können:

- Man erhält in vielen Fällen (wenn die Bandlücke bei $\leqq$ 1 eV liegt, immer) eine direkte Bandstruktur. Damit werden wesentliche Vorteile für die Optoelektronik eröffnet.
  Lichtemitterbauelemente sind bis zum gelb-grünen Spektralbereich vorteilhaft mit direkten Materialien realisierbar. Hierbei sind die III–V-Halbleiter in ihrer technologischen Beherrschung am weitesten fortgeschritten, eine Tatsache, die sich auch vorteilhaft auf die unter 1.1. erörterten Problemstellungen – Anwendung von III–V-Verbindungen in schnellen Logikschaltkreisen – auswirkt.
- In direkten Materialien besitzen Elektronen als Ladungsträger hohe Beweglichkeiten. Durch Verwendung von Heteroübergängen und gezielt hergestellten Schichtfolgen modifizierter III–V-Halbleiter können diese Beweglichkeitswerte um ein Vielfaches gesteigert werden (s. 1.1. und Tab. 1.1 sowie Abb. 1.1–1.3).
- Eine Symmetrieerniedrigung des Kristallmaterials kann wesentliche Vorteile beim Einsatz in der nichtlinearen Optik (s. bei II–IV–V_2- und I–III–VI_2-Halbleitern) oder bei der Forderung nach geringer Wärmeleitfähigkeit (s. bei Mischkristallen aus V–VI-Verbindungen) bringen.
- Obwohl die Beteiligung von zwei oder drei chemischen Komponenten bei der Materialdarstellung Probleme der Nichtstöchiometrie und der Phasenvielfalt mit sich bringt (s. bei II–VI- und IV–VI-Halbleitern), kann die Beteiligung von leicht verdampfbaren Komponenten (z. B. S, Se) den Vorteil haben, daß großflächig billige dünne Schichten aufgedampft werden können (s. bei II–VI- und I–III–VI_2-Halbleitern). Leider sind mit diesen Materialien bei breiterer Bandlücke oft keine pn-Übergänge herstellbar.

Naturgemäß ergibt sich bei der Verwendung von zwei- oder dreikomponentigen Verbindungen eine größere Parametervielfalt bei den Eigenschaften der Substanzen und somit mehr Möglichkeiten gezielter Materialauswahl (oft z. B. wesentlich im Hinblick auf die Realisierung einer bestimmten Energie von Photonen, die nachzuweisen sind oder emittiert werden sollen). Die sich hieraus ergebenden Vorteile zur Verwendung von Verbindungshalbleitern sind in jedem Einzelfalle zu prüfen. Dabei erlaubt die Fülle des inzwischen angesammelten Datenmaterials (vgl. insbesondere [10]) und die erfolgreiche Aufstellung von Gesetzmäßigkeiten der Eigenschaften bei den Verbindungshalbleitern eine theoretische Vorauswahl der für einen bestimmten Zweck einzusetzenden Materialien (vgl. auch [11, 12]), – ein lohnendes Betätigungsfeld für die theoretische Festkörperphysik und -chemie.

1.3. Gesichtspunkte für die Auswahl der behandelten Verbindungsklassen

Die Halbleiter mit Diamantstruktur und damit tetraedrischer Koordination im Gitter stellen den Ausgangspunkt für die Auswahl der behandelten Verbindungshalbleiter dar. Das ist in der großen Bedeutung des Siliciums allgemein begründet. Außerdem kann man von Verbindungshalbleitern, deren Kristallstruktur Ähnlichkeit mit der stabilen Diamantstruktur aufweist, eine gute Materialbeherrschung erhoffen.

Ebenso wie das Diamantgitter aus zwei ineinandergestellten kubischflächenzentrierten Teilgittern aufgebaut ist, können mit zwei chemisch unterschiedlich besetzten kfz-Untergittern auch das Zinkblende- und das NaCl-Gitter erzeugt werden. Durch unterschiedliche Besetzung von Untergittern kommt man von den IV-Elementhalbleitern zu den III–V- und den II–VI-Verbindungen, in einem analogen weiteren Schritt zu den II–IV–V_2- und I–III–VI_2-Verbindungen (vgl. die entsprechende Systematik in [13]).

Bei sehr unterschiedlichen Bausteinen einer Verbindung, z. B. stark ionogenen Substanzen, geht die Zinkblendestruktur generell in die dann stabilere Kochsalz-Struktur mit sechsfacher Koordination über. Diese herrscht bei den IV–VI-Verbindungen vor.

Die hexagonale Wurtzitstruktur unterscheidet sich vom kubischen Zinkblendegitter nur durch Unterschiede bei der Anordnung übernächster Nachbarn (mit Zentrosymmetrie für das Zinkblende- und Spiegelsymmetrie für das Wurtzitgitter). Dies sind typische Strukturen für die wichtigsten Verbindungshalbleiter.

Die auftretenden Bindungen sind durch sp^3-Hybride, zwischen nächsten Nachbarn aufgespannt, zu deuten. Sie haben gemischt kovalent-ionogenen Charakter. Bei den IV–VI-Verbindungen mit nahezu Kochsalzstruktur spielen noch *d*-Anteile eine wesentliche Rolle für die Bindung im Kristall.

Unaufgefüllte innere Schalen bei Wirtsgitteratomen sind nicht speziell betrachtet worden. Sie sind mehr für die magnetischen Eigenschaften interessant [14–16]. Ebenso soll hier auch nur allgemein auf die Halbleiter mit Schichtstrukturen, bei denen meist von sp^2-Bindungen in der Schicht und van-der Waals-Wechselwirkungen zwischen den Schichten ausgegangen wird, verwiesen werden [17]. Oxide werden ebenfalls nicht betrachtet, da sie meist als Isolatoren anzusprechen sind (Ausnahmen: Cu_2O und evtl. ZnO – s. Kap. 3).

Bezeichnet man mit $\bar{z}$ die mittlere Zahl der Valenzelektronen im Gitter pro Atom, so findet man mit $\bar{z}=4$ entsprechend der Grimm-Sommerfeldschen Regel die klassischen Halbleiter (IV–IV, III–V-, II–VI-Verbindungen), während Kristalle mit $\bar{z}<4$ als Überschußstrukturen (II–V-Verbindungen) und solche mit $\bar{z}>4$ als Defektstrukturen anzusprechen sind.

Dieser Gesichtspunkt wird insbesondere im letzten Kapitel „Halbleiter mit Defektstrukturen" näher ausgeführt. Schließlich ist noch zu erwähnen, daß Elementhalbleiter wie Se und Te, bei denen es jeweils zwei Gitterpositionen für die Bausteine gibt, die sich bezüglich ihrer Umgebung unterscheiden, auch als Ausgangspunkt für eine Reihe glasartiger Verbindungshalbleiter angesehen werden können. Im vorliegenden Buch stehen die kristallinen Materialien im Vordergrund. Schließlich ist die Auswahl der behandelten Verbindungsklassen durch ihre Bedeutung für konkrete Anwendungen gegeben. Natürlich kommt man im Sinne einer durchgängigen Systematik dabei nicht völlig ohne subjektive Aspekte aus.

Literatur zu Kapitel 1

[1] Williams, E. W.; Hall, R.: Luminescence and the Light Emitting Diode. Pergamon 1978.
[2] Winstel, G.; Weyrich, C.: Optoelektronik. Berlin, Heidelberg, New York: Springer 1980.
[3] Eckhardt, D.; Hadamovsky, H.-F.; Junghans, B.; Schneider, H. G.: Mikroelektronik – Stand und Entwicklung. Berlin: 2. Auflage Akademie-Verlag 1984.
[4] Eden, R. C. (Hrsg.): Very fast solid-state technology (Special issue). Proc. IEEE **70** (1982) 3.
[5] Solomon, P. M.: Proc. IEEE **70** (1982) 489.
[6] Kroemer, H.: Proc. IEEE **70** (1982) 13.
[7] Dingle, R.; Störmer, H.; Gossard, A. C.; Wiedemann, W.: Appl. Phys. Lett. **33** (1978) 665.
[8] Hotta, T.; Sakaki, H.; Ohno, H.: Jap. J. Appl. Phys. **21** (1982) L 122.
[9] Beneking, H.: Phys. Bl. **38** (1982) 146.
[10] Landolt-Börnstein, Neue Folge, Bd. III/17a+17b (Madelung, O., Hrsg.). Berlin, Heidelberg, New York: Springer 1982.
[11] Kreher, K.: in Festkörperphysik (K. Unger, H. G. Schneider, Hrsg.). Leipzig: Geest und Portig, 1979, S. 85.
[12] Handbook on Semiconductors Vol. 1–4. Amsterdam: North Holland 1980–1982.
[13] Gorjunowa, N. A.: Halbleiter mit diamantähnlicher Struktur. Leipzig: Teubner-Verlag 1971.
[14] Methfessel, S.; Mattis, D. C.: Magnetic Semiconductors, Handbuch der Physik XVIII/1. Berlin, Heidelberg, New York: Springer 1968.
[15] Veselago, V. G.: Magnitnye Poluprovodniki. Moskva: 1982.
[16] Handbook on the Physics and Chemistry of Rare Earths, Vol. 3+4 (K. A. Gschneidner, ed.), Amsterdam: North Holland 1979.
[17] Physics and Chemistry of Materials with Layered Structures (E. Mooser, ed.), Vol. 1–4. Dordrecht, Boston: D. Reidel 1976–1978.
[18] Emery, F. E.: Microwave Journal **20** (1977) 70.
[19] Mendel, J. T.: Microwave Journal **24** (1981) 24.

2. III–V-Halbleiter

Von K. Jacobs, K. Kreher, H. Neumann und K. Unger

In den Jahren 1940–1950 wurde mit der systematischen Erforschung der Elementhalbleiter Ge und Si in einkristalliner Form der Grundstein der modernen Halbleiterphysik gelegt und gleichzeitig nach der Erfindung des Transistors ihre technologische Basis geschaffen.

Die logische Fortsetzung dieser Entwicklung war die Untersuchung von chemischen Verbindungen wachsender Kompliziertheit, beginnend mit Arbeiten von Welker [1, 2] über Verbindungen von Elementen der III. und V. Gruppe des Periodensystems. Er erkannte in diesen tetraedrisch koordinierten Zinkblende- bzw. Wurtzitstrukturen mit gemischt kovalent-ionogener Bindung nahe elektronische Verwandte der Elementhalbleiter der 4. Gruppe, die durch minimale Stöchiometrieabweichungen, vorwiegend substitutionellen Einbau von Störatomen und relativ große Variabilität ihrer physikalischen Eigenschaften gekennzeichnet sind.

Insbesondere nach dem erfolgreichen Einsatz von GaAs als Material für Halbleiter-Laser im Jahre 1962 wurden die III–V-Halbleiter infolge der Möglichkeit, pn-Übergänge herzustellen, die Hauptmaterialbasis für die Halbleiter-Optoelektronik sowie für Sonderzwecke der Festkörperelektronik, so daß heute die Zinkblende-Verbindungen (Abb. 2.1a) von Ga und In mit P,

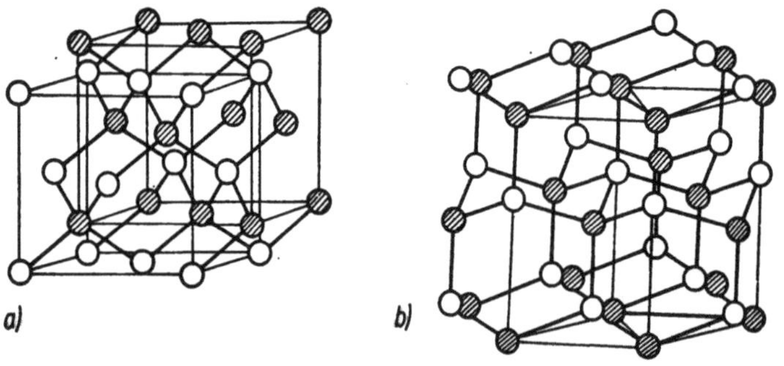

Abb. 2.1. Kristallstrukturen. a) Zinkblende-, b) Wurtzitgitter

As und Sb die bestuntersuchten Verbindungshalbleiter sind. Weit weniger intensiv sind die B- und Al-Verbindungen und die in der Wurtzitstruktur (Abb. 2.1 b) kristallisierenden Nitride erforscht.

Tab. 2.3 (S. 34) enthält eine Übersicht der Eigenschaften der unter normalen Bedingungen stabilen tetraedrisch koordinierten III–V-Verbindungen. Außer den dort angegebenen Strukturen existiert noch eine Reihe von Hochdruckmodifikationen dieser Verbindungen, die überwiegend eine dem weißen (β-) Zinn ähnliche Struktur haben [3].

Bekannt sind ferner die metallischen Verbindungen InBi (tetragonal), TlSb und TlBi (CsCl-Struktur) sowie die N-, P-, As-, Sb- und Bi-Verbindungen der Nebengruppenelemente Sc, Y, La und der Seltenen Erden (außer EuAs, EuSb, EuBi und GdBi), die alle in der oktaedrisch koordinierten Kochsalzstruktur kristallisieren und bisher vorwiegend hinsichtlich ihrer magnetischen Eigenschaften untersucht wurden [4].

Viele III–V-Halbleiter bilden feste Lösungen, indem die Plätze eines oder beider Untergitter der Zinkblende- oder Wurtzit-Struktur statistisch durch zwei verschiedene Atomsorten der III. bzw. V. Gruppe besetzt werden, so daß ternäre bzw. quaternäre Mischkristalle entstehen. Sie sind Beispiele für Festkörper mit chemischer Unordnung bei geringer struktureller Fehlordnung und unterscheiden sich dadurch grundlegend von amorphen Stoffen.

In allen III–V-Mischkristallen ändern sich die physikalischen Parameter im wesentlichen stetig mit der Zusammensetzung. Insbesondere liegt bei der Gitterkonstante a in einem System der Zusammensetzung $A_xB_{x-1}C$ (außer im Ga (As, Sb)-System [5]) in guter Näherung ein linearer Zusammenhang der Form

$$a(A_xB_{1-x}C) = x \cdot a(AC) + (1-x) \cdot a(BC)$$

vor (Vegardsche Regel); analoges gilt für quarternäre Systeme der Zusammensetzung $A_xB_{1-x}C_yD_{1-y}$.

2.1. Darstellung

III–V-Halbleiter besitzen sowohl als einkristalline Kompaktkristalle als auch in Gestalt einkristalliner Epitaxieschichten Bedeutung, während sie beim derzeitigen Stand von Wissenschaft und Technik in polykristalliner oder amorpher Form praktisch bedeutungslos sind.

Ausgangspunkt für die Auswahl und Beherrschung geeigneter Kristallzüchtungsmethoden für Volumenkristalle und Epitaxieschichten ist die Kenntnis der thermodynamischen Eigenschaften der Verbindungen und ihrer Konstituenten oder Ausgangsstoffe. Für die Abscheidung von Epitaxieschichten spielen darüber hinaus kristallographische Gesichtspunkte eine entscheidende Rolle.

2.1.1. Thermodynamische Eigenschaften der elementaren Konstituenten

In Tab. 2.1 sind einige wesentliche thermodynamische Eigenschaften der Elemente angegeben, die als Konstituenten der III–V-Halbleiter auftreten.

Während Al, Ga und In in der Gasphase nur monoatomar vorliegen und sehr niedrige Dampfdrücke bis zu den Schmelzpunkten der Verbindungen aufweisen, sind in der Regel mehrere Gasphasenspezies der B-Komponenten zu berücksichtigen. Bei identischen Temperaturen sind die Dampfdrücke der B-Konstituenten (P, As, Sb) wesentlich höher als die der A-Konstituenten in

Tabelle 2.1.
Thermochemische Eigenschaften der elementaren Konstituenten der III–V-Halbleiter

Element-spezies	ΔH^0_{298} in kJ/mol	S^0_{298} in J/Kmol	T^F in °C	T^B in °C	Dampfdruck lg p in hPa
$Al_{(s)}$	0	28,33	660	2520	$12{,}4392 - 16380/T - \lg T$
$Ga_{(s)}$	0	41,00	29,8	2403	$10{,}1948 - 14700/T - 0{,}5 \lg T$
$In_{(s)}$	0	57,82	157	2073	$8{,}3535 - 12377/T$
$P_{(s)}$	0	22,80	44,8	280	$11{,}4392 - 5600/T$
$As_{(s)}$	0	35,69	Subl.	613	$9{,}9392 - 6160/T$
$Sb_{(s)}$	0	45,52	631	1440	$10{,}7092 - 10320/T$
$P_{2(g)}$	143,85	217,99			
$P_{4(g)}$	58,99	279,91			
$As_{2(g)}$	190,71	240,79			
$As_{4(g)}$	153,30	327,31			
$Sb_{2(g)}$	231,21	254,81			
$Sb_{4(g)}$	206,52	349,99			

elementarer Form. Mit Hilfe der thermodynamischen Daten aus Tab. 2.1 können die relativen Konzentrationen der verschiedenen Gasphasenspezies der B-Komponenten berechnet werden. Von diesen können die monoatomaren Spezies unter allen praktischen Bedingungen vernachlässigt werden.

Die Kenntnis der Temperaturabhängigkeit des Dampfdruckes der reinen Elemente ist für einige Züchtungsverfahren, für Tempern und Diffusion von Bedeutung.

2.1.2. Thermodynamische Eigenschaften und Phasengleichgewichte von III–V-Systemen

2.1.2.1. Binäre Systeme

In Abb. 2.2 ist das T–x-Phasendiagramm des Systems Ga–As wiedergegeben. Prinzipiell sind die Phasendiagramme aller binären III–V-Systeme vom gleichen Typ. Charakteristisch ist das Auftreten nur einer kongruent schmelzenden Verbindung mit hohem Schmelzpunkt. Das Eutektikum auf der A-(metall-)reichen Seite ist stets entartet, so daß die Liquiduskurve monoton vom Schmelzpunkt des A-Konstituenten bis zu dem der Verbindung ansteigt. Auch auf der B-reichen Seite liegen die Eutektika meist dicht am Schmelzpunkt des reinen B-Elements. Der hohe Schmelzpunkt der halbleitenden III–V-Verbindungen im Vergleich zu ihren Konstituenten weist auf die starken kovalenten Bindungen mit partiellem Ionencharakter im festen Zustand hin. Trotzdem dissoziieren die III–V-Halbleiter beim Schmelzen und Auflösen im Überschuß der A- oder B-Komponenten weitestgehend, so daß sie in flüssiger Phase atomar und wenig assoziiert vorliegen. Die Liquiduskurve kann dann in den binären Systemen mit Hilfe der

Vielandschen Gleichung in der Form

$$\ln \frac{1}{4x_A x_B} + \ln \frac{\gamma_A^{sl} \gamma_B^{sl}}{\gamma_A \gamma_B} = \frac{\Delta \bar{S}_{AB}^F}{R} \cdot \frac{T_{AB}^F - T}{T} \qquad (1)$$

meist ausreichend genau beschrieben werden [5].

$\Delta \bar{S}_{AB}^F$ mittlere Schmelzentropie der Verbindung AB;
T_{AB}^F Schmelztemperatur der Verbindung AB;
x_i Molenbruch der Komponente i;
γ_i Aktivitätskoeffizient der Komponente i;
γ_i^{sl} Aktivitätskoeffizient von i in stöchiometrisch zusammengesetzter Schmelze ($x_A = x_B = 0{,}5$).

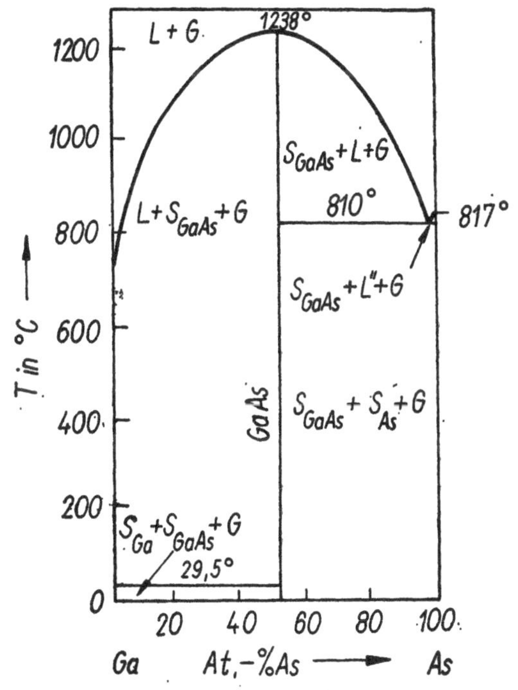

Abb. 2.2. *T–x*-Diagramm des Systems Ga–As

Die Aktivitätskoeffizienten können auf verschiedene Weise modellmäßig erfaßt werden, meist werden sie jedoch aus experimentellen Daten durch Anpassung gewonnen. Nichtstöchiometrisch zusammengesetzte Schmelzen der III–V-Systeme können gut als „simple solutions" charakterisiert werden [6], die dadurch gekennzeichnet sind, daß die freie Exzeß-Mischungsenthalpie, ΔG_m^{exc}, durch einen symmetrisch von der Zusammensetzung abhängenden Ausdruck der Form

$$\Delta G_m^{exc} = \Omega(T, p)\, x_A x_B \qquad (2)$$

beschrieben werden kann. Im Spezialfall der „regulären Lösung“ wird angenommen, daß die Mischungsentropie einfach der idealen Konfigurationsentropie entspricht, so daß gilt

$$\Delta G_m^{exc} = \Delta H_m = x_A x_B \Omega(T, p) \,. \tag{3}$$

Der Aktivitätskoeffizient der Komponente i ergibt sich dann aus den Beziehungen

$$RT \ln \gamma_i = \partial \Delta H_m / \partial N_i \tag{4}$$

und

$$\ln \gamma_i = (1 - x_i)^2 \, \Omega / RT \,. \tag{5}$$

Von Thurmond wurde gefunden, daß die binären III–V-Liquiduskurven gut mit einem temperaturabhängigen Wechselwirkungsparameter in der Form

$$\Omega = a - bT \tag{6}$$

(a, b Konstanten)

beschrieben werden können [7].

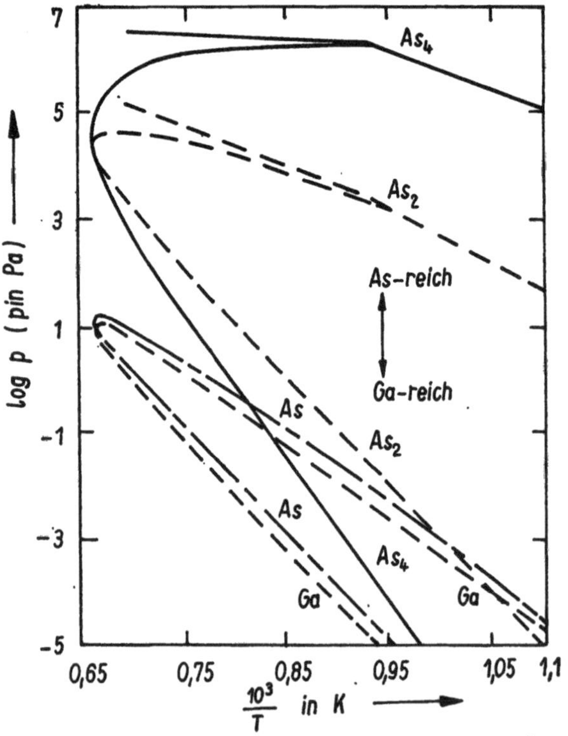

Abb. 2.3. Dampfdruck von Ga- und As-Spezies entlang der Liquiduskurve (Abb. 2.2) des Systems Ga–As [8]

In Abb. 2.3 sind die p–T-Kurven für die verschiedenen Gasphasenspezies, die massenspektrometrisch über Ga–As-Lösungen entlang der Liquiduskurve nachgewiesen wurden, wiedergegeben [8]. Diese ergänzen das T–x-Diagramm (Abb. 2.2). Allgemein ist der Dampfdruck der Konstituenten über der Lösung oder Schmelze des III–V-Halbleiters wesentlich niedriger als der der Elemente in reiner Form. Abb. 2.3 zeigt, daß auf der Ga-reichen Seite der Liquiduskurve $p_{Ga} < (2p_{As_2} + 4p_{As_4})$ ist, so daß sich GaAs beim Erhitzen in eine mit As gesättigte Ga-Lösung und As_4/As_2-Dampf zersetzt. Bei $T = 637$ °C gilt gerade $p_{Ga} = 2p_{As_2} + 4p_{As_4}$, so daß das feste GaAs, ebenso wie bei tieferen Temperaturen, kongruent verdampft.

Dieselben Betrachtungen gelten prinzipiell für alle III–V-Halbleiter. Zur Illustration zeigt Abb. 2.4 eine dreidimensionale Darstellung des p–T–x-Diagramms des Systems In–P. Die Dampfdruckkurve wird wiederum im wesentlichen durch $p = p_{P_2} + p_{P_4}$ bestimmt [9].

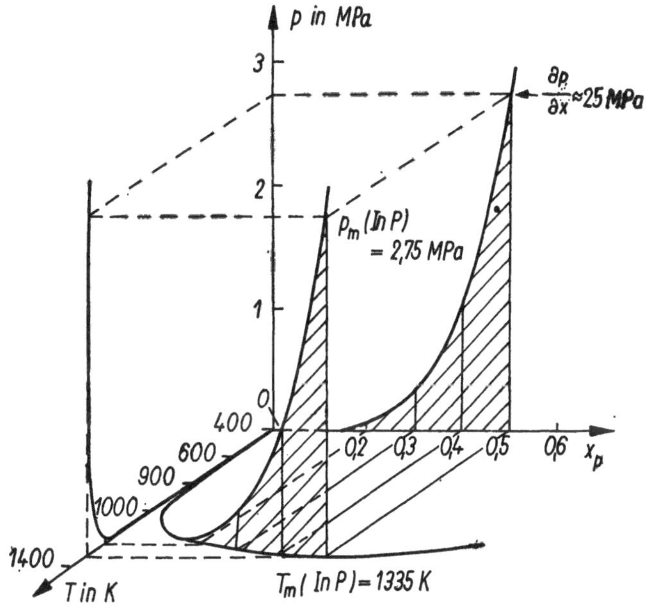

Abb. 2.4. Perspektivische Darstellung des P–T–x-Phasendiagramms des Systems In–P [9]

In Tab. 2.2 sind thermodynamische Daten für die binären III–V-Halbleiter zusammengestellt.

Entscheidend für die Eignung des Kristallmaterials für elektronische Bauelemente ist neben der Kristallperfektion sowie der Konzentration und Verteilung von Dotanden die Konzentration an Eigendefekten. In engem Zusammenhang damit steht das Problem der Nichtstöchiometrie bzw. der Gestalt der Soliduskurve der III–V-Halbleiter.

Generell weisen die III–V-Halbleiter einen sehr engen Existenzbereich auf. Abweichungen von der exakten 1 : 1 Stöchiometrie treten maximal in der

Tabelle 2.2.
Thermochemische Daten binärer III–V-Halbleiter im Vergleich mit Si und Ge

Halbleiter	T^F in °C	p_{T^F} in Pa	ΔS^F_{298} in J/molK	ΔH^0_{298} in kJ/mol	S^0_{298} in J/molK	c_p in J/molK	Ω_l in J/mol
Si	1420	6×10^{-1}	30,12	0	18,83	20,09	–
Ge	936	1×10^{-4}	28,03	0	31,09	23,23	–
GaP	1467	$3{,}2 \times 10^{6}$	72,38	−122,17	48,91	43,64	$8870 - 18{,}83\ T$
GaAs	1238	$8{,}9 \times 10^{4}$	69,62	− 86,61	62,17	46,23	$21590 - 38{,}32\ T$
GaSb	706		66,11	− 38,49	76,07	47,61	$19665 - 25{,}10\ T$
InP	1062	$2{,}75 \times 10^{6}$	58,58	− 75,31	59,75	47,28	$14970 - 14{,}81\ T$
InAs	942	$3{,}3 \times 10^{4}$	60,75	− 57,74	75,73	47,78	$16150 - 41{,}84\ T$
InSb	530	4×10^{-3}	59,91	− 31,13	86,19	51,46	$14226 - 50{,}21\ T$

Größenordnung von 10^{-1} Molprozent auf ($\approx 10^{19}$ Defekte · cm^{-3}). Am Beispiel von GaP sei gezeigt, in welcher Weise die Leerstellenkonzentration durch die Züchtungsbedingungen bestimmt bzw. beeinflußbar ist (vorausgesetzt, daß derartige thermodynamische Gleichgewichtsbetrachtungen überhaupt adäquat für die Kristallzüchtung sind). Es seien der Übersicht halber nur neutrale Leerstellen betrachtet.

Die Bildung neutraler Vakanzen, V_i^0, kann mit folgenden Reaktionsgleichungen und den zugehörigen Massenwirkungsgesetz-Ausdrücken wiedergegeben werden:

$$\mathrm{Ga_{Ga}} = \mathrm{V^0_{Ga}} + \mathrm{Ga_{(l)}}; \quad K_{V_{Ga}} = [V^0_{Ga}]\, a_{Ga}\,, \tag{7}$$

$$\mathrm{P_P} = \mathrm{V^0_P} + 1/2\, \mathrm{P_{2_{(g)}}}; \quad K_{V_P} = [V^0_P]\, P^{1/2}_{P_2}\,. \tag{8}$$

Unter Hinzuziehung der Bildungsreaktion

$$\mathrm{Ga_{(l)}} + 1/2\, P_{2_{(g)}} = \mathrm{GaP_{(s)}}; \quad K_{GaP} = \frac{1}{a_{Ga} \cdot P^{1/2}_{P_2}} \tag{9}$$

ergibt sich

$$[V^0_{Ga}] = K_{V_{Ga}} \cdot \frac{1}{a_{Ga}} = K_{V_{Ga}} \cdot K_{GaP} \cdot P^{1/2}_{P_2} \tag{10}$$

$$[V^0_P] = K_{V_P} \cdot P^{-1/2}_{P_2} = K_{V_P} \cdot K_{GaP} \cdot a_{Ga} \tag{11}$$

und

$$[V^0_{Ga}] \cdot [V^0_P] = K_{V_{Ga}} \cdot K_{V_P} \cdot K_{GaP} = K_V(T)\,. \tag{12}$$

Insgesamt ist festzustellen, daß die Kenntnisse über die Natur, den Ladungszustand und die Konzentration der Eigendefekte bei den III–V-Halbleitern nach wie vor sehr unsicher und widersprüchlich sind [10]. Von Logan und Hurle wurde 1971 eine Analyse zahlreicher experimenteller Daten zu Präzisions-Gitterkonstanten- und Dichtebestimmung vorgenommen und ein Versuch unternommen, daraus konsistent die Defektstruktur von GaAs zu bestimmen [11]. Als dominierende Fehlordnungsreaktion wurde die Bildung von Schottky-Defekten, entsprechend

$$\mathrm{O} = \mathrm{V^0_{Ga}} + \mathrm{V^0_{As}} \tag{13}$$

angenommen. Aus der Auswertung der im Verlauf von etwa 10 Jahren angesammelten neuen experimentellen und theoretischen Ergebnisse wurde 1979 von Hurle ein neues Defektstruktur-Modell für GaAs vorgeschlagen, welches als dominierende Fehlordnungsreaktion die Bildung eines Defekts im As-Untergitter vom Frenkel-Typ postuliert [12]:

$$As_{As} + V_i = As_i + V_{As} \,. \qquad (14)$$

Als weitere Eigendefekte werden folgende Punktdefekte als wesentlich angesehen: V_{As}^0, V_{As}^+, As_i^- .

Für GaP dagegen werden von van Vechten [13] die folgenden Eigendefekte in wesentlichen Konzentrationen vorausgesagt und zur Erklärung verschiedener Phänomene herangezogen: V_{Ga}^-, V_P^+, V_P^0, Ga_P^{2-}, P_{Ga}^{2+}. Die letztgenannten Antistrukturdefekte entstehen durch Reaktion zwischen Vakanzen und Atomen auf normalen Gitterplätzen, z. B.

$$Ga_{Ga}^0 + V_P^+ \rightarrow Ga_P^{2-} + V_{Ga}^- + 4\,h^+ \,. \qquad (15)$$

Außerdem werden weitere Reaktionen zwischen geladenen Punktdefekten unter Komplexbildung diskutiert. Nach van Vechtens Ergebnissen kann P_{Ga}^{2+} gegenüber den anderen Eigendefekten vernachlässigt werden. Die un-

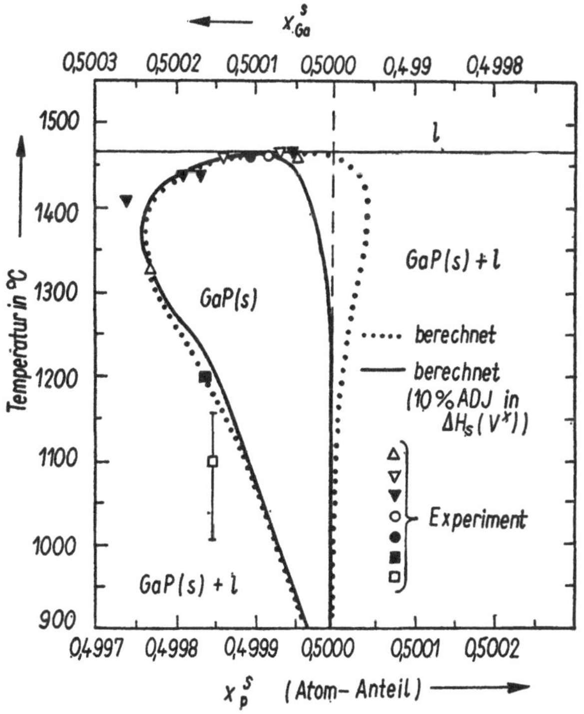

Abb. 2.5. Soliduskurve von GaP [18]

klare Situation wird dadurch erhellt, daß andererseits gerade dieser Defekt mittels ESR in Konzentrationen um 10^{16} cm^{-3} nachgewiesen wurde [14, 15], während V_{Ga}^{-}, welches in um drei Größenordnungen höheren Konzentrationen auftreten sollte, nicht nachgewiesen werden konnte.

Von Jordan et al. wurde die Stöchiometrie von GaP experimentell bestimmt [15, 17]. Unter der Annahme eines Defektmodells mit Schottky-Fehlordnung in beiden Untergittern, wobei nur neutrale Leerstellen berücksichtigt wurden, konnte die in Abb. 2.5 gezeigte Soliduskurve berechnet werden. Gleichzeitig ist in Abb. 2.5 die von van Vechten berechnete Soliduslinie [18] eingezeichnet, welche die Anwesenheit geladener Fehlstellen (V_{Ga}^{-} und V_{P}^{+}) sowie geladener Antistruktur-Defekte (Ga_{P}^{2-} und P_{Ga}^{2+}) voraussetzt. Trotz unterschiedlicher Annahmen zur grundlegenden Defektstruktur wird weitgehend Übereinstimmung erzielt, wobei allerdings nach Van Vechten nur Stöchiometrieabweichungen in Richtung eines Ga-Überschusses zu erwarten sind. Es besteht jetzt weitgehend die Auffassung, daß bei den III–V-Halbleitern generell eine Asymmetrie des Phasenfeldes des Festkörpers in Richtung zum Überschuß der A-Komponenten anzunehmen ist. Ausführliche Diskussionen zum Problem der Nichtstöchiometrie und der Eigendefekte in den III–V-Halbleitern finden sich in [10, 19].

2.1.2.2. Ternäre und quaternäre Systeme

Von den Elementen Al, Ga und In sowie P, As und Sb leiten sich neben den 9 binären Verbindungen (Tab. 2.2) noch 18 ternäre und 15 quaternäre Mischkristallsysteme ab. Durch geeignete Mischkristallzusammensetzung kann im Prinzip jeder gewünschte Bandabstand zwischen 0,17 eV und 2,45 eV (bei Zimmertemperatur) eingestellt werden. Während die binären Al-Verbindungen an Luft hydrolysieren, sind Mischkristalle selbst bis zu relativ hohen Al-Anteilen stabil. Alle denkbaren ternären und quaternären Systeme wurden bereits experimentell untersucht. Mit Ausnahme der Systeme Ga–As–Sb, Ga–In–As–Sb und derjenigen, die gleichzeitig P und Sb im B-Untergitter enthalten, ist wahrscheinlich lückenlose Mischkristallbildung möglich.

Mischkristalle finden in der Regel nur in Form von Epitaxieschichten Anwendung, die auf den binären Verbindungen (als Substratmaterial) abgeschieden werden. Die Züchtung kompakter Mischkristalle ist möglich [20], bereitet aber größere Schwierigkeiten aufgrund des weiten Abstandes zwischen den Liquidus- und Solidusflächen und der damit verbundenen großen Unterschiede in den Segregationskoeffizienten, die zur An- bzw. Abreicherung der verschiedenen Konstituenten in der Schmelze im Verlaufe des Kristallisationsvorganges führen.

Zur Illustration der Phasenbeziehungen soll die perspektivische Darstellung des Phasendiagramms für das System Ga–In–P dienen [21] (Abb. 2.6.). Die Liquidus-Isothermen, welche gewöhnlich dargestellt werden, ergeben sich als Schnittlinien der Liquidusoberfläche mit den Isothermenflächen parallel zur Grundfläche des dreieckigen Prismas. Die Seitenflächen des Prismas enthalten die T–x-Darstellungen der binären Randsysteme.

Das pseudobinäre T–x-Phasendiagramm (im konkreten Fall mit InP und GaP als Randkomponenten) ergibt sich aus dem Schnitt von Liquidus- und Solidusflächen mit einer senkrecht stehenden Ebene, welche links und rechts an den Punkten mit $x=0{,}5$ in den binären Systemen In–P und Ga–P fixiert ist.

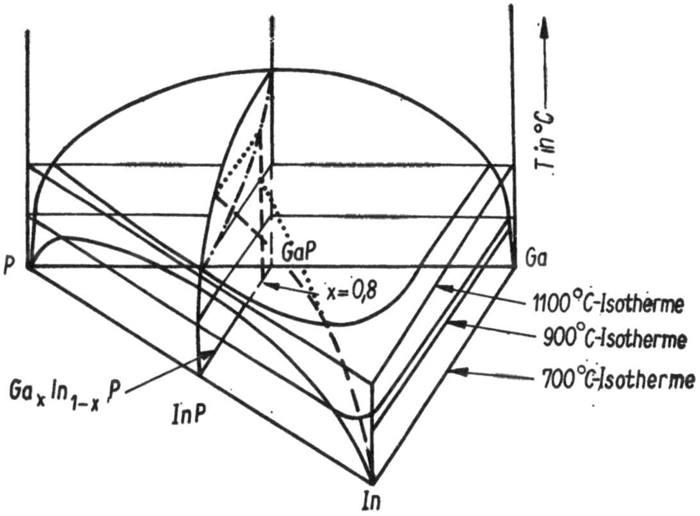

Abb. 2.6. Phasendiagramm des Systems Ga–In–P [22]

Isokonzentrations-Soliduskurven sind in Abb. 2.6. gestrichelt dargestellt; sie werden aus den Schnittpunkten der Verbindungslinien zwischen einer bestimmten Feststoffzusammensetzung und der Liquidusfläche erhalten. Die punktierten Verbindungslinien verbinden einen Punkt auf der Liquidusoberfläche mit der damit im Gleichgewicht stehenden Mischkristallzusammensetzung.

Die gebräuchlichste Darstellung eines ternären Phasendiagramms ergibt sich aus der Projektion von Liquidusisothermen und Isosoliduskurven auf die dreieckige Basisfläche des Prismas, wie in Abb. 2.7. dargestellt [22].

Die praktisch wichtigsten ternären Mischkristallsysteme sind Ga–As–P, Ga–Al–As und Ga–In–As. Die beiden bedeutungsvollsten quaternären Mischkristallsysteme sind Ga–In–As–P und Ga–Al–As–Sb.

In allgemeiner Weise läßt sich ein quaternäres Mischkristallsystem mit Hilfe eines Tetraeders, wie in Abb. 2.8. gezeigt, darstellen. Aus Abb. 2.8. geht auch die Position der binären Verbindungen, der pseudobinären ternären und der pseudoternären quaternären Mischkristalle hervor (z. B. kann das quaternäre Mischkristallsystem $A_{1-x-y}B_xC_yD$ auch als ternäre Mischung der jeweils binären Konstituenten AD, BD und CD aufgefaßt werden). Zur analytischen Behandlung der Phasengleichgewichte in ternären Mischkristallsystemen werden diese als quasi-binär ($A_{1-x}B_xC$ entspricht Mischung aus AC und BC)

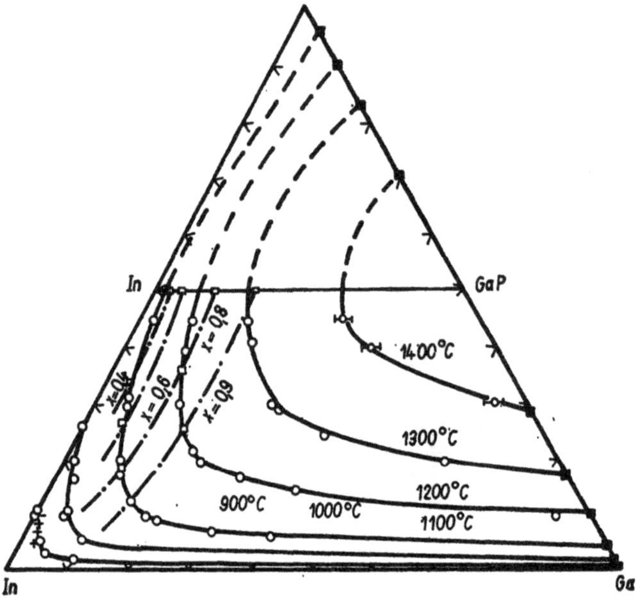

Abb. 2.7. Liquidusisothermen und Isosoliduskurven im System Ga–In–P [22] (Lies in Bildmitte (In P statt In)

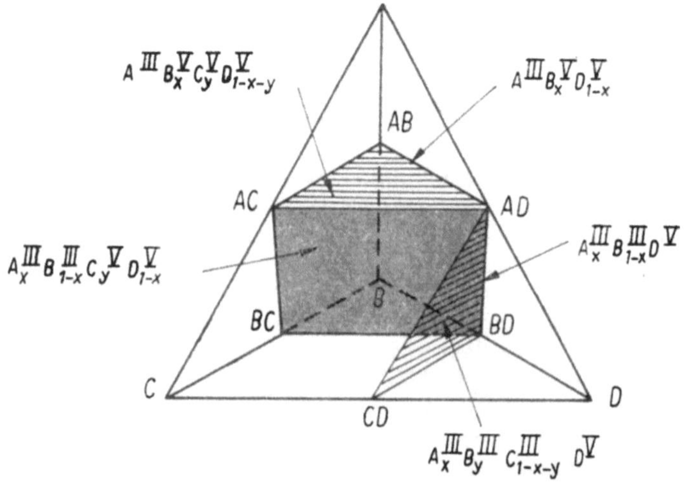

Abb. 2.8. Tetraeder zur Darstellung der Zusammensetzung eines quaternären Systems A–B–C–D, in dem verschiedene binäre Verbindungen lückenlos ternäre und quaternäre Mischkristalle bilden [20]

aufgefaßt. Die grundlegenden Gleichgewichtsbeziehungen ergeben sich dann zu [21, 23]

$$RT \ln (\gamma_{AC} x^{s}_{AC}) = RT \ln [x^{l}_{A} x^{l}_{C} \gamma_{A} \gamma_{C} / (\gamma_{A}^{sl\,AC} \gamma_{C}^{sl\,AC})] + \Delta S^{F}_{AC} \cdot (T^{F}_{AC} - T) \tag{16}$$

und

$$RT \ln (\gamma_{BC} x^{s}_{BC}) = RT \ln [x^{l}_{B} x^{l}_{C} \gamma_{B} \gamma_{C} / (\gamma_{B}^{sl\,BC} \gamma_{C}^{sl\,BC})] + \Delta S^{F}_{BC} \cdot (T^{F}_{BC} - T) \, . \tag{17}$$

Die Symbole und Indizes haben dieselbe Bedeutung wie in Gl. (1). Die Aktivitätskoeffizienten γ können wiederum auf verschiedene Weise modellmäßig erfaßt werden; im Modell der streng regulären Lösung ergeben sie sich z. B. über die Beziehungen

$$RT \ln \gamma_{AC} = \Omega_{AC-BC} (1 - x_{AC})^2 \, , \tag{18}$$

$$RT \ln \gamma_{BC} = \Omega_{AC-BC} (1 - x_{BC})^2 \, , \tag{19}$$

$$RT \ln \gamma_{A} = \Omega_{A-B} x_B^2 + \Omega_{A-C} x_C^2 + (\Omega_{A-B} + \Omega_{A-C} - \Omega_{B-C}) \, x_B x_C \, , \tag{20}$$

$$RT \ln \gamma_{B} = \Omega_{A-B} x_A^2 + \Omega_{B-C} x_C^2 + (\Omega_{A-B} + \Omega_{B-C} - \Omega_{A-C}) \, x_A x_C \, , \tag{21}$$

$$RT \ln \gamma_{C} = \Omega_{A-C} x_A^2 + \Omega_{B-C} x_B^2 + (\Omega_{B-C} + \Omega_{A-C} - \Omega_{A-B}) \, x_A x_B \, . \tag{22}$$

Die gegenseitige Mischbarkeit in der festen Phase wird wesentlich durch die Unterschiede in den Radien der Atome, die dasselbe Untergitter besetzen, bestimmt. Ausgehend davon hat Stringfellow ein Modell zur Berechnung der Wechselwirkungsparameter in der festen Phase vorgeschlagen, welches explizit den Unterschied in den Gitterkonstanten a_{AC} bzw. a_{BC} der binären Konstituenten der Mischkristalle zugrunde legt [24]:

$$\Omega_{AC-BC} = 5 \cdot 10^7 \, (a_{AC} - a_{BC})^2 / [(a_{AC} + a_{BC})/2]^{4,5} \, . \tag{23}$$

In prinzipiell der gleichen Weise können Gleichungen zur Berechnung der Phasenbeziehungen in quaternären Mischkristallsystemen aufgeschrieben werden. Die Gl. (16) und (17) sind dann unter Verwendung der Daten für die binären III–V-Verbindungen numerisch zu lösen, wobei die zur Berechnung der Aktivitätskoeffizienten erforderlichen Wechselwirkungsparameter meist empirisch durch Fitting an experimentelle Daten in den binären Systemen bestimmt werden. Die Wechselwirkungsparameter liegen in den III–V-Systemen üblicherweise zwischen 0 und −25 kJ/mol, was Mischungsenthalpien (welche die Abweichung vom Verhalten der idealen Lösung charakterisieren) von etwa 0–6 kJ/mol entspricht.

Phasengleichgewichte der III–V-Halbleiter und ihre analytische Beschreibung werden ausführlich in [21–25] diskutiert, eine Zusammenstellung von Literaturdaten für die Wechselwirkungsparameter ist in [20] enthalten.

2.1.3. Kristallographische Charakterisierung

Insbesondere für die Abscheidung von Epitaxieschichten spielen die geometrischen Eigenschaften des Kristallgitters eine entscheidende Rolle. Mit Ausnahme der Nitride, die in der Wurtzit-Struktur auftreten, kristallisieren die III–V-Halbleiter unter den üblichen Züchtungsbedingungen im kubischen Zinkblendegitter (Abb. 2.1a) mit der Raumgruppe $F\,\bar{4}3\,m$. Im Unterschied zum Diamantgitter der Elementhalbleiter sind hier die Gitterplätze alternierend mit III- und V-Atomen besetzt. Der Kristall besteht aus zwei kubisch-flächenzentrierten Untergittern jeweils einer Atomsorte die um den Translationsvektor (1/4 1/4 1/4) gegeneinander verschoben sind. Jedes Atom sitzt im Zentrum eines regulären Tetraeders, dessen Ecken von vier Atomen aus dem anderen Untergitter besetzt sind. Der kürzeste interatomare Abstand beträgt $a_0\sqrt{3}/4 \approx 0{,}433\,a_0$.

Für die epitaktische Abscheidung stehen sechs III–V-Substratmaterialien in kompakter Form zur Verfügung: GaP, GaAs, GaSb; InP, InAs und InSb. Die Epitaxieschichten werden meist auf {100}- oder {111}-Flächen dieser Kristalle abgeschieden. Von gewisser Bedeutung sind auch noch die {110}-Flächen, die als natürliche Spaltflächen der III–V-Halbleiter auftreten. Alle höher indizierten Flächen lassen sich als stufenförmige Kombinationen dieser drei Grundtypen angeben. Für die Epitaxie werden am häufigsten {100}-Substratflächen eingesetzt, wobei für die Abscheidung aus der Gasphase eine Fehlorientierung von 2° bis 5° in Richtung [110] erforderlich ist, um eine ausreichende Wachstumsgeschwindigkeit und akzeptable Oberflächenperfektion der Epitaxieschichten zu erreichen. Bei der Flüssigphasenepitaxie ist hingegen die möglichst exakte Einhaltung der (100)-Orientierung anzustreben. {100}-Flächen werden u. a. deshalb bevorzugt, da sie senkrecht zu den {110}-Spaltflächen stehen, so daß sich rechtwinklige Bauelemente-Geometrien in guter Ausbeute herstellen lassen.

Die {100}-Flächen zeigen keinen polaren Charakter, d. h. sie sind zu gleichen Teilen mit Atomen aus der III. und V. Hauptgruppe besetzt, obwohl atomar glatte Flächen nur aus Atomen einer Sorte bestehen sollten. Jedes Atom einer (100)-Fläche ist mit je zwei Bindungen an die darüber- bzw. darunterliegende Schicht gebunden. Der Abstand zwischen den {100}-Ebenen ist stets gleich.

In [111]-Richtung besteht das Zinkblendegitter aus Doppelschichten, d. h. es treten alternierend kurze und lange Abstände zwischen den mit Atomen jeweils einer Art besetzten {111}-Ebenen auf. Der Abstand zwischen zwei Doppelschichten entspricht der Bindungslänge $0{,}433\,a_0$, während der Abstand zwischen den beiden Ebenen einer Doppelschicht $0{,}146\,a_0$ beträgt. Von einem Atom einer (111)-Ebene geht eine Bindung in [111]-Richtung an ein Atom der nächsten Doppelschicht, während die drei verbleibenden Bindungen im Tetraederwinkel zu drei Atomen derselben Doppelschicht gerichtet sind. {111}-Flächen entstehen daher immer durch Trennung der jeweils einen „langen“ Bindung zur nächsten Doppelschicht. Sie bestehen folglich immer aus Atomen der III. *oder* der V. Hauptgruppe und zeigen deutlich polaren Charakter beim Kristallwachstum, beim Störstelleneinbau und beim Ätzen. Definitionsgemäß werden {111}-Oberflächen, welche von Atomen der III. Hauptgruppe gebildet werden, als (111)A-Flächen oder nur (111)-Flächen bezeichnet, während die von Atomen der V. Hauptgruppe besetzten Flächen als $(\bar{1}\bar{1}\bar{1})$- oder (111)B-Flächen bezeichnet werden. Die Wachstumsgeschwindigkeiten und die elektrischen Eigenschaften von Epitaxieschichten zeigen deutliche Unterschiede, je nachdem, ob die Abscheidung auf [111]A- oder [111]B-orientierten Substraten erfolgt.

Epitaktisches Wachstum auf {110}-Flächen führt meist zu rauhen Oberflächen, weshalb diese kaum ausgenutzt werden. {110}-Flächen enthalten in gleicher Zahl Atome der III. und V. Hauptgruppe und tragen daher keinen polaren Charakter. Jeweils zwei der vier von einem Atom ausgehenden Bindungen liegen in der (110)-Ebene, während jeweils eine Bindung die Verknüpfung zur darüber- und darunterliegenden Schicht herstellt.

Diese atomistische Betrachtung der Struktur der Kristalloberflächen kann zur Erklärung einer Reihe von Keimbildungs- und Wachstumsphänomenen herangezogen werden, obwohl unter realen Wachstumsbedingungen mit Sicherheit noch andere Verhältnisse vorliegen.

Für epitaktische Schichtstrukturen ist eine möglichst gute Übereinstimmung der Gitterkonstanten von Substrat und Epitaxieschicht, bzw. zwischen aufeinanderfolgenden Epitaxieschichten, erforderlich. Für Laserstrukturen auf der Basis von Heteroübergängen zwischen InP und $Ga_{1-x}In_xP_{1-y}As_y$ z. B. gilt ein Unterschied in den Gitterkonstanten von $\leqq 0{,}03\,\%$ als eine möglichst zu erfüllende Bedingung, um ausreichend niedrige Versetzungsdichten, geringe Grenzflächen-Zustandsdichten und glatte Epitaxieschicht-Oberflächen zu erzielen.

In Tab. 2.3. sind neben anderen Eigenschaften auch die Gitterkonstanten und thermischen Ausdehnungskoeffizienten (bei Zimmertemperatur) der binären III–V-Halbleiter aufgeführt. Bedeutungsvoll ist die Tatsache, daß die homologen Al- und Ga-Verbindungen praktisch identische Gitterkonstanten besitzen. Die Gitterkonstanten von Mischkristallen lassen sich meist in guter Näherung mit Hilfe der Vegardschen Regel wiedergeben. Für einen Mischkristall $Ga_xIn_{1-x}As_yP_{1-y}$ ergibt sich dementsprechend die Gitterkonstante aus der Gleichung

$$a(x, y) = xya_{\mathrm{GaAs}} + x\,(1-y)\,a_{\mathrm{GaP}} + y\,(1-x)\,a_{\mathrm{InAs}} + (1-x)\,(1-y)\,a_{\mathrm{InP}} \tag{24}$$

Die quaternären Mischkristallsysteme bieten die Möglichkeit, Gitterkonstanten und Bandabstände unabhängig voneinander variieren zu können, so daß zu einem vom Anwendungszweck vorgegebenen Bandabstand eine Mischkristallzusammensetzung gefunden werden kann, die zugleich die Forderung nach übereinstimmender Gitterkonstante mit dem Substratkristall erfüllt.

Wegen der unterschiedlichen Größe und Temperaturabhängigkeit der thermischen Ausdehnungskoeffizienten läßt sich jedoch stets nur Übereinstimmung in den Gitterkonstanten bei einer bestimmten Temperatur erzielen.

Tabelle 2.3.

Einige Eigenschaften von Element- und III-V-Halbleitern

Halbleiter (Struktur)	a_0 in nm (bei 300 K)	α in $10^{-6}K^{-1}$ (bei 300 K)	ϱ in g/cm^3	E_g in eV (bei 300 K)
C (D)	0,3567	1,0	3,515	5,48 (i)
Si (D)	0,5431	2,6	2,329	1,11 (i)
Ge (D)	0,5657	5,9	5,323	0,66 (i)
SiC (Zb)	0,436	2,9	3,166	2,39 (i)
SiC (6H)	0,308	4,2[2]	3,211	3,02 (i)
	1,512	4,7[2]		
BN (W)	0,6661	3,7	2,18	3,6 ... 5,9
	0,2504	2,7		
BN (Zb)[1]	0,3616	–	3,847	6 ... 8
BP (Zb)	0,4538	3,7[3]	2,91	2,0 (i)
BAs (Zb)	0,4777	–	5,22	1,46 (d)
AlN (W)	0,311	5,3	3,23	6,2 (d)
	0,498	4,2		
AlP (Zb)	0,5467	4,2	2,40	2,45 (i)
AlAs (Zb)	0,5660	5,2	3,70	2,15 (i)
AlSb (Zb)	0,6136	4,0	4,26	1,63 (i)
GaN (W)	0,317	7,5	6,095	3,44 (d)
	0,516	5,6		
GaP (Zb)	0,5451	5,9	4,138	2,27 (i)
GaAs (Zb)	0,5653	6,6	5,318	1,42 (d)
GaSb (Zb)	0,6096	6,2	5,614	0,70 (d)
InN (W)	0,3545	3,8	6,89	2,09 (d)
	0,5703	2,9		
InP (Zb)	0,5869	4,6	4,81	1,34 (d)
InAs (Zb)	0,6058	5,2	5,67	0,36 (d)
InSb (Zb)	0,6479	5,1	5,775	0,18 (d)

Strukturen: D Diamant, W Wurtzit, Zb Zinkblende
a_0 Gitterkonstante, α linearer thermischer Ausdehnungskoeffizient, ϱ Dichte, i indirekte, d direkte verbotene Zone E_g.

[1]) metastabil, [2]) bei 700 K, [3]) bei 400 K

Es ist vorteilhaft, möglichst gute Übereinstimmung bei der Züchtungstemperatur anzustreben, bzw. einen Kompromiß zu finden, der relativ geringe Unterschiede in den Gitterkonstanten der verschiedenen miteinander verwachsenden Materialien sowohl bei der Züchtungstemperatur als auch nach Abkühlung auf Zimmertemperatur einschließt. Die bessere Übereinstimmung bei der Züchtungstemperatur ist günstig, da bei tieferen Temperaturen kaum noch Versetzungen entstehen können.

Sind keine Materialkombinationen mit übereinstimmender Gitterkonstante zu finden, so ist eine allmähliche Anpassung durch kontinuierliche oder schrittweise Änderung der Mischkristallzusammensetzung und damit Angleichung der Gitterkonstanten erforderlich.

2.1.4. Volumenkristalle

Kompaktkristalle der III–V-Halbleiter finden fast ausschließlich Verwendung als Ausgangsmaterial zur Herstellung von Substratscheiben für darauf abzuscheidende Epitaxieschichten, da bei den III–V-Halbleitern – im Gegensatz zum Silicium – die Bauelementestrukturen meistens in epitaktisch gewachsenem Material realisiert werden. Trotzdem sind die einkristallinen GaP-, GaAs-, GaSb-, InP-, InAs- und InSb-Substrate nicht nur einfach mechanische Träger der Epitaxieschichten. Teilweise kann das Substrat selbst aktiver Bestandteil von Bauelementestrukturen sein, z. B. als n-Gebiet in einfachsten Injektionslumineszenzdioden. Die Dotierung des Substrats beeinflußt wesentlich Bahn- und Kontaktwiderstand der Bauelemente.

Die kristallographische Perfektion von Epitaxieschichten wird in hohem Maße von der Perfektion des Substratmaterials bestimmt. Versetzungslinien, welche die Substratoberfläche, auf der das epitaktische Wachstum erfolgen soll, durchstoßen, setzen sich häufig in den Epitaxieschichten fort. Ebenso können Mikrodefekte in der Substratoberfläche (Versetzungsschleifen, Leerstellen-Agglomerate) zum Ausgangspunkt von Versetzungen in den Epitaxieschichten werden.

Durch Diffusion können Störstellen aus dem Substrat in die wachsenden Epitaxieschichten gelangen, wie es z. B. für GaAs-Homoepitaxieschichten nachgewiesen wurde. Das Substrat kann somit die Quelle von Rekombinationszentren sein, die die Trägerlebensdauer in den Epitaxieschichten verkürzen.

Daraus ergibt sich die Aufgabe, Kompaktkristalle mit hoher Kristallperfektion, möglichst geringer Konzentration an ungewollten Reststörstellen und wohldefinierter, gezielt eingebauter Dotierung zu züchten.

2.1.4.1. Allgemeine Probleme der Synthese und Einkristallzüchtung von III–V-Verbindungen

Wie aus Tab. 2.2 ersichtlich ist, besitzen alle III–V-Verbindungen (mit Ausnahme von InSb) eine höhere Schmelztemperatur als ihre elementaren Konstituenten. Von den sechs binären Verbindungen, die als Kompaktkristalle gezüchtet werden, hat jedoch nur das GaP einen höheren Schmelzpunkt als Silicium. Die eigentlichen Probleme der Synthese und Kristallzüchtung resultieren a) aus den hohen Dampfdrücken der B-Konstituenten in der Nähe des kongruenten Schmelzpunktes der Verbindungen und b) aus der Empfindlichkeit der physikalischen Eigenschaften des Materials gegenüber sehr geringen Schwankungen in der Stöchiometrie. Der zweite Gesichtspunkt ist nur für die Züchtung von einkristallinen Volumenkristallen und Schichten von Bedeutung, während die Kombination hoher Schmelzpunkte und hoher Dampfdrücke Probleme bei Synthese und Einkristallzüchtung bereitet.

Zur Herstellung größerer Massen sowie zur Züchtung von Volumenkristallen der III–V-Halbleiter kommt nur die Darstellung aus der kondensierten Phase in der Nähe der Schmelztemperaturen in Frage. Die Epitaxieverfahren weisen etwa um zwei Größenordnungen zu niedrige Wachstumsgeschwindigkeiten auf, um sie als Syntheseverfahren für Volumenkristalle einsetzen zu können.

Sowohl die Mehrzahl der Verfahren zur Züchtung von einkristallinen Volumenkristallen als auch eine Reihe von Epitaxieverfahren gehen von vorsynthetisiertem polykristallinem Material hoher Reinheit aus. Einige Verfahren stellen eine unmittelbare Kombination von Synthese und Einkristallzüchtung dar.

Generell erfolgt die Synthese der III–V-Verbindungen bevorzugt direkt aus den Elementen, die in hoher Reinheit kommerziell angeboten werden. Bei den Arseniden und Phosphiden muß die Synthese in abgeschlossenen Druckgefäßen erfolgen, während die Antimonide keine besonderen Anforderungen an die Druckbeständigkeit der Synthese- und Züchtungsapparaturen stellen. Die Ausgangsstoffe werden meist in 6N-Reinheit eingesetzt und häufig vor dem Abschmelzen der Ampulle noch mehrere Stunden bei relativ niedrigen Temperaturen im Vakuum ausgeheizt (Ga z. B. bei 700 °C und As bei 200 °C). Alle zum Einsatz kommenden Quarz-, Graphit- oder BN-Teile werden vorher gründlich entfettet, geätzt, gespült, getrocknet und ausgeheizt.

Im allgemeinen wird der Syntheseprozeß vollzogen, indem in einer abgeschlossenen Ampulle die räumlich zunächst von der A-Komponente (Ga, In) getrennte B-Komponente (P, As, Sb) durch Erhitzen sublimiert wird und über die Gasphase zu der bis nahe an die Schmelztemperatur der Verbindung erhitzten A-Komponente gelangt. Dieser Prozeß sei am Beispiel der Synthese von InP [9] erläutert:

In einer Ampulle befindet sich an einem Ende ein Tiegel mit In, welches auf 1075 °C aufgeheizt wird. Am anderen Ende der Ampulle befindet sich roter Phosphor, welcher durch einen zweiten Ofen sehr langsam und vorsichtig (Explosionsgefahr!) auf 555 bis 560 °C (entspricht $p_P \approx 2{,}75$ MPa) aufgeheizt wird. Innerhalb von 12 Stunden vollzieht sich dann die Synthese bis zum vollständigen Umsatz. Beim langsamen Abkühlen auf eine Temperatur unterhalb des Schmelzpunktes von InP (1062 °C) erfolgt die Kristallisation des Tiegelinhalts als polykristalliner Barren.

Alle III–V-Verbindungen zeigen bei der Kristallisation eine Volumenvergrößerung gegenüber dem geschmolzenen Zustand, weshalb die Kristallisation außerhalb des Tiegels oder in waagerechten Schiffchen mit großer freier Oberfläche günstiger ist als in senkrecht stehenden Tiegeln.

Das auf diese Weise synthetisierte Material kann entweder in derselben Apparatur verbleiben und mittels gerichteter Erstarrung in einen Einkristall verwandelt werden, oder es dient als Ausgangsmaterial für die Einkristallzüchtung nach einem modifizierten Czochralski-Verfahren.

GaP wird häufig nach dem Frosch-Verfahren [26] bei niedrigen Drücken aus PH_3 (5 % in H_2) und Ga, welches sich bei 1110 °C bis 1150 °C in einem steilen Temperaturgradienten befindet, synthetisiert. Ein weiterer industriell genutzter Syntheseprozeß besteht im Zonenschmelzen von Ga bzw. In in P-, bzw. As-Atmosphäre. Bei diesen beiden Verfahren handelt es sich im Grunde um die Züchtung aus Lösungen unter erhöhtem Druck.

2.1.4.2. Einkristallzüchtung

Obwohl eine Vielzahl Verfahren für die Züchtung kompakter Einkristalle der III–V-Halbleiter erprobt ist und eingesetzt wird, sind drei Verfahren dominierend:

a) die gerichtete Erstarrung nach dem horizontalen Bridgman-Verfahren (HB),
b) die gerichtete Erstarrung nach dem gradient-freezing-Verfahren (GF) und
c) das Tiegelziehverfahren nach Czochalski mit Abdeckmittel (*L*iquid *E*ncapsulated *C*zochralski).

InP und GaP werden industriell heute ausschließlich nach dem LEC-Verfahren hergestellt; für die Arsenide kommen alle drei Verfahren zur Anwendung, während die Antimonide wegen ihrer geringen Dampfdrücke nach allen für Ge und Si üblichen Verfahren in konventioneller Weise gezüchtet werden können.

Sofern das HB-Verfahren anwendbar ist, werden damit im allgemeinen Kristalle höherer Perfektion als mittels LEC-Züchtung erhalten.

2.1.4.2.1. Horizontales Bridgman- und Gradient-freezing-Verfahren

Bei allen Normalerstarrungs-Verfahren wird die Tiegelbeschickung anfänglich komplett aufgeschmolzen und allmählich in einer Richtung zum Erstarren gebracht. Dies geschieht, indem die Schmelze relativ zu einem Temperaturgradienten, der mittels eines Zwei- oder Dreizonenofens erzeugt wird, verschoben wird. Zweckmäßigerweise wird nicht das Schiffchen mit der Schmelze, sondern das Ofensystem bewegt (HB-Verfahren). Eine Verschiebung der Kristallisationsfront ist auch bei stationärer Position von Ofen und Ampulle möglich, indem die Temperaturen in beiden Zonen progressiv abgesenkt werden (GF-Verfahren). Abb. 2.9 zeigt die experimentelle Anordnung und die entsprechenden Temperaturprofile.

Die Schmelze befindet sich in einem horizontalen Boot und steht im allgemeinen in Kontakt mit einem einkristallinen Keimkristall. Das Schiffchen seinerseits befindet sich gemeinsam mit einem räumlich davon getrennten Überschuß an Arsen (bzw. Phosphor) in einer abgeschmolzenen Ampulle. In der Schmelze werden üblicherweise horizontale Temperaturgradienten von etwa 2 K/cm bis 5 K/cm eingestellt, die Wachstumsgeschwindigkeiten um 5 mm/h bis 10 cm/h (entsprechend der Verschiebungsgeschwindigkeit des Ofensystems) ermöglichen. Meist wird zusätzlich ein senkrechter Temperaturgradient von beispielsweise 4 K/cm eingestellt, um heterogene Keimbildung am Boden des Schiffchens zu minimieren und somit die Einkristallinität des erstarrenden Materials sicherzustellen. Der vorgegebene Keimkristall ist meist (111)-orientiert und wird zu Beginn teilweise aufgeschmolzen. Dotanden können der Schmelze direkt zugesetzt werden, allerdings treten bei der p-Dotierung mit Zink Probleme auf, da sich flüchtige Verbindungen, wie z. B. ZnP_2, bilden, die ihrerseits im Temperaturgradienten transportiert werden.

Beim gradient-freezing-Verfahren kann die Erstarrung durch Abkühlung mit 5 bis 10 K/d vorgenommen werden.

Es liegt auf der Hand, daß sich beide Methoden gut in situ unmittelbar

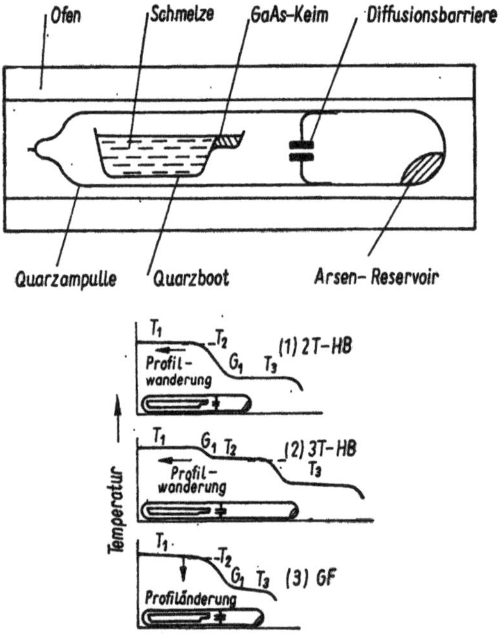

Abb. 2.9. Schematische Darstellung der experimentellen Anordnung und Temperaturprofile für die GaAs-Züchtung nach dem HB- oder GF-Verfahren (nach [27])

an die Synthese anschließend einsetzen lassen. Ebenso ist erkennbar, daß lediglich ein schmalerer Ofen erforderlich ist, um in gleicher Weise horizontales Zonenschmelzen durchzuführen.

2.1.4.2.2. LEC-Züchtung

GaP kann wegen seines hohen Schmelzpunktes und des hohen zugehörigen P-Dampfdruckes nicht nach dem HB- oder GF-Verfahren hergestellt werden, InP nur bedingt. Diese beiden III–V-Halbleiter, aber auch GaAs und InAs, werden daher als kompakte Einkristalle nach dem LEC-Verfahren hergestellt. Gegenüber dem konventionellen Czochralski-Verfahren besteht die Modifikation darin, daß die Verdampfung der flüchtigen Komponente aus der Schmelze verhindert wird, indem die Oberfläche mit einer „Schutzschmelze", einer inerten Substanz, bedeckt wird, welche die Tiegelwand benetzt. Innerhalb des Rezipienten wird ein Inertgasdruck aufrechterhalten, der höher als der Gleichgewichtsdampfdruck über der Schmelze ist. Anschaulich gesagt:

Die Schutzschmelze stellt eine Art „Deckel“ auf dem „Topf“ (Tiegel) dar, der mit hohem äußeren Gegendruck auf den Tiegel gepreßt wird.

Der Tiegel mit der darin befindlichen von der Schutzschmelze überdeckten Halbleiterschmelze befindet sich in einer Druckkammer aus Edelstahl, deren Wände kalt sein können, da keine Kondensation von entweichendem P oder As zu befürchten ist. Als Abdeckmittel wird B_2O_3 verwendet, welches alle Anforderungen an eine solche Substanz weitestgehend erfüllt:

a) Seine Dichte (1,8 g · cm^{-3}) ist geringer als die der Halbleiterschmelze (GaP 4,1 g · cm^{-3}; GaAs 5,3 g · cm^{-3}; InP 4,8 g · cm^{-3}), so daß es auf der Schmelze schwimmt.

b) B_2O_3 hat einen niedrigen Schmelzpunkt (450 °C) und einen niedrigen Dampfdruck (< 100 Pa bei 1240 °C).

c) Es verhält sich praktisch chemisch inert gegenüber den Tiegelmaterialien und Halbleiterschmelzen, mit denen es nicht mischbar ist, löst sich aber in H_2O.

d) Es ist optisch transparent.

Abb. 2.10 zeigt die schematische Darstellung eines LEC-Rezipienten. Als Tiegelmaterial werden pyrolytisches Bornitrid oder Quarzglas eingesetzt. Das polykristalline Ausgangsmaterial im Tiegel wird mit sorgfältig getrocknetem B_2O_3 bedeckt, welches im geschmolzenen Zustand eine etwa 1 cm hohe Schicht bildet. Die Beheizung befindet sich im Inneren der Druckkammer und kann induktiv oder als Widerstandsheizung erfolgen. Für die Züchtung

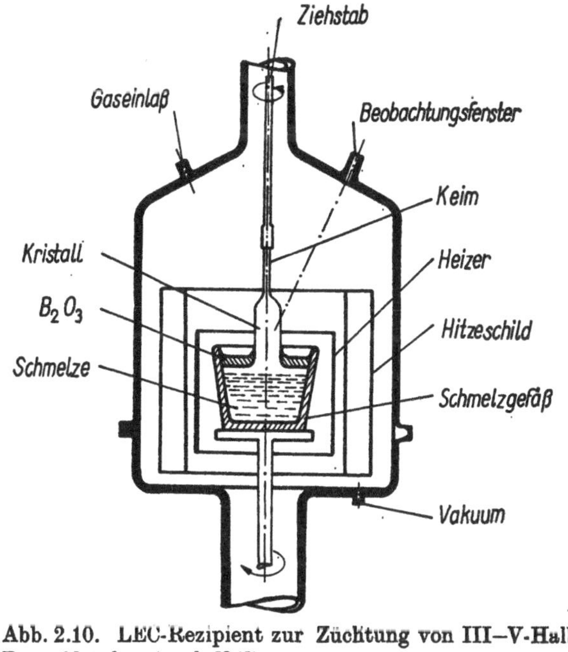

Abb. 2.10. LEC-Rezipient zur Züchtung von III–V-Halbleitern mit hohen Dampfdrücken (nach [34])

von GaP wird im Inneren der Kammer üblicherweise N_2 als Inertgas mit einem Druck von 5 bis 6 MPa eingesetzt; GaAs wird unter etwa 0,1 MPa und InP mit 3 bis 4 MPa N_2-Überdruck gezüchtet.

Nach dem Aufheizen wird von oben ein Keimkristall durch die Abdeckschicht in die Schmelze getaucht, und es beginnt der Ziehvorgang. Zum Ausgleich von Temperaturasymmetrien können sowohl Tiegel als auch Keimkristall gedreht werden, in gleicher Richtung oder auch gegeneinander. Die Umdrehungszahlen liegen gewöhnlich zwischen 3 und 10 Umdrehungen pro Minute.

Die Ziehgeschwindigkeit beträgt beim LEC-Verfahren typisch 1 bis 3 cm/h. Kristalle mit Durchmessern bis zu 80 mm und 2 bis 5 kg Masse sind nach diesem Verfahren bereits hergestellt worden.

Das Saphir-Fenster in der Druckkammer ermöglicht die visuelle Beobachtung mit der Fernsehkamera. Die Züchtung ist weitgehend automatisierbar. Zur automatischen Durchmesser-Regelung kommen zwei Verfahren zum Einsatz:

a) die Auswertung der Meniskusgestalt, die mit Hilfe von Röntgenstrahlen ermittelt wird und
b) die Auswertung der Gewichtszunahme während des Kristallziehens.

Gute Reproduzierbarkeit und Einheitlichkeit der Durchmesser konnte auch beim Ziehen durch einen Ring („coracle") aus Si_3N_4, welcher auf der Schmelze unter der B_2O_3-Abdeckung schwimmt, erreicht werden.

Die Ziehrichtung wird durch den Keimkristall vorgegeben und ist bevorzugt [111], [$\bar{1}\bar{1}\bar{1}$], aber auch [100].

Mit Hilfe der LEC-Technik werden gewöhnlich Kristalle mit nur mäßiger Kristallperfektion erhalten, obgleich sowohl von GaAs als auch von GaP und InP bereits versetzungsfreie Kristalle gewonnen wurden. Dazu ist die Vermeidung jeglicher Temperaturfluktuationen in der Schmelze (z. B. durch Konvektion der Gasatmosphäre über der Schmelze!) notwendig. Die beim LEC-Verfahren auftretenden großen Temperaturgradienten – in horizontaler und vor allem in vertikaler Richtung zwischen Schmelze und erstarrtem Kristall – sind die Hauptursache für die durch thermische Spannungen induzierten Versetzungen.

InP kann bei hohen Dotierungskonzentrationen versetzungsfrei erhalten werden. Auch beim LEC-Verfahren werden Dotanden direkt der Schmelze zugesetzt. Dotanden mit hohen Verteilungskoeffizienten sind dabei wenig geeignet, da sich ihre Konzentration in der Schmelze während des Ziehvorganges gravierend ändert.

Eine kritische Phase während des Ziehens ist die Ausbildung des Halses zwischen Keimkristall und anschließendem Kompaktkristall. Beim InP wird z. B. die Zwillingsbildung vermieden, wenn der Winkel des Halses zur Ziehrichtung weniger als 19,68° beträgt, und auch für die Züchtung von versetzungsfreiem GaP sind kleine Winkel Voraussetzung.

Zusammenfassend ist festzustellen, daß die LEC-Züchtung das dominierende Verfahren zur Herstellung der wichtigsten III–V-Halbleiter-Kompaktkristalle darstellt. Obwohl die erzielte Kristallperfektion nicht ausreichend zum direkten Einsatz dieser Kristalle für die Herstellung elektronischer Bauelemente ist, stellt es die günstigste, produktivste und bisweilen einzige Methode zur Herstellung von Kompaktkristallen der Verbindungen mit hohem Dampfdruck am kongruenten Schmelzpunkt dar.

Zusammenfassende Darstellungen zur Synthese und Züchtung von Kompaktkristallen der III–V-Halbleiter finden sich in [29–35].

2.1.5. Epitaxieschichten

2.1.5.1. Spezifika der Epitaxieverfahren gegenüber der Kompaktkristallzüchtung

Die Mehrzahl aller aktiven elektronischen Bauelemente benötigt für ihre Funktionsfähigkeit nur Schichtdicken, die in der Größenordnung einiger Minoritätsladungsträger-Diffusionslängen liegen. Wegen der günstigen Eigenschaften von Epitaxieschichten werden Bauelementestrukturen daher fast ausschließlich in epitaktisch abgeschiedenem Material erzeugt.

Epitaxieverfahren bringen gegenüber der Kompaktkristallzüchtung folgende Vorteile mit sich:

a) erheblich niedrigere Züchtungstemperaturen und dadurch
   - weniger Verunreinigungen,
   - Dampfdrücke der B-Komponenten unproblematisch,
   - geringe oder keine Diffusion von Dotanden;
b) Beeinflussung der Kristallstöchiometrie möglich;
c) Strukturen mit niedrig dotierten Schichten auf hoch dotierten Substraten möglich;
d) Herstellung von Mischkristallen möglich;
e) im allgemeinen bessere kristallographische Perfektion der Epitaxieschichten gegenüber den Kompaktkristallen;
f) gezielte Einstellung von Konzentrationsgradienten (Mischkristallzusammensetzung und Dotierungsprofile) möglich;
g) Darstellung von Heteroübergängen möglich, dadurch
   - Einsatz billigerer Substrate,
   - gezielte Ausnutzung der elektronischen und optischen Eigenschaften von Heteroübergängen.

Mancher dieser prinzipiellen Vorteile kann allerdings (noch) nicht ausgenutzt werden oder nur auf Kosten anderer realisiert werden.

Aus den in den Abschn. 2.1.2. und 2.1.3. aufgeführten Eigenschaften der III–V-Halbleiter ergeben sich für ihre epitaktische Abscheidung einige spezifische Problemstellungen gegenüber der Si-Epitaxie, die weitgehend unabhängig vom konkreten Verfahren sind:

a) Zur Herstellung der Verbindungen ist ein Syntheseprozeß erforderlich, in dem mehrere das Kristallmaterial bildende Ausgangskomponenten eingesetzt werden müssen. Auch bei der Kristallisation aus Lösungen sind die III–V-Verbindungen weitestgehend atomar, und nicht molekular, gelöst.
b) Mit Ausnahme der Darstellung der III–V-Halbleiter aus metallorganischen Verbindungen sind alle Syntheseprozesse exotherm, so daß die

epitaktische Abscheidung in der Regel in einem gegenüber der Quellenzone kälteren Bereich erfolgt.

c) Die Temperatur- und Konzentrationsverhältnisse bei der Kristallzüchtung beeinflussen die Stöchiometrie der entstehenden Epitaxieschichten und damit gravierend deren Eignung für elektronische Bauelemente.

d) Wachstumsgeschwindigkeiten, Mischkristallzusammensetzungen und Konzentration der eingebauten Dotanden unterscheiden sich meist deutlich bei der Epitaxie auf Substratflächen unterschiedlicher Polarität.

e) Nicht von allen Verbindungen, insbesondere Mischkristallen, sind Kompaktkristalle verfügbar, die als Substrat verwendet werden können. Hier sind kontinuierlich oder sich schrittweise ändernde Anpassungsschichten zwischen Substrat und oberster Epitaxieschicht erforderlich.

f) Die inkongruente Zersetzung bei höheren Temperaturen verändert den Zustand der Substrate vor der Epitaxie. Daher sind häufig spezielle Maßnahmen zur Minimierung der Substratzersetzung vor der epitaktischen Abscheidung oder spezielle Ätzprozesse erforderlich. Dies gilt insbesondere für InP-Substrate.

Probleme der epitaktischen Abscheidung der III–V-Halbleiter werden in den Arbeiten [35–38] zusammenfassend behandelt.

2.1.5.2. Methoden zur Darstellung von Epitaxieschichten der III–V-Halbleiter

Die Verfahren zur epitaktischen Abscheidung der III–V-Halbleiter lassen sich im wesentlichen auf drei verschiedene zugrundeliegende Methoden reduzieren: Chemische Gasphasenepitaxie, Flüssigphasenepitaxie und Molekularstrahlepitaxie. Die Epitaxie aus fester Phase befindet sich noch in den Anfängen.

2.1.5.2.1. Chemische Gasphasenepitaxie

Gemeinsames Kennzeichen der chemischen Gasphasenverfahren ist der Antransport der die Verbindung bildenden Bestandteile in Form relativ leichtflüchtiger Moleküle über die Gasphase. Eine Klassifizierung der einzelnen Verfahren kann unter verschiedenen Gesichtspunkten vorgenommen werden.

Nach der Reaktorgeometrie kann eine Einteilung in

offene
geschlossene
und Nahabstands- } Systeme

erfolgen. Geschlossene Systeme sind nur im Labormaßstab üblich. In ihnen liegen meist dem chemischen Gleichgewicht sehr nahe kommende Verhältnisse vor. Sie erfordern abgeschmolzene Ampullen. In Nahabstandssystemen befinden sich Quellenmaterial und Substrat, auf dem die Epitaxie erfolgen soll, in sehr geringer Entfernung voneinander.

In der Technik werden ausschließlich offene Strömungssysteme angewandt, in denen ständig neues Ausgangsmaterial mit einem Trägergasstrom zugeführt wird.

Unter einem anderen Gesichtspunkt ist eine Einteilung in

Transport- und Synthese- } verfahren

möglich. Bei den Transportmethoden wird als Quellenmaterial dieselbe Verbindung benutzt, die an anderer Stelle im Reaktor wieder als Epitaxieschicht abgeschieden wird. Mittels geeigneter Transportmittel und Temperaturen wird das meist polykristallin vorliegende Quellenmaterial in die Gasphase überführt und in Umkehrung derselben Reaktion an anderer Stelle bei anderer Temperatur als Epitaxieschicht wieder abgeschieden. Bei den III–V-Verbindungen erfolgt im Unterschied zum Si der Transport stets in Richtung heiß → kalt.

Im folgenden Schema sind am Beispiel der GaAs-Epitaxie die wichtigsten Prinzipien der Transportmethoden dargestellt.

$$4\ \mathrm{GaAs}_{(s)} + 4\ \mathrm{HCl}_{(g)} \underset{650\,^\circ\mathrm{C}}{\overset{750\,^\circ\mathrm{C}}{\rightleftarrows}} 4\ \mathrm{GaCl}_{(g)} + \mathrm{As}_{4(g)} + 2\ \mathrm{H}_2$$

Quellen- material   Transport- mittel

oder

$$2\ \mathrm{GaAs}_{(s)} + \mathrm{H_2O}_{(g)} \underset{900\,^\circ\mathrm{C}}{\overset{1000\,^\circ\mathrm{C}}{\rightleftarrows}} \mathrm{Ga_2O}_{(g)} + \mathrm{As}_{2(g)} + \mathrm{H}_2$$

Übliche Transportmittel sind HCl, H_2O, HI, I_2, $ZnCl_2$ ... Es laufen zahlreiche Nebenreaktionen ab, die das Reaktionsschema komplizierter gestalten als hier angegeben ist. Transportverfahren sind von geringerer Bedeutung, da sie sehr reines Quellenmaterial erfordern.

Die verbreitetsten Verfahren der chemischen Gasphasenepitaxie sind Syntheseverfahren im offenen Strömungssystem. Hierbei haben sich im Laufe der Jahre drei Varianten als die geeignetsten durchgesetzt.

a) Das sogenannte „Trichloridsystem".
Hier wird das Trichlorid der B-Komponente (PCl_3, $AsCl_3$) sowohl als Ausgangssubstanz für die B-Komponente des Kristalls als auch als Transportmittel für die A-Komponente eingesetzt. Wieder am Beispiel GaAs dargestellt, laufen folgende wesentliche Reaktionen ab:

$$4\ \mathrm{AsCl}_{3(g)} + 6\ \mathrm{H}_{2(g)} \rightarrow \mathrm{As}_{4(g)} + 12\ \mathrm{HCl}_{(g)}$$

$$4\ \mathrm{Ga}_{(l)} + \mathrm{As}_{4(g)} \rightarrow 4\ \mathrm{GaAs}_{(s)}$$

Quellenzone, um 800 °C

$$4\ \mathrm{GaAs}_{(s)} + 4\ \mathrm{HCl}_{(g)} \rightarrow 4\ \mathrm{GaCl}_{(g)} + \mathrm{As}_{4(g)} + \mathrm{As}_{4(g)} + 2\mathrm{H}_{2(g)}$$

$$4\ \mathrm{GaCl}_{(g)} + \mathrm{As}_{4(g)} + 2\ \mathrm{H}_{2(g)} \rightarrow 4\ \mathrm{GaAs}_{(s)} + 4\ \mathrm{HCl}_{(g)}$$

Abscheidungszone, um 750 °C

Aus dem Reaktionsschema ist ersichtlich, daß die Gasphasenstöchiometrie hier weitgehend festgelegt ist.

b) Das sogenannte „Hydridsystem".
Die B-Komponente wird als bereits bei Zimmertemperatur flüchtiges

gasförmiges Hydrid in den Reaktor eingeführt, während unabhängig davon die A-Komponente durch Reaktion des Metalls in elementarer Form mit HCl als gasförmiges Monochlorid bereitgestellt wird. Damit ist das III/V-Verhältnis in der Gasphase variabel.

$2\,Ga + 2\,HCl \rightarrow 2\,GaCl + H_2$ Quellenzone, um 900 °C

$GaCl + AsH_3 \rightarrow GaAs + HCl + H_2$ Abscheidungszone, um 750 °C

c) Das „Alkylsystem".
Auch hier wird die B-Komponente als Hydrid eingespeist, die A-Komponente wird als leichtflüchtige metallorganische Verbindung zugeführt. Die Synthesereaktion erfolgt weit vom Gleichgewicht entfernt, dadurch werden hohe Übersättigungen erreicht. Die Pyrolyse der metallorganischen Verbindungen wie auch der Hydride erfolgt im Bereich höchster Temperatur, während an den gekühlten Wänden des Reaktors keine Abscheidung erfolgt. Das Verfahren ist besonders zur Epitaxie aluminiumhaltiger Verbindungen sowie zur Heteroepitaxie geeignet.
Die allgemeine Bildungsreaktion kann wie folgt formuliert werden:

$$Me(C_nH_{2n+1})_3 + XH_3 \rightarrow MeX + 3\,C_nH_{2n+2}\,.$$

Die Epitaxie von GaAs z. B. (Me = Ga, X = As) erfolgt um 700 °C.

In Abb. 2.11 sind verschiedene Varianten für Gasphasenreaktoren zur Epitaxie von GaAs schematisch dargestellt [39].

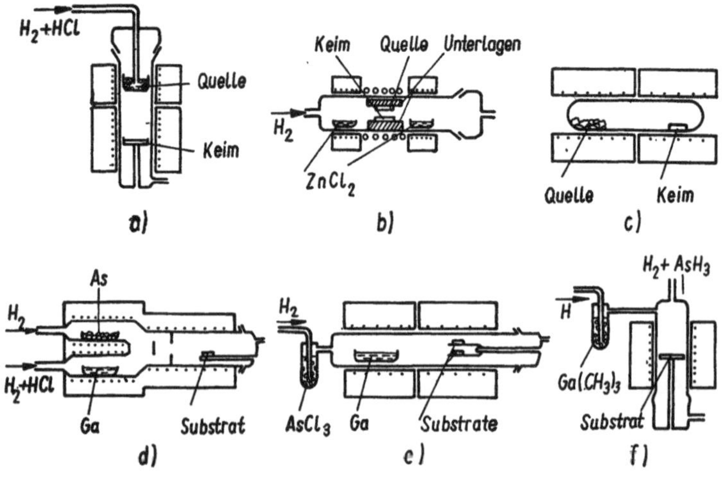

Abb. 2.11. Schematische Darstellung verschiedener Reaktoren für die Gasphasenepitaxie von GaAs (nach [39])

2.1.5.2.2. Flüssigphasenepitaxie

Die Löslichkeit der III–V-Halbleiter in Metallschmelzen ist stark temperaturabhängig (vgl. Abb. 2.1). Dies wird zur Abscheidung epitaktischer Schichten durch Kristallisation aus Metallschmelzen (bevorzugt die A-Komponenten der abzuscheidenden Halbleiter, Ga oder In) ausgenutzt. Dotanden und Mischkristallkomponenten können der Schmelzlösung in elementarer Form zugesetzt werden (z. B. Te oder Sn als Dotand oder Al als Mischkristallbestandteil in $Ga_{1-x}Al_xAs$). Charakteristisch für dieses Verfahren ist die Züchtung unter einem großen Überschuß der A-Komponenten, was für die Vakanzenkonzentration von Bedeutung ist.

Nach der Auflösung des später abzuscheidenden Materials in dem metallischen Lösungsmittel können Schmelzlösung und Substrat auf unterschiedliche Weise miteinander in Kontakt gebracht werden: durch Kippen, Drehen, Schieben oder Eintauchen. Es sind vertikale, bevorzugt aber horizontale Anordnungen bekannt, die zur Abscheidung mehrerer Schichten geeignet sind. Abb. 2.12 zeigt Substrat- und Schmelzenbehälter, meist aus Graphit gefertigt, einer Flüssigphasenepitaxie-Anlage.

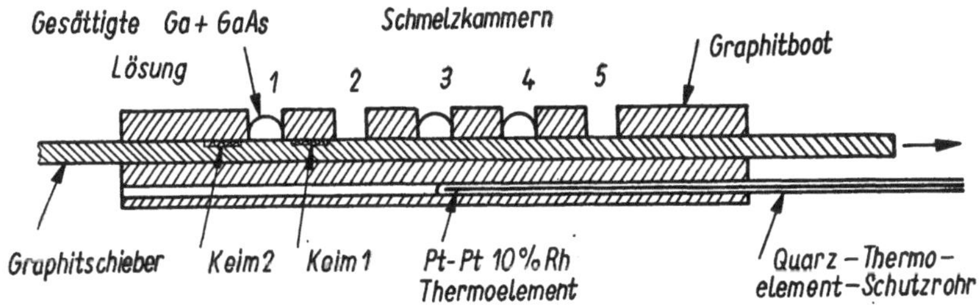

Abb. 2.12. Schmelzenbehälter und Substratträger einer Flüssigphasenepitaxie-Anlage (nach [41])

Bezüglich der Art des Abbaus der Übersättigung der Schmelzlösung können folgende Verfahrensvarianten unterschieden werden [40]:

a) „equilibrium cooling“
Substrat und Schmelzlösung werden möglichst exakt auf die der Liquiduslinie entsprechende Gleichgewichtstemperatur gebracht, dann miteinander in Kontakt gebracht und langsam abgekühlt.

b) „step cooling“
Substrat und Lösung werden vorsichtig bis unter die Liquidustemperatur abgekühlt, dann miteinander in Kontakt gebracht, wobei durch heterogene Keimbildung auf dem Substrat die Übersättigung abgebaut wird. Die Temperatur bleibt konstant.

c) „supercooling“
Hierbei erfolgt anschließend an die Verfahrensweise b) eine Abkühlung entsprechend a).

d) „two-phase-solution-Verfahren“
Die Lösung wird zunächst so stark unterkühlt, daß homogene Keim-

bildung einsetzt, dann erfolgt der Kontakt mit dem Substrat und es wird weiter entsprechend a) abgekühlt.

Die Flüssigphasenepitaxie liefert Material ausgezeichneter Qualität für optoelektronische Anwendungen. Sie ist aber weniger für die industrielle Anwendung geeignet als die Gasphasenverfahren.

2.1.5.2.3. Molekularstrahlepitaxie

Bei diesem apparativ sehr aufwendigen Verfahren erfolgt epitaktisches Wachstum auf einem Substrat durch Kondensation gerichteter Atom- oder Molekularstrahlen im Ultrahochvakuum. Das Schema einer solchen Anlage ist in Abb. 2.13. dargestellt.

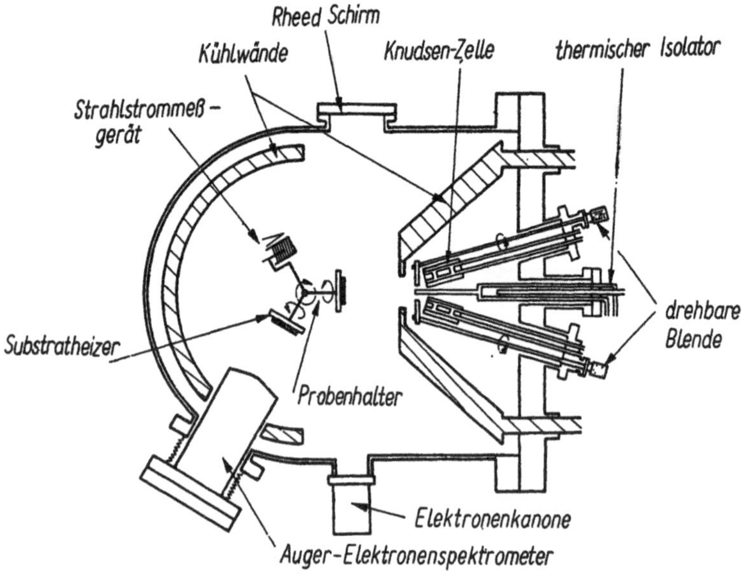

Abb. 2.13. Schematische Darstellung einer MBE-Anlage zur Züchtung von GaAlAs (nach [60])

Die Molekularstrahlen werden in Effusionszellen erzeugt, innerhalb derer thermisches Gleichgewicht herrscht. Demgegenüber ist die Abscheidung auf dem Substrat absolut kein Gleichgewichtsprozeß und wird durch die Oberflächenkinetik bestimmt.

Damit stellt die Molekularstrahlepitaxie im Prinzip ein Verdampfungsverfahren dar, bei dem aber Dampfzusammensetzung und Effusionsgeschwindigkeit konstant gehalten werden.

Charakteristisch sind geringe Wachstumsraten (typisch um 1 µm/h) und niedrige Züchtungstemperaturen (für GaAs z. B. 580 °C; die Temperatur des Ga-Ofens beträgt dabei aber über 1000 °C!). Es werden extrem hohe Forderungen an das Vakuum gestellt. Die Anlagen werden fast stets mit zahlreichen Einrichtungen zur Steuerung, Analyse, in-situ-Charakterisierung und Kontrolle ausgerüstet. Dazu gehören z. B. ein Quadrupol-Massenspektrometer, Elektronenbeugungseinrichtungen (Rheed, Leed usw.), ein Rechner zur Regelung von Temperaturen, Effusionszellenöffnungen usw., ein Auger-Elektronen-Spektrometer u. a. Das Verfahren ist für Grundlagenuntersuchungen und zur Erzeugung sehr dünner Schichten mit höchster Präzision bestens geeignet.

2.1.5.3. Vergleich der verschiedenen Epitaxieverfahren

Die Flüssigphasenepitaxie wurde 1963 von Nelson eingeführt [42]. Sie ist im Prinzip das einfachste Verfahren, obwohl deutlich ein Trend zu immer aufwendigeren, mit mehr peripheren Einrichtungen (Vollautomatisierung des Ablaufs; Evakuierungsmöglichkeiten; Möglichkeiten zur Schaffung und zum Wechsel spezieller Gasatmosphären während der Züchtung; Gasanalyse usw.) versehenen Anlagen erkennbar ist. Die Stärken der Methode liegen in der Herstellung effizienter optoelektronischer Bauelemente, der Darstellung Al-haltiger Mischkristalle sowie von Material höchster Reinheit. Ihre Schwächen bestehen in den während der Züchtung nicht oder nur begrenzt steuerbaren Mischkristallzusammensetzungen und Dotandenkonzentrationen, in Problemen, reproduzierbar und großflächig glatte Oberflächen zu erzielen, sowie in der Schwierigkeit, Anlagen solcher Kapazität und Produktivität herzustellen, wie sie für den industriellen Einsatz erforderlich sind.

Eingehendere Darstellungen zur Flüssigphasenepitaxie von III–V-Halbleitern enthalten die Arbeiten [40–47].

Das „Hydrid-Verfahren" der chemischen Gasphasenepitaxie wurde erstmalig 1961 durch Williams und Ruehrwein bekannt [48], das „Trichlorid-Verfahren" 1965 durch Effer [49], und Manasevit und Simpson führten 1969 das Verfahren unter Verwendung von metallorganischen Verbindungen ein [50]. Ein kritischer Vergleich der Varianten wird in [51] vorgenommen.

Die Gasphasenepitaxie ist gut für den industriellen Einsatz und die Automatisierung geeignet. Sie bereitet weniger Probleme bei der Erzielung glatter Oberflächen als die Flüssigphasenepitaxie. Eine besondere Stärke besteht darin, Mischkristallzusammensetzungen während der Abscheidung gezielt verändern zu können. Besonders das Trichlorid-Verfahren liefert Material höchster Reinheit.

Grenzen der Verfahren werden in den im allgemeinen niedrigeren Quantenausbeuten optoelektronischer Bauelemente auf der Basis von Gasphasenepitaxie-Material deutlich. Nach wie vor sind die Ursachen für die unterschiedlichen Qualitäten von Flüssigphasen- und Gasphasenepitaxiematerial nicht eindeutig klar. Al-haltige Verbindungen lassen sich aus der Gasphase nur mit Hilfe metallorganischer Verfahren herstellen. Das Hydrid-Verfahren ist variabler als das Trichlorid-Verfahren. Am aussichtsreichsten erscheint das „Alkyl-Verfahren", welches halogenfrei und bei niedrigeren Temperaturen betrieben wird. Es ist das apparativ einfachste Gasphasenverfahren, zeigt große Ähnlichkeit zur Si-Epitaxie aus SiH_4 und ist sowohl zur Herstellung von sehr dünnen als auch von dicken Schichten geeignet. Der Stand der Gasphasenepitaxie von III–V-Halbleitern aus metallorganischen Verbindungen bis etwa zum Jahr 1981 wird aus [52] deutlich. Zusammenfassende Arbeiten mit Übersichtscharakter zur chemischen Gasphasenepitaxie finden sich in [53–56].

Als erster III–V-Halbleiter wurde GaAs erstmalig 1968 von Davey und Pankey mit einer Molekularstrahlepitaxie-Anlage im heutigen Sinne hergestellt [57]. Die Möglichkeit zur Züchtung extrem dünner Schichten ($\approx 10^{-9}$ m), zur exakten Einstellung von Zusammensetzung und Dicke sowie zur in-situ-Analyse und -Regelung des Wachstums sind die besonderen Vorteile dieses Verfahrens. Dem stehen als Einschränkungen die niedrigen Wachstumsgeschwindigkeiten und der hohe apparative Aufwand entgegen. Detailliertere Angaben zur Molekularstrahlepitaxie sind aus den Arbeiten [58–61] zu entnehmen.

Es gibt kein ideales Epitaxieverfahren, welches alle Anforderungen erfüllt; jedes Verfahren besitzt seine spezifischen Stärken und muß nach der zu lösenden Aufgabe ausgewählt werden.

2.1.6. Implantierte Schichten

Als Alternative zur Nutzung von Epitaxieschichten bei der Realisierung von Bauelementen in Planartechnologie können *implantierte* Schichten angesehen werden. Hierbei werden Ionen von Dotierungs- oder Mischatomen mit hohen Energien (Größenordnung 100 keV) in oberflächennahe Schichten (Größenordnung 1 µm Dicke) der Kristallscheibe eingeschossen (vgl. [175]).

Im Vergleich zum Si nimmt die Gefahr einer „Amorphisierung“ des bestrahlten Materials mit steigender Ionizität ab; trotzdem wirken sich auch bei den III–V-Halbleitern die entstehenden Störungen des Kristallmaterials nachteilig auf seine Eigenschaften aus, nichtstrahlende Rekombinationskanäle werden geschaffen und verringern die Minoritätsträgerlebensdauer. Das bestrahlte Material ist generell einem Ausheilprozeß zu unterziehen, wobei ein thermisches Ausheilen, Ausheilen durch intensive Bestrahlung mit Licht (von Blitzlampen oder Lasern: „Laser-Annealing“) oder Elektronenstrahlen angewandt werden [176, 178]. Die Aufheizung des Materials kann dabei so weit getrieben werden, daß es zu einer Rekristallisation der bestrahlten Schicht kommt.

Die einzelnen Vorgänge beim Beschuß und beim Ausheilen sind bei den III–V-Halbleitern weit weniger aufgeklärt als beim Si; es scheint jedoch klar zu sein, daß bei den Verbindungshalbleitern im Ergebnis der Ausheilung (insbesondere Rekombination von Zwischengitteratomen und Vakanzen) Antisitedefekte in merklichen Konzentrationen (vgl. Abschn. 2.1.2.1.) zurückbleiben.

Die Implantation wird als gängiges Dotierungsverfahren für Epitaxieschichten benutzt, um z. B. besonders steile Dotierungsprofile zu erzeugen. Darüber hinaus wurde mit der Implantation und nachfolgendem Ausheilen eine „Oberflächenveredlung" von Kristallscheiben aus halbisolierendem Substratmaterial (z. B. GaAs : Cr, InP : Fe) erreicht: n-leitende Schichten gewünschter Lateralstruktur können so direkt im Substratmaterial erzeugt werden, wenn dafür gesorgt wird, daß beim Ausheilvorgang die Cr- bzw. Fe-Dotierung im entsprechenden Oberflächenbereich verringert wird [179, 180]. Feldeffekt-Transistoren und Hall-Generatoren wurden mit dieser Methode schon realisiert (vgl. Abschn. 2.3.).

2.2. Physikalische Eigenschaften

2.2.1. Dynamische Eigenschaften des Gitters

Im Grenzfall sehr tiefer Temperaturen befinden sich alle Gitterbausteine in Gleichgewichtslage, die Energie des Systems ist minimal; der Kristall ist durch seine chemische Zusammensetzung und die Gitterstruktur charakterisiert.

Die tetraedrisch koordinierten Zinkblende- bzw. Wurtzit-Strukturen sind „offene" Strukturen mit geringer Raumerfüllung, die im Gegensatz zu dichtgepackten Strukturen durch die stark winkelabhängigen kovalenten Bindungsanteile (sp^3-Hybride) stabilisiert werden.

2.2.1.1. Gitterschwingungen binärer Kristalle

Die energetisch niedrigsten Anregungszustände des Gitters sind Schwingungen der Gitterbausteine um ihre Gleichgewichtslagen (einschließlich statischer Deformationen, d. h. Schwingungen mit $\omega \to 0$). Grundlage für die Beschreibung des dynamischen Verhaltens des Gitters in der niedrigsten (harmonischen) Näherung (Reihenentwicklung der potentiellen Energie des Kristalls nach den Gitterdeformationen bis zu Gliedern 2. Ordnung) sind daher die Phononendispersionskurven $\omega(\boldsymbol{q})$, d. h. die Eigenfrequenzen ω ebener Wellen als Funktion des reduzierten Ausbreitungsvektors $\boldsymbol{q}$ (Abb. 2.14).

Daraus läßt sich die Phononen-Zustandsdichte (Modendichte) $g(\omega)$ berechnen, die im Falle der III–V-Halbleiter eine mehr oder weniger stark ausgeprägte Frequenzlücke (gap) zwischen dem niederfrequenten akustischen und dem hochfrequenten optischen Band aufweist (Abb. 2.15).

Eine ab-initio-Berechnung der Dispersionskurven hätte von der Gesamtenergie des deformierten Kristalls auszugehen, wobei komplizierte Vielteilchen-Wechselwirkungen zu berücksichtigen wären, so daß dieser Weg gegenwärtig nicht allgemein gangbar ist. Statt dessen greift man auf Kraftkonstanten-Modelle (Schalenmodell [63], Modell deformierbarer Dipole [64], Bindungsladungsmodell [65], Valenzkraftmodelle [66, 67]) unter Benutzung empirischer Daten zurück.

Die wichtigsten experimentellen Parameter, die für derartige Rechnungen benutzt werden, sind

– die elastischen Moduln c_{11}, c_{12} und c_{44}, die aus Messungen der Schallgeschwindigkeit bestimmt werden;

– statische und elektronische Dielektrizitätskonstante ε_s und ε_∞, sowie die Frequenzen der TO^Γ- und LO^Γ-Phononen, die aus Infrarotspektren (Reststrahlenbanden) bzw. Ramanspektren 1. Ordnung ermittelt werden;
– die piezoelektrische Konstante e_{14};
– die Frequenzen von Zonenrandphononen (bei X und L), die Ramanspektren 2. Ordnung oder Neutronenstreuexperimenten entnommen werden.

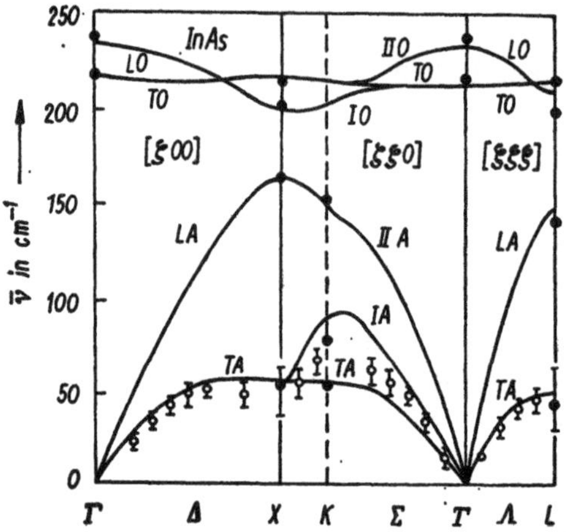

Abb. 2.14. Phononendispersionskurven $\omega(\boldsymbol{q})$ für InAs [150].
Den zwei Atomen in der primitiven Elementarzelle des Zinkblendegitters entsprechen je ein longitudinal akustischer und optischer Zweig und je zwei transversal akustische und optische Zweige; letztere sind längs der gezeichneten 100- und 111-Richtungen entartet

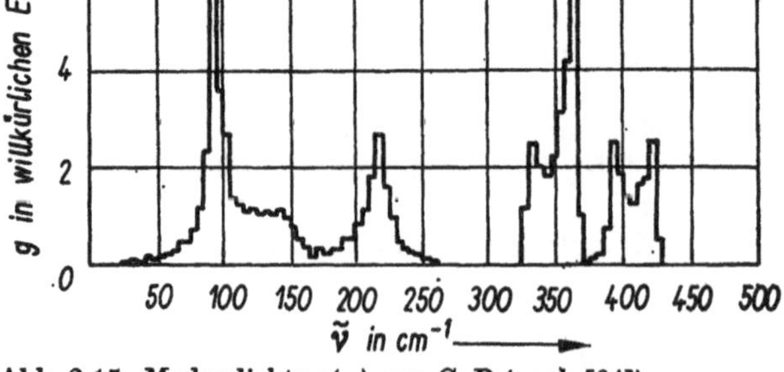

Abb. 2.15. Modendichte $g(\omega)$ von GaP (nach [64])

Diese Parameter sind in Tab. 2.4a zusammengestellt.

Tabelle 2.4a.
Gittereigenschaften von Ga- und In- Verbindungen [3]

	GaP	GaAs	GaSb	InP	InAs	InSb
c_{11}	14,05	12,09	8,83	10,22	8,33	6,59
c_{12}	6,20	5,47	4,02	5,76	4,53	3,56
c_{44}	7,03	6,03	4,32	4,60	3,96	3,00
e_{14}	−0,10	0,16	0,13	$/e_{14}/<0{,}04$	0,045	0,071
ε_s	11,02	12,91	15,69	12,61	15,15	16,8
ε_∞	9,075	10,9	14,44	9,61	12,25	15,68
$\hbar\omega_{LO}(\Gamma)$	49,9/	36,2/35,3	28,9/	29,6/	42,8/42,5	23,6/24,3
$\hbar\omega_{TO}(\Gamma)$	45,5/	33,3/33,1	27,8/28,3	37,6/37,9	26,9/	22,6/22,8
$\hbar\omega_{LO}(X)$	48,3/45,3	/29,8	26,0/26,2	/41,0	25,2/	/19,6
$\hbar\omega_{TO}(X)$	44,5/43,8	31,0/31,2	27,0/26,2	/40,0	26,8/	22,0/22,2
$\hbar\omega_{LA}(X)$	31,0/30,8	27,8/28,0	/20,6	15,5/23,9	19,8/	17,7/17,7
$\hbar\omega_{TA}(X)$	13,1/13,2	9,8/ 9,7	6,9/ 7,0	8,3/ 8,5	6,57/	5,1/ 4,6
$\hbar\omega_{LO}(L)$	48,3/46,3	/29,5	25,3/25,4	42,4/42,1	26,8/	/19,9
$\hbar\omega_{TO}(L)$	44,5/44,3	32,7/32,3	27,0/26,7	38,5/39,2	26,8/	21,7/21,9
$\hbar\omega_{LA}(L)$	26,6/26,3	/25,8	19,2/19,0	/20,6	17,3/	/15,7
$\hbar\omega_{TA}(L)$	8,4/10,6	7,9/ 7,7	5,7/ 5,65	6,7/ 6,8	5,45/	/ 4,05

Die c_{ij} sind die elastischen Moduln 2. Ordnung (in 10^{10} N/m^2), e_{14} ist die piezoelektrische Konstante (in As/m^2), ε_s und ε_∞ sind die statische und die optische Dielektrizitätskonstante; $\hbar\omega_i$ sind die Gitterschwingungsenergien (in meV), bestimmt aus Raman-Spektren 2. Ordnung/unelastischer Neutronenstreuung.

Phononenfrequenzen zu Wellenvektoren im Innern der Brillouinzone, wie sie aus Neutronenstreuexperimenten gewonnen werden, dienen zur Überprüfung der Modellrechnungen, von denen gegenwärtig mehrere einen Stand erreicht haben, der eine einwandfreie Beschreibung der gemessenen Dispersionskurven gestattet (s. Abb. 2.14). Dabei kommen Valenzkraftmodelle mit relativ wenig Parametern aus. Offenbar ist dies darauf zurückzuführen, daß in diesen Modellen in Form von Biegesteifigkeiten der Bindungen explizit nichtzentrale Kräfte berücksichtigt werden, die die Stabilität tetraedrisch koordinierter Strukturen gewährleisten.

Aus den Dispersionskurven bzw. der daraus ermittelten Phononenzustandsdichte läßt sich der Gitteranteil der inneren Energie und damit die spezifische Wärmekapazität $C_v(T)$ bei konstanten Volumen berechnen; meist rechnet man dabei entsprechend der Debye-Theorie auf eine temperaturabhängige Debye-Temperatur $\Theta(T)$ um.

2.2.1.2. Lokale Moden und Mischkristalle [68]

Fremdatome und Gitterdefekte beeinflussen das Gitterschwingungsspektrum: Sie bewirken das Auftreten neuer Eigenfrequenzen und eine Veränderung der Amplitudenverteilung (und damit der elektrischen Dipolmomente) in den Bandmoden, die dem ungestörten Gitter entsprechen. Nach der Frequenzlage unterscheidet man

- lokale Moden mit Frequenzen oberhalb des optischen Bandes des Wirtskristalls;
- Gap-Moden in der Frequenzlücke;
- Resonanzmoden im optischen oder akustischen Band.

Die beiden ersten sind räumlich stark lokalisiert, d. h. nur das Störatom und unmittelbar benachbarte Atome schwingen, die Schwingungsamplitude weit entfernter Atome ist verschwindend gering. Bei den Resonanzmoden haben dagegen auch weit von der Störstelle entfernte Atome endliche Schwingungsamplituden.

Ursache für die Frequenzänderung sind

1. die geänderte Masse des Störatoms;
2. Bindungskraftveränderungen infolge der Änderung der elektronischen Struktur des Kristalls in der Umgebung des Störatoms.

Die Berechnung des Frequenzspektrums gestörter Kristalle geht von gitterdynamischen Modellen des Wirtskristalls aus und muß berücksichtigen, daß durch Störatome die Translationssymmetrie des Kristalls gebrochen wird, so daß die Schwingungen keine ebenen Wellen mehr sind und damit der Ausbreitungsvektor $\boldsymbol{q}$ seine Bedeutung verliert. Dementsprechend werden relativ aufwendige Green-Funktions-Techniken benutzt [69], wobei in das Defektmodell die Kraftkonstanten zwischen Störatom und Wirtsatomen als Anpaßparameter eingehen.

Zur qualitativen Interpretation der Experimente zieht man häufig stark vereinfachte Modelle heran. Das einfachste ist das 1-Oszillator-Modell (nur das Störatom schwingt; die Kraftkonstanten seien die gleichen wie im Wirtskristall), was für die Frequenz der lokalen Mode

$$\omega_{\mathrm{loc}} = \omega_{\mathrm{TO}} \sqrt{\frac{M}{M_i}} \tag{25}$$

liefert, wobei M_i die Masse des Störatoms und M die reduzierte Masse der beiden Wirtsatome ist.

Weitergehende Aussagen liefern Berechnungen an endlichen zweiatomigen Ketten mit einem substituierten Störatom.

Die Beobachtung störstelleninduzierter Gitterschwingungen erfolgt im Infrarot- oder Ramanspektrum, bei lumineszenzfähigen Materialien auch im Lumineszenzspektrum als phononassistierter Elektronenübergang (s. Abb. 2.42). IR-Messungen erfordern hochohmiges (kompensiertes) Material, damit nicht die Absorption durch freie Ladungsträger die gesuchten schwachen Schwingungen überdeckt. Außerdem muß zweckmäßigerweise durch Zweistrahlverfahren eine Differenzbildung zum IR-Spektrum eines undotierten

Kristalls erfolgen, um die durch 2-Phononenprozesse verursachte Untergrundabsorption auszuschalten. Daher liegen bisher vor allem für die technologisch gut beherrschten Materialien GaAs und GaP experimentelle Ergebnisse vor. Abb. 2.16 zeigt typische Spektren von B-dotiertem GaP, mit

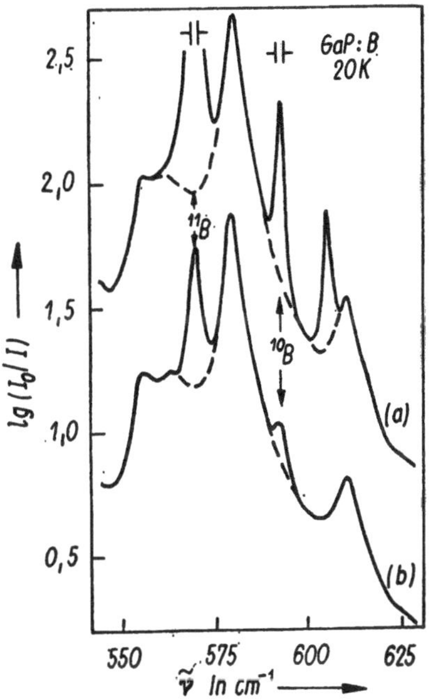

Abb. 2.16. Absorptionsspektrum von zwei B-dotierten GaP-Kristallen mit lokalen Moden der beiden B-Isotope [70]. Gestrichelt: reines GaP

lokalen und gap-Moden der beiden Isotope ^{10}B und ^{11}B auf Ga-Platz. Da sich bei lokalisierten Schwingungen die Energie nur auf wenige Atome verteilt, entstehen vor allem bei leichten Störstellen relativ große Schwingungsamplituden, so daß infolge nichtlinearer Effekte (s. Abschn. 2.2.1.3.) auch Oberschwingungen (Oberton-Moden) angeregt werden.

Die Identifizierung von Absorptions-, Raman- oder Lumineszenzlinien als lokale Moden erfolgt häufig durch Messung der Isotopieverschiebung beim Einbau von zwei Isotopen des gleichen Elements. Wegen der Gleichheit der Kraftkonstanten sollte die Frequenzverschiebung $\Delta\nu$ nach Gl. (25) bei einer Massendifferenz ΔM den Wert

$$\frac{\Delta\nu}{\nu} = -\frac{\Delta M}{2M} \tag{26}$$

haben.

Das Polarisationsverhalten erlaubt Rückschlüsse auf die Symmetrie der betreffenden Zentren und damit auf die Einbaulage der Atome (substitutionell oder auf Zwischengitterplatz) zu ziehen, was besonders bei Störstellenkomplexen sehr wichtig ist. Beispielsweise wurden durch Messung an lokalen Moden die Einbauverhältnisse von Si in GaAs geklärt [71].

Eine besondere Form lokalisierter Gitterschwingungen stellen die sog. gebundenen optischen Phononen dar. Sie entstehen dadurch, daß an flachen Störstellen lokalisierte Elektronen in einem relativ ausgedehnten Bereich von der Größenordnung des Bohrschen Radius die Bindungsverhältnisse modifiziert werden, so daß lokalisierte Schwingungen mit einer Frequenz unterhalb von ω_{LO} entstehen, die – im Gegensatz zu echten lokalen Moden – nicht von der Masse des Störatoms abhängt [72, 73]. Abb. 2.17. zeigt ein Ramanspektrum mit derartigen Linien.

Mit wachsender Konzentration von Störatomen gehen die lokalisierten Moden in Gitterschwingungen von Mischkristallen mit der charakteristischen LO-TO-Aufspaltung über. Abb. 2.18 zeigt das Verhalten der TO- und LO-

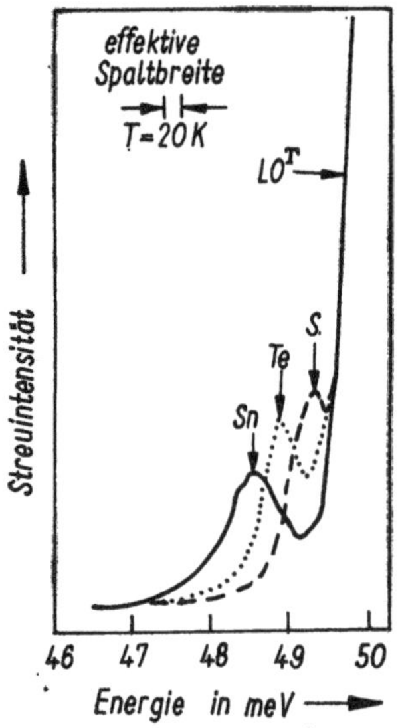

Abb. 2.17. Raman-Spektren von n-dotiertem GaP mit donatorgebundenen Phononen [72]

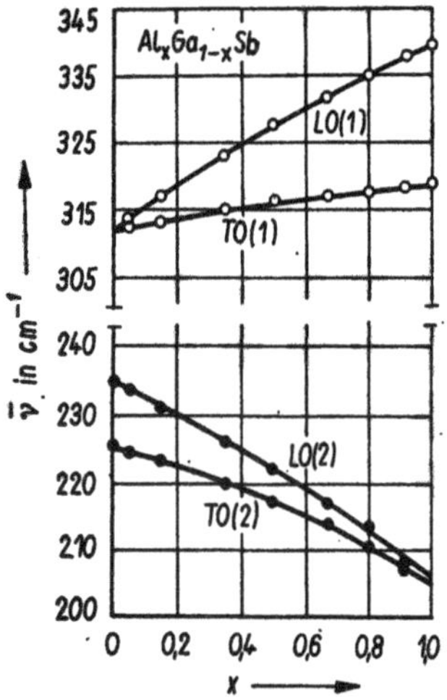

Abb. 2.18. Gitterschwingungen im System $Al_xGa_{1-x}Sb$ [74]: Zweimodenverhalten

Moden bei $q = 0$ im System (Ga, Al) Sb [74]. Die Frequenzen wurden aus der Anpassung eines 2-Oszillator-Modells an die Reflexionskurven bestimmt. (Ga, Al) Sb zeigt wie die meisten anderen ternären Systeme 2-Moden-Verhalten: Im Mischkristall werden beide den beiden binären Kristallen GaSb und AlSb entsprechenden Gitterschwingungen mit wenig geänderten Frequenzen beobachtet, ihre Intensität ändert sich stark mit der Zusammensetzung. Demgegenüber zeigt das System (Ga, In) P (Abb. 2.19) 1-Moden-Verhalten: Ebenso wie in den binären Endkomponenten tritt auch im Mischkristall nur ein optisches Band auf [75, 76].

Zur theoretischen Beschreibung greift man für Mischkristalle auf relativ einfache Modelle zurück, indem man sich auf das Verhalten für lange Wellen

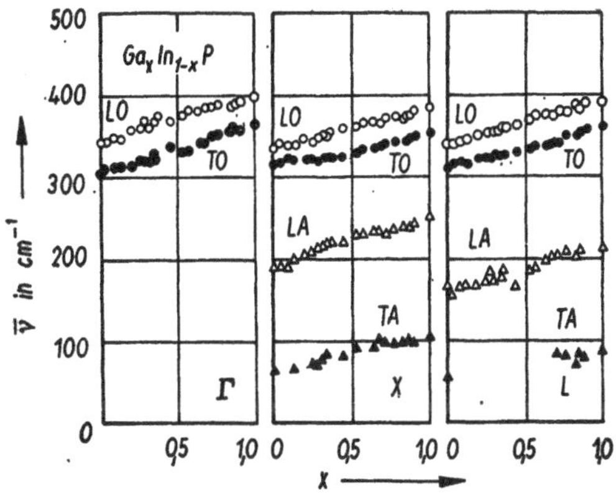

Abb. 2.19. Gitterschwingungen im System $Ga_xIn_{1-x}P$ [75]: Einmodenverhalten. Die Frequenzen wurden aus der 2-Photonen-Absorption ermittelt, wodurch auch L- und X-Phononen erfaßt wurden

($q \to 0$) beschränkt. Am leistungsfähigsten sind die sog. Isodisplacement-Modelle [77, 78], die auf zwei Grundannahmen beruhen:

1. Alle Atome gleicher Sorte schwingen gleichphasig.
2. Jedes Atom unterliegt Kräften, beschrieben durch Kraftkonstanten, die sich aus dem entsprechend der chemischen Zusammensetzung gebildeten Mittelwert der Kraftkonstanten möglicher Nachbarn ergeben.

Diese Modelle beschreiben gut das 2-Moden-Verhalten, die Erklärung des 1-Moden-Verhaltens hingegen erfordert Zusatzannahmen.

2.2.1.3. Nichtlineare Gittereigenschaften [81]

Nichtlineare Gittereigenschaften gehen auf Glieder 3. oder höherer Ordnung in der Reihenentwicklung der potentiellen Energie als Funktion der Deformation zurück. Fundamental für das nichtlineare Verhalten sind die elastischen Konstanten 3. Ordnung (Tab. 2.4b), die die Abhängigkeit der elastischen Konstanten 2. Ordnung von einer mechanischen Spannung angeben und dementsprechend aus Messungen der Schallgeschwindigkeit in einachsig oder hydrostatisch deformierten Kristallen bestimmt werden [79]; sie stehen in unmittelbarem Zusammenhang mit den Entwicklungskoeffizienten 3. Ordnung der potentiellen Energie nach den Gitterdeformationen. Letztere sind auch maßgebend für die thermische Ausdehnung, d. h. für die Temperaturabhängigkeit der Gitterkonstanten $a_0(T)$ bzw. für den Volumenausdehnungskoeffizienten $\alpha(T)$ (Abb. 2.20) und für die Differenz der molaren Wärmekapazitäten bei konstantem Druck und konstanter Temperatur, die

Tabelle 2.4b.
Nichtlineare Gittereigenschaften [3]

	Si	Ge	GaP	GaAs	GaSb	InP	InAs	InSb
c_{111}	−7,95	−7,2	−7,37	−6,22	−4,75			−3,56
c_{112}	−4,45	−3,8	−4,74	−3,87	−3,08			−2,66
c_{123}	−0,75	−0,3	−1,31	−0,57	−0,44			−1,00
c_{144}	+0,15	−0,1	−1,07	+0,02	+0,50			+0,16
c_{155}	−3,10	−3,05	−2,34	−2,69	−2,16			−1,39
c_{456}	−0,86	−0,45	−0,64	−0,39	−0,25			−0,004
$\gamma_{LA}(\varepsilon 00)$	1,110	1,301	1,4	1,303	1,414		1,4	1,374
$\gamma_{TA}(\varepsilon 00)$	0,325	0,612	0,49	0,531	0,493		0,14	0,191
$\gamma_{LA}(\varepsilon\varepsilon 0)$	1,106	1,294		1,289	1,356			1,254
$\gamma_{TA_1}(\varepsilon\varepsilon 0)$	0,325	0,612	0,49	0,531	0,493		0,14	0,191
$\gamma_{TA_2}(\varepsilon\varepsilon 0)$	−0,099	0,161	−0,2	−0,045	0,021		−0,49	−0,334
$\gamma_{LA}(\varepsilon\varepsilon\varepsilon)$	1,105	1,292		0,230	1,341			1,223
$\gamma_{TA}(\varepsilon\varepsilon\varepsilon)$	0,086	0,367			0,244			−0,073
$\gamma_{LO}(\Gamma)$	0,98	1,12	0,95	1,23	1,21	1,24		
$\gamma_{TO}(\Gamma)$			1,09	1,39	1,23	1,44		
$\gamma_{TO}(X)$	1,5		1,31	1,73		1,42		
$\gamma_{TA}(X)$	−1,4		−0,72	−1,62		−2,08		
$\gamma_{TO}(L)$	1,3	0,9	1,40	1,48		1,42		
$\gamma_{TA}(L)$	−1,3	−0,4	−0,81	−1,72		−2,00		
p (I→II)	125	109	212	170	62	105 ... 133	84 ... 102	22
a	0,4686	0,488	0,47	0,499	0,5348	0,5514	0,5710	0,5810
	0,258	0,2692	0,25	0,268	0,2937	–	–	0,3136

Die c_{ikl} sind die sechs elastischen Moduln 3. Ordnung (in 10^{11} N/m²), die γ-Werte sind (dimensionslose) Grüneisen-Parameter der einzelnen Moden, die Angabe ($\varepsilon\varepsilon$ 0) bedeutet eine akustische Mode der Ausbreitungsrichtung [110] im Grenzfall $\varepsilon \to 0$.
p (I→II) (in 10^2 MPa) ist der Druck, bei dem bei 300 K eine Phasenumwandlung von der Zinkblendenstruktur in die metallische Hochdruckphase erfolgt (tetragonale Symmetrie $I\ 4_1/amd \triangleq \beta$-Sn-Struktur; bei InP und InAs kubisch mit $Fm\,3m$). a und c sind die Gitterkonstanten (in nm). Werte für Si und Ge zum Vergleich.

sich in der Form

$$C_p - C_v = C_v \gamma \alpha T \tag{27}$$

schreiben läßt. $\gamma = \dfrac{\alpha \cdot V_M}{\varkappa \cdot C_v}$ ist der Grüneisen-Parameter, der sich aus den Moden-Grüneisen-Parametern

$$\gamma_i = -\frac{d\omega_i}{dV} \cdot \frac{V}{\omega_i} = \frac{\varkappa}{\omega_i} \cdot \frac{d\omega_i}{dp} \tag{28}$$

zusammensetzt:

$$\gamma = \frac{1}{C_v} \cdot \sum_i \gamma_i C_i \,. \tag{29}$$

Dabei ist $\varkappa$ die isotherme Kompressibilität, V_M das Molvolumen,

$$C_i = R \cdot \left(\frac{\hbar\omega_i}{kT}\right)^2 e^{-(\hbar\omega_i/kT)} (1 - e^{-(\hbar\omega_i/kT)})^{-2} \tag{30}$$

der Beitrag der Mode i (i steht abkürzend für den Wellenvektor $\boldsymbol{q}$ und die Art des Phononenzweiges: LA, TA, LO, TO) zur molaren Wärmekapazität $C_v = \sum_i C_i$ [80].

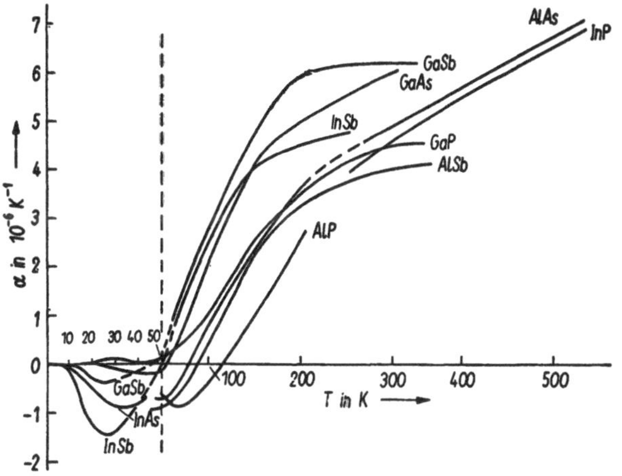

Abb. 2.20. Temperaturabhängigkeit des thermischen Ausdehnungskoeffizienten $\alpha(T)$ [3]

Die γ_i können für kleine $\boldsymbol{q}$-Werte bei akustischen Schwingungen aus der Druckabhängigkeit der Schallgeschwindigkeit (also aus den elastischen Konstanten 3. Ordnung) ermittelt werden; für große $\boldsymbol{q}$-Werte am Rand der Brillouinzone und optische Schwingungen sind Messungen des Raman-Effekts 2. Ordnung unter hohem Druck erforderlich. Bei hohen Temperaturen ist γ positiv und temperaturunabhängig, d. h. $\alpha(T)$ ist proportional zu $C_v(T)$. Bei tiefen Temperaturen ist γ negativ, was auf negative Werte von γ_i für TA-Schwingungen in großen Teilen der Brillouinzone zurückzuführen ist; dadurch lassen sich die negativen Werte des Ausdehnungskoeffizienten erklären. Gittertheoretisch kann $\gamma_{TA} < 0$ nur durch nichtzentrale Bindungskräfte erklärt werden: die bisher entwickelten gitterdynamischen Modelle liefern dafür jedoch noch keine quantitativ befriedigende Erklärung.

$\gamma_{TA} < 0$ bedeutet eine Abnahme der TA-Frequenz mit wachsendem Druck, d. h. ein „Weichwerden" der betreffenden Mode, was bei Gitterkonstantenänderungen von $\approx 10\,\%$ (entsprechend Drücken in der Größenordnung von 10 GPa) zu Phasenübergängen führen sollte, was mit den beobachteten Parametern von Phasenübergängen relativ gut übereinstimmt.

Anharmonische Prozesse 3. und 4. Ordnung bestimmen ferner die Temperaturabhängigkeit der elastischen Konstanten 2. Ordnung, der dielektrischen Suszeptibilität und der piezoelektrischen Konstante sowie die Elektrostriktion. Sie sind darüber hinaus verantwortlich für das Auftreten von 2- und Mehrphononenprozessen bei der optischen Absorption und beim Raman-Effekt 2. Ordnung sowie für die Phonon-Phonon-Wechselwirkung, die zu einer endlichen Lebensdauer (und damit einer endlichen freien Weglänge) der Phononen führt.

Die endliche Lebensdauer der Phononen ermöglicht die Einstellung des thermodynamischen Gleichgewichts innerhalb des Phononensystems und ist verantwortlich für die Ultraschalldämpfung und den Wärmewiderstand des Gitters. Bei sehr tiefen Temperaturen wird letzterer sehr klein, so daß die mittlere freie Weglänge der Phononen größer als die Probendimension werden kann, man spricht dann von ballistischen Phononen.

2.2.2. Elektronenstruktur

2.2.2.1. Elektronenstruktur reiner Kristalle

Außer den Gitterschwingungen existieren *elektronische* Anregungszustände, für die das Gitter als starr betrachtet werden kann. Beschränkt man sich dabei auf Einteilchenanregungen, so erfolgt die Beschreibung durch die Bandstruktur $E_n(\boldsymbol{k})$, d. h. die Eigenfunktionen der Elektronen sind Blochfunktionen (gitterperiodisch modulierte ebene Wellen) der Form

$$\psi_{n\boldsymbol{k}}(\boldsymbol{r}) = U_{n\boldsymbol{k}}(\boldsymbol{r})\, \mathrm{e}^{i\boldsymbol{k}\boldsymbol{r}} \quad (U_{n\boldsymbol{k}} \text{ gitterperiodisch}) \tag{31}$$

und die erlaubten Energiezustände $E_n(\boldsymbol{k})$ werden durch den reduzierten Ausbreitungsvektor $\boldsymbol{k}$ in der Brillouinzone (Abb. 2.21) und den Bandindex n

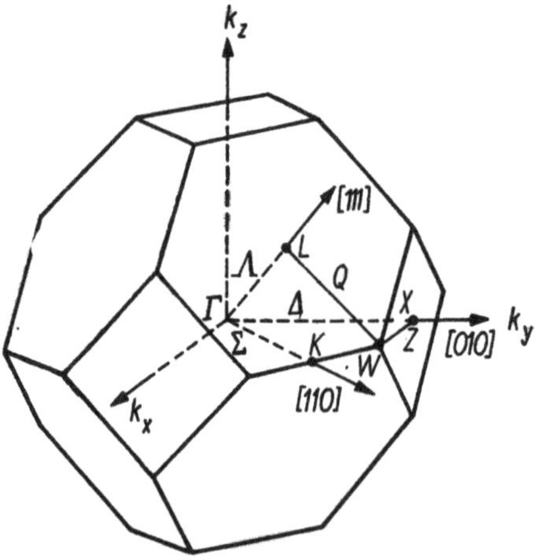

Abb. 2.21. Brillouinzone des kubisch flächenzentrierten Gitters

charakterisiert [82, 83]. Für manche Zwecke genügt auch die daraus ableitbare Zustandsdichte

$$\varrho(E) = \sum_{n,\boldsymbol{k}} \delta\,(E - E_n(\boldsymbol{k}))\,. \tag{32}$$

Zweckmäßigerweise unterteilt man die Elektronen in Valenz- und Rumpfelektronen. Die Wellenfunktionen der Rumpfelektronen überlappen praktisch nicht, daher ist die Energie unabhängig von $\boldsymbol{k}$ und stimmt im wesentlichen mit der freier Atome überein. (Tab. 2.5.); sie läßt sich röntgenspektroskopisch

Tabelle 2.5.
Rumpfzustände der Elemente der 3. u. 5. Gruppe (in eV) [87]

Zustand	B¹)	N²)	Al³)	P¹)	Ga³)	As¹)	In³)	Sb¹)
K $=1s_{1/2}$	188	409,9	1562,3	(2139)		(11,8 · 10³)	(27,9 · 10³)	(30,4 · 10³)
L_I $=2s_{1/2}$			117,5 ... 118,2	189	1299,0	1527,0	(4231)	(4693)
L_{II} $=2p_{1/2}$	Valenz-elektronen		72,6 ... 73,0	136	1143,6	1359,1	(3923)	(4388)
L_{III} $=2p_{3/2}$			72,2 ... 72,5	135	1116,7	1323,6	(3715)	(4140)
M_I $=3s_{1/2}$	unbesetzte				159,4	204,7	826,4	944
M_{II} $=3p_{1/2}$	Zustände		Valenzelektronen		107,3	146,2	703,0	812,6
M_{III} $=3p_{3/2}$	↓				104,2	141,2	665,1	766,3
M_{IV} $=3d_{3/2}$			unbesetzte		18,7 }	41,7	451,6	537,7
M_V $=3d_{5/2}$			Zustände		18,34 }		443,9	528,2
N_I $=4s_{1/2}$			↓		Valenzelektronen		122,7	152,7
N_{II} $=4s_{1/2}$							} stark verbreitert	
N_{III} $=4p_{3/2}$								
N_{IV} $=4d_{3/2}$					unbesetzte		17,26 ... 17,64	33,44
N_{IV} $=4d_{5/2}$					Zustände		16,40 ... 16,74	32,14

¹) relativ zum oberen Rand des Valenzbandes
²) relativ zum Vakuumniveau
³) relativ zum Ferminiveau.
Werte in Klammern nach [88], s. auch [89].

oder aus Elektronenemissionsmessungen ermitteln. Dagegen überlappen die Wellenfunktionen in den Valenz- und Leitungsbandzuständen merklich, so daß eine typisch festkörperspezifische $E(\boldsymbol{k})$-Abhängigkeit entsteht. Ihre Berechnung hat sich zu einem ausgedehnten Spezialgebiet entwickelt und erfolgt meist mit halbempirischen Methoden.

Für einige Verbindungen (GaP und GaAs) liegen zwar auch ab-inito-Berechnungen für $E_n(\boldsymbol{k})$ vor, die nur die Gitterkonstante als experimentellen Parameter benutzen [84], jedoch erreichen sie noch nicht die Genauigkeit der empirischen Methoden, insbesondere der nichtlokalen Pseudopotentialberechnungen [85].

Wichtigste experimentelle Quellen zur Ermittlung von $E_n(\boldsymbol{k})$ über empirische Berechnungen sind

– optische Messungen einschließlich Modulationsspektroskopie [86], magnetooptischer und nichtlinear-optischer Erscheinungen;

– Elektronenemissions-Untersuchungen, insbesondere winkelaufgelöste Photoemissionsmessungen [90, 91, 92];
– Elektronentransportuntersuchungen zur Klärung der Details der Bandstruktur an den Bandextrema.

Abb. 2.22 zeigt die Bandstruktur von GaP als Beispiel für ein indirektes Material, Abb. 2.23 die von GaSb als Beispiel für ein direktes Material.

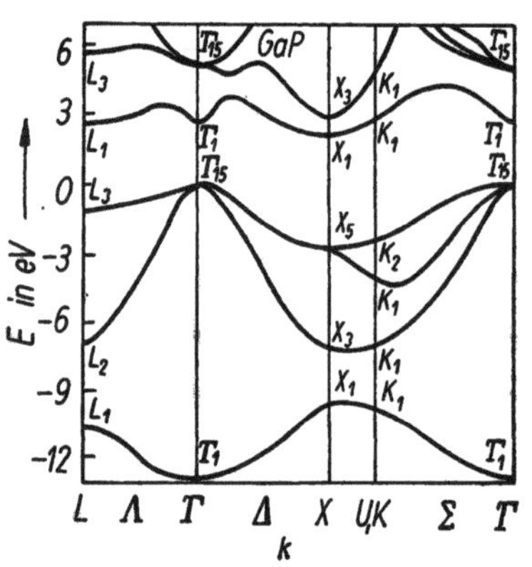

Abb. 2.22. Bandstruktur von GaP [85]

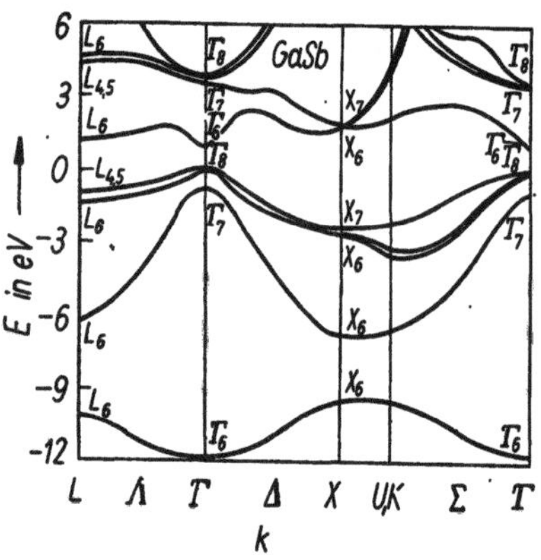

Abb. 2.23. Bandstruktur von GaSb [85]

Hier (und in den folgenden Tabellen) sind die kritischen Punkte (Bandextrema) bei den indirekten Materialien (Al-Verbindungen und GaP) näherungsweise durch die gruppentheoretischen Symbole der Einfachgruppe charakterisiert, was der Vernachlässigung der Spin-Bahn-Wechselwirkung entspricht, die (als relativischer Effekt) bei leichten Elementen nur schwach ist. Dagegen werden für die direkten Materialien (Ga- und In-Verbindungen außer GaP) die Doppelgruppenbezeichnungen benutzt und die Aufspaltungen der Einfachgruppenzustände $^3\Gamma_{15}$, $^2X_6$ und $^2L_3$ in die spinentarteten Doppelgruppenzustände $^2\Gamma_7 \otimes {}^4\Gamma_8$, $^2X_6 \otimes {}^2X_7$ und $^2L_{4,5} \otimes {}^2L_8$ auch in der Abbildung dargestellt.

Die Valenzbandstruktur ist für alle Zinkblende-Verbindungen praktisch gleich: sie wird von den vier bindenden sp^3-Hybridzuständen der Valenzelektronen gebildet, was zu einem tiefliegenden s-artigen und drei energetisch höheren p-artigen miteinander entarteten Bändern führt, die als Folge der fehlenden Inversionssymmetrie der Zinkblendestruktur von den s-artigen Band durch ein sog. antisymmetrisches Gap getrennt sind (das in der inversionssymmetrischen Diamantstruktur der rein kovalenten Halbleiter Ge und Si fehlt).

Das Maximum des Valenzbandes liegt stets bei $\boldsymbol{k} = 0$ (Punkt Γ der Brillouinzone) und wird von p-artigen Wellenfunktionen gebildet, die ohne Spin-Bahn-Wechselwirkung einem Zustand $^3\Gamma_{15v}$ entsprechen. Bei Berücksichtigung der Spin-Bahn-Wechselwirkung spaltet der $^3\Gamma_{15}$-Zustand in einen oberen $^4\Gamma_{8v}$-Zustand (der üblicherweise als Energienullpunkt gewählt wird) und einen um die Energie Δ_0 tiefer liegenden $^2\Gamma_{7v}$-Zustand auf. Das aus dem $^2\Gamma_{7v}$ hervorgehende split-off-band ($L_{6v}-\Gamma_{6v}-X_{6v}$) ist in der Umgebung von $\boldsymbol{k}=0$ isotrop und parabolisch;

$$E_{s0}(\boldsymbol{k}) = -\Delta_0 - \frac{\hbar^2 \boldsymbol{k}^2}{2|m_{s0}|} \tag{33}$$

wird also durch die effektive Masse m_{s0} charakterisiert.

Aus dem $^4\Gamma_{8v}$-Zustand geht das Band der schweren Löcher ($L_{4,5v}-\Gamma_{8v}-X_{7v}$) und das Band der leichten Löcher ($L_{6v}-\Gamma_{8v}-X_{6v}$) hervor; die Dispersionsbeziehung lautet in der Umgebung von Γ

$$E(\boldsymbol{k}) = E(\Gamma_8) + \frac{\hbar^2 \boldsymbol{k}^2}{2m_0}\left(A \pm \sqrt{B^2 + C^2\,(k_x^2k_y^2 + k_y^2k_z^2 + k_z^2k_x^2)/\boldsymbol{k}^4}\right). \tag{34}$$

Ihr entsprechen anisotrope isoenergetische Flächen (Abb. 2.24); die über die Winkel gemittelten effektiven Massen ergeben sich zu

$$m_{hh} = \frac{m_0}{|A + \sqrt{B^2 + C^2/6}|}, \quad m_{lh} = \frac{m_0}{|A - \sqrt{B^2 + C^2/6}|}, \tag{35}$$

wobei m_{hh} die Masse der schweren (*h*eavy), m_{lh} die der leichten (*l*ight) Löcher bedeutet, die in der Regel aus Messungen der Zyklotronresonanz (evtl. unter einachsigem Druck) bestimmt werden.

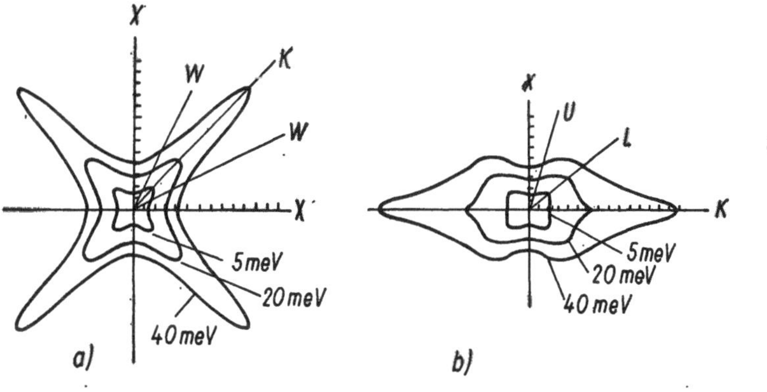

Abb. 2.24. Isoenergetische Flächen des Bandes der schweren Löcher von GaP [93]. a) (100)-Ebene; b) (110)-Ebene

Tab. 2.6 gibt einen Überblick über die Valenzbandparameter. Entsprechend der relativen Lage der Leitungsbandminima sind direkte Halbleiter (absolutes Minimum bei Γ, Breite der verbotenen Zone $E_g^d = E(\Gamma_{6c}) - E(\Gamma_{8v})$) und indirekte Halbleiter (absolutes Minimum bei oder in der Umgebung von X, Breite der verbotenen Zone $E_g^i = E(\Delta_{min}) - E(\Gamma_{8v})$) zu unterscheiden, deren optische und elektrische Eigenschaften z. T. beträchtlich voneinander abweichen. Das Γ_{6c}-Minimum ist isotrop mit relativ kleiner effektiver Masse m_c

Tabelle 2.6.
Valenzbandparameter von III–V-Halbleitern mit Zinkblendestruktur [3]

	Δ_{s0}(0 K)	m_{s0}/m_0	$-A$	$-B$	$\|C\|$	m_{hh}/m_0	m_{lh}/m_0	$-b$	$-d$	$\|\Gamma_{1v}\|$	$X_{1v}-\Gamma_{1v}$	$X_{3v}-X_{1v}$
ALP (i)	0,05	[0,29]	[4,37]	[0,13]	[3,96]	[0,63]	[0,20]					
AlAs (i)	0,275	[0,37]	[4,03]	[1,59]	[4,63]	[0,76]	[0,15]					
AlSb (i)	0,645	[0,29]	[4,12]	[2,09]	[4,71]	0,4 …	0,11	1,35	4,3	13,4	3,2 …	2,4 …
						0,5					4,3	2,6
GaP (i)	0,082	[0,24]	4,05	0,98	3,98	0,67	0,17	1,5 …	4,5 …	12,3 …	3,2 …	1,4 …
								1,8	4,6	13,4	4,3	2,1
GaAs (d)	0,341	0,154	6,86	4,21	6,88	0,45 …	0,082 …	1,7 …	4,6 …	12,9 …	2,9 …	2,7 …
						0,57	0,087	2,0	5,4	14,4	4,2	2,8
GaSb (d)	0,820	0,12 …	13,10	9,00	13,75	0,29 …	0,041 …	1,8 …	4,6 …	11,9	2,7	2,1
		0,15				0,40	0,052	2,0	4,8			
InP (d)	0,108	0,121	4,95	3,30	5,80	0,45 …	0,12	1,55 …	4,2 …	11,6	3,0	1,9 …
						0,60		2,0	5,0			2,4
InAs (d)	0,38	0,14	[19,7]	[16,8]	[13,6]	0,33 …	0,025	1,8	3,6	12,6	3,2	2,7 …
						0,41						5,8
InSb (d)	0,81	[0,47]	33,8	29,5	16,0	0,32 …	0,016 …	2	4,8 …	12,2	3,2	3,6
						0,44	0,021		5,0			

Die Parameter A, B, $|C|$ wurden in der Regel aus den in [3] angegebenen γ-Parametern berechnet.

Werte in eckigen Klammern sind mittels kp-Theorie berechnete Werte. b und d sind die Deformationspotentiale (in eV), die die Aufspaltung des Valenzbandes unter einachsigem Druck charakterisieren.

$|\Gamma_{1v}|$ ist die totale Valenzbandbreite, $X_{1v}-\Gamma_{1v}$ die Breite des unteren (s-artigen) Valenzbandes, $X_{3v}-X_{1v}$ die Breite des antisymmetrischen Gaps, Δ_{s0} die Spin-Bahn-Aufspaltung (alle Angaben in eV).

Die effektiven Massen m_{s0} des splitt-off-Bandes, m_{hh} des Bandes der schweren Löcher, m_{lh} des Bandes der leichten Löcher sind in Einheiten der Masse des freien Elektrons angegeben.

(näherungsweise ist $m_c \sim E_g^d$) und einem stark von dem des freien Elektrons abweichenden g-Faktor. Die indirekten Minima weisen im $\boldsymbol{k}$-Raum eine symmetriebedingte Entartung (Mehrtalstruktur) auf, die bei den L-Minima zu vier, bei den Δ-Minima zu sechs Tälern führt.

In unmittelbarer Umgebung der Minima sind die isoenergetischen Flächen gestreckte Rotationsellipsoide mit $\boldsymbol{k}_{\min}$ als Achse, d. h. die Täler sind durch eine große longitudinale Masse $m_{\parallel}$ und eine kleine transversale effektive Masse $m_{\perp}$ charakterisiert:

$$E(\boldsymbol{k}) = E(\boldsymbol{k}_0) + \frac{\hbar^2 \varkappa_x^2}{2m_{\parallel}} + \frac{\hbar^2 (\varkappa_y^2 + \varkappa_z^2)}{2m_{\perp}} \tag{36}$$

$$\boldsymbol{\varkappa} = \boldsymbol{k} - \boldsymbol{k}_0, \quad \varkappa_x \parallel \boldsymbol{k}_0, \quad \varkappa_y, \varkappa_z \perp \boldsymbol{k}_0.$$

Die Δ-Minima sind stark nichtparabolisch, was zu einer „Kamelrückenstruktur" nach Abb. 2.25 führt. Da die „Höckerhöhe" $E(X_{1c}) - E(\boldsymbol{k}_{\min})$ sehr gering ist, spricht man oft von drei Doppelminima am X-Punkt.

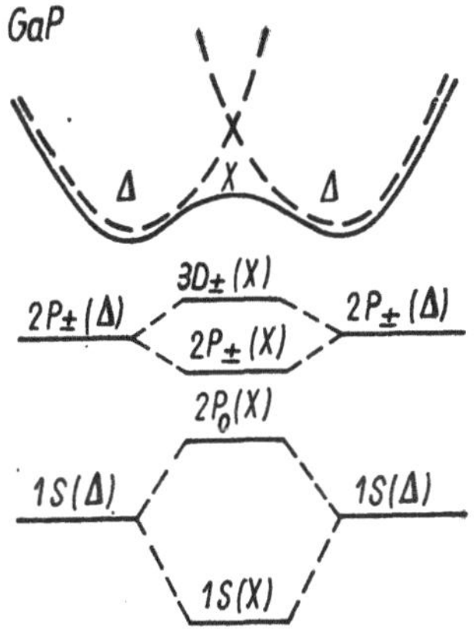

Abb. 2.25. „Kamelrückenstruktur" des X_{1c}-Leitungsbandes von GaP [95] und Struktur der Donatorzustände

Tab. 2.7. gibt eine Übersicht über die Leitungsbandparameter der direkten, Tab. 2.8. über die der indirekten Halbleiter.

Da sich bei Abstandsänderungen die Überlappung der atomaren Wellenfunktionen verändert, ist die Bandstruktur temperatur- und druckabhängig, so daß sich die Bandextrema bei Temperatur- und Druckänderungen gegeneinander verschieben. Die Temperaturverschiebung setzt sich aus einem durch die thermische Ausdehnung verursachten Anteil und einem dominierenden Anteil infolge der Elektron-Phonon-Wechselwirkung zusammen [94] und ergibt für $E_g(T)$ die in Abb. 2.26. gezeigte Abhängigkeit, die stark dem Temperaturverlauf der elastischen Konstanten ähnelt.

Theoretisch ergibt sich der Anteil infolge der Elektron-Phonon-Wechselwirkung aus den Debye-Waller-Faktoren für die streuenden Potentiale,

Tabelle 2.7.
Leitungsbandparameter direkter Materialien [3]

	E_g(0 K)	E_g(300 K)	$\frac{\partial E_g}{\partial T}$	$\frac{\partial E_g}{\partial p}$	m_c/m_0	g_c	$E(X_6^c)$	$E(L_6^c)$
GaAs	1,5192	1,424	−3,9	12,6	0,066	−0,44	0,48 (110 K)	0,31 (110 K)
GaSb	0,8113	0,70	−3,7	14,7	0,041	−9,25	0,43 (10 K)	0,093 (2 K)
InP	1,4236	1,34	−2,9	8,4	0,079	1,26 … 1,48	0,96 (8 K)	0,4 … 0,6
InAs	0,4180	0,356	−3,5	12,0	0,023	−14,7		
InSb	0,2352	0,180	−2,8	16,5	0,014	−47,8		

Die E_g-Werte sind optische Werte (in eV); die Temperatur- und Druckkoeffizienten (in 10^{-4} eV/K bzw. 10^{-1} eV/Pa) beziehen sich auf 300 K. $E(X_6^c)$ und $E(L_6^c)$ sind die Energien der höheren Leitungsbandminima (in eV), bezogen auf das Γ_6^c-Minimum. m_c (in Einheiten von m_0) ist die effektive Masse, g_c der g-Faktor im Γ_6^c-Minimum.

Tabelle 2.8.
Leitungsbandparameter indirekter Materialien [3]

	E_g^i(0 K)	E_g^i(300 K)	$\frac{\partial E_g^i}{\partial T}$	$\frac{\partial E_g^i}{\partial p}$	E_g^d	$\frac{\partial E_g^d}{\partial T}$	$\frac{\partial E_g^p}{\partial p}$	k_0	$E(X_1^c-\Delta_{min}^c)$	$-\Xi_u(\Delta_{min}^c)$	$m_\parallel/m_0$	$m_\perp/m_0$	$E(X_3^c)$
AlP	2,505	2,45			3,63 (4 K)								
AlAs	2,229	2,15	−4,0		3,13 (4 K)			0,903			5,8	0,19	0,20
AlSb	1,696	1,63	−3,5	−1,5	2,32 (77 K)		≈10		5,7	5,4	1	0,26	
GaP	2,350	2,272	−5,2	−1,4	2,869 (2 K)	−4,5	10,5	0,917	3,2	6,3 … 6,5	7,25	0,21 … 0,40	0,355
SiC (3 C)	2,417	2,20	−5,8		6,0 (300 K)			1,0	0		0,647	0,24	3,1

E_g^d und E_g^i sind die optischen Werte für die direkte (Γ_1^c–Γ_{15}^v) bzw. indirekte (Δ_{min}^c–Γ_{15}^c) Bandlücke (in eV); die entsprechenden Temperatur- und Druckkoeffizienten (in 10^{-4} eV/K bzw. 10^{-1} eV/Pa) beziehen sich auf 300 K.

k_0 $\left(\text{in Einheiten von } \frac{2\pi}{a_0},\ a_0 \text{ Gitterkonstante}\right)$ gibt die Lage des Δ^c-Minimums, bezogen auf den Γ-Punkt an;

$m_\parallel$ und $m_\perp$ (in Einheiten von m_0) sind die longitudinale bzw. transversale Masse im Δ^c-Minimum. Ξ_u (Δ_{min}^c) ist die Deformationspotentialkonstante (in eV). $E(X_3^c)$ ist die Energie des 2. Leitungsbandes im X-Punkt (in eV), $E(X_1^c-\Delta_{min}^c)$ die „Hökkerhöhe“ des Kamelrückens (in meV).

während der Anteil der thermischen Ausdehnung in engem Zusammenhang mit den betreffenden Druckkoeffizienten steht. Die Temperaturabhängigkeit von E_g bestimmt wegen des Zusammenhangs zwischen E_g und der optischen Dielektrizitätskonstante ε_∞ auch die Temperaturabhängigkeit von ε_∞ bzw. des Brechungsindex [98].

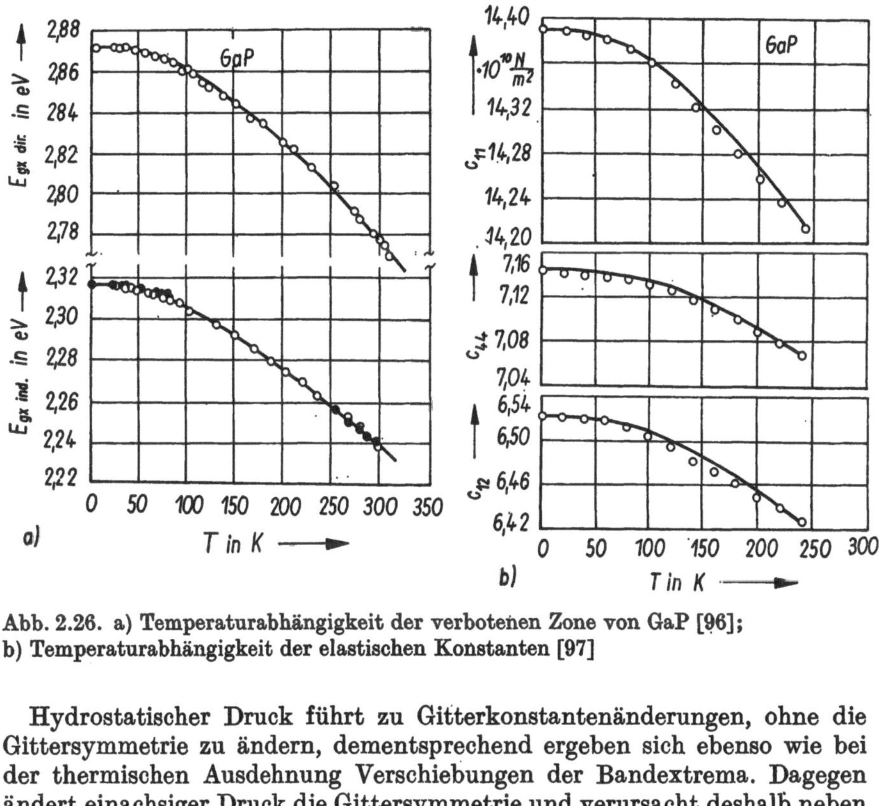

Abb. 2.26. a) Temperaturabhängigkeit der verbotenen Zone von GaP [96]; b) Temperaturabhängigkeit der elastischen Konstanten [97]

Hydrostatischer Druck führt zu Gitterkonstantenänderungen, ohne die Gittersymmetrie zu ändern, dementsprechend ergeben sich ebenso wie bei der thermischen Ausdehnung Verschiebungen der Bandextrema. Dagegen ändert einachsiger Druck die Gittersymmetrie und verursacht deshalb neben der Verschiebung aller Bandextrema auch Aufspaltungen von Bandextrema die bei ungestörter Gittersymmetrie entartet sind. Für ein Leitungsbandminimum bei $\boldsymbol{k}_0$ läßt sich die Energieverschiebung infolge Gitterdeformation, in der Form [99]

$$\delta E(\boldsymbol{k}_0) = \sum_{i,j=1}^{3} \left\{ \Xi_\mathrm{d} + \frac{k_{0i} k_{0j}}{k_0^2}\, \Xi_\mathrm{u} \right\} e_{ij} \qquad (37)$$

mit zwei unabhängigen Deformationspotentialkonstanten Ξ_d und Ξ_u schreiben, wobei die e_{ij} die Komponenten des Deformationstensors sind (die bei Druckexperimenten aus den Komponenten des Spannungstensors über die elastischen Konstanten berechnet werden müssen, s. z. B. [100]). Die Größe

$a = \Xi_d + {}^1/_3\Xi_u$ [1]) beschreibt ebenso wie der Druckkoeffizient $\frac{\partial E}{\partial p}$ die Verschiebung des Minimums unter dem Einfluß von hydrostatischem Druck, es gilt

$$a = \frac{\partial E}{\partial \ln V} = -\frac{1}{\varkappa}\frac{\partial E}{\partial p} = -\frac{(c_{11}+2c_{12})}{3}\frac{\partial E}{\partial p}\,. \tag{38}$$

$\varkappa = -\frac{1}{V}\frac{\partial V}{\partial p}$ ist die Kompressibilität, c_{11} und c_{12} sind zwei der drei elastischen Moduln. Ξ_u ist maßgebend für die Aufspaltung von symmetrieentarteten Bandextrema unter einachsigem Druck; für X- und L-Minima wird $-\Xi_u$ auch als E_2 bezeichnet.

Die Druckabhängigkeit des Valenzbandmaximums wird durch

$$\begin{aligned} E_{v1} &= -\frac{1}{6}\Delta_0 - \delta E_H + \frac{1}{4}\delta E + \frac{1}{2}\sqrt{\Delta_0^2 + \Delta_0\delta E_H + \frac{9}{4}(\delta E)^2} \\ E_{v2} &= \frac{1}{3}\Delta_0 - \delta E_H - \frac{1}{2}\delta E \\ E_{v3} &= -\frac{1}{6}\Delta_0 - \delta E_H + \frac{1}{4}\delta E - \frac{1}{2}\sqrt{\Delta_0^2 + \Delta_0\delta E_H + \frac{9}{4}(\delta E)^2} \end{aligned} \tag{39}$$

gegeben (Abb. 2.27.) wobei $\delta E_H = a_v\,(s_{11}+2s_{12})\cdot T = \frac{\partial E_g}{\partial p}\cdot p$ der hydrostatische Anteil ist und δE bei Druck in 100-Richtung mit $\delta E_{100} = 2b\times$ $\times(s_{11}-s_{12})\cdot T$, bei Druck in 111-Richtung mit $\delta E_{111} = \frac{d}{\sqrt{3}}\cdot s_{44}\cdot T$ zu identifizieren ist [101]. s_{11} und s_{12} sind zwei der drei elastischen Konstanten, T ist der Betrag der mechanischen Spannung.

Maßgebend für die Aufspaltung sind also die beiden Parameter $b\left(=\frac{1}{\sqrt{3}}\cdot d_0 = -\frac{2}{3}D_u\right)$ für Druck in 100-Richtung und $d\left(=\frac{1}{\sqrt{2}}d_5 = -\frac{2}{3}D'_u\right)$ für Druck in 111-Richtung, während $a_v\left(=\frac{1}{\sqrt{3}}\cdot d_1 = D_d^v\right)$ die gleichmäßige Verschiebung aller drei Valenzbänder charakterisiert.

Direkt (mit optischen Methoden) meßbar sind nur die Parameter Ξ_u, b und d, die Aufspaltungen charakterisieren und die Differenzen von Druckkoeffizienten bzw. a-Werten zwischen Leitungs- und Valenzband (z. B. die in Tab. 2.7. und 2.8. angegebenen Werte $\frac{\partial E_g}{\partial p}$ für die Bandlücke); Absolutwerte für a bzw. Ξ_d ergeben sich aus Beweglichkeitsmessungen (vgl. Abschn. 2.2.4.).

---

[1]) Gelegentlich wird für Γ-Minima statt a der Parameter $d_1 = a\cdot\sqrt{3}$ angegeben; für X- und L-Minima wird a auch als E_1 bezeichnet.

In Mischkristallen ist die Gitterperiodizität nicht vorhanden, so daß die Charakterisierung von Elektronenzuständen durch Blochfunktionen eigentlich ihre theoretische Basis verliert. Trotzdem lassen sich die optischen und elektrischen Messungen interpretieren, indem man weiterhin das Konzept

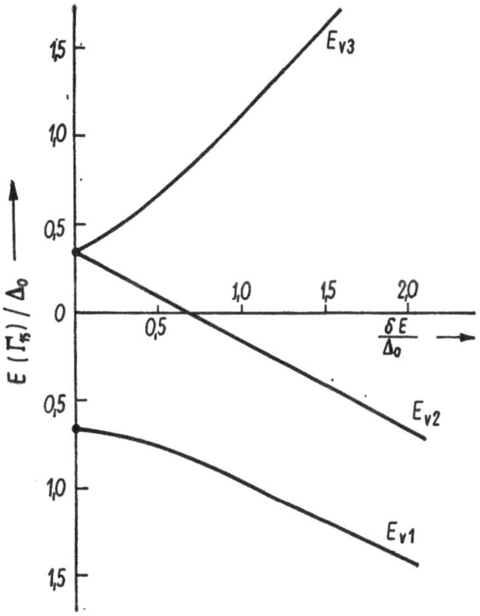

Abb. 2.27. Valenzbandaufspaltung durch einachsigen Druck.
Entsprechend der Richtung der mechanischen Spannung T ist δE mit δE_{111} oder δE_{100} zu identifizieren

der Bandstruktur benutzt. Man erhält dann eine stetige Verschiebung der Bandextrema mit der Zusammensetzung, die sich für ternäre Systeme der Zusammensetzung $A_xB_{1-x}C$ für das Bandextremum $E^{(i)}$ in der Form

$$E^{(i)}(x) = x \cdot E^{(i)}(AC) + (1-x) \cdot E^{(i)}(BC) - cx \cdot (1-x) \tag{40}$$

schreiben läßt. Der bowing-Parameter c gibt die Abweichung von einem linearen Zusammenhang an, er liegt in den meisten Fällen zwischen 0,2 und 0,8 eV.

Abb. 2.28. zeigt diese Abhängigkeit $E^{(i)}(x)$ für die Systeme $Al_xGa_{1-x}Sb$ und $InAs_xSb_{1-x}$. In einigen Systemen liegt ein sog. „cross-over“ vor: Bei einer bestimmten Konzentration x_c erfolgt der Übergang von einem direkten zu einem indirekten Halbleiter.

Die theoretische Interpretation der Abhängigkeit $E^{(i)}(x)$ gelingt weitgehend mit der sog. Virtuell-Kristall-Approximation (VCA): auf den Plätzen des „gemischten“ Untergitters denkt man sich „virtuelle“ Atome, deren Potential V_X sich aus den Potentialen V_A und V_B der realen Atome entsprechend der Zusammensetzung ergibt:

$$V_X(r) = x \cdot V_A(r) + (1 - x) \cdot V_B(r) \qquad (41)$$

Weiterführende Theorien berücksichtigen – insbesondere für die Berechnung von c – die statistischen Schwankungen des Potentials [102].

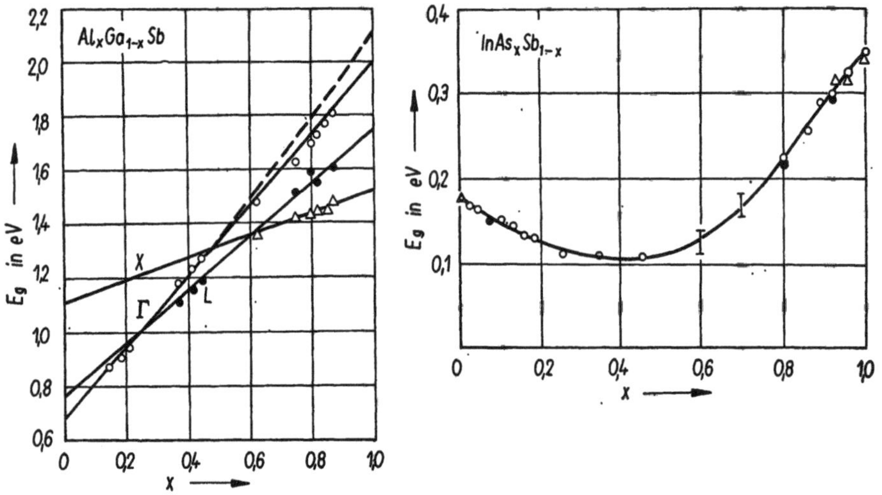

Abb. 2.28. Breite der verbotenen Zone von Mischkristallen [139].
a) $Al_xGa_{1-x}Sb$ (mit 2 cross-over);
b) $InAs_xSb_{1-x}$ (mit starkem „bowing")

2.2.2.2. Elektronische Struktur von Gitterstörungen [103–105]

Die für Halbleiter wichtigsten Gitterstörungen sind punktförmige. Am einfachsten Fall der Eigenfehlordnung sind nur gittereigene Bausteine beteiligt; die möglichen Punktdefekte sind

– Leerstellen (Vakanzen) im A- bzw. B-Untergitter: $V_{(A)}$, $V_{(B)}$;
– Zwischengitteratome (Self-Interstitials): A_i, B_i;
– Antisite-Defekte: $A_{(B)}$, $B_{(A)}$

(der untere Index gibt den Platz (site) an, i steht für interstitial). Die Eigenfehlordnung ist thermodynamisch bedingt (ein fehlgeordnetes Gitter hat eine höhere Entropie als der Idealkristall, wird also mit größerer Wahrscheinlichkeit realisiert); bei tiefen Temperaturen liegen meist eingefrorene Hochtemperatur-Gleichgewichtsverteilungen vor. Bei der chemischen Fehlordnung sind Fremdatome C in das Gitter eingebaut, dies erfolgt als Substitutionsstörstelle auf A- oder B-Platz: $C_{(A)}$, $C_{(B)}$ oder als Zwischengitteratom (interstitial), meist in einer der Tetraederlücken: C_i.

Darüber hinaus sind Komplexe aus gleichartigen oder verschiedenen Störstellen möglich (z. B. mit Vakanzen gekoppelte Substitutionsstörstellen und Paare von Fremdatomen), die je nach Problemstellung als einheitliche Störstelle oder als mehrere miteinander wechselwirkende Störstellen betrachtet werden können. Alle Gitterstörungen beeinflussen lokal die chemische Bindung und sind daher mit mehr oder weniger starken Gitterdeformationen verbunden.

Gitterstörungen brechen die Symmetrie (Periodizität) des Gitters und führen daher zu einer Änderung der elektronischen Zustandsdichte, d. h. zu einer Umverteilung der erlaubten Energiezustände. Insbesondere treten Resonanzen und Antiresonanzen in den Bändern sowie häufig lokalisierte Zustände in der verbotenen Zone auf. Letztere beeinflussen in starkem Maße die elektrischen und optischen Eigenschaften der Halbleiter und werden im folgenden ausschließlich betrachtet. Strenggenommen muß man stets zwischen den Störstellen (einschließlich Defekten) als geometrisch-chemische Spezies und den dadurch verursachten Elektronenzuständen unterscheiden; in der Praxis wird darauf jedoch oft verzichtet.

Die Existenz lokalisierter Zustände hat zur Folge, daß chemisch gleiche Störstellen entsprechend den äußeren Bedingungen (Einbauart oder Lage des Ferminiveaus) in verschiedenen Ladungszuständen existieren können, je nachdem, ob ein lokalisierter Zustand mit Elektronen (oder Löchern) besetzt oder leer ist. Zur Charakterisierung benutzt man daher den Umladungscharakter, den Grad der Wechselwirkung mit dem Leitungs- bzw. Valenzband und die Bindungsenergie der lokalisierten Ladungsträger.

Die bevorzugt mit einem Band wechselwirkenden Störstellen lassen sich entsprechend Tab. 2.9 in Donatoren, Akzeptoren und Haftstellen (Traps)

Tabelle 2.9.
Klassifizierung von Störstellen, die vorwiegend mit einem Band wechselwirken. NN_1 bedeutet zwei Stickstoffatome auf Nachbarplätzen im P-Untergitter von GaP.

Bevorzugte Wechselwirkung mit	Umladungscharakter (leer → besetzt)	Bezeichnung	Beispiel
Leitungsband	$+ \to 0$	Donator	GaP: $S^{+}_{(P)}$
	$++ \to + \to 0$	Doppeldonator	GaP: $P^{++}_{(Ga)}$
	$0 \to -$	Elektronenhaftstelle	GaP: NN^{0}_{1}
Valenzband	$- \to 0$	Akzeptor	GaP: $Zn^{+}_{(Ga)}$
	$0 \to +$	Löcherhaftstelle	GaP: $Bi^{0}_{(P)}$

einteilen. Donatoren und Elektronenhaftstellen heißen im elektronenärmeren Zustand leer, in elektronenreicheren besetzt; Akzeptoren und Löcherhaftstellen werden im elektronenärmeren Zustand als (mit Löchern) besetzt, im elektronenreicheren Zustand als leer bezeichnet (Tab. 2.9.). Störstellen, die mit beiden Bändern in vergleichbarer Stärke wechselwirken, heißen Rekombinationszentren. Meist handelt es sich bei ihnen um Zustände, die im thermodynamischen Gleichgewicht neutral sind. Sie können gleichzeitig oder nacheinander Elektronen und Löcher (oder freie Excitonen) einfangen und bewirken anschließend eine strahlende oder strahlungslose Rekombination. Beispielsweise ist Ni^{3+}_{Ga} in GaP ein derartiges Zentrum [106, 107], wobei die freiwerdende Energie z. T. in Form strahlender Übergänge zwischen den Zuständen der 3d-Schale des Ni-Rumpfes abgegeben wird. Jedoch zeigt die Existenz von gebundenen Excitonen an Donator- bzw. Akzeptorzuständen im GaAs und GaP, daß auch diese Störstellen zur Rekombination beitragen.

Für die Bestimmung des Einbauorts und des Umladungscharakters einer bestimmten Störstelle in einem vorgegebenen Gitter existiert keine allgemeine Theorie. Einigermaßen übersichtlich sind die Verhältnisse bei Hauptgruppenelementen. Da sich die Rumpfelektronen dieser Elemente in abgeschlossenen Schalen mit höherer Ionisierungsenergie befinden, nehmen sie nicht an der Festkörperbindung teil. Damit liegt die Zahl der Valenzelektronen fest und der Einbau erfolgt meist substitutionell so, daß die Differenz der Valenzelektronenzahl von Gast- und Wirtsatom möglichst klein wird. Elemente der 6. Gruppe werden auf 5er Platz als Donatoren, Elemente der 2. Gruppe auf 3er Platz als Akzeptoren eingebaut; Elemente der 4. Gruppe werden je nach äußeren Bedingungen auf 3er Platz als Donatoren oder auf 5er Platz als Akzeptoren eingebaut (amphotere Störstellen); Elemente der 3. bzw. 5. Gruppe werden auf 3er bzw. 5er Platz eingebaut, jedoch führen nur wenige Atome der 5. Gruppe zu lokalisierten isoelektronischen Zuständen[1]). Übergangselemente mit nicht abgeschlossenen Elektronenschalen haben variable Valenz, daher wird deren Oxidationszustand meist durch das Wirtsgitter bestimmt, sie führen zu sog. „strukturierten Störstellen" mit der Möglichkeit von Übergängen zwischen den Ligandenfeldzuständen der Rumpfkonfiguration. Beispielsweise wird das Ni-Atom ($3d^8 4s$) in GaP als $Ni^{3+}_{Ga^{3+}}(3d^7)$ eingebaut.

2.2.2.2.1. Flache Störstellen

Ist der energetische Abstand des von der Störstelle verursachten tiefsten Energieniveaus vom Leitungs- bzw. Valenzband wesentlich kleiner als die Breite der verbotenen Zone, so spricht man von *flachen Störstellen (niveaus)*. Meist dominiert in diesem Falle die Wechselwirkung mit dem benachbarten Band, außerdem lassen sich diese Störstellen üblicherweise in hohen Konzentrationen (bis zu 10^{20} cm^{-3}) einbauen. Sie bestimmen daher die *Trägerkonzentration* und z. T. die Beweglichkeit des betreffenden Halbleiters. Ihre experimentelle Untersuchung erfolgt vorwiegend mit elektrischen und optischen Methoden am homogenen Material (vgl. Abschn. 2.2.3. und 2.2.4.).

Außer im Grundzustand kann sich das lokalisierte Teilchen (Elektron oder Loch) auch in angeregten Störstellenzuständen befinden. Die theoretische Beschreibung aller gebundenen Zustände flacher Störstellen erfolgt in guter Näherung durch die Effektiv-Masse-Theorie (EMT): das gebundene Teilchen bewegt sich mit einer der Struktur des benachbarten Bandextremums (Leitungsbandminimum bei Donatoren, Valenzbandmaximum bei Akzep-

---

[1]) Eigentlich handelt es sich um isovalente Zustände, da nur die Zahl der Valenzelektronen mit der der Wirtsatome übereinstimmt, die Zahl der Rumpfelektronen dagegen differiert.

toren) entsprechenden effektiven Masse im elektrischen Feld des Störstellenrumpfes, wobei diese Wechselwirkung durch die statische Dielektrizitätskonstante ε_s abgeschirmt wird. Für Donatoren in direkten Materialien (isotrope effektive Masse m^*) erhält man damit ein Termspektrum von wasserstoffähnlicher Struktur mit den Energiezuständen

$$E_n = E_c - \frac{R^*}{n^2} \quad (n = 1, 2, \ldots) \tag{42}$$

$\left(R^* = \frac{m^*}{m_0 \varepsilon_s^2} \cdot R_H \cdot R_H = 13{,}6\ \text{eV} = \text{Rydbergkonstante des H-Atoms}\right)$. Die Wellenfunktion im Grundzustand $n = 1$

$$\psi_{1s}(\boldsymbol{r}) = \frac{1}{\sqrt{\pi a_B^3}} \mathrm{e}^{-r/a_B} \tag{43a}$$

wird durch den effektiven Bohrschen Radius $a_B = \frac{\varepsilon_s m_0}{m^*} \cdot a_H$ ($a_H = 0{,}0529\ \text{nm}$ = Bohrscher Radius des H-Atoms) charakterisiert und erstreckt sich üblicherweise über viele Elementarzellen. In $\boldsymbol{k}$-Darstellung lautet sie

$$\psi_{1s}(\boldsymbol{k}) = \frac{\gamma}{\sqrt{V_0}} \frac{\sqrt{a_B^3 \pi}}{(1 + a_B^2 k^2)^2} \tag{43b}$$

(V_0 Grundgebietsvolumen); dementsprechend setzt sich ψ_{1s} im wesentlichen aus Leitungsbandfunktionen mit $0 \leq k \lessapprox \frac{1}{a_B}$ zusammen.

Für Donatoren in indirekten Materialien (mit anisotroper effektiver Masse) und Akzeptoren erhält man stark modifizierte Termspektren [108–110]. Eine Übersicht über die Bindungsenergien flacher Donatoren und Akzeptoren geben Tab. 2.10. und 2.11.

Tabelle 2.10.
Bindungsenergien einfacher Donatoren (in meV)

	GaP[1]		GaAs[2]
Theorie	59		5,715
$O_{(B)}$	897	(841)	
$S_{(B)}$	107	(53,4)	5,870
$Se_{(B)}$	105	(54,0)	5,789
$Te_{(B)}$	92,6	(40,5)	
$C_{(A)}$			5,913
$Si_{(A)}$	85		5,839
$Ge_{(A)}$	204		5,882
$Sn_{(A)}$	72		
$Pb_{(A)}$			5,752

[1]) In Klammern: Tal-Bahn-Aufspaltung 1s(E) – 1s (A_1) der B-Platz-Donatoren.
[2]) In den übrigen direkten Materialien sind die Bindungsenergien im Rahmen der Meßgenauigkeit unabhängig von der chemischen Natur der Störstelle gleich dem EMT-Wert (InP: 7,14 meV; InSb: 0,7 meV).

Tabelle 2.11.
Bindungsenergien flacher Akzeptoren (in meV)

	GaP	GaAs	GaSb	InP	InAs	InSb
Theorie [108]	47,5	25,6	12,5	32,2	16,6	8,6
$Be_{(A)}$	56,6	28,0		31[1]		
$Mg_{(A)}$	59,9	28,8		31[1]		
$Zn_{(A)}$	69,7	30,7		46,4		9,86
$Cd_{(B)}$	102,2	34,7		57,0		9,86
$C_{(B)}$	54,3	27,0		41,3		
$Si_{(B)}$	210	34,8	9,4		20	
$Ge_{(B)}$	265	40,4	9,5	210	14	9,25
$Sn_{(B)}$		167			10	

[1]) in MBE (*molecular beam epitaxy*)-Material; in Kompaktmaterial findet man für Be 143 meV, für Mg 108 meV.

Die Deformationspotentialkonstanten der Grundzustände haben ähnliche Werte wie die der Bandränder, da sich ihre Wellenfunktionen aus denen der zugehörigen Bandränder zusammensetzen.

Im thermodynamischen Gleichgewicht sind Störstellenzustände entsprechend der Fermistatistik mit Elektronen besetzt. In der Regel genügt es, nur den Grundzustand zu berücksichtigen; die Besetzungswahrscheinlichkeit für einen Donator ist dann durch

$$f_n^0 = \left[1 + \frac{1}{g_0}\, e^{(E_0 - E_F)/kT}\right]^{-1} \qquad (44a)$$

gegeben (E_0 Grundzustandsenergie, E_F Fermienergie, g_0 Entartungsgrad des Grundzustands); die Besetzungswahrscheinlichkeit für einen Akzeptor (d. h. für Löcher) ist

$$f_p^0 = [1 + g_0 \cdot e^{(E_F - E_0)/kT}]^{-1}\,. \qquad (44b)$$

Bei Abweichungen vom thermodynamischen Gleichgewicht besteht wegen der starken Wechselwirkung meist noch partielles Gleichgewicht zwischen Störstelle und zugehörigem Band, d. h. die Gln. (44) gelten weiter, wenn man E_F durch die Quasifermienergien ζ_n der Elektronen bzw. ζ_p der Löcher ersetzt.

2.2.2.2.2. Tiefe Störstellen

Liegt das tiefste von der Störstelle erzeugte Energieniveau etwa in der Mitte der verbotenen Zone, so spricht man von *tiefen Störstellen (niveaus)*. Derartige Störstellen lassen sich gewöhnlich nur in geringer Konzentration einbauen, daher ist ihr Einfluß auf Trägerkonzentration und Beweglichkeit vernachlässigbar. Sie stehen jedoch meist in starker Wechselwirkung mit Valenz- und Leitungsband und bestimmen durch die Schaffung effektiver Rekombinationskanäle die *Lebensdauer* von Nichtgleichgewichtsträgern.

Ihre experimentelle Untersuchung erfolgt mit elektrischen und optischen Methoden bevorzugt an pn- bzw. Schottky-Übergängen [111], außerdem werden Elektronenspinresonanzuntersuchungen herangezogen [112], die vor allem über die elektronische Struktur von d-Element-Störstellen wichtige Aussagen liefern. Die Berechnung des Termspektrums tiefer Störstellen mit einer den Experimenten vergleichbaren Genauigkeit ist gegenwärtig nicht möglich. Außer den rein elektronischen Problemen (starke Lokalisierung der Wellenfunktion und dadurch starke Wechselwirkung mit mehreren Bändern) ist dafür auch unbedingt die störstellenbedingte Gitterdeformation (einschließlich einer Symmetrieerniedrigung infolge des Jahn-Teller-Effekts [113]) und bei strukturierten Störstellen die Änderung der Rumpfkonfiguration zu berücksichtigen.

Die Besetzung wird im thermodynamischen Gleichgewicht ebenso wie bei den flachen Störstellen durch den Umladungscharakter (Donator, Akzeptor, Haftstelle) und die Fermiverteilung bestimmt. Bei Abweichungen vom thermodynamischen Gleichgewicht wird die Termbesetzung durch Ratengleichungen bestimmt, in die die Übergangswahrscheinlichkeiten zu den benachbarten Bändern eingehen. Für ein tiefes donatorartiges Zentrum (Shockley-Read-Hall-Modell [114]) gilt bei einer räumlich homogenen[1]) Anregung des Halbleiters (vgl. Abb. 2.29)

$$\frac{\mathrm{d}n}{\mathrm{d}t} = g_n + e_n^0 \cdot n_t^0 - c_n^+ \cdot n_t^+ \cdot n = g_n - U_{cn}, \tag{45a}$$

$$\frac{\mathrm{d}p}{\mathrm{d}t} = g_p + e_p^+ \cdot n_t^+ - c_p^0 \cdot n_t^0 \cdot p = g_p - U_{cp}, \tag{45b}$$

$$\frac{\mathrm{d}n_t^0}{\mathrm{d}t} = -\frac{\mathrm{d}n_t^+}{\mathrm{d}t} = U_{cn} - U_{cp}. \tag{45c}$$

g_n, g_p[1/cm³ · s] sind die Elektronen- bzw. Löchererzeugungsraten, die durch optische Anregung bzw. durch Diffusions- oder Driftströme verursacht

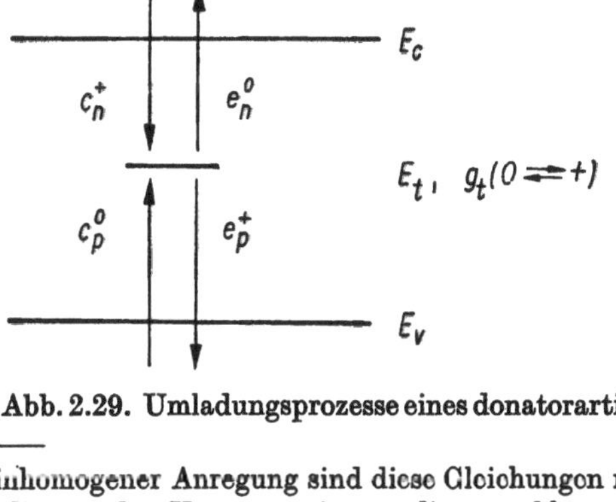

Abb. 2.29. Umladungsprozesse eines donatorartigen Rekombinationszentrums.

[1]) Bei inhomogener Anregung sind diese Gleichungen noch durch Diffusionsterme zu ergänzen, die von den Konzentrationsgradienten abhängen.

werden; n_t^0 ist die Konzentration der neutralen (besetzten), $n_t^+ = N_t - n_t^0$ ist die Konzentration der geladenen (leeren) Störstellen, N_t die Gesamtkonzentration, e_n bzw. e_p sind die Emissionskoeffizienten, c_n bzw. c_p die Einfangkoeffizienten der neutralen (0) bzw. der geladenen (+) Störstelle für Elektronen bzw. Löcher. (e_n ist die mittlere Anzahl der Elektronen die von einer mit Elektronen besetzten Störstelle pro Sekunde ins Leitungsband emittiert werden; $c_n \cdot n$ ist die mittlere Anzahl der Elektronen, die von einer leeren Störstelle pro Sekunde eingefangen werden, wenn die Leitungselektronenkonzentration n beträgt). $U_{cn} = c_n^+ \cdot n_t^+ \cdot n - e_n^0 \cdot n_t^0$ und $U_{cp} = c_p = c_p^0 \cdot n_t^0 \cdot p - e_p^+ \cdot n_t^+$ sind die Nettorekombinationsraten der Elektronen bzw. Löcher.

Da diese Gleichungen auch im thermodynamischen Gleichgewicht $\left(g_n = g_p = 0, \frac{dn}{dt} = \frac{dp}{dt} = 0\right)$ gelten müssen, folgt unter Verwendung von Gl. (44)

$$\frac{e_n^0}{c_n^+} = \frac{N_c}{g_t} \cdot e^{-(E_c - E_t)/kT} = n_1 \tag{46a}$$

$$\frac{e_p^+}{c_p^0} = g_t \cdot N_v \cdot e^{-(E_t - E_v)/kT} = p_1\,, \tag{46b}$$

d. h. die Emissionskoeffizienten sind keine unabhängigen Störstellenparameter, sondern sind über die Zustandsdichten in den Bändern sowie über Tiefe und statistisches Gewicht des Störterms mit den Einfangskoeffizienten verknüpft.

Je nach äußeren Bedingungen ist die Wirkung eines Störterms sehr unterschiedlich; insbesondere dominiert in Anreicherungsgebieten (in Flußrichtung gepolter pn-Übergang) die Rekombination, in Verarmungsgebieten die Generation von Ladungsträgern. Letzteres bietet die Möglichkeit, durch Messungen an Sperrschichten unmittelbar die Emissionskoeffizienten und bei Temperaturvariation entspr. Gl. (46) die Bindungsenergie und die Einfangkoeffizienten zu bestimmen [111]. Entsprechend diesen Meßmöglichkeiten werden tiefe Störstellen oft nur durch Bindungsenergie und Einfangkoeffizienten charakterisiert, ohne daß ihre chemische Natur oder die räumliche Struktur geklärt sind [115].

2.2.3. Optische Eigenschaften [116–119]

Die optischen Eigenschaften charakterisieren die Wechselwirkung mit elektromagnetischer Strahlung, die primär in Form von Reflexion, Absorption oder Streuung erfolgt. Beiträge zur Absorption (und Reflexion) liefern bei Energien oberhalb der Absorptionskante Anregungsprozesse gebundener Elektronen, unterhalb der Absorptionskante Gitterschwingungen und freie Ladungsträger; dazu kommen noch durch Gitterstörungen verursachte Beiträge. Abb. 2.30 zeigt die Verteilung dieser Prozesse auf die einzelnen Spektralbereiche.

Die dem Halbleiter zugeführte Energie wird in der Regel durch strahlungslose Prozesse in Wärme (Gitterschwingungen) umgewandelt; z. T. wird sie jedoch in Form von Streulicht (Raman-, Brillouinstreuung), als Lumineszenzstrahlung oder in Form von kinetischer Energie freier Elektronen (Photoemission) emittiert.

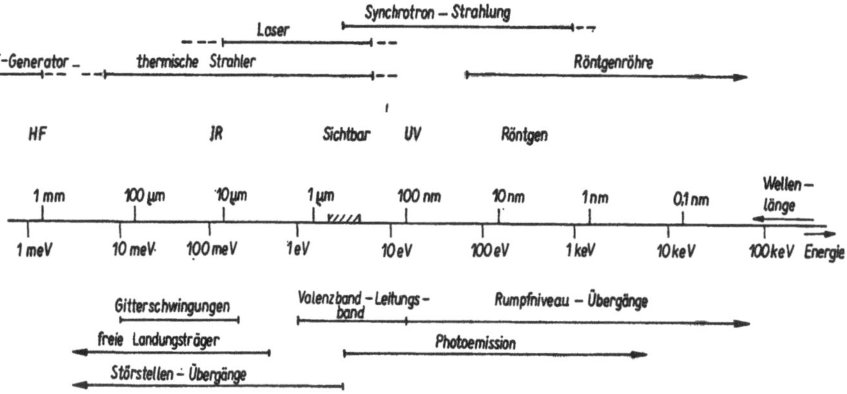

Abb. 2.30. Übersicht über optische Prozesse in Halbleitern und die vorwiegend eingesetzten Strahlungsquellen.

In den meisten Fällen lassen sich die optischen Prozesse als Wechselwirkung zwischen einem einzelnen Elektron oder (und) einem oder mehreren Phononen verstehen; grundsätzlich ist jedoch der gesamte Kristall beteiligt, so daß bei genauer Betrachtung Vielteilcheneffekte zu berücksichtigen sind.

2.2.3.1. Elektronische Übergänge im Grundgitter

Im Einelektronenbild entspricht der optischen Anregung der Übergang eines Elektrons von einem besetzten in einen leeren Zustand unter Energie- und Impulserhaltung. Abb. 2.31 gibt eine Übersicht über die möglichen Prozesse im Zustandsdichtebild $\varrho(E)$. Außer im kurzwelligen Röntgengebiet bedeutet Impulserhaltung $\Delta \boldsymbol{k} = 0$, d. h. die Übergänge erfolgen im Bandstrukturbild vertikal (direkte Übergänge). Für alle Prozesse, an denen Rumpfzustände beteiligt sind, spielt diese Auswahlregel keine Rolle, da die Rumpfenergien $\boldsymbol{k}$-unabhängig sind; diese Übergänge sind daher uneingeschränkt in der $\varrho(E)$-Darstellung zu diskutieren. Dagegen ist für die Interpretation der Valenzband-Leitungsband-Übergänge die Berücksichtigung der Auswahlregel $\Delta \boldsymbol{k} = 0$ erforderlich.

Indirekte Übergänge ($\Delta \boldsymbol{k} \neq 0$) erfordern die Beteiligung von mindestens einem Phonon oder einer Gitterstörung.

2.2.3.1.1. Photoemission [90–92]

Die Photoemission wird gut durch ein 3-Stufen-Modell beschrieben, in dem unabhängig und nacheinander folgende Prozesse ablaufen:

1. optische Anregung;
2. Transport zur Oberfläche (evtl. unter Energieverlust durch unelastische Streuung und Anregung von Sekundärelektronen);
3. Durchtritt durch die Oberfläche (mit einer i. allg. energie- und winkelabhängigen Transmissionswahrscheinlichkeit).

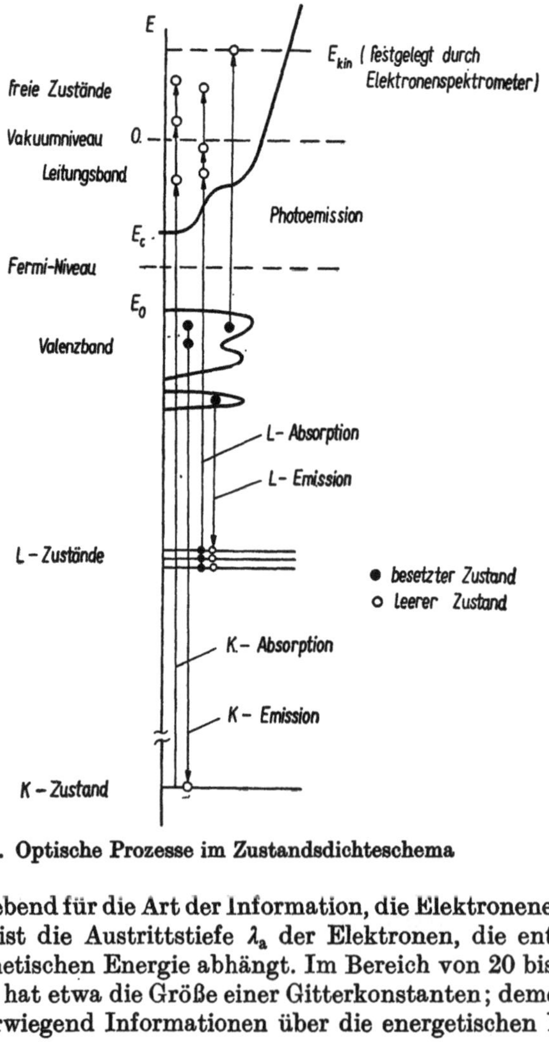

Abb. 2.31. Optische Prozesse im Zustandsdichteschema

Maßgebend für die Art der Information, die Elektronenemissionsmessungen liefern, ist die Austrittstiefe λ_a der Elektronen, die entspr. Abb. 2.32 von ihrer kinetischen Energie abhängt. Im Bereich von 20 bis 200 eV ist λ_a minimal und hat etwa die Größe einer Gitterkonstanten; dementsprechend erhält man vorwiegend Informationen über die energetischen Verhältnisse an der

Oberfläche [91], z. B. über Oberflächen- und Adsorbatzustände (Oberflächenregime).

Untersuchungen bei niedrigeren und höheren Energien geben Informationen über die energetischen Verhältnisse im Volumen. Bei den bisher überwiegend benutzten winkelintegrierenden Meßverfahren und Anregung mit konstanter Photonenenergie mißt man die Energieverteilung der emittierten Elektronen. Im Falle der Anregung mit Vakuum-UV-Lichtquellen (UPS, Ultraviolett-Photoelektronen-Spektroskopie) ist die Energieverteilung bei

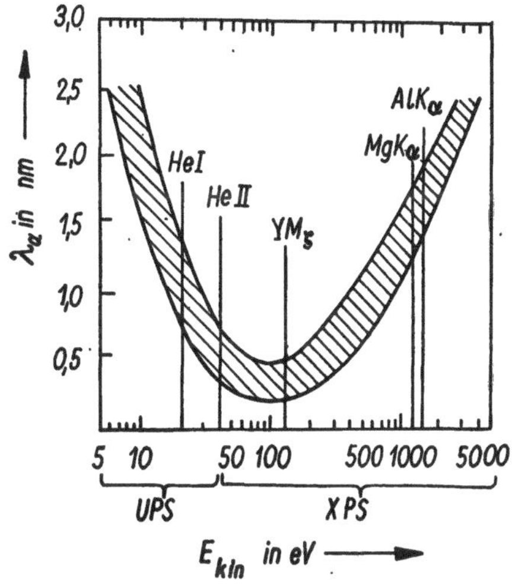

Abb. 2.32. Austrittstiefe bei der Photoemission und Energien typischer Anregungsquellen

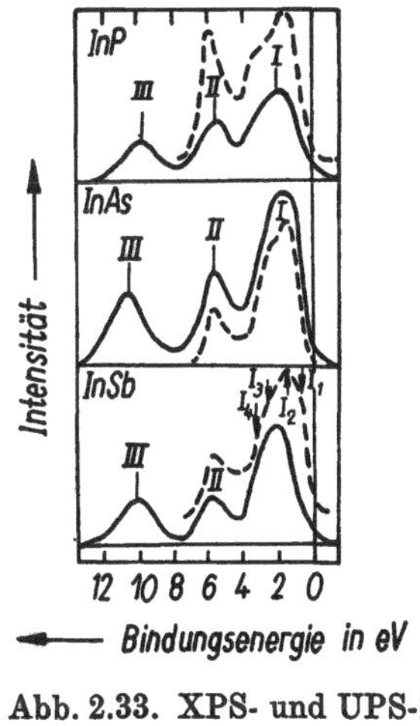

Abb. 2.33. XPS- und UPS-Spektren von In-Verbindungen [121]

Annahme konstanter Übergangs- und Transmissionswahrscheinlichkeit wegen der Auswahlregel $\Delta \boldsymbol{k}=0$ proportional zur kombinierten Zustandsdichte der beteiligten Bänder; bei Anregung mit charakteristischer Röntgenstrahlung (XPS) ist sie proportional zum Produkt der Zustandsdichten von Anfangs- und Endzustand. Da die Leitungsband-Zustandsdichte bei hohen Energien wenig strukturiert ist (für quasifreie Elektronen gilt $\varrho \sim \sqrt{E}$), liefern die XPS-Spektren in guter Näherung die Valenzbandzustandsdichte (Abb. 2.33) bzw. die energetische Lage der Rumpfzustände. Letztere hängt von der Valenzelektronenverteilung des betreffenden Atoms ab; die Messung dieser „chemischen Verschiebung" gegenüber einer Bezugssubstanz ermöglicht daher die Bestimmung des Bindungszustands. Die Verfügbarkeit von Synchrotronstrahlung [92] gestattet Messungen mit variabler Photonenenergie $\hbar\omega$ im UPS- und XPS-Bereich. Damit sind als neue Meßverfahren möglich:

1. Constant-Final-State Spectroscopy (CFS): $E_{\mathrm{kin}}=\mathrm{const.}$, $\hbar\omega$ variabel;
2. Constant-Initial-State Spectroscopy (CIS): $E_{\mathrm{kin}}-\hbar\omega=\mathrm{const.}$, d. h. synchrone Variation von E_{kin} und $\hbar\omega$.

Erstere liefert unmittelbar die Zustandsdichte ϱ_i im Anfangszustand (da die Zustandsdichte ϱ_f im Endzustand konstant bleibt), letztere die Zustandsdichte ϱ_f im Endzustand.

Mißt man winkelaufgelöste Energieverteilungen, so erhält man daraus die Zustandsdichte längs konstanter Richtungen im $\boldsymbol{k}$-Raum und daraus unmittelbar die Valenzbandstruktur [120].

2.2.3.1.2. Übergänge unter Beteiligung von Rumpfzuständen

Rumpfniveau-Übergänge liegen im Gebiet der Röntgenstrahlen bzw. im Vakuum-Ultraviolett. Übergänge zwischen zwei Rumpfzuständen liefern Linien mit einer chemischen Verschiebung gegenüber den entsprechenden Linien der freien Atome. Breite Röntgen*emissions*banden entstehen durch Valenzband-Rumpf-Übergänge; die Röntgen*absorptions*kanten werden durch Rumpf-Leitungsbandübergänge verursacht (s. Abb. 2.31). In beiden Fällen sind die entsprechenden Spektren gegeben durch das Produkt aus der Zustandsdichte des Valenz- bzw. Leitungsbandes und der Übergangswahrscheinlichkeit zu dem betreffenden Rumpfzustand

$$I(E) \sim \varrho(E) \cdot w(E)\,, \tag{47}$$

evtl. ist noch die Verbreiterung durch das Spektrometer und den Rumpfzustand zu berücksichtigen. Da für festkörperspezifische Aussagen eine Energieauflösung von besser als 0,5 eV benötigt wird, sind die Untersuchungen im wesentlichen auf Energien <5 keV begrenzt. In diesen Bereich fallen die K-Spektren von B und N, die K- und L-Spektren von Al und P, die L- und M-Spektren von Ga und As und die M- und N-Spektren von In und Sb (vgl. Tab. 2.5.).

Die „atomare" Auswahlregel $\Delta l = \pm 1$ gilt auch für diese Übergänge, so daß diese Spektren auch den Symmetriecharakter der Valenzbandzustände widerspiegeln. Damit liefern die K-Spektren den p-Anteil, die $L_{\mathrm{II,III}}$-Spektren hingegen den s-Anteil der Valenzbandzustandsdichte am Ort des Kations bzw. Anions. Analog ergibt das K- und $L_{II,III}$-Absorptionsspektrum den p- bzw. s-Anteil der Leitungsbandzustandsdichte am Ort des betreffenden Gitterbausteins. Zusätzlich treten in den Absorptionsspektren noch Oszillationen mit Perioden in der Größenordnung von 50 eV auf, die als EXAFS (*E*xtended *X*-ray *a*bsorption *f*ine *s*tructure) bezeichnet werden. Sie entstehen durch Interferenz der auslaufenden Welle des angeregten Elektrons mit rückgestreuten Wellen von nächsten Nachbarn; enthalten also Informationen über die lokale Umgebung des absorbierenden Atoms. Detaillierte Untersuchungen an III–V-Halbleitern sind dazu allerdings noch nicht bekannt.

2.2.3.1.3. Valenzband-Leitungsband-Übergänge und direkte Absorptionskante

Valenzband-Leitungsband-Übergänge bestimmen das optische Verhalten im ultravioletten Spektralbereich bis zur Absorptionskante (Quantenenergien etwa 1 eV bis 30 eV). Der für die Absorption maßgebende Imaginärteil der komplexen Dielektrizitätskonstante ist im wesentlichen proportional zur kombinierten Interband-Zustandsdichte ϱ_{vc}:

$$\varepsilon_2(\omega) \sim \delta_{vc} \sim \int\limits_{E_c - E_v = \hbar\omega} \frac{d\sigma}{\text{grad}\,(E_c \pm E_v)} \qquad (48)$$

(das Integral ist über die isoenergetische Fläche $E_c \pm E_v = \hbar\omega$ zu erstrecken). ϱ_{vc} hat charakteristische sog. van-Hove-Singularitäten bei grad $E_c \pm E_v = 0$, d. h. an den Stellen, an denen Valenz- und Leitungsband parallel laufen. Diese äußern sich in Extrema bzw. Wendepunkten im Reflexionsspektrum, so daß man daraus wichtige Information über die Bandstruktur erhält. Ein wesentlich höheres Auflösungsvermögen und zusätzliche Informationen über den Typ des betreffenden Übergangs (die Vorzeichen der effektiven Massen) liefern die Verfahren der Modulationsspektroskopie [86, 123], bei denen differentielle Änderungen des Reflexions- oder Transmissionsspektrums bei periodischer Variation eines äußeren Parameters (Wellenlänge, Temperatur, elektrisches Feld, uniaxialer Druck) gemessen werden. Abb. 2.34 zeigt als Beispiel den Vergleich von Reflexions-, Wellenlängenmodulations- und Elektroreflexionsspektrum von GaAs. Die aus derartigen Spektren gewonnenen Daten bilden die empirische Basis für die semiempirischen Bandstrukturberechnungen der III–V-Halbleiter.

Besonders sorgfältig ist an allen III–V-Halbleitern die bequem meßbare Kante der elektronischen Grundgitterabsorption (Absorptionskante) untersucht worden. Ihre Lage wird durch die direkte Energielücke E_g^d bestimmt; ihre genaue Form hängt von einer Reihe weiterer Parameter ab. Im Rahmen der Einelektronentheorie sollte in der Nähe von E_g^d für den Absorptionskoeffizienten gelten

$$\alpha \sim \begin{cases} 0 & \text{für} \quad \hbar\omega < E_g^d \\ \sqrt{\hbar\omega - E_g^d} & \text{für} \quad \hbar\omega \geqq E_g^d \end{cases} . \qquad (49)$$

Dieser Verlauf konnte für reines InSb (direkter Halbleiter) gut bestätigt werden [124]; für n-dotiertes Material tritt infolge der Füllung des Leitungsbandes mit Elektronen eine sog. Burstein-Moss-Verschiebung nach höheren Energien auf; die Kante liegt dann bei $E_g^d + \zeta_n$, wobei ζ_n das Ferminiveau der Elektronen (bezogen auf das Leitungsbandminimum) ist. Bei dem eben-

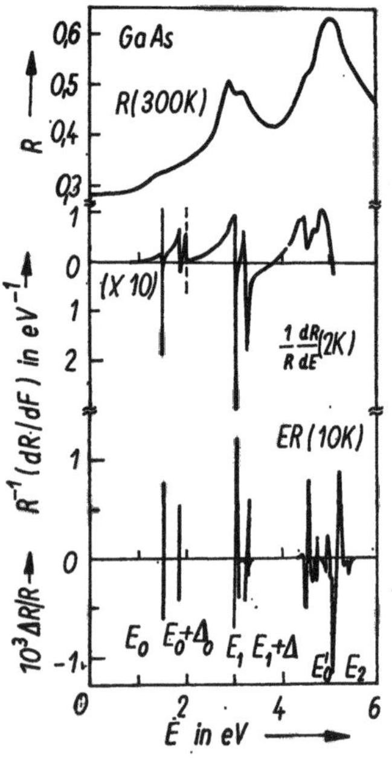

Abb. 2.34. Reflexionsspektrum (R), Wellenlängenmodulation $\left(\frac{1}{R}\frac{dR}{dE}\right)$ und Elektroreflexion (ER) von GaAs [123]

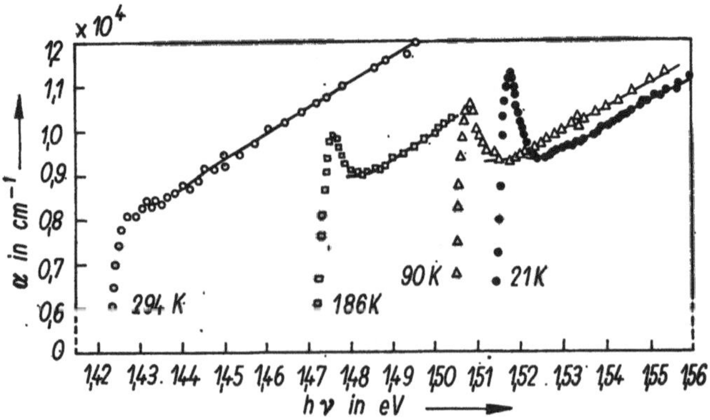

Abb. 2.35. Absorptionskante von GaAs bei verschiedenen Temperaturen [125]

falls direkten GaAs machen sich wegen der größeren effektiven Masse der Elektronen im *reinen* Material bei tiefen Temperaturen ausgeprägte Excitoneneffekte bemerkbar (Abb. 2.35), während in *dotiertem* Material infolge der Wechselwirkung zwischen Band- und Störstellenzuständen Zustandsdichteausläufer („Bandschwänze") auftreten und eine Absorption im Bereich der verbotenen Zone nachweisbar ist, für die

$$\alpha \sim \exp\left(\frac{E_g \pm \hbar\omega}{E_0}\right) \quad (\hbar\omega < E_g) \tag{50}$$

gilt, wobei E_0 ein charakteristischer Energieparameter ist.

Bei indirekten Halbleitern ist der direkten noch eine indirekte Absorptionskante vorgelagert (s. Abschn. 2.2.3.2.1.).

2.2.3.2. Phononenassistierte Übergänge

Indirekte Elektronenübergänge ($\Delta \boldsymbol{k} \neq 0$) sind möglich, wenn gleichzeitig mit dem Photon ein Phonon absorbiert (vernichtet) oder emittiert (erzeugt) wird. Als Stöße zwischen drei Teilchen sind sie relativ unwahrscheinlich und liefern nur geringe Absorptionskoeffizienten, sie sind daher nur bei Energien unterhalb der direkten Absorptionskante zu beobachten.

2.2.3.2.1. Indirekte Absorptionskante

In einem indirekten Halbleiter mit einem Leitungsbandminimum bei $\boldsymbol{k}_0 \neq 0$ treten Valenzband-Leitungsband-Übergänge unter Beteiligung von Phononen mit $\boldsymbol{q} \approx \boldsymbol{k}_0$ auf. Für die Frequenzabhängigkeit des Absorptionskoeffizienten gilt bei Vernachlässigung von Excitoneneffekten für jeden Phononenzweig für Phononenemission

$$\alpha = \begin{cases} A_e\,(\hbar\omega - E_g^i - \hbar\omega_q)^2\,(\bar{n}_q + 1) & \text{für } \hbar\omega \geqq E_g^i + \hbar\omega_q \\ 0 & \text{für } \hbar\omega < E_g^i + \hbar\omega_q \end{cases} \tag{51a}$$

für Phononenabsorption

$$\alpha = \begin{cases} A_a\,(\hbar\omega - E_g^i + \hbar\omega_q)^2 \cdot \bar{n}_q & \text{für } \hbar\omega \geqq E_g^i - \hbar\omega_q \\ 0 & \text{für } \hbar\omega < E_g^i - \hbar\omega_q\,. \end{cases} \tag{51b}$$

A_e und A_a sind frequenzunabhängige Konstanten, $\bar{n}_q = \left\{\exp\left(\frac{\hbar\omega_q}{KT}\right) - 1\right\}^{-1}$ ist die mittlere Zahl der Phononen in der Mode $\hbar\omega_q$ bei der Temperatur T. Jeder Phononenzweig führt daher zu zwei Knicken im Verlauf von $\sqrt{\alpha(\omega)}$ bei $E_g^i \pm \hbar\omega_q$. Infolge von Excitoneneffekten mißt man anstelle der Knicke Stufen bei $E_{gx}^i \pm \hbar\omega_q$ (Abb. 2.36.); daraus lassen sich das Excitonengap $E_{gx}^i - E_{ex}$ (E_{ex} Bindungsenergie des Excitons) und die Phononenenergien bei $\boldsymbol{k}_0$ bestimmen. Durch Störstellen wird der Verlauf der indirekten Kante außerordentlich stark beeinflußt [128].

2.2.3.2.2. Absorption durch freie Ladungsträger

Freie Ladungsträger (Elektronen im Leitungsband, Löcher im Valenzband) können bei Übergängen innerhalb eines Bandes beliebig kleine Energiebeträge aufnehmen oder abgeben; dabei sorgen ebenfalls Phononen für die Erfüllung des Impulssatzes. Die hier ausreichende halbklassische Theorie liefert für die optischen Konstanten n und $\varkappa$

$$n^2 - \varkappa^2 = \varepsilon_\infty - \frac{Ne^2}{\varepsilon_0 m^* \omega} \left\langle \frac{\omega \tau^2}{1 + \omega^2 \tau^2} \right\rangle \tag{52a}$$

$$2n\varkappa = \frac{Ne^2}{\varepsilon_0 m^* \omega} \left\langle \frac{\tau}{1 + \omega^2 \tau^2} \right\rangle , \tag{52b}$$

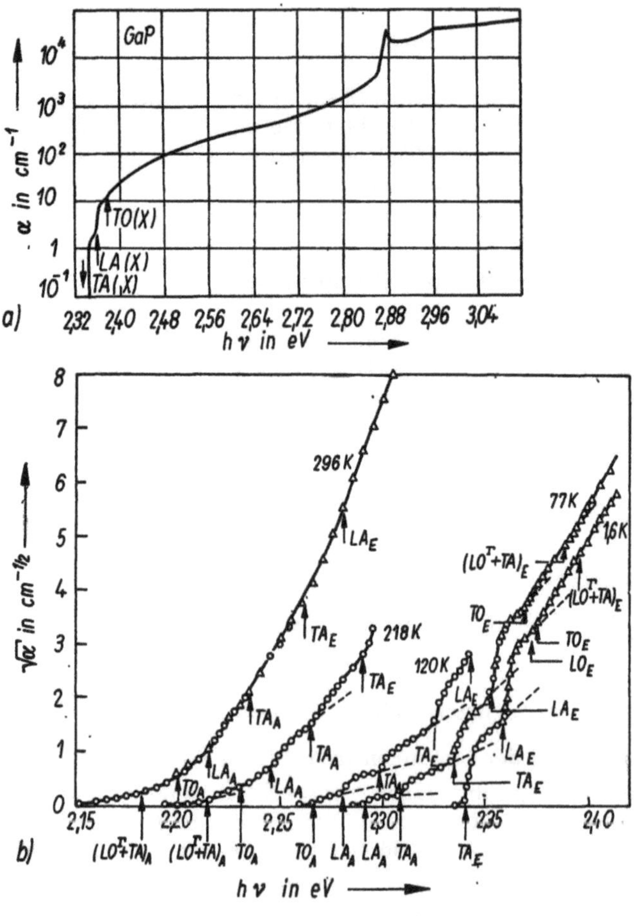

Abb. 2.36. a) Absorptionskoeffizient von GaP bei 25 K [154]; b) zeigt die Feinstruktur bei verschiedenen Temperaturen [126]

(N Elektronenkonzentration, m^* effektive Masse, ε_∞ hochfrequente (optische) DK, τ Relaxationszeit; die eckige Klammer bedeutet den Mittelwert über die Verteilungsfunktion der Elektronen). Bei relativ hohen Trägerkonzentrationen führt dies unabhängig vom Streumechanismus zu einem charakteristischen Verlauf des Reflexionsvermögens R: Unterhalb der Plasmafrequenz $\omega_p^2 = \frac{Ne^2}{\varepsilon_0 \varepsilon_\infty m^*}$ ergibt sich praktisch Totalreflexion; bei ω_p ein steiler Abfall von R auf sehr kleine Werte (Abb. 2.37). Die Messung von ω_p liefert also

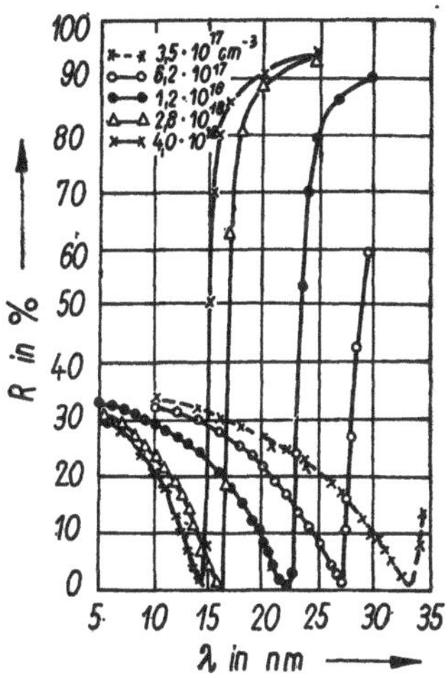

Abb. 2.37. Reflexionsvermögen von InSb im Bereich der Plasmakante [127]

bei bekannter Trägerkonzentration die effektive Masse; bei bekannter effektiver Masse erlaubt sie die kontaktfreie Messung von N. Voraussetzung dafür ist, daß ω_p genügend weit von den Phononenfrequenzen entfernt liegt, andernfalls komplizieren sich infolge Plasmon-Phonon-Kopplung die Verhältnisse.

Bei relativ geringen Trägerkonzentrationen kann man den Absorptionskoeffizienten α direkt messen; für $\omega\tau \gg 1$ wird nach obiger Theorie

$$\alpha \sim \frac{N \cdot \lambda^2}{m^* \tau} \sim \lambda^p \, . \tag{53}$$

Der Exponent $p = 2 - r$ wird durch die Energieabhängigkeit der Relaxationszeit $\tau \sim \varepsilon^r$ bestimmt (vgl. Abschn. 2.2.4.2.). Die Theorie liefert für die Streuung an akustischen Phononen $r = 1/2$ ($p = 1{,}5$), für die Streuung an geladenen Störstellen $r = -3/2$ ($p = 3{,}5$); die experimentellen Werte liegen in diesem Bereich. Starke Abweichungen von einem einfachen Potenzzusammenhang treten infolge direkter Übergänge zwischen den bei $k = 0$ entarteten Valenzbändern im p-Material [129] oder im n-Material zwischen zwei nahe benachbarten Leitungsbändern [130] auf.

2.2.3.3. Lumineszenz und optische Übergänge unter Beteiligung von Störstellen

In den III–V-Halbleitern verlaufen Relaxationsvorgänge (innerhalb der Bänder) schnell (Größenordnung 10^{-12} s) gegenüber den Rekombinationsprozessen zwischen verschiedenen Bändern; bestimmend für die Relaxation sind überwiegend strahlungslose Übergänge, insbesondere die Emission longitudinal optischer und akustischer Phononen. Gleiches gilt für den Trägereinfang in Störstellen.

In angeregten Halbleitern stellen sich daher quasithermische Verteilungen der Elektronen auf die Leitungsband- und Donatorzustände einerseits, der Löcher auf die Valenzband- und Akzeptorzustände andererseits ein (Quasifermiverteilungen, bei denen u. U. die Elektronentemperatur T_e bzw. die Löchertemperatur T_h größer als die Gittertemperatur T ist). Die kantennahen und vor allem die Störstellenzustände sind daher am stärksten besetzt, so daß die Rekombinationsstrahlung (Lumineszenz) vor allem Informationen über diese Zustände liefert. In vielen Fällen besteht die Möglichkeit, quantitative Zusammenhänge zwischen Emissions- und Absorptionsprozessen über das Prinzip des detaillierten Gleichgewichts [132] herzustellen.

Bei nicht zu hohen Störstellenkonzentrationen und niedrigen Anregungsdichten dominieren in der Lumineszenz direkter und indirekter Halbleiter Übergänge unter Beteiligung von Störstellen. Die Aufklärung der sehr unterschiedlichen Rekombinationsprozesse erfolgte in den vergangenen ca. 20 Jahren vorwiegend an den technologisch gut beherrschten Modellsubstanzen GaP (indirekt) [133] und GaAs (direkt), z. T. im engen Zusammenhang mit der Nutzung für die Optoelektronik. Dabei wurden neben gewöhnlichen Absorptions- und Emissionsmessungen Methoden der Anregungsspektroskopie (mit durchstimmbaren Lasern), der zeitaufgelösten Spektroskopie, magneto- und piezooptische Methoden sowie Photoleitungsuntersuchungen und Verfahren der magnetischen Resonanz (EPR, ENDOR) eingesetzt.

Bei hoch dotierten Halbleitern verschmelzen Störstellen und Bandzustände und kollektive Effekte des Trägersystems gewinnen an Bedeutung, wobei stark verbreiterte Banden mit wenig Strukturen entstehen. Bei sehr hohen Anregungsschichten bilden sich von Störstellen relativ wenig beeinflußte Elektron-Loch-Plasmen, wobei in direkten Halbleitern stimulierte Emissionsprozesse wichtig werden [134], während in indirekten Halbleitern Lumineszenz aus einer Elektron-Loch-Flüssigkeit zu beobachten ist [135].

2.2.3.3.1. Intra-Störstellen-Übergänge

Übergänge innerhalb einer Störstelle führen zu Linienspektren mit einem anschließenden Seriengrenzkontinuum, das der Photoionisation entspricht. Diese Spektren liegen bei flachen Störstellen im langwelligen infraroten Spektralbereich und sind mehr oder weniger wasserstoffähnlich, da ihnen das Einelektronen-Termschema der Effektiv-Masse-Theorie zugrunde liegt. Der Nachweis kann durch Absorption [136], im Anregungsspektrum einer Intra-Donator-Rekombinationsstrahlung (z. B. beim GaP:O, [136]) oder im

Photoleitungsspektrum (Abb. 2.38.) erfolgen; oft stört sehr stark die Überdeckung durch Gitterschwingungen. Nachweismöglichkeiten in anderen Spektralbereichen bestehen im Ramanspektrum und im Zusammenhang mit gebundenen Excitonen (s. Abschn. 2.2.3.3.3.).

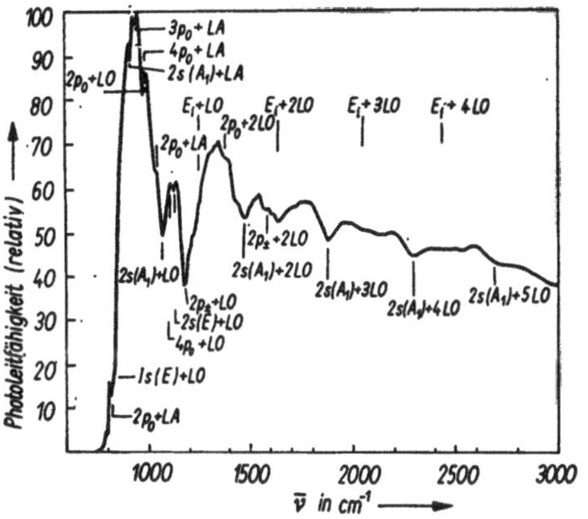

Abb. 2.38. Photoleitungsspektrum von GaP: S [137]. Der bevorzugte Einfang in angeregte Donatorzustände unter Phononenemission äußert sich in Minima, aus deren Lage sich die Bindungsenergie der angeregten Zustände ergibt

Bei tiefen Störstellen stehen die Intra-Störstellen-Übergänge (sofern vorhanden) in engem Zusammenhang mit dem Spektrum des betreffenden freien Ions; die Nullphononen-Übergänge werden lediglich durch Kristallfeldaufspaltungen (einschl. eines evtl. vorliegenden Jahn-Teller-Effektes) modifiziert. Stark ausgeprägte Phononenwiederholungen deuten auf merk-

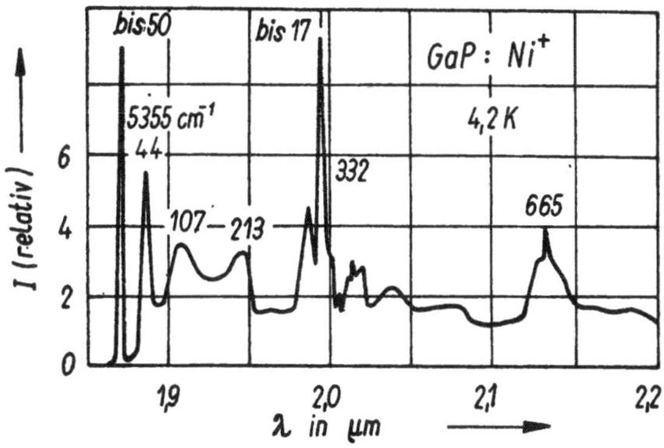

Abb. 2.39. Lumineszenzspektrum von GaP: Ni^+ [138]. Die Zahlen an den Phononenwiederholungen geben den energetischen Abstand von der 5355-cm^{-1}-Nullphononenlinie an.

liche Gitterdeformationen in der Umgebung der Störstelle hin. Charakteristische Beispiele für derartige Spektren liefern Übergangsmetallionen (Abb. 2.39.). Der Ladungszustand dieser Ionen läßt sich oft aus EPR-Messungen ermitteln [112].

2.2.3.3.2. Donator-Akzeptor- und Frei-gebunden-Übergänge

Donator-Akzeptor-Paarspektren wurden eindeutig erstmals im GaP nachgewiesen [140]. Infolge der Coulomb-Wechselwirkung der geladenen Störstellen ist die emittierte Photonenenergie $h\nu$ vom Abstand r zwischen Donator und Akzeptor abhängig; näherungsweise ist

$$h\nu(r) = E_g - (E_A + E_D) + \frac{e^2}{4\pi\varepsilon_s\varepsilon_0 r} \tag{54}$$

(E_A und E_D sind die Bindungsenergien von Akzeptor und Donator, ε_s ist die statische Dielektrizitätskonstante des Wirtskristalls). Derartige Spektren (Abb. 2.40.) demonstrieren durch ihre Linienstruktur unmittelbar den substitutionellen Einbau der Störstellen und gestatten präzise Messungen von ε_s und $(E_A + E_D)$ [141].

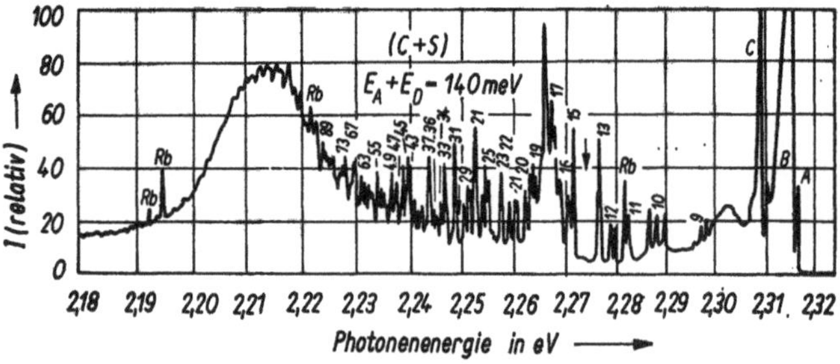

Abb. 2.40. Donator-Akzeptor-Paarspektrum von GaP : S, C [142]

In den direkten Materialien mit kleiner effektiver Masse ist nur eine nicht aufgelöste Bande beobachtbar, die Paaren mit großem Abstand entspricht. Ihr Ursprung wird durch nicht exponentielles Abklingverhalten und anregungsintensitätsabhängige Lage des Maximums nachgewiesen. Bei höheren Temperaturen wird zunächst die Störstelle mit der geringeren Bindungsenergie ionisiert und man beobachtet neben der Donator-Akzeptor-Paarstrahlung noch die kantennahe Frei-gebunden-Strahlung. Ihre Linienform ist durch das Produkt aus Zustandsdichte und Trägerverteilung in dem betreffenden Band gegeben; aus der hochenergetischen Flanke läßt sich daher die Trägertemperatur ermitteln [143]. Die Anregungsspektren der Donator-Akzeptor- und der Frei-gebunden-Strahlung in GaAs sind periodisch und gegeneinander phasenverschoben (Abb. 2.41); daraus konnte die Emission von LO-Phononen als dominierender Relaxationsprozeß nachgewiesen werden. In GaP konnten außer „normalen“ Donator-Akzeptor-Übergängen auch Übergänge zwischen isoelektronischen Störstellen (NN-Paaren) und Akzeptoren identifiziert werden [144].

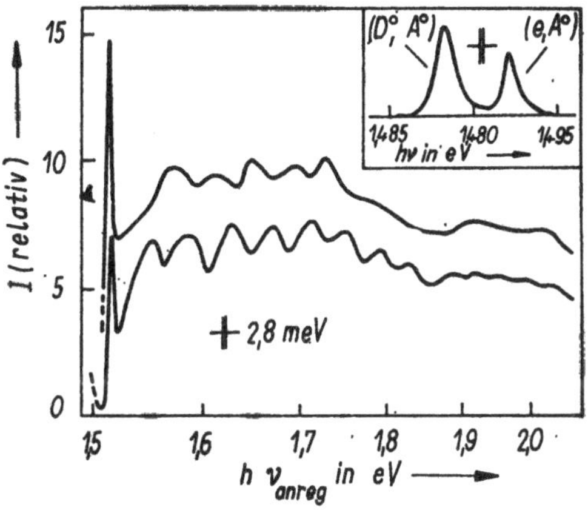

Abb. 2.41. Anregungsspektren der Donator-Akzeptor- und der Freigebunden-Strahlung von GaAs [143]

2.2.3.3.3. Excitonenübergänge [145]

Sowohl geladene als auch neutrale Störstellen können Excitonen binden, deren Zerfall infolge der fehlenden kinetischen Energie zu außerordentlich scharfen Nullphononen-Linien bei

$$h\nu_0 = E_g - E_{ex} - E_{bx} \tag{55a}$$

führt (E_{ex} Bindungsenergie des freien Excitons, E_{bx} Bindungsenergie des Excitons an die betr. Störstelle); außerdem treten in vielen Fällen noch sog. Phononenwiederholungen bei

$$h\nu = h\nu_0 - \hbar\omega_q \tag{55b}$$

auf (Abb. 2.42). Bei nicht zu hohen Dotierungen ist die Excitonenrekombination oft der dominierende strahlende Rekombinationsprozeß.

Der Ursprung einer solchen Excitonenlinie folgt meist aus ihrer Feinstruktur und ihrem Verhalten im Magnetfeld bzw. unter uniaxialem Druck. Beispielsweise konnten so die Linien A und B im GaP (Abb. 2.42) dem gebundenen Exciton an der isoelektronischen Störstelle Stickstoff, die Linie C (Abb. 2.40.) dem gebundenen Exciton an einem neutralen Donator (S, Se oder Te) zugeordnet werden; die bei hohen Stickstoffkonzentrationen auftretenden zusätzlichen Linien (Abb. 2.43.) entsprechen Excitonen an Stickstoffpaaren unterschiedlichen Abstands. Ein am neutralen S-Donator gebundenes Exciton kann nach seinem Zerfall das verbleibende Elektron in einem angeregten Zustand zurücklassen (partiell strahlender Übergang), das so entstehende sog. 2-Elektronen-Spektrum [136] gestattet die Ermittlung der angeregten Donatorzustände.

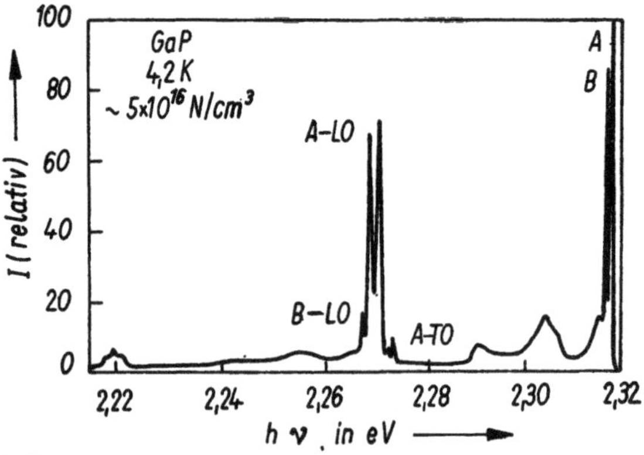

Abb. 2.42. Lumineszenzspektrum von GaP : N [146]

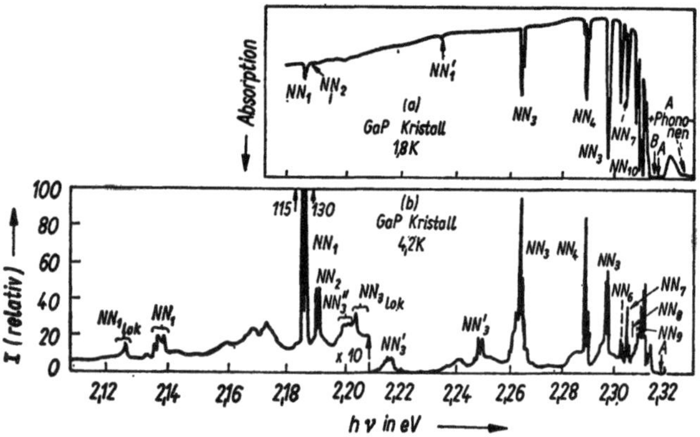

Abb. 2.43. Lumineszenzspektrum von GaP : NN [146]

Bei höheren Anregungsintensitäten können Multiexcitonkomplexe auftreten, z. B. im GaP das am N gebundene Biexciton [147] und die akzeptorgebundenen Vielexcitonenkomplexe [148].

2.2.3.3.4. Hochanregungslumineszenz

Bei sehr hohen Anregungsdichten (z. B. mittels fokussierter Laserstrahlung) sind infolge von Abschirmungseffekten Excitonen nicht mehr existenzfähig und es bildet sich ein Elektron-Loch-Plasma, dessen Rekombination zum Auftreten neuartiger Lumineszenzbanden führt, die durch Valenzband-Leitungsband-Übergänge verursacht werden. In direkten Halbleitern wird die Form der Bande wesentlich durch das Auftreten induzierter Emission beeinflußt, interpretierbare Resultate erhält man hier insbesondere durch direkte Messung der optischen Verstärkung im Bereich der Lumineszenzbande (sog. Gain-Spektroskopie) [134].

In indirekten Halbleitern tritt eine Phasentrennung in eine Elektron-Loch-Flüssigkeit hoher Dichte und eine excitonische Phase geringer Dichte ein; erstere liefert eine Lumineszenzbande, deren Form von der Anregungsintensität unabhängig ist. In reinen Substanzen tritt diese Bande als Überlagerung mehrerer phononenassistierter Übergänge auf, während in dotiertem Material Nullphononen-Übergänge unter Mitwirkung der Störstellen in der Nähe der Bandkante dominieren (Abb. 2.44).

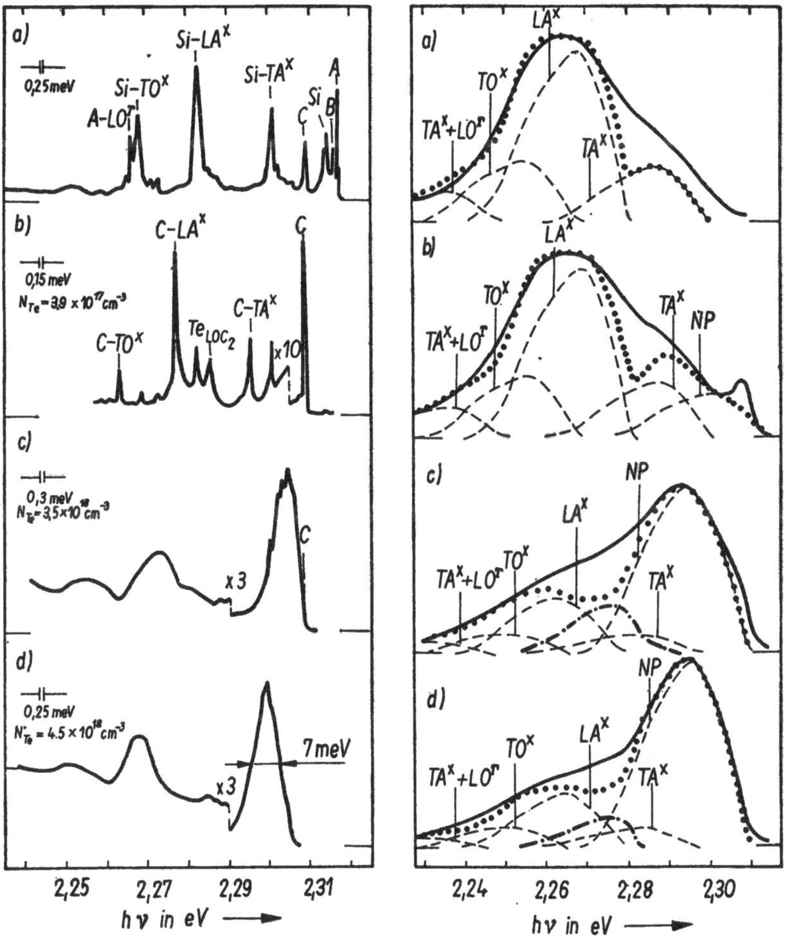

Abb. 2.44. Photolumineszenzspektrum von GaP : Te [149]. Links typische Excitonenspektren bei niedriger Anregungsdichte, rechts Hochanregungslumineszenz, zerlegt in die Nullphononenbande (NP) und die bei niedrigen Dotierungen dominierenden Phononenwiederholungen

2.2.3.4. Lichtstreuung [151, 152]

Lichtstreuung bedeutet die virtuelle Anregung eines Elektronenzustandes mit praktisch momentaner Reemission eines Lichtquants. Dabei kann es zur Anregung reeller Zustände des Elektronensystems (elektronischer Raman-Effekt) oder – über Elektron-Phonon-Kopplung – des Phononensystems kommen, was sich als unelastische Lichtstreuung äußert. Ist ein Phonon am Streuprozeß beteiligt, so spricht man im Falle optischer Phononen vom Raman-Effekt 1. Ordnung, im Falle akustischer Phononen von Brillouin-Streuung; bei Beteiligung von zwei Phononen vom Raman-Effekt 2. Ordnung. Mißt man lediglich Frequenzverschiebungen, so erhält man die Energie der streuenden Teilchen, speziell beim Raman-Effekt 1. Ordnung die LO- und TO-Phononenenergie im Punkte Γ. Der Raman-Effekt 2. Ordnung gestattet durch Messung in verschiedenen Polarisationsrichtungen und Anregungsgeometrien die Trennung der Beiträge verschiedener Phononen und damit auch die Bestimmung der Phononenenergien außerhalb des Zentrums der Brillouinzone (Abb. 2.45).

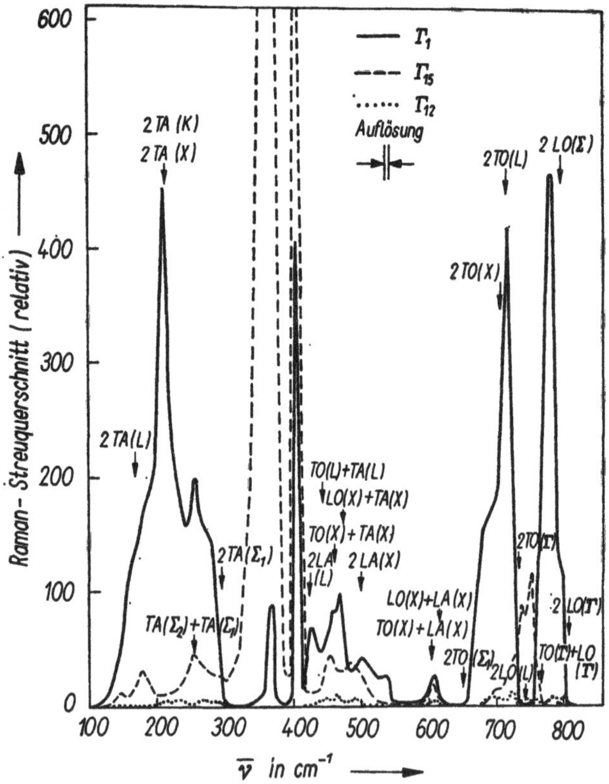

Abb. 2.45. Raman-Spektrum 2. Ordnung von GaP, zerlegt in die irreduziblen Komponenten des Raman-Tensors [153]

Mit der Verfügbarkeit durchstimmbarer Laser ist die Messung des Streuquerschnitts als Funktion der Lichtfrequenz möglich geworden. Dies wird als resonante Raman-Streuung bezeichnet, wobei der Streuquerschnitt ausgeprägte Resonanzen an den kritischen Punkten der Bandstruktur aufweist. Da in den III–V-Halbleitern bereits detaillierte Kenntnisse der Bandstruktur vorliegen, können derartige Untersuchungen Aufschluß über die Elektron-Phonon-Wechselwirkung liefern.

2.2.4. Transporteigenschaften

2.2.4.1. Boltzmanngleichung

Die Beschreibung der Transporteigenschaften fester Körper beruht in allen Fällen auf einer Berechnung der elektrischen Stromdichte $\boldsymbol{j}$, die unter dem Einfluß äußerer Kräfte (elektrisches Feld $\boldsymbol{E}$, Magnetfeld $\boldsymbol{B}$, Temperaturgradienten, Dotierungsgradienten) auftritt. Ganz allgemein ist die Stromdichte durch die Beziehung

$$\boldsymbol{j} = Q \iiint_{-\infty}^{+\infty} f(\boldsymbol{v}, \boldsymbol{r}, t)\, \boldsymbol{v} \,\mathrm{d}v_x \mathrm{d}v_y \mathrm{d}v_z \tag{56}$$

gegeben, wobei Q die Ladung, $f(\boldsymbol{v}, \boldsymbol{r}, t)$ die Verteilungsfunktion und $\boldsymbol{v}$ die Geschwindigkeit der Ladungsträger ist, die gemäß

$$\boldsymbol{v} = \frac{1}{\hbar} \operatorname{grad}_{\boldsymbol{k}} E(\boldsymbol{k}) \tag{57}$$

durch die Dispersionsrelation $E(\boldsymbol{k})$ des entsprechenden Energiebandes bestimmt wird. Im Falle fehlender äußerer Kräfte ist die Verteilungsfunktion der Ladungsträger durch die Fermi-Dirac-Verteilung

$$f_0(E) = [\exp((E - E_F)/kT) + 1]^{-1} \tag{58}$$

gegeben, wobei $\boldsymbol{j} = 0$ wird. Ein nichtverschwindender Strom tritt folglich nur bei Abweichungen der Verteilungsfunktion $f(\boldsymbol{v}, \boldsymbol{r}, t)$ von $f_0(E)$ auf. Die Aufgabe besteht nun darin, diese Abweichung $f_1(\boldsymbol{v}, \boldsymbol{r}, t) = f(\boldsymbol{v}, \boldsymbol{r}, t) - f_0(E)$ zu bestimmen, wobei neben dem Einfluß der äußeren Kräfte auch noch solche Wechselwirkungsprozesse im Inneren des Körpers zu berücksichtigen sind, die zu einer Änderung der Geschwindigkeit $\boldsymbol{v}$ bzw. des Wellenzahlvektors $\boldsymbol{k}$ der Ladungsträger und damit auch zu einer Änderung ihrer Verteilungsfunktion führen. Bezeichnet man die Wahrscheinlichkeit für die letztgenannten Prozesse mit $W(\boldsymbol{k} \to \boldsymbol{k}')$ und berücksichtigt noch das Pauli-Prinzip, wonach jeder Zustand nur mit zwei Elektronen oder Löchern besetzt werden kann, so ergibt sich als Bilanzgleichung für die möglichen Änderungen der Verteilungsfunktion die Beziehung

$$\begin{aligned} &\boldsymbol{v} \operatorname{grad}_{\boldsymbol{r}} f(\boldsymbol{k}, \boldsymbol{r}) + \frac{Q}{\hbar} (\boldsymbol{E} + [\boldsymbol{v} \times \boldsymbol{B}]) \operatorname{grad}_{\boldsymbol{k}} f(\boldsymbol{k}, \boldsymbol{r}) \\ &= \sum_{\boldsymbol{k}'} W(\boldsymbol{k}' \to \boldsymbol{k})\, f(\boldsymbol{k}', \boldsymbol{r})\, [1 - f(\boldsymbol{k}, \boldsymbol{r})] - W(\boldsymbol{k} \to \boldsymbol{k}')\, f(\boldsymbol{k}, \boldsymbol{r})\, [1 - f(\boldsymbol{k}', \boldsymbol{r})]\,, \end{aligned} \tag{59}$$

die als Boltzmanngleichung bezeichnet wird und die bei bekannter Energiedispersionsrelation $E(\boldsymbol{k})$ und bekannten Streuwahrscheinlichkeiten $W(\boldsymbol{k}' \to \boldsymbol{k})$ und $W(\boldsymbol{k} \to \boldsymbol{k}')$ die Berechnung der Verteilungsfunktion $f(\boldsymbol{k}, \boldsymbol{r}, t)$ erlaubt (hierbei wurde die Geschwindigkeit $\boldsymbol{v}$ in der Verteilungsfunktion durch den Wellenzahlvektor $\boldsymbol{k}$ ersetzt, was über Gl. (57) stets möglich ist).

Da im Falle der III–V-Halbleiter die Energiedispersionsrelationen für alle interessierenden Bänder als bekannt vorausgesetzt werden können (s. Abschn. 2.2.2.1.), besteht die Aufgabe jetzt darin, die für diese Halbleiter charakteristischen Streuprozesse und die durch sie bedingten Streuwahrscheinlichkeiten zu analysieren. Dabei zeigt sich, daß die Lösung der Boltzmanngleichung auf numerischem Wege erfolgen muß. Analytische Ausdrücke für die Verteilungsfunktion $f(\boldsymbol{k}, \boldsymbol{r}, t)$ ergeben sich nur im Falle parabolischer Bänder und elastischer Streuprozesse, was in den III–V-Halbleitern im allgemeinen beides nicht erfüllt ist.

2.2.4.2. Streuprozesse

Als Ursache für die Ladungsträgerstreuung kommen alle Abweichungen vom idealen periodischen Gitteraufbau in Frage. Das bedeutet, daß selbst in einem absolut reinen und defektfreien Kristall eine Ladungsträgerstreuung infolge der Gitterschwingungen auftreten wird. Bei der Betrachtung dieses Streumechanismus muß man zwischen der Wechselwirkung der Elektronen oder Löcher mit akustischen bzw. optischen Phononen einerseits und zwischen Intraband- und Interbandstreuung andererseits unterscheiden. Bei der Intrabandstreuung tritt nur eine Wechselwirkung der Ladungsträger mit longitudinalen Phononen auf. Dabei kann der Ladungsträger entweder ein Phonon mit der Energie $\hbar\omega(\boldsymbol{q})$ und dem Wellenzahlvektor $\boldsymbol{q}$ absorbieren oder emittieren. Aus dem Impuls- und Energieerhaltungssatz folgen dann für diese beiden Prozesse die Beziehungen

$$\boldsymbol{k}' = \boldsymbol{k} + \boldsymbol{q}, \quad E(\boldsymbol{k}') = E(\boldsymbol{k}) + \hbar\omega(\boldsymbol{q}), \quad n'(\boldsymbol{q}) = n(\boldsymbol{q}) - 1 \tag{60a}$$

für die Absorption eines Phonons und

$$\boldsymbol{k}' = \boldsymbol{k} - \boldsymbol{q}, \quad E(\boldsymbol{k}') = E(\boldsymbol{k}) - \hbar\omega(\boldsymbol{q}), \quad n'(\boldsymbol{q}) = n(\boldsymbol{q}) + 1 \tag{60b}$$

für die Emission eines Phonons, wobei

$$n(\boldsymbol{q}) = [\exp(\hbar\omega(\boldsymbol{q})/kT) - 1]^{-1} \tag{61}$$

die Verteilungsfunktion der Phononen ist. Die Streuwahrscheinlichkeit für diese beiden Prozesse ist durch

$$W(\boldsymbol{k} \to \boldsymbol{k}' \pm \boldsymbol{q}) = \frac{2\pi}{\hbar} |\langle \psi_{\boldsymbol{k}'} \Phi_{n'(\boldsymbol{q})} | \Delta V | \psi_{\boldsymbol{k}} \Phi_{n(\boldsymbol{q})} \rangle|^2 \times \delta(E(\boldsymbol{k}') - E(\boldsymbol{k}) \mp \hbar\omega(\boldsymbol{q})) \tag{62}$$

gegeben, wobei $\psi_{\boldsymbol{k}}$ die durch Gl. (31) definierte Wellenfunktion der Ladungsträger und $\Phi_{n(\boldsymbol{q})}$ die Wellenfunktion des Phonons ist [155]. Die Größe ΔV

ist das Störpotential, welches durch die Auslenkung der Gitteratome aus ihren Gleichgewichtslagen verursacht wird.

Im Falle der Interbandstreuung von Ladungsträgern gelten ebenfalls die Beziehungen (60) bis (62), wobei allerdings im Unterschied zur Intrabandstreuung auch eine Wechselwirkung mit transversalen Phononen möglich ist.

Es erhebt sich jetzt die Frage, wie die Störpotentiale ΔV bei der Ladungsträgerstreuung an Phononen aussehen. Bekanntlich führen die Gitterschwingungen zu lokalen Deformationen des Kristallgitters, die in vollständiger Analogie zur Kristalldeformation durch äußeren Druck (s. etwa Gl. (37)) zu einer Verschiebung von Energiezuständen führen. Diese Energieverschiebung geht als Störpotential in die Gl. (62) ein. Im Falle der Intrabandstreuung an akustischen Phononen ergibt sich [155]

$$\Delta V = E_1 \boldsymbol{uq}\,, \tag{63}$$

wobei $\boldsymbol{u}$ die Auslenkung der Atome aus ihren Gleichgewichtslagen ist und die Größe E_1 als Deformationspotential bezeichnet wird. Bei den mit optischen Phononen verknüpften Gitterschwingungen werden benachbarte Gitteratome in entgegengesetzter Richtung ausgelenkt, so daß die hierdurch bedingte Deformation des Gitters der relativen Auslenkung $\boldsymbol{u}_1 \pm \boldsymbol{u}_2$ der beiden Atome proportional ist. Die dadurch bedingte Verschiebung der Energiezustände wird in der Form

$$\Delta V = \boldsymbol{D}\,(\boldsymbol{u}_1 - \boldsymbol{u}_2) \tag{64}$$

geschrieben, wobei die vektorielle Proportionalitätskonstante als optische Deformationspotentialkonstante bezeichnet wird [156]. Diese durch optische Phononen bedingte Deformationspotentialstreuung wird auch als nichtpolare Streuung an optischen Phononen bezeichnet. Dieser Streuprozeß unterliegt gruppentheoretischen Auswahlregeln, ist also bezüglich seiner Wirksamkeit von der Symmetrie des betrachteten Energiebandes und der optischen Phononen abhängig.

Im Gegensatz zur Intrabandstreuung, an der stets nur Phononen mit $\boldsymbol{q} \approx 0$ beteiligt sind, ist die Interbandstreuung in der Regel an Phononen mit großen $\boldsymbol{q}$-Werten gebunden. Die entsprechende Deformationspotentialkonstante kann deshalb generell nur über eine Beziehung der Form (64) definiert werden. Im Gegensatz zur Größe $\boldsymbol{D}$ für die nichtpolare Streuung an optischen Phononen wird diese Konstante üblicherweise mit $\boldsymbol{D}_{ij}$ bezeichnet, wobei die Indizes i und j die beiden Bandminima kennzeichnen, zwischen denen die Streuung erfolgt. Auch dieser Streuprozeß ist an gruppentheoretische Auswahlregeln gebunden [157].

Neben diesen Deformationseffekten können Gitterschwingungen auch zu Polarisationserscheinungen im Gitter führen, wenn die Bausteine des Kristalls unterschiedlich geladen sind. Besitzt der Kristall kein Inversionszentrum, wie das bei den III–V-Verbindungen der Fall ist, so verursachen die akustischen Phononen den sogenannten piezoelektrischen Effekt. Danach führen Deformationen des Kristallgitters zum Auftreten innerer elektrischer

Felder, deren Komponenten durch

$$E_m = -\sum_{i,j}^{3} h_{mij} e_{ij} \tag{65}$$

gegeben sind, wobei die h_{mij} die piezoelektrischen Konstanten des Materials und die e_{ij} die Komponenten des Deformationstensors sind. Die e_{ij} lassen sich aus den Auslenkungen $\boldsymbol{u}$ der Gitteratome berechnen [155, 158], und das Störpotential ΔV ergibt sich aus der Lösung der Gleichung

$$\boldsymbol{E} = \text{grad}_{\boldsymbol{r}} (\Delta V) . \tag{66}$$

Die im Falle der optischen Phononen gegenphasig schwingenden Gitterbausteine führen am Ort $\boldsymbol{r}$ zu einem Polarisationsvektor der Größe

$$\boldsymbol{P}(\boldsymbol{r}) = \frac{e^*}{\Omega_0} [\boldsymbol{u}_1(\boldsymbol{r}) - \boldsymbol{u}_2(\boldsymbol{r})] \tag{67}$$

wobei Ω_0 das Volumen der Elementarzelle ist und die in (67) auftretende effektive Dipolladung e^* für den Fall der Wechselwirkung mit einem longitudinalen optischen Phonon mit der Frequenz ω_{LO} durch

$$e^* = \left[\frac{M_1 M_2 \omega_{\text{LO}} \Omega_0}{4\pi (M_1 + M_2)} \left(\frac{1}{\varepsilon_\infty} - \frac{1}{\varepsilon_s}\right)\right]^{1/2} \tag{68}$$

gegeben ist [159]. Hier sind ε_s und ε_∞ die statische und optische Dielektrizitätskonstante und M_1 und M_2 die Massen der beiden Ionen. Das durch die Polarisation (67) verursachte Störpotential ergibt sich dann aus der Lösung der Poissongleichung

$$\Delta(\Delta V) = -\frac{e \operatorname{div} \boldsymbol{P}}{\varepsilon_0} . \tag{69}$$

Dieser Streuprozeß wird als polare Streuung an optischen Phononen bezeichnet.

In dotierten Halbleitern spielt die Streuung an ionisierten Störstellen eine entscheidende Rolle. Sie wird als Streuung der Ladungsträger an einem entsprechend den Eigenschaften der Störstelle zu wählenden Potential $V(\boldsymbol{r})$ behandelt, wobei sich in der üblicherweise verwendeten Bornschen Näherung für die Streuwahrscheinlichkeit die Gleichung

$$W(\boldsymbol{k} \to \boldsymbol{k}') = \frac{2\pi}{\hbar} |\langle \psi_{\boldsymbol{k}'} | V(\boldsymbol{r}) | \psi_{\boldsymbol{k}} \rangle|^2 \times \delta (E(\boldsymbol{k}') - E(\boldsymbol{k})) \tag{70}$$

ergibt. Für $V(\boldsymbol{r})$ wird meist das abgeschirmte Coulombpotential verwendet [160].

Die Streuung an neutralen Störstellen spielt in den III–V-Halbleitern eine untergeordnete Rolle und wird deshalb hier nicht betrachtet. Räumlich ausgedehntere Defekte (Störstellenanhäufungen, Versetzungen, Strahlungsschäden) können die Transporteigenschaften ebenfalls entscheidend beeinflussen. Jedoch ist hierfür keine einheitliche theoretische Behandlung möglich, da die Streuwahrscheinlichkeit in all diesen Fällen stark von der spezifischen Geometrie und dem Ladungszustand der Defekte abhängen wird, so daß für jeden Defekttyp eine spezielle Betrachtung erforderlich ist.

Es ist eine bekannte Tatsache, daß im Falle der Streuung an ionisierten Störstellen ein *abgeschirmtes* Coulombpotential verwendet werden muß [160]. Neuere Untersuchungen haben gezeigt, daß auch die durch Elektron-Phonon-Wechselwirkung bedingten Störpotentiale (63), (64), (66) und (69) einer Abschirmung durch freie Ladungsträger unterliegen, was in fast allen bisher in der Literatur veröffentlichten Rechnungen nicht berücksichtigt worden ist. Man kann diese Abschirmung berücksichtigen, indem man die mit der Beziehung (62) berechneten Streuwahrscheinlichkeiten für den unabgeschirmten Fall durch das Quadrat der dielektrischen Funktion der freien Ladungsträger dividiert und die so korrigierte Streuwahrscheinlichkeit bei der Berechnung der Verteilungsfunktion $f(\boldsymbol{k}, \boldsymbol{r})$ mit (59) verwendet [161–163]. Konkrete Rechnungen haben gezeigt, daß sich die Berücksichtigung der Abschirmung insbesondere in solchen Fällen auswirkt, wo Deformationspotentialstreuung dominiert [163].

In Mischkristallen der III–V-Halbleiter hat man neben den bisher genannten Streumechanismen noch die sogenannte Mischkristallstreuung zu berücksichtigen. Die Streuwahrscheinlichkeit wird wie im Falle der ionisierten Störstellenstreuung berechnet, wobei das Potential $V(\boldsymbol{r})$ in (70) durch ein Potential der Größe

$$V(r) = [x\,(1-x)]^{1/2}\,\Delta U \tag{71}$$

ersetzt wird, wobei x die Mischkristallzusammensetzung angibt und für ΔU ein kurzreichweitiges Potential der Form

$$\Delta U = \begin{cases} \Delta U_0, & r < r_0 \\ 0 & r > r_0 \end{cases} \tag{72}$$

angenommen wird. Der Wirkungsradius r_0 wird von der Größenordnung des kovalenten Radius der Atome des Kristalls angesetzt. Die entscheidende Frage ist hier die Wahl der Größe ΔU_0. In der Literatur ist hierfür die Differenz in den Breiten der verbotenen Zonen der beiden Randkomponenten, die Differenz in ihren Elektronenaffinitäten (für Elektronen) bzw. photoelektrischen Austrittsarbeiten (für Löcher) sowie die Differenz in ihren heteropolaren Energien nach der dielektrischen Theorie von Phillips und van Vechten verwendet worden [164]. Eine Entscheidung über die Gültigkeit dieser Modelle kann gegenwärtig kaum getroffen werden, da die Mischkristallstreuung in der Mehrzahl der praktisch interessierenden Fälle nur eine untergeordnete Rolle spielt [165].

2.2.4.3. Ladungsträgerbeweglichkeit

Um den Einfluß der einzelnen Streuprozesse auf die Transporteigenschaften der III–V-Verbindungen zu demonstrieren, sollen hier einige Daten zur Ladungsträgerbeweglichkeit angegeben werden. In den n-leitenden direkten III–V-Halbleitern dominiert von den Gitterstreumechanismen die polare

Streuung an optischen Phononen [166]. Eine Ausnahme bildet GaN, in dem bis zu Temperaturen oberhalb 300 K die piezoelektrische Streuung vorherrscht [167]. Bei sehr hohen Elektronenkonzentrationen kann die Interbandstreuung in höhere Leitungsbandminima eine Rolle spielen. Entsprechende Rechnungen für n-GaAs haben gezeigt, daß dieser Effekt bei Elektronenkonzentrationen oberhalb etwa 10^{19} cm^{-3} wirksam wird (Abb. 2.46). Die Abbildung zeigt auch, daß die Deformationspotentialstreuung

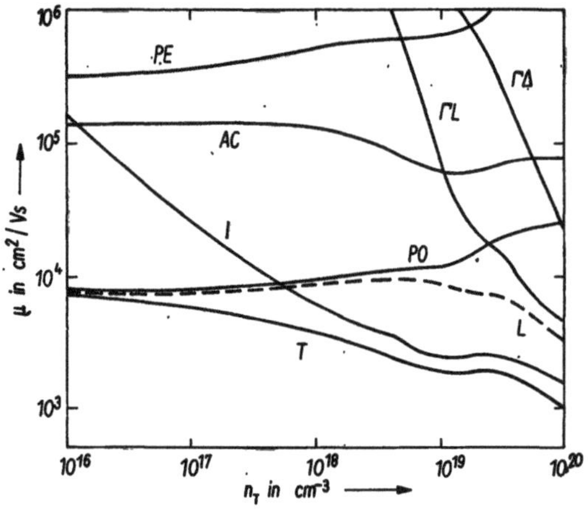

Abb. 2.46. Beiträge der einzelnen Streumechanismen zur Elektronenbeweglichkeit in n-GaAs.
PE piezoelektrische Streuung; *AC* akustische Deformationspotentialstreuung; *PO* polare Streuung an optischen Phononen; ΓL Interbandstreuung vom Γ-zum L-Minimum; ΓΔ Interbandstreuung vom Γ- zum Δ-Minimum; *L* Gesamtbeweglichkeit infolge Gitterstreuung; *I* Streuung an ionisierten Störstellen (unkompensiertes Material); *T* Gesamtbeweglichkeit der Elektronen

und die piezoelektrische Streuung in erster Näherung vernachlässigt werden können. Die nichtpolare Streuung der Elektronen an optischen Phononen ist in den direkten III–V-Halbleitern verboten und liefert folglich auch keinen Beitrag zur Beweglichkeit.

In den indirekten III–V-Halbleitern tragen mit Ausnahme der piezoelektrischen Streuung alle anderen Gitterstreumechanismen zur Elektronenbeweglichkeit bei, wobei sich ihr relativer Beitrag zur gesamten Gitterbeweglichkeit mit der Temperatur ändert. In Abb. 2.47 ist das am Beispiel des GaP gezeigt. Für die anderen indirekten III–V-Halbleiter liegen analoge Verhältnisse vor [165, 169]. Eine kritische Stelle in Beweglichkeitsberechnungen für die Elektronen in den indirekten III–V-Halbleitern stellen die optischen Deformationspotentialkonstanten $\boldsymbol{D}$ und $\boldsymbol{D}_{ij}$ dar. Sie werden meist durch Anpassung an das Experiment bestimmt und sind zum Teil mit beträchtlichen Unsicherheiten behaftet. Die bisher durchgeführten theoretischen Berechnungen für $\boldsymbol{D}$ und $\boldsymbol{D}_{ij}$ zeigen ebenfalls noch beträchtliche Unterschiede von Autor zu Autor [170–172].

Auf Grund der komplizierten Dispersionsrelationen und der Entartung des schweren und leichten Löcherbandes an der oberen Valenzbandkante (s. Abschn. 2.2.2.1., Gl. (34)) ist die Berechnung der Löcherbeweglichkeiten wesentlich schwieriger als die Berechnung der Elektronenbeweglichkeiten, wo in erster Näherung stets mit parabolischen Bändern gerechnet werden

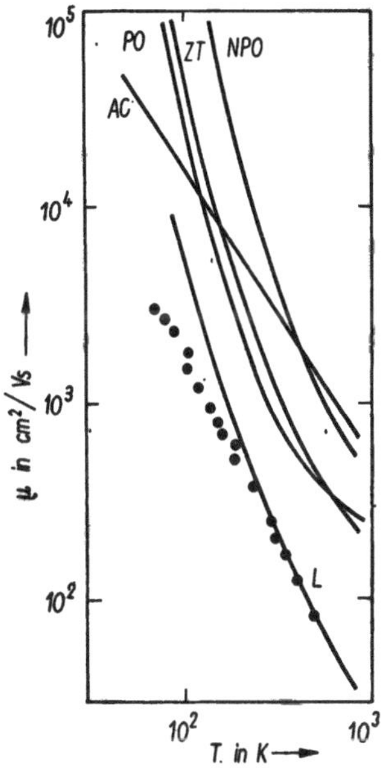

Abb. 2.47. Beiträge einzelner Gitterstreumechanismen zur Elektronenbeweglichkeit in n-GaP.
AC akustische Deformationspotentialstreuung; *PO* polare Streuung an optischen Phononen; *ZT* äquivalente Interbandstreuung; *NPO* nichtpolare Streuung an optischen Phononen; *L* Gesamtbeweglichkeit infolge Gitterstreuung; ● experimentelle Daten (nach [155])

kann. Für die Streuung der Löcher an Phononen existieren brauchbare theoretische Modelle, die zu guter Übereinstimmung mit dem Experiment führen [173, 174]. Eine ausführliche Analyse von experimentellen Daten zur Löcherbeweglichkeit in p-GaAs bei Löcherkonzentrationen oberhalb etwa 10^{18} cm^{-3} hat aber gezeigt, daß es bisher kein Modell gibt, welches die Streuung der Löcher an ionisierten Störstellen auch nur annähernd richtig beschreibt [174]. Hier sind deshalb weitere theoretische Untersuchungen erforderlich.

2.3. Anwendungen und Ausblick

Die in der Familie der III–V-Halbleiter vorliegenden Materialeigenschaften haben eine so große Vielfalt von gezielten Anwendungen gefunden, daß in diesem Abschnitt nur ein Überblick über die wichtigsten Richtungen gegeben werden kann. Es liegt in vielen Fällen eine schon etablierte III–V-Technologie vor [181], die z. B. bei den opto-elektronischen Bauelementen ihre deutlich von der Si-Technologie unterscheidbaren eigenen Züge aufweist [182]. Die nachfolgende Besprechung der Anwendungsrichtungen entspricht etwa der historischen Entwicklung (vgl. [185]). Dabei wird am Ende auf die Möglichkeiten, die sich durch eine Feinstrukturierung des Materials (Schichtfolgen definierter Zusammensetzung mit Abmessungen unter 10 nm) ergeben, breiter eingegangen, da hier noch vieles im Fluß ist (vgl. Abschn. 1.2.) und sich noch weitere, wichtige Anwendungen herauskristallisieren werden.

2.3.1. Galvanomagnetische Bauelemente

Schon bald nach Welkers Entdeckung der Halbleitereigenschaften der III–V-Verbindungen [1, 2] wurde die beobachtete hohe Beweglichkeit von Elektronen in InSb, InAs in galvano-magnetischen Bauelementen ausgenutzt. Hierbei herrschen für die Anwendungen zwei Typen vor [183, 184]:

- Hallgeneratoren nutzen die Tatsache, daß die Hallspannung sowohl dem Probenstrom als auch der magnetischen Flußdichte proportional ist. Wenn das Magnetfeld durch einen elektrischen Strom erzeugt wird, hat man ein Signal zur Verfügung, das dem Produkt zweier Ströme proportional ist. Entsprechend sind Analogmultiplikatoren (z. B. für die Leistungsmessung in einem Stromkreis), Modulatoren, kontaktlose Signalgeber (Änderung des Abstandes von einem Permanentmagnet) bis zu passiven Mikrowellenbauteilen (durch den axialen Charakter des verwendeten Magnetfeldes kann eine Durchlässigkeit für die Wellen nur in einer Richtung erreicht werden) realisiert worden. Dabei konnten auch Schichten verwendet werden, die durch Aufdampfen auf Al_2O_3 gewonnen wurden. Eine moderne Version unter Nutzung von Implantationsschichten in GaAs mit einer erreichten Empfindlichkeit bis 500 V/A · T wird in [180] vorgestellt.
- Feldplatten nutzen als 2-poliges Bauelement die Widerstandsänderung im Magnetfeld. Diese Änderung ist zwar prinzipiell nichtlinear (für kleine Flußdichten $\boldsymbol{B}$ ist sie proportional zu B^2), durch geeignete Kombination von Feldplatten in einer Brückenschaltung kann die Anzeige jedoch gut linearisiert werden. Für Magnetfeldmessungen und Messungen von Strömen in einer Leitung, die dabei nicht aufgetrennt zu werden braucht, sind die Feldplatten ebenso einsetzbar wie für die Herstellung kontaktlos steuerbarer Widerstände und die Abtastung magnetisch gespeicherter Informationen. Um die Temperaturabhängigkeit der Widerstandsänderung zu beseitigen, wurde schon Mitte der 60er Jahre ein III–V-Mischkristall, $InAs_{0,8}P_{0,2}$, verwendet: Die Eignung dieses Mischkristalls war durch

Interpolation aus den Eigenschaften der binären Endkomponenten geschlossen worden!
In der Folgezeit sind verschiedene Varianten magnetfeldabhängiger Bauelemente auf der Basis von Si entwickelt worden, die das Hauptinteresse auf sich ziehen konnten.

2.3.2. Lumineszenzdioden [182, 186]

Die *Injektions*lumineszenz, die mit einer in Flußrichtung betriebenen pn-Struktur realisiert wird, wurde zuerst am SiC beobachtet; eine große technische Bedeutung in der Form von *l*icht*e*mittierenden *D*ioden (LED) wurde aber auf der Basis von GaAs (erste Beobachtung: 1955 [187]) und GaP (erste Beobachtung: ebenfalls 1955 [188]) erzielt. Die systematische Untersuchung der ausgenutzten strahlenden Rekombinationsprozesse (vgl. 2.2.3.) begann aber erst, nachdem 1962 Laserbetrieb auf dieser Grundlage im GaAs erreicht worden war (vgl. 2.3.3.).
Die ersten technisch genutzten LED aus GaAs (Emissionswellenlänge um 950 nm, spektrale Halbwertsbreite um 30 nm) waren für Lichtschranken, für die Übertragung von Meßwerten an Hochspannungsleitungen, in Optokopplern (Si-Fotodioden passen als Nachweiselemente gut dazu) und für elektrooptische Entfernungsmeßgeräte eingesetzt worden. Die bequeme direkte Modulierbarkeit dieser Lichtquellen ist zur Fremdlichtunterdrückung bei Lichtschranken günstig; für die Entfernungsmessung sind Modulationsfrequenzen von einigen 10^7 Hz nötig und im allgemeinen bequem realisierbar (die Trägerlebensdauer liegt im *direkten* GaAs unter 10^{-8} s). Das modulierte Licht wird an einem Tripelspiegel in einer Entfernung von 2 bis 3 km reflektiert und aus der Phasendifferenz zwischen Modulationsstrom und dem der reflektierten Intensität proportionalen Detektorsignal auf die Laufzeit bzw. die Entfernung (Fehlergrenze bei 1 cm) geschlossen. Problematischer ist hierbei, eine synchrone Emission des gesamten pn-Gebietes der Diode auf ± 10 ps zu erreichen, um die genannte Fehlergrenze der Entfernungsmessung zu gewährleisten [189]. Wegen der etwa 20fach höheren Beweglichkeit der Elektronen strahlt i. allg. das p-Gebiet etwas eher als das n-Gebiet; diese Asymmetrie kann durch Verwendung einer Schichtfolge aus n-GaAs, p-GaAs, p-(GaAl) As kompensiert werden [190]. Hohe Leuchtdichten werden mit LPE-GaAs-Schichten erzielt (vgl. 2.1.5.), besonders bei Si-Dotierung, wobei wegen des temperaturabhängigen Einbaus von Si als Donator bzw. Akzeptor der pn-Übergang ohne Unterbrechung des Epitaxie-Wachstums erzeugt werden kann (vgl. 2.1.5.).
Selbst wenn ein innerer Quantenwirkungsgrad nahe 100 % erreicht wird, was stark von der Perfektion des Kristallmaterials und dem ausgenutzten strahlenden Rekombinationsmechanismus abhängt, muß der Formgebung der Dioden besondere Aufmerksamkeit geschenkt werden, damit das entstandene Licht nicht auf dem Weg zur Oberfläche absorbiert wird oder an der Oberfläche reflektiert wird: Bei GaAs mit einem Brechungsindex von $n^* = 3{,}6$ treten nur 34 % des im Inneren eines Kristallquaders isotrop

emittierten Lichtes nach außen. Da das p-Gebiet i. allg. höher dotiert ist und daher stärker das Lumineszenzlicht reabsorbiert (Absorption durch freie Träger und Wirkung der Ausläuferabsorption infolge hoher Dotierung, vgl. 2.2.3.) sind längere Lichtwege durch das p-Gebiet zu vermeiden.

Wichtige Bauformen von LED zeigt Abb. 2.48, wobei zur Verringerung der Reflexion an der Oberfläche bei b) und c) eine Halbkugel bzw. eine „Weierstraßkugel" (mit besonderen Abbildungseigenschaften [191]) verwendet wird. Die Form d) ist als sogenannter Kantenstrahler (s. a. Fabry-Pèrot-Struktur bei Laserdioden) für die Entfernungsmessung geeignet, während die Formen a) bis c) als Flächenstrahler bezeichnet werden.

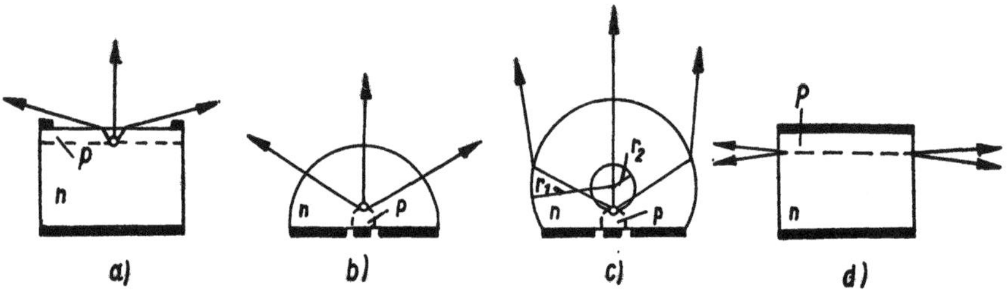

Abb. 2.48. Lichtauskopplung bei verschiedenen Geometrien von Lumineszenzdioden (nach [182]). a) Ebener Flächenstrahler; b) Halbkugelstrahler; c) Strahler mit Weierstraßkugel ($r_2 = r_1/n^*$); d) Kantenstrahler

Zur Erzeugung von *sichtbarem* Licht haben sich folgende Materialkombinationen für Anzeigebauelemente bewährt:

– Rote LED aus GaP:Zn,O ($\lambda = 699$ nm, Substrat: GaP) haben unter Nutzung von Zn- und O-Störstellen, die als nächste Nachbarn im GaP-Gitter eingebaut werden (vgl. 2.2.3.3.), äußere Quantenwirkungsgrade von 15 % bei niedrigen Stromdichten erreicht. Allerdings sättigt sich die Leuchtdichte bei Erhöhung des Stromes, und es werden daher heute Varianten bevorzugt, bei denen die Leuchtdichte superlinear mit dem Strom ansteigt (s. nachfolgende Varianten).

– Rote, orangefarbene und gelbe LED werden aus dem Mischkristallsystem Ga(As,P) mittels VPE (rot: $GaAs_{0,6}P_{0,4}$ auf GaAs-Substrat; gelb: $GaAs_{0,15}P_{0,85}$:N auf GaP-Substrat) und auch aus dem Mischkristallsystem (Ga,Al) As mittels LPE (Substrat: GaAs) hergestellt. Obwohl die VPE-Verfahren eine günstigere Technologie besonders für hohe Stückzahlen gestatten (vgl. 2.1.5.), werden oft mit LPE die höchsten Leuchtdichten erzielt.

– Grüne LED nutzen das indirekte GaP, wobei üblicherweise die isoelektronische Störstelle N eingebracht wird (s. 2.2.3.3.). Das entstehende Licht ist gelbgrün und entspricht nicht den Normen für die Signalfarbe grün. Mit LED aus N-freiem GaP, in denen die Rekombination freier Excitonen ausgenutzt wird, kann ein nicht gelbstichiges Grün erzeugt werden.

Die Quantenwirkungsgrade für grüne LED erreichen nur um 0,5 %, was jedoch durch die im Grünen maximale Augenempfindlichkeit ausgeglichen wird.

– Zu blauen LED sind mehrere Möglichkeiten im Gespräch und im Labormaßstab realisiert worden: SiC (vgl. Kap. 4.), GaN (ein direktes Material, pn-Übergänge jedoch bisher nicht herstellbar), Zn (S, Se) (MIS- oder Schottky-Strukturen, vgl. Kap. 3.), $CuAlS_2$ (vgl. Kap. 9.) und neuerdings amorphes Silicium, das zwecks Dotierungsmöglichkeit hydrogeniert wird. Die realisierten Varianten sind teuer und haben schlechte Wirkungsgrade (10^{-6} bis 10^{-3}), wozu die geringe Blauempfindlichkeit des Auges noch hinzukommt, so daß ein praktischer Einsatz nur für die seltenen Fälle abzusehen ist, bei denen es unbedingt auf die *blaue* Farbe ankommt.

Abb. 2.49. zeigt zusammenfassend die LED-Materialien mit zugehörigen Mischkristallsystemen zusammen mit der Augenempfindlichkeitskurve.

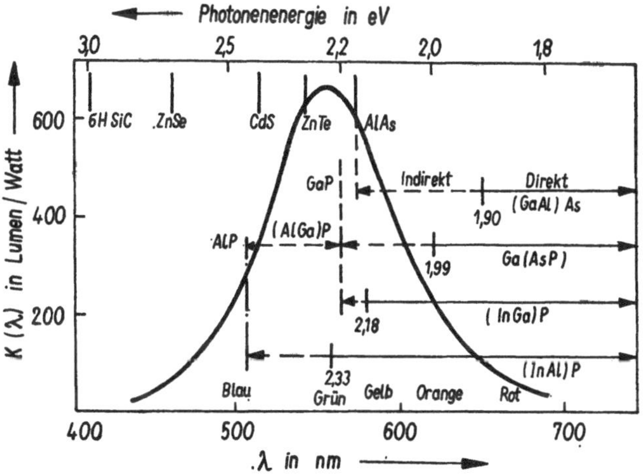

Abb. 2.49. LED-Materialien im Vergleich zur Augenempfindlichkeitskurve $K(\lambda)$. Mischkristallsysteme sind als durchgehende bzw. unterbrochene Linie für direktes bzw. indirektes Material gezeigt (nach [192])

Besonders das System Ga(As,P) hat als LED-Material großtechnische Maßstäbe erreicht.

Als weiteres wichtiges Anwendungsgebiet für Lumineszenzdioden hat sich im letzten Jahrzehnt die Lichtleiter-Nachrichtenübertragung herausgebildet:

Da die für die Übertragung verwendeten Glasfasern Dämpfungsminima bei bestimmten Wellenlängen zeigen (Abb. 2.50), ergeben sich spezifische Materialforderungen an die einzusetzenden Lumineszenzdioden und Detektoren. Die für die kürzeren Wellenlängen ansteigende Dämpfung wird durch die Rayleigh-Streuung (Dämpfung $\sim \lambda^{-4}$) an den im Glasmaterial unvermeidlichen statistischen Inhomogenitäten verursacht; für längere Wellen machen sich Ausläufer der Si-O-Gitterschwingungen dämpfend bemerkbar. Das in

Abb. 2.50 gezeigte Wellenlängenintervall beansprucht daher das Hauptinteresse. Dabei sind folgende Wellenlängen interessant:

– Bei 850 bis 900 nm können Lumineszenzdioden [194] und Laserdioden aus dem System (Ga, Al) As (s. 2.3.3.) und Si-Detektoren eingesetzt werden, wo

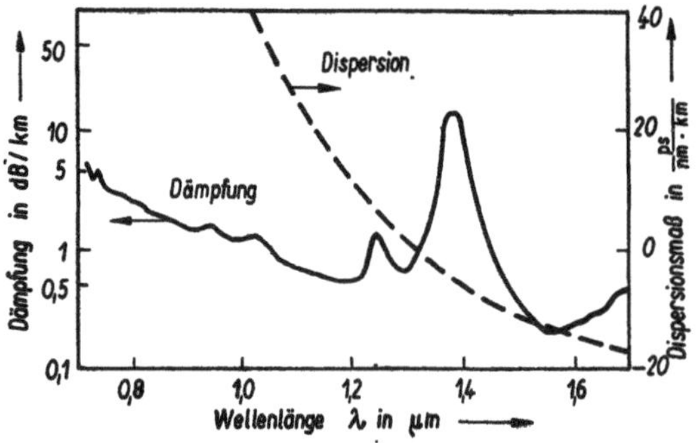

Abb. 2.50. Dämpfung und Dispersion einer Glasfaser (GeO_2-dotierter Kern, undotierter Mantel, Monomodefaser) [193]

jeweils ein hoher Stand der Perfektion erreicht ist. Dieses System erlaubt Entfernungen bis zu etwa 10 km (ohne Zwischenverstärker) zu überbrücken; jedoch zeigen längere Wellenlängen erheblich niedrigere Dämpfungen.

– Bei 1,3 µm liegt ein Dämpfungsminimum vor, das wegen der dort verschwindenden Dispersion, d. h. Wellenlängenunabhängigkeit der Lichtausbreitungsgeschwindigkeit, auch den Einsatz von Lumineszenzdioden (hier: IRED = *i*nfra*r*ot *e*mittierende *D*iode) erlaubt. Da die spektrale Bandbreite bei spontaner Rekombinationsstrahlung aus einem direkten Halbleiter von der Größenordnung $2kT$ ist (s. 2.2.3.1.3.), ergeben sich bei nichtverschwindender Dispersion Laufzeitunterschiede, und Signalverzerrungen begrenzen die Streckenweite. Für weite Strecken ist also bei verschwindender Dispersion eine IRED einsetzbar, sonst ist mit Laserdioden wegen deren wesentlich geringeren Bandbreiten zu arbeiten.

Als IRED-Material für die Wellenlänge von 1,3 µm hat sich das quaternäre System (Ga, In) (As, P), das epitaktisch auf InP-Substrat abgeschieden wird, durchgesetzt. Abb. 2.51 zeigt Bandlücken und Gitterkonstanten in diesem System: Es ist abzulesen, daß für den geforderten Wert der Bandlücke von knapp 1 eV eine Gitteranpassung nur mit InP-Substratmaterial zu erreichen ist.

Die Ankopplung der Glasfaser an die IRED stellt ein besonderes Problem dar: Es ist möglich, das Faserende bei einem Kantenstrahler in der Ebene des pn-Überganges anzukleben; speziell für Flächenstrahler wurde die „Burrus-Diode“ genannte Bauform (Abb. 2.52) entwickelt. In beiden Fällen wird eine seitliche Einengung des aktiven Bereichs (Streifenkontakt bzw. Kontakt in Form einer Kreisfläche) vorgenommen.

Unter Ausnutzung der Tatsache, daß im System (Ga, Al) Sb die Gitterkonstante wenig von der Zusammensetzung abhängt (vgl. andere Ga-Al-Mischsysteme) kann die gewünschte Wellenlänge auch in diesem *ternären* System realisiert werden. Als schwerwiegender Nachteil ist jedoch anzusehen, daß hierfür GaSb als Substratmaterial genügend gut beherrscht werden muß (vgl. 2.1.2.).

– Bei einer Wellenlänge von 1,55 µm können noch geringere Dämpfungen der Glasfaser realisiert werden (Abb. 2.50.). Für diese Wellenlänge ist aus Abb. 2.51. im System (Ga,In) (As,P) eine Zusammensetzung ablesbar, die

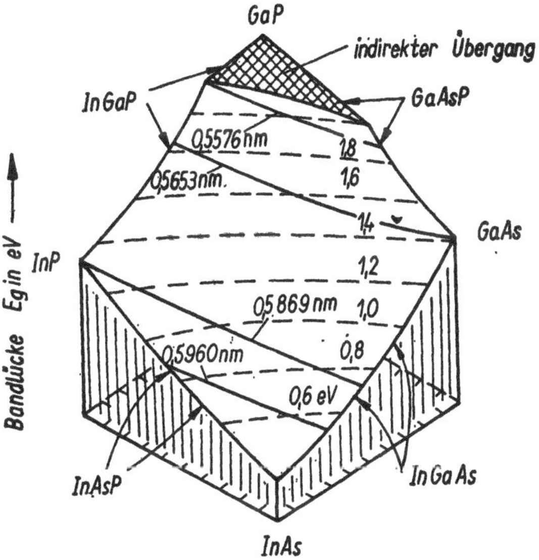

Abb. 2.51. Bandabstand (gestrichelte Kurven und Ordinate) und Gitterkonstante (ausgezogene Kurven) für das quaternäre System (Ga, In) (As, P), dargestellt über der Grundfläche, die die Zusammensetzung charakterisiert [193]

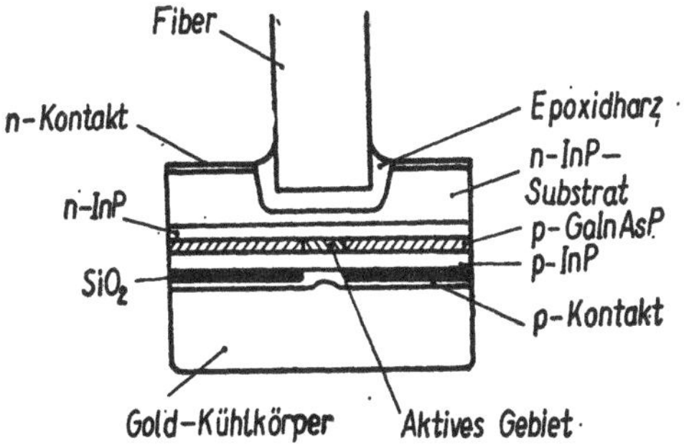

Abb. 2.52. Schnitt durch eine (Ga, In) (As, P)/InP-IRED mit eingeklebtem Glasfaserende [195]

ebenfalls auf InP als Substratmaterial paßt. Es ergeben sich jedoch thermodynamisch bedingte Schwierigkeiten, auf das quaternäre aktive Material wieder InP abzuscheiden (s. 2.1.2.). Trotzdem wird wohl der Trend zur Nutzung längerer Wellenlängen nicht bei 1,3 μm stehen bleiben.

Die für die Lichtleiterübertragung angeführten IRED-Mischsysteme verlangen noch eine generelle Erläuterung: Da das aktive Gebiet eine geringere Bandlücke hat als die umgebenden Schichten (InP oder (Ga, Al) As), werden die injizierten Ladungsträger in dieser Schicht zusammengehalten („electrical confinement"). Gleichzeitig ist der Brechungsindex im Außengebiet niedriger, wodurch die entstandene Strahlung eine Wellenleitung längs der aktiven Schicht erfährt („optical confinement"). Diese Techniken sind aus den Erfahrungen bei Laserdioden übernommen worden und erlauben Hochleistungs-IRED zu bauen, bei denen die spontane Strahlung noch durch induzierte Übergänge in der aktiven Schicht optisch verstärkt wird.

2.3.3. Laserdioden

1962 berichteten vier Gruppen [196–199] von der erfolgreichen Verwirklichung des Laserbetriebs auf der Basis eines pn-Überganges in GaAs. Mit einer GaAs-Diode wurde eine Fabry-Pèrot-Struktur unter Nutzung des hohen Reflexionsvermögens (32 %) der GaAs-Luft-Grenzfläche aufgebaut. Mit hohen Flußstromdichten wurde die notwendige Besetzungsinversion am pn-Übergang erzeugt. Da die Schwellstromdichte stark (etwa proportional T^3) mit der Temperatur ansteigt, konnte die Laserschwelle zuerst nur bei niedrigen Temperaturen oder im Impulsbetrieb erreicht werden. Die Schwellstromdichten für den Betrieb bei 300 K lagen bei 10^6 A cm^{-2}. Nach 20jähriger Forschung und Entwicklung (vgl. [200–205, 182]) liegen diese Schwellstromdichten unter 10^3 A cm^{-2} und kontinuierlicher Betrieb der Laserdioden bei 300 K mit (extrapolierten) Bauelement-Lebensdauern bis zu 10^6 h ist möglich geworden. Dieser Erfolg ist wesentlich auf die gezielte Material-Strukturierung im Bauelement in allen 3 Richtungen des Raumes zurückzuführen:

a) Die Strukturierung in Wachstums- bzw. Stromrichtung hat durch Verwendung von Heteroübergängen [206] wesentliche Erfolge gebracht [207]. Dabei wird das aktive Material (GaAs bzw. (Ga, In) (As, P)) in Material gleicher Gitterkonstante, aber mit höherem Wert der Bandlücke, mit kleinerem Brechungsindex ((Ga, Al) As bzw. InP) eingebettet. Wenn die aktive Schicht eine Dicke von nur 0,3 μm aufweist und der Sprung im Wert der Bandlücke genügend groß ist (0,2 bis 0,3 eV, groß gegen kT), werden darin die injizierten Ladungsträger für die Rekombination optimal zusammengehalten („electrical confinement"). Eine Wellenführung auf Grund des höheren Brechungsindex der aktiven Schicht („optical confinement") ist bei einer Schichtdicke um 1 bis 2 μm optimal. Wenn beide Mechanismen optimal genutzt werden sollen (eine schmalere „Wanne" für die Ladungsträger, eine breitere für die Photonen), hat man – außer dem pn-Übergang – 5 verschiedene Mischkristallschichten zu realisieren.

Eine weitere Verbesserung kann erzielt werden, wenn das aktive Gebiet zusätzlich feinstrukturiert (Schichtwechsel z. B. aller 5 nm) wird [208], was mit den Methoden der MBE oder der MOCVD (s. 2.1.5.) möglich ist. Mit dieser Feinstrukturierung kann noch die für die Laserübergänge genutzte Zustandsdichte (s. 2.2.3.1.3.) in ihrem energetischen Verlauf geeignet modifiziert werden (vgl. 2.3.7.).

b) Einige vorteilhafte laterale Strukturierungen werden in Abb. 2.53 ge-

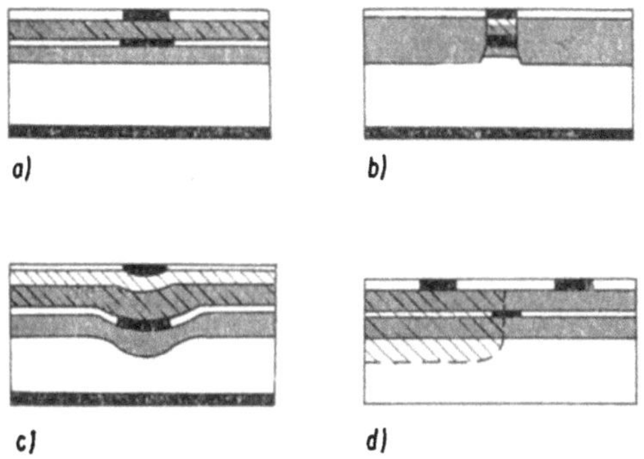

Abb. 2.53. Lateralstrukturierung von Laserdioden:
a) Laserdiode mit Streifenkontakt; b) vergrabene Heterostruktur; c) Struktur mit verbogener aktiver Schicht; d) Struktur mit transversalem pn-Übergang. Das aktive Gebiet und die Kontaktschichten werden schwarz, die Einbettungsschichten grau gezeigt. Das Substrat (2. Schicht von unten) ist n-Material, p-Schichten sind schraffiert

zeigt. In der Variante a) wird durch einen Streifenkontakt (etwa 10 μm breit) die Trägerinjektion auf das mittlere Gebiet begrenzt. Seitlich vom Kontakt können Oxidschichten oder mit Protonen bombardiertes Kristallmaterial für Isolation sorgen. Die seitliche Wellenführung ist hier gering, es liegt nur sog. Gewinnführung vor (vgl. [209]) und bei Strömen oberhalb der Schwelle schwingen auch Transversalmoden (mit einer Knotenebene in der Mitte der aktiven Schicht) an. Hierdurch kommt es zu einem Knick in der Stromdichte-Lichtleistungs-Kurve oberhalb der Schwelle. Günstiger ist die vergrabene Heterostruktur (Variante b)), bei der seitlich von der aktiven Schicht Material mit geringerem Brechungsindex vorliegt (sog. Indexführung der Wellen). Weniger Züchtungsaufwand fordert Variante c) mit verbogener aktiver Schicht, wobei auf einem mit einer Rille versehenen Substrat die Schichten in ununterbrochener Folge aufgebracht werden können. Variante d) nutzt halbisolierendes Substrat und einen transversalen pn-Übergang, wodurch beide Kontakte oben liegen und diese Planarform besonders für die integrierte Optik geeignet ist.

c) Eine Strukturierung in der Ausstrahlungsrichtung des Lichtes ist für folgende Zwecke nützlich: Einmal ist bei Laserbetrieb an den emittierenden Oberflächen die höchste Lichtintensität vorhanden, was zu einer

Oberflächenerosion führen kann und mit geeigneten Schutzschichten zu verhindern ist. Wenn andererseits das Laserlicht im Kristallmaterial zur Weiterverarbeitung im Sinne der integrierten Optik verbleiben soll, kann die Rückkopplung des Lichtes in die aktive Schicht zurück außer durch Reflexion an der Kristalloberfläche (wie bei der üblichen Fabry-Pèrot-Struktur) auch durch Beugung oder Brechung an einer periodisch modulierten Struktur erfolgen („verteilte Rückkopplung"): Durch Riffelung der Oberfläche am Ende des aktiven Gebietes (Riffelperiode um 500 nm) wird eine Bragg-Reflexion erreicht und das Anschwingen einer bestimmten longitudinalen Lasermode mit bestimmter Polarisationsrichtung stabil möglich.

In Ausstrahlungsrichtung kann auch der Streifenkontakt unterbrochen werden und durch Verwendung unterschiedlicher Stromdichten in den Kontaktteilen (vgl. [210]) optische Bistabilität realisiert werden.

III–V-Halbleiter sind natürlich auch durch optische oder Elektronenstrahlanregung zum Laserbetrieb gebracht worden. Wenn hierbei zwischen den Resonatorspiegeln ein variabler Teil des Materials angeregt wird, der Rest passiv bleibt, kann durch Messung der Pumpschwelle in Abhängigkeit von der Länge des angeregten Teils der Gewinn (= negativer Absorptionskoeffizient) für die Laserwelle bestimmt werden ([211], vgl. 2.2.3.3.4. und [212]). Da die Gewinnkurve bei einer Photonenenergie gleich dem Abstand der Quasi-Fermi-Niveaus $\Delta\zeta$ einen Nulldurchgang zeigen muß, kann in dieser Weise $\Delta\zeta$ ermittelt werden, woraus dann auf Effekte der Bandlückenschrumpfung mit Erhöhung der Trägerdichte (vgl. [209] und 2.2.3.3.4.) geschlossen werden kann.

Hauptanwendungsgebiete der Laserdioden liegen heute in der optischen Nachrichtenübertragung (für 0,85 μm, 1,3 μm und 1,55 μm Wellenlänge, vgl. 2.3.2.). Dabei zeigen die langwelligeren Laserdioden, obwohl viel später entwickelt, schon eine beachtliche Perfektion. Sie sind offenbar weniger anfällig gegen die Degradation (Verschlechterung der Kristallperfektion während des Betriebs der Dioden, dadurch nötige Stromerhöhung für die gleiche Lichtausbeute) und stehen den erreichten Lebensdauerwerten der Dioden des (Ga, Al) As-Systems (bis zu 10^6 h extrapoliert) nicht nach. Sie zeigen jedoch einen ungünstig hohen Anstieg der Schwellstromdichte j mit der Temperatur T (nahe Zimmertemperatur)

$$j_s \sim \exp(T/T_0) ,$$

wobei der Parameter T_0 bei 60 K liegt, für (Ga, Al) As-Laser vergleichsweise bei 300 K (vgl. [211]).

Größere Schwierigkeiten ergeben sich andererseits, wenn mit dem System (Ga, Al) As der Laserbetrieb zu höheren Photonenenergien bis ins sichtbare Gebiet vorgetrieben werden soll (die Nähe des Übergangs zum indirekten Material stört hier, vgl. Abb. 2.49), was für Anwendungen als Justierlaser, für die optische Datenaufzeichnung und -abtastung (z. B. Schallplatten mit berührungsloser Abtastung) attraktiv ist.

Für viele moderne Anwendungen von Laserdioden ist eine Kopplung mit

Detektorelementen und verstärkenden Transistorstrukturen notwendig und eine Realisierung dieser Elemente auf nur einem Chip attraktiv. Für diese optoelektronische und mikroelektronische Integration eignen sich sowohl GaAs, als auch InP als Basismaterialien. Wie hier Vorteile sich gegenseitig ergänzen, soll am Beispiel der Zwischenverstärker zur Signalregeneration (sog. „repeater") für die Lichtleiternachrichtenübertragung erläutert werden: Das sich im Lichtleiter ausbreitende Signal, das zur Ausnutzung der zur Verfügung stehenden Bandbreite bis zu Frequenzen von über 10 GHz (bei Pulscodemodulation werden Übertragungsraten von über 10^9 bit/s realisiert) moduliert wird, ist jeweils im Abstand von 5 bis 50 km aufzufrischen. Hierzu können z. B. drei Feldeffekttransistoren aus GaAs, die die erforderlichen hohen Verarbeitungsgeschwindigkeiten erlauben (vgl. Abschn. 1.1. und 2.3.6.) und die als Detektor und Verstärker für das ankommende Lichtsignal bzw. als Pulsgeber für die zu steuernde Laserdiode fungieren, mit einer Laserdiode aus GaAs/(Ga, Al) As auf *einem* GaAs-Chip aufgebaut werden. Die Glasfaser mit dem ankommenden Signal wird senkrecht zur Chip-Ebene an die FET-Strukturen herangeführt. Da die Glasfaser für das weiterzuleitende Lichtsignal angekoppelt werden muß, bieten sich für die Laserdioden Strukturen wie in Abb. 2.53, Variante a) bis d), bei denen das aktive Gebiet über die Chip-Ebene herausragt, an.

Da im aktiven Gebiet einer Laserdiode direkte Lichtverstärkung mit Gewinnkoeffizienten von über 100 cm^{-1} möglich ist, kann prinzipiell auch eine Signalregeneration bei optischer Signalverarbeitung erfolgen. Über die Realisierung einer solchen Variante, die zum Gebiet der integrierten Optik gehört und der große zukünftige Bedeutung zukommt, konnte vor kurzem berichtet werden [259].

2.3.4. Detektoren, Solarzellen [213]

Für die optische Nachrichtenübertragung bei 1,3 μm und 1,55 μm sind hochempfindliche und schnelle Detektoren nötig, wofür in diesem Spektralgebiet Si nicht in Frage kommt. Man kann vorteilhaft die gleiche Materialbasis wie bei den Emittern einsetzen, wofür sich (Ga, In) As auf InP-Substrat (Grundgitterabsorption für $\lambda \leqq 1{,}6$ μm, vgl. Abb. 2.51) anbietet. Sowohl Fotodioden mit Stoßionisationsverstärkung (APD = *a*valanche *p*hoto *d*iode), als auch pin-Strukturen mit FET-Nachverstärkung sind hierfür realisiert worden [193, 214].

Unter Verwendung von InSb können Wellenlängen bis 5 μm durch Grundgitterabsorption nachgewiesen werden, was für die chemische Gasanalytik attraktiv ist.

Der gezielte Einsatz von Mischkristallschichten variabler Zusammensetzung (meist aus dem System (Ga, Al) As) eröffnet viele zusätzliche Möglichkeiten des vorteilhaften Strahlungsnachweises [215].

Für die optische Störstellenionisation als Nachweisprinzip bieten die III–V-Halbleiter keine besonderen Vorteile. Bemerkenswert ist hier jedoch, daß sich GaP:N-LED, gedacht für grüne Lumineszenz, bei tiefen Temperaturen zum empfindlichen Nachweis von IR-Strahlung (Störstellenionisation mit Energien bis 100 meV) eignen [216]: Die freigesetzten Träger ermöglichen einen Flußstrom durch die LED und sind daher im Sichtbaren nachweisbar.

Für die Nutzung als Solarzellen [217] sind InP (mit einem Heteroübergang zu CdS) und GaAs (mit einer Oberflächenschicht aus (Ga, Al) As als optisches Fenster) erfolgreich erprobt worden. Die Verwendung von Verbindungshalbleitern ergibt gegenüber kristallinem Si einen etwa 1,5fachen Wirkungsgrad (über 20 %), was aber mit erheblich höheren Materialkosten zu erkaufen ist. Daher sind hier Vorteile vor allem für Systeme zu sehen, die mit fokussiertem Sonnenlicht (und damit erhöhten Temperaturen) arbeiten [218].

2.3.5. Gunn-Effekt-Elektronik [219]

Bei der Untersuchung heißer Elektronen in GaAs wurde 1963 von J. B. Gunn [220] entdeckt, daß in einer hochohmigen, reinen n-GaAs-Schicht beim Anlegen eines hohen elektrischen Gleichfeldes (einige kV/cm) sehr hochfrequente Stromschwingungen (bis zu einigen GHz) ausgelöst werden. Der zugrunde liegende Ladungsträgertransfer im $\boldsymbol{k}$-Raum vom Γ-Leitungsbandminimum in die L- und X-Täler (vgl. 2.2.2.1.) wird durch eine Abnahme der Trägerbeweglichkeit begleitet. Es ergibt sich daher (s. Abb. 2.54) ein nega-

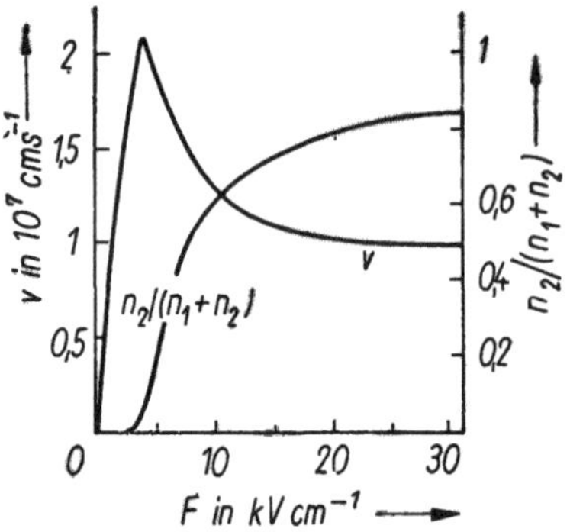

Abb. 2.54. Abhängigkeit der Driftgeschwindigkeit v (linke Skala) von der Feldstärke F und die relative Besetzung der höher gelegenen Täler $n_2/(n_1+n_2)$ (rechte Skala) für Elektronen in GaAs [219]

tiver differentieller Widerstand. Bei angelegtem Gleichfeld bilden sich Hochfelddomänen im Kristall, die von Katode zu Anode wandern und die genannten Stromoszillationen verursachen. Der Prozeß ist, weil auf der Trägerrelaxation in einem Band beruhend, genügend schnell, um zur Verstärkung und Erzeugung von Mikrowellen dienen zu können. Zur Verstärkung ist es besser, die Bildung der Hochfelddomänen (an deren Rändern sich Raumladungsschichten aufbauen) zu verhindern: Das geschieht durch genügend feste elektrische Ankopplung des Kristalls an einen Mikrowellenresonator (sog. LSA-Mode nach Copeland [221]; LSA = *l*imited *s*pace-charge *a*ccumulation). Typische Gunn-Bauelemente arbeiten im Gebiet 10 bis 100 GHz und geben – im Impulsbetrieb – Leistungen von einigen kW ab. Der Gunn-Effekt konnte auch in InP, InAs nachgewiesen werden, fordert aber unkompensiertes Material höchster Reinheit, damit die gewünschten Streuprozesse tatsächlich dominieren. Der durch die Bandstruktur gegebene energetische Abstand der Leitungsbandtäler (etwa 0,3 eV) ist hier der wesentliche Grundparameter; andererseits wurde durch laufende Verbesserung der Si-Technologie und die Erfindung neuer Bauelementstrukturen im Si die obere Frequenzgrenze dieser mehr konventionellen Bauelemente ständig erhöht [222].

2.3.6. Sperrschichtbauelemente aus homogenem Grundmaterial

Vorteile der Verwendung von III–V-Halbleitern zur Herstellung von Sperrschichtbauelementen ergeben sich in drei Richtungen:

- Die z. B. im GaP gegenüber Si erhöhte Bandlücke hat dazu angeregt, GaP als Transistormaterial für erhöhte Arbeitstemperaturen zu erproben.
- Die Tatsache, daß beim GaAs und InP direkte Bandstrukturen vorliegen, ergibt günstige Möglichkeiten zum Bau von Tunneldioden: Das Tunneln zwischen Valenz- und Leitungsband geht unter $\boldsymbol{k}$-Erhaltung vor sich und kann auf die (stark temperaturabhängige) Mitwirkung von Phononen verzichten.
- Im GaAs, InAs, InP und abgeleiteten Mischkristallen ergeben sich Vorteile für die Herstellung von Feldeffekttransistoren, besonders im Hinblick auf die Erreichung hoher Frequenzen:

  Anfang der 70er Jahre stellten sich Schwierigkeiten heraus, beim Silicium mit den Arbeitsfrequenzen von Feldeffekttransistoren über 2 GHz hinauszukommen. Hier konnten die Vorteile der höheren Elektronenbeweglichkeiten in den direkten III–V-Halbleitern (hauptsächlich GaAs, InP und (Ga, In) As) und der überhöhten Trägergeschwindigkeit („overshooting“) bei ballistischem Transport (s. Abschn. 1.1.) ausgenutzt werden. Da das Aufbringen geschlossener Isolierschichten mit geringer Dichte von Grenzflächenstörzuständen (im Gegensatz zum System Si/SiO_2 bzw. Si/Si_3N_4) noch nicht ausreichend beherrscht wird, wird bei den seit etwa 1975 produzierten GaAs-Feldeffekttransistoren die Gate-Elektrode als Schottky-Kontakt ausgebildet; es liegt dann ein MESFET (*m*etal-*e*xhausted-*s*emiconductor-FET) vor. Mit GaAs-MESFETs wurden 25 W Mikrowellenleistung bei Frequenzen bis zu 18 GHz erreicht [223]. Auf die Tatsache, daß in neuerer Zeit unter Verwendung einer Isolierschicht unter der Gate-Elektrode und Ausnutzung der an einem Heteroübergang GaAs/(Ga, In) As realisierbaren, besonders hohen Beweglichkeit (2D-Elektronentransport im (Ga, In) As längs des Heteroüberganges) noch weitere Fortschritte erzielt wurden, war schon im Abschn. 1.1. (Abb. 1.2) hingewiesen worden (vgl. auch 2.3.7.). Diese Struktur wird als MISFET (I *i*nsulator), HEMT (*h*igh *e*lectron *m*obility *t*ransistor) oder TEGFET (*t*wo-dimensional *e*lectron *g*as FET) bezeichnet.

Ursprünglich wurden GaAs-FET-Strukturen auf Cr-dotiertem, halbisolierendem Substrat aufgebaut und z. B. durch Ionenimplantation und Ausheilung eine dünne, oberflächennahe, leitende Schicht im GaAs erzeugt (vgl. 2.1.6.). Fortschritte der Kristallzüchtung (z. B. GaAs-Züchtung in Gegenwart von NH_3) erlauben heute, als hochohmiges Grundmaterial reines GaAs zu verwenden, bei dem die Reststörstellen noch kompensiert sind. Der wirkende Kompensationsmechanismus, der offenbar mit einer Störstellenkomplex-Bildung einhergeht, ist noch nicht im Detail geklärt (vgl. 2.2.3.).

2.3.7. Anwendung der Feinstrukturierung von Mischkristall-Schichtsystemen

Bei den Lichtemittern und -detektoren ist die Verwendung von III–V-Mischkristallen gezielter räumlicher Struktur der Mischungszusammensetzung üblich und in vielen eindrucksvollen Beispielen realisiert worden. Auf der Tatsache, daß die Graduierung der Mischungszusammensetzung voneinander unabhängig einstellbare Kraftwirkungen auf Elektronen bzw. Löcher ergeben (vgl. Abb. 2.55), können weitere, neue Bauelementkonzeptionen (s. Abschn. 1.1.) aufgebaut werden: Außer den elektrischen Feldern wirken Quasifelder entsprechend den Gradienten der Bandrandenergien.

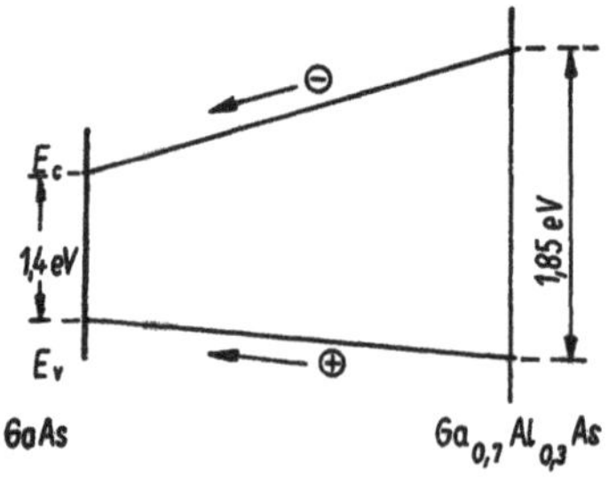

Abb. 2.55. Infolge einer graduierten Änderung der Mischungszusammensetzung im undotierten (Ga, Al) As auftretende energetische Gradienten für die Bandrandenergien und ihre gleichsinnige Wirkung auf Elektronen bzw. Löcher

Wenn darüber hinaus eine Feinstrukturierung (Auflösung unter 10 nm) realisiert werden kann, was mit den Methoden der MBE oder MOCVD (s. Abschn. 2.1.5.) möglich ist und zunehmend praktiziert wird, kommt es zu Zusatzeffekten mit Quantennatur, die nicht mehr im Rahmen der üblichen quasiunendlichen Näherung verständlich sind. Diese quasiunendliche oder Thomas-Fermi-Näherung beschreibt die in einem gestörten Kristall besetzbaren Energiezustände einfach durch eine energetische Verschiebung der ungestörten Bandstruktur entsprechend dem lokalen Wert des vorliegenden Störpotentials. Dies ist für genügend langsam veränderliche Störpotentiale (elektrische Potentiale infolge von Raumladungen in unterschiedlich dotierten Gebieten oder infolge angelegter elektrischer Felder; von äußeren Magnetfeldern herrührende Vektorpotentiale; energetische Veränderungen bei örtlich variabler Mischkristallzusammensetzung) asymptotisch richtig und ist die Grundlage für Darstellungen von Bändermodellen, die die Wirkungsweise von Dioden, Transistoren u. ä. verdeutlichen. Wie aber aus der Effektiv-Massen-Theorie bekannt ist (vgl. 2.2.2.2.1.), genügt die quasiunendliche Näherung nicht mehr, wenn Strukturdetails von der Abmessung eines effektiven Bohrschen Radius a_B^* vorliegen. Dann ist für die Beschreibung der Mischung der Störzustände aus den ungestörten Zuständen eine Schrödinger-Gleichung zu lösen, in der die relevante *effektive* Masse einzusetzen ist und in der das auf die jeweilige Trägersorte wirkende Störpotential vorkommt.

Die Strukturabmessungen, bei denen typische Quanteneffekte, sog. Quantengrößeneffekte auftreten, liegen demnach bei 1,5 nm für indirekte III–V-Halbleiter und bei 8 bis 50 nm für direkte III–V-Halbleiter. Für eine gezielte Nutzung der Quanteneffekte kommen vor allem direkte Halbleiter in Betracht, wo die notwendige Feinstrukturierung mittels MBE und MOCVD realisiert werden kann, wo dann aber auch Komplikationen bei der Lösung der effektiven Schrödinger-Gleichung für indirekte Halbleiter mit Vieltalstruktur entfallen.

Da die Feinstrukturierung mit den geforderten Abmessungen hauptsächlich in *einer* Richtung, der Wachstumsrichtung, möglich ist, sind meist *eindimensionale* Wellengleichungen zu lösen. Die Feinstrukturierung kann dabei durch einen Wechsel in der Dotierung (nipi-Schicht-Systeme, s. 2.3.8.) oder in der Mischungszusammensetzung, wobei i. allg. Mischsysteme wie (Ga, Al) As mit gleichbleibender Gitterkonstante verwendet werden, oder durch beides zustandekommen. Dabei hat sich gezeigt, daß die einfachste Art, die Mischungsvariation theoretisch zu behandeln, oft schon gute Ergebnisse liefert: In die effektive Schrödinger-Gleichung ist für die potentielle Energie ein Zusatzbeitrag aufzunehmen, der die Absolutenergie des betrachteten Bandrandes als Funktion der Mischungszusammensetzung (und damit als Funktion des Ortes) beschreibt. Dieser Sachverhalt ist in Abb. 2.55 schematisch erfaßt; selbst ohne jede Dotierung wirkt auf die Leitungsbandelektronen eine Kraft entsprechend dem Gradienten der Elektronenaffinität, auf die Löcher im Valenzband eine Kraft entsprechend den Gradienten der Ionisierungspotentiale ([224–226]). Trotz ihrer Erfolge wirft eine solche Beschreibung mit elektrischen Feldern und Quasifeldern im Rahmen der Effektiv-Massen-Theorie (EMT) grundsätzliche Fragen auf: Wenn es sich um Strukturdetails von der Abmessung der Gitterkonstanten (d. h. Wechsel der Zusammensetzung von Atomlage zu Atomlage, wie das mit Hilfe der MBE möglich ist) handelt, ist eine Erweiterung der EMT bzw. ihrer Begründung offensichtlich notwendig. Insbesondere zu atomar abrupten Heteroübergängen gibt es derartige Untersuchungen [227, 232], wobei hier zum Vergleich auch genauere, aber aufwendigere Rechnungen (selbstkonsistente Pseudopotentialrechnungen [228, 229] und Rechnungen mit angepaßten tightbinding-Ansätzen [230, 231]) herangezogen werden können. In den Fällen wo sich Valenz- und Leitungsband der Materialien des Heteroübergangs energetisch überlappen (sog. Übergitter vom Typ II, s. u.), ist eine EMT-Behandlung nur bei Berücksichtigung der Kopplung beider Bänder sinnvoll [232].

Bei Heteroübergängen, die nach älteren Verfahren mit Unterbrechung des Wachstums hergestellt wurden, war auch bei guter Gitteranpassung das Auftreten von Grenzflächenzuständen in der verbotenen Zone, verursacht durch den Einbau von Fremdatomen oder die Interdiffusion der beteiligten chemischen Komponenten, die Regel (vgl. [233] für einen Überblick aus dem Jahre 1971). Die in letzter Zeit atomar abrupt hergestellten III–V-Heteroübergänge, die bei kontinuierlichem Wachstum entstehen, zeigen in der Regel keine Grenzflächenzustände in der verbotenen Zone infolge von Fremdatomen. Intrinsische Grenzflächenzustände im Gap (d. h. solche, die durch die abrupte Änderung der Bindung verursacht werden) sollten nach theoretischen Untersuchungen bei III–V/III–V-Heteroübergängen nicht auftreten, wohl aber bei IV/III–V-Kombinationen wie Si/GaP [234]. Eine genaue Analyse verlangt, die Orientierung der Grenzfläche und deren Polarität zu berücksichtigen.

Als angepaßte III–V-Systeme wurden besonders (Ga, Al) As/GaAs und InAs/GaSb, aber auch (Ga, In) As/InP [235] und GaSb/AlSb [236] hergestellt und untersucht. Interessant sind auch die angepaßten Systeme Si/GaP, Ge/GaAs und Sn/InSb.

Bei der Untersuchung dieser Heteroübergänge, kombiniert mit selektiver Dotierung, vervielfacht zu Übergittern, wurden viele grundlegend neue Effekte gefunden, von denen hier nur einige, für praktische Anwendungen wichtige angeführt werden können (vgl. [237]):

1. *Selektiv dotierte Heteroübergänge* erlauben, die in direkten III–V-Halbleitern auftretenden hohen Elektronen-Beweglichkeiten weiter zu erhöhen. Wird z. B. i-GaAs mit n-(Ga, Al) As zusammengebracht (s. Abb. 2.56.), gehen die Dotierungselektronen in das GaAs über, sammeln sich wegen der sich bildenden Raumladung nahe der Grenzfläche. Das ent-

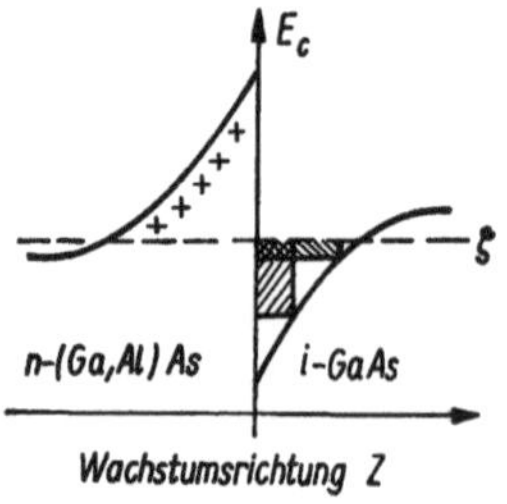

Abb. 2.56. Selektiv dotierter Heteroübergang und der zugehörige Verlauf des Leitungsbandrandes E_c. ζ: Fermi-Energie. Die im Potentialgraben auftretenden besetzten Zustände von zwei Subbändern sind durch Schraffur gekennzeichnet

sprechende eindimensionale Potential bildet dort einen schmalen Graben, in dem sich die Elektronen parallel zur Grenzfläche frei bewegen können, in z-Richtung ist ihre Bewegung jedoch quantisiert. Es liegt ein zweidimensionales (2D) Elektronengas vor. Die Quantisierung ergibt Energiewerte für $n = 1, 2, \ldots$, bei denen jeweils ein *Subband beginnt*, da in den beiden anderen Richtungen noch kinetische Energie hinzukommen kann. Die Zustandsdichte zeigt dadurch eine Folge von Stufen. Man kann es meist einrichten, daß nur das unterste Subband besetzt ist. Hierin kann man typisch 10^{12} Elektronen/cm^2 unterbringen; die durch Störungen an der Grenzfläche bedingte Flächenzustandsdichte muß also klein gegen die o. g. Dichte sein, was eine entsprechende Beherrschung der Technologie der Herstellung voraussetzt. Die Bewegung der Elektronen parallel zur Grenzfläche ist in dem *undotierten* Material nur wenig von der sonst vorherrschenden Coulombstreuung an den Donatorionen beeinträchtigt. Um diese Streuung noch weiter zu unterbinden, kann eine undotierte (Ga, Al) As-Schicht (Dicke $d = 5$ bis 10 nm) zwischen dem GaAs, in dem sich die Elektronen befinden, und dem dotierten (Ga, Al) As mit den ionisierten Donatoren eingefügt werden. Eine weitere Beweglichkeitserhöhung ist die Folge: Abb. 2.57 zeigt die Erhöhung der Beweglichkeit

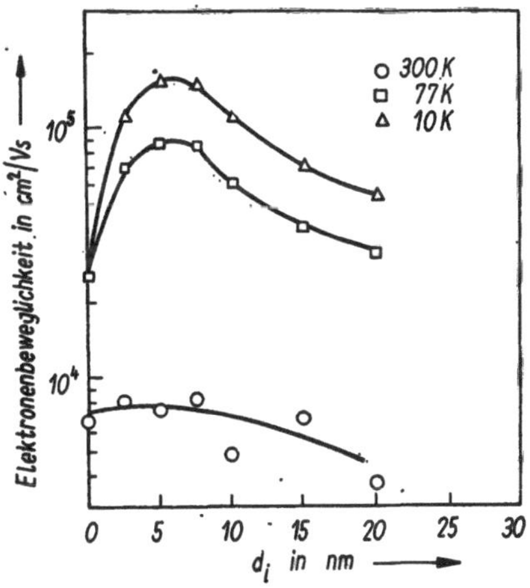

Abb. 2.57. Elektronenbeweglichkeit an einem selektiv dotierten (Ga, Al) As/GaAs-Heteroübergang in Abhängigkeit von der Dicke der Zwischenschicht d_i [238]

im Vergleich zur Zweischichtstruktur ($d = 0$), besonders bei tieferen Temperaturen [238]. Rekordwerte liegen bei 10^6 cm^2/Vs. Die Bedeutung hoher Beweglichkeitswerte für schnelle Feldeffekttransistoren (HEMT = *h*igh *e*lectron *m*obility *t*ransistor oder TEGFET = *t*wo-dimensional *e*lectron *g*as *f*ield *e*ffect *t*ransistor) war im Abschn. 1.1. erläutert worden. Da diese Art der Beweglichkeitserhöhung zuerst bei Übergittern realisiert wurde [239], wird auch von Modulationsdotierung gesprochen.

Wenn Heteroübergänge mit einem 2D-Elektronengas noch zusätzlich in ein Magnetfeld senkrecht zur Grenzfläche gebracht werden, wird die Elektronenbewegung in allen drei Richtungen des Raumes quantisiert. Durch Messung von Hall-Effekt und Leitfähigkeit kann dann – wie beim Si mit einer Inversionsschicht an der Oberfläche – die Feinstrukturkonstante $\alpha = \frac{e^2}{4\pi\varepsilon_0\hbar c}$ mit höchster Präzision (relativer Fehler $\approx 10^{-7}$) bestimmt werden [240, 241].

Mit einer Dreischichtanordnung, bei der eine dünne Schicht i-GaAs (Dicke: 5 bis 20 nm) von zwei n-(Ga, Al) As-Schichten eingepackt ist, läßt sich ein neues Prinzip eines elektronischen Bauelementes mit negativem differentiellen Widerstand realisieren [242]: Da sich in der GaAs-Schicht ein 2D-Elektronengas ausbildet, ergibt sich eine hohe Beweglichkeit und hohe Leitfähigkeit, wenn ein niedriges Feld *längs* der Grenzflächen angelegt wird. Bei Erhöhung dieses Feldes werden die Leitungselektronen heiß und gehen in die (Ga, Al) As-Seitenschichten über, wo sie eine erheblich niedrigere Beweglichkeit haben. Dieser Mechanismus erinnert etwas an den Gunn-Effekt; hier handelt es sich jedoch um einen Ladungsträgertransfer im *realen* Raum. Stromschwingungen bis 25 MHz wurden schon beobachtet, prinzipiell sollten sich die Frequenzen bis in den GHz-Bereich erhöhen lassen.

2. *Übergitter vom Typ I* („superlattices type I") sind periodische Wiederholungen von Halbleiterschichten mit verschiedenen Energielücken, bei denen sich die Absolutenergien von Leitungs- und Valenzbandrand *gegenläufig* ändern. Das ist der übliche Fall und ist z. B. im System (Ga, Al) As/GaAs (vgl. Abb. 2.55.) verwirklicht. Die Wellenlänge dieser Übergitter liegt z. B. bei $d = 10$ nm, so daß für die $\boldsymbol{k}$-Komponente k_z senkrecht zu den Schichten die Brillouin-Zone in $d/a_0 \approx 20$ Minizonen aufgespaltet wird. Die Zustandsdichte besteht dann aus den Beiträgen der einzelnen Subbänder und wird durch die eindimensionale periodische Störung stufenförmig strukturiert (s. Abb. 2.58, vgl. Abb. 2.56).

Ohne jede Dotierung sind derartige Schichtfolgen für optische Untersuchungen aufgebaut worden [243]: Die in den GaAs-Gräben möglichen Quantenzustände sind durch die optischen Übergänge (Auswahlregel: $\Delta n = 0$) nachweisbar (s. Abb. 2.59) und haben volle Übereinstimmung von Experiment und Theorie (Behandlung im EMT-Rahmen) ergeben. Tatsächlich wurde durch diese Experimente die genaue Veränderung der Absolutenergien der Bandränder erst festgelegt: Von der mit dem Al-Gehalt veränderlichen Gapenenergie entfallen im Bereich des direkten Materials 85 % auf die Veränderung der Lage des Leitungsbandes, 15 % auf die des Valenzbandes, – in Übereinstimmung mit Ergebnissen von Pseudopotentialrechnungen für dieses System [244].

Wenn derartige Feinstrukturierung mit der entsprechenden schärferen Strukturierung des Spektrums der optischen Band-Band-Übergänge analog zu Abb. 2.59 als aktives Material für Laserdioden benutzt wird (s. Abb. 2.60), können bei entsprechender Optimierung wesentliche Verringerungen der Schwellstromdichte und ihrer Temperaturabhängigkeit

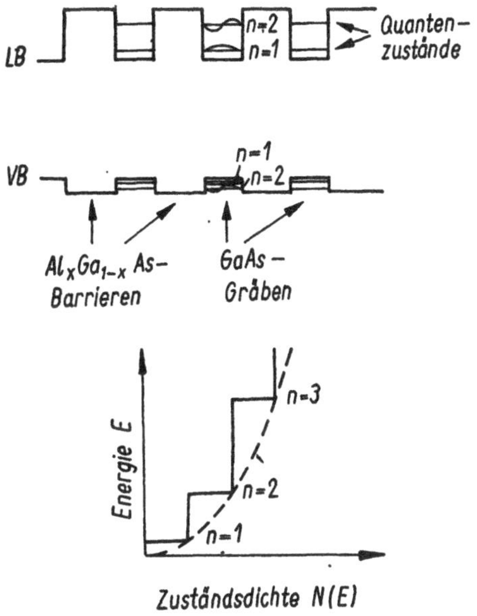

Abb. 2.58. GaAs-(Ga, Al) As-Übergitter: Verlauf der Bänder mit einzelnen Zuständen und Zustandsdichteverlauf [237]

(vgl. 2.3.3.) erreicht werden [245, 208]. Einen noch schärferen Peak im optischen Spektrum und dadurch eine Reduktion der Temperaturabhängigkeit des Schwellstroms erhält man, wenn das aktive Material noch in der 2. und 3. Richtung feinstrukturiert wird [246], was bisher nur mit Hilfe eines zusätzlichen Magnetfeldes, das die Quantisierung in der Schichtebene besorgt, simuliert werden konnte.

Bei einer günstig veränderten Zustandsdichte ist es andererseits nötig, den Einfluß der Feinstrukturierung auf die Phononenstreuung [247] und die Auger-Rekombinationsrate [248] zu analysieren.

Übergitter vom Typ I erweisen sich auch als günstig, um beim Transport in einem elektrischen Feld, das senkrecht zu den Schichten anliegt, die Stoßionisationsquerschnitte für Elektronen und Löcher stark unterschiedlich zu machen [249], was günstige Möglichkeiten für Avalanche-Fotodioden bietet.

Werden Übergitter nun noch selektiv dotiert, können verschiedene Fälle eingestellt werden; man spricht von Modulationsdotierung (s. o.). Wegen des räumlichen Ladungsträgertransfers ergeben sich Raumladungen und entsprechende Krümmungen der Bandverläufe. Dabei ist zu beachten, daß Donatoren innerhalb schmaler Gräben Bindungsenergien aufweisen, die wegen des gekrümmten Potentialverlaufs vom Einbauort – z. B. in der Grabenmitte oder am Grabenrand – abhängen [250]. Bei hohen Dotierungen kommt durch die Bandkrümmungen ein spezifischer Beitrag zur Bildung von Zustandsdichteausläufern zustande [251].

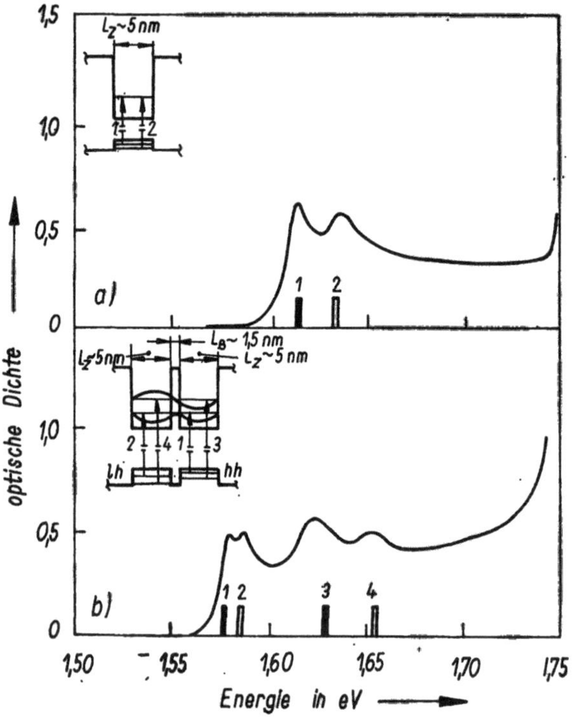

Abb. 2.59. Optische Spektren einer Serie von GaAs-Gräben, eingebettet in dickere $Ga_{0,73}$ $Al_{0,27}$ As-Barrieren. Die Übergänge, ausgehend von Zuständen schwerer Löcher (hh) sind durch schwarze Balken, die ausgehend von Zuständen leichter Löcher (lh) durch weiße Balken gekennzeichnet. a) isolierte GaAs-Gräben; b) gekoppelte Paare von GaAs-Gräben mit symmetrischen und antisymmetrischen Elektronenzuständen [243]

3. *Übergitter vom Typ II* zeigen Variationen der Bandrandenergien, die sich von Schicht zu Schicht *gleichsinnig* ändern. In Abb. 2.61 wird als Beispiel ein Übergitter InAs/GaSb gezeigt, wobei ersichtlich der Valenzbandrand von GaSb um etwa 0,15 eV höher liegt als der Leitungsbandrand von InAs. An den Übergängen tritt also – abhängig von den Schichtdicken – ein Ladungsträgertransfer schon ohne jede Dotierung auf. Die Schichtdicke hat tatsächlich, wie die Experimente zeigen, einen großen Einfluß auf die elektrische Leitfähigkeit der Anordnung. Eine genaue Analyse muß jedoch

die Kopplung beider Bandränder von Anfang an berücksichtigen [232, 234].

4. *Übergitter mit innerer Deformation*, bei denen die beteiligten Materialien Gitterkonstantenunterschiede von einigen % aufweisen, können bis zu bestimmten kritischen Dicken der Schichten (10 bis 20 nm) ohne Anpaßversetzungen hergestellt werden: Im System GaAs/GaP (Gitterkonstantenunterschied 4 %) ergeben sich durch die gegenseitige Verspannung der

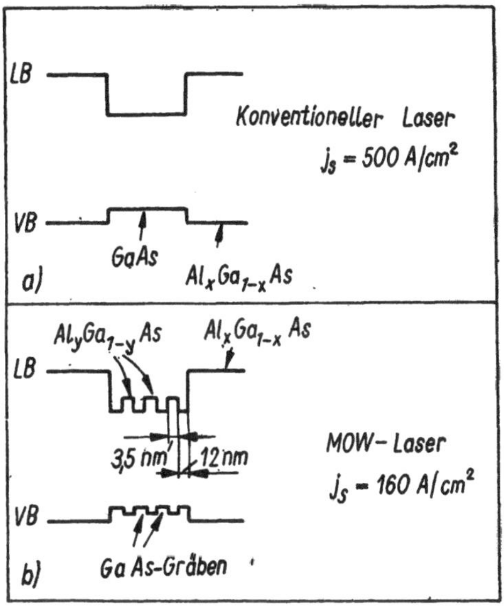

Abb. 2.60. Banddiagramme (LB, VB) für a) konventionelle Doppelhetero-Laserdioden und für b) feinstrukturierte Laserdioden. MOW: lies MQW = *m*ultiple *q*uantum *w*ell; j_s Schwellstromdichte [208]

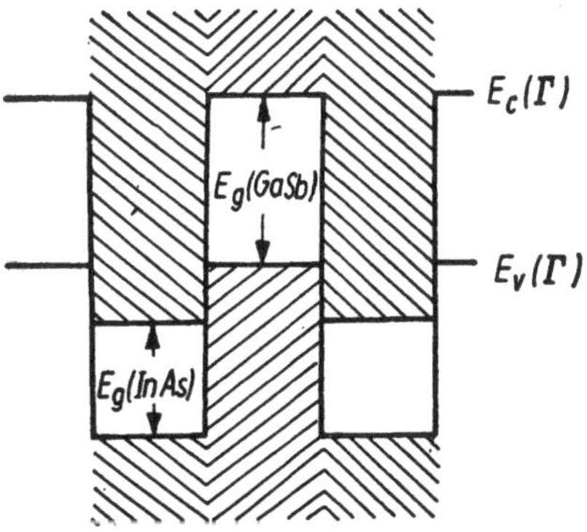

Abb. 2.61. Bandrandenergien für ein InAs/GaSb-Übergitter vom Typ II [234]

Schichten und durch die sich bildenden Subbänder Gapenergien, die sich von denen des Mischkristalls gleicher mittlerer Zusammensetzung merklich unterscheiden [252].
Hierdurch wird ein weiterer Freiheitsgrad bei der Herstellung von Material mit gewünschten Eigenschaften angezeigt.

2.3.8. nipi-Schichtsysteme („doping superlattices")

Die im Abschn. 2.3.7. behandelten Quanteneffekte können ebenso in einer konstanten Kristallmatrix verwirklicht werden, wenn die Dotierung schichtweise genügend fein strukturiert ist. Die zu erwartenden Effekte wurden schon 1972 von Döhler [253] mitgeteilt, mit Hilfe der MBE konnten die Strukturen (einzelne nipin-Strukturen bzw. periodisch wiederholte nipi-Strukturen) verwirklicht werden [254]. Die Bandränder werden bei diesen Dotierungs-Übergittern gleichsinnig moduliert; bei jeweils entarteter n- und

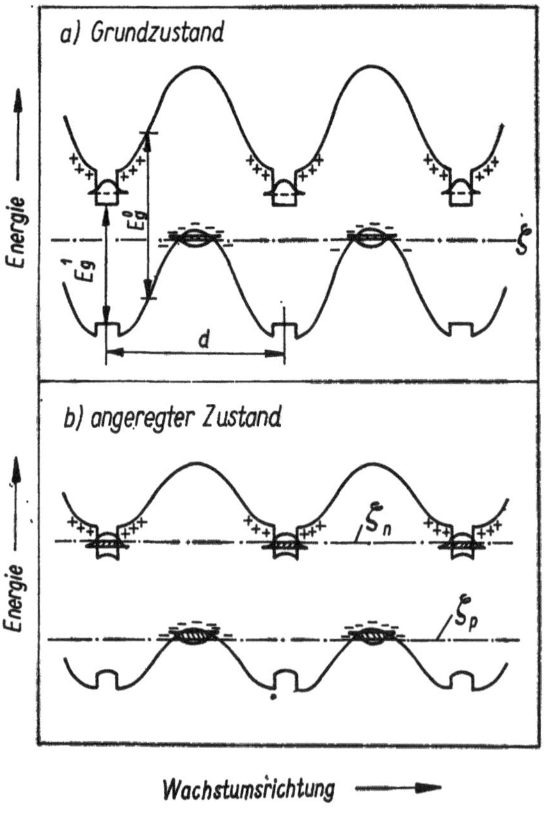

Abb. 2.62. Dotierungsübergitter im (Ga, Al)As mit schmalen GaAs-Zwischenschichten. a) Grundzustand, p-dotiert; b) angeregter Zustand [254]

p-Dotierung beträgt die Modulationsamplitude etwas mehr als E_g. Wird so ein Schichtpaket optisch angeregt, spaltet das Fermi-Niveau ζ in zwei Quasi-Fermi-Niveaus ζ_n, ζ_p auf, und infolge von Abschirmeffekten glättet sich der Verlauf der Bandränder. Entsprechend verändert sich die effektive Bandlücke von verschwindenden bis zu fast ungestörten Werten. In Abb. 2.62 ist dieser Sachverhalt für (Ga, Al) As gezeigt, wobei aber zusätzlich die n-Gebiete durch Transferdotierung in schmallückigerem Material (GaAs) realisiert sind (s. a. [255]). Es gelingt außerdem, an dem Dotierungsgitter-Schichtpaket seitlich die n- bzw. p-Gebiete getrennt zu kontaktieren. Dadurch können in Flußrichtung Ladungsträger injiziert werden und die effektive Bandlücke des Materials wird – analog zur optischen Anregung – in weiten Bereichen elektrisch steuerbar.

2.3.9. Einige weitere Anwendungen

Zur Ergänzung soll noch auf folgende Anwendungen von III–V-Halbleitermaterial hingewiesen werden: Da sich die Leitfähigkeit von (Ga, Al) As-Material mit einer Zusammensetzung nahe des Überganges direkt/indirekt wegen der relativen Verschiebung der Leitungsbandtäler mit dem Druck (hydrostatisch oder einachsig) stark ändert, können hieraus empfindliche Drucksensoren gebaut werden [256].

Obwohl die piezoelektrischen Konstanten der III–V-Halbleiter unter denen für die II–VI-Halbleiter liegen, ist der Einsatz der III–V-Halbleiter in der Akustoelektronik [257] möglich; vgl. [257] bezüglich einer neueren Verwendung einer MBE-gezüchteten Schichtfolge aus GaAs als akustoelektronische Verzögerungsleitung.

Schließlich ist noch auf die Verwendung von III–V-Halbleitern als Katoden- bzw. Dynodenmaterial mit negativer Elektronenaffinität für Fotokatoden bzw. Sekundäremissionsvervielfacher [258] hinzuweisen.

2.3.10. Ausblick

Wichtige Trends bei der sich ausweitenden Anwendung von III–V-Halbleitern bestehen

- in der Optoelektronik, das beherrschte Wellenlängengebiet nach kleineren (Laserdioden für das sichtbare Gebiet, blaue Lumineszenzdioden) und größeren (Lichtleiternachrichtenübertragung bei 1,3 μm und 1,55 μm) Wellenlängen auszudehnen. Bessere Beherrschung der Darstellungs- und Bearbeitungsprozesse bis hin zur Feinstrukturierung werden helfen, die ausgedehnten potentiellen Möglichkeiten immer weiter auszuschöpfen;
- in der Elektronik, die für höchste Frequenzen demonstrierten Vorteile feinstrukturierter Transistorelemente in noch breiterem Maße für die Schaltkreisintegration umzusetzen und so wichtige Ergänzungen zur Silicium-Technologie zu schaffen;
- in der komplexen Nutzung aller Möglichkeiten, die die Vereinigung optoelektronischer und mikroelektronischer Wirkprinzipien in gemeinsamer Materialbasis eröffnen.

Literatur zu Kapitel 2

[1] Welker, H.: Z. Naturf. **7a** (1952) 744.
[2] Welker, H.: Z. Naturf. **8a** (1953) 248.
[3] Landolt-Börnstein, Neue Folge, Bd. III/17a (O. Madelung ed.) Springer-Verlag 1982.
[4] Junod, P.; Menth, A.; Vogt, O.: Phys. kondens. Materie **8** (1969) 323.
[5] Vieland, L. J.: Acta Metallurgica **11** (1963) 137.
[6] Guggenheim, E. A.: Thermodynamics, 5. Aufl. Amsterdam: North-Holland Publ. Co. 1967, S. 197.
[7] Thurmond, C. D.: J. Phys. Chem. Solids **26** (1965) 785.
[8] Arthur, J. R.: J. Phys. Chem. Solids **28** (1967) 2257.
[9] Bachmann, K. J.; Buehler, E.: J. Electron. Mater. **3** (1974) 279.
[10] Kröger, F. A.: Ann. Rev. Mater. Sci. **7** (1977) 449.
[11] Logan, R. A.; Hurle, D. T. J.: J. Phys. Chem. Solids **32** (1971) 1739.
[12] Hurle, D. T. J.: J. Phys. Chem. Solids **40** (1979) 613.
[13] Van Vechten, J. A.: J. Electrochem. Soc. **122** (1975) 423.
[14] Kaufmann, U.; Schneider, J.; Räuber, A.: Appl. Phys. Letters, **29** (1976) 312.
[15] Kaufmann, U.; Kennedy, T. A.: J. Electron. Mater. **10** (1981) 347.
[16] Jordan, A. S.; von Neida, A. R.; Caruso, R.; Di Domenico, M.: Appl. Phys. Letters **19** (1971) 394.
[17] Jordan, A. S.; von Neida, A. R.; Caruso, R.; Kim, C. K.: J. Electrochem. Soc. **121** (1974) 153.
[18] Van Vechten, J. A.: J. Electrochem. Soc. **122** (1975) 423.
[19] Van Vechten, J. A.: in: [36].
[20] Bachmann, K. J.; Thiel, F. A.; Schreiber, H.: Progr. Cryst. Growth Charac-ter. **2** (1979) 171.
[21] Panish, M. B.; Ilegems, M.: in: Progress in Solid State Chemistry, vol. 7 (Hrsg.: H. Reiss u. J. O. McCaldin). New York: Pergamon Press 1972.
[22] Panish, M. B.: J. Chem. Thermodyn. **2** (1970) 319.
[23] Ilegems, M.; Pearson, G. L.: Proc. 1968 Int. Symp. on GaAs, London: Institute of Physics, Confer. Ser. No. 7, 1969, S. 1.
[24] Stringfellow, G. B.: J. Crystal Growth **27** (1974) 21.
[25] Ilegems, M.; Pearson, G. L.: Ann. Rev. Mater. Sci. **5** (1975) 345.
[26] Frosch, C. J.: zitiert in: Casey, H. C.; Trumbore, F. A.: Mater. Sci. Eng. **6** (1970) 69.
[27] Suzuki, T., Akai, S.; Kohe, K.; Nishida, Y.; Fuzita, K.; Kito, N.: Sumitomo Techn. Rev. **114** (1978) 1.
[28] Hadamovsky, H. F. (Hrsg.): Halbleiterwerkstoffe, 2. Aufl. Leipzig: VEB Deutscher Verlag f. Grundstoffindustrie 1972.
[29] Russ, M. J.: Solid-State Technol. **15** (1972) 29.
[30] Blom, G. M.; Zwicker, W. K.: Acta Electron. **16** (1973) 315.
[31] Von Neida, R.; Nielsen, J. W.: Solid-State Technol. **17** (1974) 90.
[32] Lenzig, J.: Solid-State Technol. **18** (1975) 34.
[33] De Kock, A. J. R.: in [36].
[34] Hollan, L.; Hallais, J. P.; Brice, J. C.: in: Current Topics in Materials Science, vol. 5 (Hrsg. E. Kaldis). Amsterdam: North-Holland Publ. Co. 1980.
[35] J. Crystal Growth **54** (1981) Heft 1.
[36] Keller, S. P. (Hrsg.): Handbook on Semiconductors, vol. 3. Amsterdam: North-Holland Publ. Co. 1980.

[37] Jacobs, K.; Jacobs, B.: in: Halbleiterepitaxie (Hrsg. H. G. Schneider). Leipzig: Akad. Verlagsgesellsch. Geest & Portig 1984).
[38] Stringfellow, G. B.: Reports on Progr. in modern Phys. **45** (1982) 1.
[39] Von Münch, W.: J. Crystal Growth **9** (1971) 144.
[40] Hsieh, J. J.: J. Crystal Growth **27** (1974) 49.
[41] Miller, B. I.; Casey, H. C.: Proc. 1972 Symp. on GaAs. London: The Institute of Physics 1973, S. 231.
[42] Nelson, H.: RCA Rev. **24** (1963) 603.
[43] J. Crystal Growth **27** (1974).
[44] Stringfellow, G. B.: in: Crystal Growth: A Tutorial Approach (Hrsg. W. Bardsley, D. T. J. Hurle, J. B. Mullin). Amsterdam: North-Holland Publ. Co. 1979.
[45] Hsieh, J. J.: in [36].
[46] Kressel, H.; Nelson, H.: in: Physics of Thin Films, vol. 7. New York: Academic Press, Inc. 1973.
[47] Andreev, V. M.; Dolginov, L. M.; Tretyakov, D. N.: Zhidkostnaya epitaksiya v tekhnologii poluprovodnikovykh priborov Moskau: Sovetskoe radio 1975.
[48] Williams, F. V.; Ruehrwein, R. A.: J. Electrochem. Soc. **108** (1961) 177.
[49] Effer, D.: J. Electrochem. Soc. **112** (1965) 1020.
[50] Manasevit, H. M.; Simpson, W. J.: J. Electrochem. Soc. **116** (1969) 1725.
[51] Balk, P.; Veuhoff, E.: J. Crystal Growth **55** (1981) 35.
[52] J. Crystal Growth **55** (1981) Heft 1.
[53] Pogge, H. B.: in [36].
[54] Shaw, D. W.: in: Crystal Growth–Theory and Techniques, vol. 1 (Herausg. C. H. L. Goodman). London – New York: Plenum Press 1974.
[55] Arizumi, T.: in: Current Topics in Materials Science, vol. 1 (Hrsg. E. Kaldis). Amsterdam: North-Holland Publ. Co. 1978.
[56] Theeten, J. B.; Hollan, L.; Cadoret, R., in: Crystal Growth and Materials (Hrsg. E. Kaldis und H. J. Scheel). Amsterdam: North-Holland Publ. Co. 1977.
[57] Davey, J. E.; Pankey, T.: J. Appl. Phys. **39** (1968) 1941.
[58] Foxon, C. T.; Joyce, B. A.: in: Current Topics in Materials Science, vol. 7 (Hrsg. E. Kaldis). Amsterdam: North-Holland Publ. Co. 1981.
[59] Ploog, K.: Ann. Rev. Mater. Sci. **11** (1981) 171.
[60] Ploog, K.: in: Crystal Growth, Properties and Applications (Hrsg. H. C. Freyhardt) **3**. Berlin (West): Springer-Verlag, 1980, S. 73.
[61] Chang, L. L.: in: [36].
[62] Straumanis, M. E.; Kim, C. D.: J. Electrochem. Soc. **112** (1965) 112.
[63] Dolling, G.; Waugh, J. L. T.: in: Lattice Dynamics (R. F. Wallis ed.). London: Pergamon Press, 1965.
[64] Kunc, K.; Balkanski, M.; Nusimovici, M. A.: Phys. Rev. **B12** (1975) 4346; phys. stat. sol. (b) **71** (1975) 314 und **72** (1975) 229, 249.
[65] Weber, W.: Phys. Rev. **B15** (1977) 4789; Rustagi, K. C., Weber, W.: Solid State Commun. **18** (1976) 673.
[66] Martin, R. M.: Phys. Rev. **B1** (1970) 4005.
[67] Kushwaha, M. S.: phys. stat. sol. (b) **98** (1980) 623; Kushwaha, M. S., Kushwaha, S. S.: Canad. J. Phys. **58** (1980) 351; J. Phys. Chem. Sol. **41** (1980) 484.
[68] Barker, Jr., A. S.; Sievers, A. J.: Rev. Mod. Phys. **47** (1975), Suppl. No. 2.
[69] Plumelle, P.; Talwar, D. N.; Vandevywer, M.; Kunc, K.; Zigone, M.: Phys. Rev. **B20** (1979) 4199; Talvar, D. N.; Vandevywer, M.; Zigone, M.: Phys. **C13** (1980) 3775.
[70] Hayes, W.; MacDonald, H. F.; Sennett, C. T.: J. Phys. **C2** (1969) 2402.

[71] Spitzer, W. G.; Kahan, A.; Bouthillette, L.: J. appl. Phys. **40** (1969) 3398.
[72] Dean, P. J.; Manchon, D. D.; Hopfield, J. J.: Phys. Rev. Letters **25** (1970).
[73] Barker, A. S.; Phys. Rev. **B7** (1973) 2507.
[74] Lucovsky, G.; Cheng, K. Y.; Pearson, G. L.: Phys. Rev. **B12** (1975) 4135.
[75] Ulrici, B.; Jahne, E.; phys. stat. sol. (b) **86** (1978) 517.
[76] Merle, P.; Auvergne, D.; Mathieu, H.; Chevallier, J.: Phys. Rev. **B15** (1977) 2032.
[77] Chen, Y. S.; Shockley, W.; Pearson, G. L.: Phys. Rev. **151** (1966) 648.
[78] Verleur, H. W.; Barker, Jr., A. S.: Phys. Rev. **149** (1966) 715.
[79] Yogurtcu, Y. K.; Miller, A. J.; Saunders, G. A.: J. Phys. Chem. Sol. **42** (1981) 49.
[80] Soma, T.; Kudo, K.: J. Phys. Soc. Jap. **48** (1980) 115.
[81] Bak, Th. (ed.). Phonons and Phonon Interactions. New York and Amsterdam: W. A. Benjamin Inc. 1964.
[82] Festkörperphysik (Hrsg. K. Unger und H. G. Schneider) Leipzig: Akadem. Verlagsgesellschaft Geest & Portig, 1979, S. 85.
[83] Brauer, W.; Streifwolf, H.-W.. Theoretische Grundlage der Halbleiterphysik, WTB Bd. 119. Berlin: Akademie-Verlag 1973.
[84] Wang, C. S.; Klein, B. M.: Phys. Rev. **B24** (1981) 3393.
[85] Chelikowsky, J. R.; Cohen, M. L.: Phys. Rev. **B14** (1976) 556.
[86] Cardona, M.: Modulation Spectroscopy. New York and London: Academic Press 1969.
[87] Meisel, A.; Leonhardt, G.; Szargan, R.: Röntgenspektren und chemische Bindung. Leipzig: Akad. Verlagsgesellschaft Geest & Portig 1977.
[88] Sommerfeld, A.: Atombau und Spektrallinien, Bd. I. Braunschweig: Fr. Vieweg u. Sohn, 1960.
[89] Gudat, W.; Koch, E. E.; Yu. P. Y.; Cardona, M.; Penchina, C. M.: phys. stat. sol. (b) **52** (1972) 505.
[90] Cardona, M.; Ley, L. (ed.): Photoemission in Solids, Bd. I u. II. (Topics in Applied Physics, Bd. 26 und 27). Berlin, Heidelberg, New York: Springer-Verlag 1979.
[91] Ibach, H. (ed.): Electron Spectroscopy for Surface Analysis (Topics in Current Physics, Bd. 4). Berlin, Heidelberg, New York: Springer-Verlag 1977.
[92] Kunz, C. (ed.): Synchrotron Radiation (Topics in Current Physics, Bd. 10). Berlin, Heidelberg, New York: Springer-Verlag 1979.
[93] Willardson, R. K.; Beer, A. C.: Semiconductors and Semimetals (bisher 11 Bände). New York and London: Academic Press Bd. 10, S. 102.
[94] Tsay, Y. F.; Gang, B.; Mitra, S. S.; Vetelino, J. F.: Phys. Rev. **B6** (1972) 2330.
[95] Kardontschik, J. E.; Cohen, E.: Phys. Rev. **B19** (1979) 3181.
[96] Dean, P. J.; Kamiñsky, G.; Zetterstrom, R. B.: J. appl. Phys. **38** (1967) 3551.
[97] Boyle, W. F.; Sladek, R. J.: Phys. Rev. **B11** (1975) 2933.
[98] Yu, P. Y.; Cardona, M.: Phys. Rev. **B2** (1970) 3193.
[99] Kane, E. O.: Phys. Rev. **178** (1969) 1368.
[100] Hensel, J. C.; Fehrer, G.: Phys. Rev. **129** (1963) 1041.
[101] Pollak, F. H.; Cardona, M.: Phys. Rev. **172** (1968) 816.
[102] Sakai, S.; Sugano, T.: J. Faculty Engineering University of Tokyo (B) XXXV (1972) 259.
[103] Wiss. Z. d. KMU Leipzig, Math.-naturwiss. Reihe **28** (1979) Heft 5.
[104] Pantelides, S. T.: Rev. Mod. Phys. **50** (1978) 797.

[105] Stoneham, A. M.: Theory of Defects in Solids. Oxford: Clarendon Press 1975.
[106] Dean, P. J.; White, A. M.; Hamilton, B.; Peaker, A. R.; Gibb, R. M.: J. Phys. **D10** (1977) 2545.
[107] Robbins, D. J.; Dean, P. J.: Adv. Physics **27** (1978) 499.
[108] Baldereschi, A.; Lipari, N. O.: Phys. Rev. **B8** (1973) 2697 und **B9** (1974) 1525.
[109] Chang, Y. C.; McGill, T. C.: Phys. Rev. **B24** (1981) 5779.
[110] Faulkner, R. A.: Phys. Rev. **184** (1969) 713.
[111] Breitenstein, O.: in: [103] S. 511.
[112] Kaufmann, U.; Schneider, J.: in: Festkörperprobleme XX (J. Trensch ed.). Braunschweig: Vieweg-Verlag 1980.
[113] Sturge, M. D.: in: Solid State Physics (H. Ehrenreich; F. Seith; D. Turnbull ed.) Bd. 20. Academic Press 1967.
[114] Shockley, W.; Read, T.: Phys. Rev. **87** (1952) 835, Hall, R. N.: Phys. Rev. **87** (1952) 387.
[115] Ludwig, W.; Krispin, P.; Richter, G.: in [43] S. 525.
[116] Handbook on Semiconductors, Vol. 2: Optical Properties of Solids (M. Balkanski ed.). Amsterdam, New York, Oxford: North Holland Publ. Comp. 1980.
[117] Optical Properties of Solids (T. Abelès ed.). Amsterdam, London: North Holland Publ. Comp. 1972.
[118] Optical Properties of Solids, New Developments (B. O. Seraphin ed.). Amsterdam: North Holland Publ. Comp. 1976.
[119] S. [93], Bd. 3.
[120] Smith, N. V.: in [90], Bd. I.
[121] Shevshik, J. J.; Tejeda, J.; Cardona, M.: Phys. Rev. **B9** (1974) 2627; Ley, L.; Pollack, R. A.; McFeely, F. R.; Kowalczyk, S. P.; Shirley, D. A.: Phys. Rev. **B9** (1974) 600.
[122] Unger, K.: in [82], S. 146.
[123] Aspnes, D. E.: in [116] S. 112.
[124] Harbeke, G.: in [117].
[125] Sturge, M. D.: Phys. Rev. **127** (1962) 768.
[126] Dean, P. J.; Thomas, D. G.: Phys. Rev. **150** (1966) 690.
[127] Spitzer, W. G.; Fan, H. Y.: Phys. Rev. 106 (1957) 882.
[128] Hopfield, J. J.; Dean, P. J.; Thomas, D. G.: Phys. Rev. **158** (1967) 748.
[129] Braunstein, R.; Kane, E. O.: J. Phys. Chem. Sol. **23** (1962) 513.
[130] Shmarzev, Yu, V.; Remenyuk, A. D.; Kistova, E. M.: Fiz. tekhn. poluprov. **4** (1970) 195.
[131] Bergh, A. A.; Dean, P. J.: Proc. IEEE **60** (1972) 156.
[132] Varshni, Y. P.: phys. stat. sol. **19** (1967) 459.
[133] Yunovich, A. E.: Fortschr. d. Physik **23** (1975) 317.
[134] Klingshirn, C.; Haug, H.: Physics Reports (Review Section of Physics Letters) **70** (1981) 315.
[135] Hensel, J. C.; Phillips, T. G.; Thomas, G. A.: in: Solid State Physics (H. Ehrenreich; F. Seitz; D. Turnbull ed.) New York: Academic Press 1978, Bd. 32.
[136] Carter, A. C.; Dean, P. J.; Skolnick, M. S.; Stradling, R. A.: J. Phys. **C10** (1977) 5111.
[137] Scott, W.: J. appl. Phys. **50** (1979) 472.
[138] Kaufmann, U.; Koschel, W. H.; Schneider, J., Weber, J.: Phys. Rev. **B19** (1979) 3343.
[139] Bedair, S. M.: J. appl. Phys. **47** (1976) 4145; Lucovsky, G.; Chen, K. Y.; Pearson, G. L.: Phys. Rev. **B12** (1975) 4135; Taylor, A. E.; Forbin, E.:

Canad. J. Phys. **48** (1970) 1876; Coderre, W. M.; Wooley, J. C.: Canad. J. Phys. **46** (1968) 1207.
[140] Hopfield, J. J.; Thomas, D. G.: Phys. Rev. **132** (1963) 563.
[141] Dean, P. J.: Progr. in Solid State Chemistry (McCaldin and Somorjai ed.). New York: Pergamon Press 1973, Bd. 8.
[142] Thomas, D. G.; Gershenzon, M.; Trumbore, F. A.: Phys. Rev. **133** (1964) A269.
[143] Ulbrich, R.: Phys. Rev. Letters **27** (1971) 1512.
[144] Sturge, M. D.; Vink, A. T.; Knijpers, F. P. J.: Appl. Phys. Lett. **32** (1978) 49.
[145] Topics in Current Physics, Bd. **14**. Excitons (K. Cho ed.). Berlin/Heidelberg/ New York: Springer-Verlag 1979.
[146] Thomas, D. G.; Hopfield, J. J.: Phys. Rev. **150** (1966) 680.
[147] Merz, J. L.; Faulkner, R. A.; Dean, P. J.: Phys. Rev. **188** (1969) 1228.
[148] Sauer, R.; Schmid, W.; Weber, J.; Rehbein, U.: Phys. Rev. **B19** (1979) 6502.
[149] Schwabe, R.; Streit, I.; Thuselt, F.; Unger, K.: phys. stat. sol. (b) **117** (1983) 625.
[150] Charles, R.; Saint-Crieq, N.; Renucei, J. B. u. M. A.; Zwick, A.: Phys. Rev. **B22**, (1980) 4804.
[151] Light Scattering in Solids I und II (M. Cardona ed.) (Topics in Appl. Physics **8** und **50**). Springer-Verlag 1975 und 1982.
[152] Richter, W.: in: Springer Tracts in Modern Physics, Bd. 78, Springer-Verlag 1976.
[153] Weinstein, B. A., Renucei, J. B., Cardona, M.: Solid State Commun. **12** (1973) 473.
[154] Dean, P. J.; Kaminsky, G.; Zetterstrom, R. B.: J. appl. Phys. **38** (1967) 3551.
[155] Neumann, H.: in: Festkörperphysik (Hrsg. K. Unger und H. G. Schneider). Leipzig: Akademische Verlagsgesellschaft Geest & Portig K.-G. 1979, S. 300.
[156] Nag, B. R.: Theory of Electrical Transport in Semiconductors. Oxford: Pergamon Press 1972.
[157] Birman, J. L.; Lax, M.; Loudon, R.: Phys. Rev. **145** (1966) 620.
[158] Zook, J. D.: Phys. Rev. **136** (1964) A869.
[159] Callen, H. B.: Phys. Rev. **76** (1949) 1394.
[160] Chattopadhyay, D.; Queisser, H. J.: Rev. Mod. Phys. **53** (1981) 745.
[161] Mahan, G. D.: in: Polarons in Ionic Crystals and Polar Semiconductors (ed. J. T. Devreese). Amsterdam: North-Holland Publ. Comp. 1972, S. 553.
[162] Boguslawski, P.; Mycielski, J.: J. Phys. **C10** (1977) 2413.
[163] Neumann, H.: Solid State Commun. **36** (1980) 765.
[164] Littlejohn, M. A.; Hauser, J. R.; Glisson, T. H.; Ferry, D. K.; Harrison, J. W.: Solid State Electron. **21** (1978) 107.
[165] Neumann, H.: in: Semiconductor Sources of Electromagnetic Radiation (ed. M. A. Herman). Warszawa: Polish Scient. Publ. 1976, 45.
[166] Rode, D. L.: Semiconductors and Semimetals **10** (1975) 1.
[167] Neumann, H.: Kristall und Technik **12** (1977) 961.
[168] Neumann, H.: Crystal Res. Technol., im Druck.
[169] Stirn, R. J.: Semiconductors and Semimetals **8** (1972) 1.
[170] Herbert, D. C.: J. Phys. **C6** (1973) 2788.
[171] Pötz, W., Vogl, P.: Phys. Rev. **B24** (1981) 2025.
[172] Hernandez-Cabrera, A. J.; Sanchez-Dehesa, J.; Tejedor, J.: J. Phys. **C16** (1983) 2251.

[173] Wiley, J. D.: Semiconductors and Semimetals **10** (1975) 91.
[174] Neumann, H.; Nam, N. V.: Kristall und Technik **13** (1978) 211.
[175] Ryssel, H.; Ruge, I.: Ionenimplantation. Leipzig: Geest & Portig 1978.
[176] Laser and Electron-Beam Interactions with Solids (B. R. Appleton, G. K. Celler, Ed.). Amsterdam: North-Holland 1982.
[177] Laser and Electron-Beam Processing of Materials (C. W. White, P. S. Peercy, Ed.). New York: Academic Press 1980.
[178] Laser and Electron-Beam Solid Interactions and Materials Processing (J. F. Gibbons; L. D. Hess; T. W. Sigmon, Ed.). Amsterdam: North-Holland 1981.
[179] Mizutani, T.; Ishida, S.; Fujimoto, M.: Electronics Letters **12** (1976)
[180] Pettenpaul, E.; Huber, J.; Weidlich, H.; Flossmann, W.; von Borcke, U.: Solid-State El. **24** (1981) 781.
[181] Handbook on Semiconductors, Vol. 4 (C. Hilsum, ed.). Amsterdam, New York: North-Holland 1981.
[182] Winstel, G.; Weyrich, C.: Optoelektronik I. Heidelberg, New York: Springer 1981.
[183] Weiß, H.: Physik und Anwendung galvanomagnetischer Bauelemente. Braunschweig: Vieweg und Geest u. Portig Leipzig: 1969.
[184] Kuhrt, F.; Lippmann, H. J.: Hallgeneratoren. Berlin, New York: Springer 1968.
[185] Madelung, O.: Phys. Bl. **39** (1983) 79.
[186] Williams, E. W.; Hall, R.: Luminescence and the Light Emitting Diode. Pergamon 1978.
[187] Braunstein, R.: Phys. Rev. **99** (1955) 1892.
[188] Wolff, G. A.; Herbert, R. A.; Broder, J. D.: Phys. Rev. **100** (1955) 1144.
[189] Butter, E.; Jacobs, B.; Jacobs, K.; Unger, K.; Zehe, A.: phys. stat. sol. (a) **12** (1972) K 111.
[190] Butter, E.; Doss, R.; Jacobs, B.; Jacobs, K.; Kugler, F.; Unger, K.; Zehe, A.: Patent WPH 05b/153573 (1971).
[191] Fiebig, W.; Unger, K.: Exp. Techn. Phys. **16** (1968) 76.
[192] Pilkuhn, M.: in [181], S. 539.
[193] Schlachetzki, A.: Phys. Bl. **37** (1981) 337.
[194] Heinen, J.; Westermeier, H.; Harth, W.; Zschauer, K. H.: IEEE Trans. ED **23** (1976) 1186.
[195] Goodfellow, R. C.; Carter, A. C.; Griffith, I.; Bradley, R. R.: IEEE Trans. ED **26** (1979) 1215.
[196] Nasledov, D. N.; Rogachav, A. A.; Ryvkin, S. M.; Tsarenkov, B. V.: Fiz. Tverd. Tela **4** (1962) 1062.
[197] Quist, T. M.; Keyes, R. J.; Krag, W. E.; Lax, B.; McWhorter, A. L.; Rediker, R. H.; Zeiger, H. J.: Appl. Phys. Lett. **1** (1962) 91.
[198] Nathan, M. I.; Dumke, W. P.; Burns, G.; Dill, F. H.; Lasher, G.: Appl. Phys. Lett. **1** (1962) 62.
[199] Hall, R. N.; Fenner, G. E.; Kingsley, J. D.; Soltys, R. J.; Carlson, R. O.: Phys. Rev. Lett. **9** (1962) 366.
[200] Unger, K.: Fortschr. Phys. **13** (1965) 701.
[201] Pilkuhn, M. H.: phys. stat. sol. **25** (1968) 1.
[202] GaAs Lasers (C. H. Gooch, ed.). New York: Wiley 1969.
[203] Thompson, G. H. B.: Physics of Semiconductor Laser Devices. New York: Wiley 1980.
[204] Kressel, H.: in [181], S. 617.
[205] Susaki, W.: in: Japan Ann. Review on Semiconductor Technologies (J. Nishizawa, ed.), Tokyo and Amsterdam: OHM and North Holland 1982, S. 160.

[206] Kroemer, H.: Proc. IEEE **52** (1963) 1782.
[207] Alferov, Zh. I.; Andreev, V. M.; Portnoi, E. L.; Tretyakov, D. N.: Fiz. Tekh. Poluprov. **2** (1968) 1016.
[208] Tsang, W. T.: Appl. Phys. Lett. **39** (1981) 786.
[209] Unger, K.: Czech. J. Phys. **B30** (1980) 381.
[210] Heffernan, D. M.: Phys. Lett. **94A** (1983) 106.
[211] Jung, H.; Göbel, E.; Romanek, K. M.; Pilkuhn, M. H.: Appl. Phys. Lett. **39** (1981) 468.
[212] Henry, C. H.; Logan, R. A.; Merritt, F. R.: J. Appl. Phys. **51** (1980) 3042.
[213] Auth, J.; Genzow, D.; Herrmann, K. H.: Photoelektrische Erscheinungen. Berlin: Akademie-Verlag 1977.
[214] Susa, N.; Nakagome, H.; Mikanu, O.; Ando, H.; Kanbe, H.: IEEE-QE **16** (1980) 864.
[215] Korolkov, V. I.: in: Semiconductor-Optoelectronics (M. A. Herman, Ed.). PWN Warschau 1980, S. 387.
[216] Eisfeld, W.; Werling, U.; Prettl, W.: Appl. Phys. Lett. **42** (1983) 276.
[217] Bube, R. H.: in: [181], S. 691.
[218] Alferov, Zh. I.: in: Semiconductor Optoelectronics (M. A. Herman, Ed.). Warschau: PWN 1980, S. 215.
[219] Bosch, B. G.; Engelmann, R. W. H.: Gunn-Effect Electronics. London: Pitman 1975.
[220] Gunn, J. B.: Solid-State Comm. **1** (1963) 88.
[221] Copeland, J. A.; Knight, S.: Semiconductors and Semimetals (R. K. Willardson; A. C. Beer, ed.) **7A** (1971) 3.
[222] Thim, H.: in [181], S. 425.
[223] Higashisaka, A.; Ohata, K.; Honjo, K.: in Japan Ann. Review on Semiconductor Technologies (J. Nishizawa, ed.). Tokyo and Amsterdam: OHM and North-Holland 1982, S. 145.
[224] Frensley, W. R.; Kroemer, H.: Phys. Rev. **B16** (1977) 1962.
[225] Unger, K., Neumann, H.: Ann. Phys. (Lpz.) **38** (1981) 291.
[226] Nussbaum, A.: Solid-State Electr. **25** (1982) 1201; Katnani, A. D.; Margaritondo, G.: J. Appl. Phys. **54** (1983) 2522.
[227] Pollmann, J.; Pantelides, S. T.: Phys. Rev. **B18** (1978) 5524.
[228] Pickett, W. E.; Louie, S. G.; Cohen, M. L.: Phys. Rev. Lett. **39** (1977) 109; Ihm, J.; Cohen, M. L.; Safarov, V. I.: Solid State Comm. **34** (1980) 325.
[229] Ihm, J.; Cohen, M. L.: Phys. Rev. **B20** (1979) 729.
[230] Schulman, J. N.; McGill, M. C.: Phys. Rev. Lett. **39** (1977) 1680; Chang, Y.-C.; Schulman, J. N.: J. Vac. Sci. Techn. **21** (1982) 540.
[231] Sai-Halasz, G. A.; Esaki, L.; Harrison, W. A.: Phys. Rev. **B18** (1978) 2812.
[232] White, S. R.; Sham, L. J.: Phys. Rev. Lett. **47** (1981) 879.
[233] Tansley, T. L.: Semiconductors and Semimetals (R. K. Willardson, A. C. Beer, ed.) **7** (1971) 293.
[234] Madhukar, A.: J. Vac. Sci. Techn. **20** (1982) 149.
[235] Guldner, Y.; Vieren, J. P.; Voisin, P.; Voos, M.; Razeghi, M.; Poisson, M. A.: Appl. Phys. Lett. **40** (1982) 877.
[236] Voisin, P.; Bastard, G.; Voos, M.; Mendez, E. E.; Chang, C.-A.; Chang, L. L.; Esaki, L.: Proc. Int. Conf. on Metastable and Modulated Semiconductor Structures, Pasadena 1982.
[237] Linh, N. T.: Helv. Phys. Acta **56** (1983) 361.
[238] Drummond, T. J.; Kopp, W.; Keever, M.; Morkoc, H.; Cho, A. Y.: J. Appl. Phys. **53** (1982) 1023.

[239] Dingle, R.; Störmer, H. L.; Gossard, A. C.; Wiegmann, W.: Appl. Phys. Lett. **33** (1978) 665.
[240] v. Klitzing, K.; Dorda, K. G.; Pepper, M.: Phys. Rev. Lett. **45** (1980) 494.
[241] Tsui, D. C.; Gossard, A. C.; Field, B. F.; Cage, M. E.; Dzuiba, R. F.: Phys. Rev. Lett. **48** (1982) 3.
[242] Coleman, P. D.; Freeman, J.; Morkoc, H.; Hess, K.; Streetman, B.; Keever, M.: Appl. Phys. Lett. **40** (1982) 493.
[243] Dingle, R.; Gossard, A. C.; Wiegmann, W.: Phys. Rev. Lett. **34** (1975) 1327.
[244] Baldereschi, A.; Hess, E.; Maschke, K.; Neumann, H.; Schulze, K.-R.; Unger, K.: J. Phys. **C10** (1977) 4709.
[245] Hess, K.; Vojak, B. A.; Holonyak, N.; Chin, R.: Sol.-State Electr. **23** (1980) 585.
[246] Arakawa, Y.; Sakaki, H.: Appl. Phys. Lett. **40** (1982) 939.
[247] Hess, K.: Appl. Phys. Lett. **35** (1979) 484.
[248] Smith, C.; Abram, R. A.; Burt, M. G.: J. Phys. **C16** (1983) L 171.
[249] Capasso, F.; Tsang, W. T.; Hutchinson, A. L.; Williams, G. F.: Appl. Phys. Lett. **40** (1982) 38.
[250] Mailhiot, C.; Chang, Y.-C.; McGill, T. C.: Phys. Rev. **B26** (1982) 4449.
[251] Ekenberg, U.; Hess, K.: Phys. Rev. **B27** (1983) 3445.
[252] Osbourn, G. C.; Biefeld, R. M.; Gourley, P. L.: Appl. Phys. Lett. **41** (1982) 172.
[253] Döhler, G. H.: phys. stat. sol. (b) **52** (1972) 79 u. 533.
[254] Döhler, G. H.; Ploog, K.: Progr. Cryst. Growth Charact. **2** (1979) 145.
[255] Künzel, H.; Fischer, A.; Knecht, J.; Ploog, K.: Appl. Phys. **A30** (1983) 73.
[256] Saxena, A. K.: Electr. Lett. **18** (1982) 644.
[257] Müller, G. O.: in: Festkörperphysik (K. Unger, H. G. Schneider, Hrsg.). Leipzig: Akad. Verlagsges. 1979, S. 371.
[258] Spicer, W. E.: Appl. Phys. **12** (1977) 115.
[259] Japan Annual Reviews on Electronics, Computers and Telecommunication, Vol. 5. (Y. Suematsu, Ed.). Tokyo and Amsterdam: OHM and North-Holland 1983.

3. II–VI-Halbleiter

Von O. Goede und D. Hennig

In diesem Kapitel werden Herstellung, Eigenschaften und Anwendungen der II–VI-Verbindungshalbleiter dargestellt, wobei der Schwerpunkt auf den breitlückigen Zn- und Cd-Chalkogeniden ZnS, ZnSe, ZnTe, CdS, CdSe und CdTe liegt, die sich unter den meisten Aspekten nur quantitativ unterscheiden und daher einer gemeinsamen Behandlung zugänglich sind. Eine gewisse Sonderrolle sowohl bezüglich Herstellung und Eigenschaften als auch bezüglich der technischen Nutzung spielt bereits CdTe, was entsprechend Berücksichtigung findet. Die Hg-Chalkogenide dagegen werden nur in Ausnahmefällen zum Vergleich in die Betrachtungen einbezogen, da sie Halbmetalle sind und daher in diesem Band nur als Randkomponenten der Halbleiter-Mischkristalle $Cd_{1-x}Hg_xTe$ und $Cd_{1-x}Hg_xSe$ von Interesse sind. Diese schmallückigen Halbleiter sind bezüglich ihrer physikalischen Eigenschaften und ihrer Anwendungsmöglichkeiten den Pb-Chalkogeniden verwandt und werden daher zweckmäßig in dem entsprechenden Kapitel berücksichtigt. Das ZnO wird wegen seiner Ähnlichkeit mit den breitlückigen II–VI-Halbleitern wiederholt in vergleichende Betrachtungen in diesem Kapitel einbezogen.

Die breitlückigen II–VI-Halbleiter (Bandlücke $\geqq 1{,}6$ eV) sind bereits seit Jahrzehnten Gegenstand physikalischer Untersuchungen und haben vielfach den Charakter von Modellsubstanzen, insbesondere für Phänomene wie Lumineszenz und Photoleitung. Ebenfalls jahrzehntealt ist ihre großtechnische Nutzung als Lumineszenzmaterial, insbesondere als Bildschirmmaterial in Elektronenstrahl-Röhren, die nach Entwicklung des Farbfernsehens weiter zugenommen hat. Daneben haben die breitlückigen II–VI-Halbleiter zahlreiche weitere Einsatzgebiete gefunden, wie z. B. als Solarzellen, Fotowiderstände, Röntgen- und Kernstrahlungsdetektoren. Auch die piezoelektrischen und nichtlinearen optischen Eigenschaften dieser Materialien werden genutzt.

Gegenwärtig noch offen dagegen ist die Frage eines großtechnischen Einsatzes von II–VI-Verbindungshalbleitern als Material für mikro- bzw. optoelektronische Bauelemente im eigentlichen Sinn. Im Vergleich zu den gegenwärtig hierfür genutzten Element- und III–V-Verbindungshalbleitern (Si, GaP, GaAs) besitzen die II–VI-Halbleiter eine Reihe von physikalisch bedingten Vor- und Nachteilen. Sie sind durchweg *direkte* Halbleiter mit einem *großen* Abstand von Leitungs- und Valenzband und großen Übergangswahrscheinlichkeiten für optische Absorptions- und Emissionsprozesse und würden sich daher als Material für sehr effektive und den *gesamten* sichtbaren Spektralbereich überstreichende LED sehr gut eignen. Dem entgegen steht jedoch, daß bisher trotz intensiver Forschungsarbeit, abgesehen von CdTe, eine amphotere Dotierbarkeit und damit die Herstellung von pn-Übergängen (im wesentlichen wegen einer Selbstkompensation durch schwer kontrollierbare Eigenstörstellen) nicht gelungen ist. Ob MOS-Strukturen zur Entwicklung von konkurrenzfähigen LED führen, erscheint zweifelhaft, zumal auch die Herstellung von massiven Einkristallen bei den II–VI-Halbleitern komplizierter und kostenaufwendiger als bei den Element- und III–V-Halbleitern ist. Als Material für MOS-Transistoren kommen die II–VI-Halbleiter wegen der relativ kleinen Beweglichkeiten bzw. Diffusionslängen der freien Ladungsträger auch nur in Spezialfällen in Betracht.

Ein großtechnischer Einsatz auf dem Gebiet der Optoelektronik, der die Vorteile der II–VI-Halbleiter voll zur Geltung bringen würde, erscheint gegenwärtig am wahrscheinlichsten in Form der sogenannten Dünnfilm-Displays zur optischen Informationsanzeige. Die relativ leichte Herstellbarkeit polykristalliner Schichten mit guter optischer Qualität, hoher Reinheit und hinreichender Größe der Kristallite bei relativ billigem Ausgangsmaterial begünstigen einen derartigen Einsatz ebenso wie die gute Mischbarkeit vieler II–VI-Halbleiter, die eine weite und kontinuierliche Variation der Bandlücke ermöglichen würde.

Umfangreichere zusammenfassende Darstellungen bezüglich Herstellung, Eigenschaften und Anwendungen der II–VI-Verbindungshalbleiter werden in [1, 2] gegeben.

3.1. Darstellung

3.1.1. Thermodynamische Eigenschaften

Die hier betrachteten II–VI-Halbleiter sind Verbindungen der Elemente Zn, Cd (und Hg) aus der II. Gruppe mit den Elementen (O), S, Se und Te aus der VI. Gruppe des Periodischen Systems. In Tab. 3.1 sind Schmelz- und Siedepunkt, Schmelz- und Verdampfungswärme und einige atomare Daten

Tabelle 3.1.
Atomare und thermodynamische Daten der Elemente Zn, Cd, Hg; S, Se und Te (nach [2, 4])

Element	Z	Relative Atommasse	Kovalenter Radius¹) in 10^{-10} m	Ionenradius ²) in 10^{-10} m	Schmelztemperatur in °C	Siedetemperatur in °C (bei 0,101 MPa)	Schmelzwärme in J/g	Verdampfungswärme in J/g
Zn	30	65,38	1,31	0,74	420	908	0,4815	7,54
Cd	48	112,40	1,48	0,97	321	765	0,6824	11,22
Hg	80	200,6	1,48	1,10	−39	357	11,3	284,7
S	16	32,06	1,04	1,84	119	445	0,0452	0,3086
Se	34	78,96	1,14	1,98	217	685	0,431	2,0808
Te	52	127,6	1,32	2,21	450	987	2,232	6,448

¹) für tetraedrische Koordination.
²) für 6 Liganden.

zusammengestellt. Bemerkenswert ist, daß alle betrachteten Elemente einen relativ niedrigen Schmelzpunkt besitzen. In der Dampfphase liegen die Metalle stets atomar vor, während bei den Chalkogenen bei hinreichend hohen Temperaturen diatomare Moleküle dominieren. Bei tieferen Temperaturen kommen jedoch auch S_4-, S_6-, S_8- und Se_6-Moleküle vor.

Für die meisten II–VI-Verbindungshalbleiter ist dagegen ein relativ *hoher* Schmelzpunkt charakteristisch (vgl. Tab. 3.2). In der Kristallherstel-

Tabelle 3.2.
Thermodynamische Daten der II–VI-Verbindungshalbleiter (nach [2, 4])

Verbindung	Schmelztemperatur T_s in °C	$p_{min}(T_s)$ in MPa	Bildungswärme $H^0_{f,298}$ in kJ/mol	Verdampfungswärme $H^0_{v,298}$ in kJ/mol
ZnO	1975	0,79	−348,34	896
ZnS	1830	0,375	−203,48	791,3
ZnSe	1520	0,0507	−164,54	732,7
ZnTe	1295	0,0608	−104,25	636,4
CdS	1475	0,385	−159,1	685
CdSe	1239	0,0405	−136,1	638,9
CdTe	1092	0,0203	− 99,6	589,1
HgSe	799		− 59,5	
HgTe	670	1,27	− 32,2	

lung dominiert daher die Züchtung aus der Dampfphase, für die das Phasengleichgewicht zwischen der festen Verbindung MX und dem Dampf bedeutsam ist, der praktisch vollständig in die Komponenten dissoziiert ist, gemäß

$$\mathrm{MX(fest)} \rightleftarrows 2\mathrm{M(g)} + \mathrm{X_2(g)} \qquad (1)$$

(M = Zn, Cd; X = S, Se, Te).

Entsprechend der Massenwirkungsgleichung gilt

$$p_M^2 \cdot p_{X_2} = K_p(T),$$

wobei p_M und p_{X_2} die Partialdrücke von Metall- und Chalkogendampf und K_p die temperaturabhängige Gleichgewichtskonstante ist, die durch massenspektroskopische Untersuchungen bestimmt wurden. In Abb. 3.1 ist $K_p(T)$ für die Zn- und Cd-Chalkogenide dargestellt. Da der totale Dampfdruck $p = p_M + p_{X_2}$ über der festen Verbindung MX bei gegebener Temperatur im Gleichgewicht minimal sein muß, ergibt sich für den Gesamtdampfdruck

$$p_{min} = \frac{3}{2}\,(2K_p)^{1/3},$$

wobei $p_M = \frac{2}{3}\,p_{min}$ und $p_{X_2} = \frac{1}{3}\,p_{min}$ ist. Damit sind auch sämtliche interessierenden Gleichgewichtsdampfdrücke durch Abb. 3.1 gegeben. Durch Extrapolation der $K_p(T)$-Kurven auf die Schmelztemperatur T_s kann

$p_{min}(T_s)$ bestimmt werden. Die entsprechenden Werte sind in Tab. 3.2 angegeben. Ebenfalls in Tab. 3.2 sind die Bildungswärmen aus den festen Elementen und die Verdampfungswärmen gemäß Reaktion (1) zusammengestellt.

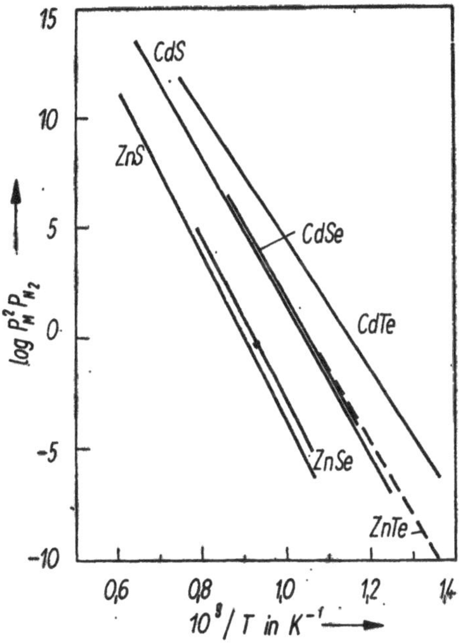

Abb. 3.1. Gleichgewichtskonstante $K_p = p_M^2 \cdot p_{X_2}$ für die II–VI-Halbleiter als Funktion der Temperatur (Druck in Pa) (nach [4])

Für die Kristallzüchtung aus der Schmelze sind die das Dreiphasengleichgewicht zwischen Festkörper, Schmelze und Dampf charakterisierenden p–T–x-Diagramme bedeutsam, wobei T die Temperatur, p der Druck einer Komponente und x die Zusammensetzung des Dampfes angeben. Für CdTe liegen vollständige, für die anderen II–VI-Halbleitersysteme nur lückenhafte p–T–x-Diagramme vor (vgl. [3]). Die Projektion auf die T–x-Ebene ist in Abb. 3.2 für das System Cd–Te dargestellt. Aus der Form dieser sogenannten Liquidus-Kurve folgt, daß eine Cd-Te-Schmelze bis auf die Umgebung von $x = 0{,}5$ im wesentlichen aus atomarem (oder ionarem) Cd und Te bestehen. Ein wesentlicher Anteil von CdTe-Molekülen liegt nur in der Umgebung von $x = 0{,}5$ vor und verursacht die Spitze der Liquidus-Kurve.

Für die Kristallzüchtung aus Lösungen sind die Löslichkeitskurven wesentlich, die für eine größere Zahl von Lösungsmitteln (z. B. Zn, Cd, Ga, In, Sn, Bi, Te; vgl. 1.2.1.) bekannt sind (siehe [2, 4]). Die Löslichkeiten wachsen bei gegebener Temperatur mit wachsender relativer Molekülmasse der Chalkogenide. Als Beispiel ist in Abb. 3.3 die Löslichkeit einiger II–VI-Halbleiter in Te dargestellt [5].

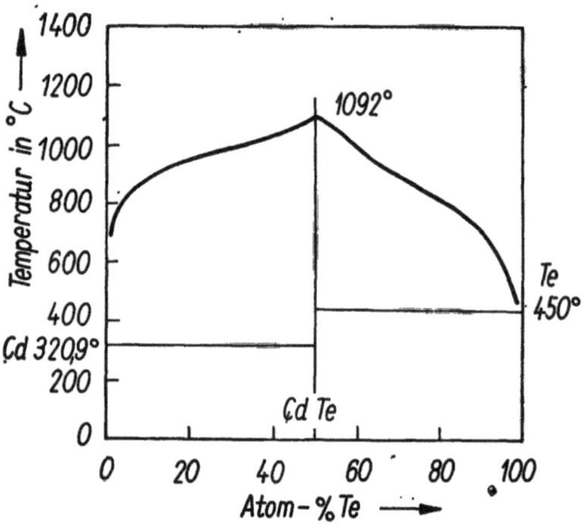

Abb. 3.2. Temperatur-Zusammensetzungs-Diagramm für das binäre System Cd–Te (nach [4])

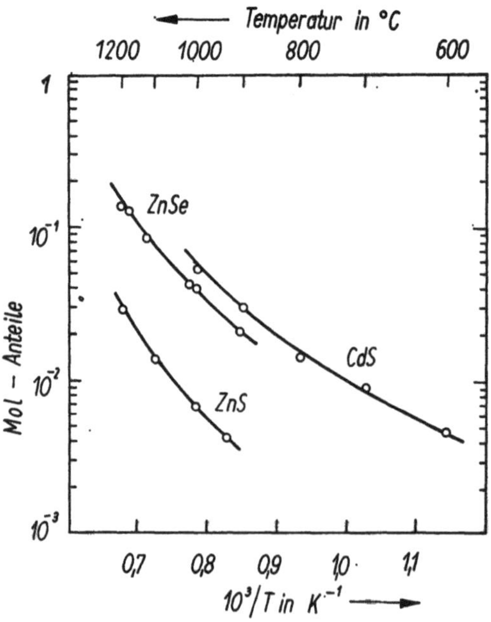

Abb. 3.3. Löslichkeit einiger II–VI-Halbleiter in einer Te-Schmelze als Funktion der Temperatur (nach [5])

3.1.2. Herstellungsmethoden

Vor der eigentlichen Herstellung der Einkristalle bzw. Schichten werden die Ausgangsmaterialien verschiedenen Reinigungsverfahren unterworfen, um die nötige Freiheit von unerwünschten Dotierungen zu erreichen. Im wesentlichen werden Zonenschmelzen und Mehrfach-Destillation bei der Reinigung der Ausgangselemente angewandt. Zur Beseitigung von Oberflächen-Oxiden bei den Metallen dient ein Glühen im H_2-Strom. Während einige der Züchtungs- bzw. Schichtherstellungsverfahren nur die gereinigten Elemente benötigen, setzen die meisten Verfahren die hochreine Verbindung in Form von polykristallinem Pulver voraus. Die Telluride werden häufig durch Zusammenschmelzen der Metalle mit Tellur hergestellt, für die Sulfide kommt die direkte Reaktion der Metalle mit H_2S bei höheren Temperaturen in Betracht. Daneben werden eine Anzahl weiterer chemischer Reaktionen zur Reindarstellung der Verbindungen eingesetzt (vgl. [4]). Als ein Beispiel soll hier die Reaktion (I) $Zn + H_2SO_4 \rightarrow ZnSO_4 + H_2$, (II) $ZnSO_4 + H_2S \rightarrow ZnS\downarrow + H_2SO_4$ dienen, die analog auch für CdS anwendbar ist und die vor allem zur Erzeugung von Lumineszenzpulver (Korngröße etwa 0,1 μm) hoher Reinheit eingesetzt wird. Ein weiterer möglicher Reinigungsschritt ist das Glühen der Sulfide im H_2S-Strom.

3.1.2.1. Züchtung von Einkristallen

Wie die im vorigen Abschnitt dargestellten thermodynamischen Daten der II–VI-Halbleiter nahelegen, ist eine Kristallzüchtung aus der Schmelze wesentlich schwieriger zu realisieren als für die III–V- und Elementhalbleiter. Die hohen Schmelzpunkte und die dabei auftretenden hohen Dampfdrücke, die zudem zu unerwünschtem Materialtransport zu kälteren Stellen hin führen, beschränken die Kristallzüchtung aus der stöchiometrischen Schmelze daher auf CdTe, CdSe und ZnTe, falls keine Hochdruck-Autoklaven eingesetzt werden können (vgl. Tab. 3.1). Dagegen ist für die II–VI-Halbleiter eine Kristallzüchtung aus der Dampfphase relativ günstig, denn auch noch bei Temperaturen unter 1200 °C ($\lesssim$ Erweichungstemperatur von Quarz) sind die Dampfdrücke genügend hoch, um einen ausreichenden Materialtransport zu gewährleisten (vgl. Abb. 3.1). Unter 1000 °C ist dann jedoch für die meisten II–VI-Verbindungen der Gleichgewichts-Dampfdruck so gering, daß ein effektiver Materialtransport, der zu ausreichenden Wachstumsraten der Kristalle führt, nur durch Benutzung eines (aktiven oder inaktiven) Transportgases erreicht werden kann. Neben den erwähnten beiden Typen der Kristallzüchtung ist auch für II–VI-Halbleiter die Züchtung aus Lösungen erfolgreich anwendbar.

Im folgenden kann nur ein grober Überblick über diese verschiedenen Züchtungstechniken und ihre Vor- und Nachteile gegeben werden. In bezug auf weitere Einzelheiten muß auf [2, 4] und die dort zitierte Originalliteratur verwiesen werden. In [6, 7] werden auch ZnO, $Cd_xHg_{1-x}Te$ und $Zn_xHg_{1-x}Te$

behandelt, die hier nicht berücksichtigt wurden. Unter dem Aspekt der industriellen Anwendung werden die diversen Züchtungsmethoden in [8] diskutiert.

Züchtung aus der Dampfphase

Es lassen sich drei Gruppen von Züchtungsmethoden aus der Dampfphase unterscheiden: In den *dynamischen Verfahren* führt ein von außen gesteuerter Strom eines Transportgases (z. B. Ar, H_2, N_2) ständig die Dämpfe der Elemente aus dem heißesten Bereich eines Quarzrohres in einen kälteren Bereich, wo infolge der Übersättigung das Kristallwachstum stattfindet. In der ursprünglichen von Frerichs entwickelten Methode werden als Ausgangsmaterial metallisches Zn bzw. Cd und H_2S, H_2Se bzw. H_2Te benutzt. Aber auch vorher hergestelltes polykristallines Pulver der entsprechenden Verbindung wird erfolgreich als Ausgangsmaterial dieses Züchtungsverfahrens eingesetzt. Besonders für ZnS, CdS und CdSe werden diese dynamischen Verfahren in verschiedenen Varianten angewandt. Die entstehenden Kristalle sind Plättchen (etwa 3 mm×10 mm, Dicke 10 bis 100 µm) oder Nadeln hoher kristallographischer Qualität und hoher Reinheit. Zur Herstellung größerer Kristalle sind diese Methoden jedoch ungeeignet. Die Züchtungstemperaturen liegen im Bereich von 1250 (ZnS) bis 900 °C (CdSe).

Bei den *statischen Verfahren*, die in einer geschlossenen Quarzampulle durchgeführt werden, erfolgt der Materialtransport durch Diffusion der dissoziierten Verbindung zur kältesten Stelle, entweder im Vakuum oder in einer Inertgas-Atmosphäre (z. B. Ar, 0,1 MPa). Ausgangsmaterial dieser zuerst von Reynolds und Greene entwickelten Verfahren ist polykristallines Pulver der Verbindung, die Züchtung erfolgt in einem festen Temperaturgradienten in vertikaler oder horizontaler Anordnung. Diese statischen Verfahren der dissoziativen Sublimation sind erfolgreich auf alle breitlückigen II–VI-Halbleiter angewandt worden und liefern kompakte Einkristalle mit typischen Dimensionen von einigen cm, erfordern allerdings Wachstumszeiten von einigen Tagen bis zu Wochen im Gegensatz zu den dynamischen Verfahren, die nur einige Stunden beanspruchen. Um möglichst große, versetzungsarme Kristalle zu erhalten, wurden zahlreiche Varianten der statischen Verfahren entwickelt (vgl. [4, 9]), beispielsweise die Verwendung von Einkristall-Keimen bzw. Substraten, Ziehen der Ampulle durch ein geeignetes Temperatur-Profil (Piper-Polich-Verfahren [9]), spezielle Ampullen-Formen zur Erreichung eines berührungsfreien Kristallwachstums. In [10] wird z. B. über die Züchtung von CdS-Einkristallen mit 4 cm Durchmesser berichtet, in [11] über CdTe-Einkristalle von 170 g mit nur 10^4 Versetzungen/cm^2.

Eine dritte Gruppe von Züchtungsverfahren aus der Dampfphase nutzt *chemische Transportreaktionen* aus, um Züchtungstemperaturen und Wachstumszeiten zu verringern. Als Transportgas werden u. a. I_2, Br_2 (insbesondere für ZnO) und HCl verwendet. Als Beispiel soll hier die CdS-Einkristallzüchtung mittels I_2-Transportreaktion (Nitsche [12]) gemäß

$$CdS(fest) + I_2(g) \rightleftarrows CdI_2(g) + \frac{1}{2} S_2(g)$$

betrachtet werden. Das chemische Gleichgewicht dieser Reaktion verschiebt sich im Hochtemperaturbereich zugunsten der rechten Seite. Die gasförmigen Reaktionsprodukte CdI_2 und S_2 diffundieren dann zum Tieftemperaturbereich, wo die Reaktion in umgekehrter Richtung abläuft. Die Züchtung erfolgt in der Regel im abgeschlossenen Quarzrohr. Die Züchtungstemperaturen sind im Vergleich zu denen der vorigen Verfahren wesentlich niedriger (z. B. für ZnS: 900 bis 1000 °C, ZnSe: 800 bis 850 °C und CdS: 800 bis 900 °C). Wesentlicher Nachteil dieses Verfahrens ist jedoch der unvermeidliche Einbau der Atome des Transportgases in die erhaltenen, relativ großen Kristalle (typische Dimensionen 0,5 bis 1 cm^3). Andererseits eignet sich speziell dieses Verfahren gut zur Herstellung von stark dotierten Kristallen der II–VI-Halbleiter (z. B. mit Mn, Al, Ga (vgl. 3.1.4.)).

Züchtung aus der Schmelze

Wie bereits erwähnt, können nur CdTe-, CdSe- und ZnTe-Einkristalle ohne Verwendung von Hochdruck-Autoklaven aus der Schmelze gezüchtet werden. Um den störenden Materialtransport durch die Dampfphase zu Tieftemperaturbereichen hin weitgehend zu unterdrücken, wird im Züchtungsrohr ein konstanter Überdruck einer der Komponenten der Verbindung (z. B. des Metalls M) aufrechterhalten. Dies geschieht durch Ankopplung eines Reservoirs dieser Komponente, das bei bestimmter Temperatur T_M (unterhalb der Züchtungstemperatur) gehalten wird und damit den Sättigungsdampfdruck dieser Komponente bei T_M im ganzen Rohr erzeugt, der wesentlich höher ist als der Partialdruck dieser Komponente über der (dissoziierten) Verbindung. Insbesondere für CdTe, dem II–VI-Halbleiter mit der niedrigsten Schmelztemperatur (vgl. Tab. 3.2), wurden sowohl horizontale als auch vertikale Bridgman- bzw. Stockbarger-Verfahren erfolgreich angewandt, bei denen die Quarzampulle mit der geschmolzenen Verbindung durch einen geeigneten Temperaturgradienten bewegt wird, um das Kristallwachstum zu erreichen. Die Wachstumsraten können bis 1 cm/h betragen.

Für ZnS, CdS, ZnSe (teilweise auch für CdSe und ZnTe) sind Einkristall-Züchtungen aus der Schmelze unter Hochdruckbedingungen in vergleichsweise aufwendigen Anordnungen realisiert worden. Es können zwei Typen dieser Verfahren unterschieden werden, über die in [13] ein zusammenfassender Überblick gegeben wird. Im ersten Typ erfolgt die Kristallzüchtung in einem Autoklaven unter einem Inertgasdruck (Ar) von etwa 10 MPa (für ZnS oder ZnSe) bzw. 2 MPa (CdSe). Es wurden sowohl Bridgman-Stockbarger- als auch Czochralski-Verfahren (mit B_2O_3 als Abdeckmaterial für die Schmelze) angewandt. Tiegelmaterial ist meist Graphit. Im zweiten Typ befindet sich die Schmelze in einer abgeschlossenen Quarzampulle, die bei der Schmelztemperatur bereits thermoplastisch ist und durch den hohen Sättigungsdampfdruck der Verbindung gegen die Wände eines umgebenden dickwandigen Graphit-Tiegels gedrückt wird und damit als gasdichtes Futter wirkt.

Abschließend erwähnt werden sollen Verfahren, die im Gegensatz zu den bisher besprochenen eine *nicht*-stöchiometrische Schmelze zur Einkristall-

Züchtung, häufig in Kombination mit einer Zonenschmelztechnik, nutzen. Insbesondere die TSM(*t*ravelling *s*olvent *m*ethod)-Technik wurde für CdTe, CdSe und ZnTe angewandt, bei der eine Schmelzzone mit hohem Te- bzw. Se-Überschuß durch das polykristalline Ausgangsmaterial bewegt wird. Wie Abb. 3.2 zeigt, können dadurch die Züchtungstemperaturen und damit die Kontamination aus dem Quarzrohr merklich reduziert werden [14, 15], außerdem findet eine gewisse Zonenreinigung statt (vgl. auch [4]).

Züchtung aus Lösungen

Einkristalle der II–VI-Halbleiter können auch aus Lösungen gezüchtet werden, wobei als Lösungsmittel die Metalle Zn, Cd, Ga, In, Sn und Bi, die Halogenide KCl, CdI_2, $CdCl_2$, $ZnCl_2$, $PbCl_2$ und auch As_2S_3, As_2Se_3, Sb_2S_3 benutzt werden. Da die Kristalle jedoch unvermeidlich eine hohe Konzentration der Lösungsmittelatome enthalten, haben diese Verfahren trotz der relativ niedrigen Züchtungstemperaturen nur eine begrenzte Anwendung gefunden. Von besonderem Interesse ist die Züchtung aus einer Lösung in geschmolzenem Te [5], da das eingebaute Te als isovalente Störstelle mit interessanten optischen Eigenschaften wirkt (vgl. 3.2.6.). Wie Abb. 3.3 zeigt, liegen die Löslichkeiten von ZnS, ZnSe und CdS in Te bei 1100 °C im Bereich von 1 bis 10 Mol-%. Die Züchtung der Kristalle erfolgt am einfachsten durch langsames Abkühlen der Lösung in einem Temperaturgradienten. Die Größe der erhaltenen plättchenförmigen Kristalle beträgt etwa 3 mm × 3 mm × 2 mm, der Te-Gehalt liegt im Bereich von 0,1 (ZnS) bis 5 At.-% (ZnSe).

Eine weitere, allerdings wesentlich aufwendigere Methode der Einkristallzüchtung aus Lösungen ist das hydrothermale Verfahren, bei dem als Lösungsmittel Säuren (HCl) oder Basen (NaOH, KOH) benutzt werden [16]. Die Lösungen befinden sich im versilberten Stahlautoklaven bei Temperaturen von 350 bis 450 °C unter einem Druck von 150 bis 250 MPa. Die Züchtungszeiten betragen einige Wochen, die erhaltenen Kristalle haben Durchmesser bis zu 1 cm und enthalten wiederum Lösungsmittelatome in hohen Konzentrationen.

Züchtung von Mischkristallen

Zwischen den hier vornehmlich betrachteten sechs II–VI-Halbleitern ZnS, ZnSe, ZnTe; CdS, CdSe und CdTe gibt es insgesamt neun ternäre (pseudobinäre) Mischkristalle und fünf quaternäre (pseudo-ternäre) Systeme (ZnCd) (SSe), (ZnCd) (STe), (ZnCd) (SeTe); Zn(SSeTe) und Cd(SSeTe), die im Prinzip ebenfalls mit den im vorigen beschriebenen Methoden hergestellt werden können. Über das Auftreten von Mischungslücken wurde nur für Sulfid-Tellurid-Mischkristalle berichtet, wobei jedoch der realisierte Mischungsbereich wesentlich von der Züchtungsart abhängt (vgl. auch 3.1.2.2.). Mit teilweise guter kristallographischer Perfektion und Homogenität wurden die pseudo-binären Mischkristalle (ZnCd) S, (ZnCd) Se, (ZnCd) Te; Cd(SSe), Zn(SSe); Cd(SeTe) und Zn(SeTe) und die pseudo-ternären Mischkristalle (ZnCd) (SSe) hergestellt [4]. Besonders häufig wurden dabei die

Züchtungsmethoden aus der Dampfphase (in geschlossener Quarzampulle) und der Schmelze angewandt. Jedoch wurden auch aus Lösungen (z. B. in Te-Schmelze) brauchbare Mischkristalle hergestellt (vgl. [5]).

3.1.2.2. Herstellung von Schichten

Wie bereits einleitend ausgeführt, ist ein großtechnischer Einsatz von II–VI-Halbleitern wohl nur in Form von Schichtstrukturen möglich. Die große Mannigfaltigkeit von Schichtherstellungsmethoden, die dabei entwickelt wurde, kann hier nur übersichtsartig behandelt werden. Ausführlichere Darstellungen der verschiedenen Herstellungsverfahren findet man in [2, 17]. Bei der Herstellung von II–VI-Halbleiterschichten dominieren die Methoden der Abscheidung aus der Dampfphase. Im Gegensatz zu III–V-Halbleitern spielt die Flüssigphasen-Abscheidung (LPE) wegen der in 3.1.1. dargestellten ungünstigeren thermodynamischen Eigenschaften (geringere Liquidus-Löslichkeiten, hoher Dissoziations-Dampfdruck) bei II–VI-Halbleitern nur eine geringere Rolle. Epitaktische Schichten wurden hauptsächlich für ZnSe, ZnTe und CdTe hergestellt sowohl in Homoepitaxie als auch in Heteroepitaxie auf anderen II–VI-Halbleiter-Substraten. Als Lösungsmittel dienten neben Zn und Cd auch die Schmelzen von Zn- und Cd-Chloriden bzw. -Iodiden und auch von Te [2, 4, 5].

Bei der Abscheidung aus der Dampfphase werden meist die in 3.1.2.1. genannten Methoden mit entsprechenden Modifikationen angewandt. Die direkte Sublimations-Technik (mit kleinem Abstand zwischen Quelle und Substrat) wurde erfolgreich zur Herstellung von II–VI-Halbleiter-Heteroübergängen für Solarzellen eingesetzt (z. B. n-CdSe/p-ZnTe, n-CdTe/p-ZnTe, n-CdSe/p-CdTe, vgl. Abschn. 3.3.2.). Die Verwendung chemisch aktiver Transportgase erhöht wesentlich den Materialtransport, verringert Depositionstemperatur und -zeit und führt zu einer Vielzahl sogenannter CVT-(*c*hemical *v*apor *t*ransport) und CVD- (*c*hemical *v*apor *d*eposition) Methoden [18]. Bei den CVT-Methoden wird als Quellenmaterial polykristallines Pulver der Verbindung, als Transportgas werden H_2, HCl, HBr, I_2 u. a. benutzt. Die Substrattemperatur liegt etwa 50 bis 250 K unterhalb der Quellentemperatur. Bei den CVD-Methoden werden als Quellmaterial die Elemente (bzw. gasförmige Verbindungen der Elemente wie H_2S, H_2Se) verwendet, was zu Quellentemperaturen führt, die unterhalb der Substrattemperatur liegen. Der Einsatz organo-metallischer Verbindungen (z. B. Dimethyl-Zn oder Diethyl-Zn) [18] ermöglicht eine starke Reduzierung der Substrattemperatur. Der Nachteil dieses als MO-CVD bezeichneten Verfahrens liegt insbesondere in der Giftigkeit der organo-metallischen Verbindungen.

Wesentlich für die kristallographische Qualität der erhaltenen Schichten ist die Art der Substrate. Neben amorphen Substraten (Glas, Quarz u. a.) werden vor allem kristalline Substrate (Alkalihalogenide, Elementhalbleiter Ge und Si, II–VI- und III–V-Halbleiter, Saphir, Spinell u. a.) benutzt, die zu einem mehr oder weniger vollständigen epitaktischen Wachstum der Schicht führen können. Voraussetzung ist eine möglichst weitgehende Übereinstimmung von Gitterkonstante und thermischen Ausdehnungskoeffizienten von Substrat und Schicht. Günstige Kombinationen für II–VI-Halbleiter sind z. B. ZnS auf GaP, ZnSe auf Al_2O_3 oder GaAs, CdS auf CdSe.

In den letzten Jahren spielen die verschiedenen Verfahren der Vakuum-Abscheidung von II–VI-Halbleiterschichten eine wachsende Rolle, die meist einen relativ hohen apparativen Aufwand erfordern. Da bei diesen Verfahren die Substrattemperatur im Vergleich zu den vorigen wesentlich niedriger liegt (Bereich 100 bis 400 °C), findet das Schichtwachstum unter der Bedingung einer starken Abweichung vom thermodynamischen Gleichgewicht statt, was zu einer stark erhöhten Defektdichte in der Schicht führen kann. Ein Vorteil der Vakuum-Abscheidungsmethoden ist die mögliche enge Kopplung mit speziellen Analysemethoden wie LEED, RHEED oder AES und die Möglichkeit einer exakten Dickenbestimmung während des Schichtwachstums. Zwei wichtige Methoden der Vakuum-Abscheidung sind die thermische und die Elektronenstrahl-Verdampfung von II–VI-Halbleitern. Bei der thermischen Verdampfung werden meist Knudsen-Zellen (z. B. aus Quarz) kombiniert mit Heizspulen (z. B. aus Molybdän) als Quelle eingesetzt. Bei der Elektronenstrahl-Verdampfung wird der Elektronenstrahl auf einen Tiegel aus Graphit oder Stahl fokussiert. Beide Verfahren finden Anwendung bei der Herstellung von Dünnfilm-Displays auf der Grundlage von ZnS : Mn (vgl. Abschn. 3.3.1.). Durch Verwendung mehrerer Tiegel (Springstrahl-Verdampfung) ergeben sich bei diesen Verfahren erweiterte technologische Möglichkeiten.

In den letzten Jahren wurde auch das MBE-Verfahren (Molekularstrahl-Epitaxie) erfolgreich bei II–VI-Halbleitern angewandt [20, 21]. Die in diesem Verfahren unter Ultra-Hochvakuum-Bedingungen bei optimal kontrollier- und steuerbaren Wachstumsbedingungen entstehenden Schichten zeichnen sich durch hohe Reinheit und kristallographische Qualität aus.

Abschließend soll das neue Verfahren der ALE (*a*tomic *l*ayer *e*pitaxy) erwähnt werden, das vor allem zur Herstellung von Elektrolumineszenz-Dünnschichten entwickelt wurde [19]. Bei diesem Verfahren wächst die Schicht Atomlage für Atomlage durch sukzessive Reaktion der Schichtoberflächen mit abwechselnd dem einen bzw. anderen Element der Verbindung. Dabei können diese Elemente entweder direkt oder in Form geeigneter gasförmiger Verbindungen (z. B. $ZnCl_2$ und H_2S) unter Niederdruck-Bedingungen (≈ 13 Pa) angeliefert werden. Die Schichtdicke kann einfach aus der Zahl der Reaktionsschritte bestimmt werden. Durch eine hinreichend hohe Substrattemperatur wird eine Kondensation eines Elements über die erwünschte Atomlage hinaus verhindert.

Für spezielle Anwendungen, bei denen die Anforderungen an die Qualität der Schichten nicht so hoch sind, werden auch Spray-Verfahren [17] (z. B. zur Herstellung von billigen Solarzellen oder von Katodolumineszenz-(Zn, Cd)S-Schichten) und Elektronenstrahl-Sputter-Verfahren [22] eingesetzt.

3.1.3. Kristallographische Eigenschaften

Alle hier betrachteten II–VI-Halbleiter MX kristallisieren entweder in der Zinkblende(ZB)- oder in der Wurtzit(W)-Struktur, wie Tab. 3.3 zeigt, wobei abgesehen vom ZnS jeweils nur eine Modifikation stabil ist und dominiert,

Tabelle 3.3.
Kristallstruktur und Gitterparameter der II–VI-Verbindungen MX (nach [2, 23])

MX	Stabile Struktur (metastabil)	Gitterkonstante a in 10^{-10} m	d (M–X) in 10^{-10} m	d (M–M) in 10^{-10} m	$\frac{c}{a}$
ZnS	ZB	5,409	2,34	3,82	–
	W	3,819			1,638
ZnSe	ZB	5,669	2,45	4,01	–
	(W)	4,01			1,627
ZnTe	ZB	6,104	2,64	4,32	–
	(W)	4,27			1,579
CdS	W	4,137	2,53	4,14	1,624
	(ZB)	5,838			–
CdSe	W	4,298	2,64	4,30	1,631
	(ZB)	6,084			–
CdTe	ZB	6,481	2,80	4,58	–
	(W)	4,57			1,635
ZnO	W	3,25	2,00	3,25	1,602
CdO	Steinsalz	4,71	2,31	4,71	–
HgS	Zinnober	4,149	2,36	3,75	1,083
	(ZB)	5,851	2,53	4,14	–
HgSe	ZB	6,084	2,63	4,30	–
HgTe	ZB	6,460	2,80	4,57	–

während die andere nur unter speziellen Züchtungsbedingungen auftritt. Beide Kristallstrukturen besitzen tetraedrische Koordination, d. h. jedes M-Atom ist von 4 X-Atomen umgeben und umgekehrt (vgl. Abb. 3.4). Die kubische Zinkblende-Struktur (Raumgruppe T_d^2) enthält ein Molekül in der *primitiven* Elementarzelle, die hexagonale Wurtzit-Struktur (Raumgruppe C_{6v}^4) dagegen zwei Moleküle. Zur Beschreibung der Zinkblende-Struktur wird jedoch üblicherweise eine (nicht primitive) würfelförmige Elementarzelle zugrunde gelegt, die dann vier Moleküle enthält. Die diesen Elementarzellen zugehörigen Gitterkonstanten sind in Tab. 3.3 angegeben und zum besseren Vergleich auch die intraatomaren Abstände d (M – X) und d (M – M) = = d (X – X). Die sich daraus ergebenden kovalenten Radien der einzelnen Atome sind in Tab. 3.1 zusammengestellt. Bemerkenswert ist die weitgehende Übereinstimmung der intraatomaren Abstände zwischen ZnTe und CdSe. Die M- bzw. X-Untergitter entsprechen in der Zinkblende-Struktur einem fcc-Bravais-Gitter, in der Wurtzit-Struktur dagegen einem hcp-Gitter. In beiden Fällen ist jeweils ein M-Atom von 12 M-Atomen umgeben (entsprechendes gilt für X), jedoch in unterschiedlicher Anordnung (vgl. Abb. 3.4).

Wie in Tab. 3.3 zu erkennen ist, weicht für alle II–VI-Halbleiter das experimentell bestimmte c/a-Verhältnis nur wenig vom idealen Wert $c/a = \sqrt{8/3} = 1{,}633$ ab. Für die drei Systeme ZnS, CdS und CdSe, für die die Wurtzit-Struktur dominant ist, sind diese Abweichungen kleiner als 1 %.

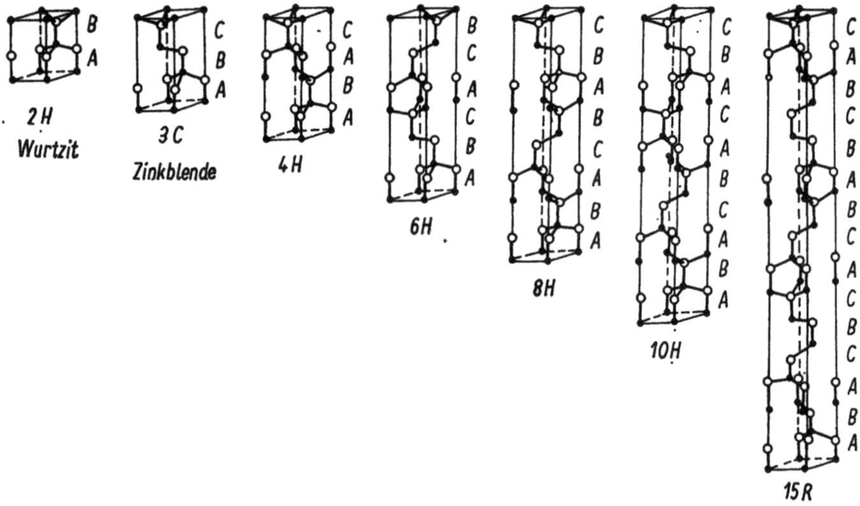

Abb. 3.4. Wurtzit- und Zinkblende-Struktur und hexagonale (H) bzw. rhomboedrische (R) Polytypie von ZnS (○ S, ● Zn). Die Zahlen geben die Anzahl der Doppelschichten in einer Periode an (nach [23])

Die hier betrachteten II–VI-Halbleiter besitzen Bindungen mit gemischtem (ionogenem und kovalentem) Charakter. Der ionogene Anteil ist bei ZnS am größten. Für CdO ist der ionogene Bindungsanteil bereits so stark, daß die oktaedrisch koordinierte Steinsalz-Struktur vorliegt (vgl. Tab. 3.3). Auch die anderen Cd-Verbindungen können unter hohem hydrostatischem Druck ($\gtrsim$3 MPa) in die (metastabile) NaCl-Struktur transformiert werden [23]. Für ZnS tritt die Zinkblende-Struktur als stabile Tieftemperatur-Modifikation, die Wurtzit-Struktur als Hochtemperatur-Modifikation auf. Als Inversionstemperatur kann etwa 1100 °C angenommen werden. Bei Tieftemperatur-Züchtungsverfahren entsteht daher bevorzugt kubisches ZnS. Auch geeignete Dotierung (z. B. mit Cu) führt zur bevorzugten Bildung der kubischen Phase. Bei den anderen II–VI-Halbleitern kann die metastabile Modifikation (vgl. Tab. 3.3) nur durch besondere Züchtungstechniken erzeugt werden (z. B. ZB-Modifikation von CdS und CdSe durch Abscheidung aus Lösungen bei Zimmertemperatur, kubisches CdS durch Dampfphasen-Epitaxie auf GaP).

Eine typische Besonderheit von ZnS stellt das Auftreten von Stapelfehlern und die Erscheinung der Polytypie dar. Für Wurtzit-Typ-ZnS stimmt das gemessene c/a-Verhältnis praktisch mit dem idealen Wert überein (vgl.

Tab. 3.3), damit sind auch die intraatomaren Abstände d (M–X) und d (M–M) für beide Modifikationen des ZnS gleich und es gilt für die Gitterkonstanten $a_W = \frac{\sqrt{2}}{2} a_{ZB}$. Abb. 3.4 zeigt die Stapelfolge der Zn- und S-Schichten für ZB- und W-Struktur in [111]- bzw. [0001]-Richtung. Die Wurtzit-Struktur entsteht durch periodische Wiederholung der beiden Doppelschichten A und B, während die Zinkblende-Struktur durch die Wiederholung der Schichtfolge A, B, C gebildet wird. Wegen des geringen energetischen Unterschieds beider Modifikationen für ZnS sind nun auch längere Wiederholungsperioden möglich, die als Polytypie bezeichnet werden. In Abb. 3.4 sind einige Beispiele angegeben. Bisher wurden mindestens 10 verschiedene Polytypen in ZnS experimentell durch Röntgenbeugungs-Untersuchungen identifiziert. Auch nicht-periodische Irregularitäten der Stapelfolge, die sogenannten Stapelfehler, werden in ZnS beobachtet und zerstören die strenge Periodizität des Kristalls in einer Dimension. Insbesondere in plättchenförmigen hexagonalen ZnS-Kristallen treten häufig kubisch gestapelte Phasen auf, die sich als Streifung senkrecht zur Wachstumsrichtung (|| c-Achse) durch Elektronen-Transmissionsmikroskopie bzw. durch Polarisationsmikroskopie direkt sichtbar machen lassen.

Auch bei den *Mischkristallen* der II–VI-Verbindungen hängt die Kristallstruktur von den Präparationsbedingungen ab. Falls beide Randkomponenten die gleiche stabile Modifikation besitzen, haben auch die Mischkristalle diese Kristallstruktur und die Vegardsche Regel bezüglich der Gitterkonstanten ist gut erfüllt (z. B. für Cd(S, Se) mit W-Struktur, Zn(Se, Te) und (Cd, Hg) Te mit ZB-Struktur). Im anderen Fall erstreckt sich die Struktur der Randkomponente nur auf bestimmte Konzentrationsbereiche der Mischkristalle.

Bei *II–VI-Halbleiterschichten* hängen die kristallographischen Eigenschaften nicht nur von den Züchtungsbedingungen (insbesondere Substrat-Temperatur und Übersättigungsgrad bei Dampfphasen-Abscheidung), sondern auch vom Substratmaterial ab. Große, einkristalline Aufdampfschichten wurden nur für optimal angepaßte Substrate bei hinreichend hohen Substrat-Temperaturen erhalten. Bei tieferen Substrat-Temperaturen ($\lessapprox$300 °C) entstehen polykristalline Schichten, die oft texturiert sind. Durch Temperung der primär erhaltenen Schichten ist eine teilweise Rekristallisation bzw. eine Vergrößerung der einkristallinen Bereiche erreichbar [2].

3.1.4. Dotierung

Die optischen und elektrischen Eigenschaften (insbesondere auch die für Anwendungszwecke relevanten) der II–VI-Halbleiter werden entscheidend durch Eigen- und Fremdstörstellen bedingt (vgl. dazu Abschn. 3.2.5. und 3.2.6.). Im vorliegenden Abschnitt sollen die Besonderheiten der Dotierung von II–VI-Halbleitern und ihre physikalischen Grundlagen wie Löslichkeit und Diffusion von Störstellen kurz dargestellt werden [2, 24, 25].

Zur Erreichung einer homogenen (und hohen) Störstellen-Konzentration ist die *Dotierung während der Züchtung* vorteilhaft, während die *Diffusionsdotierung* zur Herstellung inhomogener Störstellenverteilungen günstiger ist. Die maximal erreichbaren Störstellenkonzentrationen sind im thermodynamischen Gleichgewicht durch die entsprechenden Löslichkeiten gegeben, die von der Temperatur und dem Dampfdruck der Komponenten der II–VI-Verbindungen abhängen. Bezüglich der Eigenstörstellen sind trotz sehr zahlreicher Untersuchungen kaum unumstrittene, allgemeingültige Aussagen möglich. Unter Hochtemperatur-Gleichgewichtsbedingungen sollte in II–VI-Halbleitern MX die Schottky-Fehlordnung (V_M, V_X) dominieren, während die Frenkel-Fehlordnung (M_i, X_i) und erst recht die Antistruktur-Fehlordnung (M_X, X_M) eine geringere Rolle spielen. Die berechneten Bildungsenthalpien für ein Schottky-Paar liegen im Bereich 6,6 eV (ZnS) bis 5,5 eV (CdTe) und stimmen größenordnungsmäßig mit experimentell bestimmten Werten überein.

Die Löslichkeit von Fremdstörstellen, die auf M-Platz eingebaut werden, steigt mit abnehmendem p_M. Das umgekehrte gilt für Fremdstörstellen, die auf X-Platz eingebaut werden. Der quantitative Zusammenhang wird durch entsprechende Massenwirkungsgesetze gegeben und führt meist zu Potenzgesetzen. Beispielsweise gilt für die Au-Löslichkeit in CdTe: $[\mathrm{Au}] \sim p_{\mathrm{Cd}}^{-1/3}$ [39]. Die Temperaturabhängigkeit der Löslichkeit ist häufig gut durch ein Exponentialgesetz beschreibbar, beispielsweise gilt für die Ag-Löslichkeit in CdS: $[\mathrm{Ag}] \sim \exp(-\Delta E/kT)$ mit $\Delta E = 1{,}0\,\mathrm{eV}$ bei kleinem p_{Cd} [40]. Die Löslichkeit von Cu, Ag und Au ist im Hochtemperaturbereich ($\gtrsim 1000\,°\mathrm{C}$) in den II–VI-Halbleitern groß ($\gtrsim 1\,\%$), bei Abkühlung bilden sich dann jedoch Präzipitate dieser Metalle. Besonders hohe Löslichkeiten besitzen die isovalenten Atome aus der gleichen Spalte des Periodischen Systems, meist sind sogar mehr oder weniger große Mischkristall-Bereiche vorhanden. Dies gilt insbesondere für (Zn, Cd, Hg) und entsprechend für (S, Se, Te), aber auch z. B. für ZnS : Mg, CdS : Mg, CdS : Ca [24]. Auch die Übergangsmetalle sind in II–VI-Halbleitern im allgemeinen recht gut löslich. Besonders hohe Löslichkeit besitzt Mn, es sind Mischkristalle mit allen II–VI-Halbleitern möglich. Auch Fe, Co, Ni besitzen meist Löslichkeiten bis zu 1 %, während Seltene Erden in der Regel bis zu 1 ‰ löslich sind. Für die als Donatoren (bzw. Akzeptoren) interessanten Elemente der Gruppen III, VII (bzw. I, V) übersteigt die Löslichkeit in II–VI-Halbleitern kaum 1 ‰ und ist häufig nur gering (z. B. für P, As, K $\lesssim 10^{-2}$ bis $10^{-3}\,\%$). Die höchsten Löslichkeiten werden für Al, In und Ga berichtet (im %-Bereich). Bezüglich weiterer Einzelheiten wird auf [24] verwiesen.

Bei der Durchführung der Dotierung während der Züchtung der Kristalle aus der Schmelze treten im allgemeinen weniger Probleme auf als bei der Züchtung aus der Dampfphase, da viele interessante Dotierungselemente bei der Züchtungstemperatur nur einen geringen Dampfdruck besitzen. Zur Erzielung hoher Dotierungskonzentrationen sind daher besonders die Verfahren geeignet, die ein chemisch aktives Transportgas benutzen (vgl. Abschn. 3.1.2.1.). Wie bereits erwähnt, führt die Kristallzüchtung aus Lösungen zu einer Dotierung mit Lösungsmittelatomen. Besonders interessant sind diesbezüglich die Züchtung aus Ga- bzw. In-Schmelzen, die Züchtung von CdTe aus einer $CdCl_2$-Schmelze und die Züchtung von ZnS und CdS aus einer Te-Schmelze.

Die einfachste Technik bei der Diffusionsdotierung ist die Temperung der Kristalle im Dampf des Dotierungselements in abgeschlossenen, evakuierten Quarzampullen. Die mittlere Eindringtiefe $2(Dt)^{1/2}$ hängt neben der Temperungszeit t entscheidend vom Diffusionskoeffizienten $D = D_0 \exp(-\Delta E/kT)$ ab, wobei D_0 wiederum von der Leerstellen-Konzentration im Kristall und damit von p_M abhängt. Relativ große Diffusionskonstanten werden für Cu, Ag, Au und für Li in II–VI-Halbleitern beobachtet (z. B. $D_0 = 2{,}6 \times \times 10^{-3}\ cm^2\,s^{-1}$, $\Delta E = 0{,}79$ eV für ZnS:Cu, $D_0 = 7 \times 10^{-3}\ cm^2\,s^{-1}$, $\Delta E = 0{,}63$ eV für CdS:Ag), während die Elemente der V. und VII. Gruppe nur langsam diffundieren (z. B. $D = 2 \times 10^{-12}\ cm^2\,s^{-1}$ bei 850 °C für CdTe:P). Auch Al, Ga und In und Mn besitzen noch hinreichend hohe Diffusionskonstanten (z. B. ZnS:Mn $D_0 = 2{,}3 \times 10^3\ cm^2\,s^{-1}$, $\Delta E = 2{,}46$ eV), so daß eine Diffusionsdotierung sinnvoll ist. Gewissermaßen die Umkehrung einer Diffusionsdotierung ist die sogenannte Extraktionstechnik zur nachträglichen Reinigung von II–VI-Halbleitern (vgl. [2,24]). Dabei wird der Kristall in der Schmelze der jeweiligen metallischen Komponente (Zn oder Cd) gehalten und die höhere Löslichkeit des Verunreinigungselements (z. B. Cu, Ag) in der Schmelze ausgenutzt.

Neben den bisher behandelten Gleichgewichts-Dotierungstechniken erlangen in den letzten Jahren auch bei den II–VI-Halbleitern zunehmend die sogenannten Nichtgleichgewichts-Dotierungsverfahren eine vor allem technologische Bedeutung. Insbesondere die *Ionenimplantation* (vgl. [2] und dort zitierte Review-Artikel) besitzt auch für II–VI-Halbleiter einige prinzipielle Vorteile. So ist die Erzielung von Dotierungskonzentrationen möglich, die über der thermodynamisch bedingten Löslichkeitsgrenze liegen. Vorteilhaft sind auch die Möglichkeiten der Vermeidung von Kompensationseffekten (vgl. 3.2.5.) und der Herstellung von Störstellen-Profilen. Demgegenüber sind die begrenzte Eindringtiefe der implantierten Ionen und vor allem der unvermeidlich erzeugte Strahlungsdamage wesentliche Nachteile. Das Problem der Ausheilung der durch diesen Strahlungsdamage erzeugten Eigenstörstellen (und ihrer vielfältigen Assoziate mit den implantierten Atomen) ist bei den II–VI-Halbleitern noch weitgehend ungelöst. Neben dem konventionellen thermischen Ausheilen der Kristalle wird auch der Einsatz von Laser-Annealing und Elektronen- bzw. Ionenstrahl-Annealing bei II–VI-Halbleitern erprobt. Typische Parameterwerte für die Ionenimplantation in II–VI-Halbleitern sind 10 bis 100 keV Ionenenergie und 10^{13} bis 10^{16} Ionen/cm^2 als Dosis. Beispiele für Eindringtiefen sind $R = 16{,}6$ nm für 50 keV Yb in ZnTe oder $R = 160$ nm für 200 keV P in ZnSe. Die Eindringtiefen liegen stets unter 1 µm, falls nicht Kanalisationseffekte ausgenutzt werden. Im Gegensatz zu den Element- und III–V-Halbleitern wird bei II–VI-Halbleitern *keine* Amorphisierung an der Oberfläche der Kristalle beobachtet, was auf den relativ hohen Anteil ionischer Bindung zurückgeführt wird.

Ebenfalls eine Nichtgleichgewichts-Methode ist die Dotierung durch radioaktive Kernumwandlung, die jedoch nur in speziellen Fällen anwendbar ist. Entweder werden geeignete radioaktive Isotope bei der Kristallzüchtung bzw. durch Diffusionsdotierung eingebaut oder durch Neutronenbestrahlung aus Wirtsgitteratomen erzeugt. Diese radioaktiven Isotope wandeln sich dann in die gewünschten stabilen Isotope der Dotierungselemente um. Beispiele dafür sind die ^{35}Cl-Dotierung von ZnS oder CdS durch Einbau von radioaktivem ^{35}S und die ^{66}Cu-Dotierung von ZnS als Folge einer n-Bestrahlung ($^{64}\mathrm{Zn} \xrightarrow{n} {}^{65}\mathrm{Zn} \rightarrow {}^{65}\mathrm{Cu}$). Der erhoffte Vorteil dieser Methode ist wiederum die Vermeidung von Kompensationseffekten durch Eigenstörstellen.

3.2. Eigenschaften

3.2.1. Mechanische, thermische und piezoelektrische Eigenschaften

In Tab. 3.4 sind einige, die mechanischen, thermischen und piezoelektrischen Eigenschaften der II–VI-Halbleiter charakterisierenden Parameter zusammengestellt. Die Dichte ϱ liegt im Bereich von 4 bis 6 g cm^{-3}. Die

Tabelle 3.4.
Mechanische, thermische und piezoelektrische Eigenschaften der II–VI-Halbleiter

		ZnS(ZB)	ZnSe	ZnTe	CdS	CdSe	CdTe
Dichte ϱ in g cm^{-3}		4,088	5,262	5,636	4,819	5,684	6,2
Elastische	c_{11}	9,81	8,72	7,11	8,43	7,49	5,33
Konstanten	c_{12}	6,27	5,24	4,07	5,21	4,61	3,65
in 10^{10} N m^{-2}	c_{13}	–	–	–	4,57	3,93	–
	c_{33}	–	–	–	9,18	8,45	–
	c_{44}	4,48	3,92	3,13	1,46	1,32	2,04
Isotherme Kompressibilität K_T in 10^{-11} m^2 N^{-1}		1,27	1,46	1,92	1,57	1,82	2,28
Longitudinale Schallgeschwindigkeit v_l in 10^3 m s^{-1} bei 300 K		4,9 [1]	4,07 [1]	4,22	4,47($\parallel c$) 4,22($\perp c$)	3,86($\parallel c$) 3,61($\perp c$)	2,93 [1]
Wärmekapazität C_p in J·mol^{-1} K^{-1} bei 300 K		46,1	51,9	49,8	47,3	49,4	49,8
Thermische Leitfähigkeit λ in W cm^{-1} K^{-1} bei 300 K		0,27	0,19	0,18	0,20	0,09	0,075
Linearer thermischer Ausdehnungskoeffizient α in 10^{-6} K^{-1} bei 300 K		6,36	6,84	8,4	4,7($\perp c$) 3,0($\parallel c$)	3,7($\perp c$) 3,0($\parallel c$)	4,9
Piezoelektrische	e_{14}	0,147	0,049	0,028	–	–	0,031
Koeffizienten	e_{33}	–	–	–	0,440	0,347	–
in C m^{-2}	e_{31}	–	–	–	–0,244	–0,160	–
	e_{15}	–	–	–	–0,210	–0,138	–

[1] berechnet aus $v_l = \sqrt{c_{11}/\rho}$.

elastischen Eigenschaften sind im Bereich des Hookeschen Gesetzes durch die elastischen Konstanten c_{ik} gegeben, die den Zusammenhang zwischen Dehnungs- und Spannungstensor beschreiben. Für Wurtzit-Typ-Kristalle existieren fünf unabhängige elastische Konstanten, für Zinkblende-Typ-Kristalle nur drei $\left(c_{13}=c_{12}, c_{33}=c_{11}, c_{44}=\frac{1}{2}(c_{11}-c_{12})\right)$. Die Streuung der von verschiedenen Autoren bestimmten Parametersätze beträgt mehr als 5 % und ist damit größer als die beobachtete schwache Temperaturabhängigkeit der c_{ik}. Es gilt c_{ik} (77 K) $>$ c_{ik} (300 K). Die isotherme Kompressibilität K_T steigt von den Sulfiden über die Selenide zu den Telluriden monoton an. Die longitudinalen und transversalen Schallgeschwindigkeiten für die verschiedenen Ausbreitungsrichtungen sind für die II–VI-Halbleiter experimentell bestimmt, können jedoch andererseits bekanntlich aus den c_{ik} und der Dichte ϱ berechnet werden. Als Beispiel sind in Tab. 3.4 die longitudinalen Schallgeschwindigkeiten angegeben. Sie variieren nur gering innerhalb der Familie der II–VI-Halbleiter.

Die spezifische Molwärme der II–VI-Halbleiter liegt bei 300 K praktisch bei dem klassischen Grenzwert 6 R = 49,8 J mol^{-1} K^{-1} (R Gaskonstante). Die thermische Leitfähigkeit λ bei 300 K sinkt von ZnS zum CdTe als Folge der wachsenden Anharmonizität der Gitterschwingungen merklich ab. Die um etwa eine Größenordnung größeren *Maximal*werte von λ liegen im Bereich 10 bis 30 K. Bemerkenswert ist auch, daß die thermische Leitfähigkeit der II–VI-Halbleiter bei 300 K fast eine Größenordnung kleiner als die von Si, Ge bzw. GaAs ist. Der lineare thermische Ausdehnungskoeffizient α bei 300 K ist für die Zn-Chalkogenide deutlich größer als für die Cd-Chalkogenide. Für die Systeme mit Wurtzit-Struktur ist eine merkliche Anisotropie feststellbar. α nimmt mit abnehmender Temperatur ab und wird *negativ* für Temperaturen unter 50 bis 100 K. Dieser Effekt ist extremal für CdTe ($\alpha = -3{,}0 \times 10^{-6}$ K^{-1} bei 27 K).

Alle II–VI-Halbleiter sind piezoelektrisch, da weder die Zinkblende- noch die Wurtzit-Struktur Inversionssymmetrie besitzt. Die experimentell bestimmten piezoelektrischen Konstanten e_{ik} sind in Tab. 3.4 angegeben [41]. Für ZB-Struktur ist eine, für W-Struktur sind drei unabhängige piezoelektrische Konstanten zur vollständigen Bestimmung des Zusammenhangs zwischen Polarisationsvektor und Deformationstensor erforderlich. Bemerkenswert sind die vergleichsweise großen Werte von e_{33} in den Wurtzit-Typ-Kristallen CdS und CdSe (vgl. dazu Abschn. 3.2.4. und 3.3.4.).

3.2.2. Phononische Eigenschaften der reinen Kristalle

Für alle II–VI-Halbleiter liegen Phonon-Dispersionskurven vor, die auf der Grundlage verschiedener Modelle (rigid ion model, valence shell model) berechnet und an experimentelle Daten angepaßt wurden [2, 26, 27]. Für die Halbleiter mit Zinkblende-Struktur gibt es drei akustische und drei optische Zweige (zwei Atome in der primitiven Elementarzelle). Die Wurtzit-Typ-Halbleiter dagegen besitzen neben den drei akustischen neun optische

Zweige (vier Atome in der primitiven Elementarzelle). Nur für die Zn-Chalkogenide und für CdTe liegen vollständige, experimentell bestimmte Dispersionskurven vor, die aus Messungen der inelastischen Neutronenstreuung gewonnen wurden (vgl. Abb. 3.5 als Beispiel für kubisches ZnS).

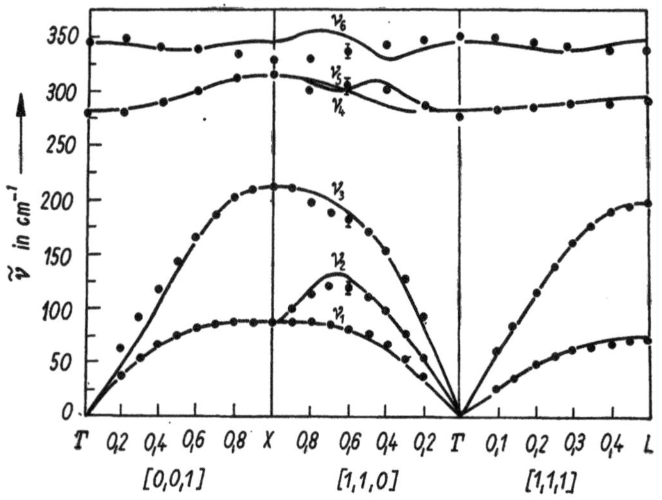

Abb. 3.5. Phonon-Dispersionskurve für kubisches ZnS. Ausgezogene Kurven berechnet auf der Grundlage eines Schalen-Modells, experimentelle Punkte bestimmt durch inelastische Neutronen-Streuung (nach [26])

Wegen des hohen Einfangquerschnitts des in natürlichem Cd enthaltenen ^{113}Cd für thermische Neutronen sind derartige Messungen in Cd-Verbindungen nur möglich, wenn die Kristalle unter Verwendung des ^{114}Cd-Isotopes gezüchtet wurden [55]. Außerdem werden zur Anpassung die Ergebnisse von IR-Absorptions- und Raman-Streuexperimenten und teilweise auch die Daten über elastische, piezoelektrische und dielektrische Eigenschaften der II–VI-Halbleiter benutzt. Abb. 3.6 zeigt als weiteres Beispiel die Phonon-Dispersionskurven von CdS, die auf diese Weise erhalten wurden. In Tab. 3.5 sind die Phonon-Energien in kritischen Punkten der Brillouin-Zone zusammengestellt, wie sie aus der Messung der inelastischen Neutronenstreuung bzw. aus optischen Experimenten erhalten wurden. Für die Zinkblende-Typ-Halbleiter ZnS, ZnSe, ZnTe und CdTe sind die Phononen-Energien für den Mittelpunkt (Γ) und die Randpunkte X ([001]) und L ([111]) der Brillouin-Zone angegeben, wie sie aus Neutronen-Streuexperimenten bestimmt wurden [26]. Für die Wurtzit-Typ-Halbleiter ZnS, CdS und CdSe ergibt sich wegen der insgesamt 12 Zweige ein wesentlich komplizierteres Bild (vgl. Abb. 3.6). In Tab. 3.5 sind daher für die LO- bzw. TO-Zweige (für CdS) nur die Werte im Mittelpunkt Γ und für die LA- bzw. TA-Zweige im Punkt A (Randpunkt in [0001]-Richtung) der Brillouin-Zone angegeben. Die Anstiege der LA- bzw.

TA-Zweige sind bekanntlich durch die longitudinalen bzw. transversalen Schallgeschwindigkeiten bestimmt. In Tab. 3.4 sind die longitudinalen Schallgeschwindigkeiten v_l zur Illustration angegeben. Für die Wurtzit-Typ-

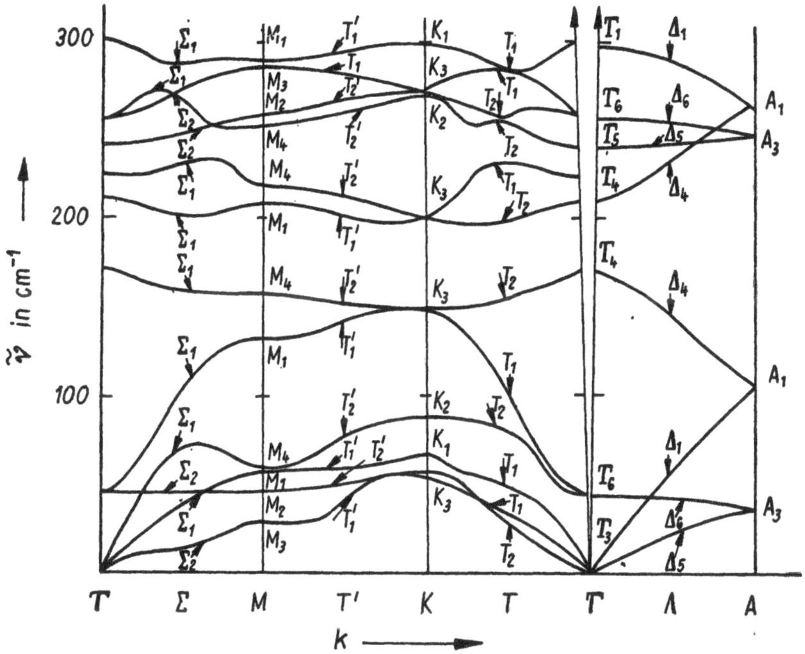

Abb. 3.6. Phonon-Dispersionskurve für CdS (Wurtzit-Typ), berechnet in einem 11-Parameter-Modell und Anpassung an experimentell bestimmte LO- und TO-Phononenenergien bei Γ und elastische, piezoelektrische und dielektrische Parameter (nach [27])

Halbleiter liegt eine merkliche Anisotropie für Ausbreitungsrichtung senkrecht bzw. parallel zur c-Achse vor. Aus den Phonon-Dispersionskurven kann die Phonon-Zustandsdichte bestimmt werden. Sie ist in Abb. 3.7 als Beispiel für CdS angegeben. Deutlich sind die Bänder der akustischen und optischen Phononen und im Bereich 20 bis 25 meV die Zustandsdichte-Lücke zu erkennen. In guter Näherung gilt für die TO(TO_1)-Phononenergie im Punkte Γ für die II–VI-Halbleiter $\hbar\omega_{TO[\Gamma]} \sim M^{-1/2}$, wobei $M = M_M M_X/(M_M + M_X)$ die reduzierte Masse der Verbindung MX ist (vgl. [28]). Gemäß der (vereinfachten) Lyddane-Sachs-Teller-Relation

$$\hbar\omega_{LO} = \hbar\omega_{TO}(\varepsilon_0/\varepsilon_\infty)^{1/2}$$

ist damit auch die LO(LO_1)-Phononenenergie im wesentlichen proportional $M^{-1/2}$ und daher, wie Tab. 3.5 zeigt, in ZnS am größten und in CdTe am kleinsten (ε_0 statische, ε_∞ optische Dielektrizitätskonstante).

Die optischen Eigenschaften der II–VI-Halbleiter im fernen IR-Spektral-

Tabelle 3.5.
Phononen-Energien der II–VI-Halbleiter bei 300 K

	Zinkblende-Typ [2]					Wurtzit-Typ [27]	
$\hbar\omega$ in meV	ZnS	ZnSe	ZnTe	CdTe	$\hbar\omega$ in meV	CdS	CdSe
LO (Γ)	43,2	31,3	25,6	21,0	LO_1 (Γ_1)	37,8	26,2
LO (X)	40,9	26,4	22,8		LO_2 (Γ_4)	26,0	
LO (L)	41,8		22,3	17,9	LO_3 (Γ_4)	21,1	
TO (Γ)	34,3	26,4	21,9	17,4	TO_1 (Γ_5)	29,9	21,0
TO (X)	39,2	27,2	21,5	18,4	TO_2 (Γ_6)	31,7	
TO (L)	35,9	28,9	21,5	17,9	TO_3 (Γ_6)	10,5	
LA (X)	26,2	24,1	17,7		LA (A_1)	18,5	13,6
LA (L)	24,2	20,6	16,8	13,4			
TA (X)	11,1	8,7	6,7	4,3	TA (A_3)	9,8	7,4
TA (L)	8,7	7,1	5,2	3,6			
Statische Dielektrizitätskonstante ε_0 [2]	8,1 bis 8,6	8,1 bis 9,2	9,2 bis 10,1	10,2 bis 10,9	ε_0	8,6 bis 9,3	9,4 bis 10,0
Brechungsindex n (für $\lambda = 1{,}4$ µm) [2]	2,28	2,43	2,74	2,75	n_o	2,30	2,50
					n_e	2,32	2,38

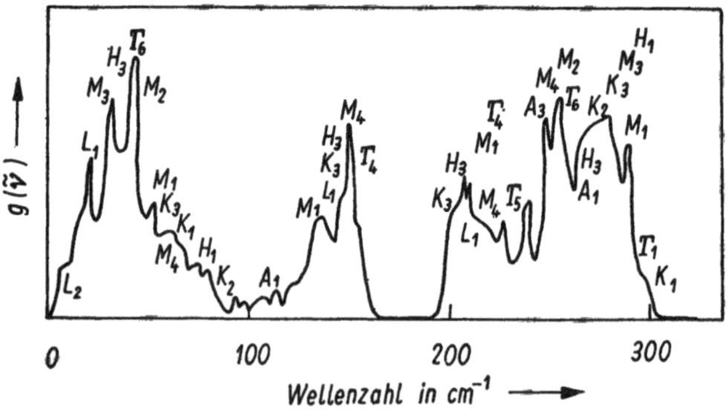

Abb. 3.7. Phonon-Zustandsdichte für CdS (nach [27])

bereich sind durch ihre Phonon-Parameter bestimmt. Die IR-Absorptions- und Reflexionsspektren sind durch die IR-aktiven TO-Moden festgelegt. Abb. 3.8 zeigt die IR-Reflexionsspektren der sechs II–VI-Halbleiter, die im Bereich von $\hbar\omega_{TO}$ bis $\hbar\omega_{LO}$ die bekannten starken Reflexionsbanden mit Reflexionsvermögen nahe 1 (Reststrahl-Banden) besitzen. In einigen Fällen ist auch die Temperaturabhängigkeit der Reflexionsbanden demonstriert.

Die Absorptionsspektren der II–VI-Halbleiter, die an etwa 1 µm dicken Aufdampfschichten gemessen wurden, zeigen eine starke Bande bei $\hbar\omega_{TO}$, die durch Ein-Phonon-Prozesse bedingt ist ($\hbar\omega_{Phot} = \hbar\omega_{TO}(\boldsymbol{q} = 0)$). Daneben treten wesentlich schwächere durch Mehr-Phononen-Prozesse bedingte Absorptionsbanden auf (z. B. $\hbar\omega_{Phot} = \hbar\omega_{TO}(\boldsymbol{q}) \pm \hbar\omega_{TO}(-\boldsymbol{q})$), wobei die Differenzprozesse mit $T \to 0$ verschwinden, während die Summenprozesse auch für $T \to 0$ beobachtbar sind. Während bei Ein-Phononen-Prozessen wegen des Impulserhaltungssatzes nur TO-Phononen bei $\boldsymbol{q} \approx 0$ (d. h. TO(Γ))

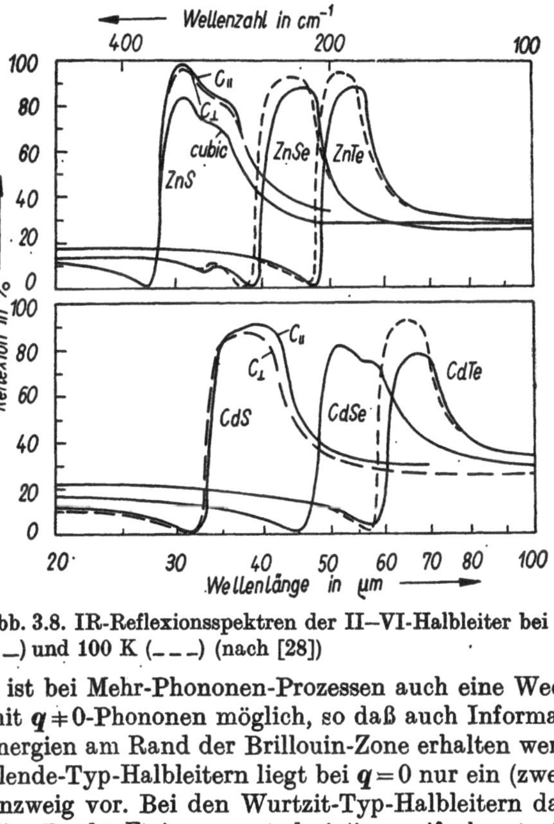

Abb. 3.8. IR-Reflexionsspektren der II–VI-Halbleiter bei 300 K (ausgezogen, ——) und 100 K (– – –) (nach [28])

entstehen, ist bei Mehr-Phononen-Prozessen auch eine Wechselwirkung des Photons mit $\boldsymbol{q} \neq 0$-Phononen möglich, so daß auch Informationen über TO-Phonon-Energien am Rand der Brillouin-Zone erhalten werden können. Bei den Zinkblende-Typ-Halbleitern liegt bei $\boldsymbol{q} = 0$ nur ein (zweifach-entarteter) TO-Phononzweig vor. Bei den Wurtzit-Typ-Halbleitern dagegen existieren bei $\boldsymbol{q} = 0$ (im Punkt Γ) insgesamt drei (je zweifach-entartete) TO_ν-Zweige ($\nu = 1, 2, 3$), wobei jedoch auch hier nur einer (TO_1) IR-aktiv ist, der die Lage der Reflexions- bzw. Absorptionsbanden bestimmt.

Die zweite wichtige Quelle experimenteller Information über Phononen-Energien in Kristallen ist die Untersuchung der Raman-Streuung, die wegen anderer optischer Auswahlregeln bekanntlich eine wertvolle Ergänzung zu den direkten IR-Absorptions- bzw. Reflexionsmessungen ist. In Zinkblende-Typ Kristallen sind sowohl die $TO(\Gamma_{15})$- als auch die $LO(\Gamma_{15})$- Phononen Raman-aktiv, in Wurtzit-Typ-Kristallen dagegen sind nur die $TO_1(\Gamma_5)$-,

$LO_1(\Gamma_1)$- und die $TO_2(\Gamma_6)$- und $TO_3(\Gamma_6)$-Phononen Raman-aktiv. In Klammern sind die jeweiligen irreduziblen Darstellungen der Phononen angegeben. Die Untersuchung von Mehr-Phonon-Raman-Streuung erlaubt auch die Bestimmung von Phononen-Energien in Randpunkten der Brillouin-Zone.

Wie aus der angegebenen Lyddane-Sachs-Teller-Relation folgt, ist der Wert der statischen Dielektrizitätskonstanten ε_0 auch durch Anpassung an die Daten der IR-Spektroskopie zu erhalten. Daneben sind natürlich auch direkte Meßverfahren anwendbar. Die Ergebnisse verschiedener Autoren (und Meßverfahren) streuen stark, so daß in Tab. 3.5 nur Intervalle für ε_0 angegeben sind (nach [2]). Die Anisotropie von ε_0 in den Wurtzit-Typ-Kristallen CdS und CdSe liegt innerhalb dieser Intervallgrenzen.

3.2.3. Elektronische Eigenschaften der reinen Kristalle

Für die elektronischen Eigenschaften der reinen (undotierten) Kristalle sind vor allem die Bandstruktur von Leitungs- und Valenzband von Bedeutung. Alle hier betrachteten II–VI-Halbleiter sind *direkte* Halbleiter, d. h. tiefstes Leitungs- und oberstes Valenzband haben ihre Extrema im gleichen Punkt der Brillouin-Zone und zwar im Punkt Γ ($\boldsymbol{k}=0$). In Tab. 3.6 ist die Größe der Bandlücke zwischen Leitungsband-Minimum und Valenzband-Maximum für 4 und 300 K angegeben. Innerhalb der Familie der sechs II–VI-Halbleiter kann der für Anwendungszwecke besonders interessante

Tabelle 3.6.
Bandstruktur- und Exciton-Parameter der II–VI-Halbleiter (nach [2, 44])

	ZnS(W)	ZnSe	ZnTe	CdS	CdSe	CdTe
Bandlücke E_g in eV bei 4 K	3,910 3,84 (ZB)	2,818	2,391	2,584	1,841	1,606
Spin-Bahn-Konstante Δ_{so} in meV	92	430	900	65	420	900
Kristallfeld-Konstante Δ_{cr} in meV	55	–	–	27	41	–
E_g in eV bei 300 K	3,73 3,66 (ZB)	2,67	2,25	2,42	1,73	1,44
dE_g/dT in 10^{-4} eVK^{-1}	8,5	8,0	5,0	5,2	4,6	2,3
Effektive Masse m_e^*/m_0	0,28	0,17	0,11	0,20	0,13	0,10
m_h^*/m_0	0,50($\perp c$) 1,4($\parallel c$)	0,75	0,6	0,7($\perp c$) 5 ($\parallel c$)	0,45($\perp c$) 2,5 ($\parallel c$)	0,35
Exciton-Energien bei 4 K						
E_A^{ex} in eV	3,871	2,799	2,381	2,554	1,826	1,596
E_B^{ex} in eV	3,900	–	–	2,569	1,851	–
E_C^{ex} in eV	3,990	3,21	3,28	2,632	2,259	2,50
Exciton-Bindungsenergie ε_b^{ex} in meV	39	21	13	30,5	15	12

Bereich des sichtbaren Lichts (1,5 bis 3,0 eV) also sowohl vollständig unterhalb der Bandlücke liegen (ZnS) als auch vollständig oberhalb (CdTe). Für alle II–VI-Halbleiter liegen Bandstrukturberechnungen für $E_n(\boldsymbol{k})$ nach verschiedenen Methoden (lokale bzw. nicht-lokale Pseudopotential-Methode, OPW-, APW-, KKR- und TB-Methode) vor, die an experimentelle Daten insbesondere der UV-Reflexions- und Photoemissionsspektroskopie, der XPS und der optischen Untersuchungen in der Umgebung von E_g angepaßt wurden. Als Beispiel sind in Abb. 3.9 die $E_n(\boldsymbol{k})$-Bandstruktur von ZnTe (Zinkblende-

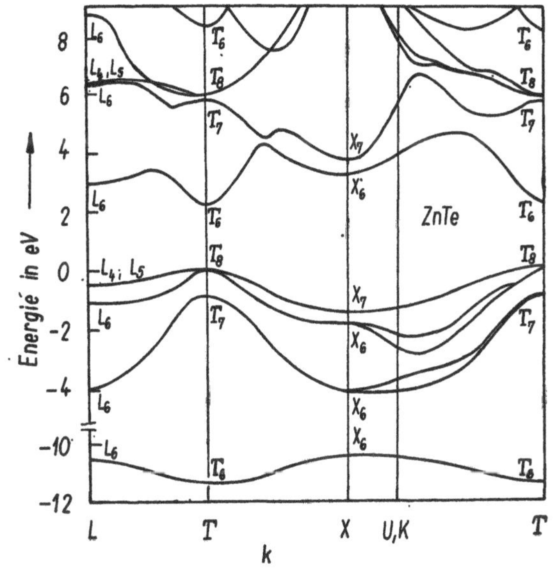

Abb. 3.9. Bandstruktur von kubischem ZnTe nach Chelikowsky und Cohen [29] (nicht-lokales Pseudopotential)

Symmetrie) und in Abb. 3.10 von CdS (Wurtzit-Symmetrie) dargestellt für einige Richtungen bzw. kritische Punkte der 1. Brillouin-Zone. Im Falle der *Zinkblende-Symmetrie* (T_d) liegt ein zweifach entartetes tiefstes Leitungsband (irreduzible Darstellung im Minimum Γ_6) und ein sechsfach entartetes oberstes Valenzband vor, das bereits im Punkt Γ infolge der Spin-Bahn-Wechselwirkung in ein oberes vierfach-entartetes Subvalenzband (Γ_8) und ein tieferes zweifach-entartetes Subvalenzband (Γ_7) aufspaltet. Außerhalb des Maximums im Punkte Γ erfolgt eine weitere Aufspaltung des oberen Subvalenzbandes in das Band der leichten und das der schweren Löcher. Diese für alle II–VI-Halbleiter mit Zinkblende-Struktur gültige Bandstruktur in der Umgebung von Γ ist in Abb. 3.11a schematisch dargestellt. Die uniaxialen *Wurtzit-Typ* Halbleiter (C_{6v}) besitzen eine sehr ähnliche Energieband-Struktur: Das Leitungsband (Minimum Γ_7) ist ebenfalls zweifach Kramers-entartet, das Valenzband ist jedoch infolge des uniaxialen Kristallfeldes und der Spin-Bahn-Wechselwirkung in insgesamt drei zweifach-entartete Subbänder aufgespalten (Γ_9, Γ_7, Γ_7) (vgl. Abb. 11b). In Tab. 3.6 sind die Parameter der Spin-Bahn-Wechselwirkung (Δ_{so}) und des Kristallfeldes (Δ_{cr}) angegeben. Man erkennt, daß Δ_{so} von den Sulfiden über die Selenide zu den Telluriden stark wächst. Die energetischen Unterschiede

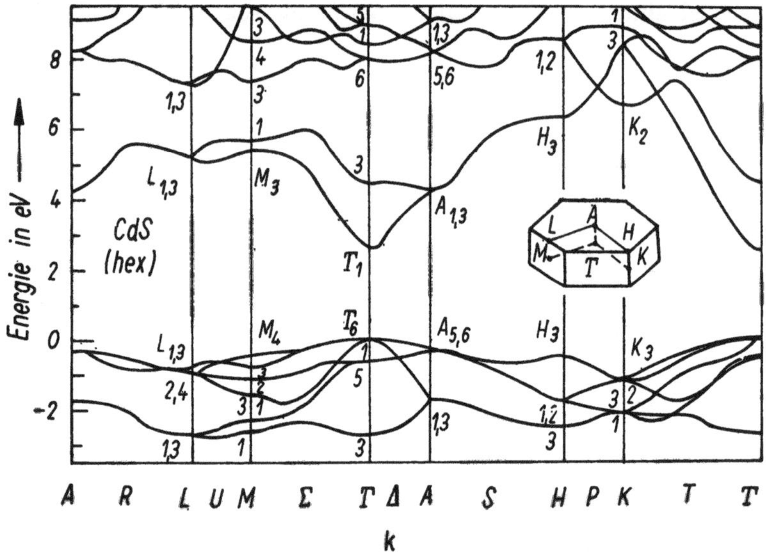

Abb. 3.10. Bandstruktur von hexagonalem CdS nach Bergstresser und Cohen [30] (lokales Pseudopotential). Die 1. Brillouin-Zone ist eingezeichnet. Spin-Bahn- und Kristallfeld-Wechselwirkung sind nicht berücksichtigt

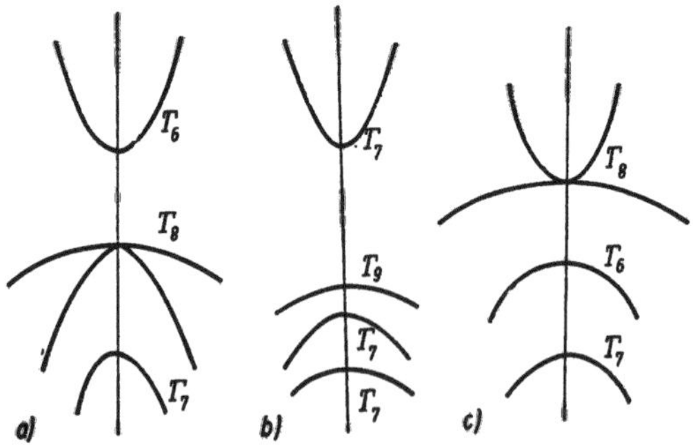

Abb. 3.11. Schematische Darstellung der Energiebandstruktur für breitlückige Zinkblende-Typ- (a) und für Wurtzit-Typ-II-VI-Halbleiter (b) ($\Delta_{so} > 0$). Zum Vergleich Energiebandstruktur für HgTe (Zinkblende-Halbmetall) (c)

zwischen den Subvalenzband-Maxima sind gegeben durch

$$E_A(\Gamma_8) - E_C(\Gamma_7) = \Delta_{so} \quad \text{für ZB-Struktur}$$

$$E_A(\Gamma_9) - E_{B,C}(\Gamma_7) = \frac{1}{2}\left\{(\Delta_{so} + \Delta_{cr}) \mp [(\Delta_{so} + \Delta_{cr})^2 - \frac{8}{3}\Delta_{so}\Delta_{cr}]^{1/2}\right\}$$

für W-Struktur.

Für alle hier betrachteten II–VI-Halbleiter gilt $0 < \Delta_{so} < E_g$. Für den Wurtzit-Typ-Halbleiter ZnO dagegen gilt $\Delta_{so} < 0$. Die Bandstruktur ist ähnlich der von CdS, die energetische Reihenfolge von Γ_9- und oberem Γ_7-Subvalenzband ist jedoch vertauscht. Ein anderer Grenzfall ist für HgTe und HgSe realisiert. Für diese Zinkblende-Systeme ist $\Delta_{so} > |E_g|$, so daß sich die in Abb. 3.11c schematisch dargestellte Situation ergibt, die zu dem Halbmetall-Verhalten dieser Kristalle führt.

In allen II–VI-Halbleitern werden die Zustände des tiefsten Leitungsbandes im wesentlichen von den 4s- bzw. 5s-Zuständen von Zn bzw. Cd, die Zustände des obersten Valenzbandes durch die 3p(S)-, 4p(Se)- bzw. 5p(Te)-Zustände der Anionen aufgebaut, wobei jedoch auch d-Zustände der Kationen beigemischt sein können. Daneben gibt es ein tieferes Valenzband, das vornehmlich aus den ns-Zuständen der Anionen aufgebaut wird ($n = 3$(S), 4(Se) bzw. 5(Te)), das vom oberen Valenzband durch eine Energielücke von der Größenordnung 5 eV getrennt ist (vgl. Abb. 3.9). Das obere Valenzband hat eine totale Breite ebenfalls von der Größenordnung 5 eV. Die zugehörige berechnete Zustandsdichte weist in Übereinstimmung mit experimentellen Resultaten (UPS, XPS) zwei Hauptpeaks und teilweise weitere Feinstrukturen auf, die den verschiedenen kritischen Punkten zugeordnet werden können.

Der $E_{c,v}(\boldsymbol{k})$-Verlauf von Leitungs- und Valenzband in der Umgebung des Extremums kann bekanntlich durch Angabe der effektiven Massen m_{ij}^* gemäß $\frac{1}{m_{ij}^*} = \frac{1}{\hbar^2}\left(\frac{\partial^2 E}{\partial k_i \partial k_j}\right)$ charakterisiert werden. In der Umgebung des Leitungsband-Minimums ist $E_c(\boldsymbol{k})$ für alle betrachteten II–VI-Halbleiter weitgehend parabolisch und auch in den Wurtzit-Typ-Kristallen isotrop. Die entsprechende effektive Masse der Elektronen im Leitungsband-Minimum ist in Tab. 3.6 angegeben. Sie variiert nur relativ schwach von 0,28 m_0 (ZnS) bis zu 0,1 m_0 (CdTe). Ebenfalls angegeben sind die effektiven Massen der Löcher im obersten Subvalenzband, die im Falle von Wurtzit-Symmetrie merklich anisotrop ($m_{h\parallel}^* > m_{h\perp}^*$) sind. Die m_h^*-Werte sind wesentlich unsicherer als die m_e-Werte.

Bekanntlich spielen bei den II–VI-Halbleitern neben den bisher betrachteten Ein-Elektronen-Zuständen und -Energien auch 2-Teilchen-Anregungszustände, nämlich *Excitonen* insbesondere für die optischen Eigenschaften vgl. 3.2.6.), eine wesentliche Rolle. Entsprechend der Subvalenzband-Struktur werden bei Zinkblende-Symmetrie zwei, bei Wurtzit-Symmetrie drei Exciton-Zustände unterschieden, deren experimentell bestimmte Energien in Tab. 3.6 angegeben sind. Die Bindungsenergie dieser durch Coulomb-Wechselwirkung gebundenen Elektron-Loch-Paare ist in einfachster Näherung (im quasi-H-Modell) gegeben durch

$$\varepsilon_{b,n}^{ex} = \frac{1}{n^2} \frac{m_{red}^*}{m_0} \cdot \frac{1}{\varepsilon_0^2} E_H \quad (n = 1, 2, \ldots),$$

wobei $E_H = 13{,}6$ eV, m_0 die freie Elektronenmasse, $m_{red}^* = m_e^* m_h^* / (m_e^* + m_h^*)$ die reduzierte effektive Masse des Exzitons und ε_0 die statische Dielektrizitätskonstante sind. Für $n = 1$ ergeben sich die Bindungsenergien des Grundzustands der Excitonen. Die entsprechenden experimentellen Werte, die relativ gut mit den berechneten übereinstimmen, sind ebenfalls in Tab. 3.6 angegeben. Die genauen Werte für die Größe der Bandlücke E_g bei 4 K sind mit Hilfe der Relation $E_g = E_A^{ex} + \varepsilon_{b,1}^{ex}$ ermittelt worden.

3.2.4. Elektron-Phonon-Kopplung: Beweglichkeit

Die Elektron-Phonon-Wechselwirkung spielt bei fast allen für die Anwendung von II–VI-Halbleitern relevanten Eigenschaften eine wesentliche Rolle. Im vorliegenden Kapitel sollen daher die in diesen Halbleitern dominanten Elektron-Phonon-Streuprozesse, die insbesondere die Beweglichkeit der freien Ladungsträger bestimmen, dargestellt werden [32]. Weitere Effekte der Elektron-Phonon-Kopplung, die die elektrischen und optischen Eigenschaften der reinen bzw. dotierten Kristalle betreffen, werden in den Abschn. 3.2.5. und 3.2.6. behandelt.

Bei den II–VI-Halbleitern sind drei Elektronen-Streuprozesse wesentlich: a) die inelastische Streuung an polaren optischen Phononen; b) die elastische Streuung an akustischen Phononen und c) die elastische Deformationspotential-Streuung an LA-Phononen. Daneben ist bei tiefen Temperaturen die Streuung der freien Elektronen bzw. Löcher an ionisierten bzw. neutralen Störstellen bedeutsam. Jeder dieser Streuprozesse kann in bestimmter Näherung durch eine effektive Relaxationszeit τ_j beschrieben werden, die gemäß $\mu_j^{e,h} = \frac{e}{m_{e,h}^*} \tau_j^{e,h}$ die entsprechende Driftbeweglichkeit der Elektronen bzw. Löcher bestimmt. Die resultierende Beweglichkeit ergibt sich dann aus

$$(\mu_{tot}^{e,h})^{-1} = \sum_j (\mu_j^{e,h})^{-1}$$

$$(j = \text{verschiedene Streuprozesse})\,.$$

Bei undotierten II–VI-Halbleitern dominiert bei Temperaturen $T \gtrsim 100$ K die Streuung an polaren optischen Phononen. Die diesen Streuprozeß wesentlich bestimmenden Materialparameter sind $\hbar\omega_{LO}$ (vgl. Tab. 3.5) und die Polaron-Kopplungskonstanten α_e, α_h die jedoch innerhalb der II–VI-Halbleiter-Familie nur wenig variieren (für Elektronen im Bereich $\alpha_e = 0{,}64$ (ZnS) bis $\alpha_e = 0{,}30$ (ZnTe, CdTe)). Die Temperaturabhängigkeit der zugehörigen Beweglichkeit μ_{PO} kann nicht durch einfache analytische Ausdrücke beschrieben werden, sondern muß durch numerische Lösung der Boltzmann-Gleichung bestimmt werden. Die Deformations-Potential-Streuung an akustischen Phononen, die der wesentliche Streumechanismus für freie

Träger in den kovalent gebundenen Elementhalbleitern Si und Ge ist, leistet im Falle der II–VI-Halbleiter im allgemeinen nur einen kleinen Beitrag zur Begrenzung der totalen Trägerbeweglichkeiten. Für nicht-entartete Bänder gilt $\mu_{DP} \sim T^{-3/2}$. Für entartete Bänder (Valenzband in Zinkblende-Typ-Halbleitern) dagegen gilt $\mu_{DP} \sim T^{-5/2}$, so daß für höhere Temperaturen ($T \approx 300$ K) in den p-leitenden Halbleitern ZnTe und CdTe dieser Deformationspotential-Streumechanismus (an akustischen und optischen Phononen) für freie Löcher wesentlich wird. Die entscheidenden Materialparameter dieses Streumechanismus sind die Deformationpotential-Konstanten von Leitungs- bzw. Valenzband, die jedoch wiederum nur geringfügig innerhalb der betrachteten II–VI-Halbleiter variieren (Deformationspotential-Konstanten des Leitungsband-Minimums $E_{1c} \approx 3$ bis 5 eV). Die piezoelektrische Streuung von Elektronen an akustischen Phononen schließlich ist relevant für die II–VI-Halbleiter mit den größten piezoelektrischen Konstanten e_{ij}, nämlich CdS und CdSe (vgl. Tab. 3.4). Da für die Temperaturabhängigkeit der zugehörigen Beweglichkeit $\mu_{PA} \sim T^{-1/2}$ gilt, ist dieser Streuprozeß besonders bei tieferen Temperaturen wichtig. Abb. 3.12 zeigt

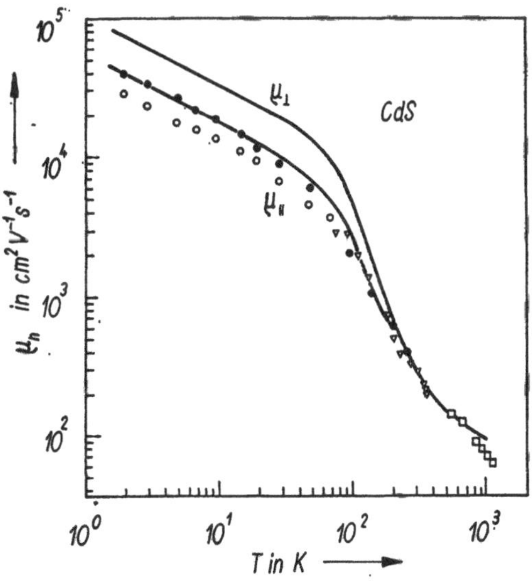

Abb. 3.12. Vergleich der experimentell bestimmten Hallbeweglichkeit für freie Elektronen von undotiertem CdS mit der berechneten Beweglichkeit als Funktion der Temperatur T (nach [31]). $\mu_\perp$ und $\mu_\parallel$ sind die Beweglichkeiten für $\boldsymbol{E} \perp c$ bzw. $\boldsymbol{E} \parallel c$

den Vergleich der gemessenen Hallbeweglichkeit für freie Elektronen im Leitungsband in CdS mit der berechneten Driftbeweglichkeit als Funktion der Temperatur. Dabei ist berücksichtigt, daß der Zusammenhang zwischen Hallbeweglichkeit μ_H und Driftbeweglichkeit μ gegeben ist durch $\mu_H =$

$= r_H \cdot \mu$, wobei der sogenannte Hall-Streufaktor r_H vom dominanten Streumechanismus bestimmt wird und T-abhängig ist, jedoch stets im Bereich 1,0 bis 1,3 liegt. Im Bereich tieferer Temperaturen ($T < 100$ K) dominiert die deutlich anisotrope piezoelektrische Streuung, während bei höheren Temperaturen die Streuung an polaren optischen Phononen vorherrscht. Abb. 3.13

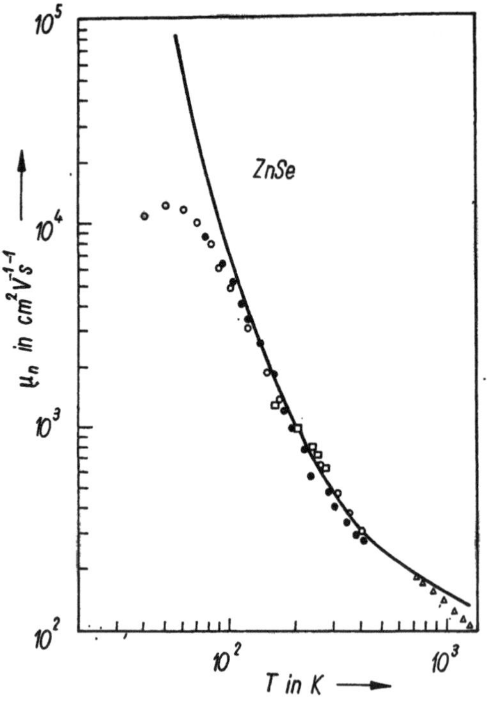

Abb. 3.13. Vergleich der experimentell bestimmten Hallbeweglichkeit für freie Elektronen von undotiertem ZnSe mit der berechneten Beweglichkeit als Funktion der Temperatur T (nach [31])

zeigt den entsprechenden Vergleich für ZnSe. Für $T \gtrapprox 100$ K stimmen berechnete und experimentell bestimmte Beweglichkeiten der freien Elektronen gut überein, der entscheidende Streumechanismus ist wieder die Streuung an polaren optischen Phononen. Bei tieferen Temperaturen dominiert dann jedoch die Streuung der Elektronen an ionisierten Störstellen, die zu einer Driftbeweglichkeit $\mu_{St} \sim T^{3/2}$ führt und damit zu einer Abnahme der Beweglichkeit mit abnehmender Temperatur. Die Höhe des Beweglichkeitsmaximums ist ein Maß für die Störstellen-Konzentration im Kristall. In Tab. 3.7 sind zum Vergleich die Beweglichkeiten sowohl für Elektronen als auch für Löcher bei 300 K für alle betrachteten II–VI-Halbleiter zusammengestellt. Die Maximalwerte liegen für die Elektronen-Beweglichkeit

Tabelle 3.7.
Elektronen- und Löcherbeweglichkeit bei 300 K für die undotierten II–VI-Halbleiter (nach [2])

	ZnS	ZnSe	ZnTe	CdS	CdSe	CdTe
Elektronenbeweglichkeit μ_e in $cm^2V^{-1}s^{-1}$	140	530	73	350	650	1100
Löcherbeweglichkeit μ_h in $cm^2V^{-1}s^{-1}$		28	100	10	7,3	80

bei CdTe und CdSe vor, jedoch sind auch diese Werte wesentlich kleiner als für Si und GaAs.

Im Falle starker Dotierung kann auch bei II–VI-Halbleitern die Störstellen-Streuung bereits bei 300 K eine bestimmende Rolle spielen, wie entsprechende experimentelle Ergebnisse gezeigt haben.

Die starke piezoelektrische Elektron-Phonon-Kopplung in CdS ist auch von applikativem Interesse und Grundlage für die Anwendung z. B. als akustischer Verstärker: Eine akustische Welle (Frequenzbereich etwa 50 bis 2000 MHz) erzeugt infolge des piezoelektrischen Effektes ein periodisches elektrisches Feld, das wiederum eine Raumladungswelle induziert. Wenn die Driftgeschwindigkeit der Ladungsträger in einem von außen angelegten elektrischen Feld größer als die Schallgeschwindigkeit ist, wird die akustische Welle verstärkt [47]. Insgesamt kann der Effekt der Ultraschall-Verstärkung als stimulierte Emission von akustischen Phononen durch die gestreuten Elektronen interpretiert werden.

3.2.5. Elektrische Eigenschaften: Leitfähigkeit

Die elektrische Leitfähigkeit σ in Halbleitern ist bestimmt durch das Produkt aus Beweglichkeit μ_e, μ_h und Konzentration der beiden Ladungsträgerarten gemäß $\sigma = e\,(n\mu_e + p\mu_h)$. Wie jedoch bereits in der Einleitung ausgeführt, sind die II–VI-Halbleiter *gut* leitend nur für jeweils einen Leitungstyp verfügbar: CdS, CdSe, ZnS, ZnSe n-leitend, ZnTe p-leitend. Lediglich CdTe kann sowohl gut n- als auch p-leitend durch geeignete Dotierung hergestellt werden. In allen betrachteten II–VI-Halbleitern spielt im Temperaturbereich bis 500 K die sogenannte Eigenleitung praktisch keine Rolle, eine hohe Leitfähigkeit kann nur durch geeignete Dotierung mit Donator- bzw. Akzeptor-Störstellen realisiert werden. Selbst in CdTe, dem II–VI-Halbleiter mit der kleinsten Bandlücke E_g, ist die Eigenleitungs-Ladungsträgerkonzentration $n_i = p_i = (N_c N_v)^{1/2} \exp(-E_g/2kT)$ bei 300 K nur $7 \times 10^5\ cm^{-3}$ (N_c, N_v effektive Zustandsdichten von Leitungs- bzw. Valenzband).

Sowohl in dotierten als auch in nicht bewußt dotierten II–VI-Halbleitern wird die Ladungsträger-Konzentration (bis 500 K) also durch Eigen- bzw. Fremdstörstellen, die als Donatoren bzw. Akzeptoren wirken, bestimmt. Im Falle eines n-leitenden Halbleiters mit Donatoren (Konzentration N_D,

Ionisierungsenergie E_D) und partiell kompensierenden Akzeptoren (Konzentration N_A) ist die Elektronenkonzentration n im Leitungsband angenähert gegeben durch $n\,(n+N_A)/(N_D-N_A-n)=(N_c/2)\,\exp(-E_D/kT)$ [32]. Als Beispiel ist in Abb. 3.14 die Elektronenkonzentration für n-Typ ZnSe als

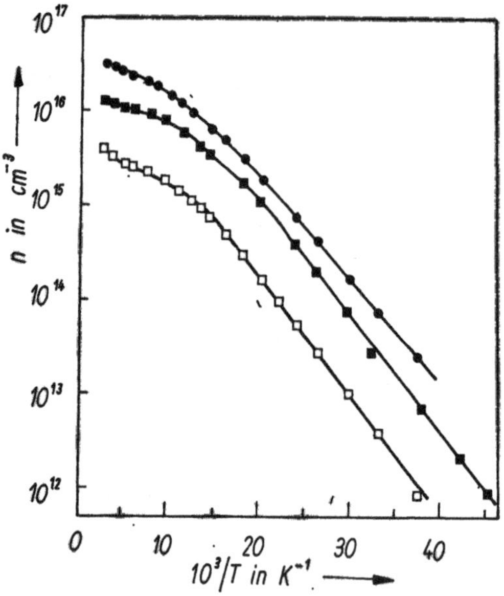

Abb. 3.14. Elektronenkonzentration n im Leitungsband als Funktion der Temperatur T für ZnSe (nach [32]).
● $N_D=3{,}7\times10^{16}\,\text{cm}^{-3}$; $N_A=0{,}5\times10^{16}\,\text{cm}^{-3}$;
■ $N_D=1{,}8\times10^{16}\,\text{cm}^{-3}$; $N_A=0{,}5\times10^{16}\,\text{cm}^{-3}$;
□ $N_D=1{,}05\times10^{16}\,\text{cm}^{-3}$; $N_A=0{,}75\times10^{16}\,\text{cm}^{-3}$; $E_D=21$ meV

Funktion der Temperatur für verschiedene Donator-Konzentrationen und Kompensationsgrade dargestellt. Die Kurven wurden auf der Grundlage der angegebenen Gleichung berechnet, wobei die Parameterwerte N_D, N_A und E_D durch Anpassung bestimmt wurden. Für hohe Temperaturen ist deutlich die beginnende Donatorerschöpfung ($n\approx N_D-N_A$) und für tiefe Temperaturen der Fall der „Donatorreserve" ($n\sim\exp(-E_D/kT)$) zu erkennen.

Unter den *Fremdstörstellen*, die als Donatoren bzw. Akzeptoren in den II–VI-Halbleitern wirken, spielen die Atome der III. Gruppe (Al, Ga, In) substituiert auf Kation-Platz und der VII. Gruppe (F, Cl, Br, J) auf Anion-Platz als *Donatoren*, die Atome der I. Gruppe (Li, Na) substituiert auf Kation-Platz und der V. Gruppe (N, P, As) auf Anion-Platz als *Akzeptoren* die wesentliche Rolle. Die experimentell bestimmten Ionisierungsenergien $E_{D,A}$ sind (soweit bekannt) in Tab. 3.8 zusammengestellt und mit den Werten verglichen, die sich in einfachster Näherung in Effektivmassen-

Tabelle 3.8.
Ionisierungsenergien von Substitutions-Donatoren (E_D) und -Akzeptoren (E_A) in II–VI-Halbleitern (nach [2])

E_D in meV		CdS	CdSe	CdTe	ZnS	ZnSe	ZnTe
berechnet in EMA (mit ε_0)		37	20	13	51	27	17
Donatoren	Al	33	19 [1])	11–22	74	26	18 [1])
auf Kation-	Ga	33				28	
Platz	In	34				29	
Donatoren auf	F	35	19 [1])			29	18 [1])
Anion-Platz	Cl	33			100	27	
E_A in meV		CdS	CdSe	CdTe	ZnS	ZnSe	ZnTe
berechnet in EMA (mit ε_0)		129	69	40	90	120	94
Akzeptoren auf	Li	165	109 [1])			114	58
Kation-Platz	Na	169				124	
Akzeptoren auf	P	750–900				600	63
Anion-Platz	As	1000					73

[1]) nicht identifiziert.

Approximation (EMA) gemäß

$$E_{D,A} = \frac{m^*_{e,h}}{m_0} \frac{1}{\varepsilon_0^2} \cdot E_H$$

ergeben (ε_0 statische Dielektrizitätskonstante). Man erkennt, daß im allgemeinen eine befriedigende Übereinstimmung vorliegt, wobei zu beachten ist, daß bei II–VI-Halbleitern wegen der größeren Ionisierungsenergien und der daraus folgenden stärkeren Lokalisierung der Donator- bzw. Akzeptor-Zustände Zentralzellen-Korrekturen wesentlicher werden als im Falle von Ge bzw. Si. Am Beispiel von CdS und ZnSe erkennt man, daß die Abhängigkeit der Donator-Bindungsenergie von der chemischen Natur des Donators (chemical shift) nur gering ist, wie im Rahmen einer EMA auch zu erwarten ist. Große Abweichung von den EMA-Werten treten jedoch für die Akzeptor-Bindungsenergien von P und As auf Anion-Platz zumindest in den Sulfiden und Seleniden auf.

Auch anderen Fremdstörstellen wird in der Literatur Donator- bzw. Akzeptor-Charakter zugeordnet (z. B. Li_i und Na_i in CdS, CdSe und ZnSe als Donator, Cu_{Zn} in ZnSe, Ag_{Zn} und Cu_{Zn} in ZnTe als Akzeptor) (vgl. z. B. [2]).

Die zweite wichtige, die elektrische Leitfähigkeit der II–VI-Halbleiter MX entscheidend bestimmende Art von Donatoren bzw. Akzeptoren sind die *Eigenstörstellen* (vgl. auch Abschn. 3.1.4.). Sowohl Leerstellen (V_M, V_X) als auch Zwischengitteratome (M_i, X_i) sind je nach Züchtungsbedingungen in teilweise hohen Konzentrationen vorhanden. V_X und M_i sollten als Doppeldonatoren, V_M und X_i dagegen als Doppelakzeptoren wirken. Ferner liegen häufig Assoziate von einfachen Fremddonatoren bzw. -akzeptoren mit Eigenstörstellen vor, die resultierend ebenfalls den Charakter von einfachen Akzeptoren bzw. Donatoren haben. Trotz einer Vielzahl von Arbeiten zu diesen Fragen sind die Aussagen häufig noch kontrovers, so daß hier auf die Angabe von Ionisierungsenergien von Eigenfehlstellen verzichtet werden soll.

Eine besondere Bedeutung besitzen die Eigenstörstellen in den breitlückigen II–VI-Halbleitern (außer CdTe) im Zusammenhang mit dem Effekt der sogenannten *Selbstkompensation* von Fremddonatoren bzw. -akzeptoren. Nach dieser Vorstellung führt der Einbau von Fremddonatoren (-akzeptoren) automatisch zur Entstehung von kompensierenden Eigenstörstellen (insbesondere Leerstellen) mit entgegengesetztem Ladungscharakter, wobei ein Energiegewinn in der Größenordnung von E_g erzielt wird, da eine entsprechende Ladungsträger-Rekombination stattfinden kann. Besonders effektiv ist dieser Selbstkompensations-Mechanismus für die Leerstellenart mit der jeweils kleineren Bildungsenergie (V_S in ZnS und CdS, V_{Se} in CdSe als Donatoren, V_{Zn} in ZnTe als Akzeptoren), wodurch verständlich wäre, warum die Sulfide und Selenide durch konventionelle Dotierung nur n-leitend erhalten werden, ZnTe dagegen nur p-leitend hergestellt werden kann. Häufig kommt es bei der Bildung von kompensierenden Leerstellen zur Entstehung von Störstellen-Assoziaten (z. B. Donator Cl_S oder Al_{Zn} mit Doppelakzeptor V_{Zn} in ZnS) mit resultierendem Akzeptor-Charakter, die bedeutsam für die Lumineszenzeigenschaften der Kristalle sind (vgl. 3.2.6.). Möglicherweise entscheidend für die Selbstkompensation in den n-leitenden Sulfiden und Seleniden ist jedoch, daß die einzigen *flachen* Fremdakzeptoren Li_M und Na_M (vgl. Tab. 3.8) sich durch die gleichzeitige Entstehung von Li_i bzw. Na_i, die als Donatoren wirken, auch ohne Beteiligung von Leerstellen selbstkompensieren, wie aus entsprechenden experimentellen Untersuchungen folgt. Die abgeschätzte Bildungsenergie für Li_M und Na_M beträgt nur 0,4 bzw. 1,0 eV in ZnSe.

Abschließend soll angemerkt werden, daß insbesondere für ZnSe, aber auch für CdS, CdSe und ZnTe eine Leitungstyp-Inversion bei dünnen Schichten von einigen Autoren behauptet wurde (vgl. z. B. [48, 49]). Es handelt sich jedoch stets um relativ geringe Leitfähigkeiten, und außerdem ist in derartigen Dünnschichten eine Unterscheidung zwischen echter Leitungstyp-Inversion und einer durch die Metallkontakte bedingten starken Inversions-Randschicht schwierig.

Mit den elektrischen Eigenschaften der II–VI-Halbleiter in engem Zusammenhang steht die Frage der *Metall-Halbleiter-Kontakte* für diese Systeme. Gut leitende Ohmsche Kontakte werden häufig durch In bzw. (In,Hg)- oder (In,Cd)-Legierungen unter strömender H_2-Atmosphäre hergestellt, wobei die Eindiffusion von In in die kontaktnahe Halbleiterschicht bedeutsam ist. Eine hohe Dotierung der zu kontaktierenden Halbleiteroberfläche z. B. durch Laserstrahlung induzierte Diffusion des Kontaktmetalls zur Verringerung der Randschicht-Dicke ist neben einer geringen Barrierenhöhe vorteilhaft für die Herstellung Ohmscher Kontakte. Für Schottky-Kontakte bei II–VI-Halbleitern sind ebenfalls eine Vielzahl von

Metallen erprobt worden, wobei neben den nicht-reaktiven Metallen (z. B. Au, Ag) neuerdings besondere Bedeutung den reaktiven Metallen (z. B. Al und Cu) zukommt, die offenbar besonders stabile Schottky-Kontakte liefern, ähnlich wie die Silicid-Kontakte bei Si.

3.2.6. Optische Eigenschaften

3.2.6.1. Optische Eigenschaften der reinen Kristalle

Die optischen Eigenschaften der II–VI-Halbleiter im Bereich der Photonen-Energien $\hbar\omega_{\mathrm{Ph}} \gtrapprox E_g$ sind weitgehend durch die in Abschn. 3.2.3. behandelte Bandstruktur $E_n(\boldsymbol{k})$ der Leitungs- und Valenzbänder und die entsprechenden Interband-Matrixelemente bestimmt. Insbesondere die Reflexionsspektren sind für alle II–VI-Halbleiter im UV-Bereich (teilweise unter Benutzung von Synchrotron-Strahlung) gemessen worden. Abb. 3.15

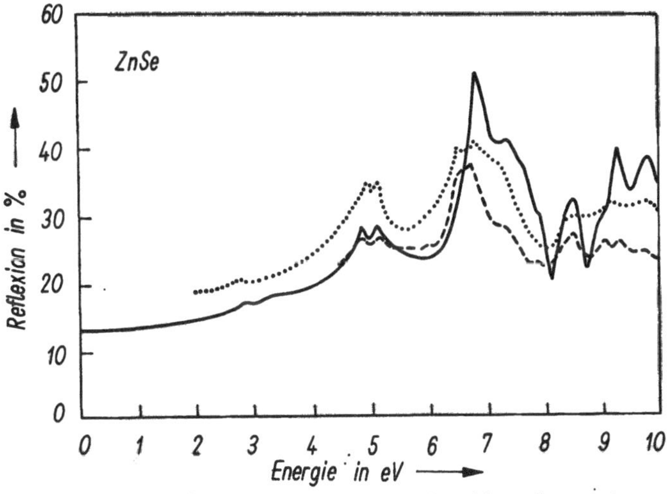

Abb. 3.15. Vergleich von gemessenen (┈┈┈) und berechneten (——) UV-Reflexionsspektren von ZnSe (nach [29]). $E_g = 2{,}8$ eV

zeigt als Beispiel gemessene Reflexionsspektren von ZnSe und zum Vergleich ein aus der berechneten Interband-Zustandsdichte $g(E)$ gewonnenes Spektrum, wobei $g(E)$ aus Pseudopotential-Bandstrukturrechnungen erhalten wurde. Die Übereinstimmung ist befriedigend. Durch entsprechende Analyse kann umgekehrt aus den optischen Spektren die elektronische Interband-Zustandsdichte $g(E)$ bestimmt werden, deren Hauptmaxima für die II–VI-Halbleiter im Bereich 4 bis 7 eV liegen und optischen Übergängen zwischen Leitungs- und Valenzbändern in bestimmten kritischen Punkten der Brillouin-Zone zugeordnet werden können.

Von entscheidendem Interesse für Anwendungen der II–VI-Halbleiter in der Optoelektronik ist jedoch nur die niederenergetische Kante für optische Übergänge, die bei E_g liegt (vgl. Tab. 3.6) und durch unmittelbare Absorptionsmessungen bestimmt werden kann. Da dieser optische Übergang zwischen Maximum des obersten Valenzbandes und Minimum des tiefsten Leitungsbandes dipol-erlaubt und direkt, d. h. ohne Phonon-Beteiligung möglich ist ($k_{Phot} \approx 0$, Übergang im Punkt Γ), sind die Übergangswahrscheinlichkeiten sehr groß (Größenordnung 10^9 s^{-1}). Der gemessene Absorptionskoeffizient α steigt in reinen Kristallen in einem Bereich von einigen 10 meV unterhalb von E_g steil von Werten um 1 cm^{-1} bis zu Maximalwerten um 10^5 cm^{-1} an. In Abb. 3.16 ist der gemessene Absorptionskoeffizient

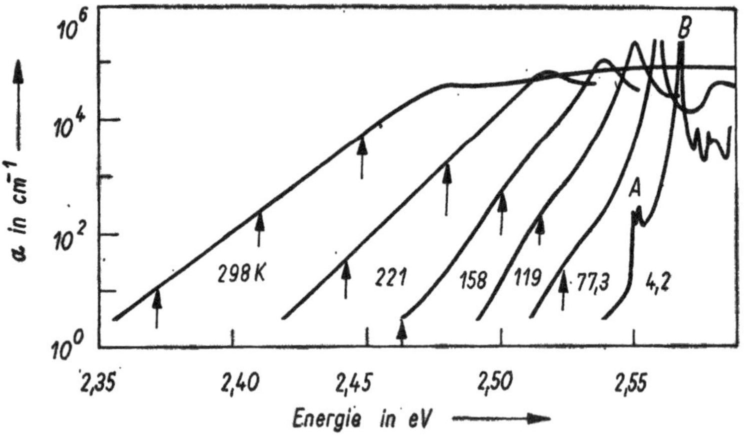

Abb. 3.16. Absorptionskoeffizient α von CdS in Abhängigkeit von der Photonenenergie für verschiedene Temperaturen. Polarisation des Lichts $\boldsymbol{E} \parallel \boldsymbol{c}$ (nach [33]). A und B bezeichnen die durch A- bzw. B-Exciton-Erzeugung bedingten Maxima

α für CdS für verschiedene Temperaturen dargestellt. Ebenfalls typisch für alle II–VI-Halbleiter ist das Auftreten einer Feinstruktur im Absorptionsspektrum bei tieferen Temperaturen, die durch die direkte optische Erzeugung von freien Excitonen im Grundzustand (bzw. in angeregten Zuständen) bedingt ist [44, 50]. Die Bildung von Excitonen führt zu einer weiteren Erhöhung der Übergangswahrscheinlichkeit, so daß bei den Zinkblende-Typ-Halbleitern bei tiefen Temperaturen ($T \approx 4$ K) relativ scharfe Maxima in den $\alpha(E)$-Kurven bei E_A^{ex} ($n = 1, 2$ ...) auftreten (vgl. Tab. 3.6). In den optisch anisotropen II–VI-Halbleitern mit Wurtzit-Struktur liegen die höchsten Absorptionsmaxima bei E_A^{ex} ($n=1$) und E_B^{ex} ($n=1$) für die Polarisationsrichtung des Lichts $\boldsymbol{E} \perp \boldsymbol{c}$ und bei E_B^{ex} ($n=1$) für $\boldsymbol{E} \parallel \boldsymbol{c}$ (vgl. Abb. 3.16). Diese optischen Auswahlregeln folgen unmittelbar aus der Symmetrie der beteiligten Bandzustände. Infolgedessen sind bei CdS, CdSe und hexagonalem

ZnS die gesamten Absorptionskanten für $\boldsymbol{E} \parallel \boldsymbol{c}$ polarisiertes Licht um etwa $E_B^{ex} - E_A^{ex}$ im Vergleich zu $\boldsymbol{E} \perp \boldsymbol{c}$ zu höheren Photonenenergien hin verschoben (vgl. Tab. 3.6). In Abb. 3.16 ist zu erkennen, daß sich mit wachsender Temperatur die Lage der Absorptionskante (d. h. E_g bzw. $E_{A,B}^{ex}$) zu niederen Energien hin verschiebt und daß die Steilheit der Kante abnimmt. Die Temperaturabhängigkeit der Energien E_g bzw. $E_{A,B}^{ex}$ wird durch die thermische Gitterdilatation und durch Elektron-Phonon-Wechselwirkung bedingt, wobei die Wechselwirkung mit LO-Phononen bei höheren Temperaturen dominant ist. Die Bindungsenergie der Excitonen kann praktisch als T-unabhängig angesehen werden. Im Bereich um $T = 300$ K ist die Verschiebung von E_g mit der Temperatur weitgehend linear, dE_g/dT ist für alle II–VI-Halbleiter in Tab. 3.6 angegeben. Unterhalb 50 K wird die Temperaturabhängigkeit von E_g bzw. $E_{A,B}^{ex}$ merklich schwächer. Man erkennt, daß dE_g/dT in der Reihe von ZnS zu CdTe abnimmt.

Auch durch einen auf den Kristall ausgeübten (hydrostatischen oder uniaxialen) Druck kann E_g bzw. $E_{A,B}^{ex}$ verschoben werden. Mit wachsendem hydrostatischem Druck wird E_g bei allen II–VI-Halbleitern größer. Die Wirkung von uniaxialem Druck auf die Excitonenenergien hängt von seiner Richtung bezüglich der kristallographischen Achsen ab. In den Zinkblende-Typ-Halbleitern kann die vierfache Entartung des A-Subvalenzbandes bzw. A-Excitons partiell aufgehoben werden, in den Wurtzit-Typ-Halbleitern ist umgekehrt eine Kompensation des Kristallfeldes (Δ_{cr}) möglich für uniaxialen Druck $\parallel \boldsymbol{c}$, so daß A- und B-Exciton energetisch zusammenfallen.

Die Form der Absorptionskante kann bei den II–VI-Halbleitern bei höheren Temperaturen in guter Näherung als sogenannte Urbach-Kante beschrieben werden: $\alpha(E, T) \sim \exp[-\sigma(E_0 - E)/kT]$, d. h., die Absorptionskonstante hängt exponentiell von der Photonenenergie E ab (vgl. auch Abb. 3.16). Bei tieferen Temperaturen kann eine schwache Struktur in $\alpha(E)$ beobachtet werden, die durch LO-Phononen assistierte Übergänge bedingt ist (Pfeile in Abb. 3.16).

Auch die Reflexions- und Brechungseigenschaften der II–VI-Halbleiter werden im Bereich um E_g wesentlich durch die Energien und Übergangswahrscheinlichkeiten der freien Excitonen bestimmt. Abb. 3.17 zeigt als Beispiel das gemessene Reflexionsspektrum von CdS mit den durch A- und B-Exciton verursachten Reflexionspeaks. Die Maximalwerte des Reflexionsvermögens liegen bei 40 %. Wie die gestrichelte Kurve zeigt, kann das gemessene Reflexionsvermögen gut durch ein im Rahmen eines Oszillator-Modells berechnetes $R(E) = |\varepsilon^{1/2} - 1|^2/|\varepsilon^{1/2} + 1|^2$ approximiert werden, wobei die komplexe Dielektrizitätsfunktion gegeben ist durch

$$\varepsilon(E) = \varepsilon_b(E) + \sum_{i=A,B} \frac{\alpha_i E_i^2}{E_i^2 - E^2 - i\hbar\Gamma_i E}$$

(E_i Energien, α_i Polarisierbarkeiten und Γ_i Dämpfungskonstanten der entsprechenden Excitonen). $\varepsilon_b(E) = \alpha_b E_b/(E_b^2 - E^2)$ beschreibt die Untergrund-Dielektrizitätsfunktion infolge höherenergetischer Interband-Übergänge ($E_b \approx 4$ bis 5 eV). Da $\alpha_b \gg \alpha_{A,B}$, ist der Brechungsindex $n(E) = \varepsilon^{1/2}(E)$ für

Energien E wesentlich unterhalb von $E^{ex}_{A,B}$ weitgehend nur durch $\varepsilon_b(E)$ bestimmt und nur schwach von E abhängig. Zum Vergleich sind in Tab. 3.5 die Werte für n ($\lambda = 1{,}4$ µm) für alle II–VI-Halbleiter zusammengestellt. Für die Wurtzit-Typ-Halbleiter liegt optische Doppelbrechung vor ($n_o \neq n_e$). Die Werte von n (1,4 µm) steigen von den Sulfiden über die Selenide zu den Telluriden an. Bei Annäherung an die Resonanzenergie E^{ex}_A wächst $n(E)$ für alle II–VI-Halbleiter stark an.

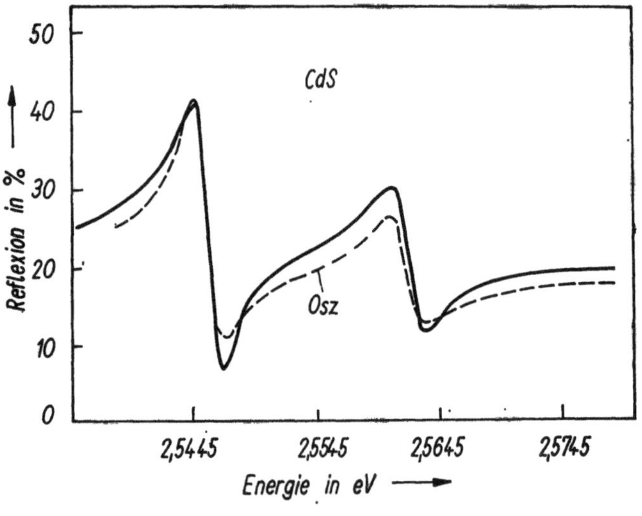

Abb. 3.17. Reflexionsspektrum von CdS für $E \perp c$ ($T = 77$ K): —— Meßkurve; – – – berechnet im Oszillatormodell (nach [34])

Abschließend soll angemerkt werden, daß sich die freien Excitonen auch im Lumineszenzspektrum der II–VI-Halbleiter manifestieren. Die strahlende Annihilation von Excitonen, die durch optische oder andere (z. B. Elektronenstrahl-)Anregung erzeugt wurden, führt zur Entstehung von relativ scharfen Emissionsbanden bei $E^{ex}_{A,(B)}$. Häufig wurden bei niedrigeren Energien $E^{ex}_{A,B} - n\hbar\omega_{LO}$ sogenannte LO-Phonon-Satelliten beobachtet, die durch gleichzeitige Emission von n LO-Phononen verursacht werden. Bei Benutzung einer geeigneten Resonatorstruktur ist bei allen II–VI-Halbleitern entweder durch Elektronenstrahl- oder durch optisches Pumpen im Bereich der Exciton-Emissionslinien auch eine stimulierte Emission erreicht worden. Die Laserübergänge werden den 1-LO- bzw. 2-LO-Phonon-Satelliten der A-Exciton-Linie oder auch zusätzlichen Emissionslinien, die durch Exciton-Exciton- bzw. Exciton-Elektron-Wechselwirkung bedingt sind, zugeschrieben. Bei höheren Störstellen-Konzentrationen können auch gebundene Excitonen und ihre Phonon-Satelliten (vgl. 3.2.6.2.) zu stimulierter Emission genutzt werden. Von möglicherweise applikativem Interesse ist die Nutzung dieser Laseremission, insbesondere in Cd(S,Se)-Mischkristallen, weil durch

Variation der Zusammensetzung eine Durchstimmung vom grünen zum roten Spektralbereich möglich ist.

Im Rahmen der Lumineszenzeigenschaften der II–VI-Halbleiter im Excitonen-Energiebereich sind zahlreiche weitere Phänomene untersucht worden, die entweder mit der starken Exciton-Photon-Kopplung (Polariton-Effekte) oder mit hohen Anregungsdichten (Excitonen-Moleküle, Elektron-Loch-Flüssigkeit) zusammenhängen, hier jedoch nicht näher betrachtet werden können.

Von applikativem Interesse sind die *nicht-linearen* optischen Eigenschaften der II–VI-Halbleiter (vgl. Abschn. 3.3.3.), die insbesondere bei Bestrahlung mit intensivem Laserlicht bedeutsam werden. Die in einem Kristall durch ein elektrisches Feld erzeugte Polarisation $\boldsymbol{P}(\boldsymbol{E})$ ist für kleine Feldstärken $\boldsymbol{E}$ durch die lineare Suszeptibilität $\chi^{(1)}_{(\omega)} = \varepsilon(\omega) - 1$ bestimmt gemäß $\boldsymbol{P}(\omega) = \chi^{(1)}(\omega)\, \boldsymbol{E}(\omega)$. Für hohe Feldstärken werden dann jedoch auch Terme zweiter und dritter Ordnung in $\boldsymbol{E}$ relevant, die durch entsprechende Tensoren der nichtlinearen Suszeptibilität $\chi^{(2)}$ und $\chi^{(3)}$ beschrieben werden. Die Tensorelemente von $\chi^{(2)}$ sind insbesondere für die Sulfide und Selenide hinreichend groß, um vor allem im nahen und mittleren infraroten Spektralbereich, in dem die Lichtabsorption extrem gering ist (vgl. 3.2.6.2.), eine Anwendung z. B. als elektrooptische Modulatoren, optische parametrische Verstärker und Frequenzverdoppler für Laserstrahlung zu ermöglichen.

3.2.6.2. Störstellen-bedingte optische Eigenschaften

Für Photonenenergien $\hbar\omega < E^{\mathrm{A}}_{\mathrm{ex}}$ sind die optischen Eigenschaften, insbesondere Lumineszenz und Photoleitung, aber auch Absorption der II–VI-Halbleiter betreffend, entscheidend durch Störstellen bestimmt. Störstellen der verschiedensten Typen sind weitgehend sowohl für die strahlenden als auch für die strahlungslosen Rekombinationsprozesse in II–VI-Halbleitern verantwortlich. Im vorliegenden Abschnitt sollen die wichtigsten Typen von Störstellen bezüglich ihrer Bedeutung für die optischen Eigenschaften der II–VI-Halbleiter charakterisiert werden [45, 46].

Die im Abschn. 3.2.5. behandelten, für die elektrischen Eigenschaften entscheidenden *flachen Donatoren* und *Akzeptoren* manifestieren sich auch unmittelbar in den optischen Spektren der II–VI-Halbleiter, allerdings überwiegend nur bei tiefen Temperaturen ($T \lesssim 100$ K). Sowohl flache Donatoren als auch Akzeptoren können freie Excitonen binden. Die optische Kreation bzw. Annihilation dieser sogenannten gebundenen Excitonen bedingt extrem scharfe Linien sowohl im Emissions- als auch im Anregungs- bzw. Absorptionsspektrum der II–VI-Halbleiter. Bei niedrigeren Energien treten häufig Phononsatelliten auf, die durch gleichzeitige Emission von LO- bzw. akustischen Phononen bedingt sind. Da die Bindungsenergien bezogen auf die Energie freier Excitonen nur wenige meV betragen, sind die gebundenen Excitonen am besten bei $T \lesssim 4$ K zu untersuchen. In Abb. 3.18 sind als Beispiel für ZnSe die Emissionslinien für Excitonen gebunden an flache neutrale Donatoren (I_2) und neutrale Akzeptoren (I_1) dargestellt. Die Bindungsenergien sind geringfügig abhängig von der chemischen Natur der Störstellen und betragen z. B. für

I_2 ($E_X + D^0$) in CdS: 8,25 meV (F) bis 7,39 meV (Cl)
in ZnSe: 4,6 meV (F) bis 3,96 meV (Al)

für

I_1 ($E_X + A^0$) in CdS: 17,67 meV (Li)
in ZnSe: 9,5 meV (Li).

Mit wachsender Donator-Ionisierungsenergie (vgl. Tab. 3.8) wächst auch die Bindungsenergie des gebundenen Excitons (Haynes-Regel). Auch ionisierte Donatoren können ein Exciton binden, ferner werden gebundene

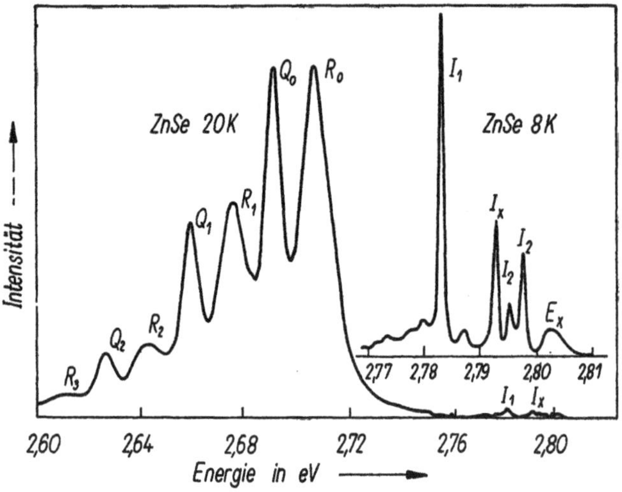

Abb. 3.18. Photolumineszenz-Spektrum von ZnSe bei $T = 8$ K bzw. 20 K (nach [35]).
E_X A-Exciton-Emissionslinie;
I_1, I_2, I_X Emissionslinien gebundener Excitonen;
Q_ν und R_ν Serien der Donator-Akzeptor-Paar-Rekombination (Kantenemission) mit Emission von $\nu = 0, 1, 2, \ldots$ LO-Phononen

B-Excitonen und diverse angeregte Zustände der gebundenen Excitonen beobachtet, bzw. die neutralen Donatoren (bzw. Akzeptoren) bleiben nach der strahlenden Rekombination in einem angeregten Zustand ($n \geqq 2$) zurück. Wegen der Beschränkung auf den Tieftemperaturbereich sind alle diese Emissionsprozesse kaum unmittelbar für Anwendungen von Interesse. Ihre große Bedeutung besteht vielmehr darin, daß die entsprechenden spektroskopischen Untersuchungen (häufig gekoppelt mit äußeren Feldern (Zeeman-Effekt, Piezospektroskopie)) die wichtigste Informationsquelle über flache Donatoren und Akzeptoren in II–VI-Halbleitern sind. Einer direkten Absorptionsspektroskopie im fernen IR (analog wie in Ge oder Si) sind diese Störstellen in den II–VI-Halbleitern wegen der störenden phononenbedingten IR-Absorption nämlich nicht zugänglich.

Die flachen Donatoren und Akzeptoren verursachen in den II–VI-Halbleitern noch eine zweite charakteristische Lumineszenz, die als *Donator-Akzeptor-Paar-Lumineszenz* (z. T. auch als Kantenemission) bezeichnet wird. Sie entsteht durch strahlende Rekombination von Elektronen und Löchern, die sich in neutralen Donatoren bzw. Akzeptoren befinden, was durch vorhergehende Anregung bei hinreichend tiefen Temperaturen erreichbar ist. Die Energie der emittierten Photonen ist in einfachster Näherung gegeben durch $\hbar\omega_{\text{Phot}} = E_g - E_D - E_A + \frac{e^2}{\varepsilon_0 R}$, wobei E_D und E_A die Donator- bzw. Akzeptor-Ionisierungsenergien und R der Abstand zwischen Donator und Akzeptor sind. Im Bereich kleinerer Abstände (etwa 1 bis 5 nm) können oft viele scharfe Emissionslinien aufgelöst werden, die den diskreten im Gitter möglichen R-Werten zugeordnet werden können. In einigen Fällen gelang sogar eine Identifikation der chemischen Natur der beteiligten Donatoren und Akzeptoren und eine Unterscheidung der Fälle I (Donator und Akzeptor im gleichen Untergitter) und II (D und A in verschiedenen Untergittern). Für größere R ist eine Auflösung der einzelnen Linien unmöglich und es entstehen breitere Banden mit charakteristischen LO-Phonon-Satelliten, wie sie in Abb. 3.18 als Beispiel für ZnSe dargestellt sind. Die Intensitätsverteilung der Maxima einer Serie wird durch eine Poisson-Verteilung $\sim S^\nu/\nu!$ beschrieben, wobei S der die Stärke der Elektron-Phonon-Kopplung beschreibende sogenannte Huang-Rhys-Faktor ($S \lessapprox 1$) ist. Die Abhängigkeit der Übergangswahrscheinlichkeit W von der Überlappung von Donator- und Akzeptoreigenfunktion, die in einfachster Näherung beschrieben werden kann als $W(R) \sim \exp(-R/a_D)$ (a_D Donator-Bohrradius) führt zu einer Abhängigkeit der Lage der Maxima sowohl von Anregungsintensität als auch von der Zeitdauer Δt nach Abschalten der Anregung. Mit wachsendem Δt und abnehmender Anregungsintensität dominieren die D-A-Paare mit den größeren Abständen, was zu einer Verschiebung der Maxima zu kleineren Energien hin führt. Bei höheren Temperaturen sind die Donatoren weitgehend thermisch ionisiert, so daß anstatt der D-A-Paar-Rekombination eine strahlende Leitungsband-Akzeptor-Rekombination stattfindet, die zu einer ähnlichen Kantenemissions-Serie bei höheren Photonenenergien führt, deren Maxima sich jedoch mit Δt- bzw. Anregungsintensitätsvariation nicht verschieben.

Den bisher behandelten flachen Donatoren und Akzeptoren steht die große Gruppe der *„tiefen“ Störstellen* gegenüber, die sich durch größere Bindungsenergien für Elektronen bzw. Löcher und stärker lokalisierte Zustände auszeichnen. Das Störstellen-Potential kann nicht mehr durch ein (abgeschirmtes) Coulomb-Potential approximiert werden. Als erstes Beispiel sollen die sogenannten *isoelektronischen* (besser isovalenten) *Störstellen* behandelt werden, die durch Substitution eines Wirtsgitteratoms durch ein Atom der *gleichen* Spalte des Periodischen Systems entstehen. Nur bei genügend großen Elektronegativitätsdifferenzen der beiden ausgetauschten Atome entstehen lokalisierte Elektronen- bzw. Lochzustände mit Energieniveaus in der Bandlücke. Im Falle der II–VI-Halbleiter sind nur folgende isoelektronische Störstellen bekannt: ZnTe:O_{Te}, CdS:Te_S, ZnS:Te_S. In allen anderen bisher untersuchten Fällen bewirkt die Substitution eines isovalenten Atoms nur eine Modifikation der Valenz- bzw. Leitungsband-Zustandsdichten und bei entsprechender Konzentrationserhöhung die Bildung von Amalgam-Typ-Mischkristallen (vgl. 3.2.7.). Insbesondere wurde bisher keine isoelektronische Störstelle auf Kation-Platz (auch bei Einbeziehung von Mg, Ca, Ba) in den II–VI-Halbleitern gefunden. Die optischen Eigenschaften der genannten isoelektronischen Störstellen lassen sich im Rahmen des Thomas-Hopfield-Lynch-Modells beschreiben. Danach wird zunächst primär ein Elektron (Loch) durch ein stark lokalisiertes Potential gebunden, je nachdem ob das Störstellen-Atom oberhalb (unterhalb) des ersetzten Wirtsgitteratoms im Periodischen System steht. Das primär gebundene Teilchen kann dann durch Coulomb-Wechselwirkung den entgegengesetzten Ladungsträger binden, wodurch insgesamt ein gebundenes Exciton resultiert. Die experimentell bestimmten Bindungsenergien, bezogen auf die Energie freier A-Excitonen, betragen $\varepsilon_b \approx 400$ meV (ZnTe:O, primär Elektron gebunden), 375 meV (ZnS:Te) und 240 meV (CdS:Te, primär Loch gebunden). In Abb. 3.19 sind

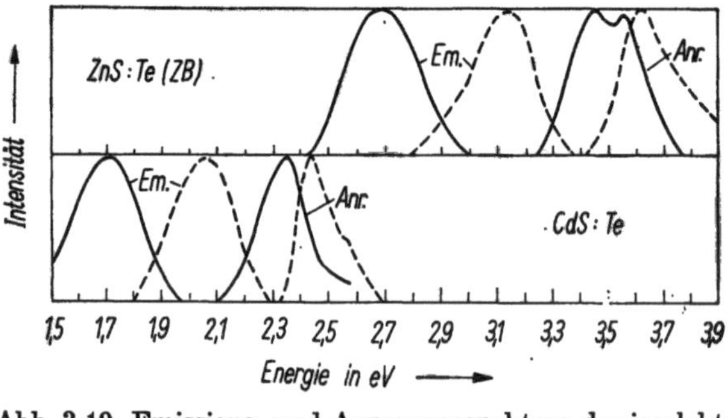

Abb. 3.19. Emissions- und Anregungsspektren der isoelektronischen Te_1-(---) und Te_2-Störstellen (——) in ZnS und CdS ($T = 77$ K) (nach [34])

die Emissions- bzw. Anregungsbanden für ZnS:Te und CdS:Te dargestellt, die der optischen Annihilation bzw. Kreation der an isolierte Te_1-Störstellen gebundenen Excitonen zuzuordnen sind. Das primär gebundene Loch unterliegt einer starken Wechselwirkung mit Phononen (Huang-Rhys-Faktor $S \geqq 8$), so daß die Banden relativ breit und strukturlos sind und eine starke Franck-Condon-Verschiebung aufweisen. Demgegenüber ist für ZnTe:O die Elektron-Phonon-Kopplung schwächer ($S \approx 3$), und bei tieferen Temperaturen können die Phonon-Satelliten und eine scharfe Null-Phonon-Linie aufgelöst werden. Die Quantenausbeuten der entsprechenden Emissionsübergänge sind bei tieferen Temperaturen nahe 1, und auch die thermische Tilgung ist infolge der hohen Bindungsenergien des primär gebundenen Ladungsträgers gering. Bei Erhöhung der Te-Konzentration ([Te] $\geqq 10^{19}$ cm^{-3}) treten sowohl in ZnS als auch in CdS neben den isolierten Te-Störstellen auch Te-Paare in Nächst-Nachbar-Position (Te_2) auf, die wesentlich größere Bindungsenergien für Löcher besitzen und zu entsprechend niederenergetischeren Emissions- und Anregungsbanden führen (vgl. Abb. 3.19). Im Falle von CdS:Te wurden auch noch größere Te_n ($n=3, 4, 5$)-Komplexe bei weiter steigender Te-Konzentration beobachtet [51]. Im Gegensatz zu GaP:N führen (infolge der stärkeren Lokalisierung der Zustände und der stärkeren Elektron-Phonon-Kopplung) Te-Paare mit größeren Te-Te-Abständen nicht zu auflösbaren Banden, sondern fallen mit den Te_1-Banden zusammen.

Eine weitere wichtige Gruppe von tiefen Störstellen in den II–VI-Halbleitern sind die *Edelmetalle Cu, Ag und Au,* die auf Kation-Platz eingebaut werden und eine große Mannigfaltigkeit von Lumineszenzbanden verursachen. Die Besonderheit dieser Störstellen, die eigentlich einfache Akzeptoren sein sollten, besteht darin, daß sie in Abhängigkeit von ihrer Konzentration, den Züchtungsbedingungen und der Konzentration anderer Störstellen (insbesondere flacher Donatoren) zur Bildung verschiedenster Störstellen-Komplexe neigen bzw. zur Donator-Akzeptor-Paar-Rekombination führen. Trotz sehr zahlreicher Untersuchungen (auch unter Einbeziehung von EPR, ODMR und DLTS) ist eine endgültige Klärung der mikroskopischen Natur dieser Störstellen-Komplexe wohl noch nicht erreicht. Im folgenden sollen am Beispiel ZnS : Cu die verschiedenen Typen von Zentren bzw. optischen Übergängen kurz illustriert werden:

a) Bei einer Dotierung von ZnS mit Cu und einem flachen Donator (z. B. Al, Cl) in etwa gleicher Konzentration dominiert im Emissionsspektrum die *Cu(grün)-Bande* mit einem Maximum bei etwa 2,4 eV (vgl. Abb. 3.20).

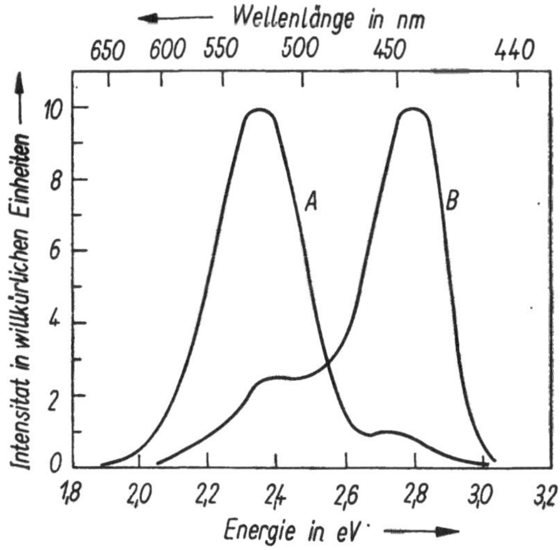

Abb. 3.20. Cu(grün)- und Cu(blau)-Emissionsbanden von hexagonalem ZnS : Cu bei $T = 80$ K. Kurve A [Cu] ≈ [Al]; Kurve B [Cu] > [Al] (nach [42]); [Cu] ≈ 10^{18} cm^{-3}

Die Bande ist breit (Halbwertsbreite ≈ 330 meV bei 300 K) und ohne Feinstruktur. Sie wird der strahlenden Rekombination von Elektronen, die an die flachen Donatoren gebunden sind, mit Löchern, die an räumlich entfernte, tiefe Cu_{Zn} enthaltende Akzeptoren gebunden sind, zugeschrieben. Die Lage des Maximums der Bande hängt sowohl von der Anregungsintensität als auch von der Zeitdauer Δt nach Abschalten der Anregung ab wegen der Abhängigkeit der Übergangswahrscheinlichkeit vom Donator-Akzeptor-Abstand R, wie im vorigen bereits erläutert wurde. Diskrete Paarlinien können jedoch wegen der starken Loch-Phonon-Kopplung im Falle eines *tiefen* Akzeptors nicht beobachtet werden. Eine analoge Emissionsbande wird durch Ag_{Zn}-Akzeptoren in ZnS im blauen und durch Cu_{Zn}-Akzeptoren in ZnSe im roten Spektralbereich verursacht.

b) Bei geringerem Kompensationsgrad bedingen die Cu_{Zn}-Akzeptoren in ZnS dagegen eine *Cu(blau)-Emissionsbande* bei etwa 2,75 eV, wie Abb. 3.20 zeigt, die optischen Übergängen in Donator-Akzeptor-Assoziaten mit minimalem D–A-Abstand zugeschrieben wird ($Cu_{Zn}-Cu_i$ oder $Cu_{Zn}-Cl_S$). Die Lage des Maximums der blauen Bande ist unabhängig von Δt und Anregungsintensität. Die analoge Bande in ZnSe : Cu liegt im grünen Spektralbereich.

c) Bei höheren Cu-Konzentrationen in ZnS wird eine *Cu(rot)-Emissionsbande* bei etwa 1,85 eV beobachtet, die wiederum einem Donator-Akzeptor-Assoziat, aber bestehend aus Cu_{Zn} und V_S-Doppeldonator in Nächst-Nachbar-Position zugeordnet wird.

d) Schließlich wurden im Bereich 0,7 bis 0,85 eV noch *Cu(Infrarot)-Emissionsbanden* beobachtet, die bei 4 K eine durch Phonon-Satelliten bedingte Feinstruktur aufweisen. Sie werden inneren optischen Übergängen zwischen Energieniveaus im neutralen Cu_{Zn}-Akzeptor zugeordnet, die durch Kristallfeld- und Spin-Bahn-Wechselwirkung aus dem ^2D-Term des $(3d^9)Cu_{Zn}^{2+}$-Akzeptors entstehen.

Die im letzten Beispiel angesprochenen sogenannten inneren optischen Übergänge treten in einer Vielzahl anderer *Übergangsmetall-Substitutionsstörstellen* in den II–VI-Halbleitern auf. Von besonderem Interesse sind die Atome der Eisengruppe mit nicht abgeschlossener 3d-Schale und die Seltenen Erden mit nicht abgeschlossener 4f-Schale. Die Lage der Energieniveaus dieser Störstellen in bezug auf Leitungs- oder Valenzband des Wirtskristalls sind meist nicht bekannt. Der Einbau erfolgt als 2- bzw. 3fach positiv geladenes Ion auf M-Platz, häufig findet eine Assoziatbildung mit Eigenstörstellen oder anderen Fremdstörstellen statt. Seltene Erden werden teilweise auch auf Zwischengitterplatz eingebaut. Die Energieniveaus der Störstellen ergeben sich aus denjenigen der freien Ionen durch Berücksichtigung des tetraedrischen Kristallfeldes im Rahmen einer Ligandenfeld-Theorie. Bei den Atomen der Eisengruppe ist die Kristallfeld-Wechselwirkung beträchtlich (Größenordnung der Aufspaltung 0,1 eV), bei den Seltenen Erden infolge der abschirmenden Wirkung der 5s- und 5p-Elektronen nur schwach (Größenordnung 10 meV). Die Elektron-Phonon-Kopplung ist ebenfalls bei den Seltenen Erden wesentlich schwächer als bei den Störstellen der Eisengruppe. Ein besonderes Charakteristikum der Störstellen mit inneren optischen Übergängen ist die sehr schwache Abhängigkeit der Lage der zugehörigen Emissions- bzw. Anregungsbanden vom Wirtsgitter. Für eine Anwendung der Lumineszenzübergänge im sichtbaren Spektralgebiet eignen sich (wegen der störenden Grundgitterabsorption) jedoch als Wirtsgitter nur die breitlückigsten II–VI-Halbleiter ZnS und ZnSe und als Dotierungselemente insbesondere Mn, Tm, Tb, Dy, Ho, Er.

Abb. 3.21 zeigt als Beispiel das Emissions- und Anregungsspektrum von ZnS : Mn^{2+}. Aus der $3d^5$-Elektronenkonfiguration der Störstelle folgen ein $^6A_1(^6S)$-Grundzustand und drei tiefste angeregte Zustände $^4T_1$, $^4T_2$ und

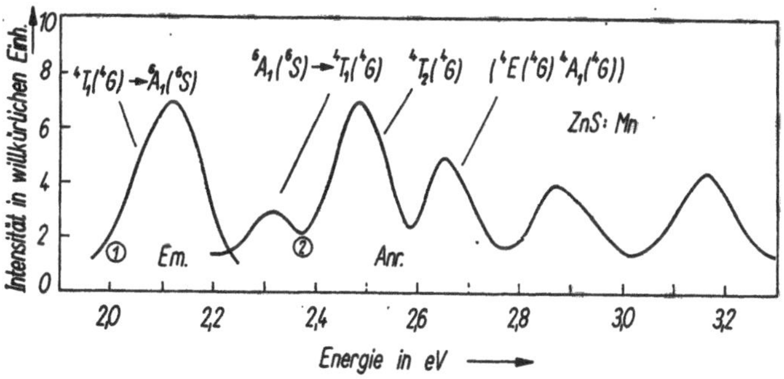

Abb. 3.21. Emissions- und Anregungsbanden für ZnS : Mn (T = 77 K) (nach [34])

(^4E, $^4A_1$), die sich durch Kristallfeld-Aufspaltung aus dem ^4G-Zustand des freien Mn^{2+}-Ions ergeben. Diesen Übergängen entsprechen die drei niederenergetischsten Anregungsbanden, die Zuordnung der beiden restlichen Anregungsbanden ist noch umstritten. Als Emissionsübergang wird nur $^4T_1(^4G) \rightarrow {}^6A_1(^6S)$ beobachtet, der eine Lumineszenzbande im gelben Spektralbereich bedingt. Bei 4 K zeigen alle Mn-Banden eine weitgehend durch Elektron-Phonon-Kopplung verursachte Feinstruktur. Da es sich um einen verbotenen Übergang handelt, ist die Lebensdauer des tiefsten angeregten Zustands $^4T_1(^4G)$ relativ groß (Größenordnung 1 ms). Trotzdem erweist sich das System ZnS : Mn als sehr effektiv für die Herstellung von Elektrolumineszenz-Displays (vgl. 3.3.2.). Als Beispiel für die Lumineszenz von Seltenen Erden zeigt Abb. 3.22 das Elektrolumineszenz-Spektrum von ZnS : Tb, das aus mehreren Gruppen von auch bei 300 K noch scharfen Linien besteht.

Abschließend soll auf die Rolle der *Eigenstörstellen* im Zusammenhang mit den optischen Eigenschaften von II–VI-Halbleitern hingewiesen werden. Wegen der hohen Wahrscheinlichkeit für die Bildung von Assoziaten mit Fremdstörstellen sind unumstrittene Aussagen über optische Eigenschaften *isolierter* Eigenstörstellen kaum vorhanden. Ein in ZnS, ZnSe, ZnTe und CdS nachgewiesener Typ derartiger Eigenstörstellen-Fremdstörstellen-Assoziate ist für die sogenannte selbstaktivierte Lumineszenz in diesen Kristallen verantwortlich. Es handelt sich um Assoziate von Kation-Leerstellen V_M^{2-} mit flachen Donatoren D^+ mit minimalem Abstand. Die Donatoren sind entweder Halogenatome auf Anion-Platz oder Al, Ga, In auf Kation-Platz.

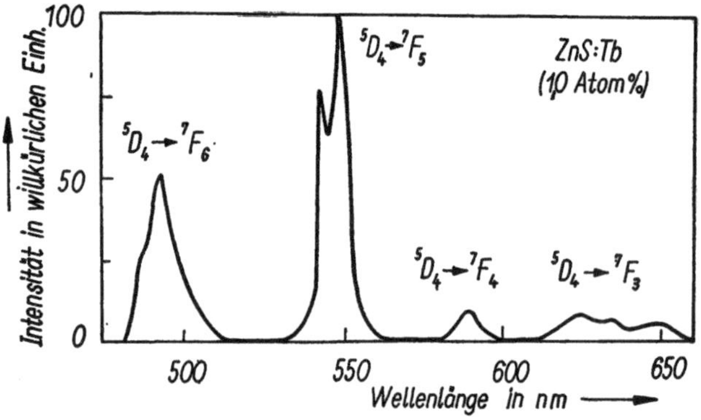

Abb. 3.22. Elektrolumineszenz-Spektren von ZnS : Tb bei 300 K (nach [43])

3.2.7. Mischkristalle

Für viele Anwendungszwecke sind die pseudobinären Mischkristalle $A_xB_{1-x}C$ der II–VI-Halbleiter von steigendem Interesse. In diesem Abschnitt soll daher eine kurze Übersicht über wichtige phononische und elektronische Eigenschaften dieser Systeme gegeben werden.

Bezüglich der Abhängigkeit der Energien der langwelligen optischen Phononen von der Zusammensetzung x kann man zwei Typen unterscheiden: Beim *Ein-Moden-Typ*, der für die Mischkristalle (Zn,Cd)S und Zn(Se,Te) vorliegt, tritt nur *eine* Reststrahlbande im IR-Reflexionsspektrum auf, die sich kontinuierlich mit x verschiebt. In den Mischkristallen tritt nur ein IR-aktives TO_1-Phonon (und entsprechend ein zugehöriges LO_1-Phonon) auf, deren Energien weitgehend linear mit x zwischen den Werten für die Randkomponenten variieren. Der sogenannte *Zwei-Moden-Typ* liegt bei Zn(S,Se), Cd(S,Se), Cd(Se,Te), (Zn,Cd)Te und (Cd,Hg)Te vor und ist charakterisiert durch das Auftreten von zwei Sätzen von TO_1–LO_1-Phononen (bzw. von zwei Reststrahlbanden bzw. IR-Absorptionsbanden) in den Mischkristallen. Die Größe der LO–TO-Aufspaltung und damit die Oszillatorstärken der entsprechenden optischen Übergänge variieren etwa proportional zu x bzw. $(1-x)$. In Abb. 3.23 sind die x-Abhängigkeit der Energien der langwelligen optischen Phononen für beide Typen am Beispiel (Zn,Cd)S bzw. Cd(S,Se) dargestellt. Man erkennt, daß für einen Zwei-Moden-Typ-Mischkristall die LO- und TO-Phononenenergien einer Randkomponente mit wachsendem x bzw. $(1-x)$ sich immer mehr annähern und in der jeweils anderen Randkomponente verschmelzen zu einer sogenannten Lokalmode (oberhalb der maximalen Phononenenergie dieser Randkomponente) bzw. zu einer so-

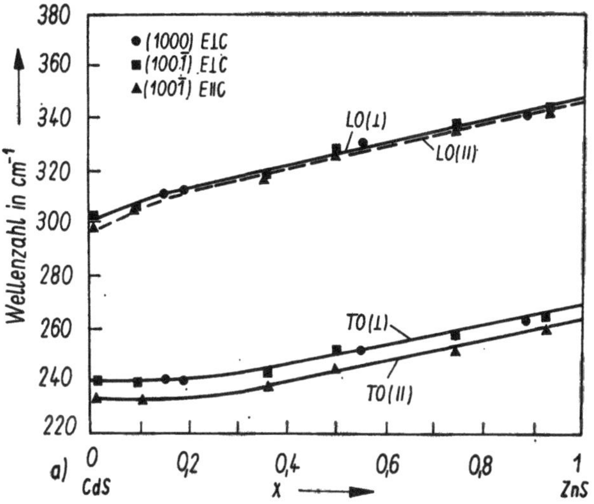

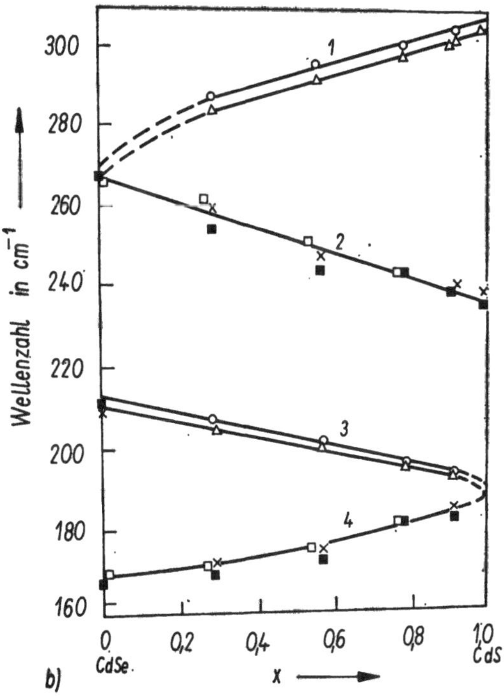

Abb. 3.23. Abhängigkeit der Energien der langwelligen optischen Phononen von der Zusammensetzung für $Zn_xCd_{1-x}S$ (a) und CdS_xSe_{1-x} (b) (nach [37, 38])

genannten Gap-Mode (in der Zustandsdichtelücke zwischen optischen und akustischen Phononen). Als notwendige Bedingung für ein Zwei-Moden-Verhalten eines $A_xB_{1-x}C$-Mischkristalls kann (bei Vernachlässigung von Kraftkonstanten-Unterschieden zwischen den Randkomponenten) folgendes Massenkriterium angegeben werden: $m_A^{-1} < (m_B^{-1} + m_C^{-1})$ (für $m_A < m_B$) (vgl. Tab. 3.1). Bezüglich der Phononen-Energien am Rande der Brillouin-Zone tritt ebenfalls Ein- oder Zwei-Moden-Verhalten bei den II–VI-Halbleiter-Mischkristallen auf.

Auch hinsichtlich der elektronischen Eigenschaften von pseudobinären Mischkristallen $A_{1-x}B_xC$ werden in Analogie zum Phononen-Problem zwei Grenztypen unterschieden: Die *Amalgam-Typ-Mischkristalle* sind charakterisiert durch eine kontinuierliche Variation der Elektronenenergien (z. B. Bandlücke, Excitonen-Energie) mit dem Mischungsverhältnis x. Diese Mischkristalle können virtuell als quasi-perfekte Kristalle betrachtet werden, deren elektronische und optische Eigenschaften fast linear zwischen denen der Randkomponenten AC und BC interpolierbar sind. In den *Persistenz-Typ-Mischkristallen* dagegen bleiben die charakteristischen Energien (z. B. der freien Excitonen) mehr oder weniger unverschoben so erhalten, wie sie in den Randkomponenten vorliegen. Zu diesem Typ gehören Cd(S,Te) und Zn(S,Te) (und in gewissem Sinn auch Cd(Se,Te) und Zn(Se,Te)) [51, 52]. Die restlichen II–VI-Halbleiter-Mischkristalle dagegen sind vom Amalgam-Typ. Beide Grenztypen des elektronischen Verhaltens von Mischkristallen sind eng korreliert mit den Eigenschaften von isoelektronischen Störstellen in den Randkomponenten (vgl. auch Abschn. 3.2.6.): Im Grenzfall kleiner Konzentrationen ($x \ll 1$) wirken in Persistenz-Typ-Mischkristallen die B-Atome auf A-Platz als isoelektronische Störstellen im AC-Kristall, die zu lokalisierten Elektronen- bzw. Lochzuständen mit Energieniveaus in der Bandlücke führen (isovalente Te-Störstelle in CdS bzw. ZnS). In den Amalgam-Typ-Mischkristallen treten dagegen im Grenzfall $x \ll 1$ *keine* lokalisierten Elektronenzustände auf, es kommt durch die B-„Störstellen" im AC-Kristall nur zu Modifikationen der Bandzustandsdichte. Die quantitative Unterscheidung der beiden Typen von pseudobinären Mischkristallen erfolgt im Rahmen eines Modells von Onodera und Toyozawa [53] nach der Größe des Streuparameters $\delta = \Delta/T$, wobei T die effektive Bandbreite der Exciton-Zustandsdichte und Δ die Differenz der Excitonen-Energien in den Randkomponenten AC und BC sind. Für $\delta \leqq \frac{1}{4}$ liegt im gesamten x-Bereich ein Amalgam-Typ-, für $\delta \geqq \frac{1}{2}$ dagegen ein Persistenz-Typ-Mischkristall vor. Für mittlere Streuparameter $\frac{1}{4} < \delta < \frac{1}{2}$ ergibt sich ein Mischtyp, der nur in der Nähe der Randkomponenten (für $0 \leqq x \leqq x_{AP}$ bzw. $1 - x_{AP} \leqq x \leqq 1$) Persistenz-Verhalten, ansonsten Amalgam-Verhalten zeigt. Die für Cd(S,Te) und Zn(S,Te) ermittelten Streuparameter-Werte $\delta = 0{,}51$ [51] bzw. 0,44 [52] deuten darauf hin, daß diese Mischkristalle oberhalb eines kritischen Te-Gehalts praktisch wieder Amalgam-Verhalten zeigen.

Die für Amalgam-Mischkristalle typische kontinuierliche Variation der elektronischen Parameter mit x läßt sich meist hinreichend genau durch eine parabolische Abhängigkeit beschreiben. Die Größe der Bandlücke beispielsweise läßt sich darstellen als

$$E_g(x) = (1-x)\,E_g(0) + xE_g(1) - bx\,(1-x)\,.$$

Alle II–VI-Halbleiter-Mischkristalle bleiben direkte Halbleiter mit den Bandextrema von Leitungs- und Valenzband bei $k=0$. Der Bowing-Parameter ist stets positiv und ist in Abb. 3.24 über $\Delta E_g = E_g(1) - E_g(0)$ darge-

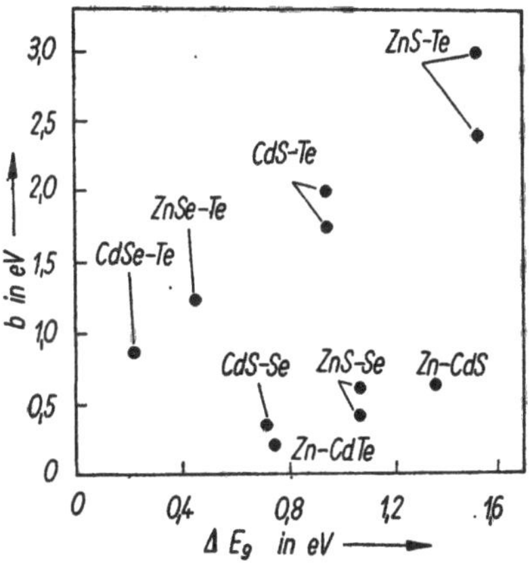

Abb. 3.24. Bowing-Parameter b als Funktion des Unterschieds der Bandlücken der Randkomponenten ΔE_g für die pseudo-binären II–VI-Halbleiter-Mischkristalle (nach [34])

stellt. Für die Amalgam-Typ-Mischkristalle Cd(S,Se), Zn(S,Se), (Zn,Cd)S, (Zn,Cd)Se, (Zn,Cd)Te ist $b \leqq 0{,}6$ eV. Demgegenüber besitzen die Sulfid-Tellurid- bzw. Selenid-Tellurid-Mischkristalle, die zumindest für $0 < x \leqq x_{AP}$ Persistenz-Verhalten zeigen, Bowing-Parameter $b > \Delta E_g$ und damit Minima in den $E_g(x)$-Kurven. Auch die A-, B- bzw. C-Exciton-Energien der Amalgam-Mischkristalle zeigen eine parabolische x-Abhängigkeit, jedoch mit anderen Bowing-Parametern, was auf eine x-Abhängigkeit der Kristallfeld- und Spin-Bahn-Wechselwirkungsparameter Δ_{cr} und Δ_{so} hinweist. Für die anderen in Tab. 3.6 angeführten Bandstruktur- bzw. Excitonenparameter (effektive Massen, Exciton-Bindungsenergie) wird meist eine lineare Variation mit x angenommen, genauere experimentelle Untersuchungen liegen kaum vor. Wie Abb. 3.24 zeigt, kann eine maximale E_g-Variation mit dem Amalgam-Typ-Mischkristall (Zn,Cd)S erreicht werden. Im Bereich des Persistenz-Verhaltens wird dagegen eine x-Unabhängigkeit der Exciton-Energien beobachtet (vgl. Cd(S,Te) für $0 \leqq x \leqq 0{,}07$ in [51]).

Die Amalgam-Typ-Mischkristalle können bekanntlich gut im Rahmen einer Virtuell-Kristall-Approximation (VCA) beschrieben werden, in der ein perfekter, streng periodischer Kristall mit der Symmetrie der Randkomponenten und einem entsprechend der Zusammensetzung x linear gemittelten Kristallpotential zugrunde gelegt wird. Der reale Mischkristall mit seiner statistisch ungeordneten Verteilung der A- und B-Atome, der strenggenommen weder Translations- noch Punktsymmetrie besitzt, zeigt jedoch auch Abweichungen von der VCA, die als Disorder-Effekte bezeichnet werden. Dazu gehören die beobachtete nicht-lineare x-Abhängigkeit der Spin-Bahn-Wechselwirkung, die Verbreiterung von Excitonenlinien und auch die Aufhebung von symmetriebedingten optischen Auswahlregeln (vgl. z. B. [54]). In Abb. 3.25 ist diese Zusatzverbreiterung der Linie der

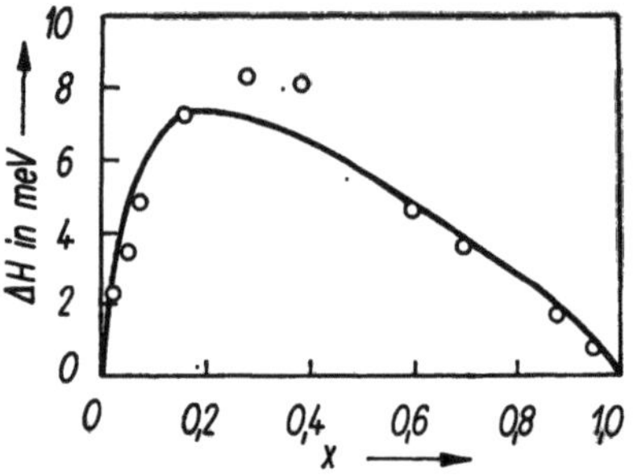

Abb. 3.25. Disorder-induzierte Zusatzverbreiterung ΔH des freien A-Excitons in $CdS_{1-x}Se_x$ als Funktion der Zusammensetzung x. ○ experimentelle Punkte; — berechnet (nach [36])

freien A-Excitonen in $CdS_{1-x}Se_x$ als Funktion von x dargestellt. Sie kann, wie in [36] im einzelnen ausgeführt wurde, auf Zusammensetzungs-Fluktuationen um den Mittelwert x innerhalb von Bereichen von der Größe des Excitonenvolumens $V_{\mathrm{Exc}} = 10\pi\, a_{\mathrm{B}}^3(x)$ zurückgeführt werden (a_{B} Exciton-Bohrradius). Diese Fluktuationen bedingen entsprechende Fluktuationen der Exciton-Energie und führen zu einer Zusatzverbreiterung

$$\Delta H(x) \sim \left| \frac{\mathrm{d}E_{\mathrm{A}}}{\mathrm{d}x} \right| \cdot \left[\frac{x\,(1-x)\,a^3(x)}{V_{\mathrm{Exc}}(x)} \right]^{1/2},$$

wobei $a(x)$ die Gitterkonstante des Mischkristalls und $E_{\mathrm{A}}(x)$ die A-Exciton-Energie sind.

Für Anwendungszwecke von Interesse ist auch das Verhalten der verschiedenen Typen von Störstellen, insbesondere in den Amalgam-Typ-Mischkristallen. Während sich die charakteristischen Emissions- und Anregungsbanden für innere optische Übergänge in Übergangsmetall-Substitutionsstörstellen (wegen der starken Lokalisation der Störstellen-Zustände) nur sehr wenig mit x verschieben, zeigen die optischen Banden von Störstellen mit Energieniveaus, die mit Leitungs- oder Valenzband gekoppelt sind, eine mit $E_{\mathrm{g}}(x)$ vergleichbare Verschiebung. Beispielsweise beträgt die Variation der Mn-Banden in (Zn,Cd)S und Zn(S,Se) nur wenige meV.

Demgegenüber zeigen z. B. die Donator-Akzeptor-Paar-Banden und auch die Emissions- und Anregungsbanden von Cu-, Ag- und isoelektronischen Störstellen eine starke, durch die $E_g(x)$-Variation bedingte Verschiebung. In Abb. 3.26 ist als Beispiel die x-Abhängigkeit der Emissions- und Anregungsbanden für gebundene Excitonen an Te-Störstellen in $Zn_xCd_{1-x}S$ dargestellt.

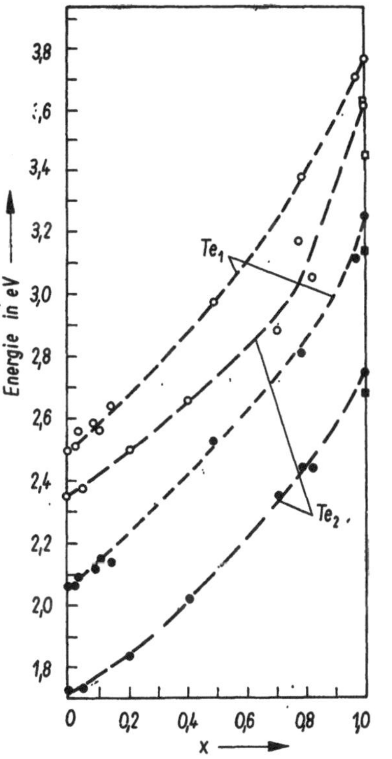

Abb. 3.26. Abhängigkeit der Lage der Maxima von Emissions- (●) und Anregungsbanden (○) für Te_1- und Te_2-Störstellen von der Zusammensetzung x für $Zn_xCd_{1-x}S$ (nach [34])

3.3. Anwendungen und Ausblick

3.3.1. Strahlungsempfänger

II–VI-Halbleiter werden seit langem zur Herstellung von Strahlungsempfängern genutzt sowohl für Photonen im sichtbaren, nahen UV- und IR-Bereich als auch für γ-Quanten und Elektronen (Kernstrahlungsdetektoren). Auch Solarzellen werden auf der Basis von II–VI-Halbleitern produziert. Auf speziellen Einsatzgebieten erwiesen sie sich Strahlungsempfängern auf der Grundlage anderer Halbleiter als ebenbürtig oder sogar überlegen, und eine breitere kommerzielle Nutzung, insbesondere im Zusammenhang mit optischen Kommunikationssystemen und bei Solarzellen, erscheint denkbar.

3.3.1.1. Fotodetektoren

Fotodetektoren können entweder als Fotowiderstände, die den Effekt der Photoleitung nutzen, oder als Fotodioden, die auf dem photovoltaischen Effekt beruhen, hergestellt werden. [2, 61–63]. Als *Fotowiderstände* dienen CdS-, CdSe- oder Cd(S,Se)-Dünnschichten, die durch Vakuumverdampfung, Katodenzerstäubung oder durch chemische Abscheidung (vgl. 3.1.2.2.) erzeugt und anschließend mit zwei Ohmschen Kontakten versehen wurden. Durch Absorption von Photonen hinreichender Energie werden in diesen n-Typ-Halbleitern Elektronen aus dem Valenzband bzw. aus tiefen Störstellen ins Leitungsband angeregt. Bei Anlegen einer Spannung fließt dann ein dieser erhöhten Majoritätsladungsträgerkonzentration proportionaler Photostrom. Die Empfindlichkeit der Fotowiderstände ist proportional der Rekombinations-Lebensdauer τ_R der Elektronen im Leitungsband. Durch geeignete Dotierung, insbesondere mit tiefen Cu-Akzeptoren (sensitizing centres), kann τ_R wesentlich erhöht werden. In CdS kann $\tau_R \approx 10^{-2}$ s erreicht werden. Diese Cu-Störstellen haben einen um mehrere Größenordnungen höheren Einfangquerschnitt für freie Löcher als für freie Elektronen und wirken daher als Haftstellen für Löcher. Diese gebundenen Löcher führen während τ_R zu einer ständigen Injektion neuer Elektronen aus der Katode und damit zu einer internen Verstärkung des „primären“ Photostroms um den Gewinnfaktor $G = \tau_R/t_{tr}$, wobei $t_{tr} = L^2/\mu\ V$ die Transitzeit für die Bewegung der Elektronen zwischen den Elektroden ist (L Elektrodenabstand, V angelegte Spannung, μ Elektronenbeweglichkeit). Die durch Erhöhung von τ_R erreichte Steigerung der Empfindlichkeit führt jedoch auch zu einer entsprechenden Erhöhung der Trägheit dieser Fotodetektoren, so daß ein Einsatz bei hohen Signalfrequenzen nicht möglich ist. Eventuell vorhandene Elektronen-Haftstellen vergrößern die Zeitkonstante der Fotodetektoren sogar über τ_R hinaus. CdS-Fotowiderstände besitzen Empfindlichkeiten um 1 A/lm und spezifische Detektivitäten D^* bis zu 4×10^{14} cm $Hz^{1/2}$ W^{-1}. Der Gewinn kann $G = 10^5$ betragen, die Zeitkonstante liegt im Bereich 1 bis 100 ms und hängt von der Lichtintensität ab. Abb. 3.27 zeigt die spektrale Verteilung der Empfindlichkeit von CdS- und CdSe-Fotowiderständen. Man erkennt, daß CdS-Fotowiderstände relativ gut an die spektrale Verteilung der Augenempfindlichkeit angepaßt sind und daher vorteilhaft als Belichtungsmesser bzw. Sensoren für automatische Kameras einsetzbar sind. Während CdS-Fotowiderstände bezüglich der Detektivität D^* die Si-Fotodetektoren übertreffen, liegen die Werte für CdSe-Fotowiderstände merklich niedriger.

Fotodioden auf der Basis von II–VI-Halbleitern werden vorteilhaft eingesetzt, wenn kleine Zeitkonstanten erforderlich sind. Sie werden hergestellt durch Aufdampfen einer dünnen Schicht eines breitlückigen II–VI-Halbleiters (Bandlücke E_{g_1}) auf ein Substrat, das aus einem schmallückigen Halbleiter (E_{g_2}) besteht.

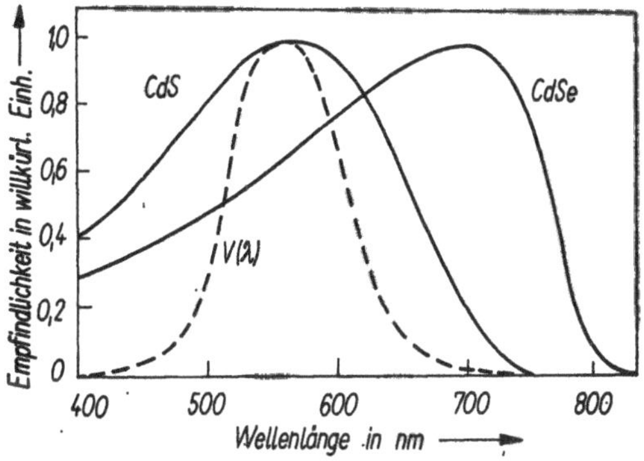

Abb. 3.27. Spektrale Empfindlichkeit von CdS- und CdSe-Fotowiderständen (nach [56]). – – – Empfindlichkeit des menschlichen Auges

An beiden Halbleitern werden Ohmsche Kontakte aufgebracht, wobei der Frontkontakt (auf der Schichtseite) lichtdurchlässig sein muß bzw. als Punktkontakt ausgebildet ist. Die beiden Halbleiter besitzen unterschiedliche Elektronenaffinität und entgegengesetzten Leitungstyp, wodurch an der Grenzschicht ein pn-Heteroübergang entsteht. Photonen mit einer Energie $E_{g_2} \lesssim \hbar\omega_{Ph} \lesssim E_{g_1}$ durchdringen die breitlückige Halbleiterschicht, werden im randschichtnahen Bereich des schmallückigen Halbleiters absorbiert und erzeugen Elektron-Loch-Paare. Durch das elektrische Feld in der Verarmungsrandschicht erfolgt eine Ladungsträgertrennung, und ein Photostrom wird induziert auch ohne von außen angelegte Spannung. Durch Anlegen einer Spannung in Sperrichtung kann die Zeitkonstante der Fotodiode weiter verringert werden. Für eine optimale Funktion ist ferner eine annähernde Übereinstimmung von Eindringtiefe des Lichts und Breite der Randschicht im schmallückigeren Halbleiter wünschenswert. Ein wesentliches Problem bei der Herstellung der Fotodioden ist ferner die weitgehende Vermeidung von Grenzflächen-Zuständen, die als schnelle Rekombinationszentren oder als Haftstellen wirken und die Eigenschaften der Fotodiode negativ beeinflussen. Fotodioden der beschriebenen Art sind im wesentlichen nur empfindlich für Photonen im Energiebereich zwischen den Bandlücken E_{g_1} und E_{g_2} der beiden beteiligten Halbleiter und können also vorteilhaft eingesetzt werden, wo selektive Fotodetektoren erwünscht sind.

In den meisten bisher realisierten Fotodioden war das schmallückigere Halbleitersubstrat, das die niederenergetische Grenze der Empfindlichkeit bestimmt, kein II–VI-Halbleiter. Fotodioden wurden z. B. durch folgende Kombinationen hergestellt: p-CdTe auf n-Ge oder n-Si, p-CdTe auf n-InSb, n-CdS oder n-CdSe auf p-Si, n-CdS auf p-Cu_2S oder p-PbS, p-ZnTe auf n-Si, n-ZnSe auf p-GaAs oder p-Si und n-ZnS auf p-Cu_2S. Eine nur II–VI-Halbleiter nutzende Fotodiode basiert auf dem Heteroübergang p-ZnTe auf n-CdSe. Mit den angegebenen Kombinationen sind Fotodetektoren sowohl für Photonen des sichtbaren als auch des nahen UV- und IR-Spektralbereichs herstellbar. Bei der Auswahl der Kombinationen ist u. a. auch auf eine möglichst gute Anpassung der Gitterkonstanten und der thermischen Ausdehnungskoeffizienten der beiden Halbleiter zu achten. Zur Charakterisierung der erreichbaren Empfindlichkeiten sei der entsprechende Wert 60 mA/W (bei $\lambda = 633$ nm) für n-CdS auf p-Si angegeben. Die CdS-Schicht wurde durch Elektronenstrahl-Verdampfung hergestellt. Insgesamt sind die genannten Heteroübergangs-Fotodioden den diversen Si-Fotodioden-Typen bezüglich Empfindlichkeit und Zeitkonstanten im allgemeinen unterlegen. Für spezielle Zwecke, z. B. zum Nachweis von UV-Photonen (dünne noch UV-durchlässige p-Cu_2S-Schicht auf n-$Zn_{1-x}Cd_xS$-Substrat, 50 mA/W bei $\lambda = 254$ nm) oder von IR-Photonen im Lichtleiter-Fenster bei 1150 nm (n-CdS auf p-$CuInSe_2$, 800 mA/W, Detektivität $D^* = 4 \times 10^{11}$ cm $Hz^{1/2}$ W^{-1}), erscheint jedoch ein kommerzieller Einsatz möglich.

Fotodetektoren für den mittleren IR-Bereich können auf der Grundlage von (Hg,Cd)Te-Mischkristallen hergestellt werden. Wegen der annähernden Übereinstimmung der Gitterkonstanten von CdTe und HgTe (vgl. Tab. 3.3) sind diese Mischkristalle in guter Qualität herstellbar. Wie in Abschn. 3.2.3. dargestellt, liegt bei HgTe eine durch relativistische Effekte bedingte Inversion von Γ_8- und Γ_6-Band vor (Abb. 3.11), die den Halbmetall-Charakter von HgTe verursacht. In den $Hg_{1-x}Cd_xTe$-Mischkristallen ist die Bandlücke E_g linear von x und T abhängig gemäß

$$E_g(x, T) = -0{,}25 + 1{,}59x + 5{,}233 \times 10^{-4}\, T\, (1 - 2{,}08x)\ [\text{eV}]\,.$$

Da $E_g \to 0$ mit $x \to 0{,}16$ ($T = 0$ K), kann die Grundgitter-Absorptionskante in $Hg_{1-x}Cd_xTe$ durch Variation von x im Bereich $1 \geqq x \gtrsim 0{,}16$ von 0,85 bis 30 µm variiert werden.

Von besonderem Interesse ist der Bereich von 3 bis 30 µm, für den sowohl Fotowiderstände als auch Fotodioden hoher Empfindlichkeit auf der Grundlage von $Hg_{1-x}Cd_xTe$ herstellbar sind. In Abb. 3.28 ist die spektrale Empfindlichkeit von Fotowiderständen für verschiedene Zusammensetzungen x und verschiedene Temperaturen dargestellt. Für $x \approx 0{,}2$ ergibt sich bei einer Arbeitstemperatur $T = 77$ K eine maximale Empfindlichkeit bei etwa $\lambda = 10$ µm, die Detektivität beträgt etwa $D^* \approx 6 \times 10^{10}$ cm $Hz^{1/2}W^{-1}$, die Zeitkonstante etwa 10^{-6} s. Wegen der amphoteren Dotierbarkeit von (Hg,Cd)Te-Mischkristallen lassen sich auch Fotodioden mit pn-*Homo*übergängen herstellen, die ebenfalls bei 77 K arbeiten und Zeitkonstanten um 10^{-9} s besitzen. Da die (Hg,Cd)Te-Fotodetektoren auf einer Interband-Absorption der IR-Photonen beruhen, besitzen sie im Vergleich zu den auf Störstellen-Absorption beruhenden IR-Fotoleitungsdetektoren wie Ge : Cu oder Ge : Hg wesentliche Vorteile. Letztere erfordern bei etwa gleicher Detektivität Arbeitstemperaturen $T \lesssim 30$ K; Kristalldicken von der Größenordnung 1 mm sind nötig, um eine ausreichende Absorption der IR-Photonen zu erreichen.

(Hg,Cd)Te-Fotodetektoren können demgegenüber in Dünnschicht-Technologie (mit CdTe als Substrat) hergestellt werden. Auf (Pb,Sn)Te-Mischkristallen basierende IR-Photodetektoren besitzen merklich geringere Detektivitäten. Die Langzeit-Stabilität der (Hg,Cd)Te-Detektoren wird

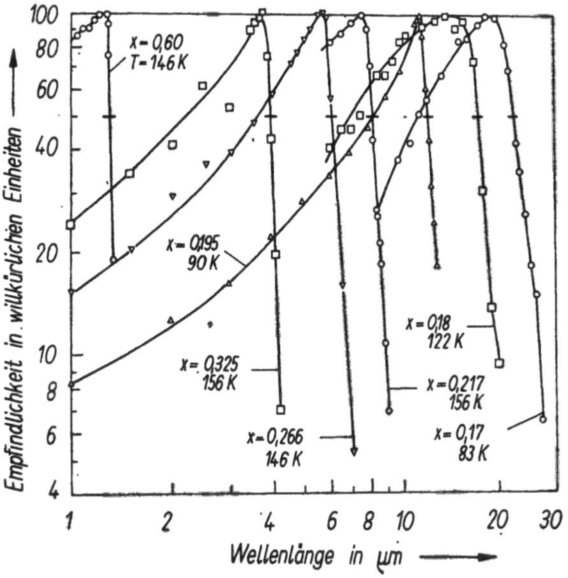

Abb. 3.28. Spektrale Empfindlichkeit von $Hg_{1-x}Cd_xTe$-Fotowiderständen für verschiedene Zusammensetzung x und verschiedene Temperaturen (nach [57])

durch eine Ausdiffusion und Verdampfung von Hg begrenzt, die durch geeignete Oberflächen-Abdeckung verhindert werden muß. Zusammenfassende Darstellungen zu (Hg,Cd)Te-Fotodetektoren sind in [62, 64] gegeben.

3.3.1.2. Solarzellen

Der Begriff Solarzellen bezeichnet Fotodioden, die speziell zur rationellen direkten Umwandlung der Sonnenstrahlungsenergie in elektrische Energie mittels des photovoltaischen Effekts entwickelt wurden. Die Verwendung von Einkristall-Solarzellen mit hohem Wirkungsgrad der Energieumwandlung η (Si, GaAs; $\eta \gtrsim 20\,\%$) erfordert wegen der relativ geringen Energiedichte der Sonnenstrahlung auf der Erdoberfläche den Einsatz von teuren optischen Kondensor-Systemen. Um dies zu vermeiden, sind billige *großflächige* Solarzellen entwickelt worden, die auf verschiedenen Dünnfilm-Technologien beruhen. Für einen ökonomischen Einsatz werden Wirkungsgrade $\eta \approx 10\,\%$ und Lebensdauern von $\gtrsim 20$ Jahren für erforderlich gehalten. Aus physikalischen, technologischen und ökonomischen Gründen spielen

II–VI-Halbleiter bei der Realisierung dieser großflächigen Solarzellen gegenwärtig eine dominante Rolle [2, 7, 65–68].

Die physikalische Wirkungsweise der Solarzellen entspricht der der Fotodioden ohne äußere angelegte Spannung, wie sie im vorigen Abschnitt behandelt wurde. Nur im Falle von CdTe können wegen der amphoteren Dotierbarkeit pn-Homoübergangs-Solarzellen hergestellt werden, in allen anderen Fällen der Anwendung von II–VI-Halbleitern handelt es sich um pn-Heteroübergangs-Solarzellen. Für Forschungszwecke wurden zahlreiche Varianten von Einkristall-Solarzellen hergestellt, bei denen der pn-Übergang durch Aufbringen einer dünnen Halbleiterschicht auf ein geeignetes Halbleiter-Einkristallsubstrat erzeugt wurde. In drei derartigen Systemen (pn-Homoübergang in CdTe, Heteroübergänge n-CdS auf p-InP bzw. p-$CuInSe_2$) wurden Wirkungsgrade $\eta > 10\ \%$ erreicht. Für praktische Anwendungen unter irdischen Bedingungen kommen jedoch aus Kostengründen nur reine Dünnschicht-Solarzellen in Betracht, deren Wirkungsgrad bisher 10 % nicht ganz erreicht hat.

Die für pn-Heteroübergangs-Solarzellen verwendeten Halbleitermaterialien müssen einer Reihe von Optimierungsanforderungen genügen. Die breitlückigere, als Strahlungsfenster dienende Halbleiterkomponente muß möglichst großes E_{g_1} aufweisen, damit auch der kurzwellige Teil des Sonnenlichts durchgelassen wird. Andererseits muß zur Vermeidung eines großen Innenwiderstands der Solarzelle die Leitfähigkeit dieser Komponente möglichst hoch sein, was nur bei nicht zu großem E_{g_1} realisierbar ist. Aus der Familie der II–VI-Halbleiter eignet sich als Fenstermaterial daher optimal nur CdS und nach neueren Untersuchungen auch $Zn_xCd_{1-x}S$ ($x \leqq 0{,}3$). Der schmallückigere, als Absorber dienende Halbleiter sollte ein direkter Halbleiter sein, um die Eindringtiefe des Lichts und damit Einflüsse von Minoritätsträger-Diffusion, Korngröße und Dicke der polykristallinen Schicht klein zu halten. Der Wert von E_{g_2} sollte im Bereich 1,0 bis 1,7 eV liegen, um eine optimale Absorption der Sonnenstrahlung zu bewirken. Eine weitere Verringerung von E_{g_2} bewirkt eine ungünstige Verringerung der Leerlaufspannung der Solarzelle. Der schmallückigere Halbleiter sollte p-leitend sein, um eine möglichst große Minoritätsträger(= Elektronen)-Diffusionslänge zu besitzen. Von den II–VI-Halbleitern eignet sich darum als Absorber praktisch nur CdTe. Andere für Dünnschicht-Solarzellen (mit n-CdS als Fenstermaterial) verwendete Absorber sind p-leitendes Cu_2S, InP, $CuInSe_2$ und $CuInS_2$.

Am attraktivsten erscheint gegenwärtig das System p-Cu_2S/n-CdS, für das ein theoretischer Wirkungsgrad von $\eta_{theor} = 16{,}6\ \%$ abgeschätzt wurde. Die besten bisher hergestellten Solarzellen dieser Art besitzen einen Wirkungsgrad von etwa 9 % bei einer Leerlaufspannung von 0,5 V und einem Kurzschluß-Strom von etwa 20 mA cm^{-2}. Die CdS-Schicht wird entweder durch Vakuum-Verdampfung oder auch durch eine Sprühtechnik erzeugt. Durch anschließendes Eintauchen in eine heiße wäßrige CuCl-Lösung bzw. durch Aufdampfen einer CuCl-Schicht und nachfolgende Temperung wird die gewünschte Cu_2S-Schicht durch eine Austausch-Diffusion erzeugt. Der maximale Wirkungsgrad und auch die Langzeitstabilität der p-Cu_2S/n-CdS-Solarzellen hängen wesentlich von der Stöchiometrie der Cu_2S-Schicht ab. Durch eine nachträgliche Cu-Diffusion aus einer aufgedampften Cu-Schicht als Diffusionsquelle wird versucht, Cu-Leerstellen in Cu_2S aufzufüllen. Aktuelle Verbesserungen dieses Solarzellen-Typs beziehen sich auf eine Ersetzung der CdS-Schicht durch $Zn_xCd_{1-x}S$, wodurch eine bessere Anpassung der Gitterkonstante und der Elektronenaffinität an Cu_2S und eine Aufweitung des nutzbaren Spektralbereichs zu höheren Photonen-Energien hin erreicht wird, und auf eine Ersetzung des Cu_2S-Absorbers durch p-$CuInSe_2$, p-$CuInS_2$ bzw. p-InP.

Eine ausschließlich II–VI-Halbleiter nutzende Heteroübergangs-Solarzellen-Anordnung ist p-CdTe/n-CdS, für die bisher ein Wirkungsgrad von 8,7 % erreicht wurde. Ein wichtiges technologisches Problem ist dabei die Herstellung gut leitender Ohmscher Kontakte zum p-CdTe. Wie bereits erwähnt, können auch pn-Homoübergangs-Solarzellen aus CdTe hergestellt werden. Der bisher damit erreichte Wirkungsgrad von etwa 8 % liegt auch hier noch deutlich unter dem theoretisch möglichen Wert ($\eta_{theor} \approx 19$ %). Eine zusätzlich aufgedampfte CdS-Schicht auf der Frontseite dient zur Passivierung der Oberfläche und zur Reduktion der Oberflächen-Rekombinationsverluste. Abschließend soll das System p-CdTe/n-ITO (Indium-Zinnoxid) erwähnt werden, das ebenfalls relativ effektive Heteroübergangs-Solarzellen mit einem Wirkungsgrad von etwa 8 % liefert. Da für einen großtechnischen Einsatz von Solarzellen letztlich auch die Materialkosten entscheidend sind, haben die II–VI-Halbleiter auch wegen ihrer relativen Billigkeit (insbesondere gegenüber III–V-Halbleitern) eine gute Chance im Vergleich zu anderen konkurrierenden Systemen.

3.3.1.3. Kernstrahlungsdetektoren

Der II–VI-Halbleiter CdTe findet als Material sowohl für Röntgen- als auch für γ-Photon-Detektoren bereits kommerzielle Anwendung [58, 69]. Wegen der höheren mittleren Kernladungszahl $\bar{Z} = 50$ im Vergleich zu Ge ($Z = 32$) und Si ($Z = 14$) besitzt dieses Material einen merklich höheren Wechselwirkungsquerschnitt für hochenergetische Photonen. Ein weiterer Vorteil von CdTe-Detektoren gegenüber Si- und insbesondere Ge-Detektoren ist der größere Wert der Energielücke E_g, der Arbeitstemperaturen von 300 bis 400 K ermöglicht. Im Gegensatz dazu erfordern zumindest die Ge : Li-Detektoren Arbeitstemperaturen von 77 K und eine ständige Lagerung bei Temperaturen unter −40 °C.

Die Photon-Wechselwirkung im Halbleiter-Detektor ist im Energiebereich bis etwa 0,5 MeV im wesentlichen eine Photon-Absorption durch stark gebundene Elektronen der inneren Schalen der Atome. Wie in Abb. 3.29 dargestellt ist, variiert der entsprechende photoelektrische Absorptionskoeffizient etwa proportional zu $\bar{Z}^5 \cdot E_{Phot}^{-3,5}$, wobei E_{Phot} die Energie der absorbierten Röntgen- bzw. γ-Photonen ist. Bei $E_{Phot} = 100$ keV betragen die Absorptionskoeffizienten von CdTe 10 cm^{-1}, von Ge 2 cm^{-1} und von Si nur 0,06 cm^{-1}. Im Photonen-Energiebereich von 0,5 bis etwa 5 MeV dominiert die unelastische Streuung der Photonen infolge des Compton-Effekts. Wie in Abb. 3.29 zu sehen ist, sind hier die Unterschiede der verschiedenen Detektormaterialien geringer. Erst bei Photonen-Energien $E_{Phot} \gtrsim 10$ MeV wird auch der Prozeß der Elektron-Positron-Paarerzeugung im Detektorkristall wesentlich. Die Relaxation der primär erzeugten hochenergetischen Elektronen führt über

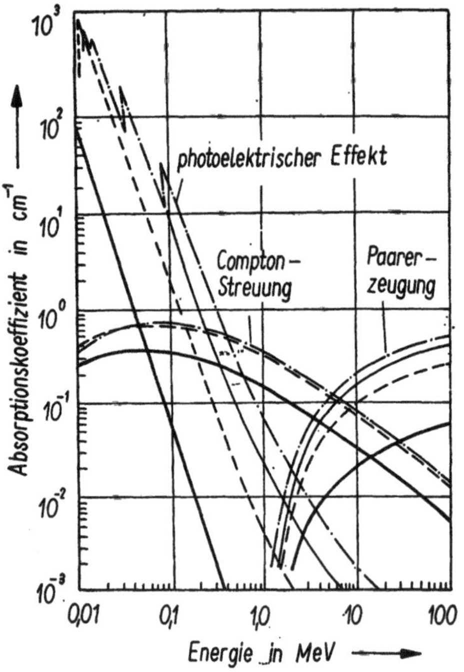

Abb. 3.29. Absorptionskoeffizient für Si- (——), Ge- (– – –) und CdTe-Kernstrahlungsdetektoren (—·—) infolge photoelektrischer und Compton-Wechselwirkung bzw. Elektron-Positron-Paarerzeugung der Photonen (nach [58])

diverse Wechselwirkungskaskaden letztlich zur Erzeugung von N Elektron-Loch-Paaren im Leitungs-/Valenzband und von Phononen (d. h. zur Erwärmung des Kristalls). Die Zahl der erzeugten Elektron-Loch-Paare ist eine lineare Funktion der Photonen-Energie $N = E_{Phot}/\bar{E}$. Die im Mittel zur Erzeugung eines Elektron-Loch-Paares erforderliche Energie $\bar{E}$ wächst mit zunehmender Größe der Bandlücke E_g, und es gilt annähernd $\bar{E} \approx 3\,E_g$. Für CdTe beträgt $\bar{E}$ etwa 4,5 eV. Der Nachweis der Elektron-Loch-Paare in den CdTe-Detektoren erfolgt dann analog wie in den in Abschn. 3.3.1.1. beschriebenen Fotowiderstands-Detektoren. Im Falle der Kernstrahlungs-Detektoren ist jedoch im Gegensatz zu den Fotowiderstands-Detektoren eine innere Verstärkung unerwünscht, so daß eine möglichst geringe Haftstellen-Konzentration erforderlich ist. Bezüglich des energetischen Auflösungsvermögens in Röntgen- bzw. γ-Spektrometern sind CdTe-Detektoren den Si- bzw. Ge-Detektoren unterlegen. Im γ-Photonen-Bereich ($E_{Phot} \gtrsim 100$ keV) werden CdTe-Detektoren daher vor allem zur Dosimetrie z. B. in Kernkraftwerken, in der Nuklearmedizin und bei Dicken-Meßgeräten eingesetzt. Im Röntgenbereich wirkt sich die hohe Absorptionskonstante von CdTe günstig aus. Ein 2 mm dicker Kristall absorbiert 50-keV-Photonen zu 99,9 %, 100-keV-Photonen zu 78 %. Das Auflösungsvermögen, definiert als Verhältnis von Halbwertsbreite zu Peakenergie des Signals, liegt im Bereich 2 bis 7 % und nimmt mit wachsendem Detektorvolumen ab.

3.3.2. Lichtemittierende Anordnungen

3.3.2.1. Katodolumineszenz-Anordnungen

Die mengenmäßig bei weitem bedeutendste Anwendung finden die II–VI-Halbleiter gegenwärtig bei der Herstellung von Katodolumineszenz-Schirmen für Fernseh-Bildröhren und andere Anzeige-Bildröhren. Gegenwärtig werden sowohl die Blau- als auch die Grün-Komponente in Farbfernseh-Bildröhren auf der Grundlage von II–VI-Halbleitern realisiert. Die blaue Farbe wird durch ZnS : Ag (kodotiert mit Al zur Ladungskompensation) erzeugt. Die Ausbeute der Katodolumineszenz beträgt für diesen Leuchtstoff etwa 7,5 lm/W. Die grüne Farbe wird mittels (Zn,Cd)S-Mischkristall-Pulver erzeugt, das mit Ag, neuerdings mit Cu dotiert ist (mit Al als Kodotierung). Bei Ag-Dotierung ist die Zusammensetzung des Mischkristalls etwa $Zn_{0,73}Cd_{0,27}S$, bei Cu-Dotierung beträgt der Cd-Anteil im (Zn,Cd)S nur 3 bis 10 % (vgl. Abb. 3.20). Die Ausbeute bei (Zn,Cd)S : Ag beträgt 46 lm/W. Für die rote Farbe wurde vorübergehend (Zn,Cd)S : Ag mit höherem Cd-Anteil eingesetzt, gegenwärtig finden für diese Farbe jedoch vorteilhaft Y_2O_3 : Eu oder Gd_2O_3 : Eu Verwendung. Die Herstellung der polykristallinen Schichten erfolgt durch sogenannte Settelungstechnik [70].

Elektronenstrahl-gepumpte II–VI-Halbleiterlaser könnten ein mögliches Anwendungsgebiet bei der Großprojektion von Farbfernseh-Bildern finden (vgl. z. B. [71]). Die großflächigen Halbleiter-Einkristalle (Dicke 10 bis 30 µm) befinden sich auf einer lichtdurchlässigen, gekühlten Unterlage (z. B. Saphir) und werden durch einen fokussierten Elektronenstrahl (50 bis 70 keV, Schwell-Pumpleistung bei 300 K etwa 5×10^6 W/cm^2) in longitudinaler Anordnung gepumpt. Für den Energie-Wirkungsgrad wird 10 bis 15 % angegeben, die erzielte Lichtleistung beträgt etwa 5 W. Durch Verwendung von ZnS, ZnSe, CdS und CdSe (und eventuell von Mischkristallen) kann der Spektralbereich von 330 bis 690 nm realisiert werden. Entsprechend dem zu projizierenden Fernsehbild wird der Laserkristall durch den (modulierten) Elektronenstrahl abgetastet. Die Laserstrahlung erzeugt dann nach optischer Vergrößerung ein bis zu 6 m^2 großes Bild auf einem Projektionsschirm. Zur Übertragung von Farbfernsehbildern sind drei gekoppelte, in den Farben rot, grün und blau emittierende Lasersysteme erforderlich. Die Hauptprobleme bestehen gegenwärtig in der Degradation der verwendeten Kristalle bei Langzeitbetrieb. Bisher werden Lebensdauern von 1000 h angegeben.

3.3.2.2. Lichtemittierende Dioden (LED)

Wie im Abschn. 3.2.6. ausgeführt, sollten insbesondere die breitlückigen II–VI-Halbleiter wegen ihrer günstigen optischen Eigenschaften geeignete Materialien zur Herstellung von lichtemittierenden Dioden (LED) für den *gesamten* sichtbaren Spektralbereich sein. Trotz intensiver Forschungsarbeit ist jedoch bisher die Herstellung von reproduzierbaren pn-Homoübergängen in den breitlückigen II–VI-Halbleitern auch unter Einsatz unkonventioneller Dotierungstechniken (z. B. Ionenimplantation, vgl. 3.1.4. und 3.2.5.) nicht gelungen. Auch der Weg über geeignete Heterostrukturen führte bisher nicht zu effektiven LED, insbesondere nicht zu den erstrebten blau-emittierenden Dioden auf der Basis von ZnS, Zn(S,Se) bzw. ZnSe [2]. Dabei wurde sowohl die Minoritätsladungsträger-Injektion (Injektionslumineszenz) als auch die Erzeugung von Minoritätsträgern durch Stoßprozesse heißer Elektronen in Hochfeldbereichen der Heterostrukturen (Elektrolumineszenz) angewandt. Die untersuchten p-ZnTe/n-ZnSe-Heteroübergangs-Dioden zeigten nur geringe Löcherinjektions-Effizienz, da der p-leitende Halbleiter eine kleinere Bandlücke als der n-leitende Halbleiter besitzt. Die externe Quantenausbeute lag im Bereich 10^{-4} bis 10^{-3}. Noch geringere Quantenausbeuten ($\approx 10^{-5}$) wurden für in Flußrichtung gepolte MIS-Strukturen mit ZnSe festgestellt. Elektrolumineszenz-LED wurden als in Sperrichtung gepolte MS-Strukturen mit ZnSe : Mn, ZnS : Mn, ZnS : Er, Zn(S,Se) : Al oder I u. a. hergestellt. Im hohen elektrischen Feld (10^5 bis 10^6 V cm^{-1}) in der Verarmungsrandschicht des MS-Kontakts werden primäre Elektronen, die z. B. durch Tunneleffekt aus dem Metall eingedrungen sind, beschleunigt auf Energien, die zur direkten Stoßanregung der Lumineszenz-Zentren (z. B. Mn) oder sogar zu Erzeugung von Elektron-Loch-Paaren ausreichen. Im Falle der ZnSe : Mn-Dioden wurden beträchtliche Helligkeiten von 1000 bis 1700 cd m^{-2} bei einer äußeren Quantenausbeute von 5×10^{-4} erreicht. Die angelegten Spannungen sind für diese Anordnungen gering (<10 V).

Insgesamt müssen jedoch beim gegenwärtigen Stand der Entwicklung die Chancen von LED auf der Grundlage von II–VI-Halbleitern als gering beurteilt werden.

3.3.2.3. Elektrolumineszenz-Displays

Eine großtechnische Anwendung könnten II–VI-Halbleiter in den kommenden Jahren auf dem Gebiet der numerischen und α-numerischen Anzeigeschirme bzw. der flachen Fernseh-Bildschirme in Form von polykristallinen Elektrolumineszenz-Displays finden. Gegenwärtig sind vier verschiedene Anordnungen in der Diskussion: Die mit Wechselspannung betriebenen ac-Pulver- und ac-Dünnfilm-Displays und die mit (eventuell gepulster) Gleichspannung betriebenen dc-Pulver- und dc-Dünnfilm-Displays. Das aktive, lichtemittierende Material ist ZnS (eventuell ZnSe), dotiert mit Mn bzw. mit Seltenen Erden (z. B. Tb, Dy, Pr). In den Pulver-Displays besteht die aktive Schicht aus ZnS-Pulver (Korngröße 1 bis 20 μm) in einem dielektrischen Bindemittel. Die Dünnfilm-Displays werden durch Elektronenstrahl- oder thermische Verdampfung oder durch Atomschicht-Epitaxie (ALE) hergestellt (vgl. 3.1.2.2.). Zusammenfassende Darstellungen finden sich in [72–74].

Die *ac-Dünnfilm-Displays* bestehen aus einer lateral homogenen Folge planparalleler Schichten (MISIM) auf Glassubstrat. Die Isolatorschichten dienen zur Verhinderung des elektrischen Durchschlags bei Anlegen der Spannung von der Größenordnung 100 bis 300 V. Als Isolatormaterial werden u. a. Y_2O_3, Al_2O_3, Ta_2O_3, $BaTiO_3$, Si_3N_4 und $PbTiO_3$ erfolgreich eingesetzt. Eine der beiden Metallelektroden muß lichtdurchlässig sein und besteht aus Indium-Zinn-Oxid (ITO), für die andere wird meist Al benutzt. Abb. 3.30

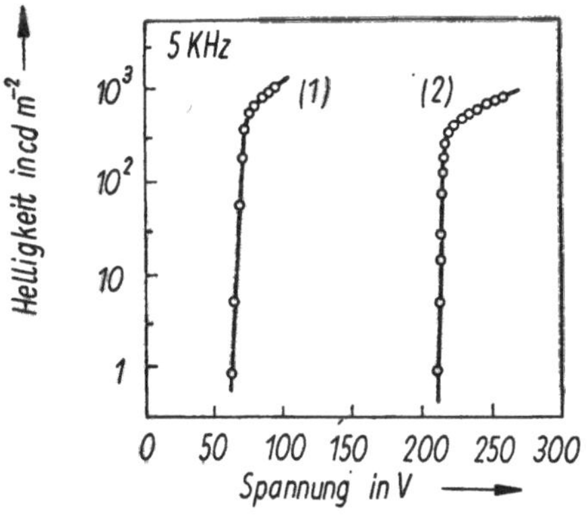

Abb. 3.30. Helligkeits-Spannungs-Charakteristik für ein ac-Dünnfilm-Display für verschiedene Isolatorschichten (nach [59]). (*1*) ITO–$PbTiO_3$–ZnS: Mn–$PbTiO_3$–Al, (*2*) ITO–Y_2O_3–ZnS: Mn–Y_2O_3–Al

zeigt typische Helligkeits-Spannungs-Charakteristiken für zwei verschiedene ac-Dünnfilm-Displays mit ZnS : Mn als aktiver Schicht. Die Helligkeit steigt oberhalb einer Schwellspannung steil über mehrere Größenordnungen an und zeigt dann bei weiterer Spannungserhöhung ein Sättigungsverhalten. Da die Schichtdicken der aktiven Schicht größenordnungsmäßig 1 μm betragen, liegen die elektrischen Feldstärken oberhalb der Schwellspannung im Bereich 1,5 bis 3×10^6 V cm^{-1}. In diesen hohen Feldern werden freie Elektronen im ZnS (ballistisch) beschleunigt bis zur Erreichung der für eine Stoßanregung der Mn-Zentren notwendigen Energie. Wie Abb. 3.30 zeigt, kann die Schwellspannung stark erniedrigt werden durch den Einsatz von ferroelektrischen Isolatoren mit hoher Dielektrizitätskonstante ($\varepsilon(PbTiO_3) \approx 200$; $\varepsilon(Y_2O_3) \approx$ ≈ 10). Die spektrale Verteilung der Emission der ac-Dünnfilm-Displays mit ZnS : Mn entspricht der in Abb. 3.21 dargestellten Photolumineszenz-Kurve. Das Maximum liegt bei etwa 2,1 eV, d. h. im gelben Bereich, und kann auch durch Benutzung anderer Wirtsgitter (z. B. ZnSe) nicht wesentlich verschoben werden (vgl. 3.2.6.2.). Andersfarbige ac-Dünnfilm-Displays wurden bisher hergestellt mit z. B. ZnS : TbF_3 (grün) (vgl. Abb. 3.22), ZnS : DyF_3 (gelb-weiß) und ZnS : PrF_3 (weiß). Während jedoch die erreichte maximale Helligkeit für ZnS : Mn-Displays 10^4 cd m^{-2} beträgt, liegen die bisher für ZnS : SE-Displays erzielten Maximalhelligkeiten um Größenordnungen niedriger. Die Lichtausbeute der ZnS : Mn-Displays erreicht 10 lm/W. Die Lebensdauer kann bis zu 10^5 h betragen. Besonders bemerkenswert ist dabei die hohe Stabilität sowohl bezüglich der Helligkeit als auch bezüglich der Schwellspannung. Eine für die praktische Anwendung der ac-Dünnfilm-Displays wichtige Eigenschaft, nämlich ein Hysterese-Verhalten der Helligkeits-Spannungs-Charakteristiken, ist in Abb. 3.31 dargestellt. Derartige Displays besitzen einen Gedächtnis-Effekt (memory-effect) und können so-

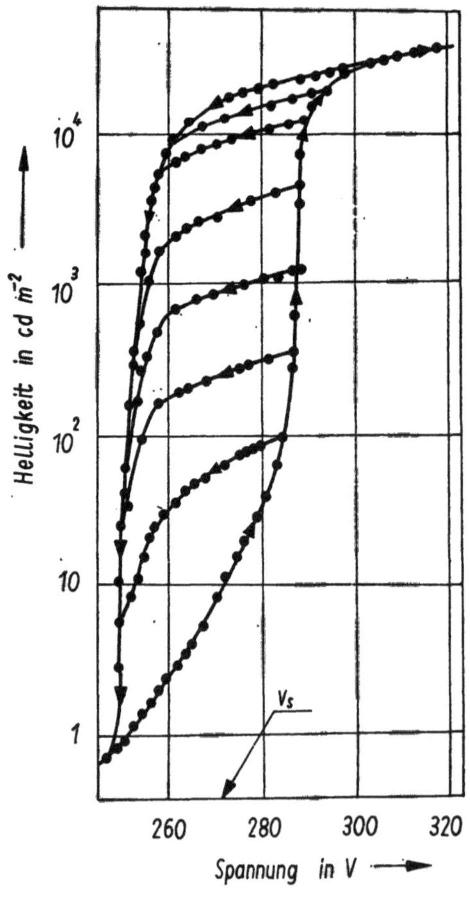

Abb. 3.31. Helligkeits-Spannungs-Charakteristik eines ac-Dünnfilm-Displays (Al–Y_2O_3–ZnS: Mn–Y_2O_3–SnO_2) mit Hysterese-Effekt (nach [60])

wohl elektrisch als auch durch Lichteinstrahlung bzw. durch Elektronenstrahl-Anregung ein- bzw. ausgeschaltet werden, wenn ständig eine geeignete Haltespannung V_s anliegt. Die physikalische Ursache dieses Hysterese-Verhaltens ist bisher nicht befriedigend geklärt.

dc-Dünnfilm-Displays wurden mit MSM- bzw. MISM-Struktur hergestellt, wobei die aktive Schicht (S) wiederum aus ZnS mit geeigneter Dotierung (Mn; Cu; Cl–Al; SE), die Isolatorschicht (I) meist aus Ta_2O_5 bestand. Nur die MISM-Strukturen mit ZnS : Mn bzw. ZnS : SE erwiesen sich als hinreichend langzeitstabil. Die angelegten Spannungen liegen im Bereich 50 bis 100 V, die erreichten Helligkeiten sind $\lesssim 170$ cd m^{-2}.

ac-Pulver-Displays mit ZnS- oder (Zn,Cd) S-Pulver, dotiert mit Cu, Cl oder Br, lieferten nur Anfangshelligkeiten von 35 cd m^{-2} und Lebensdauern von 1000 bis 3000 h. Insbesondere bei Cu-Dotierung wird eine schnelle Degradation beobachtet, die einer Cu-Diffusion zugeschrieben wird. Eine für spezielle Anwendungen ausreichende Lebensdauer von $\lessapprox 5000$ h erreichten bisher *dc-Pulver-Displays* mit ZnS : Mn in einem dielektrischen Bindemittel (170 cd m^{-2} bei 100 V angelegter Spannung).

Insgesamt erscheinen die ac-Dünnfilm-Displays als die günstigste Variante, insbesondere bezüglich Langzeitstabilität und Helligkeit. Auch die Kontrastverhältnisse sind günstig. Erste Anzeige-Displays dieser Art (ZnS : Mn, ohne Hysterese-Effekt) befinden sich bereits im kommerziellen Einsatz. Die Klärung und reproduzierbare Beherrschung des Memory-Effekts, die Erreichung der Farbtüchtigkeit (eventuell mit Seltenen Erden) und die Aufklärung des Sättigungsverhaltens der Helligkeits-Spannungs-Charakteristiken könnten die Chancen eines großtechnischen Einsatzes, insbesondere in Konkurrenz zu den Plasma-Displays, noch wesentlich verbessern.

3.3.3. Weitere Anwendungen

Eine Reihe weiterer Anwendungen von II–VI-Halbleitern nutzen die geringe Absorption im IR-Spektralbereich unterhalb der Reststrahl-Banden und die relativ hohen elektrooptischen, piezoelektrischen und elastooptischen Konstanten [2, 22, 58]. In reinem CdTe und CdSe wurden bei der Wellenlänge $\lambda = 10{,}6$ µm des CO_2-Lasers Absorptionskoeffizienten von $(1 \ldots 2) \times 10^{-3}$ cm^{-1} erreicht, auch für die anderen II–VI-Halbleiter liegen die Werte unter 10^{-2} cm^{-1}. Insbesondere als Material für Brewster-Fenster und Linsen für Hochleistungs-IR-Laser werden bisher CdTe und ZnSe eingesetzt. Für ZnSe wurde bei $\lambda = 2{,}7$ µm (mittels photoakustischer Meßtechnik) eine Absorptionskonstante $\alpha \approx 10^{-4}$ cm^{-1} bestimmt. CdS-Einkristalle finden Anwendung als $\frac{\lambda}{4}$-Plättchen im IR.

Elektrooptische Modulatoren für den IR-Spektralbereich auf der Grundlage des Pockels-Effekts wurden bisher mit CdTe- und ZnS-Einkristallen realisiert (vgl. auch 3.2.6.1.), insbesondere für den CO_2-Laser. Infolge höherer elektrooptischer Koeffizienten und geringerer Absorption im IR-Bereich sind sie GaAs-Modulatoren überlegen. Durch ein (transversal) angelegtes elektrisches Wechselfeld werden die Kristalle optisch doppelbrechend. Durch Kombination mit geeigneten Polarisatoren kann eine Intensitäts-, Phasen- oder Polarisationsmodulation erreicht werden. CdTe-Modulatoren wurden auch zur Intracavity-Modulation bei CO_2-Lasern eingesetzt.

Auch für *akustooptische Modulatoren* können CdTe-Einkristalle erfolgreich eingesetzt werden. Die Lichtmodulation erfolgt durch Beugung an den durch eine Schallwelle erzeugten periodischen Brechungsindex-Änderungen, die wie ein optisches Gitter wirken. Die Intensität des gebeugten Strahls ist proportional zur Intensität der Schallwelle.

Auch andere Effekte der nichtlinearen Optik können vorteilhaft mit II–VI-Halbleitern ausgenutzt werden. Beispielsweise wird CdSe als optischer parametrischer Oszillator, Frequenzmischer und auch zur Erzeugung der 2. Harmonischen in Verbindung mit geeigneten IR-Lasern eingesetzt. Für eine Pumpstrahlung mit $\lambda = 1{,}833$ µm wurde eine Umwandlungsausbeute für den optischen parametrischen Verstärker von etwa 40 % festgestellt. Durch Drehung des CdSe-Kristalls kann eine Durchstimmung der Sekundärstrahlung in gewissen Spektralbereichen erzielt werden.

Literatur zu Kapitel 3

[1] Aven, M.; Prener, J. S. (Hrsg.): Physics and Chemistry of II–VI Compounds. Amsterdam: North-Holland 1967.
[2] Hartmann, H.; Mach, R.; Selle, B.: Current Topics in Materials Science **9** (1982).
[3] Goldfinger, P.; Jeunehomme, M.: Trans. Faraday Soc. **59** (1963) 2851.
[4] Lorenz, M. R.: Physics and Chemistry of II–VI Compounds (Hrsg. M. Aven, J. S. Prener). Amsterdam: North-Holland 1967, S. 75.
[5] Washiyama, M.; Sato, K.; Aoki, M.: Japan J. Appl. Phys. **18** (1979) 869.
[6] Harman, T. C.: in: Physics and Chemistry of II–VI Compounds (Hrsg. M. Aven, J. S. Prener). Amsterdam: North-Holland 1967, S. 769.
[7] Bachmann, K. J.: Current Topics in Materials Science **3** (1979) 477.
[8] De Kock, A. J. R.: in: Handbook on Semiconductors, Band 3 (Hrsg. S. P. Keller). Amsterdam: North-Holland 1980, S. 247.
[9] Piper, W. W.; Polich, S. J.: J. Appl. Phys. **32** (1961) 1278.
[10] Dierssen, G. H.; Gabor, T.: J. Cryst. Growth **43** (1978) 572.
[11] Glebkin, A. A.; Davydov, A. A.; Garba, N. I.: Izv. Akad. Nauk SSSR, Neorg. Mat. **16** (1980) 28.
[12] Nitsche, R.; Richman, D.: Z. Electrochem. **66** (1962) 709.
[13] Fischer, A. G.: in: Crystal Growth (Hrsg. B. R. Pamplin). Oxford: Pergamon 1975, S. 521.
[14] Cornet, A.; Siffert, P.; Coche, A.: J. Cryst. Growth **7** (1970) 329.
[15] Taguchi, T.; Fujita, S.; Inuishi, Y.: J. Cryst. Growth **45** (1978) 204.
[16] Laudise, R. A.; Kolb, E. D.; De Neufville, J. P.: Am. Min. **50** (1965) 382.
[17] Cusano, D. A.: in: Physics and Chemistry of II–VI Compounds (Hrsg. M. Aven, J. S. Prener). Amsterdam: North-Holland 1967, S. 707.
[18] Hartmann, H.: J. Cryst. Growth **31** (1975) 323.
[19] Suntola, T.; Anston, J.; Pakkala, A.; Lindfors, S.: in: Proc. Conf. Soc. Information Displays. San Diego 1980, S. 108.
[20] Farrow, R. F. C.: Current Topics in Materials Science **2** (1977) 237.

[21] Smith, D. L.; Pickhardt, V. Y.: J. Appl. Phys. **46** (1975) 2366.
[22] Cullen, G. W.; Wang, C. C. (Hrsg.): Heteroepitaxial Semiconductors for Electronic Devices. New York: Springer 1978.
[23] Roth, W. L.: in: Physics and Chemistry of II–VI Compounds (Hrsg. M. Aven, J. S. Prener). Amsterdam: North-Holland 1967, S. 119.
[24] Woodbury, H. H.: in: Physics and Chemistry of II–VI Compounds (Hrsg. M. Aven, J. S. Prener). Amsterdam: Norh-Holland 1967, S. 225.
[25] Casey, H. C.; Pearson, G. L.: in: Point Defects in Solids (Hrsg. J. H. Crawford, L. M. Slifhin), Bd. 2. New York: Plenum 1975, S. 163.
[26] Kwasniewski, E. A.; Koteles, E. S.; Datars, W. R.: Can. J. Phys. **54** (1976) 1053.
[27] Nusimovici, M. A.; Balkanski, M.; Birman, J. L.: Phys. Rev. **B1** (1970) 595.
[28] Manabe, A.; Mitsuishi, A.; Yoshinaga, H.: Jap. J. Appl. Phys. **6** (1967) 593.
[29] Chelikowsky, J. R.; Cohen, M. L.: Phys. Rev. **B14** (1976) 556.
[30] Bergstresser, T. K.; Cohen, M. L.: Phys. Rev. **164** (1967) 1069.
[31] Rode, D. L.: in: Semiconductors and Semimetals (Hrsg. R. K. Willardson, A. C. Beer), Bd. 10. New York: Academic Press 1975, S. 84.
[32] Devlin, S. S.: in: Physics and Chemistry of II–VI Compounds (Hrsg. M. Aven, J. S. Prener). Amsterdam: North-Holland 1967, S. 549.
[33] Spiegelberg, F.; Gutsche, E.; Voigt, J.: Phys. stat. sol. (b) **77** (1976) 233.
[34] Goede, O.; Heimbrodt, W.; Hennig, D.; John, L.; Dang Dinh Thong: unveröffentlicht.
[35] Dean, P. J.; Merz, J. L.: Phys. Rev. **178** (1969) 1310.
[36] Goede, O.; John, L.; Hennig, D.: Phys. stat. sol. (b) **89** (1978) K 183.
[37] Lucovsky, G.; Lind, E.; Davis, E. A.: in: II–VI Semiconducting Compounds (Hrsg. D. G. Thomas). New York: Benjamin 1967, S. 1150.
[38] Parrish, J. F.; Perry, C. H.: in: II–VI Semiconducting Compounds (Hrsg. D. G. Thomas). New York: Benjamin 1967, S. 1164.
[39] Akutagawa, W.; Turnbull, P.; Chu, W. K.; Mayer, J. W.: J. Phys. Chem. Solids **36** (1975) 521.
[40] Woodbury, H. H.: J. Appl. Phys. **36** (1965) 2287.
[41] Berlincourt, D.; Jaffe, H.; Shiozawa, L. R.: Phys. Rev. **129** (1963) 1009.
[42] Van Gool, W.; Cleiren, A. P.: Philips Res. Rep. **15** (1960) 238.
[43] Krupka, D. C.; Mahony, D. M.: J. Appl. Phys. **43** (1972) 2314.
[44] Segall, B.; Marple, D. T. F.: in: Physics and Chemistry of II–VI Compounds (Hrsg. M. Aven, J. S. Prener). Amsterdam: North-Holland 1967, S. 319.
[45] Halsted, R. E.: in: Physics and Chemistry of II–VI Compounds (Hrsg. M. Aven, J. S. Prener). Amsterdam: North-Holland 1967, S. 385.
[46] Curie, D.; Prener, J. S.: in: Physics and Chemistry of II–VI Compounds (Hrsg. M. Aven, J. S. Prener). Amsterdam: North-Holland 1967, S. 435.
[47] Hutson, A. R.; Mc Fee, J. H; White, D. L.: Phys. Rev. Letters **7** (1961) 237.
[48] Kosai, K.; Fitzpatrick, B. J.; Grimmeis, H. G.; Bhargava, R. N.; Neumark, G. F.: Appl. Phys. Letters **35** (1979) 194.
[49] Robinson, R. J.; Kun, Z. K.: Appl. Phys. Letters **27** (1975) 74.
[50] Reynolds, D. C.; Litton, C. W.; Collins, T. C.: Phys. stat. sol. **12** (1965) 3.
[51] Goede, O.; Heimbrodt, W.; Müller, R.: Phys. stat. sol. (b) **105** (1981) 543.
[52] Hennig, D.; Goede, O.; Heimbrodt, W.: Phys. stat. sol. (b) **113** (1982) K 163.
[53] Onodera, J.; Toyozawa, Y.: J. Phys. Soc. Japan **24** (1968) 341.
[54] Goede, O.; Hennig, D.; John, L.: Phys. stat. sol. (b) **96** (1979) 671.
[55] Rowe, J. M.; Nicklow, R. M.; Price, D. L.; Zanio, K.: Phys. Rev. **B10** (1974) 671.

[56] Bleicher, M.: Funk-Technik **31** (1976) 644.
[57] Kruse, P. W.; Long, D.; Tufte, O. N.: in: Proc. III. Int. Conf. on Photoconductivity (Hrsg. E. M. Pell). New York: Pergamon Press 1971, S. 223.
[58] Zanio, K.: Semiconductors and Semimetals (Hrsg. R. K. Willardson, A. C. Beer), Vol. 13. New York: Academic Press 1978.
[59] Okamoto, K.; Nasu, J.; Hamakawa, Y.: IEEE ED **28** (1981) 6, S. 698.
[60] Yoshida, M.; Kakihoma, K.; Yamashita, T.; Taniguchi, K.; Inoguchi, T.: Jap. J. Appl. Phys. Suppl. **17** (1978) 1, S. 127.
[61] Moss, T. S.; Burrell, G. J.; Ellis, B.: Semiconductor Opto-Electronics. London: Butterworth 1973.
[62] Auth, J.; Genzow, D.; Herrmann, K. H.: Photoelektrische Erscheinungen. Berlin: Akademie-Verlag 1977.
[63] Bube, R. H.: in: Physics and Chemistry of II–VI Compounds (Hrsg. M. Aven, J. S. Prener). Amsterdam: North-Holland 1967, S. 657.
[64] Dornhaus, R.; Nimtz, G.: in: Solid State Physics (Hrsg. G. Höhler), (Springer Tracts in Modern Physics Vol. 78). Berlin (West): Springer 1976, S. 1.
[65] Fahrenbruch, A. L.: J. Cryst. Growth **39** (1977) 73.
[66] Bube, R. H.: in: Handbook on Semiconductors (Hrsg. T. S. Moss), Vol. 4 (Hrsg. C. Hilsum). Amsterdam: North Holland 1981, S. 691.
[67] Hovel, H. J.: in: Semiconductors and Semimetals, Vol. 11 (Hrsg. R. K. Willardson, A. C. Beer). New York: Academic Press 1975.
[68] Rothwarf, A.: J. Vac. Sci. Technol. **20** (1982) 282.
[69] Haller, E. E.; Goulding, T. S.: in: Handbook on Semiconductors (Hrsg. T. S. Moss), Vol. 4 (Hrsg. C. Hilsum). Amsterdam: North Holland 1981, S. 799.
[70] Schmidt, K.; Senf, W.: in: Vakuumelektronik (Hrsg. H. G. Schneider). Berlin: Akademie-Verlag 1978, S. 237.
[71] Basov, N. G.: J. Lum. **24/25** (1981) 11.
[72] Mach, R.; Müller, G. O.: Phys. stat. sol. (a) **69** (1981) 11.
[73] Inoguchi, T.; Mito, S.: in: Electroluminescence (Hrsg. J. I. Pankove), Topics in Applied Physics, Vol. 17. Berlin (West): Springer 1977, S. 197.
[74] Intern. Workshop Electroluminescence, Liége, Sept. 1980 (Hrsg. F. Williams): J. Lum. **23** (1981).

4. Siliciumcarbid

Von K. Jacobs und K. Kreher

Siliciumcarbid ist einer der am längsten bekannten Halbleiter [1], an dem bereits 1907 Elektrolumineszenz nachgewiesen wurde [2]. SiC bildet tetraedrisch koordinierte Strukturen mit gemischt kovalent-ionogener Bindung (Si positiv, etwa 10 % Ionenanteil) mit sehr hohem Schmelzpunkt. Bisher sind mehr als 100 Modifikationen bekannt, die als Polytypen bezeichnet werden; alle bestehen aus hexagonalen Si–C-Doppelschichten und unterscheiden sich durch deren Stapelfolge in Richtung der hexagonalen Achse [3].

4.1. Darstellung

SiC ist nach dem gegenwärtigen Kenntnisstand die einzige feste Verbindung im System Si–C [5]. Es ist auch noch bei Temperaturen oberhalb 1500 °C gegen Luft und andere aggressive Medien sehr beständig.

Gasphasen-, Transport- und Syntheseprozesse sind wegen zu geringer Wachstumsgeschwindigkeiten ungeeignet für die Herstellung von Volumenkristallen. Die Züchtung aus stöchiometrisch zusammengesetzten Schmelzen ist ebenfalls kaum möglich, da hierzu bei Temperaturen weit über 2000 °C Drücke von mehr als 10^{10} Pa aufzubringen wären. Die Züchtung aus nichtstöchiometrischen, mit C gesättigten Si-Schmelzen stellte ähnliche Probleme und wäre mit niedrigen Wachstumsraten verbunden.

SiC-Einkristalle von akzeptabler Größe, ausreichend zumindest für die Verwendung als Substrat für Epitaxieschichten, werden daher durch Sublimation von anderweitig hergestelltem pulverförmigem oder polykristallinem SiC hergestellt (Lely-Verfahren [6]).

Bei dem erforderlichen Ausgangsmaterial kann es sich um technisches SiC handeln, welches in geringer Reinheit nach dem Acheson-Prozeß gemäß der Reaktionsgleichung

$$SiO_2 + 3C \rightarrow SiC + 2CO$$

beim Erhitzen von Quarzsand mit Kohle an Luft auf 2500 °C erhalten wird.

Für Halbleiterzwecke ist als Ausgangsmaterial besser polykristallines SiC geeignet, welches durch thermische Zersetzung bzw. Reduktion leichtflüchtiger C- und Si-haltiger Verbindungen dargestellt wird. Dieses auf van Arkel und de Boer zurückgehende Verfahren [7] wurde erstmalig von Moers [8] zur Darstellung von SiC angewandt. Hierbei wird ein H_2-Trägergasstrom mit den entsprechenden Verbindungen beladen und in einen Quarzglasrezipienten geleitet, wo bei Temperaturen um 1550 °C die Pyrolyse an einem glühenden Metalldraht oder Graphitstab vor sich geht. Zur Illustration seien zwei summarische Reaktionsgleichungen für die Synthese aus einer oder mehreren Verbindungen angegeben:

$$CH_3SiCl_3 \rightarrow SiC + 3HCl\,,$$
$$9H_2 + 6SiCl_4 + C_6H_6 \rightarrow 6SiC + 24HCl\,.$$

Weitere Beispiele für eingesetzte Substanzen sind in [9] angegeben.

Bei Temperaturen oberhalb 2000 °C dissoziiert und sublimiert festes SiC in beträchtlichem Maße. Darauf beruht das Lely-Verfahren. Das Ausgangsmaterial wird zunächst mehrere Stunden im Vakuum ausgeheizt und dann in einer Ar-Atmosphäre oder im Vakuum bei Temperaturen zwischen 1600 °C und 2600 °C, vorzugsweise bei höherer Temperatur, in zylindrischen Graphittiegeln sublimiert. Das Ausgangsmaterial befindet sich dabei im Zwischenraum zweier konzentrischer Zylinder, deren innerer aus porösem Graphit besteht. Bei den hohen Temperaturen dissoziiert das SiC. Gasförmiges monomeres Si reagiert dann mit festem Kohlenstoff zu Si_2C, SiC_2 und SiC [10]. Si_2C, SiC_2 und Si diffundieren unter dem Einfluß eines geringen radialen Temperaturgradienten durch das poröse innere Graphitrohr in den inneren Hohlraum und kristallisieren vor allem an Deck- und Grundplatte dieses Hohlraums, vorwiegend als hexagonale Plättchen des 6*H*-SiC-Polytyps.

Derartige Kristalle können als Substrat für die Abscheidung von SiC-Epitaxieschichten dienen. Epitaxie aus der Gasphase kann analog zum beschriebenen van Arkel/de Boer-Prozeß erfolgen.

In den letzten Jahren wurden SiC-Epitaxieschichten von verschiedenen Autoren durch Flüssigphasenepitaxie dargestellt. Die Abscheidung erfolgt hierbei durch Abkühlung einer mit C gesättigten Si-Schmelze über dem Substrat bei Temperaturen zwischen 1800 °C und 1400 °C oder bei konstanter Temperatur unter der Wirkung eines Temperaturgradienten.

Als p-Dotand wird bevorzugt Al eingesetzt, während N oder P als Donatoren in Form geeigneter Verbindungen oder elementar während der Kristallzüchtung zugesetzt werden.

Die Dotierung vorhandener Kristalle durch Diffusion erfordert wiederum Temperaturen über 1900 °C und ist entsprechend schwierig.

Zusammenfassende Übersichten zur Kristallzüchtung, zu den dabei auftretenden Wachstumsphänomenen und -mechanismen sowie zu technologischen Problemen der Bauelementeherstellung sind die Arbeiten [3], [4], [9], [11] und [12].

4.2. Eigenschaften [13]

4.2.1. Kristallstruktur und Gittereigenschaften

Alle SiC-Modifikationen können im hexagonalen System beschrieben werden; sie bestehen aus identischen hexagonal gepackten Doppelschichten von Si–C-Aggregaten (Bindungsrichtung parallel zur hexagonalen *c*-Achse) in bestimmter Stapelfolge.

Projiziert auf die (0001)-Ebene der hexagonalen Einheitszelle, sind drei

Lagen A, B, C dieser Schichten möglich, wobei B um a ($1/2$, $1/6 \cdot \sqrt{3}$) und C um a (1, $1/3 \cdot \sqrt{3}$) gegenüber A verschoben sind (Abb. 4.1). Jede Stapelfolge führt zu einer tetraedrischen Umgebung der Si-Atome mit C-Atomen und der

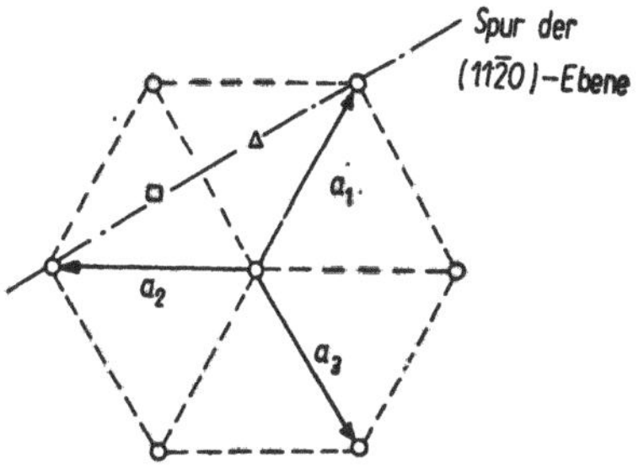

Abb. 4.1. Projektion der SiC-Strukturen auf die (0001)-Ebene.
A-, B-, C-Schicht: ○ □ △
$\boldsymbol{a}_1, \boldsymbol{a}_2, \boldsymbol{a}_3$ sind die 3 (linear abhängigen) Einheitsvektoren senkrecht zur hexagonalen c-Achse

C-Atome mit Si-Atomen. Es sind vielfältige Stapelfolgen mit z. T. sehr großen Periodenlängen möglich; dieser eindimensionale Polymorphismus von Schichtstrukturen wird als Polytypismus bezeichnet.

Alle Polytypen können bequem durch die Lage der Si–C-Einheiten in der (1120)-Ebene charakterisiert werden, was gleichzeitig zusammen mit der Höhe der Elementarzelle die Grundlage für eine systematische Strukturbezeichnung liefert (Abb. 4.2 und 4.3 und Tab. 4.1). Die wichtigsten Polytypen sind die

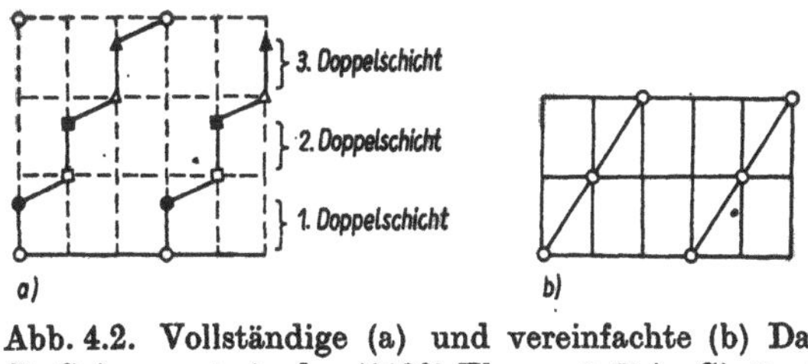

Abb. 4.2. Vollständige (a) und vereinfachte (b) Darstellung der Lage der Si–C-Aggregate in der (1120)-Ebene. ○ □ △: Si, ● ■ ▲: C

einzige kubische (Zinkblende-)Modifikation $3C$ (Raumgruppe $T_d^2 \triangleq F\bar{4}\,3m$), die hexogonale (Wurtzit-)Modifikation $6H$ (Raumgruppe $C_{6v}^4 = P\,6_3mc$) und die rhomboedrische Modifikation $15R$ (Raumgruppe $C_{3v}^5 = R3m$); die Zahlen n vor den Symmetriesymbolen C, H und R geben die Anzahl der Si–C-Doppelschichten in der hexagonalen Elementarzelle an. Bekannt sind Kristalle mit periodischen Stapelfolgen (wobei sogar Periodenlängen > 500 möglich sind) und mit unperiodischen Stapelfolgen. Viele Strukturen wurden bisher jedoch nur an wenigen ausgewählten Kristallen nachgewiesen; eine Korrelation zu den Züchtungsbedingungen ist meist nicht möglich. Eine theo-

Tabelle 4.1.
Wichtige Polytypen von SiC [13]

Stapelfolge	Chronologische Bezeichnung [14]	Ramsdell-Bezeichnung [15][1]	Wyckoff-Jagodzinski-Bezeichnung [16, 17][2]	Gitterkonstanten in nm[3] a	c	c/n	E_{gx} in eV[4]
ABC	β-SiC	$3C$ (∞)	C	0,3083	0,7551	0,25169	2,390
AB		$2H$ (11)	h	0,30763	0,5048	0,25240	3,330
ABCB	α-SiC III	$4H$ (22)	hc	0,30730	1,0053	0,25132	3,265
ABCACB	α-SiC II	$6H$ (33)	hcc	0,30806	1,5117	0,25195	3,023
ABCABACB		$8H$ (44)	$hccc$	0,3079	2,0147	0,25134	2,80
ABCABCBACB		$10H$ (55)	$hcccc$	0,3079	2,5183	0,25183	
ABCACBCABACABCB	α-SiC I	$15R$ (323232)	$hcchc$	0,3072	3,770	0,25133	2,986
	α-SiC IV	$21R$		0,3073	5,278	0,25134	2,853
	α-SiC VI	$33R$		0,3060	8,294	0,25133	

[1] Die Zahlen in Klammern geben die Anzahl der Verschiebungen in der $(11\bar{2}0)$-Ebene nach rechts (1., 3., 5., ... Zahl) bzw. nach links (2., 4., 6., ... Zahl) an; vgl. Abb. 4.3.

[2] Die Angaben c und h charakterisieren jede Doppelschicht entsprechend der Lage der beiden benachbarten als kubisch (c; Stapelfolge A<u>B</u>C oder C<u>B</u>A für die B-Schicht) oder hexagonal (h; Stapelfolge A<u>B</u>A bzw. C<u>B</u>C für die B-Schicht).

[3] Hexagonale Aufstellung; für die $3C$-Modifikation ist $a_{\text{kub}} = c/\sqrt{3} = 0{,}43596$ nm; für die rhomboedrischen Modifikationen ist $a_{\text{rh}} = \frac{1}{3}\sqrt{3a^2+c^2}$, $\cos\alpha_{\text{rh}} = \frac{2c^2-3a^2}{2c^2+6a^2}$ ($a = \sqrt{2}\,\sqrt{1-\cos\alpha_{\text{rh}}}\,a_{\text{rh}}$; $c = \sqrt{3}\cdot\sqrt{1+2\cos\alpha_{\text{rh}}}\,a_{\text{rh}}$). n ist die Anzahl der Si—C-Schichten in der Elementarzelle, c/n der Schichtabstand. $T = 300$ K.

[4] Excitonengap bei 4 K.

retische Erklärung der Überstrukturen ist spekulativ als Peierls-Übergang denkbar, quantitativ jedoch nicht gelungen.

Gitterschwingungen verschiedener Polytypen wurden aus Photolumineszenz- und Absorptionsmessungen [18–21] und Ramanspektren ermittelt.

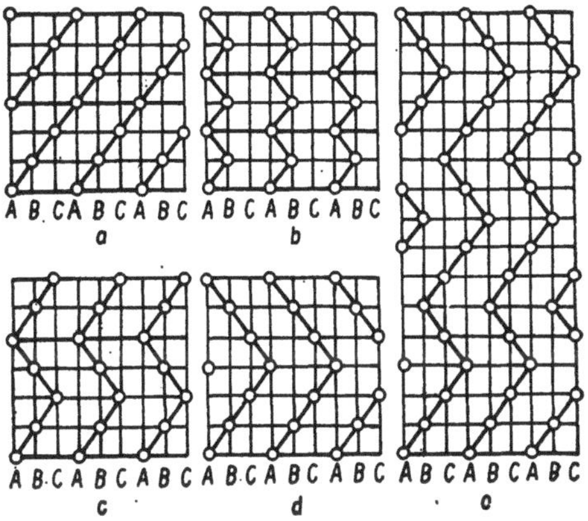

Abb. 4.3. Wichtigste Polytypen von SiC (vereinfachte Darstellung in der (11$\bar{2}$0)-Ebene mit Angabe der Höhe der Elementarzelle).
a) 3*C*, b) 2*H*, c) 4*H*, d) 6*H*, e) 15*R*

Dabei zeigte sich die Existenz eines für alle Polytypen gemeinsamen Phononenzweiges in axialer Richtung. Gestützt auf diese Erkenntnis, die gemessenen Dielektrizitätskonstanten für den 3*C*-Polytyp ($\varepsilon_s = 9{,}72$, $\varepsilon_\infty = 6{,}52$ [23]) und aus speziellen Modellannahmen berechnete elastische Moduln [24] wurde in [25] das Phononendispersionsspektrum für den kubischen 3*C*-Polytyp berechnet, wobei der (nicht gemessene) piezoelektrische Modul als vernachlässigbar klein betrachtet wurde. Für den experimentell besser untersuchten 6*H*-Polytyp (s. Tab. 4.2) und andere Polytypen liegen analoge Rechnungen nicht vor.

Tabelle 4.2.
Eigenschaften der 6*H*-Modifikation

$\varepsilon_{s\parallel} = 10{,}03$	$c_{11} = 5{,}00 \times 10^{11}$ N/m^2
$\varepsilon_{s\perp} = 9{,}66$	$c_{12} = 0{,}92 \times 10^{11}$ N/m^2
$\varepsilon_{\infty\parallel} = 6{,}70$	$c_{33} = 5{,}64 \times 10^{11}$ N/m^2
$\varepsilon_{\infty\perp} = 6{,}52$	$c_{44} = 1{,}68 \times 10^{11}$ N/m^2

ε_s bzw. ε_∞ sind die statische bzw. optische DK, gemessen parallel bzw. senkrecht zur *c*-Achse [23], c_{ij} sind die elastischen Moduln [26].

4.2.2. Elektronenstruktur, optische und elektrische Eigenschaften

Hinsichtlich der elektronischen Eigenschaften ähnelt SiC sehr stark den indirekten breitbandigen III–V-Halbleitern.

Alle untersuchten Polytypen zeigen die typische Phononenstruktur der Absorptionskante indirekter Materialien (Abb. 4.4); die Temperaturabhängigkeit der Breite der verbotenen Zone zeigt den üblichen Verlauf.

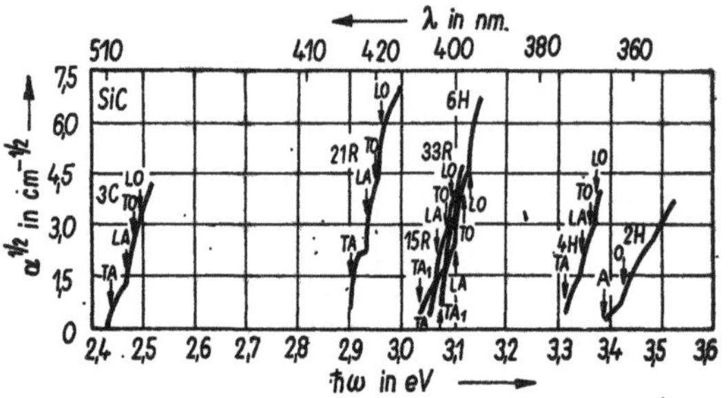

Abb. 4.4. Absorptionskante einiger SiC-Polytypen bei 4,2 K (polarisiertes Licht, $\vec{E} \perp \vec{c}$) [31]

Im Gegensatz zu den Phononendispersionskurven ist die Bandstruktur, insbesondere die Breite der verbotenen Zone, stark polytypabhängig (vgl. Tab. 4.1). Die Reflexionsspektren im Bereich der Valenzband-Leitungsband-Übergänge (Abb. 4.5) entsprechen denen von III–V-Halbleitern. (Bez. der Leitungsbandparameter vgl. Tab. 2.8.)

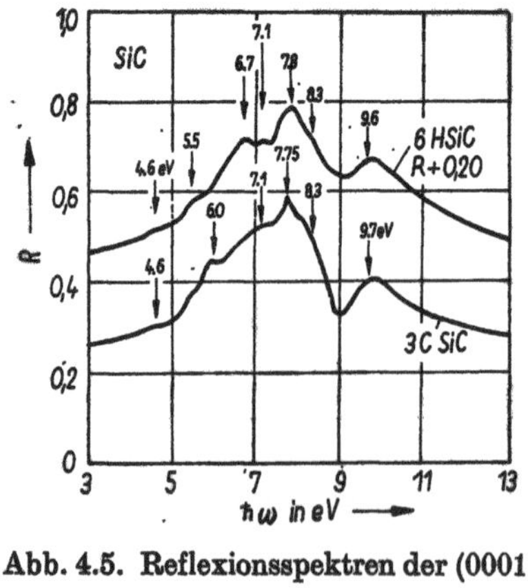

Abb. 4.5. Reflexionsspektren der (0001)-Ebene von $3C$- und $6H$-Polytypen [32]

Verursacht durch technologische Probleme liegen sehr widersprüchliche Ergebnisse über Störstellen und ihre elektrischen und optischen Eigenschaften vor; generell ist akzeptiert, daß N einen flachen Donator ($E_D = 118$ meV) und Al den flachsten Akzeptor ($E_A = 216$ meV) bildet [27]. Die meisten Aussagen zu Störstellen basieren auf Lumineszenzuntersuchungen.

Die Beweglichkeiten von Elektronen und Löchern zeigen das von III–V-Halbleitern gewohnte Bild: Maximalwerte von 1000 bis 2000 cm²/Vs bei ≈ 100 K für Elektronen, von 10 bis 100 cm²/Vs für Löcher; Abfall nach höheren Temperaturen infolge zunehmender Phononenstreuung, Abfall nach tieferen Temperaturen infolge zunehmender Störstellenstreuung [28, 29].

Bemerkenswert sind die hohen Sättigungsdriftgeschwindigkeiten von 2×10^7 cm/s für Elektronen bei Feldstärken oberhalb von 10^5 V/cm [30] und die hohe Wärmeleitfähigkeit (Abb. 4.6).

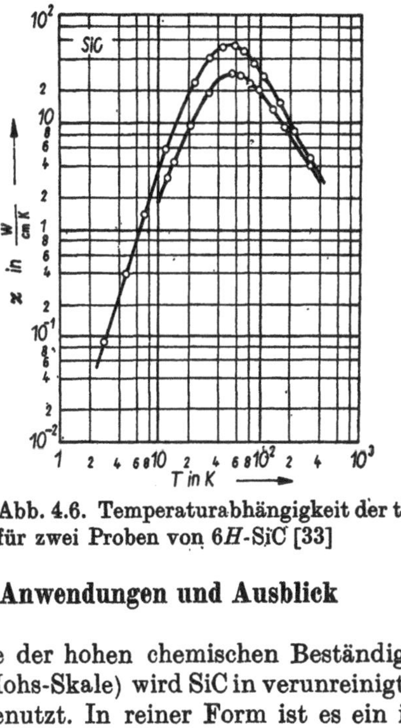

Abb. 4.6. Temperaturabhängigkeit der thermischen Leitfähigkeit ($\perp c$-Achse) für zwei Proben von 6*H*-SiC [33]

4.3. Anwendungen und Ausblick

Infolge der hohen chemischen Beständigkeit und der großen Härte (>9 auf der Mohs-Skale) wird SiC in verunreinigter Form als Schleif- und Schneidmittel benutzt. In reiner Form ist es ein indirekter Halbleiter mit breiter verbotener Zone, der leicht n- und p-dotiert werden kann; potentiell geeignet für Lumineszenzdioden im blauen Spektralbereich, für elektronische Bauelemente bei hohen Leistungen und für Sensoren unter extremen Umweltbedingungen [4]. Infolge des hohen technologischen Aufwandes dürfte deren Einsatz jedoch auch in Zukunft auf wenige Sonderfälle beschränkt sein.

Literatur zu Kapitel 4

[1] Berzelius, J. J.: Ann. Phys. Lpz. **1** (1824) 169.
[2] Round, H. J.: Electrical World **19** (1907) 309.
[3] Knippenberg, W. F.: Philips Res. Repts. **18** (1963) 161.

[4] Pettenpaul, E.; von Münch, W.; Ziegler, G.: Inst. Phys. Conf. Series **53** (1980) 21.
[5] Scace, R. I.; Slack, G. A.: J. Chem. Phys. **30** (1959) 1551.
[6] Lely, J. A.: Ber. Dt. Keram. Ges. **32** (1955) 229.
[7] Van Arkel, A. E.; de Boer, J. H.: Z. anorg. Chem. **148** (1925) 345.
[8] Moers, K.: Z. anorg. Chem. **198** (1931) 293.
[9] Von Münch, W.: J. Electron. Mater. **6** (1977) 449.
[10] Tairov, Yu. M.; Tsvetkov, V. F.: J. Crystal Growth **46** (1979) 403.
[11] Campbell, R. B.; Chang, H. C.: in: R. K. Willardson; A. C. Beer (Hrsg.): Semiconductors and Semimetals, vol. 7, part B. New York and London: Academic Press 1971.
[12] Tairov, Yu. M.; Vodakov, Ya. A.: in: J. I. Pankove (Hrsg.): Electroluminescence. Berlin: Springer-Verlag 1977.
[13] Landolt/Börnstein, Neue Folge Bd. III/17a (O. Madelung ed.) Springer-Verlag 1982.
[14] Thibault, N. W.: Am. Mineralogist **29** (1944) 327.
[15] Ramsdell, L. S.: Am. Mineralogist **32** (1947) 64.
[16] Wykoff, R. W. G.: Crystal Structures, Vol. 1. New York, London, Sydney: Wiley and Sons 1963.
[17] Jagodzinski, H.: Acta Cryst. Camb. **2** (1949) 201, 208, 214.
[18] Patrick, L.; Hamilton, D. R.; Choyke, W. J.: Phys. Rev. **132** (1963) 2023.
[19] Choyke, W. J.; Hamilton, D. R.; Patrick, L.: Phys. Rev. **133** (1964) A 1163.
[20] Patrick, L.: Phys. Rev. **167** (1968) 809.
[21] Hamilton, D. R.; Patrick, L.; Choyke, W. J.: Phys. Rev. **138** (1965) A 1472.
[22] Feldman, D. W.; Parker, J. H.; Choyke, W. J.; Patrick, L.: Phys. Rev. **173** (1968) 787.
[23] Patrick, L.; Choyke, W. J.: Phys. Rev. **B2** (1970) 2255.
[24] Tolpygo, K. B.: Fiz. tverd. tela **2** (1960) 2655.
[25] Kunc, K.; Balkanski, M.; Nusimovici, M. A.: Phys. stat. sol. (b) **72** (1975) 229.
[26] Arlt, G.; Schodder, G. R.: J. Acoust. Soc. Am. **37** (1965) 384.
[27] Choyke, W. J.; Patrick, L.: Phys. Rev. **B2** (1970) 4959.
[28] Barrett, D. L.; Campbell, R. B.: J. appl. Phys. **38** (1967) 53.
[29] Van Daal, H. J.; Knippenberg, W. F.; Wascher, J. D.: J. Phys. Chem. Sol. **24** (1963) 109.
[30] Von Münch, W.; Pettenpaul, E.: J. appl. Phys. **48** (1977) 4823.
[31] Choyke, W. J.: Mater. Res. Bull. **4** (1969) S. 141.
[32] Wheeler, B. E.: Solid State Commun. **4** (1966) 173.
[33] Slack, G. A.: J. appl. Phys. **35** (1964) 3460.

5. II–V-Halbleiter

Von W. Żdanowicz und J. Cisowski

1963 kennzeichnete N. A. Gorjunova in [1] die II–V-Verbindungen als zu den Halbleitern mit diamantähnlicher Struktur zugehörig. Bis zum gegenwärtigen Zeitpunkt wurden mehr als 500 Publikationen mit experimentellen und theoretischen Ergebnissen sowie auch Monographien und Übersichtsdarstellungen über die halbleitenden Eigenschaften dieser II–V-Verbindungen veröffentlicht [2, 3]. Wegen ihrer besonders interessanten Eigenschaften wurde einer Gruppe der II–V-Verbindungen, der II_3–V_2-Familie mit tetragonaler Kristallstruktur, darunter wiederum den Verbindungen von Cd und Zn mit Arsen und Phosphor, herausragende Aufmerksamkeit durch intensive Untersuchungen vor allem in jüngster Zeit entgegengebracht. Diese Gruppe ist deshalb auch bevorzugter Gegenstand dieses Kapitels.

Zwei dieser Verbindungen, Cd_3As_2 und Cd_3P_2, sind Vertreter tetragonaler entarteter n-Halbleiter mit geringem Bandabstand und hoher Elektronenbeweglichkeit.

Cd_3As_2 besitzt eine invertierte Bandstruktur mit der Energielücke zwischen s- und p-ähnlichen Niveaus von ungefähr –0,1 eV. Dagegen weist Cd_3P_2 eine einfache Bandstruktur mit einem Bandabstand von ungefähr 0,5 eV auf.

Im Gegensatz zu Cd_3As_2 und Cd_3P_2 sind die zwei anderen Vertreter dieser Gruppe, Zn_3As_2 und Zn_3P_2, Verbindungen mit großem Bandabstand von ungefähr 1 bzw. 1,5 eV. Beide Verbindungen zeigen p-Leitfähigkeit mit geringer Löcherbeweglichkeit.

Alle II_3–V_2-Verbindungen bilden drei- oder vierkomponentige feste Lösungen, deren Eigenschaften stark von der chemischen Zusammensetzung abhängen [2]. Unter solchen pseudobinären Verbindungen wurden Cd_3As_2–Cd_3P_2 und Cd_3As_2–Zn_3As_2 besonders eingehend untersucht, um die Bandstruktur von Cd_3As_2 zu ermitteln. Anwendungsmöglichkeiten für diese Verbindungen wurden von vielen Autoren nachgewiesen. Zum Beispiel hat L. Żdanowicz 1968 einen Dünnschicht-Hall-Generator auf der Basis von Cd_3As_2 [4] entwickelt. Bishop erhielt kohärente Laser-Oszillationen in unbearbeiteten Cd_3P_2-Einkristallen [5]. Besondere Aufmerksamkeit wurde in letzter Zeit, z. B. von Catalano und Bhushan [6, 59], dem Zn_3P_2 als vielversprechendem Material für photovoltaische Bauelemente und Solarzellen geschenkt.

5.1. Darstellung

5.1.1. Züchtungsverfahren

In den letzten 20 Jahren wurde der Technologie der Herstellung von II–V-Verbindungen viel Arbeit gewidmet. Aber erst jüngst wurden bemerkenswerte Fortschritte hinsichtlich der Züchtung von Einkristallen erzielt.

Alle II–V-Verbindungen werden generell durch direkte Reaktion hochreinen Zinks oder Cadmiums mit Arsen oder rotem Phosphor synthetisiert. Stöchiometrisch bemessene Mengen der Elemente werden in Quarzglasrohre gegeben, in denen Drücke von 10^{-2} bis 10^{-4} Pa herrschen. Im Falle der Arsenide (Cd_3As_2 und Zn_3As_2) wurden die innen mit einem pyrolitisch aufgebrachten Kohlenstoffilm versehenen Ampullen rasch bis zum Schmelzpunkt der Verbindungen aufgeheizt. Im Falle des Zn_3P_2 wird die Ampulle zunächst schnell auf etwa 400 °C aufgeheizt und dann über 25 bis 30 Stunden allmählich zur Maximaltemperatur von 850–950 °C gebracht. Die Aufheizgeschwindigkeit im Bereich von 500–800 °C wird in der Regel bei 10 K/h gehalten. Eine Temperaturdifferenz von rund 150 °C über das gesamte Rohr (800 °C am „kalten“ Ende und 950 °C am „heißen“) verursacht einen Dampftransport von Zn_3P_2 zum kühleren Bereich und führt dort zur Bildung eines birnenförmigen polykristallinen Körpers. Um polykristallines Cd_3P_2 zu erhalten, müssen die reagierenden Elemente ebenso wie beim Zn_3P_2 aufgeheizt werden. Man muß aber unterhalb des Schmelzpunktes von Cd_3P_2 (1012 K) bleiben, um einen Zerfall des schmelzflüssigen Cd_3P_2 in seine Komponenten zu vermeiden. Die so erhaltenen polykristallinen Verbindungen vom II–V-Typ können durch mehrfache Sublimation im Vakuum leicht gereinigt werden. Um große Einkristalle von Cd_3As_2 zu erhalten, muß über das 15 bis 20 cm lange Quarzglasrohr im Bereich von 540 bis 580 °C (oder etwas niedriger) eine Temperaturdifferenz zwischen den Rohrenden von 30 bis 40 °C eingestellt werden (Zonenschmelzeffekt!). Für Zn_3As_2 liegt die kritische Temperaturdifferenz etwas höher, bei ungefähr 50 bis 80 °C oder weniger und Cd_3P_2 benötigt dafür 30 bis 50 °C oder weniger und Zn_3P_2 ungefähr 100 °C oder weniger. Einkristalle von Zn_3P_2 mit 1 cm Durchmesser und 2 cm Länge können mittels eines Gasphasen-Bridgman-Prozesses gezüchtet werden [42, 115]. Eine andere Methode basiert auf einer LEC-[1]) Züchtung unter Verwendung eines Hochdruckofens [43].

Große Einkristalle von Zn_3P_2 (1,2 cm Durchmesser, 4 cm Länge) resultierten aus einem Transportreaktionsmechanismus im geschlossenen System (mit oder ohne Iod) [44].

---

[1]) Liquid encapsulated Czochralski.

Tabelle 5.1.
Einige thermodynamische Eigenschaften von II_3–V_2-Verbindungen

Verbindung	Gleichung für den totalen Dampfdruck	Temperaturbereich in K	Brutto-Verdampfungs-koeffizient α_V	Meßmethode	Lit.
Zn_3P_2	$\log p\ (\text{kPa}) = -\frac{9\,008{,}2}{T} + 8{,}9164$	620 – 820	$2{,}4 \times 10^{-2}$ $6{,}8 \times 10^{-2}$	Torsion, Effusion, Torsion Oberflächenverdampfung	[45]
	$\log p\ (\text{kPa}) = -\frac{9\,383}{T} + 9{,}29$	890 – 1130	–	Messung des totalen Dampfdruckes mit Hilfe eines Bourdon-Meßgerätes	[46]
Cd_3P_2	$\log p\ (\text{kPa}) = -\frac{7\,725}{T} + 10{,}4933$	530 – 650	$6{,}1 \times 10^{-4}$ $5{,}6 \times 10^{-3}$	Torsion, Effusion, Torsion Oberflächenverdampfung	[48]
	$\log p\ (\text{kPa}) = -\frac{7\,120}{T} + 8{,}9412$	760 – 990	–	Messung des totalen Dampfdruckes mit Hilfe eines Bourdon-Meßgerätes	[47]
Zn_3As_2	$\log p\ (\text{kPa}) = -\frac{7\,728{,}8}{T} + 7{,}739$	613 – 853	$2{,}0 \times 10^{-2}$ $7{,}5 \times 10^{-2}$	Torsion, Effusion	[49]
	$\log p\ (\text{kPa}) = -\frac{8\,658{,}1}{T} + 8{,}183$	874 – 1024			[50]
Cd_3As_2	$\log p\ (\text{kPa}) = -\frac{6\,600}{T} + 8{,}13$	707 – 968		Taupunkttechnik mit Hilfe eines Bourdon-Quarz-Meßgerätes	[51]

Tabelle 5.2.
Einige thermodynamische Eigenschaften von II_3–V_2-Verbindungen

	Bildungswärmen ΔH_f^0 in 10^5 J/mol	Dissoziationswärmen ΔH_d^0 in 10^5 J/mol	Standardentropie der Dissoziationsreaktionen ΔS^0 in J/mol · K	Entropie im festen Zustand S^0 in J/mol · K	Bildungsentropie ΔS^0 in J/mol · K	Lit.
Zn_3P_2	$\Delta H^0_{298\,K} = -1{,}6533$	$\Delta H^0_{700\,K} = 6{,}0439$	$\Delta S^0_{700\,K} = 450$	$S^0_{700\,K} = 260$		[45]
	$\Delta H^0_{298\,K} = -1{,}6826$	$\Delta H^0_{1000\,K} = 6{,}0815$	$\Delta S^0_{1000\,K} = 473$	$S^0_{1000\,K} = 275$		[46]
	$\Delta H^0_{298\,K} = -1{,}5905$					[53]
Cd_3P_2	$\Delta H^0_{298\,K} = -1{,}1301$	$\Delta H^0_{600\,K} = 5{,}1900$				[48]
	$\Delta H^0_{298\,K} = -1{,}1301$					[52]
	$\Delta H^0_{298\,K} = -1{,}0087$	$\Delta H^0_{875\,K} = 4{,}7757$	$\Delta S^0_{875\,K} = 454$	$S^0_{875\,K} = 298$		[47]
Zn_3As_2	–	$\Delta H^0_{1033\,K} = 4{,}5203$	$\Delta S^0_{1073\,K} = 373$			[55]
	$\Delta H^0_{298\,K} = -1{,}2734$	$\Delta H^0_{676\,K} = 5{,}8279$	$\Delta S^0_{678\,K} = 419$			[53]
	$\Delta H^0_{298\,K} = -0{,}6739$	$\Delta H^0_{733\,K} = 5{,}1817$	$\Delta S^0_{733\,K} = 374$	$S^0_{298\,K} = 248$	$\Delta S^0_{298\,K} = -34$	[49]
Cd_3As_2	$\Delta H^0_{298\,K} = -0{,}6069$	$\Delta H^0_{571\,K} = 4{,}6878$				[51]
	$\Delta H^0_{298\,K} = -0{,}6613$	$\Delta H^0_{923\,K} = 3{,}4154$	$\Delta S^0_{970\,K} = 292$	$S^0_{298\,K} = 534$		[56]
					$\Delta S^0_{298\,K} = -20$	[54]

Tabelle 5.3.
Einige thermische Eigenschaften von II_3–V_2-Verbindungen bei 300 K

	Schmelzpunkt in K	Dichte d in g/cm³	Nachweis-methode	Spezifische Wärme C_p in J/mol · K [30]	C_v in J/mol · K [30]	Debye-Temp. Θ_D in K [30]	Wärmeleitfähigkeit K in W/m · K	Linearer Ausdehnungs-koeffizient α in K^{-1}
Zn_3P_2	1466 [58]	4,485 [30]	Pyknom.	120,2	119,3	284	–	8,33 [30]
		4,54 [11]	Röntgenstr.					14,1 [42]
Zn_3As_2	1288 [57]	5,609 [27]	Röntgenstr.	124,7	123,6	224	2,2 [116]	10,4 [30]
		5,578 [11]	Pyknom.					
Cd_3P_2	1012 [11]	5,6 [11]	Röntgenstr.	121,6	120,4	251	–	9,63 [30]
		5,956 [11]	Pyknom.					
Cd_3As_2	994 [11]	6,25 [11]	Röntgenstr.	125,5	124	93	2,45 – 6 [73 – 76]	9,1 [56]
		6,25 [11]	Pyknom.					11,4 [18]

5.1.2. Thermodynamische und thermische Eigenschaften

Alle Verbindungen der II_3–V_2-Gruppe verdampfen kongruent entsprechend der Dissoziationsreaktion

$$\begin{aligned} &II_3V_2(s) \rightleftharpoons 3II(g) + \frac{1}{2}V_4(g) \\ &\frac{1}{2}V_4(g) \rightleftharpoons V_2(g), \end{aligned} \qquad (1)$$

wobei II = Zn und Cd,

und V = P und As sind.

Die Gleichungen des gesamten Dampfdruckes im Gleichgewicht mit der festen Verbindung in unterschiedlichen Temperaturbereichen und für einen Bruttoverdampfungskoeffizient höchster und niedrigster Temperaturen wurden in Tab. 5.1 dargestellt.

Die Gleichgewichtskonstante für die Dissoziationsreaktion von Zn_3P_2 lautet

$$\log K_p\,(\mathrm{kPa}) = -\frac{31\,489 \pm 500}{T} + 35{,}8 \qquad (2)$$

im Bereich von 620 bis 840 K [45],

$$\log K_p\,(\mathrm{kPa}) = -\frac{31\,750 \pm 580}{T} + 32{,}9 \qquad (3)$$

im Bereich von 890 bis 1130 K [46].

Für Cd_3P_2 gilt

$$\log K_p\,(\mathrm{kPa}) = -\frac{24\,940 \pm 480}{T} + 25{,}7 \qquad (4)$$

im Temperaturbereich von 760 bis 990 K [47].

Für Zn_3As_2 gilt

$$\log K_p\,(\mathrm{kPa}) = -\frac{27\,054 \pm 500}{T} + 21{,}5 \qquad (5)$$

im Temperaturbereich von 613 bis 853 K [49].

Die Standard-Bildungswärmen fester II_3–V_2-Verbindungen aus metallischem Zink und Cadmium und rotem Phosphor oder Arsen sowie die Dissoziationswärmen und Standard-Entropien für Dissoziationsreaktionen werden in Tab. 5.2 wiedergegeben. Einige thermische Eigenschaften wurden in Tab. 5.3 zusammengestellt.

5.2. Eigenschaften

5.2.1. Kristallstruktur der II–V-Verbindungen

5.2.1.1. Verbindungen von Phosphor mit Zink und Cadmium

Das Zn–P-System

In diesem System sind zwei stabile Verbindungen bekannt: Zn_3P_2 und ZnP_2. Zn_3P_2 tritt in zwei Modifikationen auf. Über 1153 K geht die tetragonale α- in eine kubische β-Modifikation über [7].

Die zweite Verbindung ZnP_2 weist ebenfalls zwei Modifikationen auf, die beide bei 300 K vorkommen. α-ZnP_2 ist von tetragonaler Struktur und hellroter Farbe. Über 1270 K bildet sich monoklines schwarzes β-ZnP_2 [8, 9].

Tabelle 5.4.
Kristallstruktur von Verbindungen des Phosphors mit Zink und Cadmium

Phase	Struktur	Raumgruppe	Gitterkonstante in nm	Anzahl d. Atome in d. Elementarzelle z	Temperatur in K	Lit.
α-Zn_3P_2	tetragonal	$D_{4h}^{15}-P\frac{4_2}{n}mc$	$a=0{,}89$ $c=0{,}1145$	40 $z=8$	300	[11]
β-Zn_3P_2	kubisch	O_h^5-Fm3m	$a=0{,}582$		1153	[25]
α-ZnP_2	tetragonal primitiv	$D_4^4-P4_12_12$ $D_8^4-P4_32_12$	$a=0{,}508$ $c=0{,}1859$	24 $z=8$	300	[8] [31]
β-ZnP_2	monoklin primitiv	$C_{2h}^5-P2_1/c$	$a=0{,}885$ $b=0{,}729$ $c=0{,}756$ $\beta=102{,}3°$	24 $z=8$	300	[8]
Cd_3P_2	tetragonal primitiv	$D_{4h}^{15}-P\frac{4_2}{n}mc$	$a=0{,}8746$ $c=0{,}1228$	40 $z=8$	300	[11]
α-CdP_2	ortho- rhombisch	$D_{2H}^{16}-Pnma$ $C_{2v}^9-Pna2_1$	$a=0{,}990$ $b=0{,}5408$ $c=0{,}5471$	12 $z=4$	300	[14]
β-CdP_2	tetragonal	$D_4^4-P4_12_12$	$a=0{,}529$ $c=0{,}1974$	24 $z=8$	300	[32]
	primitiv	$D_4^8-P4_32_12$	$a=0{,}5283$ $c=0{,}19808$	24 $z=8$		[3]
CdP_4	monoklin primitiv	$C_{2h}^5-P2_1/c$	$a=0{,}527$ $b=0{,}519$ $c=0{,}766$ $\beta=80°\,32'$		300	[33]
Cd_7P_{10}	ortho- rhombisch	$Fdd2$	$a=0{,}230$ $b=0{,}275$ $c=0{,}462$	$z=8$	300	[34,16]
Cd_6P_7	kubisch	$P43m$	$a=1{,}0567$	$z=12$	300	[16]

Wendet man einen Phosphordruck von ungefähr 10^6 Pa über α-ZnP_2 an, erhält man eine 100%ige Ausbeute an schwarzem β-ZnP_2. Das Phasendiagramm Zn–P ist in [10] dargestellt.

Das Cd–P-System

In diesem System bilden sich fünf unterschiedliche Verbindungen aus. Cd_3P_2 kommt in nur einer Modifikation mit tetragonaler Struktur vor [11]. CdP_2 hat zwei bei Raumtemperatur vorkommende Modifikationen: β-CdP_2, tetragonal, rot, stabil im Temperaturbereich 693 bis 1055 K; α-CdP_2, orthorhombisch, rot, stabil zwischen 90 und 693 K [12, 13, 14]. Das schwarze CdP_4 kristallisiert im monokristallinen System und weist nur eine Modifikation auf. Cd_7P_{10}, orthorhombisch, wird in [15, 16, 17] und Cd_6P_7 in [16, 17] beschrieben. Das Zustandschaubild Cd–P ist in [17] zu finden.

Die wesentlichen Daten der Phosphide sind in Tab. 5.4 zusammenfassend wiedergegeben.

5.2.1.2. Verbindungen von Arsen mit Zink und Cadmium

Das Zn–As-System

Bei 300 K sind drei stabile Verbindungen bekannt: α-Zn_3As_2 besitzt bei 300 K eine tetragonal-raumzentrierte Struktur. Über 435 K wird die α-Phase in α'-Zn_3As_2 überführt, das eine primitive tetragonale Elementarzelle aufweist. Über 945 K geht aus α'-Zn_3As_2 die β-Phase hervor, die kubisch-flächenzentriert kristallisiert [18, 19]. Die zweite Verbindung $ZnAs_2$ ist nur in einer Modifikation bekannt und kristallisiert primitiv-monoklin [20]. Die dritte Verbindung ist das orthorhombische ZnAs. Dieses wird unter hohem Druck aus dem System Zn_3As_2–As_2 erhalten. ZnAs ist bis 399 K stabil und zerfällt zwischen 450 und 570 K [21]. Das Zn–As-Zustandschaubild findet sich in [113].

Das Cd–As-System

Ebenfalls sind hier bei 300 K drei stabile Verbindungen bekannt: Cd_3As_2, $CdAs_2$ und CdAs und darüber hinaus das metastabile $CdAs_4$, das sich in einer peritektischen Reaktion aus einer unterkühlten Schmelze bildet.

Mittels Röntgenbeugungs-, DTA-, dilatometrischer und mikroskopischer Untersuchungen des tetragonalen Cd_3As_2 [18, 22] konnten drei polymorphe Umwandlungen α/α'-, α/α''- und α''/β-Cd_3As_2 nachgewiesen werden.

Die zweite Verbindung $CdAs_2$ [23] und die dritte $CdAs_4$ [24] sind auch von tetragonaler Struktur. CdAs wird analog zu ZnAs bei hohem Druck aus dem System Cd_3As_2–As_2 [21] gewonnen.

Das Phasendiagramm Cd–As wird in [24] diskutiert.

Die wichtigsten kristallographischen Daten der Verbindungen des As mit Zn und Cd sind in Tab. 5.5 zusammengestellt.

Tabelle 5.5.
Kristallstruktur der Verbindungen von Arsen mit Zink und Cadmium

Phase	Struktur	Raumgruppe	Gitterkonstante in nm	Anzahl d. Atome in d. Elementarzelle z	Temperatur in K	Lit.
α-Zn_3As_2	tetragonal raumzentriert	$C_{4v}^{12}-I4_1cd$	$a=1{,}17786$ $c=2{,}36432$	160 $z=32$	300	[27,22]
α'-Zn_3As_2	tetragonal primitiv	$D_{4h}^{11}-P\frac{4_2}{n}bc$	$a=1{,}1789$ $c=2{,}3635$	160 $z=32$	475	[27,22]
β-Zn_3As_2	kubisch flächenzentriert		$a=0{,}5959$ $b=0{,}59481$		1053 946	[19] [22]
$ZnAs_2$	monoklin primitiv	$C_{2h}^{5}-P2_1/c$	$a=0{,}9287$ $b=0{,}7691$ $c=0{,}8010$ $\beta=102°\,28'$	24 $z=8$		[20]
			$a=0{,}921$ $b=0{,}764$ $c=0{,}7985$ $\beta=102°\,28'$			[36]
α-Cd_3As_2	tetragonal raumzentriert	$C_{4v}^{12}-I4_1cd$	$a=1{,}26461$ $c=2{,}54378$	160 $z=32$	300	[22]
			$a=1{,}267$ $c=2{,}548$	160	300	[28]
			$a=1{,}268$ $c=2{,}547$	160	300	[37]
α'-Cd_3As_2	tetragonal primitiv	$D_{4h}^{11}-P\frac{4_2}{n}bc$	$a=1{,}26848$ $c=2{,}54887$	160 $z=32$	503	[22]
α''-Cd_3As_2	tetragonal primitiv	$D_{4h}^{15}-P\frac{4_2}{n}mc$	$a=0{,}90364$ $c=1{,}26606$	40 $z=8$	750	[22]
β-Cd_3As_2	kubisch flächenzentriert		$a=0{,}64033$ $a=0{,}605$	10 $z=2$	868	[22,38]
$CdAs_2$	tetragonal	$D_4^{10}-I4_122$	$a=0{,}7954$ $c=0{,}4678$	12 $z=4$	300	[39,40] [41,23]

5.2.1.3. II_3–V_2-Verbindungen

Die Kristallstruktur der Phosphor- und Arsen-Verbindungen Me_3P_2 und Me_3As_2 (Me = Cd, Zn) und ihrer polymorphen Modifikationen kann als Anti-Fluorit(CaF_2)-Typ gekennzeichnet werden. Alle gehören zu vier isomorphen Gruppen (s. Tab. 5.6).

Die Atomanordnung in der zur ersten Gruppe gehörigen Struktur (Zn_3P_2, Cd_3P_2 und α''-Cd_3As_2) wurde bereits von Stackelberg 1935 [11] beschrieben und neuerdings von Pistorius et al. 1977 [25] bestätigt. Die Zink- oder Cadmium-Atome einer Elementarzelle befinden sich in vier Flächen gleichen Netzebenenabstandes senkrecht zur C-Achse angeordnet. Die Phosphor- und

Tabelle 5.6.

$D_{4h}^{15}-P\frac{4_2}{n}mc$	$C_{4h}^{12}-I4_1cd$	$D_{4h}^{11}-P\frac{4_2}{n}bc$	kubisch $-O_h^5-Fm3m$
Zn_3P_2	α-Zn_3As_2	α'-Zn_3As_2	β-Zn_3P_2
Cd_3P_2	α-Cd_3As_2	α'-Cd_3As_2	β-Cd_3As_2
α''-Cd_3As_2			β-Zn_3As_2

Arsen-Atome befinden sich in vier anderen parallelen Flächen zwischen den entsprechenden Me-Ebenen.

Jedes Me-Atom ist tetraedrisch koordiniert. Die Nichtmetall-Atome stellen dabei die nächsten Nachbarn dar, während diese auf oktaedrischen Plätzen befindlich von Me-Atomen umgeben sind, die an sechs von acht Ecken eines geringfügig verzerrten Würfels angeordnet sind. Die zwei vakanten Plätze sind jeweils diagonal gegenüberliegende Ecken des Würfels. (Wenn diese Leerstellen durch Me-Atome (Zn, Cd) aufgefüllt werden, dann wird der Kristall in die Fluorit-Struktur überführt.) Für die gewählte Anordnung der Elementarzelle (Koordinatenursprungspunkt in einem Symmetriezentrum) liegen die Nichtmetall-Atome bei ungefähr 0, 1/4, 1/2 und 3/4 in den Flächen und die Metallatome bei ungefähr 1/8, 3/8, 5/8 und 7/8. Die Gitterverzerrung kann am besten beschrieben werden, wenn ein Vergleich mit der ungestörten Gitterbausteinanordnung (Nichtmetallatome auf 1/4, 1/4, 0; 1/4, 3/4, 0 und 0, 0, 1/4; Metallatome auf 1/4, 0, 1/8; 1/4, 0, 3/8 und 1/4, 0, 7/8; Leerstellen bei 1/4, 0, 5/8; vgl. Abb. 5.1) herangezogen wird. Hinsichtlich der Brillouin-Zone der $D_{4h}^{15}-P\frac{4_2}{n}mc$-Raumgruppe ist in [3] nachzuschlagen.

Auf Grund der größeren As-Atome führt die Leerstellenanordnung bei Arseniden zu einem stärker verzerrten Würfel und zu einer größeren tetragonalen Elementarzelle mit $a=\sqrt{2a_0}$ und $c=2c_0$ (a_0 und c_0 sind Parameter der Elementarzelle [22]). Eine solche große Elementarzelle wird in zwei isomorphen Gruppen der Arsenide beobachtet: α-Zn_3As_2, α-Cd_3As_2 und α'-Zn_3As_2 sowie α'-Cd_3As_2. Darüber hinaus enthalten die Arsenid-Elementarzellen jeweils 16 Atomlagen statt 8, die für die Phosphide charakteristisch sind. In den tetragonalen Strukturen der beiden Modifikationen α-Zn_3As_2 und α'-Zn_3As_2 befinden sich die Arsen-Atome nicht völlig auf den korrekten Gitterplätzen der dichtesten Packung. Die Verschiebung der Zink-Atome ist relativ groß. Das resultiert in beachtenswerten Differenzen bezüglich der Zn–As-Bindungslängen [27]. Jede Elementarzelle besteht aus 16 fluoritähnlichen Subzellen mit 64 dichtestgepackten Arsen-Atomen, verteilt auf 128 tetraedrische Lücken. Beide Strukturen weisen unterschiedliche Ordnungsverhältnisse auf. In α-Zn_3As_2 ist die Stapelfolge ... ABCD ..., in α'-Zn_3As_2 ändert sich diese auf ... CDCBCDCB ...; dies bedeutet, daß eine Phasenumwandlung nur einen Austausch von A durch C erfordert. Der Übergang $\alpha \rightarrow \alpha'$ vollzieht sich kontinuierlich durch die homogene intermediäre Phase. Die Idealstruktur von α-Cd_3As_2 zeigt auch aufeinanderfolgende Netzebenen parallel zur (001)-Fläche der tetragonalen Elementarzelle [28]. Die wesentlichsten Verschiebungen von den Idealpositionen werden von den tetraedrisch koordinierten Cd-Ionen vollzogen. Jedes dieser Ionen ist um 0,020 oder 0,025 nm in Richtung benachbarter Cd-Leerstellen verschoben. Andere Verschiebungen sind wesentlich kleiner und betragen nur 0,005 nm. Die annähernd kubisch dichtest gepackten Arsen-Ionen sind nur ganz geringfügig deplaziert. Das trifft insbesondere auf As(1) und As(2) zu, die auf der zweizähligen Achse der Raumgruppe liegen. As(5)-Ionen,

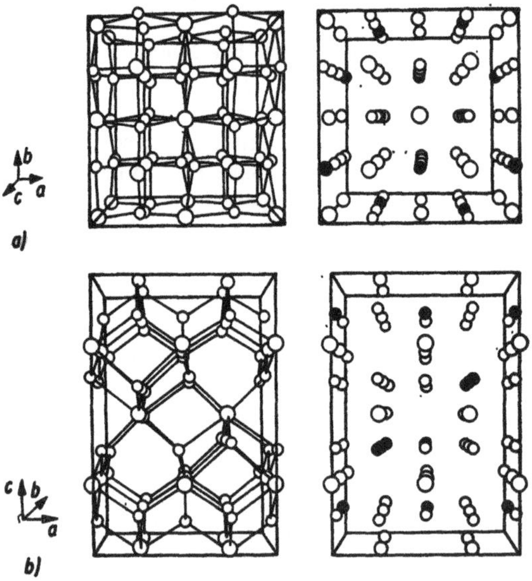

Abb. 5.1. Perspektivische Darstellung der Elementarzelle und Bausteinbesetzung für Zn_3P_2 in einer idealen Antifluoritstruktur
a) in [001]-Richtung;
b) entlang der [010]-Richtung.
Leerstellenplätze sind durch schwarzausgefüllte Kreise gekennzeichnet, Zn-Atome durch kleine offene, P-Atome durch große offene Kreise [25]

meistens auf der vierzähligen Schraubenachse liegend, weisen die größten Verschiebungen auf. Im Zuge einer verbesserten Parameterberechnung konnte gefunden werden, daß die Parameter der As(5)-Ionen mehr von definierten Werten abweichen als alle anderen atomaren Parameter [28]. Bezüglich der Bindungslängen im Cd–As-Tetraeder und der Abmessungen unbesetzter tetraedrischer Positionen sind Angaben [28] zu entnehmen. Die pseudoreguläre Struktur von Cd_3As_2 ist geometrisch verwandt mit der Fluoritstruktur (CaF_2), wenn man eine Fluorit-Elementarzelle betrachtet, in der As^{3-} Ca^{2+} und Cd^{2+} F^- substituiert und zwei diagonal gegenüberliegende Würfelecken unbesetzt sind. (Vergleiche hierzu die Kristallstruktur von Zn_3As_2.) Die Beziehungen der pseudoregulären tetragonalen Struktur des α-Cd_3As_2 zur Fluoritstruktur (CaF_2) sind in [28] detailliert dargestellt worden. Zur Problematik der Brillouin-Zone in der C^{12}-Symmetrie (Cd_3As_2 und CaF_2) ist in [3] und [29] nachzuschlagen. α-Cd_3As_2 ist streng isomorph mit α'-Zn_3As_2.

Die Umwandlung von α' in α'' ist eine typische Phasenumwandlung 1. Ordnung. Als ein Ergebnis dieser Umwandlung ändert die vierzählige Achse der tetragonalen Elementarzelle ihre Orientierung. Dabei wird gelegentlich Zwillingsbildung verursacht. Die Beziehungen zwischen den Elementarzellen aller vier Phasen von Cd_3As_2 und Zn_3As_2 werden in Abb. 5.2 (entnommen aus [22] und [27]) deutlich gemacht.

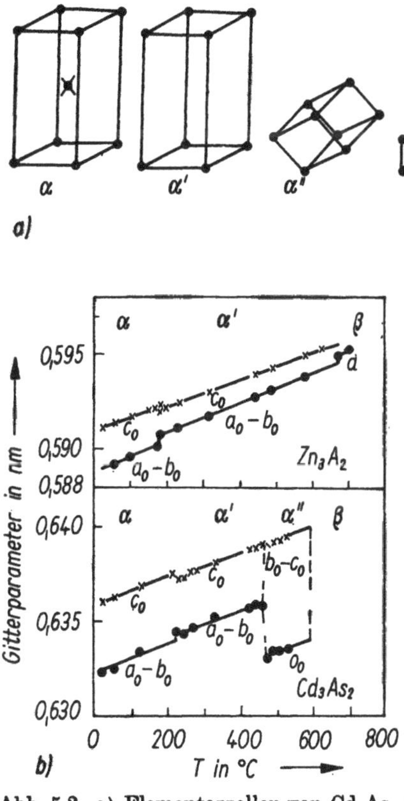

Abb. 5.2. a) Elementarzellen von Cd_3As_2 für vier unterschiedliche Phasen α, α', α'', β; b) Gitterparameter der Elementarzellen über der Temperatur für Zn_3As_2 (oberer Teil) und Cd_3As_2 (unterer Teil) [27]

5.2.2. Akustische und mechanische Eigenschaften

Die Ausbreitungsgeschwindigkeiten longitudinaler (c_l) und transversaler (c_t) Ultraschallwellen in II_3–V_2-Verbindungen und in einigen ihrer festen Lösungen ($Cd_{3-x}Zn_xAs$ und $Cd_3As_{2-x}P_x$) wurden in [108, 109] und [30] untersucht. Die Autoren [109] fanden eine lineare Beziehung zwischen Bandabstand der obengenannten Verbindungen und der Schallgeschwindigkeit entsprechend der Beziehung:

$$E_g = a\left(c_l^2 - \frac{4}{3}c_t^2\right) + b,$$

worin a und b charakteristische Konstanten der entsprechenden Halbleitergruppe (Abb. 5.3) sind.

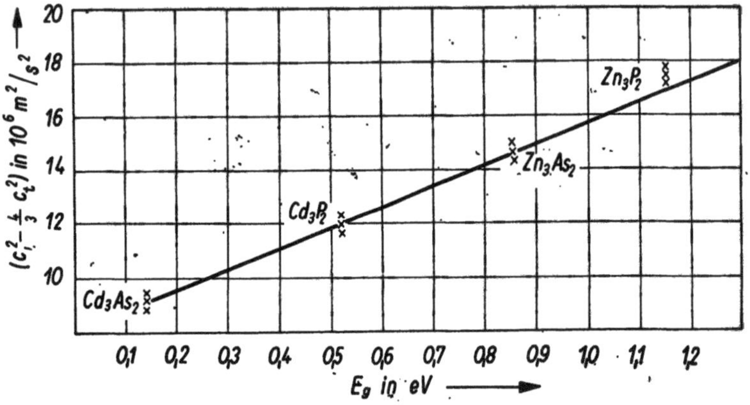

Abb. 5.3. Beziehung zwischen Energielücke von II_3–V_2-Verbindungen und der Schallgeschwindigkeit [108]

Aus den erhaltenen Daten wurden die grundlegenden elastischen Konstanten berechnet (Tab. 5.7). Die Messungen wurden an polykristallinen Materialien durchgeführt.

Tabelle 5.7.
Elastische Konstanten und Schallgeschwindigkeiten, resultierend aus Untersuchungen zur Ultraschallausbreitung

	Elastizitätsmodul in 10^{10} Pa	Elastizitätskoeffizient (Volumen) in 10^{10} Pa	Kompressibilitätskoeffizient in 10^{-11} Pa^{-1}	Schallgeschwindigkeit c_l in m/s	c_t in m/s	Lit.
Zn_3P_2	9,8	3,7	0,9	5290	2000	[30]
	7,64	2,83	–	5181	2501	[109]
Zn_3As_2	5,4	2	1,7	4080	1980	[30]
	6,23	2,28	–	4385	2015	[109]
Cd_3P_2	8,1	3,1	1,6	4200	2300	[30]
	6,05	2,246	–	4150	2002	[109]
Cd_3As_2	4,9	1,80	1,9	3552	2000	[30]
	4,36	1,59	–	3450	1600	[109]

5.2.3. Bandstruktur und einige optische Eigenschaften

Die ersten theoretischen Bandstrukturbestimmungen für II_3–V_2-Verbindungen wurden von Lin-Chung [131, 132] durchgeführt. Grundlage dafür war die Pseudopotentialmethode. Um die aus der sehr komplizierten Kristallstruktur resultierenden rechnerischen Schwierigkeiten zu überwinden, wurde von Lin-Chung eine vereinfachte hypothetische Fluoritstruktur für diese Substanzen angenommen. Auf diese Weise erhielt er eine Gesamtbandstruktur, die der für II–V-Verbindungen sehr ähnlich ist. Ein typisches Beispiel ist die Zn_3P_2-Bandstruktur in ihrer hypothetischen Fluoritstruktur. Es ist zu erkennen, daß die Extrema der s-ähnlichen (Γ_1) Leitungs- und der p-ähnlichen (Γ_{15}) Valenz-Bänder im Zentrum der Brillouin-Zone angeordnet sind und so einen direkten Bandabstand ergeben. Das Γ_{15}-Niveau ist dreifach entartet, resultierend daraus, daß Lin-Chung in seinen Berechnungen Spin-Bahn-Wechselwirkungen und das nichtkubische Kristallpotential vernachlässigt hat. Daraus sollte man erwarten, daß beide Faktoren das Γ_{15}-Band in drei Sub-Bänder im realen Material aufspalten.

Ein sehr einfaches Bändermodell wurde von Lin-Chung auch für Cd_3P_2, Cd_3As_2 und Zn_3As_2 erhalten [131].

Pseudopotentialberechnungen von Bandstrukturen für II–V-Verbindungen wurden in der Folgezeit durch Dowgiallo-Plenkiewicz [133] und Chuiko [134] vervollständigt, die den Einfluß des nichtkubischen Kristallpotentials und der Spin-Bahn-Wechselwirkungen in ihre Betrachtungen einbezogen haben. Diese Versuche gingen jedoch grundsätzlich von den Lin-Chungschen Näherungen aus, die die Grundzüge der tetragonalen Symmetrie der II_3–V_2-Verbindungen vernachlässigen. Aus diesem Grund sind die bislang durchgeführten Pseudopotentialberechnungen nur von begrenztem Interesse für die Bestimmung von Details der Bandstruktur, vor allem bezüglich des Bereiches der Bandlücke.

Im Fall der II_3V_2-Halbleiter mit schmaler verbotener Zone wurde im allgemeinen das isotrope Kane-Bändermodell verwendet, um die experimentellen Ergebnisse zu interpretieren. Eine mögliche Anisotropie der physikalischen Eigenschaften (tatsächlich an Cd_3As_2 [85, 93] und Zn_3P_2 beobachtet) wurde dabei vernachlässigt [134].

Eine wesentliche Verbesserung dieser Situation brachten die Arbeiten von Bodnar [135, 177] vgl. auch [136]. Er führte für die Bandstrukturberechnungen von Halbleitern mit schmaler verbotener Zone die semi-empirische $\boldsymbol{k} \cdot \boldsymbol{p}$-Näherung ein. Wegen der Ähnlichkeiten hinsichtlich der Symmetrie-Eigenschaften kann das Bodnarsche Modell nicht nur für diese II_3–V_2-Halbleiter mit schmaler verbotener Zone sondern auch für andere Halbleiter dieser Gruppe angewendet werden, um ihre Bandstruktur zu ermitteln – wenigstens in der Nähe des Mittelpunktes der Brillouin-Zone [137]. In den folgenden Abschnitten werden die als am realistischsten angesehenen Bändermodelle im Lichte neuerer Untersuchungen vorgestellt und für die wichtigsten Verbindungen diskutiert.

5.2.3.1. Cd_3As_2

5.2.3.1.1. Isotropes invertiertes Bändermodell vom Kane-Typ

Die erste Vorstellung, daß Cd_3As_2 eine invertierte Bandstruktur ähnlich der von α-Sn oder HgTe haben könnte, kam von Wagner et al. [138]. Sie entstand auf der Grundlage ihrer optischen und magneto-optischen Messungen an $Cd_3(As_{1-x}P_x)_2$- und $(Cd_{1-y}Zn_y)_3As_2$-Legierungen. Die Autoren schlugen vor, anzunehmen, daß sich eine Bandüberschneidung am Cd_3As_2-Ende des Systems vollzieht und schlußfolgerten, daß Cd_3As_2 ein sogenanntes „Null-Lücken"-Material sei, das sehr gut mit Hilfe des Zwei-Bänder-Kane-Modells für invertierte Niveauanordnung beschrieben werden kann. Andererseits erklärten Rogers et al. [139] Transport- und optische Messungen an $(Cd_{1-y}Zn_y)_3As_2$ durch die Annahme des Zwei-Bänder-Modells nach Kane für Cd_3As_2 und eine schmale oder verschwindende Bandlücke infolge indirekter Überlappung von Leitungsband und Band der schweren Löcher.

Aubin et al. [140] benutzten das Drei-Bänder-Kane-Modell für eine invertierte Bandstruktur, um das niedrigste Leitungsband am Γ-Punkt zu beschreiben und leiteten ein parabolisches Band der schweren Löcher mit einem geringfügig von Γ weg verschobenen Maximum her. Dies führt zu einem indirekten Gap, das praktisch Null oder sogar negativ (bei Überlappung) sein sollte.

Darauf folgend wurde dieses Modell geringfügig durch Blom, Gelten et al. [86, 141] modifiziert. Sie fanden heraus, daß die indirekte Lücke offen ist, (also keine Überlappung vorliegt) und einen Wert von 0,026 eV besitzt (Abb. 5.2). Ähnliche Schlußfolgerungen wurden von Zdanowicz et al. aus Messungen zur optischen Absorption dünner Schichten unterschiedlicher Konzentrationen bei 77 und 300 K [145] gezogen. Die anderen Tieftemperatur-Bandparameter von Cd_3As_2 sind in [141] wiedergegeben. Das sind $-0{,}12$ eV für E_g, 0,3 eV für die Spin-Bahn-Aufspaltung Δ und 7×10^{-8} eV/cm für das Matrix-Element P.

Das resultierende isotrope invertierte Bändermodell vom Kane-Typ für Cd_3As_2 wird in Abb. 5.4 wiedergegeben. Aus optischen Messungen ergibt sich, daß das zweite Leitungsband sehr wahrscheinlich auch am Γ-Punkt liegt mit einer Energie von etwa 0,9 eV über dem Band der schweren Löcher [140, 142–144].

5.2.3.1.2. Das Bodnarsche Modell

Die bisher diskutierten Bändermodelle berücksichtigen die aus der nichtkubischen Struktur dieser Verbindungen resultierende Anisotropie nicht. Tatsächlich zeigten die früheren Shubnikov-de-Haas-(SdH)-Messungen von Rosenman [85] und die de-Haas-van-Alphen-(dHvA)-Messungen von Doi et al. [93], durchgeführt an Cd_3As_2-Einkristallen, daß die Fermi-Oberfläche dieser Verbindungen aus einem Ellipsoid besteht, das in der tetragonalen c-Richtung gestreckt ist. Das Ellipsoid kommt bei hohen Elektronenkonzentrationen einer Kugel nahe und dies ist der Grund, weshalb Cd_3As_2 häufig als pseudokubisches Material mit einer vernachlässigbar kleinen Anisotropie behandelt wurde.

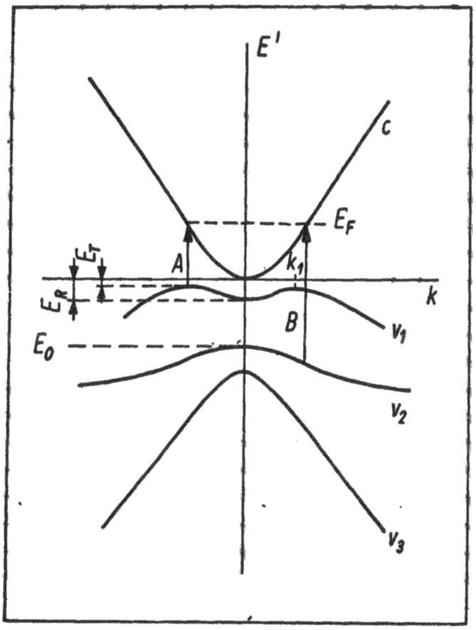

Abb. 5.4. Isotropes invertiertes Bändermodell vom Kane-Typ für Cd_3As_2 [141]

Untersuchungen zur Anisotropie im Cd_3As_2 wurden von Bodnar durchgeführt, der das Drei-Niveau-Kane-Modell für den Fall tetragonaler Halbleiter mit schmaler Energielücke unter Berücksichtigung des Einflusses des tetragonalen Kristallfeldes verallgemeinerte. Aufbauend auf Arbeiten von Kildal [146], fügte Bodnar dem Matrixelement der Übergangswahrscheinlichkeit bei Band-Band-Anregung (interband momentum matrix element) ein anisotropes Kristallpotential zu, vernachlässigte jedoch die Anisotropie der Spin-Bahn-Aufspaltung.

Die Säkulargleichung, die von Bodnar [135] aufgestellt wurde, ist in der folgenden Form zu schreiben:

$$\gamma(E) = f_1(E)\,(k_x^2 + k_y^2) + f_2(E)\,k_z^2 \tag{6}$$

$$\gamma(E) = E\,(E - E_0)\left[E\,(E + \Delta) + \left(E + \frac{2}{3}\,\Delta\right)\right] \tag{6a}$$

$$f_1(E) = P_\perp^2\left[E\left(E + \frac{2}{3}\,\Delta\right) + \delta\left(E + \frac{1}{3}\,\Delta\right)\right] \tag{6b}$$

$$f_2(E) = P_\parallel^2 E\left(E + \frac{2}{3}\,\Delta\right). \tag{6c}$$

(E_0 Energielücke zwischen s- und p-ähnlichen Niveaus, Δ Spin-Bahn-Aufspaltung, δ Kristall-Feld-Aufspaltung, $P_\perp$ und $P_\parallel$ Interbandmatrixelemente).
Die Niveau-Anordnung am Γ-Punkt ist durch die Eigenwerte der Gleichungen (6) für $\boldsymbol{k}=0$ bestimmt, die sich zu 0, E_0; E_1 und E_2 ergeben mit

$$E_{1,2} = -\frac{1}{2}(\Delta+\delta) - \frac{1}{2}\sqrt{(\Delta+\delta)^2 - \frac{8}{3}\Delta\delta}\,. \tag{7}$$

Die Niveaus $E=0$, E_1 und E_2 rühren von der Aufspaltung des dreifach entarteten p-ähnlichen Niveaus her, die infolge des nichtkubischen Kristallfeldes und der Spin-Bahn-Wechselwirkung auftritt.

Wenn man passende Bandparameterwerte wählt, kann man mit den Gl. (6) alle möglichen Vier-Niveau-Modelle eines tetragonalen Halbleiters mit schmaler verbotener Zone konstruieren, d. h. einfache ($E>0$) oder invertierte Bandstrukturen[1]) ($E_0<0$), mit positiver ($\delta>0$) oder negativer ($\delta<0$) Kristallfeldaufspaltung.

Für Cd_3As_2 paßte Bodnar gleichzeitig die beobachteten Anisotropien in den SdH- [85] und dHvA-Effekten [93] an. Er benutzte dazu fünf veränderbare Parameter und erhielt die folgenden Werte:

$P_\perp = 7{,}43\times10^{-8}$ eV · cm und
$P_\parallel = 7{,}21\times10^{-8}$ eV · cm,
$E_0 = -0{,}095$ eV,
$\Delta = 0{,}27$ eV und
$\delta = 0{,}085$ eV.

Die Niveau-Anordnung bei $\boldsymbol{k}=0$, berechnet aus den Gl. (6) und (7) mit Hilfe der Bodnarschen Parameter, zeigt die folgende Reihenfolge:

$E=0$ (Γ_7^p – Leitungsband),
$E=-0{,}05$ eV (Γ_6^p – Band der schweren Löcher),
$E=-0{,}095$ eV (Γ_6^s – Band der leichten Löcher),
$E=-0{,}305$ eV (Γ_6^p – Spin-Bahn-Aufspaltungsband).

Die Richtungsabhängigkeit von $E(\boldsymbol{k})$ des Modells ist in Abb. 5.5 wiedergegeben. Wie man sieht, berühren sich das Leitungsband und das Band der schweren Löcher bei zwei $\boldsymbol{k}$-Werten und ergeben ein verschwindendes Gap. Aber abgesehen von diesen beiden Punkten ist das Gap offen. Es existiert keine Überlappung. Die flachen Teile des Leitungsbandes und des Bandes der schweren Löcher sind eine Folge der in diesem Modell vernachlässigten höheren Bänder.

Aus den Gl. (6) folgt, daß die Fermioberfläche ein Rotationsellipsoid um die k_z-Richtung ist. Weil die Funktionen $f_1(E)$ und $f_2(E)$ in verschiedener Weise energieabhängig sind, ändert das Ellipsoid seine Form mit der Fermi-Energie, woraus sich eine energieabhängige Anisotropie der physikalischen Eigenschaften ergibt [147].

Das Bodnarsche Modell für Cd_3As_2 wird nachhaltig durch experimentelle Resultate gestützt, die aus Untersuchungen von Transporteigenschaften

---

[1]) Mit E_0 wird der Bandabstand bei $\boldsymbol{k}=0$ bezeichnet, während E_g für den minimalen Bandabstand verwendet wird.

unter äußerem Druck [104], SdH- [148, 149] und magneto-optischen Messungen [150] erhalten wurden.

Aus Druckuntersuchungen ergibt sich [104], daß E_0 mit zunehmendem Druck kleinere Werte annimmt, was auf die invertierte Bandanordnung im Cd_3As_2 hinweist. Der Wert für den Druckkoeffizienten des Gaps $d|E_0|/dp$ wurde zu -57 meV/GPa gefunden. Das weist auf einen möglichen Übergang von der invertierten zur einfachen Bandstruktur bei ungefähr 2 GPa hin.

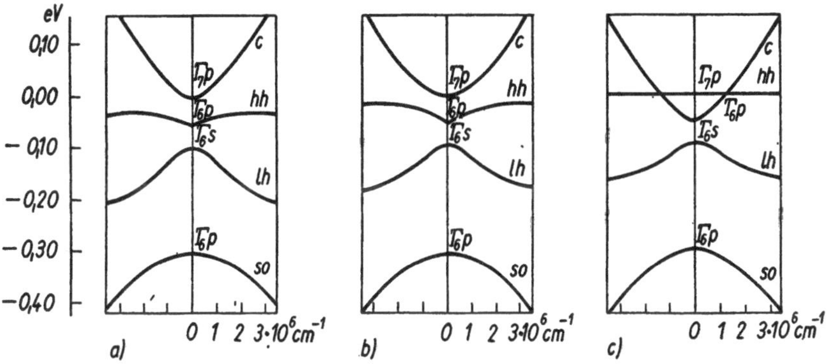

Abb. 5.5. Dispersionsbeziehungen für das Vier-Band-Modell nach Bodnar für Cd_3As_2 [135, 147].
Der Wellenvektor $\boldsymbol{k}$ weist einen Winkel zur tetragonalen c-Achse von 90° (a), 45° (b) und 0° (c) auf

Eine der wichtigsten Konsequenzen des Bodnarschen Modells für Cd_3As_2 ist eine wesentliche Zunahme der Anisotropie mit abnehmender Elektronenkonzentration. Aus diesem Grund unternahmen Blom, Gelten et al. [147, 149] intensive Untersuchungen des SdH-Effektes an Cd_3As_2-Proben niedriger Konzentration [86]. Insbesondere unterzogen sie die Winkelabhängigkeiten der SdH-Oszillationsperiode und der effektiven Zyklotronmasse sorgfältigen Untersuchungen und erhielten aus quantitativen Analysen die folgenden Werte der Bandparameter:

$$P_\perp = 7{,}40 \times 10^{-8}\,\text{eV/cm und } P_\parallel = 7{,}35 \times 10^{-8}\,\text{eV/cm},$$
$$E_g = -0{,}095\,\text{eV},$$
$$\Delta = 0{,}27\,\text{eV und}$$
$$\delta = 0{,}095\,\text{eV}.$$

Die Abweichungen dieser Werte vom Bodnarschen Modell sind nur geringfügig. Andererseits zeigen die sehr kleinen Differenzen zwischen den beiden Matrixelementen $P_\perp$ und $P_\parallel$ an, daß die beobachteten Anisotropien hauptsächlich von der Kristallfeldaufspaltung herrühren.

Andererseits geben die o. g. Parameterwerte, angewendet in der Wallaceschen Erweiterung [117] des Bodnarschen Modells, keine zufriedenstellende Übereinstimmung mit der von verschiedenen Autoren gemessenen dritten

Größe [145, 147], dem sogenannten effektiven g^*-Faktor. Es kann angenommen werden, daß diese Diskrepanz dem Einfluß höherer Bänder zugeordnet werden darf [147], wie das auch kürzlich von Prudius [151] gezeigt wurde.

So wird deutlich, daß das Vier-Niveau-Bodnar-Modell selbst weiterer Verbesserungen bedarf, indem der Einfluß höherer Bänder einbezogen wird. Unabhängig von Prudius [151] wurden solche Berechnungen auch von Bodnar [177] selbst und von van Doren et al. [152] unternommen. Die Ergebnisse der Berechnungen der $E(\boldsymbol{k})$-Abhängigkeit in (011)-Richtung, wie sie von den zuletzt genannten Autoren gefunden wurden, werden in Abb. 5.6 gezeigt.

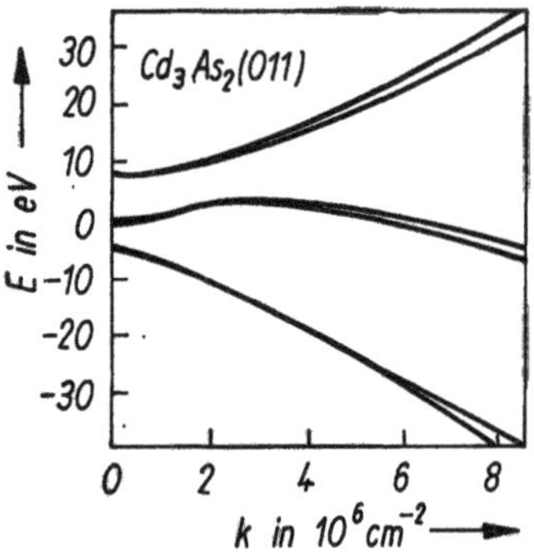

Abb. 5.6. Dispersionsbeziehungen für das Bodnarsche Modell für Cd_3As_2 in [011]-Richtung mit Korrekturen von höheren Bändern [152]

Man kann sehen, daß durch die Beachtung der höheren Bänder einige Unkorrektheiten des Vier-Niveau-Bodnar-Modells (s. Abb. 5.4) ausgeräumt werden können. Insbesondere ergeben die Korrekturen eine endliche Krümmung des Bandes der schweren Löcher. So erhält man eine realistische Beschreibung der Bandstruktur von Cd_3As_2 nahe dem Mittelpunkt der Brillouin-Zone.

5.2.3.2. Cd_3P_2

5.2.3.2.1. Isotropes einfaches Bändermodell vom Kane-Typ

Ein isotropes Bändermodell für Cd_3P_2 wurde von Jay-Gerin et al. [75] in ähnlicher Weise aufgestellt, wie das für Cd_3As_2 [110] erfolgt ist. Die Autoren benutzten das Drei-Bänder-Modell nach Kane für eine einfache Bänderanordnung, um das niedrigste Leitungsband von Cd_3P_2 zu beschreiben und lokalisierten das Maximum des Bandes der schweren Löcher auch an diesem Punkt.

Ein sehr ähnliches Bändermodell von Cd_3P_2 wurde durch Gelten et al. [153] auf der Grundlage ihrer optischen Messungen aufgestellt. Die Tieftemperaturbandparameter dieser Messungen haben folgende Werte:

$$E_0 = 0{,}56 \text{ eV},$$
$$\Delta = 0{,}1 \text{ eV},$$
$$P = 6{,}7 \times 10^{-8} \text{ eV/cm}.$$

Das resultierende isotrope einfache Bändermodell vom Kane-Typ für Cd_3P_2 ist in [153] dargestellt. Aus optischen Messungen ergibt sich, daß das zweite Leitungsband wahrscheinlich auch am Γ-Punkt lokalisiert werden kann mit einem Energieabstand vom niedrigsten Leitungsband von ungefähr 0,08 bis 0,01 eV [75, 143, 156].

5.2.3.2.2. Das Bodnarsche Modell

Das Problem der möglichen Anisotropie in Cd_3P_2 wurde erstmals von Bodnar [176, 177] erörtert. Er analysierte Resultate zum Reflexionsvermögen, die von Zivitz und Stephenson [143] erarbeitet wurden und sagte voraus, daß in diesen Halbleitern eine positive Kristallfeldaufspaltung vorliegt. Die $E(\boldsymbol{k})$-Abhängigkeit, wie sie von Bodnar aus Gl. (6) errechnet wurde, ist in Abb. 5.7 für zwei Richtungen des Wellenvektors dargestellt. Die Berechnungen wurden für etwas willkürlich gewählte Werte der Bandparameter vorgenommen, die wie folgt aussehen:

$$P_\perp = P_\parallel = 7{,}15 \times 10^{-8} \text{ eV/cm},$$
$$E_g = 0{,}59 \text{ eV},$$
$$\Delta = 0{,}08 \text{ eV},$$
$$\delta = +0{,}08 \text{ eV}.$$

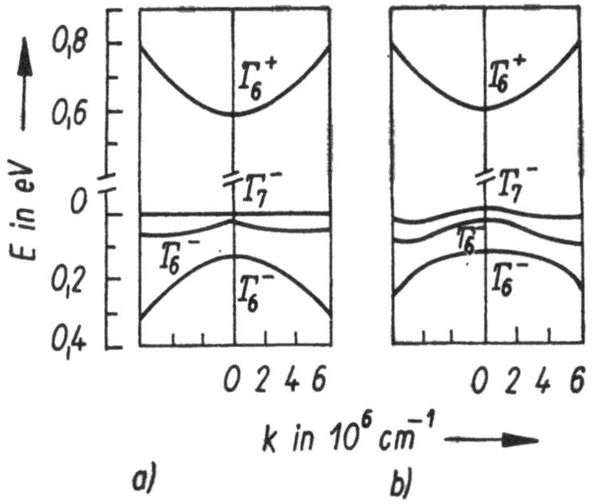

Abb. 5.7. Dispersionsbeziehungen für das Vier-Band-Modell nach Bodnar für Cd_3P_2 [176, 177].
Der Wellenvektor $\boldsymbol{k}$ weist einen Winkel zur tetragonalen c-Achse von 0° (a) und 90° (b) auf

Die Niveau-Anordnung am Γ-Punkt, berechnet aus den Gl. (6) und (7) mit Hilfe der Bodnarschen Parameter, zeigt die folgende Reihenfolge:

$E = 0{,}59$ eV (Γ_6^{+s} – Leitungsband);
$E = 0$ (Γ_7^{-p} – Band der schweren Löcher);
$E = -0{,}034$ eV (Γ_6^{-p} – Band der leichten Löcher) und
$E = -0{,}126$ eV (Γ_6^{-p} – Spin-Bahn-Aufspaltungsband).

Für Cd_3P_2 gibt es bis jetzt keinerlei experimentelle Ergebnisse, ausgenommen die ersten SdH-Messungen von Heller et al. [69], die eine Anisotropie in dieser Verbindung andeuten. Neuerdings haben Arushanov et al. [81–84] diese Untersuchungen über den SdH-Effekt wieder aufgegriffen und erhielten für eine Probe mit der Elektronenkonzentration $n = 1{,}1 \times 10^{17}$ cm^{-3} die folgenden Werte der effektiven Zyklotronmasse $m_c^*(\Theta)$ (worin Θ den Winkel zwischen der tetragonalen c-Achse und dem Magnetfeld darstellt):

$$m_c^*(90°) = (0{,}049 \pm 0{,}001)\, m_0 \quad \text{und}$$
$$m_c^*(0°) = (0{,}045 \pm 0{,}003)\, m_0 \,.$$

Berücksichtigt man den experimentellen Fehler, kann man sagen, daß $\delta \geqq 0$ gilt [147]. Dies bestätigt Bodnars Voraussage bezüglich der Niveau-Anordnung in Cd_3P_2.

Ein Versuch zur Bestimmung der Kristallfeldaufspaltung in Cd_3P_2 (ebenso wie in Zn_3As_2 und Zn_3P_2) wurde von Cisowski [137] auf der Grundlage einer quasikubischen Entwicklung, die von Hopfield [154] für Wurtzit-Kristalle vorgenommen wurde, und von Rowe und Shay [155] erfolgreich auf tetragonale II–IV–V_2-Chalkopyritkristalle angewendet wurde, unternommen. Der vorgeschlagene Wert der Kristallfeldaufspaltung in Cd_3P_2, nämlich $\delta = +0{,}02$ eV [137], kombiniert mit der Spin-Bahn-Aufspaltung $\Delta = 0{,}10$ eV [153], ergibt nach Gl. (7) die Energien E_1 und E_2 zu $-0{,}01$ eV und $-0{,}11$ eV in sehr guter Übereinstimmung mit neuerdings vorliegenden experimentellen Daten aus optischen Messungen [111, 84].

Ein sehr kleiner Wert für die Kristallfeldaufspaltung resultiert in einem praktisch sphärischen Leitungsband. Dies wird sehr gut durch die isotrope $E(\boldsymbol{k})$-Abhängigkeit nach Kane beschrieben. Daraus ergibt sich als wesentlicher Unterschied zwischen dem isotropen und dem Bodnarschen Modell für Cd_3P_2, daß im Bodnarschen Modell die Valenzbänder der schweren und leichten Löcher durch einen Energiebetrag von ungefähr 0,01 eV voneinander getrennt sind.

5.2.3.3. Zn_3As_2

Zn_3As_2 ist ein typischer Halbleiter mit breitem Gap. Hauptsächlich optische Messungen dienten zu dessen Untersuchung. Der direkte Bandabstand am Γ-Punkt wurde von mehreren Autoren gemessen; er beträgt $E_g = 0{,}99$ bis 1,01 eV [138, 156–159], 1,09 bis 1,10 eV [158, 159] bzw. 1,11 eV [159] bei 300 K, 80 bis 100 K bzw. 5 K.

Erst kürzlich wurden die optischen Messungen bis über die optische Grundbandkante hinaus erweitert [159]. Es konnte herausgefunden werden, daß dort zwei zusätzliche Absorptionsmechanismen auftreten, die dem Übergang vom Band der leichten Löcher und Spin-Bahn-Abspaltungsband zum Leitungsband zugeordnet wurden.

Die Energieabstände zwischen den Valenzbändern, äquivalent zu E_1 und E_2 im Bodnarschen Modell, wurden zu $-0{,}05$ bzw. $-0{,}30$ eV bestimmt. Setzt man diese Werte in Gl. (7) ein, kann man die Werte der Spin-Bahn- und Kristallfeldaufspaltung finden ($+0{,}27$ bzw. $+0{,}08$ eV). Der gleiche Wert für die Kristallfeldaufspaltung wurde aus Berechnungen unter Verwendung des quasikubischen Modells gewonnen [137]. Damit wurde die vorgeschlagene Bandstruktur für Zn_3As_2 bestätigt.

Es ist erwähnenswert, daß die Werte für die Spin-Bahn- und die Kristallfeldaufspaltung für Zn_3As_2 praktisch den für Cd_3As_2 gefundenen entsprechen. Dies resultiert ebenfalls in einer gleichen p-Subniveau-Anordnung am Γ-Punkt. Natürlich bildet das höchste p-ähnliche Subniveau (Γ_7^p) das Valenzband der schweren Löcher in Zn_3As_2. Dies ist das Leitungsband in Cd_3As_2 infolge der dort umgekehrten Bandstruktur.

5.2.3.4. Zn_3P_2

Optische Eigenschaften von Zn_3P_2 sind neuerdings von zunehmendem Interesse. Der Grund dafür ist, daß die Kenntnis der optischen Konstanten und speziell der Lage und Form der optischen Absorptionskante von grundlegender Bedeutung sind für die wirtschaftliche Gestaltung photovolaischer Solarzellen auf der Grundlage von Zn_3P_2. Die besondere Aufmerksamkeit gilt dabei dem Bereich der Interbandabsorptionskante sowohl massiver Einkristalle als auch dünner Schichten von Zn_3P_2 [160–162, 125, 42, 143, 164].

Trotz einer Reihe von Arbeiten zu diesem Gegenstand konnten einige gegensätzliche Auffassungen zu der Frage, ob die kleinste Bandlücke in Zn_3P_2 direkter oder indirekter Art sei, bislang nicht ausgeräumt werden. Ein direktes Gap wurde zuerst von Sobolev und Syrbu [160] mit 1,30 eV bei 300 K auf der Grundlage optischer Absorptionsdaten, ermittelt an massiven Proben, angenommen. Auf gleiche Weise kamen Catalano et al. [42], Fagen [125] und Syrbu et al. [165] unter Verwendung von massivem Kristallmaterial und dünner Schichten von Zn_3P_2 zu dem Ergebnis, daß die „optische" Energielücke (300 K) von 1,5 bis 1,6 eV als direkte Lücke am Γ-Punkt in Übereinstimmung mit Berechnungen von Lin-Chung [166] angenommen werden kann. Der Absorptions-Ausläufer bei niedrigeren Energien und die Photowiderstands-Peaks für Energien unter 1,5 eV werden von diesen Autoren der exponentiellen Absorptionskante vom Urbachtyp als Folge kompensierter Störstellen (bislang noch nicht identifiziert), veränderlichen Bindungslängen, Gitterfehlern [125] oder einem intrinsischen Störstellenniveau [165] zugeschrieben.

Andererseits haben verschiedene Autoren [162, 163, 134, 166] aus den Absorptionsdaten bei niedrigeren Energien geschlossen, daß auf die direkten

Übergänge von Phononen begleitete indirekte mit einer Energie im Bereich von 1,32 bis 1,35 eV bei 300 K folgen (auch Messungen bei 90 K und 4,2 K wurden dazu durchgeführt [162]).

Zusätzlich wurde erst jüngst ein indirektes Energiegap für Zn_3P_2 durch Absorptions- und Photoempfindlichkeitsmessungen der optischen Anisotropie unter polarisiertem Licht an orientierten Einkristallen [175] bestätigt. Auch Lumineszenzdaten geben zu der Annahme Anlaß, daß es sich bei den Übergängen niedrigster Energie um solche indirekter Art handelt [26, 167, 164, 168]. Aus Photoempfindlichkeitsmessungen, durchgeführt über dem „optischen" Grundgap (Syrbu et al. [165]) ergibt sich, daß die aufgespaltenen Valenzbänder am Γ-Punkt durch die Energien $E_1 = -0{,}03$ eV und $E_2 = -0{,}13$ eV voneinander getrennt sind. Der gleiche E_1-Wert ergibt sich aus Photoempfindlichkeitsmessungen im polarisierten Licht.

Setzt man diese E-Werte in Gl. (7) ein, erhält man die Werte der Spin-Bahn- und Kristallfeldaufspaltungen zu $-0{,}1$ eV und $+0{,}1$ eV. Sie befinden sich in guter Übereinstimmung mit den berechneten [133] 0,11 und 0,03 eV. Auf der Grundlage der erhaltenen experimentellen Daten wurde von Syrbu et al. [165] und Pawlikowski [162, 166] ein relativ spekulatives Bändermodell entwickelt.

Eine detaillierte Analyse der vorliegenden Ergebnisse kann jedoch erst dann erfolgen, wenn exakte Bandstrukturberechnungen für die korrekte Struktur von Zn_3P_2 vorliegen. Eben deshalb ist es auch gegenwärtig nicht möglich, eine richtige Entscheidung über die Frage zu treffen, ob ein direkter oder indirekter Übergang des kleinsten Gaps vorliegt. Experimentelle Beweise sind z. Z. nicht tragfähig. Das Problem erscheint noch offen.

Nach unserer Auffassung können solche großen Streuungen bei den von unterschiedlichen Autoren gefundenen Energiewerten, sowie Verschiebungen der Absorptionskante, Unterschiede in deren Form und Lage, Unterschiede bezüglich des Reflexionsvermögens und der Photoempfindlichkeitsspektren aus unterschiedlichen Probenpräparationen resultieren, die sich insbesondere auf Abweichungen in der Stöchiometrie auswirken. Aus Lumineszenzdaten ist gut bekannt, daß alle verwendeten Kristalle nicht absichtlich dotiert wurden [112, s. auch 115].

Es ist sicher notwendig, komplexe Untersuchungen mit reproduzierbaren Stöchiometrieverhältnissen durchzuführen.

Die optischen Konstanten n und k wurden aus Transmissions- und Reflexionsuntersuchungen [125, 163] im Spektralbereich 0,5 bis 2,5 µm ermittelt.

Der Durchschnittswert des Brechungsindex n liegt für das langwellige Gebiet bei $3{,}3 \pm 0{,}1$, während im Sichtbaren Werte um 3,5 bis 4 erhalten wurden. Die Bedingung $n \gg k$ wird über den gesamten Meßbereich erfüllt. ε_1 ist gleich n^2. Wegen der hohen n-Werte sind in photovoltaischen Solarzellen schützende Antireflexionsschichten erforderlich.

Drei extrinsische breite Photolumineszenzbanden bei 0,52, 0,64 und 1,1 eV wurden in poly- wie einkristallinem Zn_3P_2 im Temperaturbereich von 4,2 bis 300 K [26, 112] gefunden (Abb. 5.8). Die Photonenenergien der Peaks stimmen mit den aus Leitfähigkeitsmessungen und Infrarotdaten ermittelten Energien überein, obwohl die Ursache der Lumineszenz noch nicht bekannt ist.

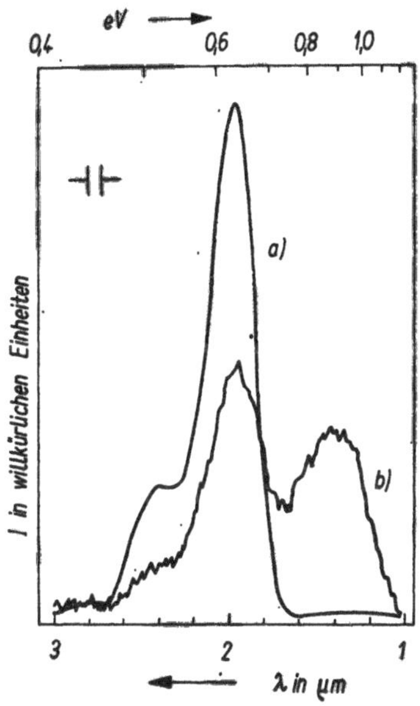

Abb. 5.8. Photolumineszenzintensität zweier Proben von Zn_3P_2, aufgenommen bei 100 K mit Hg-Bogenanregung.
Das Spektrum b) wurde mit zehnfach höherer Empfindlichkeit als Spektrum a) aufgenommen [112, 26]

5.2.3.5. Feste Lösungen

Wie bekannt bilden die II_3–V_2-Verbindungen alle möglichen drei- und vierkomponentigen festen Lösungen, die sämtlich eine bemerkenswerte Variationsbreite ihrer physikalischen Eigenschaften mit ihren chemischen Zusammensetzungen aufweisen [2].

Unter allen festen Lösungen dieser Art wurde aber $Cd_3(As_{1-x}P_x)_2$ und $(Cd_{1-y}Zn_y)_3As_2$ besondere Aufmerksamkeit gewidmet. In diesen beiden Substanzen vollzieht sich ein Übergang von der einfachen Cd_3P_2- bzw. Zn_3As_2-Bandstruktur zur invertierten des Cd_3As_2. Wie bereits erwähnt, schlug erstmals Wagner et al. [138] einen solchen Übergang für den Bereich in der Nähe des Cd_3As_2-Endes beider Systeme vor.

Die Abhängigkeit der Breite der verbotenen Zone E_g von der Legierungszusammensetzung wurde ebenfalls von Wagner [138] nachgewiesen. Diese Gapvariation verläuft nahezu linear von einerseits Cd_3P_2/Zn_3As_2 nach Cd_3As_2 und endet mit $E_g = -0{,}1$ eV in der zuletzt genannten Verbindung. Diese Ergebnisse resultieren aus bei tiefen Temperaturen durchgeführten magnetooptischen Untersuchungen zur Übergangswahrscheinlichkeit im Interbandbereich. Auf gleiche Weise bei Raumtemperatur für $(Cd_{1-y}Zn_y)_3As_2$ ermittelte Daten ergeben eine Gerade, die bei $E_g = -0{,}2$ eV für Cd_3As_2 (bei 300 K) mündet. Die Abweichungen von der Linearität, die für Cd_3As_2-reiche Legierungen beobachtet werden, ergeben sich aus der Tatsache, daß das „optische" Gap nach höheren Energien verschoben ist (Burstein-Moss), verursacht durch immer höhere Elektronenkonzentrationen, wenn x und y sich Null nähern [138].

Die Differenzen zwischen den verschiedenen E_g-Werten bei Raum- und tiefen Temperaturen wurden durch Radoff und Bishop [62] für $Cd_3(As_{1-x}P_x)_2$-Legierungen untersucht. Diese Autoren fanden heraus, daß der Temperaturkoeffizient dE_g/dT sich linear mit der Legierungszusammensetzung verändert und -6×10^{-4} eV/K für Cd_3As_2 ($x = 0$) und $\pm 3 \times 10^{-4}$ eV/K für Cd_3P_2 ($x = 1$) beträgt.

Mittlere Werte für E_g angenommen (Basis sind die Ergebnisse verschiedener Autoren, gewonnen aus Untersuchungen an den jeweiligen „Endpunkt"-Verbindungen) und ebenso die lineare Abhängigkeit der Gap-Veränderung von der Legierungszusammensetzung vorausgesetzt, kann man folgende Abhängigkeiten (bei niedrigen Temperaturen) formulieren:

1) $E_g(x) = 0{,}1 + 0{,}68\, x$ (eV) für $Cd_3(As_{1-x}P_x)_2$-Legierungen (8)

2) $E_g(y) = -0{,}1 + 1{,}2\, y$ (eV) für $(Cd_{1-y}Zn_y)_3As_2$-Legierungen. (9)

Daraus ergibt sich auch, daß die Überkreuzung der Bänder im ersten Fall bei $x = 0{,}15$ und im zweiten Fall bei $y = 0{,}08$ auftritt.

Resultierend aus der starken Temperaturabhängigkeit von E_g verschieben sich die Überkreuzungen der Bänder bei Raumtemperatur für Cd_3P_2 und Zn_3As_2 zu $x = 0{,}3$ bzw. $y = 0{,}16$ [158].

Trotz solcher auffälliger Veränderungen in der Bandstruktur lassen sich die Überkreuzungspunkte wegen der hohen Elektronenkonzentrationen in Cd_3As_2-reichen Legierungen nur ungenau aus den experimentellen Daten erkennen [158, 169].

Kürzlich wurde von Blom und Neve [136] ein neuer Legierungstyp $(Cd_{1-z}Mn_z)_3As_2$ mit niedrigem Mn-Gehalt bearbeitet. Diese Legierungen zeigen typische semimagnetische Halbleitereigenschaften, verbunden mit Austausch-Wechselwirkungen zwischen freien Ladungsträgern und magnetischen Mn-Ionen [136, 170, 171]. Die Austauschwechselwirkungen beeinflussen die spinabhängigen Eigenschaften dieser Legierungen stark und weisen auf einen neuen interessanten physikalischen Forschungsgegenstand innerhalb der II–V-Verbindungen hin.

5.2.4. Elektronentransporteigenschaften

5.2.4.1. Elektrische, galvano- und thermomagnetische Eigenschaften

Alle vier Verbindungen der II_3–V_2-Gruppe haben sehr unterschiedliche physikalische Eigenschaften.

Zn_3P_2 ist immer ein p-Halbleiter mit intrinsischer Ladungsträgerkonzentration $p_i \cong 10^{20}\,cm^{-3}$ und sehr niedriger Löcherbeweglichkeit $\mu_h \cong 10$ bis 20 cm^2/Vs bei 300 K.

Bemühungen, durch Dotierung mit Al, Zn, Ga, Sn, Si, S und Cd n-leitendes Zn_3P_2 zu erzeugen, scheiterten. Lediglich p-Material mit hohen Widerstandswerten [59] und hohen Aktivierungsenergien für die Störstellen im Bereich von 0,4 bis 0,8 eV konnte erhalten werden. Die Leitfähigkeit des Zn_3P_2 weist unterschiedliche Werte in einem sehr weiten Bereich ($\delta = 10^{-2}$ bis $10^{-5}\,\Omega^{-1}m^{-1}$) bei Raumtemperatur auf. Diese Tendenz ist mit unterschiedlichen Herstellungsprozeduren in Beziehung zu bringen. Dies rührt von Eigendefekten her [59] und resultiert in einer Selbstkompensation in substitutionsdotierten Proben. In Abb. 5.9 sind die Temperaturabhängigkeiten des spezifischen Widerstandes, des Hall-Koeffizienten und der Hall-Beweglichkeit dargestellt [114].

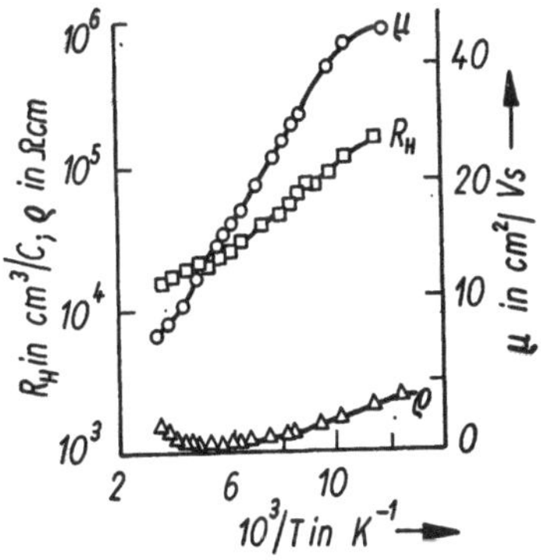

Abb. 5.9. Temperaturabhängigkeit des spezifischen Widerstandes (ϱ), Hall-Koeffizienten (R_H) und der Ladungsträgerbeweglichkeit (μ) für Zn_3P_2-Einkristalle [114]

Cd_3P_2. Die Ergebnisse von Untersuchungen zu Transporterscheinungen in Cd_3P_2 sind z. B. in [60–65] wiedergegeben. Cd_3P_2 ist immer ein n-leitender, entarteter Halbleiter mit Elektronenkonzentrationen im Bereich von $n = 10^{17}$ bis $5 \times 10^{18}\,cm^{-3}$ in nichtdotierten Proben und Elektronenbeweglichkeiten zwischen 2000 und 3000 cm^2/Vs bei 77 K. Es ist wohl möglich, Cu-dotierte Cd_3P_2-Kristalle herzustellen [61, 66, 67, 69], die Elektronenkonzentrationen von nur $10^{15}\,cm^{-3}$ ($T = 300$ K) aufweisen, jedoch konnten bislang keine p-leitenden Proben erhalten werden. Die Konzentrationsabhängigkeit der Hall-Beweglichkeit μ_H [64], der Thermokraft α und der thermomagnetischen Kraft α_∞ sowie der transversalen und longitudinalen Nernst-Ettinghausen-Effekte P_{NE} bei $T = 4{,}2$; 77 und 300 K wurden in [63–65, 86] untersucht. Berechnungen der Elektronenbeweglichkeit wurden für gemischte Streumechanismen (polare optische Phononen, geladene Zentren, akustische Phononen) [69, 64, 65] durchgeführt. Die akustische Deformationspotentialkonstante wurde zu $E_d = 20$ eV bestimmt, die Hoch- und Niedrigfrequenz-Dielektrizitätskonstante ε_∞ zu 25 bzw. ε_0 zu 37 [65, 66], die effektive Elek-

tronenmasse m_n^*/m_0 zu 0,048 bei 90 K [67]. Informationen zum Nernst-Effekt, Righi-Leduc-Effekt und Maggi-Righi-Leduc-Effekt in Cd_3P_2 sind [63] zu entnehmen. Die entsprechenden Messungen wurden an nichtorientierten Cd_3P_2-Einkristallen mit Elektronenkonzentrationen von 0,5 bis $1{,}7 \times \times 10^{18}\ cm^{-3}$ bei 110 und 300 K als Funktion magnetischer Felder bis zu $B = 1{,}8$ T durchgeführt. In [68] finden sich Angaben zum Widerstandsverhalten von Cd_3P_2 im Magnetfeld bei 77 und 300 K mit Feldern bis zu $B = 1{,}9$ T.

Zn_3As_2. Nur p-Leitfähigkeit konnte beobachtet werden, auch wenn mit Te, Se, Cu, Pb, Al und In dotiert wurde. Die Löcherbeweglichkeit beträgt bei einer Konzentration von $p \cong 7{,}3 \times 10^{17}\ cm^{-3}$ und $T = 300$ K $\mu_p = 160\ cm^2/Vs$. Die Werte für $p \cong 4{,}8 \times 10^{17}\ cm^{-3}$ und 77 K sind Abb. 5.10 zu entnehmen.

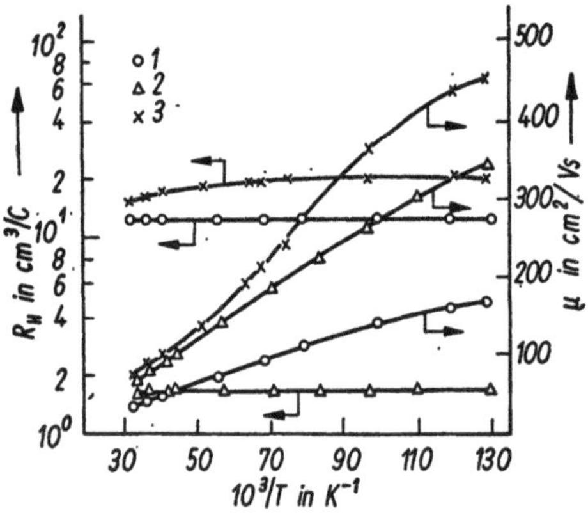

Abb. 5.10. Temperaturabhängigkeit der Hall-Konstante (R_H) und der Ladungsträgerbeweglichkeit (μ) für Zn_3As_2-Einkristalle [70]

Die Beweglichkeit in dotierten Proben ist höher als in undotierten. Besondere Aufmerksamkeit wurde Cu-dotiertem Zn_3As_2 geschenkt [70, 71]. In [72] sind Aussagen zum Magnetowiderstandseffekt in Einkristallen mit Ladungsträgerkonzentrationen von $p \cong 7 \times 10^{17}$ bis $10^{18}\ cm^{-3}$ bei niedrigen Temperaturen enthalten.

Cd_3As_2 ist ein entarteter, immer n-leitender Halbleiter mit extrem hohen Beweglichkeiten (für $n \cong 2 \times 10^{18}\ cm^{-3}$ ergibt sich $\mu_H \cong 20000\ cm^2/Vs$ bei 300 K). Der spezifische Widerstand ändert seinen Wert im Bereich von 77 bis 300 K (poly- und einkristallines Material gleichermaßen betreffend) zwischen 0,23 und $6{,}4 \times 10^{-4}\ \Omega$ cm. Der hohe Entartungsgrad dieses Materials – die Elektronenkonzentration $2 \times 10^{18}\ cm^{-3}$ entspricht einer Fermi-Energie von ungefähr $E_F = 0{,}15$ eV – schließt die Möglichkeit der Bestimmung der Leitungs- und Valenzbandparameter nur aus Transportmessungen aus.

1979 bestimmten Blom und Gelten [77, 86] unter Anwendung einer Zweistufen-Wärmebehandlung von Cd_3As_2 in Arsen-Dampfatmosphäre die

Nettodonatorenkonzentration ($N_D - N_A$) zu $n = 2{,}3 \times 10^{17}\ cm^{-3}$ mit $\mu_H \cong \cong 26000\ cm^2/Vs$ bei 300 K und zu $n = 2 \times 10^{17}\ cm^{-3}$ mit $\mu_H = 28000\ cm^2/Vs$ bei 4,2 K. Abb. 5.11 stellt ihre experimentellen Daten von $n(T)$ für vier

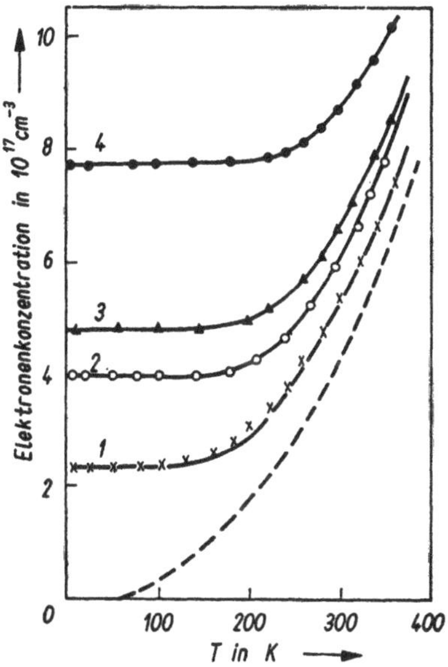

Abb. 5.11. Elektronenkonzentration in Cd_3As_2-Einkristallen als Funktion der Temperatur für verschiedene Nettodonatorenkonzentrationen (2,30; 3,95; 4,75 und 7,70) $\times 10^{17}\ cm^{-3}$ für vier verschiedene Proben. Die gestrichelte Kurve stellt die entsprechende Intrinsic-Konzentration dar [77]

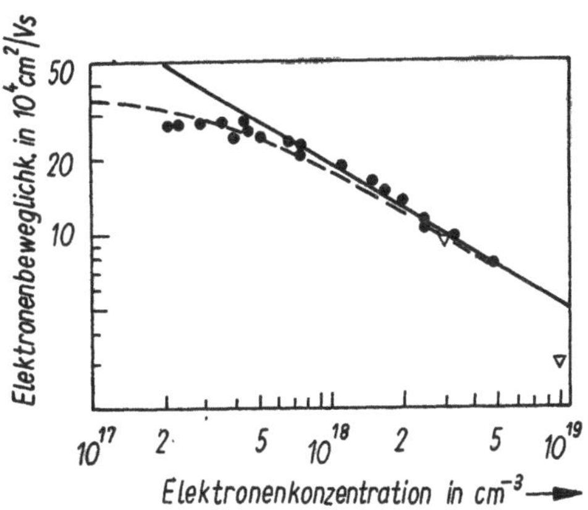

Abb. 5.12. Elektronenbeweglichkeit in Cd_3As_2 über der Elektronenkonzentration bei $T = 4{,}2$ K.
Ausgezogene Kurve: theoretischer Verlauf für $N_A = 0$;
gestrichelte Kurve: theoretischer Verlauf für $N_A = 5 \times 10^{16}\ cm^{-3}$ [86]

Proben mit unterschiedlicher Nettodonatorenkonzentration dar. Die wärmebehandelten Proben zeigen die höchsten Beweglichkeiten, die je gefunden wurden. Abb. 5.12 zeigt die experimentelle Abhängigkeit $\mu_H(n)$ bei 4,2 K im Bereich von $2\times10^{17}\,\text{cm}^{-3}<n<5\times10^{18}\,\text{cm}^{-3}$. Die Literaturdaten sind ebenfalls in diesem Diagramm eingetragen (s. auch [78]). Mittels einer Analyse der erhaltenen Daten auf der Grundlage des Drei-Bänder-Modells nach Kane für den HgTe-Strukturtyp fanden diese Autoren den Wert der verbotenen Zone zu

$$E_g = -(0{,}12+3{,}3\times10^{-4}\,\text{T});$$
$$E_t = -0{,}026\,\text{eV} \quad \text{und}$$
$$m_d^* = 0{,}5\,m_0\,.$$

Dabei ist E_t ein indirektes Gap zwischen dem Maximum des Valenzbandes der schweren Löcher und dem Leitungsband-Minimum (m_d^* effektive Masse der schweren Löcher). Die statische Dielektrizitätskonstante ergibt sich zu $\varepsilon(0)=52$. Versuche, durch Dotierung mit vielen denkbaren Elementen p-Cd_3As_2 zu erhalten, führten zu keinerlei positivem Ergebnis.

Thermoelektrische Eigenschaften: $\alpha=-60$ bis $-80\,\mu$V/K bei 300 K und $\alpha=\pm24{,}4\,\mu$V/K bei 85 K für $n>10^{18}\,\text{cm}^{-3}$ werden in [73, 79–82] beschrieben. Der thermomagnetische Koeffizient $\alpha_\infty=84\,\mu$V/K wird in [73] diskutiert, der transversale Nernst-Ettinghausen-Koeffizient $N(0)=0{,}18\,\text{cm}^2/\text{K}\cdot\text{s}$ (310 K, $n=2\times10^{18}\,\text{cm}^{-3}$) in [73–75], schließlich der Righi-Leduc-Koeffizient $S(0)=4000\,\text{cm}^2/\text{Vs}$ (300 K) in [73].

5.2.4.2. Untersuchungen unter Druck

Es gibt eine begrenzte Zahl von Publikationen, die über Druckexperimente an II–V-Verbindungen berichten. Die bekannten Arbeiten können in zwei Gruppen unterteilt werden. Die erste Gruppe vermittelt Informationen über Phasendiagramme. Die zweite Gruppe befaßt sich mit der Auswirkung des Druckes auf Transporteigenschaften und die Bandstruktur.

Zum ersten Male wurden 1966 Untersuchungen unter hohem Druck an Zn_3As_2 und Cd_3As_2 veröffentlicht [100]. Im Ergebnis dieser Arbeiten wurden die entsprechenden Phasendiagramme entwickelt. Darauffolgend wurden diese überprüft und vervollständigt durch sorgfältige Studien zum Schmelzverhalten und den Phasenumwandlungen unter hohem Druck bis zu 4 GPa und bis 700 °C im Falle von Cd_3As_2 und bis 1000 °C im Falle von Zn_3As_2.

Die Phasendiagramme von Zn_3P_2 und Cd_3P_2 sind in [25] wiedergegeben.

Es wurde gezeigt, daß alle diese Verbindungen in einer großen Zahl verschiedener Modifikationen und Kristallstrukturen auftreten, von denen einige noch unbekannt sind. Es konnte auch gezeigt werden, daß die Schmelzkurven des ungeordneten, defekten CaF_2-Typs der Hochtemperaturphasen mit zunehmendem Druck nach unten verschoben werden, aber bei verhältnismäßig niedrigem Druck durch das Auftreten neuer Hochtemperatur-Hochdruck-Phasen begrenzt werden [25] (Abb. 5.13).

Das Studium des Druckeinflusses auf verschiedene Eigenschaften der

Halbleiter ist häufig auch auf die Untersuchung von Bandstrukturen verschiedener Substanztypen angewendet worden. Neuerdings sind auch verschiedene II_3–V_2-Halbleiter mit schmaler Bandlücke zum Studium von Transporteigenschaften solchen Untersuchungen unterzogen worden (in [67, 102] Cd_3P_2, in [103, 104, 29] Cd_3As_2, in [105, 106] $Cd_{3-x}Zn_xAs_2$).

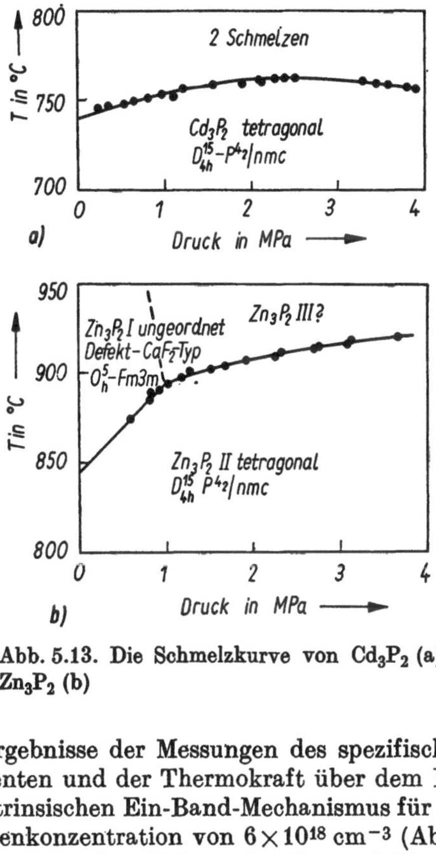

Abb. 5.13. Die Schmelzkurve von Cd_3P_2 (a) und das Phasendiagramm von Zn_3P_2 (b)

Die Ergebnisse der Messungen des spezifischen Widerstandes, des Hall-Koeffizienten und der Thermokraft über dem Druck ergeben ganz deutlich einen extrinsischen Ein-Band-Mechanismus für die Leitfähigkeit bis zu einer Elektronenkonzentration von 6×10^{18} cm^{-3} (Abb. 5.14) [102]. Dies kann im Modell eines s-artigen Leitungsbandes nach Kane gedeutet werden [62]. Aus der Analyse der experimentellen Daten folgt, daß die Bandlücke in Cd_3P_2 sich mit zunehmendem Druck um

$$\gamma = dE_g/dP \cong 4{,}5 \times 10^{-11} \text{ eV/Pa}$$

vergrößert.

Aus der quantitativen Analyse der gemessenen Werte des spezifischen Widerstands von Cd_3As_2 (bis zu 2,2 GPa) ergab sich unter Anwendung des Bodnarschen Modells für tetragonale Halbleiter mit schmaler verbotener Zone, daß eine invertierte Bandstruktur vorliegt und daß sich der Abstand zwischen s- und p-ähnlichen Niveaus mit zunehmendem Druck um

$$\gamma = (-5{,}7 \pm 1) \times 10^{-11}\ \mathrm{eV/Pa}$$

verringert.

Der Piezowiderstandseffekt wurde bislang nur in Cd_3As_2 untersucht [29]. Der Autor hat den Einfluß einachsigen Druckes entlang der [100]-, [101]- und [001]-Richtungen und des hydrostatischen Druckes auf den spezifischen

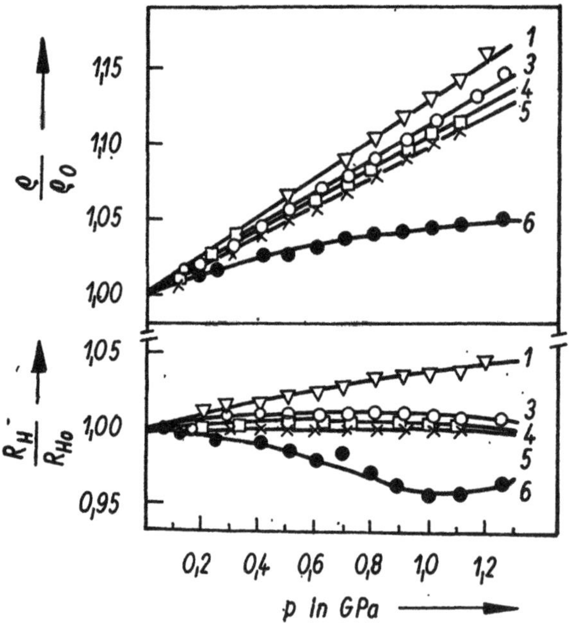

Abb. 5.14. Druckabhängigkeit des spezifischen Widerstandes und des Hall-Koeffizienten von Cd_3P_2 bei 300 K [102]

Widerstand in verschiedenen einkristallinen Proben von Cd_3As_2 mit Ladungsträgerkonzentrationen $n \cong 2 \times 10^{18}\ \mathrm{cm}^{-3}$ bei Raumtemperatur untersucht.

Relative longitudinale Piezowiderstandskoeffizienten, ermittelt bei 78 und 300 K, sind in Tab. 5.8 zusammengestellt worden, wo spezifischer Widerstand, Ladungsträgerkonzentration und Hall-Beweglichkeit verzeichnet sind. Die relative Änderung des spezifischen Widerstandes und des longitudinalen Piezowiderstandskoeffizienten gegen eine mechanische Beanspruchung wurden ebenfalls ermittelt und in [29] dargestellt.

5.2.4.3. Quanteneffekte

Cd_3P_2 und Cd_3As_2 sind vielversprechende und interessante Materialien zum Studium verschiedener Quanteneffekte.

Oszillationen der magnetischen Widerstandsänderung (SdH-Effekt) wur-

Tabelle 5.8.
Piezowiderstandskoeffizienten für Cd_3As_2

ϱ in $10^{-4}\,\Omega$ cm 300 K	77 K	n in 10^{18} cm^{-3} 300 K	77 K	μ_H in m^2 V^{-1}s^{-1} 300 K	77 K	π/ϱ_1 in 10^{-1} Pa^{-1}	π_{33}/ϱ_3 in 10^{-11} Pa^{-1}	$\pi_{11}+\pi_{12}+\pi_{66}/2\varrho_1$ in 10^{-11} Pa^{-1}	Orientierung
5,52	—	1,80	—	0,62	—	—	31,3 ± 8,5 (300 K)		(001)
2,58	0,778	1,70	1,75	1,42	4,53		26,7 ± 2,1 (300 K)		(001)
							14,5 ± 4,3 (78 K)		(100)
2,15	0,512	2,27	2,50	1,28	5,20	860 ± 190 (300 K)			—
2,12	0,627	1,99	1,94	1,48	5,20	320 ± 70 (300 K)	—		—
—	—	—	—	—	—	—	—	28,2 ± 5,4 (300 K)	(110)

den in Cd_3P_2-Einkristallen mit $n = 1{,}1 \times 10^{17}$ cm^{-3} und $\mu_H = 32000$ cm^2/Vs bei 1,6 und 4,2 K in einem stationären Magnetfeld und in einem im Impulsbetrieb befindlichen Magnetfeld bis zu 35 T [69, 83, 84] untersucht. Die erhaltenen Daten [84] sagen aus, daß die Energieoberfläche der Elektronen ein Ellipsoid darstellt.

Die effektive Zyklotronmasse, berechnet aus der Temperaturabhängigkeit der Oszillationsamplitude, ergab sich zu

$$m_\perp/m_0 = 0{,}049 \; (\boldsymbol{B} \perp \vec{C}_4) \quad \text{und}$$

$$m_\parallel/m_0 = 0{,}045 \; (\boldsymbol{B} \parallel \vec{C}_4)\,.$$

Dies befindet sich in guter Übereinstimmung mit dem Wert für die Zustandsdichte der effektiven Elektronenmasse

$$m^*/m_0 = 0{,}0487$$

$$\text{bei} \quad n = 1{,}1 \times 10^{18}\ \text{cm}^{-3}.$$

Die Werte des g^*-Faktors und der Spin-Bahn-Aufspaltung Δ_{so} sind kleiner als 1 und 0,05 eV [84].

Der SdH-Effekt im Cd_3As_2-Einkristall wurde im Temperaturbereich von 4,2 bis 40 K im Magnetfeld B bis zu 5 T untersucht [85, 86], sowie im Magnetfeld im Impulsbetrieb bis zu 30 T [87]. In Übereinstimmung mit den in [85] genannten Daten und erneut bestätigt in [86] besteht die Fermi-Oberfläche des Cd_3As_2 aus einem in Richtung der vierzähligen c-Achse gestreckten Ellipsoid. Das Anisotropieachsenverhältnis beträgt 1,18 (bei $n \cong 2 \times 10^{18}$ cm^{-3}), und die transversale effektive Zyklotronmasse auf der Fermi-Oberfläche schwankt zwischen $m^*/m_0 = 0{,}042$ und 0,065, wenn sich die Elektronenkonzentration zwischen $2{,}6 \times 10^{18}$ und $8{,}3 \times 10^{18}$ cm^{-3} bewegt, was mit einem nichtparabolischen Modell des Leitungsbandes im Zentrum der Brillouin-Zone vereinbar ist. Der g^*-Faktor der Leitungselektronen wurde als anisotrop bestimmt und zu $g^*_{max} = 30{,}2$ für $\Theta(\boldsymbol{B}, \vec{C}) = 0°$ und $g^*_{min} = 17$ für $\Theta(\boldsymbol{B}, \vec{C}) = 90°$ bei $T = 2{,}26$ K für $n = 3{,}5 \times 10^{17}$ cm^{-3} ermittelt. $\Theta(\boldsymbol{B}, \vec{C})$ ist der Winkel zwischen dem Magnetfeld und der c-Richtung in der tetragonalen Elementarzelle [91]. Theoretische Berechnungen von g^* bestätigten die eben angegebenen Werte [117, 118]. Zusätzlich wurden sehr deutliche SdH-Oszillationen der magnetischen Widerstandsänderung und der Hall-Spannung in dünnen polykristallinen und texturierten Schichten von Cd_3As_2 ($d = 1$ bis 10 μm) im hochgepulsten Magnetfeld bis zu 40 T bei 4,2 und 20 K gemessen [88, 89]. Die erhaltenen Resultate bestätigen alle Daten, die aus SdH-Studien an Cd_3As_2-Einkristallen erhalten wurden.

Ein völlig unerwarteter Effekt – eine sehr deutliche SdH-Oszillation –

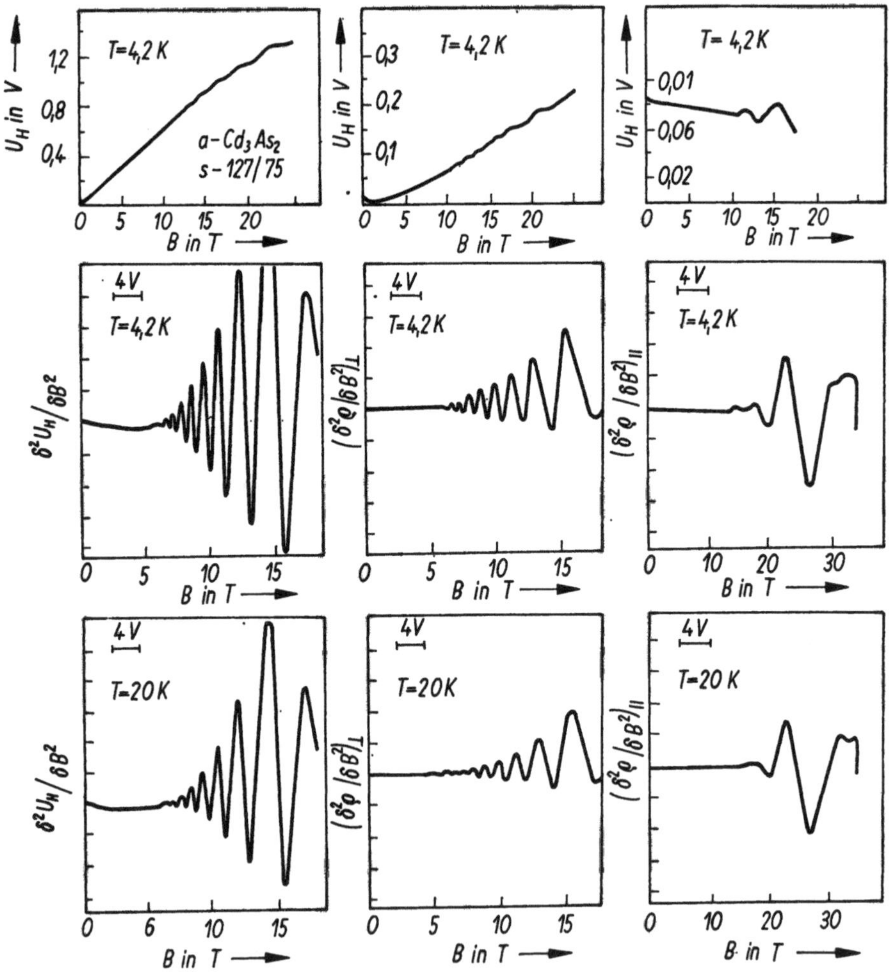

Abb. 5.15. Shubnikov-de-Haas-Oszillationen für dünne amorphe Cd_3As_2-Schichten. Dargestellt sind der zweite Differentialkoeffizient der Hall-Spannung, der transversale Magnetwiderstand und der longitudinale Magnetwiderstand bei 4,2 K und 20 K [90]

wurde erst kürzlich an amorphen niederohmigen dünnen Schichten von Cd_3As_2 mit $\mu \cong 200$ bis 500 cm²/Vs (bei 4,2 und 20 K für $B \geqq 10$ T) erhalten [90] (Abb. 5.15). Die effektive Masse der Elektronen, berechnet aus den ermittelten Daten, kann als ideal isotrop angenommen werden ($m^* = 0{,}1\ m_0$). Das unterscheidet sich von kristallinen Cd_3As_2-Schichten, in denen m^*/m_0 ungefähr dreimal kleiner ist und markante Anisotropie vorliegt. Etwas Licht in diese ungewöhnliche Erscheinung gelangt durch die Untersuchung der starken Zunahme der Zyklotron-Beweglichkeit bei größerem B.

Der dHvA-Effekt wurde bei 1,5 und 4,2 K bis zu $B = 0{,}2$ T untersucht und die entsprechenden Ergebnisse in [93] bekanntgegeben.

Oszillationen der Thermokraft und thermischen Leitfähigkeit wurden im Bereich von 5 bis 40 K bis zu $B = 5$ T untersucht und in [94] veröffentlicht.

Magnetooptische Oszillationen in Faraday-Konfiguration bei 10 K und 10 T wurden von Aubin et al. [95] studiert. Interband-Magnetoabsorptions-Untersuchungen sind Gegenstand der in [96, 97] veröffentlichten Arbeiten. Quantenoszillationen wurden auch aus optischen Transmissionsspektren von hochdotiertem Cd_3As_2 nachgewiesen [92].

$I-U$- und dI/dU-Tunnel-Kennlinien wurden an Übergängen von Al–Al_2O_3–Cd_3As_2 und Nb–Nb_2O_3–Cd_3As_2-Systemen ermittelt [110] (Abb. 5.16). Die Schichtsysteme wurden durch thermische Abscheidung im

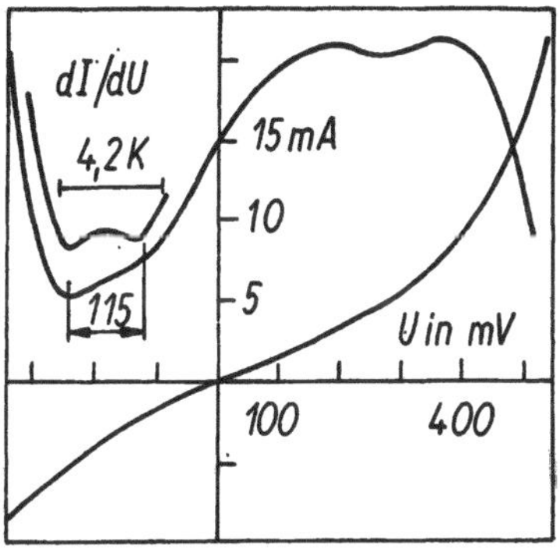

Abb. 5.16. Typische Abhängigkeit I von U für Al–Al_2O_3–Cd_3As_2-Übergänge. Die beiden oberen Kurven dI/dU über U wurden mit verschiedenen Empfindlichkeiten registriert. dI/dU in willkürlichen Einheiten [110]

Vakuum hergestellt. Auf der Grundlage der erhaltenen dI/dU-Kennlinien konnten Bandparameter für Cd_3As_2 bestimmt werden ($E_g = \pm 0{,}11$ eV, $E_{v3} = -0{,}33$ eV); außerdem die Lage des Fermi-Niveaus als Funktion der Elektronenkonzentration bei $T = 4{,}2$ K.

5.2.4.4. Dünne Schichten

In den letzten Jahren gewannen dünne Schichten von Zn_3P_2, Cd_3As_2 und Zn_3As_2 zunehmende Beachtung als vielversprechende Werkstoffe für eine Reihe interessanter Anwendungen.

5.2.4.4.1. Dünne Zn_3P_2-Schichten

Polykristalline und amorphe Zn_3P_2-Schichten wurden durch Aufdampftechniken auf verschiedenen Substraten dargestellt. Bei $T \leqq 500$ K scheiden sich die Schichten im allgemeinen amorph ab, bei $T > 500$ K werden sie polykristallin [6, 42, 125, 126]. Die erhaltenen kristallinen Schichten weisen immer n-Leitung mit einer Löcherbeweglichkeit von 10 bis 40 cm²/Vs und einem sehr hohen spezifischen Widerstand von ungefähr 10^4 bis 10^9 Ω cm nach geeigneter Wärmebehandlung auf.

Die Untersuchung der elektrischen und optischen Eigenschaften hat gezeigt, daß Zn_3P_2 ein wichtiges photovoltaisches Material für eine ökonomisch günstige Herstellung von Dünnschicht-Solarzellen ist [6, 42].

5.2.4.4.2. Dünne Zn_3As_2-Schichten

Pawlikowski et al. gaben in [127] eine zusammenfassende Darstellung von Untersuchungen zu solchen Schichten. Über 380 K abgeschieden entstehen polykristalline Schichten, bei Raumtemperatur amorphe. Die polykristallinen Schichten weisen p-Leitung auf ($p \cong 2 \times 10^{18}$ cm^{-3}, $\varrho = 2 \times 10^{-5}$ Ω cm, Hall-Beweglichkeit $\mu_H = 5$ bis 15 cm²/Vs).

5.2.4.4.3. Dünne Cd_3As_2-Schichten

Dünne Schichten von Cd_3As_2 wurden mittels Aufdampftechniken aus massivem Cd_3As_2 auf Glas, Glimmer und anderen Substraten bei Temperaturen von 80 K bis ungefähr 650 K abgeschieden [118, 119]. Die Schichtdicken lagen im Bereich von 0,03 bis 17 μm. In [119–121] werden mittels Röntgen- und Elektronenbeugung, Elektronenmikroskopie und Röntgenstrahlmikrosonde erhaltene Strukturdaten diskutiert. Im Ergebnis dieser Untersuchungen konnte ein Strukturdiagramm entwickelt werden, das Aussagen über die Bildungsbedingungen (Substrattemperatur, Abscheidungsrate) amorpher, polykristalliner oder texturierter Schichten und deren Existenzbereiche gestattet. Wenn bei einer Substrattemperatur $T_s \geqq 400$ K abgeschieden wird, sind die entstehenden Schichten im allgemeinen kristallin, unter dieser Temperatur amorph [118, 119]. Die elektrischen Eigenschaften sind deutlich abhängig von den Herstellungsbedingungen (d. h. von der Schichtstruktur).

Die Leitfähigkeit σ für den kristallinen Film ist nahezu vergleichbar mit der des massiven Materials und um 1 bis 5 Größenordnungen größer als für amorphe Schichten [116, 122, 124] (Abb. 5.17).

Auch eine starke Abnahme der Elektronenbeweglichkeit um 1 bis 3 Größenordnungen tritt im Temperaturbereich des Überganges vom kristallinen zum amorphen Zustand auf. Die Elektronenbeweglichkeit der kristallinen Schichten ist sehr hoch (3000 bis 9000 cm²/Vs bei 300 K) und hängt hauptsächlich von der Kristallitgröße ab.

Der Einfluß der Schichtdicke auf den spezifischen Widerstand und die

Hall-Beweglichkeit in dünnen Schichten (Size-Effekt) wird in [99] diskutiert. Der Quantensizeeffekt bei hoher Elektronenbeweglichkeit (oszillierende Abhängigkeiten von ϱ und μ_H von d) ist in [98] erörtert worden.

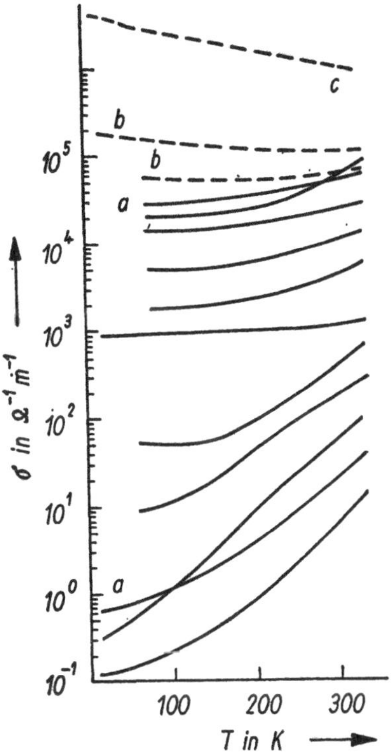

Abb. 5.17. Elektrische Leitfähigkeit über der Temperatur, aufgetragen für *a* amorphe Cd_3As_2-Schichten; *b* kristalline Cd_3As_2-Schichten; *c* massives Cd_3As_2-Material

Gegenwärtig gilt die besondere Aufmerksamkeit amorphen Cd_3As_2-Schichten [123]. Aus der Temperaturabhängigkeit des spezifischen Widerstandes und der Thermokraft können zwei Schichttypen unterschieden werden:

- ein hochohmiger mit niedriger Elektronenbeweglichkeit (1 bis 50 cm^2/Vs), dessen Leitfähigkeit kontinuierlich mit abnehmender Temperatur abnimmt (Leitung über lokalisierte Zustände bei niedrigen Temperaturen) und
- ein niederohmiger mit $\mu_H = 100$ bis 500 cm^2/Vs, dessen spezifischer Widerstand bei niedrigen Temperaturen nahezu konstant bleibt (Abb. 5.17). Die Leitfähigkeit beruht auf ausgedehnten Zuständen [122, 124]. Für diese Schichten wurde erstmals für amorphe Schichten der SdH-Effekt beobachtet [90].

5.2.4.5. Schottky-Dioden

Aus optischen, elektrischen und photoelektrischen Eigenschaften ebenso wie aus Studien von Schottky-Barrieren an Zn_3P_2 (Dunkel-$I-U$-Kennlinien) ergibt sich, daß Zn_3P_2 ein vielversprechender photovoltaischer Solarzellenwerkstoff ist [6, 42].

Die Barrierenhöhen Φ_B von Metall-Halbleiter-Übergängen (Dioden), auf polierten Zn_3P_2-Einkristallwafern aufgebaut ($\varrho = 20\,\Omega$cm, $p \cong 10^{17}$ cm^{-3}), wurden über Messungen des inneren Photoeffekts bestimmt. Hierbei wurden 500 nm dicke Al-, Mg-, Be- und Au-Kontaktschichten untersucht. Für die Messung der Barrierenhöhen wurden verschiedene Proben eingesetzt: solche, deren Oberflächen bereits eine vorbereitende Behandlung zur Aufbringung einer Oxidschicht erfahren hatten, als auch solche, deren Oberflächen vor dem Aufdampfen einer chemischen Politur unterzogen waren. In Tab. 5.9 sind Daten für eine Vielzahl von Proben bezüglich Barrierenhöhen und Diffusionslängen von Minoritätsladungsträgern zusammengestellt worden. Vergleichend werden dort Literaturangaben zur Austrittsarbeit der Metalle beigegeben.

Tabelle 5.9.
Schottky-Barrierenhöhen für Me$-Zn_3P_2$ bei 300 K (C-V-, IPE(Innere Photoemission)- und EBIC-Messungen)

Metall	φ_m in eV	φ_B in eV C–V	φ in eV IPE	L_n in µm IPE	L_n in µm EBIC	Lit.
Mg	3,7	1,0 ... 1,4	1,1	4,7	2,7	[42,6]
Al	4,25	0,75	0,75	4,1	–	[42]
Be	3,92	–	0,73	–	–	

Für alle untersuchten Metall-Halbleiter-Kontakte wurden die Barrierenhöhen zwischen 0,6 bis 1,1 eV mit sich überlappenden experimentellen Werten bestimmt. Die Austrittsarbeitswerte für Al und Mg weichen um mehr als 0,5 eV voneinander ab. Hinweise über die Bildung von pn-Übergängen in Zn_3P_2 (n-Oberflächenschicht auf p-Material) nach einer Wärmebehandlung von Mg-Kontakten als Folge der Mg-Diffusion in das Zn_3P_2 hinein werden in [6, 59] gegeben. Die Spektralcharakteristik der Dioden zeigt eine Intensitätsabnahme im blauen Bereich. EBIC-Messungen wurden zur quantitativen Bestimmung der Ladungsträger-Diffusionslängen und der Übergangstiefe durchgeführt.

5.3. Anwendungen und Ausblick

Das zunehmende Interesse an dieser Substanzgruppe begründet sich aus den interessanten Eigenschaften und den daraus resultierenden Anwendungsaspekten mit ökonomisch günstigen Parametern. Diesbezügliche Hinweise wurden schon in den vorangegangenen Aaschnitten gegeben.

5.3.1. Schottky-Solarzellen aus Zn_3P_2

Effiziente photovoltaische Elemente wurden unter Verwendung optisch transparenter Metallschichten aus Mg, Be und Al und Metallgitterstrukturen auf grobkörnigen (≈ 1 µm Korndurchmesser) massiven polykristallinen Zn_3P_2-Wafern hergestellt [42]. Der Wirkungsgrad beträgt $\eta = 6{,}1$ % (gegenüber Reflexion und Verlusten durch Schattenbildung durch das Metallgitter unkorrigiert) unter AM-1-Beleuchtung. ZnO/Zn_3P_2-Heteroübergänge und über Mg-Diffusion erzeugte pn-Monoübergänge wurden ebenfalls diesbezüglich untersucht [6, 42].

Schottky-Solarzellen auf dünnen polykristallinen p-leitenden Zn_3P_2-Schichten werden in [6] charakterisiert. Dünne polykristalline Schichten aus p-leitendem Zn_3P_2 ($\varrho \cong 10^2$ Ωcm) wurden in einem Nahabstands-Transportverfahren auf Glimmersubstraten abgeschieden und mit Fe- und Si-Schichten bedeckt. Schottky-Solarzellen wurden auch durch Aufsputtern eines dünnen optisch transparenten Mg-Films auf Zn_3P_2 erzeugt. Kennzeichnend für solche Anordnungen sind mittlere Korngrößen von 10 µm und Elektronendiffusionslängen L_n im Bereich von 1 bis 3 µm sowie 2 bis 4 µm Schichtdicken. Ein Gesamtwirkungsgrad von $\eta = 4{,}3$ % wurde mit einer 1 cm² großen Fläche unter simulierter AM-1-Beleuchtung erreicht. Die I-U-Kennlinien solcher Zellen sind in Abb. 5.18 [6] dargestellt. Der Kurzschlußstrom $J_{sc} = 17$ mA/cm² und die Leerlaufspannung $U_{oc} \cong 0{,}43$ V sind vergleichbar mit ähnlichen Elementen auf der Grundlage einkristallinen Zn_3P_2-Materials. Der Füllfaktor beträgt 0,53. Die Barrierenhöhe wurde zu $\approx 1{,}3$ eV gefunden. Höhere Werte konnten in [42] für Mg/Zn_3P_2-Kontakte angegeben werden.

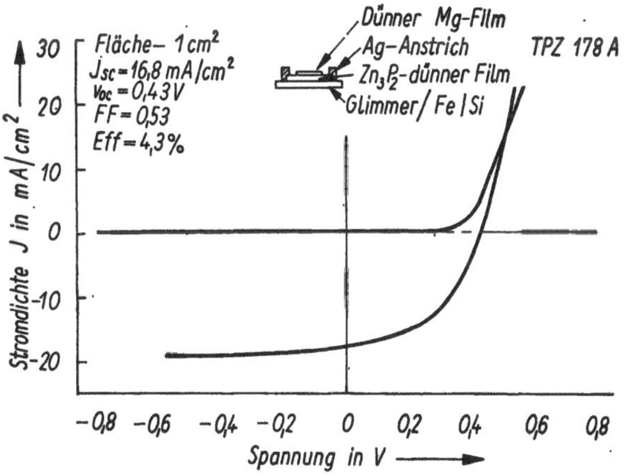

Abb. 5.18. I-U-Kurven unbeleuchteter und beleuchteter (simulierte AM-1-Quelle) Mg/Zn_3P_2-Dünnschicht-Solarzellen [6]

5.3.2. Stimulierte Emission von Cd_3P_2

Beide Phosphide der II_3–V_2-Gruppe wurden als Photolumineszens- und Laserwerkstoffe untersucht.

Spontane Photolumineszenz aus unbearbeitetem Cd_3P_2 (intrinsisch und Cu-dotiert mit $n = 1 \times 10^{18}$ cm^{-3}) wurde bei 77 und 4,2 K erstmals 1969 und 1971 beschrieben [5, 111] (Abb. 5.19).

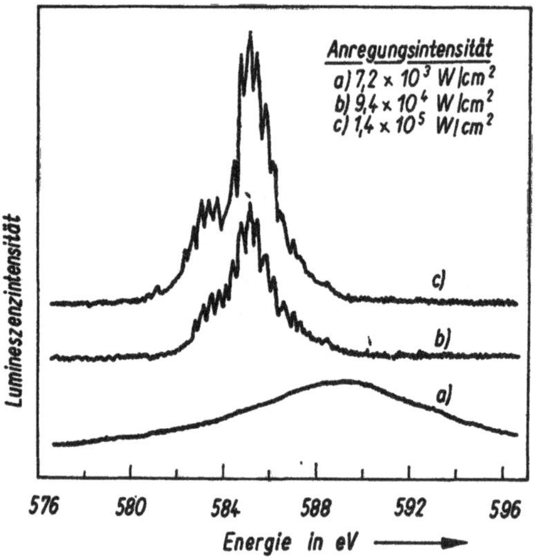

Abb. 5.19. Spontane und Laser-Emissionsspektren eines 38 μm × 376 μm großen quasihexagonalen Cd_3P_2-Kristalls.
a) Spontanes Spektrum bei Pumpintensität unterhalb des Laserschwellenwertes;
b) und c) Laserpektrum bei Pumpintensitäten oberhalb des Schwellwertes [5]

Optisch gepumpte kohärente Laseroszillation wurde bei einer Wellenlänge von 2,12 μm unter Verwendung gepulster optischer Anregung mit einem gütegeschalteten Nd-YAG-Laser erhalten. Die von Bishop et al. [5] erhaltenen Ergebnisse wurden elf Jahre später von Arushanov et al. [84] unter Verwendung von Einkristallen mit verschiedenen Elektronenkonzentrationen $n = 10^{17}$ bis 10^{18} cm^{-3} bestätigt: Die Rekombinationsemission in Cd_3P_2 wird durch direkte Band-Band-Übergänge verursacht.

5.3.3. Dünne Cd_3As_2-Schichten

Dünne Cd_3As_2-Schichten fanden auf Grund ihrer günstigen elektrischen und mechanischen Parameter eine größere Anzahl interessanter Anwendungen.

Die vielversprechendste Anwendung scheint die für Dünnschicht-Hall-

Elemente zu sein [4, 128]. Derartige Elemente zeichnen sich durch sehr gute Linearität der elektrischen Kennlinie bis zu $B = 40$ T und einen weiten Temperaturbereich bis hinab zu 4,2 K (Abb. 5.20), gute mechanische Eigenschaften, Stabilität und Reproduzierbarkeit der Parameter aus. Die statische Produktempfindlichkeit $\gamma = U/BI$ bewegt sich zwischen 2 und 4 V/TA. Die Kennlinien für im Impulsregime arbeitende Hall-Elemente sind ebenfalls sehr vielversprechend [129].

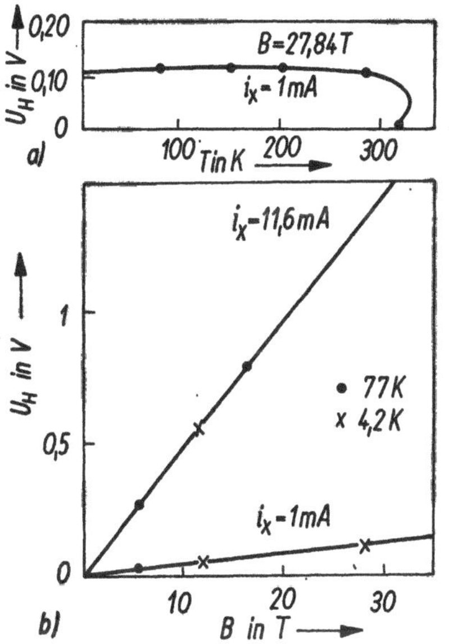

Abb. 5.20. a) Hall-Spannung über Temperatur bei konstantem B; b) Hall-Spannung über magnetischem Feld

Von Matsunami et al. [130] wurde ein Dünnschicht-Magneto-Widerstand mit einer Empfindlichkeit von 0,7 Ω/T^2 entwickelt und charakterisiert.

Dynamische Drucksensoren, auf der Grundlage dünner Cd_3As_2-Schichten hergestellt, wurden von Wlodarski [107] vorgestellt. Im Vergleich mit solchen auf Quarzbasis (Vergleichsmessungen bis zu 60 MPa) weist er nach, daß Cd_3As_2-Dünnschichtsensoren für die Messung dynamischer Drücke in nichtleitenden Flüssigkeiten ohne Anwendung von Membranen, Bälgen, Federn, also elastischen Pufferelementen, besonders gut geeignet sind. Die Druckempfindlichkeitskoeffizienten solcher Cd_3As_2-Sensoren wurden zu

$$\alpha_1 = \frac{\Delta R}{R_0 \Delta p} = 1{,}94 \times 10^{-10}\ \mathrm{Pa}^{-1}$$

$$\alpha_2 = \frac{\Delta R}{\Delta p} = 5{,}7 \times 10^{-9}\ \Omega\mathrm{Pa}^{-1}$$

(bezogen auf $I = 2$ mA und $T = 25$ °C) bestimmt.

Es konnte auch festgestellt werden, daß Cd_3As_2 sowohl in massiver als auch in Dünnschichtform ein extrem empfindlicher thermischer Detektor, basierend auf dem Nernst-Effekt, ist. Abb. 5.21 spiegelt die Leistungsfähigkeit F eines solchen Detektors wider:
$F = 2{,}5 \times 10^{-4}$ m · $W^{-1/2}s^{-1/4}$ bei 300 K,

spez. Detektivität $D^* = 5{,}1 \times 10^4$ bis 5×10^5 m · $s^{-1/2}W^{-1}$
bei $B = 0{,}4$ T und $n = 1{,}6 \times 10^{18}$ cm^{-3},
Ansprechzeit $T = 1$ bis 7×10^{-3} s und
Empfindlichkeit $\delta = 0{,}75 \times 10^{-5}$ V m W^{-1} [172, 173].

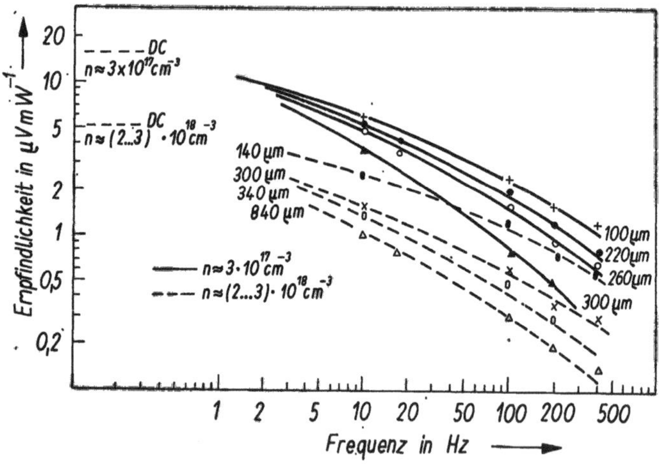

Abb. 5.21. Empfindlichkeit des Nernst-Detektors als Funktion der Frequenz (F) und Cd_3As_2-Schichtdicke mit zwei Bereichen der Ladungsträgerkonzentration; $B = 0{,}3$ T [174]

Literatur zu Kapitel 5

[1] Gorjunowa, N. A.: Halbleiter mit diamantähnlicher Struktur. Leipzig: Teubner-Verlag 1971.
[2] Żdanowicz, W.; Żdanowicz, L.: Annual Review of Material Science V. 5 (1975) 301.
[3] Lazarev, V. B.; Shevchenko, V. Ya.; Greenberg, Ya. G.; Sobolev, V. V.: Semiconductors Compounds of II–V Group. Moscow: Nauka 1978.
[4] Żdanowicz, L.: Solid State Electron. **11** (1968) 429.
[5] Bishop, S. G.; Moore, W. J.; Siwggard, E. M.: Appl. Phys. Letters **15** (1969) 12.
[6] Bhushan, M.: Appl. Phys. Letters, **40** (1982) 51; ibid **53** (1982) 514.
[7] Żdanowicz, W.; Królicki, F., Plenkiewicz, P.: Acta Phys. Polon. **A41** (1972) 27.
[8] Hegyi, I. J.; Loebner, E. E.; Poor, Jr. E. W.; White, J. G.: J. Phys. Chem. Solids **24** (1963) 333.

[9] Rubenstein, M.; Dean, P. J.: J. Appl. Phys. **41** (1970) 1777.
[10] Berak, J.; Pruchnik, Z.: Roczniki Chemii, Ann. Soc. Chim. Polon. **43** (1969) 1141.
[11] Stackelberg, M. V.; Paulus, R.: Z. Physik Chem. **B28** (1935) 427.
[12] Sirota, N. N.; Vitkina, C. Z.; Antiukov, A. M.; Smolarenko, E. M.: Izv. Acad. Nauk BSSR, ser. fiz. mat. **2** (1976) 126.
[13] Goodyear, J.; Steigmann, G. A.: Acta Cryst. **B25** (1969) 2371.
[14] Olofsson, O.; Sullman, J.: Acta Cryst. **B26** (1970) 1883.
[15] Alejnikova, K. B.; Rabotkina, N. S.; Arsenov, A. V.; Zavalishin, E. J.: Proc. Intern. Symp. on „Physics and Chemistry of II–V Comp.“ Mogilany, Poland 1980, ed. M. Gelten – L. Żdanowicz, Eindhoven Univ., Netherland, S. 39.
[16] Alejnikova, K. B.; Arsenov, A. V.; Kavetsky, V. S.; Lukin, A. N.: Proc. Intern. Symp. on „Physics and Chemistry of II–V Comp.“ Mogilany, Poland 1980, ed. M. Gelten – L. Żdanowicz, Eindhoven Univ., Netherland, S. 43.
[17] Berak, J., Pruchnik, Z.: Roczniki chemii, Ann. Soc. Chim. pol. **42** (1968) 1403.
[18] Trzebiatowski, W.; Królicki, F.; Żdanowicz, W.: Bull. Acad. Polon. Sci., ser. sci. chim. **16** (1968) 343.
[19] Weglowski, S., Lukaszewicz, K.: Bull. Acad. Polon. Sci., ser. sci. chim. **16** (1968) 177.
[20] Fleet, M.: Acta Cryst. **B30** (1974) 122.
[21] Clark, J. B.; Range, K. J.: Z. für Naturforsch. **B31** (1976) 158.
[22] Pietraszko, A.; Lukaszewicz, K.: phys. stat. sol., (a) **18** (1973) 723.
[23] Horn, J.; Lukaszewicz, K.: Roctniki Chemii, Ann. Soc. chim. pol. **42** (1968) 993.
[24] Pruchnik, Z.: J. Materials Science **3** (1977) 121.
[25] Pistorius, C. W. F. T.; Clark, J. B.; Coetzer, J.; Kruger, G. J.; Kunze, O. A.: High Temp.-High Pressure **9** (1977) 471.
[26] Huldt, L.; Nilsson, N. G.; Sundström, B. D.; Żdanowicz, W.: phys. stat. sol., (a) **53** (1979) K15.
[27] Pietraszko, A.; Lukaszewicz, K.: Bull. Acad. Pol. Sci., ser. sci. chim. **24** (1976) 459.
[28] Steigman, G. A.; Goodyear, Y.: Acta Cryst. **B25** (1968) 1062.
[29] Clavaguera, M. T.: J. Phys. Chem. Solids **36** (1975) 1205.
[30] Demidenko, A. F.; Danilenko, G. N.; Danilenko, V. E.; Lazarov, V. B.; Shevchenko, V. Ya.; Marenkin, S. F.; Kozlov, S. E.: Neorgan. Mater. **13** (1977) 214.
[31] White, J. G.: Acta Cryst. **18** (1965) 217.
[32] Horn, J.: Bull. Acad. Polon. Sci., ser. sci. chim. **17** (1969) 69.
[33] von Krebs, H.; Müller, K. H.; Zürn, G.: Z. anorg. allg. Chemie **285** (1956) 25.
[34] Zavalishin, E. I.; Alejnikova, K. B.; Rabotkina, N. S.; Arsenov, A. V.: Zh. Strukt. Khimii **20** (1979) 146.
[35] Cole, H.; Dunn, H. M.: Acta Cryst. **9** (1956) 685.
[36] Lazarev, V. B.; Marenkin, S. F.; Maksimova, S. I.; Guseinov, B.; Shevchenko, V. Ya.: Neorgan. Mater. **15** (1979) 749.
[37] Palkina, K. K.; Kuznecov, B. G.; Lazarov, V. B.; Marenkin, S. F.; Shevchenko, V. Ya.; Maruga, L. G.: Zh. Neorgan. Khimii **20** (1975) 2926.
[38] Boki, G. B.; Goncharenko, G. I.; Dvorankina, G. G.; Kovalev, V. J.; Shevchenko, V. Ya.: Dokl. AN SSSR **195** (1970) 603.
[30] Červinka, L.; Hruby, A.; Matyaš, M.; Šimeček, T.; Skacha, J.; Štourač, L.; Tauc, J.; Vorliček, V.; Höschl, P.: J. Non-Cryst. Solids **4** (1970) 258.

[40] Červinka, L.; Hruby, A.: Acta Cryst. **B26** (1970) 457.
[41] Bokii, G. B.; Sanygin, V. P.: Kristallografia **24** (1979) 1048.
[42] Catalano, A.; Dalal, V.; Fagen, E. A.; Hall, R. B.; Masi, J. V.; Meakin, J. D.; Warfield, G.; Barnett, A. M.: Proc. Intern. Photovoltaic Solar Energy Conf., Luxemburg 1977, Dordrecht: D. Reidel 1977, S. 644.
[43] Möller, A.; Elrod, U.; Munz, P.; Hönigschmidt, J.; Clemen, C.; Bucher, E.: Proc. 14th Intern. Conf. on Phys. of Semicond., Edinburgh 1978, ed. Inst. Phys. Conf. No. 43, London 1979, chap. 23, S. 825.
[44] Wang, F.; Bube, R. H.; Feigelson, R. S.: J. Cryst. Growth, **55** (1981) 268.
[45] Schoonmaker, R. C.; Venkitaraman, A. R.; Lee, P. K.: J. Phys. Chem. **71** (1967) 2676.
[46] Greenberg, J. H.; Lazarev, V. B.; Kozlov, S. E.; Shevchenko, V. Ya.: J. Chem. Thermodyn. **6** (1974) 1005.
[47] Lazarev, V. B.; Greenberg, J. H.; Shevchenko, V. Ya.; Marenkin, S. F.; Kozlov, S. E.: J. Chem. Thermodyn. **8** (1976) 61.
[48] Schoonmaker, R. C.; Rubinson, K.: J. Phys. Chem. **71** (1967) 3354.
[49] Schoonmaker, R. C.; Lemmerman, K. J.: J. Chem. Eng. Data **17** (1972) 139.
[50] Nesmeyanov, A. N.; Jofa, B. Z.; Strelnikov, A. A.; Firsov, V. G.: Zh. Fiz. Khim. **30** (1956) 1250.
[51] Westmore, J. B.; Mann, K. H.; Tickner, A. W.: J. Phys. Chem. **68** (1964) 606.
[52] Shukarev, S. A.; Morozova, M. P.; Bortnikova, M. M.: Zh. Obsch. Khim. **28** (1958) 3289.
[53] Jordan, A. S.: J. Electrochem. Soc. **118** (1971) B62.
[54] Sirota, N. N.; Smolarenko, E. M.: Izv. AN SSSR Metals **6** (1968) 234.
[55] Dittrich, V.; Hein, K.: Neue Hütte **17** (1972) 458.
[56] Glazov, V. M.; Kasymova, M.: Dokl. AN SSSR **183** (1968) 141.
[57] Glazov, V. M.; Kasymova, M.; Regel, A. P.: Fiz. Tekh. Poluprov. **13** (1979) 2049.
[58] Antiukov, A. M.; Smolarenko, E. M.: Izv. AN BSSR, ser. chim. Minsk **5** (1975) 100.
[59] Catalano, A.; Bhushan, M.: Proc. Intern. Symp. „Physics and Chemistry of II–V Comp.", Mogilany, Poland 1980, ed. M. Gelten – L. Żdanowicz, Eindhoven Univ., Netherland, S. 169.
[60] Żdanowicz, W.; Wojakowski, A.: phys. stat. sol. **8** (1965) 569.
[61] Haake, G.; Castellion, G. A.: J. Appl. Phys. **35** (1964) 2484.
[62] Radoff, P. L.; Bishop, S. G.: Phys. Rev. **B5** (1972) 442.
[63] Blom, F. A. P.; Burg, J. W.: J. Phys. Chem. Solids **38** (1977) 19.
[64] Radautsan, S. J. Arushanov, E. K. Lashkul, A. V. Naterpov, A. N.: Fiz. Tekh. Poluprov. **12** (1978) 309.
[65] Arushanov, E. K.: Proc. Inter. Symp. on „Physics and Chemistry of II–V Comp.", Mogilany, Poland 1980, ed. M. Gelten – L. Żdanowicz, Eindhoven Univ., Netherland, S. 147.
[66] Radoff, P. L.; Bishop, S. G.: Mat. Res. Bull. **8** (1973) 219.
[67] Cisowski, J.; Pastuszka, J.; Kloc, K.: Acta Phys. Polon. **A58** (1980) 737.
[68] Radautsan, S. J.; Arushanov, E. K.; Nateprov, A. N.; Oleinik, D. A.: phys. stat. sol. (a) **25** (1974) K57.
[69] Heller, M. W.; Babiskin, J.; Radoff, P. L.: Phys. Rev. Letters **A36** (1971) 363.
[70] Shevchenko, V. Ya.; Marenkin, F. S.; Ponomarev, V. F.: Neorgan. Mater., **13** (1977) 1898.
[71] Pigon, K.: Bull. Acad. Po. Sci., ser. sci. chim. **9** (1961) 751.
[72] Iwami, M.; Fujishima, K.; Kawabe, K.: J. Phys. Soc. Jap. **41** (1976) 521.

[73] Blom, F. A. P.; Huyser, A.: Solid State Commun. 7 (1969) 1299.
[74] Armitage, D.; Goldsmid, M. J.: J. Phys. C/Solid State Physics 2 (1969) 2138.
[75] Jay-Gerin, J. P.; Aubin, M. J.; Caron, L. G.: Phys. Rev., **B18** (1978) 4542; ibid. **B18** (1978) 5675.
[76] Lovett, D. R.: Semimetals and Narrow Band gap Semiconductors. London: Pion Limited 1977, S. 218.
[77] Blom, F. A. P.; Gelten, M. J.: Phys. Rev. **B19** (1979) 2411.
[78] Blom, F. A. P.: Inter. Summer School on Narrow-gap Semicond. Physics and Applic., Nimes, France, September 1979, S. 191.
[79] Żdanowicz, W.: Acta Phys. Polon. **20** (1961) 647.
[80] Goncharenko, D. J.; Shevchenko, V. Ya.: Fiz. Tekh. Poluprov. **8** (1974) 1600.
[81] Arushanov, E. K.; Lukianova, L. N.; Markus, M. M.; Nateprov, A. N.; Chuiko, G. P.: in: „Physics and Chemistry of semiconductor compounds", Kishinev: Shtiinca, 1975, S. 18.
[82] Arushanov, E. K.; Knyazev, A. F.; Naterpov, A. N.: Nat. Conf. „Troinyie Poluprovodniki i ikh primienienye". Kishinev: Shtiinca 1979.
[83] Arushanov, E. K.; Lashkul, A. V.; Mashovets, D. V.; Nateprov, A. N.; Radautsan, S. J.; Sologub, V. V.: Proc. Inter. Symp. on „Physics and Chemistry of II–V Comp.", Mogilany, Poland 1980, ed. M. Gelten – L. Żdanowicz, Eindhoven Univ., Netherland, S. 153.
[84] Arushanov, E. K.; Kulyuk, L. L.; Nateprov, A. N.; Radautsan, S. J.; Shtanov, A. A.: Proc. Inter. Symp. on „Physics and Chemistry of II–V Comp.", Mogilany, Poland 1980, ed. M. Gelten – L. Żdanowicz, Eindhoven Univ., Netherland, S. 179.
[85] Rosenman, I.: J. Phys. Chem. Solids **30** (1969) 1385.
[86] Blom, F. A. P.; Gelten, M. J.: Proc. 3rd Inter. Conf. Physics of Narrow-gap Semicond., Warsaw: PWN 1977, S. 257.
[87] Aubin, M. J.; Rambo, A.; Portal, J. C.; Houlbert, C.; Askenazy, S.; Wallace, P. R.: Proc. 3rd Inter. Conf. Physics of Narrow-gap Semicond., Warsaw: PWN 1977, S. 317.
[88] Żdanowicz, W.; Żdanowicz, L.; Portal, J. C.; Askenazy, S.: Thin Solid Films **61** (1979) 41.
[89] Portal, J. C.; Moaty, A. M.; Żdanowicz, W.; Żdanowicz, L.: Thin Solid Films **76** (1981) 391.
[90] Żdanowicz, W.; Żdanowicz, L.; Portal, J. C.; Moaty, A. M.; Askenazy, S.: Thin Solid Films **81** (1981) 101.
[91] Blom, F. A. P.; Cremers, J. W.; Neve, J. J.; Gelten, M. J.: Solid State Commun. **33** (1980) 69.
[92] Aubin, M. J.; Rambo, A.: Solid State Commun. **30** (1979) 297.
[93] Doi Hideyuki, Fukaroi, T.; Fukase, T.; Muro, Y.; Tanaka, K.: Sci. Reports Res. Inst. Tohoku Univ. **A20** (1969) 190.
[94] Germain, Ph.; Calecki, D.; Coste, G.: J. Phys. Chem. Solids **33** (1972) 69.
[95] Aubin, M. J.; Rambo, A.; Arushanov, E. K.: 15th Inter. Conf. Phys. Semicond., Kyoto 1980.
[96] Heidemenkis, E. D.; Mavroides, J. G.; Dresselhaus, M. S.; Kolesar, D. F.: Solid State Commun. **4** (1966) 65.
[97] Wagner, R. J.; Palik, E. D.; Swiggard, E. M.: Phys. Letters **A 30** (1969) 175.
[98] Żdanowicz, L.; Żdanowicz, W.; Pocztowski, G.: Thin Solid Films **28** (1975) 345.
[99] Żdanowicz, L.; Pocztowski, G.; Żdanowicz, W.: Vacuum **27** (1977) 305.

[100] Jayaraman, A.; Anantharaman, T. R.; Klement, Jr. W.: J. Phys. Chem. Solids **27** (1966) 1665.
[101] Pistorius, C. W. F. T.: High Temperature-High Pressure **7** (1975) 441.
[102] Pastuszka, J.; Cisowski, J.: Proc. Inter. Symp. on „Physics and Chemistry of II–V Comp.“, Mogilany, Poland 1980, ed. M. Gelten – L. Żdanowicz, Eindhoven Univ., Netherland, S. 183.
[103] Cisowski, J.; Żdanowicz, W.: Acta Phys. Polon. **A43** (1973) 295.
[104] Cisowski, J.; Arushanov, E. K.; Bodnar, J.; Kloc, K.; Żdanowicz, W.: Proc. 14th Inter. Conf. Phys. Semicond., Edinburgh 1978, ed. Inst. Phys. Conf. Ser. No. 43 (1979) S. 253.
[105] Cisowski, J.; Żdanowicz, W.: phys. stat. sol., (a) **19** (1973) 741.
[106] Cisowski, J.; Żdanowicz, W.: phys. stat. sol. (a) **41** (1977) K59.
[107] Wlodarski, W.: Appl. Phys. Letters **26** (1975) 133.
[108] Opilska, L.; Opilski, A.: phys. stat. sol. (a) **35** (1976) K183.
[109] Opilska, L.; Żdanowicz, W.; Kalińska, A.: Acta Phys. Polon., **A50** (1976) 633.
[110] Pocztowski, G.; Żdanowicz, L.; Benacka, S.: Proc. Intern. Symp. on „Physics and Chemistry of II–V Comp.“, Mogilany, Poland 1980, ed. M. Gelten – L. Żdanowicz, Eindhoven Univ., Netherland, S. 129.
[111] Bishop, S. G.; Moore, W. J.; Swiggard, E. M.: Proc. 3rd Int. Conf. Photoconductivity, Stanford Univ., 1969, USA, ed. E. M. Pell, Oxford: Pergamon Press 1971, S. 205.
[112] Sundström, B. O.; Nilsson, N. G.; Huldt, L.; Żdanowicz, W.: Proc. Inter. Symp. on „Physics and Chemistry of II–V Comp.“, Mogilany, Poland 1980, ed. M. Gelten – L. Żdanowicz, Eindhoven Univ., Netherland, S. 175.
[113] Hansen, M.; Auderko, K.; Constitution of Binary Alloys. New York: McGraw-Hill 1958.
[114] Shevchenko, V. Ya.; Babarina, L. P.; Kozlov, S. E.; Lazarev, V. B.: Neorgan. Mater. **11** (1975) 1719.
[115] Catalano, A.: J. Cryst. Growth **49** (1980) 681.
[116] Ugai, Ya. A.; Gukov, O. Ya.; Ozerov, L. A.: Neorgan. Mater. **1** (1966) 87.
[117] Wallace, P. R.: phys. stat. sol. (b) **92** (1979) 49.
[118] Żdanowicz, L.: „Influence of deposition conditions on the structure and properties of Cd_3As_2 films“. Wroclaw – Warsaw: PWN 1977.
[119] Żdanowicz, L.; Miotkowska, S.: Thin Solid Films **29** (1975) 177; J. Cryst. Growth **48** (1980) 387.
[120] Jurusik, J.; Żdanowicz, L.: Thin Solid Films **67** (1980) 285.
[121] Burian, A.; Auleytner, J.: Proc. Inter. Symp. on „Physics and Chemistry of II–V Comp.“, Mogilany, Poland 1980, ed. M. Gelten – L. Żdanowicz, Eindhoven, Univ., Netherland, S. 119.
[122] Żdanowicz, L.; Weclewicz, Cz.: Proc. Inter. Conf. „Amorphous Semiconductors '76“, Balatonfüred 1976, ed. I. K. Somogyi, Budapest: Akadémiai Kiadó 1977, S. 437.
[123] Weclewicz, Cz.; Żdanowicz, L.; Jurusik, J.: Proc. Inter. Symp. on „Physics and Chemistry of II–V Comp.“, Mogilany, Poland 1980, ed. M. Gelten – L. Żdanowicz, Eindhoven Univ., Netherland, S. 125.
[124] Żdanowicz, L.: Proc. Inter. Symp. on „Physics and Chemistry of II–V Comp.“, Mogilany, Poland 1980, ed. M. Gelten – L. Żdanowicz, Eindhoven Univ., Netherland, S. 89.
[125] Fagen, E. A.: J. Appl. Phys. **50** (1979) 6505.
[126] Żdanowicz, L.; Żdanowicz, W.; Petelenz, D.; Kloc, K.: Acta Phys. Polon. **A57** (1980) 159.

[127] Pawlikowski, J. M.; Becla, P.: Acta Phys. Polon. **A47** (1975) 121.
[128] Żdanowicz, L.; Becla, P.; Kwaśniewski, M.; Logwin, M.; Żdanowicz, W.: Proc. Inter. Conf. Phys. Chem. Semicond. Heterojunctions Layer Structure, Budapest 1971, v. IV. Akademiai Kiadó 1971, S. 259.
[129] Żdanowicz, W.; Żdanowicz, L.; Korona, J.: 1st Nat. Symp. „Physics of Thin Films", Szczyrk 1973, Warsaw: PWN 1975, S. 405.
[130] Matsunami, H.; Tanaka, T.: Jap. J. Appl. Phys. **10** (1971) 600.
[131] Lin-Chung, P. J.: Phys. Rev. **188** (1969) 1272.
[132] Lin-Chung, P. J.: phys. stat. sol., (b) **47** (1971) 33.
[133] Dowgiallo-Plenkiewicz, B.; Plenkiewicz, P.: phys. stat. sol., (b) **87** (1978) 309.
[134] Chuiko, G. P.: Fiz. Tekh. Poluprov. **14** (1980) 329.
[135] Bodnar, J.: Proc. 3rd Inter. Conf. Physics of Narrow-gap Semicond. Warsaw: PWN 1977.
[136] Blom, F. A. P.; Neve, J. J.: Proc. Inter. Symp. on „Physics and Chemistry of II–V Comp.", Mogilany, Poland 1980, ed. M. Gelten – L. Żdanowicz, Eindhoven Univ., Netherland, S. 83.
[137] Cisowski, J.: phys. stat. sol., (b) **111** (1982).
[138] Wagner, R. J.; Palik, E. D.; Swiggard, E. M.: J. Phys. Chem. Sol. **32** (1971) 471.
[139] Rogers, L. M.; Jenkins, R. M.; Cracker, A. J.: J. Phys. D. **4** (1971) 793.
[140] Aubin, M. J.; Jay-Gerin, J. P.; Caron, L. G.: Phys. Rev. **B15** (1977) 3872.
[141] Gelten, M. J.; van Es, C. M.; Blom, F. A. P.; Jongeneelen, J. W. F.: Solid State Commun. **33** (1980) 833.
[142] Żdanowicz, L.; Kwiecień, T.: Vacuum **27** (1977) 409.
[143] Zivitz, M.; Stevenson, J. R.: Phys. Rev. **B10** (1974) 161.
[144] Bhola, V. P.: phys. stat. sol., (a) **34** (1976) K179.
[145] Żdanowicz, L.; Czapla, T.: Proc. 3rd Inter. Conf. of Narrow-gap Semicond. Warsaw: PWN 1977, S. 271.
[146] Kildal, H.: Phys. Rev. **B10** (1974) 5082.
[147] Blom, F. A. P.: Narrow–gap Semicond, Physics and Applications. Lecture Notes in Physics **133** (1980) 191: ed. W. Zawadzki, New York: Springer-Verlag 1980.
[148] Blom, F. A. P.; Gelten, M. J.: Proc. 14th Inter. Conf. Phys. Semicond. Edinburgh 1978, ed. Inst. Phys. Conf. Ser. No. 43 (1979) S. 545.
[149] Blom, F. A. P.; Cremers, J. W.; Neve, J. J.; Gelten, M. J.: Solid State Commun. **33** (1980) 69.
[150] Aubin, M. J.; Rambo, A.; Arushanov, E. K.: Phys. Rev. **B23** (1981) 3602.
[151] Prudius, A. G.: Proc. Inter. Symp. on „Physics and Chemistry of II–V Comp.", Mogilany, Poland 1980, ed. M. Gelten – L. Żdanowicz, Eindhoven Univ., Netherland, S. 73.
[152] van Doren, V. E.; van Camp, P. E.; Devreese, J. T.: Bull. Am., Phys. Soc. **2** (1979) 466.
[153] Gelten, M. J.; van Lieshaut, A.; van Es, C.; Blom, F. A. P.: J. Phys. C. **11** (1978) 227.
[154] Plenkiewicz, P.; Dowgiallo, B.; Królicki, F.: Infrared Phys. **16** (1976) 577.
[155] Rowe, J. E.; Shay, J. L.: Phys. Rev. **B3** (1971) 451.
[156] Silvey, G. A.: J. Appl. Phys. **29** (1958) 226.
[157] Aubin, M. J.; Cloutier, J. P.: Canad. J. Phys. **53** (1975) 1642.
[158] Caron, L. G.; Aubin, M. J.; Jay-Gerin, J. P.: Solid State Commun. **23** (1977) 493.

[159] Misiewicz, J.; Sujak-Cyrul, B.; Pawlikowski, M. J.: Proc. Inter. Symp. on „Physics and Chemistry of II–V Comp.", Mogilany, Poland 1980, ed. M. Gelten – L. Żdanowicz, Eindhoven Univ., Netherland, S. 187; Misiewski, J.; Pawlikowski, M. J.: Solid State Commun., **32** (1979) 687.
[160] Sobolev, V. V.; Syrbu, N. N.: phys. stat. sol. (b) **64** (1974) 423.
[161] Pawlikowski, J. M.: Proc. Inter. Symp. on „Physics and Chemistry of II–V Comp.", Mogilany, Poland 1980, ed. M. Gelten – L. Żdanowicz, Eindhoven Univ., Netherland, S. 157.
[162] Pawlikowski, J. M.; Misiewski, J.; Mirowska, N.: J. Phys. Chem. Solids **40** (1979) 1027.
[163] Żdanowicz, L.; Żdanowicz, W.; Petelenz, D.; Kloc, K.: Acta Phys. Polon. **A57** (1980) 159.
[164] Radautsan, S. J.; et al.: Dokl. AN USSR **227** (1976) 830; Sov. Solid. State Phys. **19** (1977) 1290.
[165] Syrbu, N. N.; Stamov, Y. G.; Hachaturova, S. B.; Umantez, A. G.: Proc. Inter. Symp. on "Physics and Chemistry of II–V Comp.". Mogilany, Poland 1980, ed. M. Gelten – L. Żdanowicz, Eindhoven Univ., Netherland, S. 247.
[166] Pawlikowski, J. M.: J. Appl. Phys. **53** (1982) 3639. Phys. Rev., **B26** (1982) 4711.
[167] Sundström, B. O.: Ph. D. Thesis, Politechn. Inst. Stockholm 1981.
[168] Briones, F.; Wang, F. C.; Bube, R. H.: Appl. Phys. Letters **39** (1981) 805.
[169] Aubin, M. J.; Beerens, J.; Portal, J. C.: in: Proc. Intern. Conf. Narrow–gap Semicond., Linz 1981, Österreich, ed. E. Gormk, H. Heinrich, L. Palmetshofer: Berlin, Heidelberg, New York: Springer 1982, S. 401.
[170] Neve, J. J.; Bouwens, C. J. R.; Blom, F. A. P.: Solid State Commun. **38** (1981) 27.
[171] Neve, J. J.; Blom, F. A. P.: in [169], S. 338.
[172] Radautsan, S. J.; Arushanov, E. K.; Chuiko, G. P.: Semiconductors with narrow–gap and semimetals, Proc. IV Nat. Symp. v. 5, S. 16, ed. Lvov Univ., Lvov 1975.
[173] Goldsmid, H. J.; Ertl, M. E.; Dixon, A. J.: J. Phys. D; Appl. Phys. **7** (1974) 181.
[174] Lovett, D. R.: phys. stat. sol., (a) **17** (1973) K123.
[175] Misiewicz, J.; Gaj, J. A.: Proc. Inter. Symp. on „Physics and Chemistry of II–V Comp.", Mogilany, Poland 1980, ed. M. Gelten – L. Żdanowicz, Eindhoven Univ., Netherland, S. 163.
[176] Cisowski, J.: Proc. XI. Conf. Phys. Semicond. Compounds, Jaszowiec 1981, Polen, ed. J. M. Langer, Wroclaw: Ossolineum 1982, S. 22.
[177] Bodnar, J.; Ph. D. Thesis, Zabrze 1977.
[178] Weclewicz, Cz.; Żdanowicz, L.: Proc. Int. Conf. „Amorphous Semiconductors", Bukarest 1982, Rumänien, ed. Centr. Inst. Phys., Bukarest 1983, S. 171.

6. IV–VI-Halbleiter

Von K. H. Herrmann

Die IV–VI-Halbleiter führten sich mit ihrem Vertreter PbS um das Jahr 1945 unter Anwendungsaspekten in die Halbleiterphysik ein: PbS-Fotowiderstände erwiesen sich als exzellente Infrarotdetektoren, schnell wurde auch die Eignung der schmallückigeren Halbleiter PbSe und PbTe für längerwellige Strahlung verifiziert. Dennoch erlangten zunächst die Störstellenphotoleitungsdetektoren aus dotiertem Germanium größere technische Reife, obwohl die schwache Störstellenabsorption zu ungünstigeren Detektorparametern führt und Fotodioden nach diesem Prinzip nicht möglich sind.

Das technische Bedürfnis nach Erhöhung der Temperaturauflösung beim Nachweis von thermischer 300 K-Strahlung sowie nach größerer Zeit- und Ortsauflösung führte zu einer stürmischen Entwicklung von $Pb_{1-x}Sn_xTe$- und $Hg_{1-x}Cd_xTe$-Detektoren, nachdem erkannt war, daß die lückenlose Mischbarkeit und die Mischungsabhängigkeit der Energielücke es bei diesen Materialien gestatten, die Grenzwellenlänge auf jeden gewünschten Wert einzustellen. Einen weiteren Impuls erhielt die Physik der schmallückigen Halbleiter durch die Entwicklung von Diodenlasern für Wellenlängen bis über 30 μm und deren Anwendung auf Probleme der qualitativen und quantitativen Gasanalyse. Die Bauelemente wurden zunächst schneller entwickelt als die eigentliche Materialwissenschaft. Erst die Annäherung der Bauelemente an physikalisch bedingte Grenzwerte erzwang eine umfangreichere Grundlagenforschung.

Damit sind zwei physikalische Fragestellungen umrissen: Die lückenlose Mischbarkeit einiger IV–VI-Verbindungshalbleiter sowohl bezüglich des Metallanteils als auch bez. des Chalkogenanteils sowie die Mischbarkeit mit II–VI-Halbleitern (z. B. (Pb, Cd) S) bewirken eine große Vielfalt der Eigenschaften einerseits, und die starke Variabilität schmallückiger Halbleiter bei äußeren Einwirkungen wie Temperatur, Druck, Magnetfelder, elektromagnetische Strahlung andererseits prädestinieren sie für subtile halbleiterphysikalische Untersuchungen. Allerdings bewirken die durch die Stöchiometrieabweichungen bedingten hohen Eigendefektkonzentrationen, daß gerade die Umgebung der Bandkanten einer Untersuchung schwer zugänglich ist, so daß der Metall-Halbleiter-Übergang und der Zustand mit verschwindender Breite der verbotenen Zone günstiger in den Legierungssystemen $Hg_{1-x}Cd_xTe$ und $Bi_{1-x}Sb_x$ untersucht werden. Gegenwärtig noch in vollem Fluß ist das neu entstandene Gebiet tiefer Störstellen in schmallückigen Halbleitern.

Zu IV–VI-Halbleitern werden regelmäßig internationale Konferenzen veranstaltet [1–6], es existieren bereits Monographien [8, 9] und zusammenfassende Darstellungen, z. B. [10–13]. Die Originalliteratur wird nahezu vollständig in den Selenium-Tellurium Abstracts [7] referiert.

6.1. Darstellung

6.1.1. Substanzübersicht

Die Elemente der 4. Hauptgruppe Germanium, Blei und Zinn bilden mit den Chalkogenen Sauerstoff, Schwefel, Selen und Tellur stöchiometrische Verbindungen. Diese IV–VI-Verbindungen existieren in Abhängigkeit von Temperatur und Druck in unterschiedlichen Kristallgittern. Abb. 6.1 gibt eine Übersicht, in der als Ordnungsparameter die Ionizität und die mittlere Ordnungszahl gewählt sind. Es treten hauptsächlich die Steinsalzstruktur, eine rhomboedrische und eine orthorhombische Struktur auf; PbO kristallisiert in einem tetragonalen Gitter.

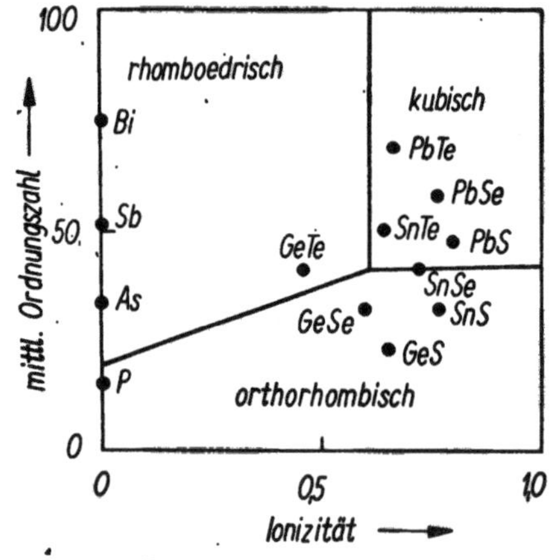

Abb. 6.1. Übersicht über die Strukturtypen der IV–VI-Verbindungen in den Koordinaten mittlere Ordnungszahl und Ionizität nach Kawamura [5] (S. 470)

Die meisten der betrachteten Substanzen haben halbleitende Eigenschaften, wobei die Energielücke bei Zimmertemperatur zwischen 0,15 eV (GeTe) und 2,84 eV (PbO) variiert. Die Mehrzahl dieser Halbleiter jedoch, insbesondere PbS, PbSe, PbTe, SnTe und GeTe, sind schmallückige Halbleiter, die für Anwendungen in optoelektronischen Infrarotbauelementen interessant sind. Neben den genannten binären Halbleitern werden im vorliegenden Beitrag auch quasibinäre Mischhalbleiter behandelt. Vierkomponentige IV–VI- Halbleiter sind demgegenüber wenig untersucht.

6.1.2. Thermodynamische Eigenschaften

Am Beispiel des Temperatur-Zusammensetzungs-Zustandsdiagramms für PbTe und SnTe (Abb. 6.2) sollen einige typische Eigenschaften der IV–VI-Halbleiter diskutiert werden. Die Zustandsdiagramme weisen bei 50 Atomprozent die binären Verbindungen PbTe und SnTe mit den kongruenten Schmelzpunkten 924 bzw. 806 °C aus (s. auch Tab. 6.1). Die binären Verbindungen bilden mit ihren Randkomponenten Te und Pb bzw. Sn eutektische Systeme, wobei die Eutektika auf der metallreichen Seite entartet sind und annähernd mit dem reinen Metall zusammenfallen.

Im Vergleich mit anderen Verbindungshalbleitern (z. B. III–V- oder II–VI-Halbleiter) besitzen die binären IV–VI-Halbleiter und deren Misch-

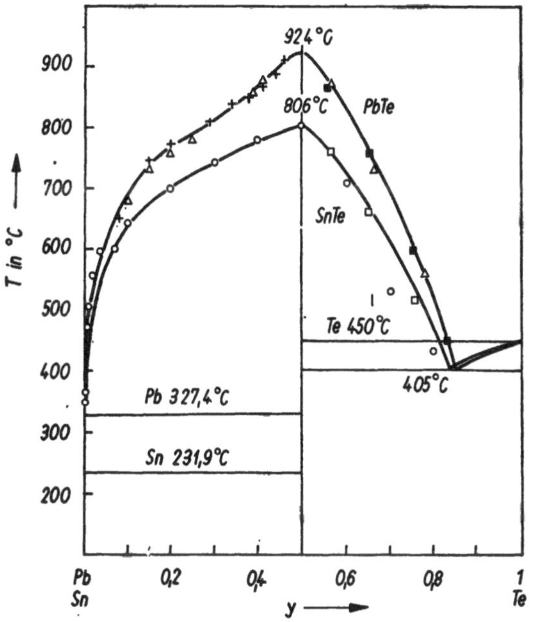

Abb. 6.2. Phasendiagramme für die Systeme Pb–Te und Sn–Te. Die Meßpunkte aus DTA-Analysen wurden verschiedenen Arbeiten entnommen

Tabelle 6.1.
Allgemeine Eigenschaften der binären kubischen IV–VI-Halbleiter (Kristallklasse O_h) [8, 11]

Substanz	Gitterkonst. in nm	Dichte in g/cm³	Schmelzpunkt in °C	Wärmeleitfähigkeit in 10^{-3} W/cm × × s · K	linearer Wärmeausdehnungskoeffizient in 10^{-6} · K^{-1}	spez. Wärme in Ws/mol · grad $T = 298$ K	Bildungswärme in kJ/mol
PbS	0,5935	7,61	1113	25	20,3	49,8	−100,5
PbSe	0,6124	8,15	1080	16	19,4	50,2	−103,0
PbTe	0,6452	8,16	930	20	19,8	50,6	−70,8
SnTe	0,63	6,45	806	67 ... 84	21,0	45,4	−61,1
β-GeTe	0,6010 (460°)	6,19	725	59	10,5‖ [111] 19,0⊥[111]	49,8	−25,1

kristalle ein breites Stabilitätsgebiet in der Umgebung der Stöchiometriegerade. Die Breite dieses Existenzgebietes ist z. B. 0,021 At.-% für PbS, 0,065 At.-% für PbSe, 0,031 At.-% für PbTe, 0,29 At.-% für $Pb_{0,68}$ $Sn_{0,32}$ Te und größer als 1 At.-% für SnTe. Die damit möglichen Abweichungen von der Stöchiometrie sind größer als der minimale Verunreinigungspegel, der in diesen Substanzen erreicht wird und der wiederum über dem in den Elementhalbleitern Silicium und Germanium technologisch beherrschten liegt. Wegen der Donator- bzw. Akzeptorwirkung der nichtstöchiometrischen Defekte Leerstellen, Zwischengitteratome (s. Abschn. 6.1.6.) kann dem y-Wert eine Ladungsträgerkonzentration zugeordnet werden. In dieser Form ist das in Abb. 6.2 nur als vertikaler Strich erkennbare Stabilitätsgebiet in Abb. 6.3 dargestellt. Das Stabilitätsgebiet schließt bei den Bleichalkogeniden

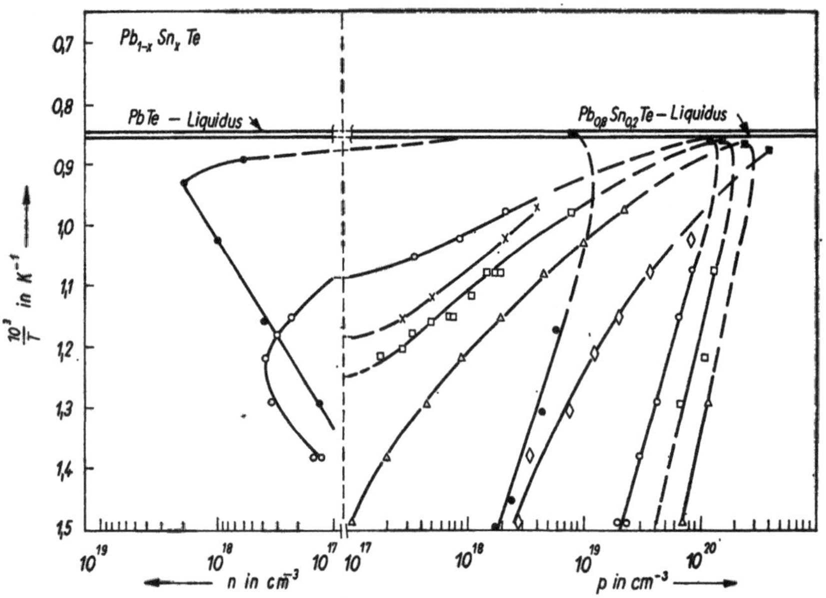

Abb. 6.3. T-x-Projektion für $Pb_{1-x}Sn_xTe$ in der Umgebung der Stöchiometriegerade [14]. x-Werte: ● 0; ○ 0,13; × 0,17; □ 0,20; △ 0,32; ◇ 0,50

die Stöchiometriegerade ein, bei den Zinnchalkogeniden und beim Germaniumtellurid liegt es bei allen endlichen Temperaturen auf der chalkogenreichen Seite. Auch der maximale Schmelzpunkt liegt i. allg. nicht auf der Stöchiometriegeraden. Durch Dotierung kann die Breite des Stabilitätsgebietes weiter vergrößert werden (s. z. B. [15] bez. PbTe:Ga).

Aus der unsymmetrischen Lage kann eine unterschiedliche Löslichkeit von Pb und Sn bzw. Te in PbTe und SnTe geschlußfolgert werden, die für die Interdiffusionsprozesse wichtig ist. Des weiteren liest man aus Abb. 6.3 ab, daß die Breite des Stabilitätsgebietes stark temperaturabhängig, der Solidus retrograd ist. Dies bedingt einerseits, daß bei der Kristallisation aus der Schmelze eine hohe nichtstöchiometrische Konzentration der jeweiligen Randkomponente in das Gitter eingebaut wird, die beim Abkühlen zu Ausscheidungen führen kann. Andererseits kann man eine geringe Stöchiometrieabweichung und damit eine geringe Ladungsträgerkonzentration durch Züchtung bei tiefen Temperaturen erreichen (s. Abschn. 6.1.6.).

Abb. 6.3 demonstriert weiter die vollständige Mischbarkeit im System $Pb_{1-x}Sn_xTe$, diese gilt ebenso für PbSSe und PbSeTe. Nicht vollständig mischbar sind dagegen einige binäre Halbleiter, die in unterschiedlichen Gittern kristallisieren, z. B. $Pb_{1-x}Sn_xSe$, $Pb_{1-x}Sn_xS$ (s. Abb. 6.1).

Weitere Eigenschaften wie Dichte, Schmelzpunkt, Wärmeleitfähigkeit, spezifische Wärme und Wärmeausdehnungskoeffizient sind in Tab. 6.1 zusammengestellt.

Bezüglich des Dampfdrucks gehören die IV–VI-Halbleiter zu den Verbindungen mit mittlerem Dampfdruck (einige 100 Torr bei der Züchtungstemperatur), so daß hieraus keine spezifischen technologischen Probleme entstehen.

Aufgrund der ähnlichen physikalisch-chemischen Eigenschaften sind die im folgenden diskutierten technologischen Verfahren jeweils für verwandte Substanzen gleichermaßen gültig.

6.1.3. Züchtung aus der Schmelze, aus der Lösung und aus der Dampfphase

Aufgrund der mit durchschnittlichem technologischem Aufwand beherrschbaren Temperaturen und Dampfdrücke können Einkristalle der IV–VI-Halbleiter, insbesondere der Bleisalze, nach vielen Züchtungsmethoden (Bridgman, Czochralski, Dampfphasentransport, THM, TSM[1])) hergestellt werden, siehe dazu die zusammenfassenden Darstellungen [10, 12, 14, 16], sowie Lopez-Otero [6] (S. 17), Royer [5] (S. 532).

Bridgmanverfahren: Das Bridgmanverfahren liefert schnell große Einkristalle, insbesondere für PbTe aus tellurreicher Schmelze ($y=0{,}51$). Zur Vermeidung konstitutioneller Unterkühlung bez. des Metall-Chalkogen-Verhältnisses muß die Ampullenabsenkgeschwindigkeit um 1 cm pro Tag gewählt werden. Die gezüchteten Kristalle haben die dem Solidus bei der Erstarrungstemperatur entsprechende hohe Löcherkonzentration, für $Pb_{1-x}Sn_xTe$ z. B. zwischen $3\times10^{18}\,cm^{-3}$ für $x=0$ und $5\times10^{20}\,cm^{-3}$ für $x=0{,}8$. Bei der Züchtung von Mischkristallen entsteht durch quasibinäre Segregation ein x-Gradient. Die Versetzungsdichte liegt zwischen 10^5 und $10^6\,cm^{-2}$, der Durchmesser der Kleinwinkelkorngrenzen-Substrukturzellen zwischen einigen Zehntel mm und einigen mm.

Czochralskiverfahren: Beim Czochralskiverfahren ist zur Vermeidung von Chalkogenverlusten B_2O_3-Abdeckung erforderlich. Die besten Züchtungserfolge wurden bei nahezu stöchiometrischer Schmelze erzielt. Bei Wachs-

[1]) Travelling-Heater- bzw. Travelling-Solvent-Methode.

tumgsgeschwindigkeiten um 1 cm/h werden Versetzungsdichten von (2 bis 4)$\times 10^5$ cm^{-2} erreicht.

Dampfphasentransport: Mit dieser Methode werden die qualitativ besten Einkristalle erhalten. PbGeTe- und PbSnTe-Einkristalle mit Durchmessern bis zu 26 mm und einer Masse von 40 bis 60 g wurden in Wachstumszeiten von 1 bis 4 Wochen durch Keimvorgabe in geschlossener Ampulle erzielt [17]. Allerdings beträgt – bedingt durch den Wandkontakt – die Versetzungsdichte bis zu einigen 10^4 cm^{-2}. Würfelförmige kleinere Kristalle mit Kantenlängen bis zu 8 mm und Versetzungsdichten zwischen 10^2 und 10^4 cm^{-2} können bei freiem Aufwuchs auf das Quellmaterial ohne Keimvorgabe erhalten werden. Bei dieser Methode wird die Züchtungsampulle horizontal in ein fast homogenes Temperaturfeld gebracht, das lediglich in der Mitte der Ampulle eine um 5 bis 10 K geringere Temperatur aufweist. Abb. 6.4 zeigt

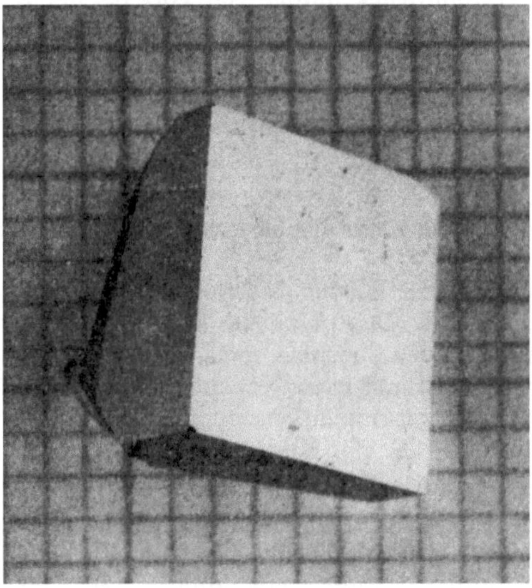

Abb. 6.4. Frei aus der Dampfphase gewachsener $PbS_{0,08}Se_{0,92}$-Einkristall mit unterlegtem Millimeternetz [18]

einen nach dieser Methode gezüchteten $PbS_{0,08}Se_{0,92}$-Einkristall. Das homogene Temperaturfeld macht diese Methode insbesondere für Mischkristalle geeignet.

Tieftemperaturzüchtungsverfahren: Vorteile bez. der Unterdrückung von Verunreinigungen aus dem Ampullenmaterial, bez. der Kristallperfektion und der geringeren Stöchiometrieabweichung bringen Züchtungsverfahren aus einer bewegten tellur- bzw. metallreichen Lösungsmittelzone, die unterhalb des Schmelzpunktes der Verbindung ablaufen können (s. das Zustandsdiagramm Abb. 6.2). Mit dem THM-Verfahren (*t*ravelling *h*eater *m*ethod) wurden die bisher höchsten Beweglichkeiten in PbTe ($\mu = 8 \times 10^6$ cm²/Vs bei 4,2 K) erreicht (Triboulet [6] (S. 54)), die Züchtung aus der frei wandernden Lösungsmittelzone (TSM) wurde für $Pb_{1-x}Sn_xTe$ getestet [19].

6.1.4. Epitaxieverfahren

Die Herstellung hochqualitativer IV–VI-Halbleiterschichten erfolgt vor allem durch Dampfphasenepitaxie, Molekularstrahlepitaxie und Flüssigphasenepitaxie.

Die Dampfphasenepitaxie wird vor allem in der von Lopez-Otero [6] (S. 17) entwickelten Form der Hot-wall-Epitaxie durchgeführt, Abb. 6.5 zeigt eine dafür geeignete Apparatur. Die Schichtabscheidung erfolgt nahe dem thermischen Gleichgewicht, indem durch die heiße Gefäßwand sowie die Möglichkeit der Substratheizung der Temperaturunterschied zwischen der Quelle und der wachsenden Schicht gering gehalten werden kann, ferner ist das System nahezu abgeschlossen. Durch den Einbau von Umlenkplatten

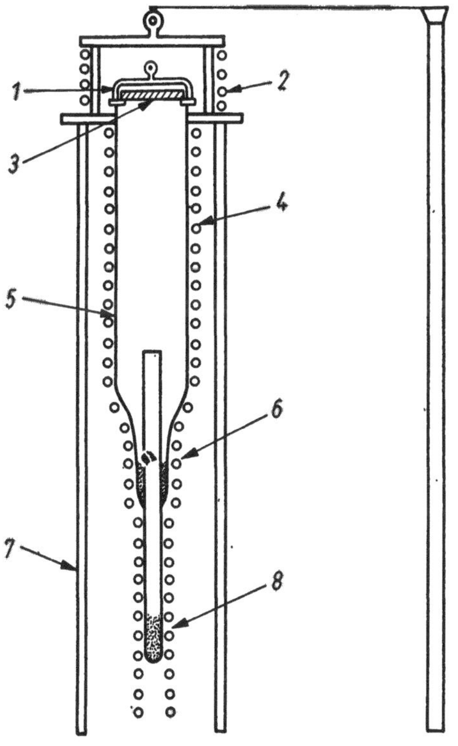

Abb. 6.5. Schematischer Aufbau einer Epitaxieapparatur nach dem Hot-wall-Verfahren nach Lopez-Otero [6] (S. 17).
1 Substrathalter; *2* Substratofen; *3* Substrat; *4* Hauptofen; *5* Quarzrohr; *6* PbTe-Quelle; *7* Strahlungsschild; *8* Te-Quelle

(Baffle) kann zusätzlich die Gerichtetheit des Dampfstrahls reduziert werden. Das Temperaturregime wird so weit beherrscht, daß die Keimbildung und das stationäre Schichtwachstum nicht zu zusätzlichen Defekten führen, zumindest bei gitterangepaßten Strukturen also die Versetzungskonzentration in der Schicht nicht höher als die Versetzungskonzentration im Substrat ist. Für die Epitaxie von $Pb_{0,8}Sn_{0,2}Te$ auf PbTe liegt die optimale Starttemperatur bei 650 K. Die Bleichalkogenide verdampfen näherungsweise kongruent, so daß die gewünschte Stöchiometrieabweichung durch eine Zusatzquelle (Tellurquelle in Abb. 6.5) eingestellt werden kann. Mittels Hot-wall-Epitaxie können Schichten sowohl auf Isolatorsubstrat ((100)-NaCl für PbTe, (111)-BaF_2 für $Pb_{0,8}Sn_{0,2}Te$ und PbSe) als auch auf arteigenem Substrat mit typischen Abscheidungsraten von einigen µm/h hergestellt werden. Die in den verschiedenen Mischkristallreihen unterschiedlichen Gitterparameter gestatten es dabei, allein mit ternären Substanzen gitterangepaßte Strukturen herzustellen (Schnitte konstanter Gitterkonstante durch Abb. 6.6). Eine Abart der Dampfphasenepitaxie, die photostimulierte Dampfphasenepitaxie [20] führt ebenfalls zu sehr perfekten Schichten.

Die apparativ aufwendigere Molekularstrahlepitaxie wird vor allem zur Herstellung anspruchsvoller Heterostrukturen für Fotodioden und Injektionslaser [21] eingesetzt. Bei Substrattemperaturen von 300 bis 400 °C

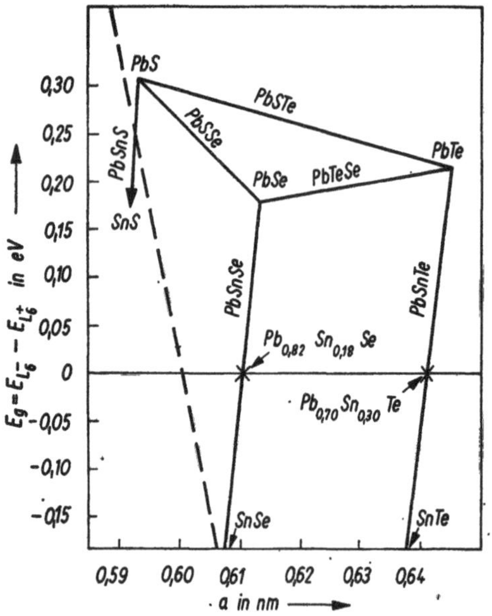

Abb. 6.6. Variation der Gitterkonstante und der Energielücke $E_g = E_{L_6^-} - E_{L_6^+}$ bei $T = 77$ K für die binären IV–VI-Halbleiter PbS, PbSe, PbTe und deren Mischkristalle mit SnS, SnSe, SnTe. Die gestrichelte Gerade bedeutet die ungefähre Grenzkurve für die Existenz der Steinsalzstruktur (nach Melngailis [5] S. 558)

werden Wachstumsraten von 0,3 bis 3 μ/h erzielt, es sind Ladungsträgerkonzentrationen bis herab zu 2×10^{17} cm^{-3} erreicht worden. Ein Beispiel für eine durch MBE hergestellte Laserstruktur ist in Abb. 6.28 wiedergegeben.

Mittels Flüssigphasenepitaxie können Bleichalkogenidschichten in der üblichen horizontalen Schiebetechnik hergestellt werden. Bei der Epitaxie von $Pb_{1-x}Sn_xTe$ auf PbTe-(100)-Substrate wird mit einer typischen Abkühlrate von 0,3 K min^{-1} gearbeitet. Da bei den niedrigen Prozeßtemperaturen (450 bis 750 °C) die Aufwachszeiten bis zu 100 min betragen können, ist mit einer verstärkten Metall-Interdiffusion am Heteroübergang zu rechnen. Dadurch entsteht ein Bereich variabler Zusammensetzung und damit ortsabhängiger Energielücke. Von Stafeyev et al. [22] wird für $Pb_{0,8}Sn_{0,2}Te$/PbTe die Weite des Übergangsgebiets zu 4 μm bei 550 °C, 12 μm bei 700 °C und 18 μm bei 750 °C Wachstumstemperatur angegeben. Derartige gradierte Strukturen haben Vorteile bez. der Degradion, die Gradierung muß aber bez. der Funktion der optoelektronischen Bauelemente optimiert werden.

Die niedrigen Wachstumstemperaturen bei den Epitaxieverfahren ermöglichen die Einstellung sehr geringer Stöchiometrieabweichungen und damit geringer Ladungsträgerkonzentrationen. Insbesondere mit der LPE wurden Löcherkonzentrationen bis herab zu (3 bis 8)$\times 10^{15}$ cm^{-3} erreicht [23], s. dazu auch den Vergleich der durch LPE eingestellten Löcherkonzentration mit der durch isothermes Tempern erreichten in Abb. 6.7.

Die Steilheit des Solidus (Abb. 6.3) erfordert bei allen Tieftemperaturzüchtungsverfahren (LPE, VPE, isothermes Tempern) eine sehr gute Temperaturkonstanz, wenn eine vorgegebene niedrige Ladungsträgerkonzentration eingehalten werden soll.

Hinsichtlich der Oberflächenqualität der hergestellten Schichten ist die Hot-wall-Epitaxie gegenwärtig noch der LPE überlegen.

6.1.5. Gitterstruktur

Bezüglich der Kristallstruktur kann man die IV–VI-Halbleiter grob in zwei Gruppen einteilen [8]: Zur ersten Gruppe gehören die Bleichalkogenide, das Zinntellurid sowie β-GeTe mit NaCl-Struktur (Strukturtyp B1, Raumgruppe O_h^5). Das Gitter besteht aus zwei äquidistant ineinandergestellten kubisch flächenzentrierten Gittern, die mit Anionen bzw. Kationen besetzt sind. In den Mischkristallen sind die Anionengitter bzw. die Kationengitter statistisch mit den beiden Atomarten besetzt. Die Tieftemperaturmodifikation des GeTe (α-GeTe) hat ein rhomboedrisch verzerrtes NaCl-Gitter (Strukturtyp A7, Raumgruppe C_{3v}^5), in dem die beiden Untergitter längs der Raumdiagonale gegeneinander verschoben sind. Zur zweiten Gruppe gehören die Germanium- und Zinnsulfide und -selenide, die in einem orthorhombischen Gitter kristallisieren (Strukturtyp B29, Raumgruppe D_{2h}^{16}). Metall- und Chalkogenatome bilden Doppelschichten in der Richtung senkrecht zur *c*-Achse. Bez. der Phasenübergänge zwischen diesen beiden Gittern s. Abschn. 6.2.2.

Die Gitterkonstanten der wichtigsten binären Verbindungen sind in

Tab. 6.1 angegeben. In den Mischkristallreihen gilt im allgemeinen die Vegardsche Regel, z. B. ist für $Pb_{1-x}Sn_xTe$

$$a(Pb_{1-x}Sn_xTe) = 0{,}0133 \text{ nm} \cdot (1+x) + a(SnTe) \qquad (1)$$

Diese Verhältnisse sind zusammen mit der Variation der Energielücke in den Mischkristallreihen in Abb. 6.6 dargestellt. Wegen der großen Breite der Stabilitätsgebiete hängt die Gitterkonstante z. T. erheblich von der Punkt-

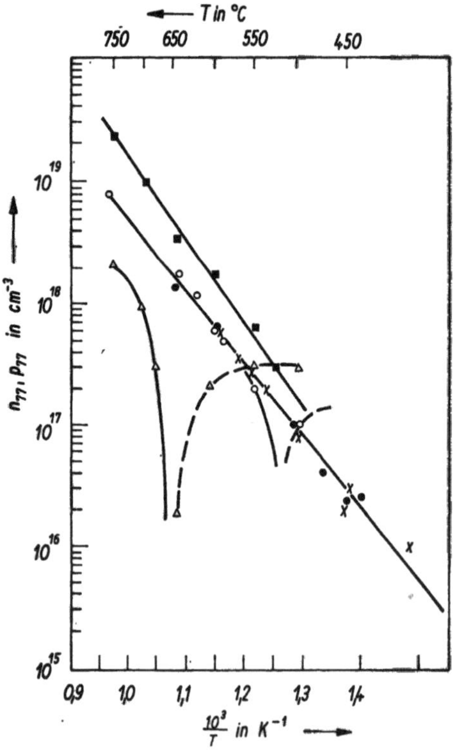

Abb. 6.7. Löcherkonzentration in $Pb_{1-x}Sn_xTe$, die durch isothermes Tempern von tellurreich gezüchteten Volumenproben in metallreicher Atmosphäre bei der Tempertemperatur T (■ ○ △ ×) bzw. durch Flüssigphasenepitaxie bei derselben Temperatur (●) erhalten wurden.
■ $x = 0{,}13$; ○ $x = 0{,}20$; △ $x = 0{,}27$ [10]; ×, ● $x = 0{,}20$ [24]
—— p-Typ; – – – n-Typ

defektkonzentration ab, z. B. kann für p-$Pb_{1-x}Sn_xTe$ folgender Zusammenhang zwischen der Gitterkonstante und der Stöchiometrieabweichung bzw. Löcherkonzentration angegeben werden:

$$\frac{\Delta a}{\Delta y} = 3{,}6 \times 10^{-3} \frac{\text{nm}}{\text{At.-\%}}; \quad \frac{\Delta a}{\Delta p} = +1{,}7 \times 10^{-24} \text{ nm/cm}^{-3}. \qquad (2)$$

Der lineare Wärmeausdehnungskoeffizient der Bleichalkogenide (s. Tab. 6.1) ist bei Raumtemperatur mit etwa $20 \times 10^{-6}\,K^{-1}$ relativ hoch, er nimmt bei Temperaturen unterhalb 50 K steil ab [9] (S. 215).

6.1.6. Eigen- und Fremddotierung

Leitungstyp und Ladungsträgerkonzentration sind in undotierten IV–VI-Halbleitern durch die Stöchiometrieabweichung bestimmt. In PbTe z. B. liefert eine Tellurleerstelle zwei freie Elektronen ins Leitungsband, eine Metalleerstelle zwei Löcher ins Valenzband, ein Blei-Zwischengitteratom ein freies Elektron, während Te-Zwischengitteratome elektrisch neutral sind (Heinrich [5] S. 407). Daraus folgt für die Ladungsträgerkonzentration:

$$n - p = 2[V_{Te}] - 2[V_{Pb}] + 1[I_{Pb}] + 0[I_{Te}]\,. \qquad (3)$$

Dieser Zusammenhang wurde bereits in Abb. 6.3 ausgenutzt. Da die Solidus-linie in Abhängigkeit von der Temperatur bei unterschiedlichen Stöchiometrieabweichungen liegt, besteht auch ein Zusammenhang zwischen der Züchtungstemperatur und der Ladungsträgerkonzentration, auf den bereits im Zusammenhang mit der Epitaxie hingewiesen worden ist. Weiter ist es möglich, die bei hohen Temperaturen gezüchteten Kristalle durch isotherme Temperung in metallgesättigtem Dampf, d. h. durch einen Festkörperdiffusionsprozeß bis zur Einstellung des Zweiphasengleichgewichts zwischen Kristall und Dampfatmosphäre, die Ladungsträgerkonzentration auf den der Tempertemperatur entsprechenden Wert zu senken. Abb. 6.7 zeigt die erreichbaren Löcherkonzentrationen in $Pb_{1-x}Sn_xTe$ ($x = 0{,}13$; 0,20; 0,27), wenn von p-leitenden Kristallen ausgegangen wird. Die genaue Lage der Konversionstemperatur, bei der der Umschlag des Leitungstyps beobachtet wird, hängt nicht nur von der Zusammensetzung x ab, sondern auch vom Pegel der unkontrollierten Akzeptoren und Donatoren. Dies wird sichtbar beim Vergleich der zwei Meßreihen für $x = 0{,}20$: Bei der mit ○ bezeichneten Meßreihe wird der Umschlag zur n-Leitung bereits bei $10^{17}\,cm^{-3}$ beobachtet, die mit × bezeichnete Meßreihe setzt sich bis herab zu $p = 10^{16}\,cm^{-3}$ fort, d. h. zu tieferen Temperaturen. Der Vergleich mit den LPE-Resultaten (●) deutet auf die tatsächliche Bedingtheit dieser Meßergebnisse durch das Phasendiagramm Abb. 6.3. Andererseits sind damit auch die Fehlerquellen bei der Bestimmung der Phasendiagramme umrissen. Ähnliche Verhältnisse bestehen auch in anderen IV–VI-Halbleitern. Chalkogenüberschuß bewirkt i. allg. p-Leitung, Überschuß des Elements der IV. Gruppe n-Leitung.

Eine verwandte Dotierungsmethode ist die Ionenimplantation. Der erzeugte Strahlenschaden ruft n-Leitung hervor. Dies ist nach Gl. (3) verständlich, wenn Leerstellen-Zwischengitteratom-Paare in beiden Teilgittern gebildet werden: $[V_{Te}] \approx [V_{Pb}] \approx [I_{Te}] \approx [I_{Pb}]$ (Heinrich [5] S. 407). Nach Ausheilung des Strahlenschadens wird die Dotierungswirkung des implantierten Dotanden beobachtet (Gresslehner u. a. [4] S. 205). Als Dotierungselemente wurden Pb, Te und Sb verwendet, weiter wurden Xe und Protonen implantiert.

Fremddotierung ist in IV–VI-Halbleitern für eine Reihe von Elementen untersucht worden. Die Donator- oder Akzeptorwirkung ist häufig durch Eigendefekte beeinflußt und damit verfahrensspezifisch. Viele experimentelle Arbeiten wurden mit dem Ziel durchgeführt, Dotierungselemente zu finden, für die das technologische Regime bei der Einstellung einer gewünschten Ladungsträgerkonzentration leicht beherrscht werden kann und zugleich die Lebensdauer der Nichtgleichgewichtsträger (gemessen an der Lumineszenzintensität) zumindest nicht verschlechtert wird.

Die wichtigsten Dotierungselemente sind für n-Dotierung:
Bi (für $Pb_{0,8}Sn_{0,2}Te$ $n \leq 10^{19}$ cm^{-3}, auch für PbSe, PbSnSe),
Cd (für PbTe, PbSnTe, mit Einschränkungen, s. [25]),
In (für PbTe und $PbSe_{0,08}Te_{0,92}$ maximales $n \approx 10^{19}$ cm^{-3}, s. Feit u. a. [6] (S. 69), für $Pb_{0,8}Sn_{0,2}Te$ mit Einschränkung, s. u.). Für p-Dotierung von PbTe, PbSnTe, PbS, PbSe ist Tl geeignet, die maximale Löcherkonzentration liegt bei 10^{19} cm^{-3}.

Die Fremdstoffdotierung kann während des Wachstums (durch Dotierung der Schmelze, des Sublimationsgutes bzw. der Zusatzquelle bei der Hot-wall-Epitaxie) bzw. nachträglich durch Diffusion aus der Gasphase bzw. aus einer Oberflächenbelegung erfolgen. Bei der Dotierung von PbTe mit Elementen der III. Gruppe ergibt sich der überraschende Befund, daß Thallium als Akzeptor wirkt, während In, Ga und Al sich wie Donatoren verhalten. In einem Ionengittermodell [26] konnte gezeigt werden, daß dies auf die Balance zwischen der Energie, die erforderlich ist, um die s-Elektronenzustände des betreffenden Elements über das Valenzband des Wirtskristalls anzuheben, und dem Gitterenergiegewinn beim Einbau dieses Atoms mit größerer Ladung und geringerem Ionenradius zurückzuführen ist.

Bei Dotierung von PbSnTe mit In (und Cd) beobachtet man mit wachsender Dotierung einen Umschlag der durch Metalleerstellen bedingten p-Leitung zu n-Leitung, wobei gleichzeitig bei einer Indiumkonzentration von 2×10^{18} cm^{-3} die Lumineszenzintensität stark absinkt (Zasavitskij et al. [6] S. 449) und sich der Charakter der Temperaturabhängigkeit der Leitfähigkeit ändert. Durch das Auftreten nicht vollständig ionisierter tiefer Störstellen ist die Dotierungswirkung begrenzt (s. Abschn. 6.2.4.). Es gibt verschiedene Hinweise darauf, daß in derart stark dotiertem Material Ausscheidungen auftreten. So wurde in $Pb_{0,8}Sn_{0,2}Te$ nicht nur die dem x-Wert 0,2 entsprechende Kantenlumineszenz beobachtet, sondern auch die dem reinen PbTe entsprechende Linie (Zasavitskij u. a. [6] S. 449). Auch Veränderungen der Breite der verbotenen Zone wurden von einigen Autoren beobachtet.

6.1.7. Materialbearbeitung, Kontaktierung und Herstellung von pn-Übergängen

Für Grundlagenuntersuchungen können häufig frei gewachsene Einkristalle bzw. Epitaxieschichten verwendet werden. Auch zur Herstellung von großflächigen pn-Übergängen für Laser o. ä. sind die (100)-Wachstumsflächen der Damphphasenkristalle wegen ihrer Perfektion günstig. Die weitere Bearbeitung (Verringerung der lateralen Abmessungen) kann dann durch Spalten längs der Würfelflächen erfolgen. Da die Blei-Zinn-Chalkogenide sehr weich sind, ist andererseits die Materialbearbeitung sehr schonend durchzuführen. Unsachgemäße mechanische Bearbeitung führt zu hohen Versetzungsdichten und zu einer drastischen Verringerung der Lebensdauer von Nichtgleichgewichtsträgern. Bewährt hat sich das Trennen durch Drahtläppen, wonach eine gestörte Schicht von einigen 100 μm Dicke entfernt werden muß. Dafür ist eine chemische Oberflächenbearbeitung (z. B. in 95 % $HBr + 5$ % Br_2 für PbSnTe) geeignet, die bei freiem Ätzen jedoch zu Kantenverrundungen führt. Für nachfolgende Prozeßschritte der Bauelementeherstellung müssen daher geeignete (elektro-)chemisch-mechanische Polierverfahren mit dafür geeigneten Reagenzien angewendet werden. Bei den Epitaxieverfahren ist eine Prozeßführung zweckmäßig, bei der die bearbeitete Oberfläche zunächst angelöst (LPE) bzw. getempert wird (VPE).

Die Kontaktierung für Meßzwecke ist i. allg. problemlos durch Bedampfen mit Edelmetallen, durch elektrochemische Abscheidung, durch Löten mit Indium (problematisch für p-PbTe) bzw. durch Einlegieren (z. B. von Platindrähten) möglich. Für die Herstellung von Injektionslasern sind niederohmige Hochstromkontakte erforderlich, wobei insbesondere für die p-seitige Kontaktierung komplizierte Kontaktsysteme erforderlich sind (s. Abschn. 6.3.2.).

Zur Herstellung von pn-Übergängen sind alle Standardverfahren der Halbleitertechnologie eingesetzt worden, insbesondere

- Diffusion von Fremdatomen bzw. der Komponenten (Interdiffusion);
- Implantation;
- Legierung bzw. Dotierung während des Epitaxieprozesses.

Bei der Fremdstoffdiffusion werden Cd und In eingesetzt, um in p^+-Ausgangsmaterial mit hoher Löcherkonzentration np^+-Übergänge zu erzeugen. Die Diffusionsprofile sind wegen der notwendig nichtlinearen Diffusion nicht voll verstanden, und es besteht (zumindest für Indium) die Gefahr, daß die Lebensdauer bzw. die Diffusionslänge herabgesetzt wird. Fremdstoffdiffusionskoeffizienten sind in [9] angegeben, bez. Cd siehe [25].

Die Herstellung von pn-Übergängen durch Diffusion der Komponenten erfordert demgegenüber die Kenntnis der Interdiffusionskoeffizienten, bez. PbSnTe und PbSnSe s. dazu [27]. Die Ergebnisse der Profilanalyse an den durch LPE hergestellten Heterostrukturen [22] modifizieren diese Resultate teilweise. Hierbei besteht das Problem, daß die Pb-Sn-Profile je nach dem Grad der Stöchiometrieabweichung in den angrenzenden Halbleiterbereichen entweder durch eine Fehlerfunktion oder durch ein Gaußprofil beschrieben werden müssen, so daß die Diffusionskoeffizienten unsicher werden. Bei der Herstellung von Heteroübergängen mittels Epitaxieverfahren muß die Frage der Gitteranpassung beachtet werden. Bei der Herstellung von Doppelheterostrukturen durch Epitaxie besteht die Gefahr der Verschiebung des pn-Übergangs ins Substrat während der letzten Epitaxieschritte [29]. Das ist besonders kritisch bei der Flüssigphasenepitaxie und kann verhindert werden durch Tl-Dotierung des Substrats und Bi-Dotierung der n-Schicht, da die Fremdstoffdiffusionskoeffizienten geringer sind als die Interdiffusionskoeffizienten. In ähnlicher Weise kann es bei der Hot-wall-Epitaxie von PbSnTe auf PbTe zu einer unerwünschten Tellurdiffusion aus dem Substrat in die wachsende Epitaxieschicht kommen, da die Tellurlöslichkeit in PbSnTe größer ist als in PbTe (s. Abb. 6.3). Eine derartige Tellurdiffusion bewirkt eine Senkung der Löcherkonzentration an der Substratoberfläche und kann sogar zur Bildung parasitärer pn-Übergänge führen [28].

6.2. Eigenschaften

6.2.1. Mechanische und elastische Eigenschaften

Einige mechanische und elastische Eigenschaften der Bleichalkogenide sind in Tab. 6.2 zusammengestellt. Charakteristisch ist die geringe Härte der binären Verbindungen, die auch für deren Mischkristalle beobachtet

Tabelle 6.2.
Mechanische und elastische Eigenschaften der Bleichalkogenide [8, 9, 53]

Halbleiter	Dichte in g/cm³ [8]	elastische Konstanten in Pa C_{11} [53]	C_{12} [9]	C_{44} [9]	Schallgeschwindigkeit in m/s [9]	Kompressibilität in cm²/kg [9]	Härte
PbS	7,61	$11{,}1\times10^{10}$	$3{,}5\times10^{10}$	$1{,}7\times10^{10}$	$4{,}1\times10^{7}$	$1{,}8\times10^{-6}$	2,5
PbSe	8,15	$9{,}1\times10^{10}$	–	–	–	$2{,}07\times10^{-6}$	
PbTe	8,16	$7{,}1\times10^{10}$	$-0{,}44\times10^{10}$	$1{,}3\times10^{10}$	$3{,}6\times10^{7}$	$2{,}6\times10^{-6}$	

wird. Auf die daraus folgenden Konsequenzen für die mechanische Bearbeitung wurde bereits in Abschn. 6.1.7. eingegangen. Die Spaltbarkeit nach {100} verbessert sich in der Reihenfolge PbSnTe-PbSnSe-PbSSe, dies hat vor allem Bedeutung für die Güte der durch Spalten hergestellten Laserresonatoren. α-GeTe besitzt eine gewisse Spaltbarkeit nach {111}. Die Schichtengitter mit orthorhombischer Struktur spalten nach {100} [8].

6.2.2. Gitterdynamik und strukturelle Phasenübergänge

Das Phononenspektrum des PbTe wurde von Cochran u. a. [31] mittels inelastischer Neutronenstreuung gemessen und im Rahmen des für Alkalihalogenide erfolgreichen Schalenmodells interpretiert [9]. Die energiereichsten optischen Moden haben eine Energie von etwa 14 meV, was die Weichheit des Kristallgitters unterstreicht.

Im Rahmen dieses Beitrags soll vor allem auf aktuelle Fragen des Zusammenhangs von Gittereigenschaften und Phasenübergängen eingegangen werden. Der in Abb. 6.1 sichtbare Polymorphismus der IV–VI-Halbleiter wird weiter unterstrichen durch die beobachtete Variabilität der Gitterstruktur in Abhängigkeit von äußeren Parametern wie Temperatur und Druck, in Abhängigkeit von der Dotierung und von Punktdefekten sowie von der Zusammensetzung in Mischkristallen. Die in Abb. 6.1 eingetragenen Grenzen zwischen den Strukturtypen können somit nur eine grobe Orientierung geben.

Besonders gut untersucht ist das bei Raumtemperatur ferroelektrische GeTe. Bei Temperaturerhöhung geht die rhomboedrische Phase α-GeTe unter Vergrößerung des rhomboedrischen Winkels auf 90° und unter Herstellung der symmetrischen Lage der Teilgitter in die höhersymmetrische kubische Phase β-GeTe über (Abb. 6.8b). Die Umwandlungstemperatur

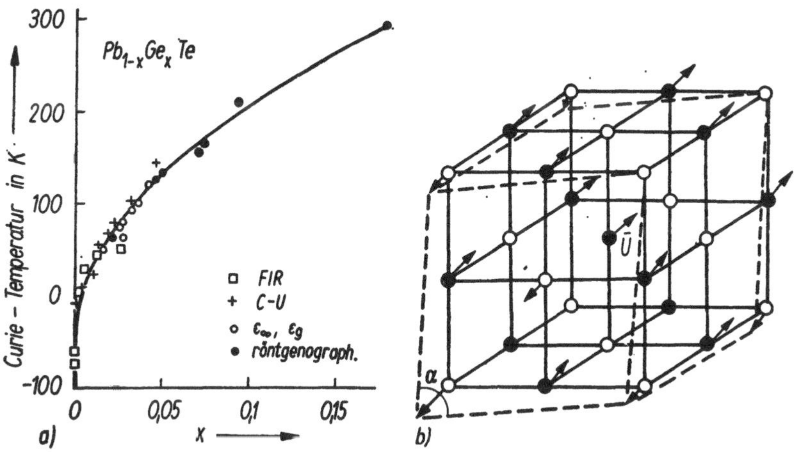

Abb. 6.8. a) Abhängigkeit der Curietemperatur von $Pb_{1-x}Ge_xTe$ vom Mischungsverhältnis x nach Jantsch [6] (S. 226).
□ aus der Phononenabsorption; ● aus Röntgenmessungen; ○ aus der DK-Anomalie; + aus $C(U)$-Messungen
b) Transformation des Steinsalzgitters in die rhomboedrische C_{3v}-Struktur: α rhomboedrischer Winkel; u Untergitterverschiebung

hängt von der Stöchiometrieabweichung ab, es werden Temperaturen zwischen 660 K für tellurreiches und 730 K für germaniumreiches GeTe gefunden [8]. Ein solches Verhalten scheint typisch für die Materialien mit breiten Stabilitätsgebieten zu sein: Auch in p-PbTe wird eine Abnahme der aus der Temperaturabhängigkeit der Dielektrizitätskonstante abgeleiteten Curietemperatur mit der Leerstellenkonzentration um etwa 100 K beobachtet, die Phasenumwandlung liegt für tellurreiches PbTe tiefer [30].

Unter einem Druck von etwa 3,5 GPa geht α-GeTe bei $T = 300$ K in β-GeTe über, während hydrostatischer Druck in SnTe (bei 1 bis 3 GPa), PbS (bei 2,4 GPa), PbSe (bei 4 GPa) und PbTe (bei etwa 5 GPa) einen Übergang in die orthorhombische Struktur bewirkt [8].

Aussagen über das Verhalten der Materialien in der Umgebung des Phasenübergangs lieferten vor allem Messungen der Phononenfrequenzen mit optischen Methoden und mittels inelastischer Neutronenstreuung, daneben Experimente zu direkten Indizien für einen Phasenübergang (Verschiebung der Untergitter, Änderung der Winkel) bzw. zu indirekten Indizien (Beweglichkeitsanomalie, Änderung der Energielücke und der Bandstruktur allgemein, Temperaturabhängigkeit der Dielektrizitätskonstante) [32–34], Kawamura [4] (S. 7), [5]' (S. 470), Jantsch [6] (S. 226]. Danach handelt es sich in GeTe um einen ferroelektrischen Phasenübergang 2. Art infolge Erweichung des TO-Phonons, das der Verschiebung der beiden Untergitter längs [111] entspricht. Diese Erweichung wurde in optischen Untersuchungen mittels Phononenabsorption, Magnetoplasmareflexion und Ramanstreuung sichtbar gemacht. Die FIR-Absorptionsmessung ist in beiden Phasen möglich, wenn die Konzentration der freien Ladungsträger gering ist. Im Ramanspektrum wird unterhalb T_c eine zusätzliche Streuung an einem TO-Phonon beobachtet, das bei Annäherung an T_c erweicht. Oberhalb T_c ist dieses Phonon wegen der Inversionssymmetrie des O_h-Gitters ramaninaktiv. Abb. 6.9 zeigt ein Beispiel für dieses niederenergetische Ramanspektrum

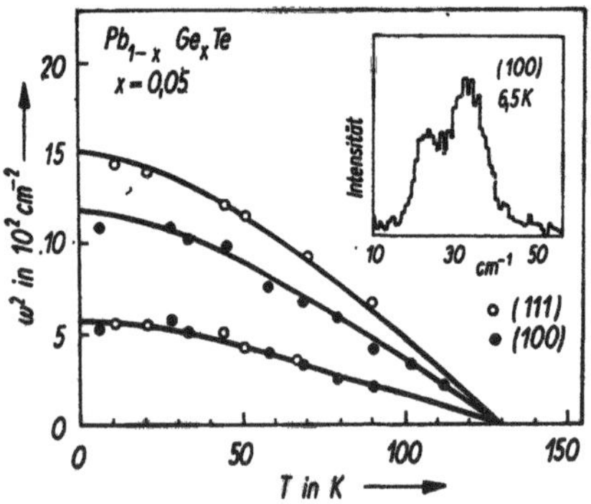

Abb. 6.9. Feinstruktur des Schwingungs-Ramanspektrums und Temperaturabhängigkeit der weichen TO-Phonon-Moden für $Pb_{0,95}Ge_{0,05}Te$ nach Kawamura [5] (S. 470)

und die T-Abhängigkeit der weichen Mode. Das TO-Phonon ist in zwei Moden aufgespalten, die ⊥ bzw. ∥ zur c-Achse polarisiert sind. Nach der Lyddane-Sachs-Teller-Beziehung

$$\omega_{LO}^2/\omega_{TO}^2 = \varepsilon_{stat}/\varepsilon_\infty \tag{4}$$

führt die Abnahme von ω_{TO} zu einer Vergrößerung der statischen Dielektrizitätskonstante. Oberhalb T_c wird paraelektrisches Verhalten beobachtet, bez. PbTe siehe [33].

Intensiv untersucht wurde die Veränderung der Curietemperatur mit der Zusammensetzung in den Mischkristallsystemen $Pb_{1-x}Ge_xTe$, $Pb_{1-x}Sn_xTe$ und $Sn_{1-x}Ge_xTe$. In allen Fällen ist eine stetige Erhöhung der Umwandlungstemperatur mit x festgestellt worden, Abb. 6.8a zeigt als Beispiel die Verhältnisse in $Pb_{1-x}Ge_xTe$ bei kleinen x. In PbTe erweist sich dabei die

Curietemperatur mit $T_c = -75$ K formal als negativ, d. h., es tritt keine vollständige Phononenerweichung auf, es besteht nur eine Tendenz zur Gitterinstabilität, s. aber [30]. Schon bei einem GeTe-Anteil von weniger als 1 At.-% wird die Curietemperatur positiv.

Im System $Pb_{1-x}Sn_xTe$ wächst die kritische Temperatur mit dem SnTe-Anteil ebenfalls an und erreicht bei etwa $x = 0{,}25$ positive Werte, d. h. noch vor der Bandinversion (s. Abschn. 6.2.3.). Für SnTe beträgt T_c etwa 98 K. Mittels Neutronenstreuung wurde nachgewiesen, daß bei dieser Temperatur die Untergitterverschiebung gleich Null wird [34]. Entsprechend der großen Breite des Stabilitätsgebiets hängt auch in SnTe T_c von der Leerstellen- bzw. Löcherkonzentration ab (Kawamura [4] S. 7). Aufgrund der publizierten Ergebnisse kann die T- und x-Abhängigkeit der Dielektrizitätskonstante wie folgt interpoliert werden ($x \leqq 0{,}25$, T in K):

$$1/\varepsilon_{\text{stat}} = \frac{0{,}08}{500 + T^2} + 7{,}2 \times 10^{-6}\,(T - T_c)\,, \qquad (5)$$
$$T_c = -75\,\text{K} + 300 \cdot x\,.$$

Die Gitterinstabilität in den kubischen IV–VI-Halbleitern ist intensiv untersucht worden, weil hier offenbar ein typischer ferroelektrischer Phasenübergang 2. Art vorliegt. Andererseits (Kawamura [4] S. 7) besteht ein wesentlicher Unterschied zu den klassischen Ferroelektrika, in denen die Bindungen durch relativ stark lokalisierte Elektronen getragen werden, hier darin, daß die chemische Bindung durch Elektronen im Valenzband getragen wird, die nur durch eine sehr schmale Energielücke vom Leitungsband getrennt sind (s. Abschn. 6.2.3.). Deshalb wurde die Erwartung gehegt, daß neue Einsichten in die Korrelation der elektronischen Eigenschaften mit der Gitterstabilität und -dynamik erzielt werden können. Im Sinne dieses Konzepts wurde von Littlewood [6] (S. 238), ausgehend von dem in Abb. 6.1 gewählten Ordnungsprinzip, ein halbmikroskopischer Zugang entwickelt, wobei über die IV–VI-Halbleiter (und die in Abb. 6.1 ebenfalls eingetragenen Elemente der 5. Gruppe Bi, Sb, As und P) hinaus weitere 10-Elektronen-Systeme wie die III–VII-Verbindungen in die Diskussion einbezogen wurden. Als Ordnungsparameter wurden gewählt:

$$r_\sigma = r_p^A - r_p^B \qquad (6)$$
$$r_\pi = (r_p^A - r_s^A) + (r_p^B - r_s^B)\,,$$

wobei die $r_{s,p}^{A,B}$ die mittleren Orbitalradien für s- und p-Zustände der Atome A und B sind, die z. B. aus Pseudopotentialrechnungen gewonnen werden. r_σ mißt den Elektronegativitätsunterschied zwischen A und B für p-Zustände, r_π die mittlere s-p-Aufspaltung und nimmt somit mit wachsender Tendenz zur Bildung sp-hybridisierter kovalenter Bindungen ab. Es erweist sich, daß die in Abb. 6.1 gegebene Einordnung der IV–VI-Verbindungen im wesentlichen diesem Herangehen entspricht. Mit diesem Zugang können die effektiven Ladungen der Gitteroszillatoren berechnet werden (Tab. 6.3).

Unter den mikroskopischen Modellen zur Einbeziehung der Elektron-Phonon-Wechselwirkung sei vor allem das Kopplungsschema über die

Tabelle 6.3.
Optische und strukturelle Eigenschaften von IV–VI-Verbindungen (Littlewood [6] S. 238)

	r_σ	T_c in K	ε_∞	z_T^* Theorie	z_T^* Experiment
PbS	0,43		17,2	4,4	4,8
PbSe	0,33		22,9	4,7	5,8
SnSe	0,31				
PbTe	0,20	(−75)	32,8	6,0	6,5
SnTe	0,18	145	45,0	7,6	8,1
GeTe	0,02	700	36,0		

Interband-Elektron-Phonon-Wechselwirkung erwähnt [35]. In diesem Modell wird der Einfluß virtueller phononeninduzierter Interbandübergänge auf die Modenfrequenzen für die Gitterinstabilität verantwortlich gemacht. Auf diese Weise wurde z. B. die Löcherkonzentrationsabhängigkeit der Curietemperatur in SnTe erklärt, doch zeigen die Ergebnisse von Jantsch [30], daß zumindest für PbTe die Löcherkonzentration nicht die einzige Einflußgröße ist, sondern auch die Punktdefekte eine Rolle spielen. Auf diesem Hintergrund wurde in [36] die Beobachtung großer spontaner Spannungen $U_{sp} > 200\ E_g/e$ in $Pb_{0,78}Sn_{0,22}Te:In$ unterhalb $T_{krit} = 12$ K als Indiz für eine ferroelektrische Phase interpretiert.

First-principles-Rechnungen zur Gitterdynamik wurden von Porod u. Vogl [6] (S. 247) durchgeführt. Danach ist die mikroskopische Ursache für die TO-Modenerweichung in den kubischen binären IV–VI-Halbleitern in einem großen durch die Elektron-Phonon-Wechselwirkung vermittelten Beitrag zur Kraftkonstante zu suchen. Dies wiederum erfordert starke Kovalenz, wird durch das NaCl- oder CsCl-Gitter begünstigt und ist nicht primär gekoppelt an kleine Energielücken oder große ε_∞. Bez. weiterer Interpretationsversuche s. [6].

6.2.3. Energiebandstruktur und optische Eigenschaften

6.2.3.1. Bandstruktur

Die Energiebandstruktur der binären Chalkogenide mit O_h-Struktur ist experimentell und theoretisch gut untersucht, eine Übersicht geben z. B. Ravich [9], Dalven [13] und Tsidilkowskij [37]. PbS, PbSe, PbTe und SnTe sind direkte Halbleiter, die minimale Energielücke zwischen Leitungs- und Valenzband liegt im Punkt L der 1. Brillouinzone. Die Flächen $E(\boldsymbol{k}) = \text{const}$ sind sowohl für das Leitungs- als auch für das Valenzband näherungsweise Rotationsellipsoide mit der Hauptachse in {111}-Richtung (s. Abb. 6.10). Die Bänder sind z. T. stark anisotrop und in jedem Fall stark nichtparabolisch. Bandstrukturberechnungen sind vor allem mit der OPW-, der APW-, der Korringa-Kohn-Rostoker-Methode sowie der Pseudopotentialmethode durchgeführt worden. Die übliche Reihenfolge der Zustände in den Halbleitern mit O_h-Struktur ist in Abb. 6.11 b wiedergegeben. Bei den Bleichalkogeniden ist gegenüber den Zinnchalkogeniden die energetische

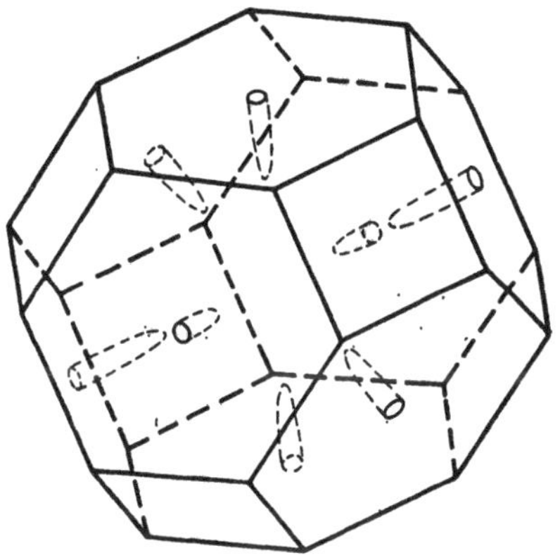

Abb. 6.10. 1. Brillouinzone des kubisch flächenzentrierten Gitters mit Flächen $E(\boldsymbol{k}) = \text{const}$ der kubischen Bleichalkogenide (Anisotropie etwa wie für PbTe)

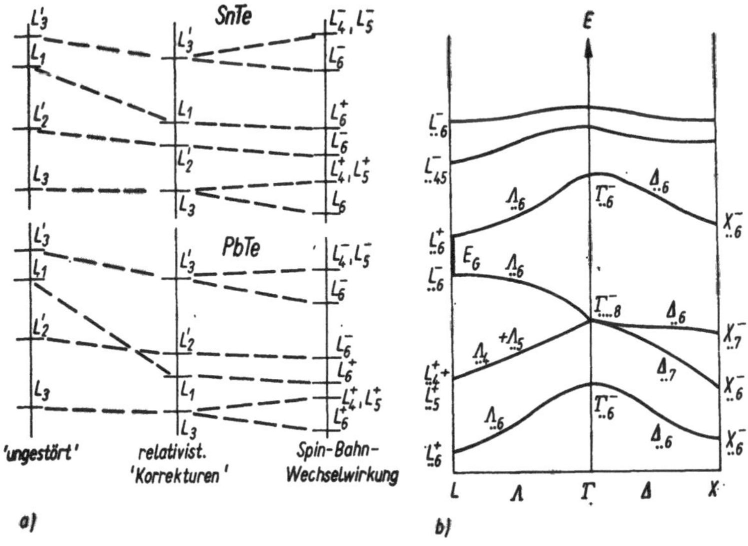

Abb. 6.11. a) Einfluß der relativistischen Effekte auf die energetische Reihenfolge der Zustände in L für SnTe und PbTe;
b) Übersicht zur Bandstruktur der Halbleiter mit Steinsalzstruktur. Die Zahl der Punkte gibt den Entartungsgrad an

Reihenfolge der Bänder L_6^+ und L_6^- vertauscht. Dies ist vor allem eine Folge der relativistischen Effekte, die mit zunehmender Kernladungszahl der beteiligten Atome eine zunehmende Rolle spielen; in Abb. 6.11a sind die Verhältnisse für SnTe und für PbTe verglichen. Durch Massenzunahme und Darwinterm werden die Bänder mit s-Symmetrie, durch die Spin-Bahn-Wechselwirkung die Bänder mit überwiegendem p-Anteil beeinflußt. In diesen schmallückigen Halbleitern ist also die Berücksichtigung der relativistischen Effekte erforderlich, schon um überhaupt die richtige Reihenfolge der Bänder zu erhalten.

Die experimentellen Ergebnisse in den Mischkristallen lassen sich in guter Näherung mit Bandstrukturmodellen deuten, in denen linear zwischen den Termlagen der binären Halbleiter interpoliert wird. Dabei ist zu beachten, daß die Inversion der Termlagen in den Bleisalzen dazu führt, daß in den Blei-Zinn-Mischkristallen bei mittleren Zusammensetzungen (für $T=77$ K $x=0{,}39$ in $Pb_{1-x}Sn_xTe$, $x=0{,}17$ für $Pb_{1-x}Sn_xSe$) eine Bandinversion auftritt, während in den Bleichalkogenid-Mischkristallen PbSSe und PbSeTe eine Inversion nicht auftritt. Dieses Verhalten ist für $Pb_{1-x}Sn_xSe$ in Abb. 6.12 dargestellt und kann auch aus Abb. 6.6 abgelesen werden. Interpolationsformeln für $E_g(x, T)$ sind in Tab. 6.4 angegeben.

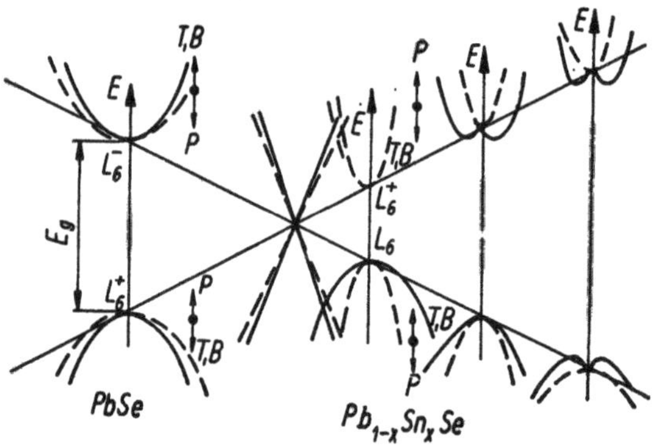

Abb. 6.12. Schematische Darstellung der Bandstruktur von $Pb_{1-x}Sn_xSe$ im Punkt L der 1. Brillouinzone in Abhängigkeit vom Mischungsverhältnis x. Die Pfeile geben die Bewegung der Zustände unter Druck (p), im Magnetfeld (B) und bei Temperaturerhöhung (T) an. —— $E(\boldsymbol{k})$ in Richtung $\boldsymbol{k}_\perp$; – – – $E(\boldsymbol{k})$ in Richtung $\boldsymbol{k}_\parallel$

Die $E(\boldsymbol{k})$-Struktur in der Umgebung der Extremalpunkte L wird durch $\boldsymbol{k}\cdot\boldsymbol{p}$-Modelle beschrieben. Für bandkantennahe Zustände kann ein die Anisotropie berücksichtigendes Kanesches 2-Band-Modell angewendet werden, in dem nur die Impulsmatrixelemente für die Wechselwirkung zwischen den Bändern L_6^+ und L_6^- vorkommen:

$$E\,(E+E_g)=P_\perp^2 k_\perp^2+P_\parallel^2 k_\parallel^2\;; \tag{7}$$

Tabelle 6.4.
Bandstruktur-Interpolationsformeln ternärer IV–VI-Mischkristalle

System	$E_g(x, T)$ in eV [12]	Anisotropiebereich ($P^2_\perp / P^2_\parallel$) [12]	ε_∞ [40]
$Pb_{1-x}Sn_xTe$ ($0 \leq x \leq 0{,}2$)	$0{,}191 - 0{,}543\,x + \dfrac{4{,}5 \times 10^{-4}\,T^2}{T+50}$	10 ... 14	$\dfrac{1{,}65 - \ln E_g(x, T)}{0{,}086}$
$PbS_{1-x}Se_x$ ($0 \leq x \leq 1$)	$0{,}263 - 0{,}138\,x + \sqrt{4 \times 10^{-4} + 2{,}65 \times 10^{-7}\,T^2}$	1,3 ... 2,0	$\sqrt{\dfrac{150}{E_g(x, T)}}$
$Pb_{1-x}Sn_xSe$ ($0 \leq x \leq 0{,}2$)	$0{,}125 - 1{,}021\,x + \sqrt{4 \times 10^{-4} + 2{,}65 \times 10^{-7}\,T^2}$	1,7 ... 2,4	$33{,}6 - 0{,}024\,T$ ($x = 0{,}09$)

die Bandkantenmassen $m_{\perp_0}$, $m_{\parallel_0}$ sind in diesem Modell für Elektronen und Löcher gleich und direkt proportional der Energielücke:

$$m_{\perp,\parallel_0} = E_g \hbar^2 / 2P^2_{\perp,\parallel} m_0 \,. \tag{8}$$

Genauere Aussagen sind mit Hilfe eines Modells möglich, in dem die Wechselwirkung der Bänder $L_6^{+,-}$ streng, die mit weiteren vier Bändern störungstheoretisch behandelt wird, siehe Dimmock [2] (S. 319), [38, 39]:

$$\left[E + \frac{\hbar^2}{2}\left(\frac{k_\perp^2}{m_\perp^+} + \frac{k_\parallel^2}{m_\parallel^+}\right)\right]\left[E - E_g - \frac{\hbar^2}{2}\left(\frac{k_\perp^2}{m_\perp^-} + \frac{k_\parallel^2}{m_\parallel^-}\right)\right] = P_t^2 k_\perp^2 + P_l^2 k_\parallel^2 \,. \tag{9}$$

$k_{\parallel,\perp}$ bezeichnet in beiden Fällen die Komponenten des Wellenvektors parallel bzw. senkrecht zur {111}-Richtung, der Hauptachsenrichtung der Energieellipsoide; die $m^{+-}_{\parallel,\perp}$ sind Korrekturen infolge der Wechselwirkung mit den ferneren Bändern. In allen diesen Modellen fungiert die Energielücke $E_g(x, T)$ als empirischer Parameter. Die Matrixelemente und die übrigen Parameter werden durch Anpassung vor allem an optische, magnetooptische und Schubnikow-de-Haas-Messungen bestimmt, einige Zweibandparameter sind in Tab. 6.5 zusammengestellt. Als Beispiel für die 6-Band-Parameter seien die Werte für $Pb_{1-x}Sn_xTe$ [38] angeführt: $P_t = 4{,}61 \times 10^{-8}$ eVcm; $P_l = 1{,}40 \times 10^{-8}$ eVcm; $m_0/m_t^+ = 10{,}36$; $m_0/m_l^+ = 0{,}75$; $m_0/m_t^- = 11{,}60$; $m_0/m_l^- = 1{,}20$. Bemerkenswert sind die starken Unterschiede in der Anisotropie der

Tabelle 6.5.
Zweibandparameter binärer IV–VI-Halbleiter [12, 37]

	E_g in eV $T = 77$ K	$\dfrac{2P^2_\perp m_0}{\hbar^2}$ in eV	$P^2_\perp / P^2_\parallel$
PbS	0,307	3,5	1,1
PbSe	0,169	3,1 ± 0,5	1,82 ± 0,3
PbTe	0,212	5,95 ± 0,2	10,9 ± 0,6
$Pb_{0,99}Ge_{0,01}Te$	0,2114 ($T = 53$ K)	5,52	14,4 [42]

effektiven Massen $P_\perp^2/P_\parallel^2$, siehe dazu auch die theoretische Deutung in [41]. Neben den bisher ausschließlich diskutierten Bändern in L muß zur Erklärung von Transporteffekten sowie der optischen Interbandabsorption in mehreren IV–VI-Halbleitern ein zweites Valenzband angenommen werden, in PbTe mit einer effektiven Zustandsdichte $m_{d2} = (2 \pm 1)\, m_0$, das in einem niedersymmetrischen Punkt der Brillouinzone liegt und unabhängig von der Temperatur um $\Delta_2 = 0{,}36 \pm 0{,}05$ eV unterhalb des Leitungsbandes liegt, so daß PbTe bei hohen Temperaturen ein indirekter Halbleiter wird.

Ein interessanter Untersuchungsgegenstand ist die Bandstruktur von GeTe in der Umgebung des Phasenübergangs. Bei der Symmetrieerniedrigung von O_h nach C_{3v} spalten die Eigenwerte im Punkt L der kubischen Brillouinzone (Symmetrie D_{3d}) auf in ein Triplett im Punkt L (Symmetrie C_s) und ein Singulett im Punkt T in Richtung der rhomboedrischen c-Achse (Symmetrie C_{3v}) der Brillouinzone des rhomboedrischen Gitters. Diese Veränderungen können mit der $\boldsymbol{k} \cdot \boldsymbol{p}$-Methode theoretisch untersucht (Bangert [6] S. 216) und insbesondere in magnetooptischen Untersuchungen nachgewiesen werden (s. auch [42]).

6.2.3.2. Optische Eigenschaften

Die optische Interbandwechselwirkung ist in den Bleisalzen ein sehr effektiver Prozeß [43]. Das ist wesentlich auf die hohe Interbandzustandsdichte zurückzuführen: Zwar ist die transversale effektive Masse z. B. in PbTe ($m_{\perp 0}/m_0 = 0{,}024$) vergleichbar mit der isotropen Elektronenmasse in InSb ($m_n/m_0 = 0{,}012$), doch ist die Zustandsdichte infolge der Sternentartung (acht halbe Ellipsoide in den Randpunkten L) und infolge der starken Anisotropie $m_\parallel/m_\perp \approx 11$ in PbTe) um etwa eine Größenordnung größer als in InSb.

Für bandkantennahe optische Übergänge kann eine befriedigende Beschreibung der Absorptionskante im Kaneschen Zweibandmodell erfolgen, wenn die Nichtparabolizität und die $\boldsymbol{k}$-Abhängigkeit der Matrixelemente berücksichtigt werden [44]. Dieser Zugang führt (ohne Berücksichtigung der Burstein-Moss-Verschiebung und bis auf eine schwach von $\hbar\omega/E_g$ abhängige Funktion) auf den Ausdruck

$$K = \frac{E_g}{n} \frac{4 \cdot 2^{1/2}}{3} \alpha \frac{(1 + P_\parallel^2/2P_\perp^2)}{P_\parallel} \left(\frac{\hbar\omega}{E_g} - 1\right)^{1/2}, \tag{10}$$

also auf eine echte Wurzelkante (n Brechungsindex, α Feinstrukturkonstante). Besonders befriedigend ist, daß z. B. für das Mischkristallsystem $Pb_{1-x}Sn_xTe$ für alle x dieselben Impulsmatrixelemente für die optische Übergangswahrscheinlichkeit und in der Bandstruktur Verwendung finden ($\boldsymbol{k} \cdot \boldsymbol{p}$-Bandstruktur!). Für höhere Quantenenergien bestehen noch Diskrepanzen zum Experiment, auch im Rahmen des 6-Band-Modells.

Der Brechungsindex von PbTe, PbSnTe, PbSnSe u. a. Materialien ist von Opyd [45] untersucht worden, Abb. 6.13 gibt ein Beispiel für die beobachtete Dispersion in der Umgebung der Interbandabsorptionskante. Die unterschiedlichen in Tab. 6.4 angegebenen Interpolationsformeln für $\varepsilon_\infty = n^2$ charakterisieren den Stand der mikroskopischen Durchdringung.

Wegen der kleinen effektiven Massen ist die Absorption freier Ladungsträger in den Bleichalkogeniden stark (s. z. B. [46]), und die freien Ladungs-

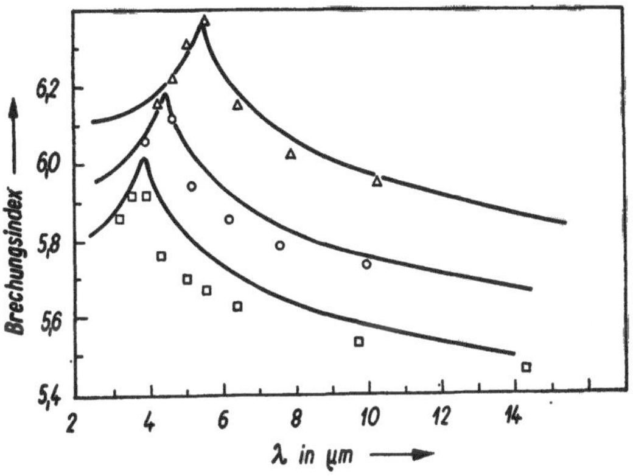

Abb. 6.13. Abhängigkeit des Brechungsindex in PbTe von der Wellenlänge nach Opyd [45].
▲ $T=80$ K; ○ $T=195$ K; □ $T=300$ K

träger haben einen großen Einfluß auf den Brechungsindex schon in Kantennähe [39]. Beide Beiträge werden häufig in einem klassischen Oszillatormodell beschrieben.

Magnetooptische Untersuchungen haben sich auch in den IV–VI-Halbleitern als ein wirksames Instrument zur Bandstrukturaufklärung erwiesen (Bauer [5] S. 427). Als Bandmodell wird dabei generell das 6-Band-Modell herangezogen [38, 41]. Ein Beispiel für die Magnetfeldabhängigkeit der Lumineszenzlinienlage ist in Abb. 6.22 zusammen mit dem Termschema für PbSnSe wiedergegeben. Während in $Pb_{0,9}Sn_{0,1}Se$ (wie in $Pb_{1-x}Sn_xTe$ für alle x, s. Gureyev [4] S. 109) die effektive Energielücke mit dem Magnetfeld $\boldsymbol{B}$ wächst, wird für die T_1-Linie in $Pb_{0,81}Sn_{0,19}Se$ eine Abnahme beobachtet, da die Zeemanaufspaltung größer ist als die Landauaufspaltung.

Die Frequenzen der magnetooptischen Intrabandübergänge sind in Feldern bis zu 15 T vergleichbar mit der Plasmafrequenz (oder sogar noch geringer als diese) und mit den Phononenfrequenzen (ein infrarotaktives, nach TO und LO aufgespaltenes Phonon in der O_h-Struktur, s. auch Abschn. 6.2.2.), daher hat man es meist mit dem verkoppelten Problem zu tun. Als typische Technik kommt im FIR die Molekülgaslaserspektroskopie zum Einsatz.

Für die schmallückigen Halbleiter sind darüber hinaus auch hohe Werte der nichtlinearen Suszeptibilitäten höherer Ordnung charakteristisch (s. z. B. Pascher [6] S. 202).

6.2.4. Störstellen

In den eigendotierten IV–VI-Halbleitern, d. h. solchen, die nur Leerstellen bzw. arteigene Zwischengitteratome enthalten, wird im gesamten zugänglichen Temperaturbereich kein Ausfrieren der freien Ladungsträger beobachtet. Auch in Magnetfeldern bis 10 T frieren bei 4,2 K die Ladungsträger in PbTe und PbS nicht aus. Dies scheint die Anwendung eines einfachen wasserstoffähnlichen Modells auf die die Ladungsträger liefernden Störstellen auszuschließen, für Leerstellen ist ohnehin eine starke Störung der Gitterperiodizität zu erwarten (Heinrich [5] S. 407). Aber auch für solche Störstellen wie Bi in PbSnTe, die H-ähnlich sein sollten, sinkt die Elektronenkonzentration bis zu tiefsten Temperaturen nicht; hier wäre durch die kleinen effektiven Massen und die großen Dielektrizitätskonstanten plausibel, daß die Bindungsenergie sehr gering ist und etwaige Niveaus unterhalb des Leitungsbandes verbreitert und mit dem Band verschmolzen sind.

Für Leerstellen in PbTe wurden unterschiedliche Modelle aufgestellt [47–49]. Mittels der Slater-Koster-Methode konnten Parada und Pratt [47] zeigen, daß eine Tellurleerstelle Niveaus innerhalb des Leitungsbandes und eine Bleileerstelle zwei freie Zustände innerhalb des Valenzbandes erzeugt. Auf der Basis von Clusterberechnungen wurden von Hemstreet [48] ähnliche Ergebnisse erhalten. Im Modell von Volkov und Pankratov [49] wird die Wellenfunktion des an einen Punktdefekt gebundenen Elektrons aus p-Orbitalen der Nachbaratome aufgebaut, aufgrund des ionogenen Bindungsanteils erweisen sich die Energiewerte für Metall- bzw. Chalkogenleerstellen als unterschiedlich, dabei führt z. B. im Falle einer Chalkogenleerstelle das starke Abstoßungspotential zu einer Termverschiebung aus dem Valenzband in das Kontinuum des Leitungsbandes. Zusätzlich wird für den entarteten Grundzustand des Defekts eine Jahn-Teller-Instabilität der Defektumgebung betrachtet, so daß in Abhängigkeit vom Besetzungszustand der Störstelle auch „tiefe“ Niveaus in der verbotenen Zone entstehen. Dieses Modell ist u. a. zur Erklärung der Erscheinungen in stark indiumdotiertem $Pb_{0,78}Sn_{0,22}Te$ herangezogen worden (s. u. und Abschn. 6.2.6.5.).

Zur Deutung von beobachteten Nichtmonotonien in der Temperaturabhängigkeit der Ladungsträgerkonzentration (des Hallkoeffizienten) wurden von verschiedenen Autoren phänomenologische Niveauanalysen durchgeführt. Heinrich et al. [4] (S. 205), [6] (S. 444) wenden diese insbesondere auf implantierte Proben an, wobei zwei zweifach entartete Niveaus im Leitungsband angenommen werden. Für diese wird eine starke Temperaturabhängigkeit mit Temperaturkoeffizienten von 0,1 bis 0,2 meV/K angenommen, so daß die postulierten Niveaus z. B. für $Pb_{0,9}Sn_{0,1}Te$ bei $T = 0$ K im Leitungsband, bei $T = 300$ K aber bereits in der verbotenen Zone liegen. IR-Absorptionsmessungen bestätigen die Tieftemperaturniveauanalyse. Derart starke Niveauverschiebungen mit der Temperatur sind durchaus nicht unplausibel, wenn man die starke Temperaturverschiebung der Bandkanten gegeneinander (s. Tab. 6.4) in Betracht zieht. Kucherenko et al. [6]

(S. 454), [50] finden bei einer ähnlichen Analyse auch für $Pb_{1-x}Sn_xSe$ zwei Niveaus und können diese bei Variation von x zwischen 0 und 0,37 verfolgen, das heißt diesseits und jenseits der Bandinversion bei $T = 0$. Ein Niveau liegt danach 0,05 eV oberhalb des L_6^+-Bandes und bewegt sich mit einem Temperaturkoeffizienten von 5×10^{-4} eV K^{-1} abwärts. Eine zweite Gruppe von Niveaus liegt tief im Valenzband und bewegt sich mit einem Temperaturkoeffizienten $(2$ bis $4) \times 10^{-4}$ eV K^{-1} bez. des L_6^--Bandes aufwärts.

In n$-Pb_{0,78}Sn_{0,22}Te$:In [51] wie n$-$PbTe:Ga wird exponentielles Ausfrieren der Elektronen in tiefe Störstellen beobachtet, s. Abb. 6.14. Aus einer Analyse der Temperaturabhängigkeit des Hallkoeffizienten folgt für

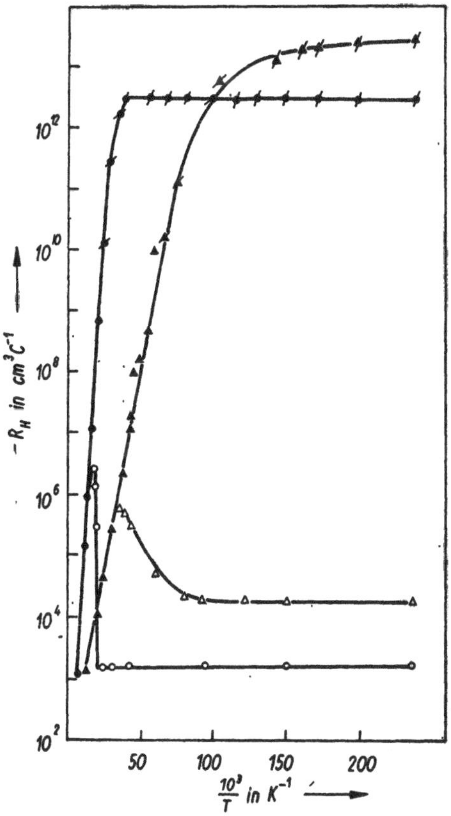

Abb. 6.14. Temperaturabhängigkeit des Hallkoeffizienten in PbTe: Ga (●, ⌀) und $Pb_{0,78}Sn_{0,22}Te$: In (▲, ⍋). Die Meßpunkte ⌀, ⍋ wurden aus dem Kurzschluß-Hallstrom bestimmt. Die Meßpunkte ○, △ bedeuten den Photo-Hallkoeffizienten ($U_H d/iB$) bei Belichtung mit 1 mW eines He-Ne-Lasers bei $\lambda = 1{,}15$ µm (U_H Hallspannung; d Probendicke; i Gleichstrom; B Magnetfeld)

$T > T_{\text{krit}}$ ($T_{\text{krit}} \approx 12$ K in $Pb_{0,78}Sn_{0,22}Te$:In; $T_{\text{krit}} \approx 35$ K in PbTe:Ga)

$$n/N_c = \text{const} \cdot \exp\left(-\frac{E_D}{kT}\right), \tag{11}$$

wobei N_c die effektive Zustandsdichte ist. Dieses Verhalten kann u. a. mit einem bei $E_c - E_D$ gelegenen Donator und teilweiser Kompensation durch Akzeptoren nahe dem Rand des Valenzbandes [4] (S. 387) oder auch mit resonanten Donatoren und einem kompensierenden zweifachen Akzeptor, dessen oberes Niveau bei $E_c \pm E_D$ liegt, erklärt werden.

In $Pb_{1-x}Sn_xTe$-Mischkristallen konnte von Akimov et al. [51] die Lage der bei Indiumdotierung auftretenden Störstelle in Abhängigkeit von der Komposition x (s. Abb. 6.15) wie auch in Abhängigkeit vom hydrostatischen

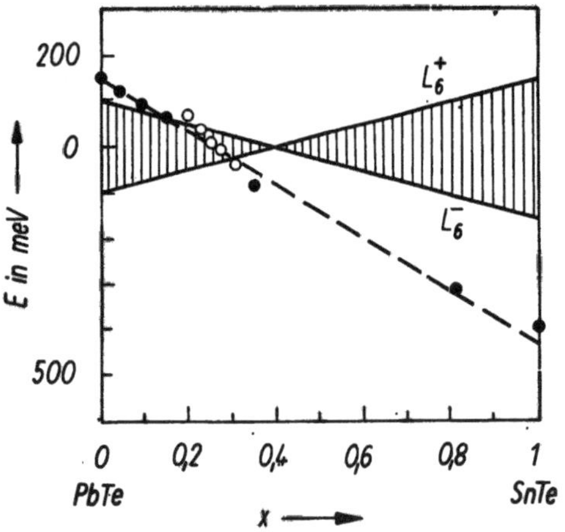

Abb. 6.15. Relative Lage der Bandkanten (——) in $Pb_{1-x}Sn_xTe$ zueinander und Niveaulagen
○ des bei starker Indiumdotierung auftretenden Niveaus [51];
● des der Tellurleerstelle in ionenimplantierten Proben zugeschriebenen Niveaus (Gresslehner [6] S. 444)

Druck verfolgt werden. Der Vergleich dieser Ergebnisse mit der aus der phänomenologischen Niveauanalyse an implantiertem $Pb_{1-x}Sn_xTe$ (Gresslehner et al. [6] S. 444) abgeleiteten Lage der Tellurleerstelle zeigt, daß möglicherweise der Weg zum Verständnis der Wirkung des Indiums (und anderer tiefer Störstellen) in $Pb_{1-x}Sn_xTe$ über das Verständnis der Eigenstörstellen führt. Ein solcher Weg wird durch die inzwischen für andere Störstellen in Halbleitern erreichten Fortschritte (Si-Leerstellen, Sauerstoff in GaP) nahegelegt [52].

Unterhalb T_{krit} kommt das Ausfrieren der Elektronen zum Erliegen, dies ist mit Sicherheit nicht auf Oberflächenleckströme in den bei diesen Temperaturen sehr hochohmigen Proben zurückzuführen. Im Zusammenhang mit dem Auftreten einer Gitterrelaxation ist angenommen worden, daß eine bei tiefen Temperaturen entstehende Potentialbarriere den weiteren Einfang in die Zentren verhindert.

6.2.5. Transporteigenschaften

Bez. ihrer Transporteigenschaften zeichnen sich die IV–VI-Halbleiter durch eine große Vielfalt aus, es werden dabei solche Grenzfälle wie der stark entartete Halbleiter (SnTe, $p \gtrsim 10^{20}\,\text{cm}^{-3}$), der Halbleiter mit verbotener Zone gleich Null (in $Pb_{1-x}Sn_xTe$, $Pb_{1-x}Sn_xSe$) und der breitlückige, nahezu isolierende Halbleiter (GeS) erreicht. Während sich die kubischen Halbleiter isotrop verhalten, haben die orthorhombischen Substanzen eine z. T. stark unterschiedliche Beweglichkeit in Richtung der einzelnen Achsen: Für SnS gilt z. B. $\mu_b/\mu_c = 5{,}5 \pm 0{,}5$, $\mu_b/\mu_a = 1{,}15 \pm 0{,}01$ [8]. Die Abhängigkeit der Eigenschaften von der Punktdefektkonzentration bedingt eine zusätzliche Variabilität. Das Bild wird weiter ergänzt durch die Beobachtung von Supraleitfähigkeit in SnTe und GeTe (Sprungtemperatur 0,04 bis 0,32 K in Abhängigkeit von der Stöchiometrieabweichung). Am besten untersucht sind die Transporteigenschaften in den Blei- und Blei-Zinn-Chalkogeniden.

6.2.5.1. Konzentration der Ladungsträger in den Bändern

Die durch Gl. (7) beschriebene starke Nichtparabolizität der $E(\boldsymbol{k})$-Abhängigkeit im Kanemodell resultiert in einer stärkeren Zunahme der energetischen Zustandsdichte als im Standardband. Dementsprechend wird der Zusammenhang zwischen dem Ferminiveau und der Ladungsträgerkonzentration durch verallgemeinerte Fermiintegrale beschrieben:

$$n = (4/3\sqrt{\pi})\, N_{c0}\, {}^0\mathfrak{L}_0^{3/2}(\eta, \beta); \quad \eta = (E_F - E_c)/kT \qquad (12)$$
$$\beta = kT/E_g$$

mit

$${}^0\mathfrak{L}_0^{3/2}(\eta, \beta) = \frac{3}{2} \int_0^\infty \frac{1}{e^{x-\eta}+1}\, x^{1/2}\,(1+\beta x)^{1/2}\,(1+2\beta x)\,dx$$

und der effektiven „Bandkanten“zustandsdichte

$$N_{c0} = 2\left(\frac{m_{d0}kT}{2\pi\hbar^2}\right)^{3/2} \quad \text{mit} \quad \left(\frac{m_{d0}}{m_0}\right)^{3/2} = z\left(\frac{m_{\perp 0}}{m_0}\right)^{3/2} \frac{P_\perp}{P_\parallel}, \qquad (13)$$

der effektiven „Bandkanten“zustandsdichtemasse (z Sternentartungsgrad). Eine Zusammenstellung der wichtigsten Formeln für nichtparabolische Bandstruktur gibt Ravich [9].

Für die Berechnung der Eigenleitungskonzentration (sowie generell im nichtentarteten Grenzfall) kann der Einfluß der Nichtparabolizität als Korrekturfaktor abgespalten werden:

$$n_i = N_{c0} \exp\left(-\frac{E_g(x, T)}{2kT}\right) \frac{2}{\pi} \int_0^\infty e^{-x} x^{1/2}\,(1+2\beta x)\,(1+\beta x)^{1/2}\,dx\,.$$

Für $Pb_{1-x}Sn_xTe$ mit $z=4$ und den in Tab. 6.5 angegebenen Matrixelementen findet man z. B. $N_{c0}=3{,}4\times10^{15}\ cm^{-3}\ (T\cdot E_g)^{3/2}$ (T in K; E_g in eV). Dies ist wichtig für jedwede Niveauanalyse, weil E_g stark teperaturabhängig ist und die Zustandsdichte somit stärker temperaturabhängig ist als mit $T^{3/2}$ wie in breitlückigen Halbleitern. Aus der angegebenen Formel für N_c findet man, daß bei einer Energielücke von 0,1 eV die Entartungskonzentration für $T=$ $=4{,}2$ K bei $10^{15}\ cm^{-3}$ und selbst bei $T=77$ K schon bei $7\times10^{16}\ cm^{-3}$ liegt.

6.2.5.2. Beweglichkeit der Ladungsträger

Die Beweglichkeit der Ladungsträger in den zweikomponentigen Bleichalkogeniden ist von Ravich et al. [9, 53] tiefgehend untersucht worden. Als Besonderheiten sind die starke Nichtparabolizität, die Temperaturabhängigkeit der effektiven Massen, der polare Charakter der Materialien und Abschirmeffekte infolge der verhältnismäßig hohen Trägerkonzentrationen zu beachten. Die Beweglichkeit in den Mischkristallen ist allgemein weniger berarbeitet worden.

Bei $T=4{,}2$ K ist hauptsächlich Streuung an Störstellen wirksam. Wegen der großen statischen Dielektrizitätskonstanten (s. Abschn. 6.2.2.) ist die Coulombstreuung an geladenen Störstellen relativ schwach, und die Beweglichkeit kann sehr hoch sein. Der experimentelle beobachtete Maximalwert von $\mu_n=8\times10^6\ cm^2/Vs$ in THM-gezüchtetem PbTe (s. Abschn. 6.1.3.) liegt nahe an dem für den langreichweitigen Anteil des Leerstellenpotentials berechneten Wert [54]. Übliche Werte in den Mischkristallen liegen bei $10^6\ cm^2/Vs$ (s. Abb. 6.16a) und sind offenbar zusätzlich durch Streuung an neutralen Defekten beeinflußt.

Bei $T=77$ K dominiert in PbTe für $n<4\times10^{18}\ cm^{-3}$ und in PbSe für $n<9\times10^{18}\ cm^{-3}$ Streuung an polaren optischen Phononen. Abb. 6.16a zeigt als Beispiel für die Mischkristalle dieTemperaturabhängigkeit derElektronenbeweglichkeit in getemperten n–$Pb_{0,82}$-$Sn_{0,18}$Te-Einkristallen mit geringen Trägerkonzentrationen (Energielücke bei 4,2 K etwa 0,1 eV) [54]. Der Vergleich mit den eingetragenen theoretischen Verläufen für Streuung an akustischen Phononen bzw. Streuung an polaren optischen Phononen ($\hbar\omega_l=$ $=15{,}3$ eV, $\varepsilon_0=570$; $\varepsilon_\infty=38$ (300 K), 50 (77 K), 54 (0 K)) zeigt, daß in PbSnTe in einem weiten Temperaturbereich (40 K $\leq T \leq$ 450 K) und in einem weiten Konzentrationsbereich ($n<3\times10^{17}\ cm^{-3}$) die Streuung an longitudinalen optischen Phononen der bestimmende Streuprozeß ist und somit dessen Einfluß stärker ist als in den zweikomponentigen Bleichalkogeniden. Phänomenologisch ist die Temperaturabhängigkeit etwa durch $\mu\sim T^{-2,6}$ zu beschreiben.

Bei höheren Ladungsträgerkonzentrationen nimmt der Einfluß der akustischen Deformationspotentialstreuung zu, die in Abb. 6.16b dargestellte Konzentrationsabhängigkeit der Löcherbeweglichkeit ist hauptsächlich auf akustische Streuung im Verein mit der Zunahme der effektiven Masse bei Bandauffüllung zurückzuführen. Streuung zwischen den äquivalenten Tälern in L spielt in den Bleisalzen für die Beweglichkeit offenbar keine Rolle.

Die Aussage über die dominierende Rolle der polaren optischen Streuung wird bestätigt durch Schlußfolgerungen aus den thermoelektrischen Effekten, wonach die Streuung in den Bleisalzen stark inelastisch ist.

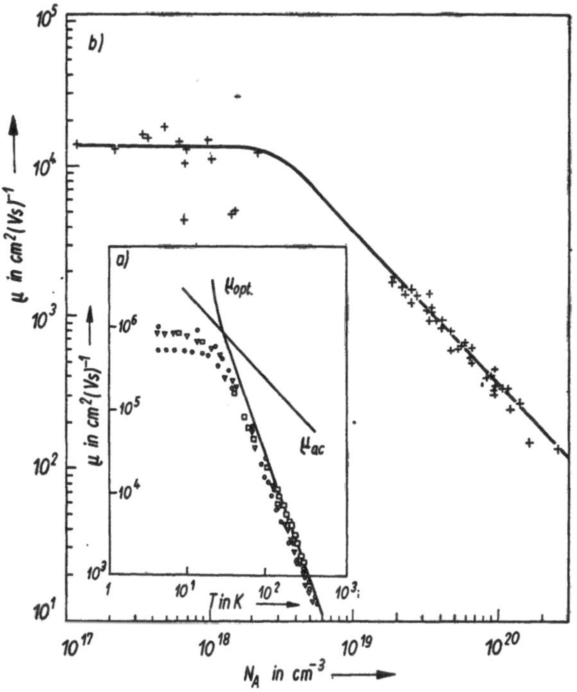

Abb. 6.16. Temperatur- und Konzentrationsabhängigkeit der Beweglichkeit in $Pb_{0,82}Sn_{0,18}Te$. a) $\mu_n(T)$ [54]; $n \cdot 10^{16}\,cm^{-3}$: ○ 0,237, ● 8,14, △ 26, □ 9,85 (Bi-dotiert); b) $\mu_p(p)$ bei $T = 77$ K

Die in Abschn. 6.2.2. erwähnte Beweglichkeitsanomalie beim Phasenübergang $O_h - C_{3v}$ ist nach dem oben Gesagten eine Folge entweder der Phononenerweichung, wenn Phononenstreuung der dominierende Streuprozeß ist, oder der Änderung der Dielektrizitätskonstante, wenn Störstellenstreuung dominiert. Dementsprechend werden sowohl μ-Minima als auch μ-Maxima beobachtet.

Die in den Mischkristallen erwartete Unordnungsstreuung infolge der Potentialunterschiede z. B. auf Pb- und auf Sn-Gitterplätzen spielt offenbar in den Mischkristallen mit Zusammensetzungen nahe den Randkomponenten eine völlig untergeordnete Rolle. Ihr Einfluß sollte bei tiefen Temperaturen merklich sein, wenn die Phononenstreuung wegen der Temperatur und die Coulombstreuung wegen der hohen Dielektrizitätskonstante ineffektiv sind. In der Näherung des virtuellen Kristalls wurde in [55] die Streuzeit für diesen Prozeß berechnet und durch Anpassung an Beweglichkeitswerte in $Pb_{1-x}Sn_xTe$

im Bereich mittlerer x, die offenbar durch die Unordnungsstreuung beeinflußt sind, das Matrixelement des Unordnungs-Streupotentials bestimmt.

Die Streuung in den Bleisalzen ist anisotrop. Magnetowiderstandsmessungen in n-PbTe ergeben für $K' = (m_{\|}/m_{\perp})(\tau_{\|}/\tau_{\perp})$ Werte von 3,3 bei 300 K.

6.2.5.3. Effekte heißer Ladungsträger

In n- und p-PbTe sind Effekte warmer und heißer Elektronen beobachtet worden, so insbesondere in Feldern bis 1 kV/cm die Leitfähigkeitsanisotropie infolge ungleicher Aufheizung der Träger in den äquivalenten Bandextrema in L bei Stromrichtungen ungleich {100} [56] sowie hochfrequente Strominstabilitäten. Diese von mehreren Autoren beobachteten Oszillationen mit Frequenzen von einigen 100 MHz wurden in [57] in $Pb_{1-x}Sn_xTe$ für $x \leqq 0{,}23$ verfolgt und eindeutig auf eine spannungskontrollierte negative differentielle Leitfähigkeit infolge Beweglichkeitsabnahme in Feldern oberhalb 1,5 kV/cm (in n-PbTe bei $T = 77$ K) zurückgeführt. Es besteht gute Übereinstimmung mit einem Modell, in dem die Elektronen in ein höher gelegenes Leitungsband gestreut werden, wobei dieses Band mit wachsendem SnTe-Anteil absinken, die Zustände L_6 etwa im Inversionspunkt kreuzen und in SnTe innerhalb des Valenzbandes liegen soll. Als Aufheizungseffekt der freien Ladungsträger ist auch die Feldlöschung der eingefrorenen Photoleitfähigkeit in PbSnTe/In und PbTe:Ga interpretiert worden [58], wobei die aus dem Feld aufgenommene Energie die Träger befähigen soll, die im Abschn. 6.2.4. erwähnte Potentialbarriere zwischen freien und lokalisierten Zuständen zu überwinden.

6.2.5.4. Stromtransport durch pn-Übergänge

Die Leckströme durch pn-Übergänge in schmallückigen Halbleitern sind ein wichtiger Untersuchungsgegenstand, da sie die Empfindlichkeit der Fotodioden begrenzen (s. Abschn. 6.3.1.); die Analyse des Flußstroms ist vor allem für die Optimierung der Laserdioden wichtig, da nur der Diffusionsstrom zur Injektion von Minoritätsträgern in das aktive Gebiet beiträgt (s. Abschn. 6.3.2.).

Für die Anwendung in Fotodioden werden die pn-Übergänge durch den differentiellen Widerstand im Nullpunkt der $I-U$-Kennlinie gekennzeichnet:

$$r_0 A = \left(\frac{\mathrm{d}j}{\mathrm{d}U} \bigg|_{U=0} \right)^{-1} \tag{15}$$

(A Fläche des pn-Übergangs). Alle den Widerstand der Dioden begrenzenden Stromflußmechanismen werden mit abnehmender Energielücke effektiver, der Diffusionsstrom vor allem wegen der Zunahme der Eigenleitungskonzentration ($r_0 A|_{\mathrm{diff}} \sim 1/n_i^2$), der Generations-Rekombinationsstrom wegen der Zunahme von n_i und der Abnahme der Lebensdauern ($r_0 A|_{g-r} \sim \tau/n_i$) und der (Interband-)Tunnelstrom wegen der Verkleinerung der Potentialbarriere.

Bei festgehaltenem E_g ist die relative Bedeutung der Stromflußmechanismen noch dotierungsabhängig. Die konkreten Zahlenwerte hängen daher von diesen Parametern ab, bez. $Pb_{1-x}Sn_xTe$ s. z. B. die Analyse in [59]. Bei $T = 77$ K werden praktisch erreicht $r_0A = 10^4\ \Omega cm^2$ in PbTe und maximal etwa $r_0A = 2{,}5\ \Omega\, cm^2$ in $Pb_{0,8}Sn_{0,2}Te$ (bei etwa $4 \times 10^{17}\ cm^{-3}$ Dotierung für abrupten Übergang, begrenzt durch Generation in der Raumladungszone und Tunnelstrom). In realen pn-Übergängen fließen außer den Volumenströmen zusätzliche Oberflächen- und Randleckströme.

In [60] wurde gezeigt, daß der Flußstrom von Hetero-pn-Übergängen $PbTe/Pb_{0,8}Sn_{0,2}Te$ proportional zu $I_0(T)\ \exp(b \cdot U)$ ist, wobei b temperatur-

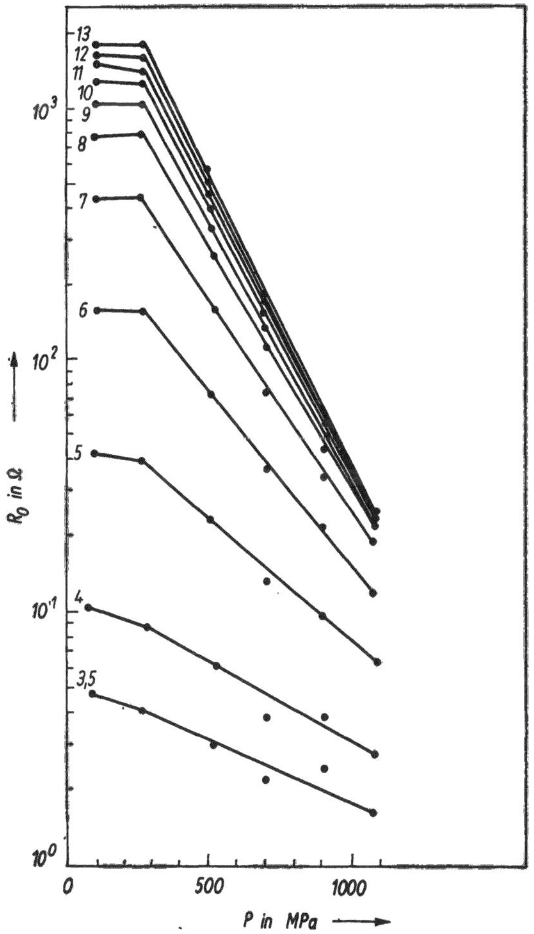

Abb. 6.17. Abhängigkeit des differentiellen Nullpunktwiderstandes von PbTe-pn-Übergängen vom hydrostatischen Druck [61]. Parameter ist $10^3/T$ (in K^{-1})

unabhängig ist und I_0 nur relativ schwach von der Temperatur abhängt. Dieses Verhalten wird mit einem Tunnel-Rekombinations-Prozeß über ein quasikontinuierliches Termspektrum in der verbotenen Zone der pn-Übergänge gedeutet. Ein wesentlicher Anhaltspunkt ist die Temperaturabhängigkeit des differentiellen Nullpunktwiderstands. Eine Entscheidung zwischen einem direkten Temperatureinfluß (bei thermisch aktivierten Prozessen) und dem Einfluß der Barrierenhöhe (d. h. der Energielücke) kann auch durch Messungen unter hydrostatischem Druck erfolgen, der die Energielücke zu variieren gestattet. Die in Abb. 6.17 wiedergegebenen $r_0(P)$-Kurven bestätigen die Aussage zum Tunnel-Rekombinationsmechanismus: r_0 ist bei $10^3/T > 8\ \mathrm{K}^{-1}$ kaum temperaturabhängig, aber stark druckabhängig, d. h., ein thermisch aktivierter Prozeß scheidet als Erklärung aus.

6.2.6. Rekombination von Nichtgleichgewichtsträgern und Photoeffekte

Bei Verringerung der Breite der verbotenen Zone erwartet man, daß für die Rekombination von Nichtgleichgewichts-Elektron-Loch-Paaren zunehmend die Band-Band-Prozesse strahlende Rekombination und Augerrekombination überwiegen. Dies sollte an den IV–VI-Mischkristallsystemen gut sichtbar sein, doch ist diese Tendenz – nicht zuletzt wegen der technologischen Schwierigkeiten, vergleichbare Meßproben mit unterschiedlichem Mischungsverhältnis x herzustellen – bisher nur in wenigen Fällen, z. B. für $Pb_{1-x}Sn_xSe$ [62] überzeugend nachgewiesen worden. Bei Annäherung der Bandlücke an die Energien der Plasmonen, Phononen oder Plasmon-Phonon-Mischmoden werden direkte Rekombinationsprozesse mit diesen Quasiteilchen möglich. So wurde in [62] die starke Abnahme der Photolumineszenzintensität unterhalb $E_g = 50$ meV auf Plasmonenrekombination zurückgeführt. Die in Abb. 6.22a dargestellte magnetische Abstimmung der Interbandlumineszenz in $Pb_{0,81}Sn_{0,19}Se$ [63] war nur bis zu einer Wellenlänge von 34 μm möglich, bei höheren Magnetfeldern wurde keine Lumineszenz beobachtet. Dies wurde in [64] auf eine verstärkte Augerrekombination infolge Resonanz von E_g und dem Niveauabstand der Landauniveaus interpretiert.

Nachdem lange Zeit die Diskussion auf die genannten Prozesse beschränkt blieb, gibt es neuerdings Beweise dafür, daß in speziell dotiertem (kompensiertem) $Pb_{1-x}Sn_xTe$ die von breitlückigen Halbleitern her bekannten Störstellenprozesse für die Rekombination ebenfalls zu beachten sind.

6.2.6.1. Strahlende Rekombination in Bleichalkogeniden

Aus den Bleichalkogeniden PbS, PbSe, PbTe wie aus deren Mischkristallen $Pb_{1-x}Sn_xTe$, $Pb_{1-x}Sn_xSe$ und $PbS_{1-x}Se_x$, aber auch aus $Pb_{1-x}Ge_xTe$, $Pb_{1-x}Cd_xS$ u. ä. können effiziente Injektionslaser hergestellt werden. Während die Stimulation relativ leicht erreicht wird, ist der Nachweis der spontanen Rekombinationsstrahlung vor allem wegen des großen Brechungsindex (s. Abb. 6.13) schwierig. Auf die Bedeutung der optischen Interbandwechselwirkung wurde schon in Abschn. 6.2.3.2. hingewiesen. Lumineszenzuntersuchungen ergeben zwei Beweise für das Vorliegen direkter (erlaubter) Interbandübergänge mit $\boldsymbol{k}$-Erhaltung: 1. die Linienform der spontanen Lumineszenz beim Vergleich mit unterschiedlichen Emissionsmechanismen [65], 2. die Linienlage der Lumineszenz beim Vergleich mit der an denselben Proben gemessenen Absorptionskante [66]. Danach wird die Emission bei Quantenenergien gefunden, bei denen der Absorptionskoeffizient schon $(3 \pm 1) \times 10^3$ cm^{-1} beträgt und sicher durch das Modell direkter erlaubter Band-Band-Übergänge beschrieben wird. Der in Abschn. 6.2.3.2. beschriebene Zugang zur optischen Interbandwechselwirkung im Rahmen des 2-Band- bzw. 6-Band-Modells wurde in der Folge auch auf die Rate der strahlenden Rekombination bzw. das Spektrum der Lumineszenzstrahlung angewendet [66–68], [6] (S. 158), [40, 69]. Im Kaneschen 2-Band-Modell erhält man für die Rate der spontanen Rekombination

$$R_{sp} = \frac{2^{5/2}}{3} \alpha \frac{(1 + P_\parallel^2 \mid P_\perp^2)\, n E_g^{1/2} k T^{7/2}}{P_\parallel c^2 \hbar^3 \pi^2} \int\limits_{u_0}^{\infty} \frac{(u - u_0)^{1/2}\, u^2\, du}{\left[1 + e^{\frac{1}{2}(u-u_0) - \eta_n}\right] \left[1 + e^{\frac{1}{2}(u-u_0) - \eta_p}\right]} \qquad (16)$$

($u_0 = E_g/kT$, $\eta_{n,p}$ reduzierte Quasiferminiveaus der Elektronen bzw. Löcher, bez. der übrigen Symbole siehe Gl. (10)). In Abb. 6.18 sind berechnete Kleinsignallebensdauern bez. strahlender Rekombination in $Pb_{0,78}Sn_{0,22}Te$ und $Pb_{0,91}Sn_{0,09}Se$ dargestellt [40].

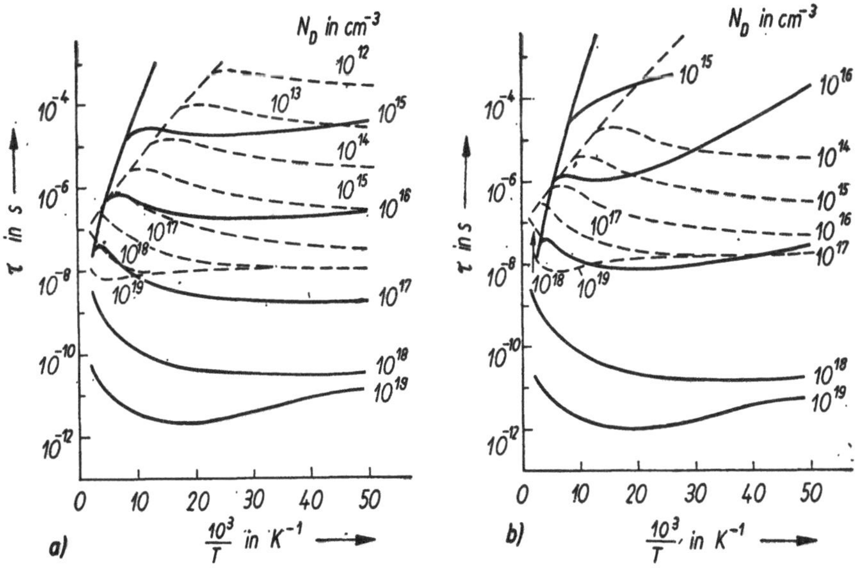

Abb. 6.18. Berechnete Kleinsignallebensdauern für $Pb_{0,78}Sn_{0,22}Te$ (a)) und $Pb_{0,91}Sn_{0,09}Se$ (b)). – – – strahl. Rekombination; —— Augerrekombination (Ein- und Vieltalprozesse berücksichtigt); Scharparameter ist N_D (in cm^{-3}) [40]

Das Gewinnspektrum infolge stimulierter Interbandübergänge bei optischem Pumpen mit einem Neon-Impulslaser wurde für PbTe in der Arbeit [70] gemessen. Die Lumineszenz wurde auch in einem Experiment mit Impulslaseranregung im ps-Bereich zur Sondierung eines Hochdichte-Elektron-Loch-Plasmas in PbTe genutzt (Schwartz et al. ([6] S. 163).

6.2.6.2. Augerrekombination

Während für die strahlende Rekombination bandkantennahe Übergänge überwiegen und daher das Zweibandmodell Gl. (7) eine gute Näherung darstellt, sind an Augerprozessen Ladungsträger bei hohen Energien beteiligt, bei denen sich die unterschiedlichen Bandstrukturmodelle erheblich unterscheiden. Daher sind die Modellrechnungen prinzipiell unsicherer. Wegen der annähernd gleich großen Elektronen- bzw. Löchermassen ist in den Halbleitern mit Steinsalzstruktur eine große Aktivierungsenergie E_A für Band-Band-Augerprozesse und somit nur eine geringe Wirksamkeit dieses Prozesses zu erwarten. Für parabolische Bandstruktur und den eeh-Prozeß (Rekombination eines Elektron-Loch-Paars unter Übertragung der Energie auf ein weiteres Elektron) gilt z. B.

$$E_A = \left(\frac{u}{1+u}\right) E_g\,, \tag{17}$$

wobei u das minimale Massenverhältnis m_n/m_p ist, das in irgendeiner Richtung der Brillouinzone auftritt [40], in den Bleichalkogeniden ist $u \approx 1$. Dabei wurde angenommen, daß alle beteiligten Zustände in der Umgebung eines und desselben L-Punktes gelegen sind. Von Emtage [71] wurde ein weiterer Prozeß postuliert, der aufgrund der Vieltalstruktur möglich wird, nämlich die Übertragung der Energie eines in Tal 1 rekombinierenden Elektron-Loch-Paars auf ein Elektron in einem anderen Tal. Für diesen Prozeß ist die Aktivierungsenergie Gl. (17) um den Faktor $K = m_\parallel/m_\perp = P_\perp^2/P_\parallel^2$ reduziert. In der Näherung starker Anisotropie $K \gg 1$ und parabolischer Bänder ergibt sich die Rekombinationsrate im Bereich nichtentarteter Trägerkonzentrationen zu:

$$\frac{1}{\tau_p} = (2\pi)^{5/2} \left(\frac{z-1}{z^2}\right) n^2 \left(\frac{e^2}{4\pi\varepsilon_0\varepsilon_\infty}\right)^2 (kT)^{1/2}\, E_g^{-7/2}\, \frac{\hbar^3}{m_\parallel^{1/2} m_\perp^{3/2}} \exp\left(-\frac{E_g}{K\cdot 2kT}\right) \tag{18}$$

(z Zahl der Täler). Demzufolge ist eine unterschiedliche Wirksamkeit der Augerrekombination für Halbleiter mit starker Anisotropie ($Pb_{1-x}Sn_xTe$, $K \approx 11$) bzw. geringer Anisotropie ($Pb_{1-x}Sn_xSe$, $K \approx 2$) zu erwarten. Abb. 6.18 demonstriert dies anhand der in [40] berechneten Lebensdauern für die Materialien $Pb_{1-x}Sn_xTe$ ($x = 0{,}22$) und $Pb_{1-x}Sn_xSe$ ($x = 0{,}09$), die bei $T = 100$ K etwa die gleiche Energielücke von 0,1 eV haben. Bei der Augerrekombination wurden sowohl die Eintal- als auch die Vieltalprozesse berücksichtigt. Beim Vergleich der bisher dargelegten Überlegungen mit dem Experiment gibt es ein noch immer widersprüchliches Bild: Einerseits können die Ergebnisse für $Pb_{0,83}Sn_{0,17}Te$ zur Lebensdauer bei starker optischer

Anregung [72] als Bestätigung des Emtagemodells zumindest bei hohen Temperaturen gelten (100 bis 300 K), andererseits scheint Gl. (18) die Augerrekombination bei tiefen Temperaturen überzubewerten, siehe auch die genaueren Rechnungen in [40, 69]. Zu dieser unklaren Situation trägt auch bei, daß die Lebensdauern bei tiefen Temperaturen durch Störstellenprozesse beeinflußt sind (Ungleichheit der Photoleitungs- und PEM-Lebensdauer) und daß indirekte Bestimmungen (z. B. Stromfluß durch pn-Übergänge, Eigenschaften von Fotodioden und Injektionslasern) z. T. sehr widersprüchliche Ergebnisse liefern.

6.2.6.3. Photoeffekte in undotiertem Material

Sofern die durch die Stöchiometrieabweichung bedingten hohen Ladungsträgerkonzentrationen die Messungen von Photoeffekten zulassen, können diese mit Standardmethoden untersucht werden. Entsprechend der Lage der Interbandabsorptionskante im mittleren Infrarot wird das Einsetzen der Grundgitterphotoleitfähigkeit bei $\lambda \approx hc/E_g$ beobachtet. Angesichts der geringen Lebensdauern im Nanosekundenbereich und darunter sind in den schmallückigen Halbleitern Messungen des photoelektromagnetischen Effekts u. U. empfindlicher als Photoleitfähigkeitsmessungen.

Der Kante vorgelagerte Strukturen, die auf Störstellen hinweisen, wurden von mehreren Autoren beobachtet (vgl. [73] bez. PbSe, [74] bez. PbTe).

Direkte Lebensdauermessungen, z. B. mittels Photoleitungsabklingen, erfassen die Majoritätsträgerlebensdauern, die häufig durch Störstellenprozesse vergrößert sind [75]. Zu ähnlichen Resultaten führen Untersuchungen des Schaltverhaltens von pn-Übergängen [76]. Eine günstige Methode zur Erfassung von kleinen Minoritätsträgerlebensdauern besteht in der Bestimmung der Diffusionslänge bei lokaler Abtastung von pn-Übergängen mittels Elektronenstrahl oder mit einer Lasersonde [77]. Selbst bei einer Lebensdauer von 10^{-9} s ergibt sich mit einer Beweglichkeit von 10^4 cm^2/Vs bei 77 K noch eine Diffusionslänge von 2,6 μm, die der Messung zugänglich ist. Abb. 6.19 zeigt ein Beispiel für das Photostromprofil bei lokaler Anregung eines pn-Übergangs in $PbS_{0,1}Se_{0,9}$ mit einem Helium-Neon-Laser. In diesem Material mit relativ hoher Quantenausbeute der strahlenden Rekombination ist eine Verbreiterung des Diffusionsprofils der Minoritätsträger (in Abb. 6.19 als Schulter sichtbar) gegenüber dem unter Berücksichtigung des Laserstrahlprofils berechneten zu beobachten. Diese Erscheinung wird durch Photonentransport infolge des Anteils strahlender Rekombination gedeutet, die Anpassung erfolgte hier unter Annahme einer Quantenausbeute $\eta_s = 0{,}12$. Photonentransport beeinflußt darüber hinaus auch die spektrale Empfindlichkeit von PbSeTe-Photodioden mit tiefliegendem pn-Übergang. [78]: Bei Anregung mit Quantenenergien oberhalb der Energielücke wird noch ein deutlicher pn-Photoeffekt beobachtet, obwohl wegen des großen Interbandabsorptionskoeffizienten von einigen 10^4 cm^{-1} keine Strahlung zum pn-Übergang gelangt. Dies ist nur so zu interpretieren, daß das primäre Anregungslicht an der Oberfläche Elektron-Loch-Paare erzeugt, die z. T. strahlend rekombinieren, wobei diese kantennahe Rekombinationsstrahlung wegen der Bursteinverschiebung der Absorptionskante im stark dotierten schmallückigen Halbleiter eine große Eindringtiefe besitzt und daher bis zum tiefliegenden pn-Übergang gelangen kann.

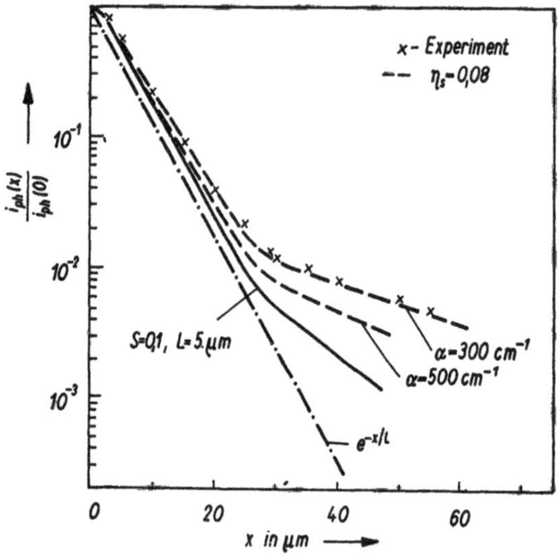

Abb. 6.19. Photostromprofil eines pn-Übergangs in $PbS_{0,1}Se_{0,9}$ bei Anregung mit einer Helium-Neon-Laser-Sonde. x ist der Abstand der Lasersonde vom pn-Übergang. × Experiment; die durchgezogenen Kurven sind berechnet: —— ohne Berücksichtigung von Photonentransport; – – – unter Berücksichtigung von Photonentransport; mit einem Absorptionskoeffizienten $K = 300$ und 500 cm^{-1}; zum Vergleich ist $e^{-x/L}$ für die gleiche Diffusionslänge $L = 5$ µm eingetragen [77]

6.2.6.4. Oberflächen- und Grenzflächenrekombination, Rekombination an Defekten

Für die spektrale Photoleitfähigkeit der schmallückigen Halbleiter spielt die Oberflächenrekombination nur eine geringe Rolle, da hier nicht die Oberflächenrekombinationsgeschwindigkeit s (mit typischen Werten von 10^4 bis 10^5 cm/s) direkt, sondern über das Verhältnis $S = s\sqrt{\tau/D}$ eingeht und die kleinen Lebensdauern und großen Diffusionskoeffizienten D kleine S-Werte zur Folge haben (typisch 0,1 bis 1). Andererseits beeinflußt die Oberflächenrekombination entscheidend den Sperrwiderstand von pn-Übergängen wie auch in der spezifischen Form als Grenzflächenrekombination an der inneren Oberfläche eines Heteroübergangs die Eigenschaften von Heterolasern und Heterofotodioden.

In Heterofotodioden und Heterolasern ist die Rekombination durch zwei Ursachen beschleunigt, durch Versetzungen, die infolge der Gitterfehlanpassung entstehen, und durch zusätzliche Defekte bei unvollkommenem technologischem Regime. Für die (100)-Grenzfläche zweier kubisch flächenzentrierter Kristalle mit den Gitterkonstanten a_1 und a_2 ist rein geometrisch die Dichte der hängenden Bindungen $N_{\text{if}} = 4\ (a_1^{-2} - a_2^{-2})$. In Heteroübergängen innerhalb eines Mischkristallsystems ist die Gitterfehlanpassung durch die Kompositionsdifferenz Δx und die Gitterkonstantenvariation gegeben. Für $Pb_{1-x}Sn_xTe$ gilt z. B. d ln a/dx = −2,1 %, mit $a(Pb_{0,8}Sn_{0,2}Te) = 0{,}646$ nm wird

$$N_{\text{if}} = \frac{8}{a^2} \frac{\mathrm{d} \ln a}{\mathrm{d}x} \Delta x = 4 \times 10^{13}\, \Delta x\,. \tag{19}$$

Bei Annahme eines Rekombinationszentrums mit einem Einfangquerschnitt von $\sigma_{\text{if}} = 1{,}5 \times 10^{-15}$ cm pro hängender Bindung wird mit $v_{\text{th}} = 10^7$ cm/s die Grenzflächenrekombinationsgeschwindigkeit $s_{\text{if}} = N_{\text{if}} \sigma_{\text{if}} v_{\text{th}} = 6 \times 10^5 \Delta x$ in cm/s. Eben dieser Wert wurde aus dem Anschwingverhalten von Doppelheterolasern bei $T = 5$ K bestimmt [79]. In der Verringerung dieses Wertes und der Vermeidung zusätzlicher technologiebedingter rekombinationswirksamer Defekte besteht das Anliegen der gitterangepaßten Strukturen (s. [80] und Abb. 6.6). Spezifische Aussagen zur Wirkung bestimmter Defekte liegen bisher kaum vor, doch ist bekannt, daß Versetzungen die Lebensdauer der Nichtgleichgewichtsträger und z. B. die Ausgangsleistung von Lasern herabsetzen.

6.2.6.5. Photoeffekte in dotierten Materialien

Im PbS, dem breitlückigsten der Bleichalkogenide, sind sensibilisierende Zentren bekannt, die in p-PbS zu hohen Majoritätsträgerlebensdauern durch Haften der Minoritätsträger führen, so daß dieses Material zur Herstellung empfindlicher Fotowiderstände geeignet ist [81]. In den schmallückigeren Bleichalkogeniden sind derartige Fragestellungen zunächst nicht bearbeitet worden, weil man ursprünglich vorwiegend Resonanzstörstellen gefunden hatte und weil man sich mit den Fotodioden aus diesen Materialien sehr schnell dem umgebungsstrahlungsbegrenzten Detektor nähern konnte, so daß kein Interesse an Fotowiderständen bestand. Besonders in stark mit In oder Ga dotiertem $Pb_{1-x}Sn_xTe$ sind Störstellenkonfigurationen gefunden worden, die den Dotierungspegel mit flachen Störstellen so weit senken, daß tiefe Zentren in den Transport- wie in den Photoeffekten sichtbar werden. Dazu gehören vor allem PbTe:Ga und $Pb_{0,78}Se_{0,22}Te$:In, verwandte Effekte wurden aber auch in undotiertem PbSnTe und in PbGeTe beobachtet. Für diese Materialien werden bei tiefen Temperaturen stark ausgeprägte Majoritätsträger-Photoeffekte gefunden: Die aus dem Photohalleffekt (Abb. 6.14) bestimmte totale Nichtgleichgewichtsträgerkonzentration pro Flächeneinheit nimmt ebenso wie die Kleinsignal-Photoleitungslebensdauer τ_n zu tiefen Temperaturen hin exponentiell zu (Abb. 6.20), wobei die charakteristische Energie etwa gleich der Aktivierungsenergie der Dunkelleitfähigkeit ist [74]. Die chemische Natur dieser Störstellen ist noch weitgehend unklar, ebenso der offenbar wirksame Selbstkompensationsmechanismus, der bewirkt, daß die Niveaudichten weit unter der In- bzw. Ga-Konzentration von etwa 0,5 At.-% liegen. Die exponentielle Zunahme von Δn endet bei einer materialspezifischen Temperatur ($T \approx 16$ K in $Pb_{0,78}Sn_{0,22}Te$:In, $T \approx 35$ K in PbTe:Ga), die stationäre Leitfähigkeitserhöhung beträgt im Tieftemperaturbereich bis zu 9 Größenordnungen. Da für die betrachteten Halbleiter

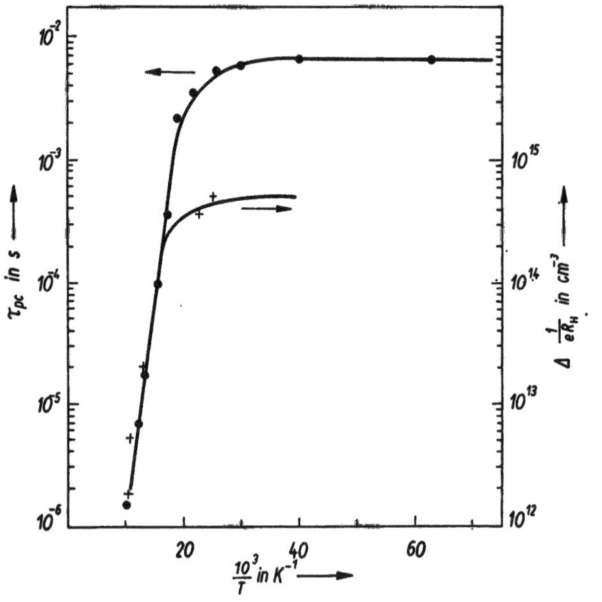

Abb. 6.20. Temperaturabhängigkeit der Kleinsignallebensdauer τ_{pc} sowie der aus dem Photohalleffekt bei starker Anregung bestimmten totalen Nichtgleichgewichtsträgerkonzentration (Anregung mit etwa 1 mW bei $\lambda = 1{,}15$ µm) für PbTe: Ga [74]

schwarze Strahlung mit $T = 300$ K zumindest teilweise in den Bereich der Grundgitterabsorption fällt, sind die Materialeigenschaften völlig durch die Umgebungsstrahlung bestimmt, wenn nicht in einem Kryostaten mit allseitig auf $T = 4{,}2$ K abgekühlten Wänden gearbeitet wird [82, 58].

Unterhalb der obengenannten kritischen Temperaturen ist ein großer Anteil der Photoleitfähigkeit nach starker Anregung praktisch eingefroren, die Relaxation dieser Restphotoleitfähigkeit erfolgt nicht exponentiell und extrem langsam nach dem Gesetz

$$\frac{\sigma(t) - \sigma_0}{\sigma(0)} = At^{-\alpha}, \tag{20}$$

wobei mit wachsender Anregungsintensität der Parameter α kleiner (d. h. der photoleitende Zustand stabiler) wird und in PbTe:Ga bei Anregung mit etwa

1 mW He-Ne-Laserstrahlung den extrem kleinen Wert von etwa 5×10^{-3} erreicht (s. Abb. 6.21).

Die Restphotoleitfähigkeit kann durch elektrische Feldimpulse gelöscht werden [58]. Zur Interpretation dieser Tieftemperatureffekte aufgestellte phänomenologische Modelle [83, 84] stecken ebenso noch in den Anfängen

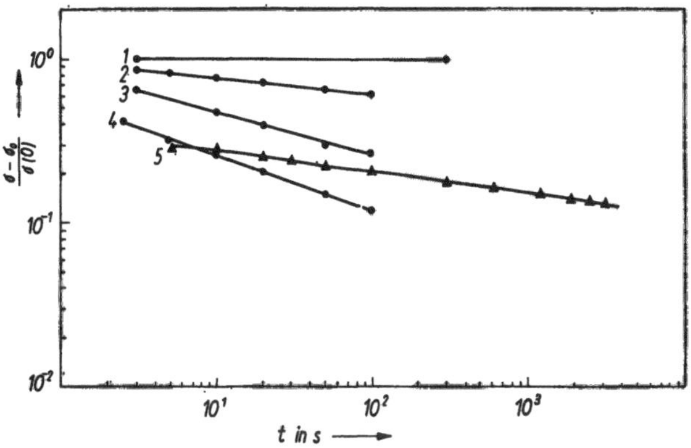

Abb. 6.21. Relaxation der Restphotoleitfähigkeit in $Pb_{0,78}Sn_{0,22}Te$: In (△) und PbTe: Ga (●) bei $T = 4{,}2$ K nach Anregung mit folgenden Intensitäten: *1* $I_0 = 1$ mW; *2* $7{,}4 \times 10^{-3}\ I_0$, $\alpha = 0{,}09$; *3* $8{,}1 \times 10^{-4}\ I_0$, $\alpha = 0{,}27$; *4* $2{,}3 \times \times 10^{-4}\ I_0$, $\alpha = 0{,}35$; *5* I_0, $\alpha = 0{,}1$ (α siehe Gl. (20))

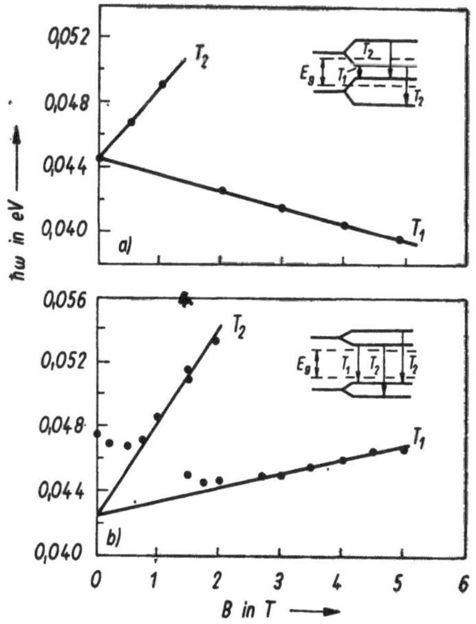

Abb. 6.22. Magnetfeldabhängigkeit der Lumineszenzlinienlage in $Pb_{1-x}Sn_xSe$ [63]. $x = 0{,}19$ (a); $x = 0{,}1$ (b)

wie mikroskopische Interpretationsversuche im Rahmen inhomogener Modelle (makroskopische bzw. mikroskopische Barrieren [85]) bzw. homogene Modelle mit Gitterrelaxation beim Elektroneneinfang auf Zentren [49].

6.2.7. Magnetische Eigenschaften

Das Verhalten von paramagnetischen Mn^{2+}-Ionen in PbTe und $Pb_{1-x}Sn_xTe$ wurde ähnlich wie in mangandotiertem $Hg_{1-x}Cd_xTe$ mit der Zielstellung untersucht, die Austausch-Wechselwirkung der freien Ladungsträger mit den lokalisierten 3d-Ionen des Mn-Zentrums zu studieren. Dazu wurden vor allem Magnetotransportuntersuchungen (Schubnikow-de-Haas-Effekt, s. Niewodniczánska [6] (S. 326), und Magneto-Thermo-EMK [86]) sowie Suszeptibilitätsmessungen [86] durchgeführt. Bez. der magnetischen Eigenschaften schmallückiger Halbleiter s. auch bei Falkovskii [5] (S. 266) und Abb. 6.22.

6.3. Anwendungen und Ausblick

Die IV–VI-Hableiter werden vor allem für optoelektronische Bauelemente – Strahlungsempfänger und -emitter – im infraroten Spektralbereich eingesetzt. Die Materialauswahl erfolgt im wesentlichen unter dem Gesichtspunkt der Anpassung der Energielücke an den gewünschten Spektralbereich.

6.3.1. Infrarot-Strahlungsempfänger

Infrarotstrahlungsempfänger werden durch die spezifische Nachweisempfindlichkeit gekennzeichnet, einen Güteparameter, der den Kehrwert der bez. Empfängerfläche und Nachweisbandbreite normierten rauschäquivalenten Strahlungsleistung angibt. Für Empfänger aus den Bleichalkogeniden PbS, PbSe, PbTe und $Pb_{1-x}Sn_xTe$ ($0 \leq x \leq 0{,}22$) ist charakteristisch, daß bereits bei einer Senkung der Arbeitstemperatur auf $T = 77$ K das halbleiterspezifische Rauschen so weit abgesenkt ist, daß das Rauschen des durch die Umgebungsstrahlung hervorgerufenen Photostroms im jeweiligen Spektralbereich überwiegt, d. h. daß der Detektor die Nachweisempfindlichkeit des umgebungsstrahlungsbegrenzten Detektors zumindest für 2π Gesichtsfeldwinkel erreicht (Abb. 6.23). Darin sind diese Detektoren etwa bis zu einer Grenzwellenlänge von 14 µm den Störstellenphotoleitungs-Detektoren aus dotiertem Germanium überlegen.

6.3.1.1. Fotodioden

Fotodioden besitzen den Vorzug einer geringen Zeitkonstante. Die Zeitauflösung ist in den Bleichalkogeniden wegen der großen statischen Dielektrizitätskonstante RC-begrenzt, es werden aber immerhin Demodulationsbandbreiten von etwa 1 GHz erreicht. In Fotodioden kommen diffundierte oder implantierte pn-Übergänge zur Anwendung, im einfachsten Fall wird der pn-Übergang in einem homogenen Einkristall erzeugt. Moderne Fotodioden werden aus epitaktisch abgeschiedenen Schichten hergestellt.

Die Nachweisempfindlichkeit der nicht vorgespannten Fotodiode, zu deren Rauschen nur das thermische Rauschen des Diodenwiderstands r_0 und das Rauschen der Hintergrundstrahlung beitragen, ist gegeben durch

$$D^* = \frac{\eta_{\rm eff}\lambda e}{hc}\left[\frac{4kT}{r_0 A} + 2e^2\eta_{\rm eff}\Phi_{\rm B}\right]^{-1/2}, \tag{21}$$

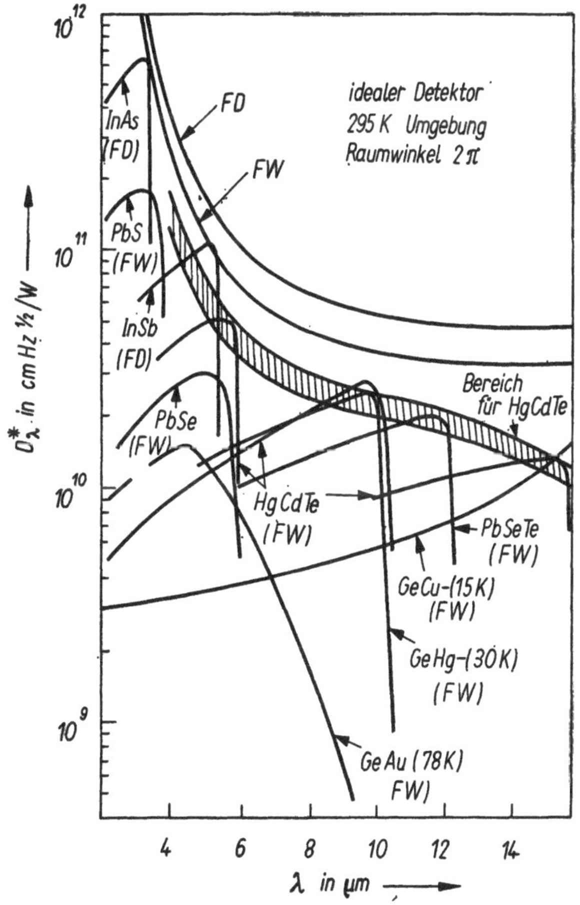

Abb. 6.23. Spezifische spektrale Nachweisempfindlichkeit von Infrarotdetektoren aus IV–VI-Halbleitern im Vergleich mit Störstellenphotoleitungsdetektoren und dem idealen (umgebungsstrahlungsbegrenzten) Detektor. *FW* Fotowiderstand, *FD* Fotodiode. Bei den Ge-Detektoren sind in Klammern die Betriebstemperaturen angegeben

wobei η_{eff} die effektive Quantenausbeute, A die Diodenfläche und Φ_B die Quantenflußdichte der Hintergrundstrahlung ist, die in den Grundgitterabsorptionsbereich des Materials fällt. Zur Minimierung des Detektoreigenrauschens (1. Beitrag) sind hohe Quantenausbeuten und hohe Nullpunktwiderstände erforderlich. Zur Annäherung der Quantenausbeute an den theoretischen Grenzwert $(1-R)$, der allein durch Reflexionsverluste bestimmt ist, bzw. bei Entspiegelung der Diode an den Wert Eins müssen geringe Absorptions- und Rekombinationsverluste erreicht werden. Wegen der großen statischen Dielektrizitätskonstante und der hohen defektbedingten Ladungsträgerkonzentrationen werden nur geringe Weiten der Raumladungszone von typisch einigen Zehntel µm für Dioden mit 10 µm Grenzwellenlänge erreicht, so daß in der Raumladungszone keine vollständige Umsetzung der Strahlung erfolgen kann und auch der Beitrag des rückseitigen Bahngebiets zur Quantenausbeute optimiert werden muß. Wegen der direkten Absorptionskante und der damit bereits in der Umgebung der Kante hohen Absorptionskoeffizienten K von einigen $10^4\,\mathrm{cm}^{-1}$ (s. Gl. (10)) müssen Homo-pn-Übergänge sehr flach unter der Oberfläche liegen, eine Notwendigkeit, die sich z. B. im Silicium mit der infolge indirekter Übergänge sehr flachen Absorptionskante erst für die Anhebung der Blauempfindlichkeit ergibt. Abb. 6.24 demon-

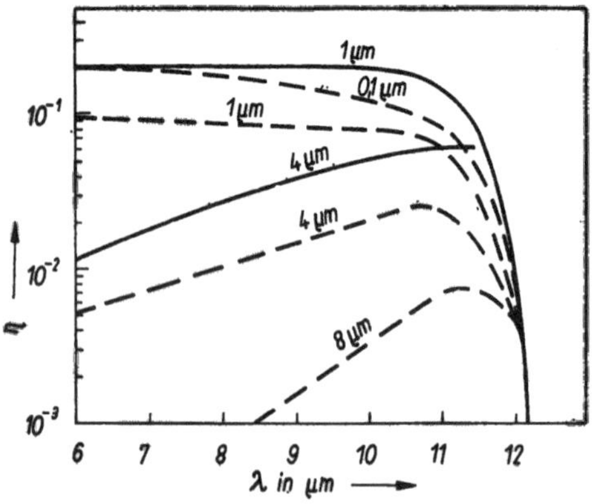

Abb. 6.24. Modellrechnungen zum Beitrag der Raumladungszone der Weite W_ϱ zur Quantenausbeute von $Pb_{1-x}Sn_xTe$-Fotodioden (E_g(77 K) = 0,1 eV) in Abhängigkeit von der Wellenlänge [87]. Parameter ist die Entfernung der Raumladungszone von der Oberfläche (in µm), —— $W_\varrho = 0{,}85$ µm; – – – $W_\varrho = 0{,}25$ µm

striert das anhand von Modellrechnungen [87] für eine $Pb_{1-x}Sn_xTe$-Fotodiode mit $E_g = 0{,}1$ eV. Die hohen Absorptionskoeffizienten begünstigen zwar einen hohen Beitrag des Bahngebiets zur Quantenausbeute und damit eine hohe Quantenausbeute insgesamt:

$$\eta_{\mathrm{gesamt}} = (1-R)\left(1-\frac{e^{-KW_\varrho}}{1+K\cdot L}\right), \tag{22}$$

werden. Gitteranpassung zwischen Substrat und Epitaxieschicht verringert die zusätzliche Rekombination an gitterfehlanpassungsbedingten Defekten [91]. Einige Daten von Fotodioden sind in Tab. 6.6 zusammengestellt.

Tabelle 6.6.
Eigenschaften von IV–VI-Fotodioden bei $T = 77$ K

Material	Technologie	λ_{max} in µm	Gesichtsfeld-winkel	η in %	D^* in cm $Hz^{1/2}W^{-1}$	τ in ns
PbSnTe/PbTe	LPE	10,6	45°	50	1×10^{11}	
$PbSnSe/BaF_2$	MBE-Schottky	10,1	26°	50	$5{,}2 \times 10^{10}$	
PbTe	Schottky	5,5	10°		$3{,}7 \times 10^{11}$	
PbSnTe	n^+p	11,5	180°		3×10^{9}	15

6.3.1.2. Fotowiderstände

Fotowiderstände bieten gegenüber Fotodioden den Vorteil, daß eine innere Fotostromverstärkung um den Faktor τ_{maj}/t_{tr} (τ_{maj} Majoritätsträgerlebensdauer, t_{tr} Laufzeit der Träger durch das Bauelement) erreicht wird. Dies hebt den Signalpegel an, so daß das Rauschen des Eingangsverstärkers weniger wirksam wird. Dieser Effekt ist besonders wichtig bei großen Majoritätsträgerlebensdauern und bedeutet zugleich einen Nachteil für die Zeitauflösung.

Die Nachweisempfindlichkeit eines Fotowiderstandsdetektors ist bei monopolarer Fotoleitfähigkeit proportional $(\tau_{maj}/n_{maj})^{1/2}$. Hohe Werte dieses Parameters werden in geeignet sensibilisiertem PbS erreicht (s. Abschn. 6.2.6.5.), so daß PbS-Fotowiderstände noch bei $T = 193$ K ein D^*_{max} (2,7 µm) von 7×10^{11} cm $Hz^{1/2}W^{-1}$ nahe dem umgebungsstrahlungsbegrenzten Detektor erreichen (Zeitkonstante 5 ms).

In den schmallückigeren Bleichalkogeniden PbSe, PbTe und $Pb_{1-x}Sn_xTe$ dagegen erreicht der Quotient τ_{maj}/n_{maj} selbst bei Kühlung auf 77 K üblicherweise nicht die erforderlichen hohen Werte, so daß hier nur Fotodioden sinnvoll sind. Eine Ausnahme bildet hier das PbTe : Ga. Die in Abschn. 6.2.6.5. beschriebenen Eigenschaften führen ebenfalls zu $\tau_{maj}/\tau_{min} \gg 1$ und zu großen τ_{maj}/n_{maj}-Werten, so daß bei $T = 77$ K sogar herab bis zur sehr kleinen Gesichtsfeldwinkeln umgebungsstrahlungsbegrenzter Betrieb möglich ist. Bei einer Zeitkonstante von 10 µs werden D^*_{max} (5,6 µm) $= 5 \times 10^{11}$ cm $Hz^{1/2}W^{-1}$ erreicht [83].

6.3.1.3. Integrierte Infrarotempfänger

Das Interesse an integrierten Infrarotempfängeranordnungen im Spektralbereich 3 bis 14 µm (2. und 3. atmosphärisches Fenster) ist hauptsächlich in der angestrebten Verbesserung der Eigenschaften von Geräten zur bildlichen Darstellung von Temperaturverteilungen auf Objekten mittels Messung der von ihnen ausgehenden Infrarotstrahlung begründet (Infrarot-Bildaufnahme,

Thermographie). Mit dem Einsatz integrierter Empfänger werden folgende Verbesserungen möglich:

- Verringerung der nachweisbaren Temperaturdifferenz (derzeit bei 0,1 bis 0,5 K);
- Messung bei möglichst geringen Objekttemperaturen (derzeit bei −20 °C möglich);
- Erhöhung der Bildpunktzahl bis zur Fernsehnorm;
- Echtzeitbildaufbau;
- Ablösung der bisher angewendeten mechanischen Bildabtastung;
- Erhöhung der Gebrauchseigenschaften und Senkung der Kosten.

Gemessen an dieser Zielstellung, sind bisher mit den Bleichalkogeniden (PbSe, PbTe, $PbS_{1-x}Se_x$ für das 2. atmosphärische Fenster 3,0 bis 5,5 μm, $Pb_{0,8}Sn_{0,2}Te$ für das 3. atmosphärische Fenster 8 bis 14 μm) erreichte Ergebnisse als Zwischenstufen einzuschätzen. Solche Zwischenstufen beinhalten:

- diskret ansteuerbare Diodenzeilen – Realisierungsvarianten z. B. 44- bzw. 124-Element-PbSnTe-Diodenzeilen [92, 93], wobei die Einzeldiode eine typische Fläche von (1 bis 2) $\times 10^{-5}$ cm² hat;
- Arbeiten zu MIS-Strukturen als Grundelemente ladungsgekoppelter Bauelemente (CCD). Wegen der mit abnehmender Energielücke zunehmenden Leckströme von Raumladungsstrukturen sind diese Arbeiten bisher vor allem für die breitlückigeren Bleichalkogenide erfolgreich. So wurden aus PbS MIS-Strukturen vom Typ Ti/Au$-SiO_2-$PbS hergestellt (Melngailis [5] S. 558), die eine Ladung von 2×10^{12} Elektronen pro cm² über einen Zeitraum von 1 s speichern können. Das wäre ausreichend für ein IR-CCD mit 30 Bildwechseln pro Sekunde.
- Arbeiten zur Hybridisierung von IV–VI-Fotodioden mit Silicium-CCD-Bauelementen zur Informationsauslese insbesondere im längerwelligen Spektralbereich, in dem die Isolationseigenschaften von CCDs aus den IV–VI-Halbleitern selbst nicht ausreichen. Die hybridisierungsgerechte Empfängervariante ist dabei die Fotodiode mit Rückseiteneinstrahlung [94].

Neben der Integration gleichartiger Elemente zur Infrarot-Bildaufnahme sind auch monolithische Multispektraldetektoren entwickelt worden [95], z. B. durch Integration von $Pb_{0,8}Sn_{0,2}$ Te-Dioden für den 8 bis 14-μm-Bereich mit PbTe-Dioden für den 3 bis 5-μm-Bereich. Solche Anordnungen sind z. B. für Verhältnispyrometer erforderlich.

6.3.1.4. Vergleich mit $Hg_{1-x}Cd_xTe$

Die Entwicklung von Strahlungsempfängern für das atmosphärische Fenster 8 bis 14 μm führte sowohl bei $Hg_{1-x}Cd_xTe$ als auch bei $Pb_{1-x}Sn_xTe$ zu umgebungsstrahlungsbegrenzten Einzeldetektoren. Zu Beginn der 80er Jahre wurde insbesondere durch Fortschritte in der LPE-Technologie und bei der Oberflächenpassivierung die Überlegenheit von HgCdTe sichtbar, die sich in folgenden Punkten zusammenfassen läßt (Baars [6] S. 280, Lopez-Otero [6] S. 217, Melngailis [5] S. 558):

- leichtere Passivierung mit Eigenoxiden;

da die Zunahme des effektiven Brechungsindex mit abnehmender Energielücke schwächer ist als die Zunahme von $\lambda^2 \sim E_g^{-2}$. Dies führt zu dem Vorteil, daß relativ leicht ein Anschwingen in einer (oder wenigen) Mode(n) erreicht werden kann, besonders bei tiefen Temperaturen, wenn das Verstärkungsprofil schmal ist. Allerdings erfordert das Anschwingen allein von Axialmoden eine ausgefeilte Technologie.

6.3.2.2. Abstimmung von Bleisalzlasern

Die Abstimmung der Laser auf die gewünschte Wellenlänge erfolgt durch die Wahl der Zusammensetzung (Festlegung des Spektralbereichs), durch die Temperatur (Grobabstimmung), durch den Diodenstrom (Feinabstimmung), ferner durch Druck und Magnetfelder. Zur Kompositionsabstimmung siehe Abb. 6.26 und Tab. 6.4. Grundlage der Temperaturabstimmung ist der experimentelle Befund, daß die Linienlage in einem weiten Temperaturbereich durch $\hbar\omega = E_g + (1/2 \text{ bis } 1)\, kT$ gegeben ist. Der Temperaturdurchstimmbereich ist damit durch die maximal erreichbare E_g-Änderung, d. h.

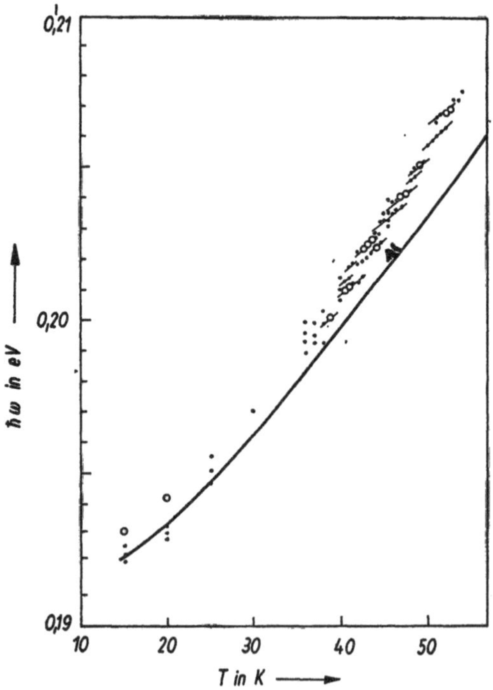

Abb. 6.27. Temperaturdurchstimmung der Linienlage eines PbTe-Injektionslasers [99]. Die durchgezogene Kurve beschreibt $E_g(T) + kT/2$; die Punkte bedeuten identifizierte Moden, einander sicher zugeordnete Moden sind miteinander verbunden

durch die maximale Arbeitstemperatur des Lasers gegeben. Mit $dE_g/dT \approx \approx 0{,}45$ meV K^{-1} und $T_{max} = 100$ K folgt als Orientierungswert für die Wellenzahländerung $\Delta\tilde{\nu} \approx 500$ cm^{-1}. Im Dauerstrichbetrieb sind etwa $\Delta\tilde{\nu} = 300$ cm^{-1} nutzbar, das bedeutet z. B. in $Pb_{0,782}-Sn_{0,218}Te$ eine Durchstimmung von $\lambda = 15$ µm (bei $T = 12$ K) bis $\lambda = 8{,}5$ µm (bei $T = 114$ K) [98]. Dabei ist zu beachten, daß wegen der um etwa einen Faktor 5 größeren Temperaturdurchstimmung von E_g und damit des Verstärkungsprofils gegenüber der Temperaturdurchstimmung einer individuellen Axialmode (aufgrund der Temperaturabhängigkeit des Brechungsindex und der Wärmeausdehnung) innerhalb einer bestimmten Mode nur um 1 bis 2 cm^{-1} durchgestimmt werden kann; bei weiterer Temperaturänderung gerät diese Mode außerhalb des Verstärkungsprofils, und es erfolgt ein Sprung in eine benachbarte Mode (Abb. 6.27). Versuche mit Lasern mit verteilter Rückkopplung – eine solche Struktur ist in Abb. 6.28 dargestellt – zeigten, daß die Temperaturdurch-

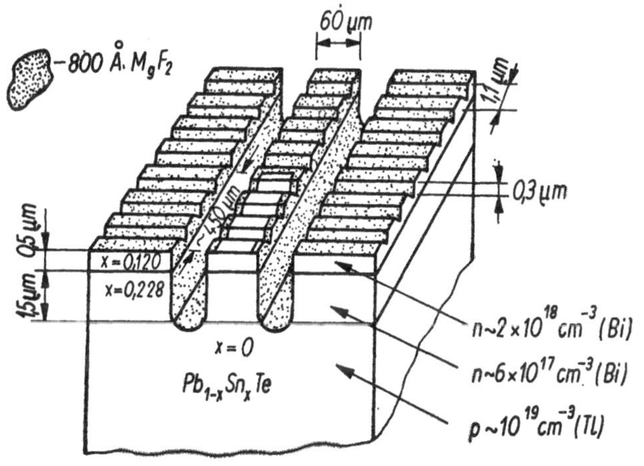

Abb. 6.28. Struktur eines PbSnTe-Doppelheterolasers mit verteilter Rückkopplung [21]. Zustand vor der Metallisierung

stimmung der DFB-Moden tatsächlich wesentlich geringer ist als die Temperaturdurchstimmung der (bisher ausschließlich betrachteten) Fabry-Perot-Moden, allerdings wird dieser Vorteil dadurch erkauft, daß die Ausgangsleistung des Lasers auch nur in einem sehr engen Temperaturbereich brauchbare Werte annimmt. Der erreichte Durchstimmbereich innerhalb der DFB-Mode betrug 7 cm^{-1} [21].

Für spezielle Untersuchungen kann die Druckabstimmung von Bedeutung sein [39, 100]. Die Abstimmung durch Magnetfelder wurde bereits im Zusammenhang mit Abb. 6.22 diskutiert.

äußert, daß technologische Mängel in der Prozeßführung bei der Herstellung der Heterostrukturen die hohen Schwellstromdichten bedingen. Eine gewisse Bestätigung findet diese Erklärung durch die Ergebnisse an gitterangepaßten Strukturen, z. B. für den 10-µm-Bereich vom Typ $Pb_{0,79}Sn_{0,21}Te/PbTe_{0,92}Se_{0,08}$ (Fonstad [6] S. 286), doch werden durch diese Erklärung die experimentell bestimmten Werte für die Grenzflächenrekombinationsgeschwindigkeit zweifelhaft.

Eine Erklärung außerhalb der bisher diskutierten Mechanismen haben Oron et al. [106] vorgeschlagen, die eine Abnahme der Injektionseffizienz infolge bei tiefen Temperaturen zusätzlich fließender Tunnelströme nachgewiesen haben. Insofern als es sich dabei möglicherweise um die in Abschn. 6.2.5.4. diskutierten Tunnel-Rekombinationsströme [60] handelt, dürfte doch ein Zusammenhang mit technologisch bedingten Defekten bestehen.

Eine Zusammenstellung von Eigenschaften realisierter Bleisalzlaser gibt Tab. 6.7.

Tabelle 6.7.
Eigenschaften von IV–VI-Injektionslasern im cw-Betrieb (Melngailis [5] S. 558)

Material	Technologie	λ-Bereich in µm	T_{max} in K	P_{max} in mW
PbSnTe/PbTe	LPE-DH	8,2 ... 10,5	80	1,2
PbSnTe/PbTe	MBE-DH	8,5 ... 15,9	114	0,1
PbSnTe	Diffusion	7,7 ... 8,6	61	0,9
PbSnSe/PbSe	CID-SH	7 ... 9	95	4
		23 ... 30	45	0,04
PbSe	VPE-DH	6,5 ... 8,5	120	1
PbSSe	CID-SH	4,07 ... 4,9	90	37
PbS	Diffusion	4,3		200

6.3.2.4. Anwendung von IV-VI-Halbleiter-Diodenlasern

Hauptanwendungsgebiete der Bleisalzdiodenlaser sind [107, 108]:

- die hochauflösende Infrarotspektroskopie für wissenschaftliche Zwecke unter voller Ausnutzung der potentiellen Linienbreite von minimal 10^{-4} cm^{-1};
- die quantitative Analyse von Spurenverunreinigungen in der Atmosphäre unter Ausnutzung einer an die Linienbreite von druckverbreiterten Rotationsschwingungslinien angepaßten Auflösung von etwa 0,1 cm^{-1}. Untersuchungsgegenstand war die Analyse von CO, SO_2, C_2H_4, C_6H_6, O_3, NH_3 u. a. Ein Anwendungsbeispiel zur CO-Analyse zeigt Abb. 6.30. Bei Streckenlängen von etwa 100 m (mit Retroreflektor) kann eine Empfindlichkeit von 1 bis 10 ppb erreicht werden.
- Prozeßkontrolle, insbesondere zum parallelen Nachweis mehrerer Spezies;
- Isotopenanalyse;
- optischer Heterodynempfang.

Die Entwicklung der spektroskopischen Verfahren erfolgte sowohl für den Dauerstrich- als auch für den Impulsbetrieb. Im Impulsbetrieb kann durch geeignete Wahl der Ansteuerimpulsform die Durchstimmgeschwindigkeit eingestellt werden, z. B. auf 0,3 cm^{-1} μs^{-1} [110].

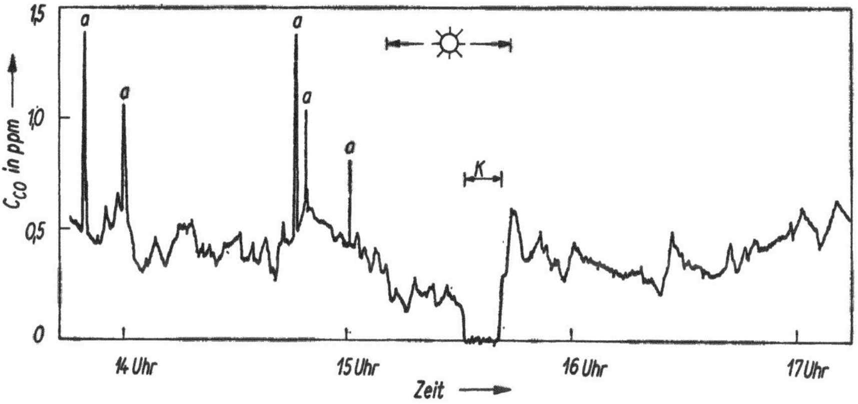

Abb. 6.30. Anwendungsbeispiel für Laserspektroskopie mit einem auf eine CO-Linie abgestimmten Pb(S, Se)-Laser. Dargestellt ist der zeitliche Verlauf der CO-Konzentration auf einer 300 m langen Meßstrecke in einem Institutshof. Die mit *a* bezeichneten Spitzen korrelieren mit startendem LKW. Bei *K* ist zur Kontrolle der Strahlengang geschlossen [109]

Literatur zu Kapitel 6

[1] Les Composés Semi-Conducteurs IV–VI (Proceedings of the conference held at Giv–Sur–Yvett), Journal de Physique 29, supplement no. 11–12 (1968).
[2] The Physics of Semimetals and Narrow-Gap Semiconductors, Proceedings of the Conference held at Dallas 20./21. 3. 1970 (ed. D. L. Carter, A. T. Bate). New York: 1970.
[3] Physics of IV–VI compounds and alloys (ed. S. Rabii). London: Gordon and Breach Science Publishers 1974.
[4] Physics of Small-Gap Semiconductors, Proc. 3rd Intern. Conf., Warsaw 1977. Warsaw: PWN–Polish Scientific Publishers 1978.
[5] Narrow Gap Semiconductors, Physics and Applications, Proc. Intern. Summer School at Nîmes 1979, Lecture Note in Physics 133. Berlin: Springer-Verlag 1980.
[6] Physics of Narrow Gap Semiconductors, Proc. 4th Intern. Conf. held at Linz, Austria 1981, Lecture Note in Physics 152. Berlin: Springer-Verlag 1982.
[7] Selenium and Tellurium Abstracts, A monthly publication of the Chemical Abstracts Service, published by the American Chemical Society.
[8] Abrikosov, N. Ch.; Shelimova, L. J.: Poluprovodnikovye materialy na osnove soedinenij $A^{IV}B^{VI}$. Moskva: Nauka 1968.
[9] Ravich, Ju. I.; Efimova, B. A.; Smirnov, I. A.: Metody issledovanija poluprovodnikov v primenenii k chal'kogenidam svinca PbTe, PbSe i PbS. Moskva: Nauka 1968.

[75] Lischka, K.; Huber, W.: Solid State Electron. 21 (1978) 1509.
[76] Nguyen Van Vuong; Hoerstel, W.: Wiss. Zs. Humboldt-Univ. Berlin, math.-nat. R. **30** (1981) 99.
[77] Bremser, W.: Dissertation, Humboldt-Univ. Berlin 1983.
[78] Jedrzejczak, A.; Guillot, D.; Martinez, G.: Phys. Rev. **B 17** (1978) 829.
[79] Kasemset, D.; Fonstad, C. G.: Appl. Phys. Letters **34** (1979) 432.
[80] Kasemset, D.; Rotter, S.; Fonstad, C. G.: J. of Electronic Materials **10** (1981) 863.
[81] Espevik, S.; Chen-ho Wu; Bube, R. H.: J. Appl. Phys. **42** (1971) 3513.
[82] Vul, B. M.; Voronova, I. D.; Kaljuzhnaya, G. A.; Mamedov, T. S.; Ragimova, T. I.: Zh. eksper. i teor. Fiz.-Pis'ma **29** (1979) 21.
[83] Möllmann, K.-P.: Dissertation, Humboldt-Univ. Berlin 1983.
[84] Vul, B. M.; Grishechkina, S. P.; Ragimova, T. S.: Fiz. techn. poluprov. **16** (1982) 1452.
[85] Vinogradov, V. S.; Voronova, I. D.; Ragimova, T. S.; Shotov, A. P.: Fiz. techn. poluprov. **15** (1981) 361.
[86] Lashkarev, G. V.; Kikodze, R. O.; Radchenko, M. V.; Slynko, E. I.; Marchuk, I. Z.: Fiz. techn. poluprov. **13** (1979) 1548.
[87] Behrendt, R.; Herrmann, K. H.; Wendlandt, R.: Proc. 8th Intern. IMEKO TC-2- symposium on Photon Detectors, Prague (1978), S. 72.
[88] Wrobel, J. S.: USA-Patent 3, 911, 469 vom 7. Okt. 1975.
[89] Andrews, A. M.; Longo, J. T.; Clarke, J. E.; Gertner, E. R.: Appl. Phys. Letters **26** (1975) 438.
[90] Wang, C. C.; Kim, M. E.: J. Appl. Phys. **50** (1979) 3733.
[91] Rotter, S.; Kasemset, D.; Fonstad, C. G.: IEEE Electron Device Letters **EDL-3** (1982) 66.
[92] Wang, C. C.; Lorenzo, J. S.: Infrared Physics **17** (1977) 83.
[93] Chia, P. S.; Balon, J. R.; Lockwood, A. H.; Randall, D. M.; Renda, F. J.; DeVaux, L. H.; Kimura, H.: Infrared Physics **15** (1975) 279.
[94] Longo, J. T.; Cheung, D. T.; Andrews, A. M.; Wang, C. C.; Tracy, J. M.: IEEE Trans. Electron Devices **ED-25** (1978) 213.
[95] Lockwood, A. H.; Balon, J. R.; Chia, P. S.; Renda, F. J.: Infrared Physics **16** (1976) 509.
[96] Lo, W.; Swets, D. E.: Appl. Phys. Letters **36** (1980) 450.
[97] Harman, T. C.: J. Phys. Chem. Solids **32** (1971) 363.
[98] Walpole, J. N.; Calawa, A. R.; Harman, T. C.; Groves, S. H.: Appl. Phys. Letters **28** (1976) 552.
[99] Tomm, J.: Dissertation, Humboldt-Univers. Berlin 1983; Herrmann, Ka., et al.: Wiss. Z. Humboldt-Univ. Berlin, math.-nat. R. **30** (1981) 107.
[100] Zasavitskii, I. I.; Chizhevskii, E. G.; Shotov, A. P.: Kvantovaya elektronika **5** (1978) 692.
[101] Kasemset, D.; Rotter, S.; Fonstad, C. G.: IEEE Electron Device Letters **EDL-1** (1980) 75.
[102] Kasemset, D.; Fonstad, C. G.: IEEE J. Quantum Electronics **QE-18** (1982) 1078.
[103] Lo, W.: J. Appl. Phys. **52** (1981) 900.
[104] Tomasetta, L. R.; Fonstad, C. G.: IEEE J. Quantum Electronics **QE-11** (1975) 384.
[105] Lo, W.: IEEE J. Quantum Electronics **QE-13** (1977) 591.
[106] Oron, M.; Zussmann, A.; Katzir, A.: Infrared Physics **22** (1982) 171.
[107] Eng, R. S.; Butler, J. F.; Linden, K. J.: Optical Engineering **19** (1980) 945.

[108] Preier, H.: Berichte Phys.-Techn. Bundesamt Braunschweig, PTB-Me-13.
[109] Kosichkin, Ju. V.: Kvantovaya elektronika 8 (1981) 1771.
[110] Zasavitskii, I. I.; Kosichkin, Ju. V.; Perov, A. N.; Polyakov, Ju. A.; Shirokov, A. M.; Shotov, A. P.: P. N. Lebedyev Physical Institute of the Academy of Sciences of the U.S.S.R. Moscow, Preprint No. 150 (1981).

Zu einigen aktuellen Ergebnissen

Die Darstellung von Supergittern, vor allem vom Typ PbTe/PbSnTe, gelingt mit der Hot-wall-Methode [111] und mittels MBE [112]. Die Dotierung von PbSnTe mit Ag und Bi wird in [113] untersucht.

Ergebnisse zu den optischen Eigenschaften im Grundgitter siehe [114], im Bereich der indirekten optischen Übergänge siehe [115]. Im Rahmen des Kane-Modells konnte die x-Abhängigkeit des Brechungsindex von Mischkristallen quantitativ beschrieben werden [116]. In [117] wurde ein Einfluß der dynamischen Bandauffüllung auf den Brechungsindex festgestellt.

Störstellen in IV-VI-Halbleitern referiert [118]. Mit dem Jahn-Teller-Zentrum in PbSnTe: In (s. S. 270) wurde die negative Photoleitfähigkeit bei tiefen [119] und die starke unipolare Photoempfindlichkeit bei hohen Temperaturen [120] verknüpft. Interbandphotoleitfähigkeit konnte an $Pb_{0,70}Sn_{0,30}Te$: In bis zu $\lambda_g = 40$ µm nachgewiesen werden ($S_U = 3000$ V/W bei $T = 5$ K [121]).

Für Injektionslaser wurde die Wellenlänge bis auf 46,2 µm vergrößert ($(PbSe)_{0,80}(SnTe)_{0,20}/PbTe_{0,68}Se_{0,32}$ bei $T = 5$ K [122]), mit quantum-well-Lasern konnte Dauerstrichbetrieb bei 4,39 µm bis zu $T = 174$ K erreicht werden (PbTe-quantum-well, gitterangepaßt an $Pb_{1-x}Eu_xSe_yTe_{1-y}$ [123]).

[111] Kinoshita, H.; Fujiyasu, H.: J. Appl. Phys. **51** (1980) 5845.
[112] Murase, K.; Shimomura, S.; Takaoka, S.; Ishida, A.; Fujiyasu, H.: Superlattices and Microstructures **1** (1985) 177.
[113] Gorina, Ju. I.; Zajnudinov, S.; Kaljuzhnaya, G. A.; Kiseleva, K. V.; Sal'man, V. M.: Neorgan. Mat. **20** (1984) 1112.
[114] Gelmont, B. L.; Globus, T. R.; Matveenko, A. V.: Solid State Comm. **38** (1981) 931.
[115] Kolezhuk, K. V.; Kudykina, T. A.; Samojlova, I. A.; Fedorus, G. A.: Ukr. fiz. Zh. **29** (1984) 346.
[116] Jensen, B.; Torabi, A.: IEEE J. Quantum Electronics **QE-20** (1984) 618; Appl. Phys. Lett. **45** (1984) 266.
[117] Herrmann, K.; Tomm, J. W.: Infrared Phys. **25** (1985) 29.
[118] Lischka, K.: Appl. Phys. **A 29** (1982) 177.
[119] Zasavitskii, I. I.; Lischka, K.; Heinrich, H.: Fiz. techn. poluprov. **19** (1985) 1058.
[120] Herrmann, K. H.; Möllmann, K.-P.: phys. stat. sol. (a) **80** (1983) 541.
[121] Herrmann, K. H.; Möllmann, K.-P.: phys. stat. sol. (a) **91** (1985).
[122] Kurbatov, L. N., et al.: Zh. eksper. teor. Fiz. – Pis'ma **37** (1983) 422.
[123] Partin, D. L.: Superlattices and Microstructures **1** (1985) 131.

Verwiesen sei hierzu auf die Arbeiten von Golcman et al. [8] und Stecker et al. [9, 10].

Für die amorphen und kristallinen Modifikationen ist gleichermaßen von Interesse, daß durch die Bildung von Mischsystemen das Materialverhalten in gezielter Weise beeinflußt werden kann. Als Beispiel für den amorphen Zustand steht As_2Se_3—As_2Te_3, und bei den Kristallen spielt das System Bi_2Te_3—Sb_2Te_3 eine große Rolle.

Das Problem der Abweichung der Materialzusammensetzung von der Stöchiometrie, das generell für alle Verbindungshalbleiter Bedeutung besitzt, wirkt sich auch hier stark aus. Die Abweichung von der Stöchiometrie ist verbunden mit einer wesentlichen Beeinflussung der Eigenschaften, wobei Details hierzu teilweise noch unbekannt sind.

7.1. Darstellung

Sowohl Einkristalle der V_2VI_3-halbleitenden Verbindungen als auch amorphe Strukturen werden vorrangig aus der Schmelze gezüchtet. Bei den glasartigen Strukturen arbeitet man häufig mit großen Abkühlgeschwindigkeiten. Zur Gewinnung amorpher Filme eignet sich teilweise die Züchtung aus der Gasphase oder die Elektronen- bzw. Ionenstrahlzerstäubung mit anschließendem Niederschlag auf einem Substratmaterial.

7.1.1. Darstellung von homogenen Einkristallen

Bei der Darstellung von Verbindungshalbleitern ist der Homogenitätsbereich der Verbindung von besonderer Bedeutung. Während die III–V-Verbindungen wie GaAs, GaP und InSb einen außerordentlich scharf begrenzten Zustandsbereich bei 50 At.-% besitzen (S. 20 bzw. [11]), ist bei den als thermoelektrische Materialien für die Anwendung wichtigen Halbleiterkristallen Bi_2Te_3, Sb_2Te_3 und Bi_2Se_3 dieser Bereich ausgedehnter. Stellvertretend für diese Substanzen unter den halbleitenden V_2VI_3-Verbindungen sollen die Verhältnisse am Zustandsdiagramm des Systems Sb—Te erörtert werden. Es ist in Abb. 7.1 dargestellt. Aufgrund der qualitativen Ähnlichkeit der Zustandsdiagramme Sb—Te und Bi—Te (besonders auf der Te-reichen Seite) lassen sich die für die Kristalldarstellung wichtigsten Bedingungen auch gemeinsam beschreiben.

Beide binäre Systeme bilden in der Nähe des stöchiometrischen Verhältnisses 2 : 3 eine kongruent schmelzende Verbindung mit einer Abweichung von der Stöchiometrie in Richtung eines Bi- bzw. Sb-Überschusses. Die Zusammensetzung an diesem Schmelzpunkt beträgt bei Bi_2Te_3 59,935 At.-% Te und bei Sb_2Te_3 59,60 At.-% Te [13]. Die kongruenten Schmelzpunkte liegen für Bi_2Te_3 bei 586 °C [14] und für Sb_2Te_3 bei 622 °C [15]. Das Homogenitätsgebiet dieser δ-Phasen hat bei Bi_2Te_3 auf der Te-reichen Seite ein Maximum bei 520 °C mit etwa 60,2 At.-% Te und auf der Bi-reichen Seite bei 560 °C mit 59,75 At.-% Te. Bei Sb_2Te_3 ist nach [15] das Homogenitätsgebiet der δ-Phase bei 550 °C am breitesten mit den Grenzen 59,4 und 59,7 At.-% Te.

Die Stöchiometrieabweichungen der kongruent schmelzenden Verbindungen mit den retrograden Löslichkeiten der Komponenten erzeugen fehlordnungsbedingte Ladungsträgerkonzentrationen (s. Abschn. 7.2.1.).

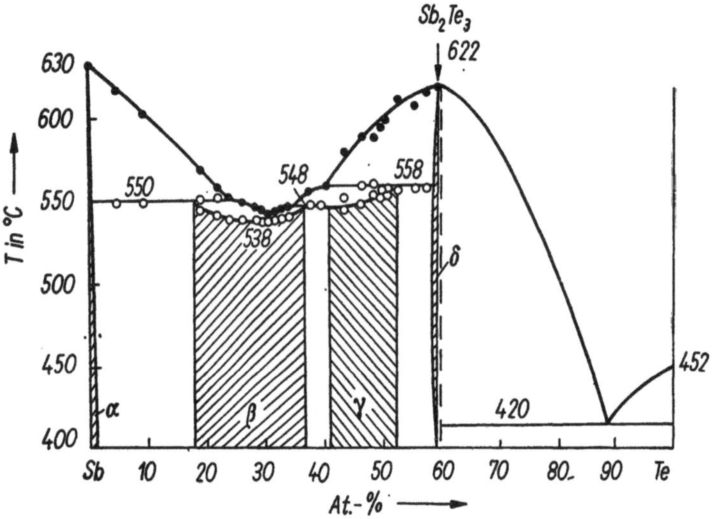

Abb. 7.1. Zustandsdiagramm des Systems Sb–Te nach Abrikosov aus [12]

Die δ-Phasen bilden mit Te bei 413 °C (Bi_2Te_3–Te) bzw. 420 °C (Sb_2Te_3–Te) Eutektika (bei etwa 90 At.-% Te). Zusammensetzungen der Schmelze mit etwas höherem Bi- bzw. Sb-Gehalt als es dem Homogenitätsgebiet der δ-Phase entspricht, zerfallen bei 563 °C (Bi_2Te_3) bzw. 558 °C (Sb_2Te_3) peritektisch in die δ- und γ-Phase.

Faßt man die δ-Phasen des Bi_2Te_3 und Sb_2Te_3 als ein pseudobinäres System auf, dann bildet es eine lückenlose Reihe von Substitutionsmischkristallen $(Bi_{1-x}Sb_x)_2Te_3$ ($0 \leqq x \leqq 1$). Bei Bi–Sb-Verhältnissen von 2 : 1 und 1 : 2 ist der Gleichgewichtsverteilungskoeffizient von Bi_2Te_3 in Sb_2Te_3 gleich Eins und bei den übrigen Zusammensetzungen nur wenig kleiner als Eins.

Kompakte Bi_2Te_3-, Sb_2Te_3- und Bi_2Se_3-Einkristalle sowie deren Mischkristalle werden meist nach dem Bridgman-Verfahren oder durch Zonenkristallisation hergestellt. Folgendes Vorgehen hat sich bewährt: Innenkalibrierte zylindrische Quarzampullen mit konisch auslaufender Spitze oder Keimauswahlstrecke werden nach Substanzeinwaage nach mehrfachem Spülen mit H_2 bei einem Druck von etwa 0,15 Pa abgeschmolzen, und bei etwa 800 °C wird das geschmolzene Material mehrere Stunden unter Mithilfe von mechanischer Durchmischung in einem Schaukelofen synthetisiert. Von einem Temperaturplateau von etwa 750 °C wird die homogenisierte Schmelze mit einer Geschwindigkeit von kleiner 4 mm · h^{-1} durch einen Temperaturgradienten von etwa 100 K · cm^{-1} vertikal abgesenkt. Die Verwendung innenkalibrierter Quarzampullen hat den Vorteil, daß die kristallisierten Stäbe den Quarzampullen ohne mechanische Beanspruchung entnommen und die kalibrierten Ampullenteile mehrfach verwendet werden können.

Das schichtförmige Kristallgitter (s. Abschn. 7.2.1.) mit den Bindungsverhältnissen bedingt, daß das bevorzugte Wachstum der Kristalle so erfolgt, daß sich Spaltflächen hauptsächlich parallel zur Ampullenlängsachse ausbilden. Die Spaltflächennormale ist die kristallographische c-Achse.

Aus dem Kristallisationsverhalten geht hervor, daß einkristalline Proben besonders unter den Aspekten der Kristallorientierung und der Kristallhomogenität zu charakterisieren sind. Eine Homogenität von Bi_2Te_3-, Sb_2Te_3-, Bi_2Se_3- oder $(Bi_{1-x}Sb_x)_2Te_3$-Einkristallen zu erreichen, ist relativ schwierig. Dies resultiert aus den Besonderheiten der entsprechenden Zustandsdiagramme. Durch Konzentrationsschwankungen sowohl innerhalb des Gebietes der δ-Phase als auch über deren Grenzen hinaus, können In-

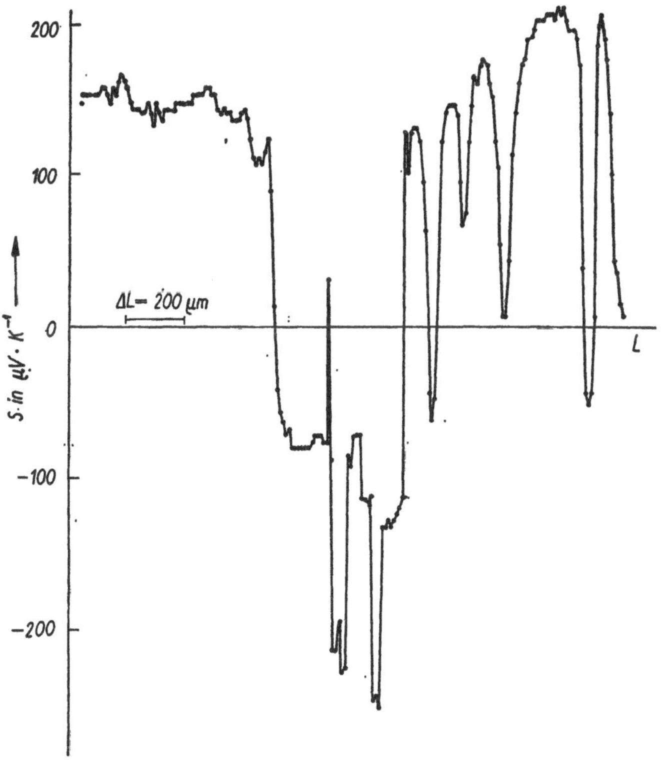

Abb. 7.2. Ortsabhängigkeit der differentiellen Thermospannung S auf einer (0001)-Fläche (hexagonales System) eines $(Bi_{0,5}Sb_{0,5})_2Te_3$-Kristalls (mit 1 At.-% Te-Überschuß in der Ausgangsschmelze) senkrecht zur Ziehrichtung nach Süßmann et al. [18]

homogenitäten entstehen. Schließt die δ-Phase die stöchiometrische Zusammensetzung ein, so kann es zu einem pn-Wechsel kommen. Beim Überschreiten der Grenze der δ-Phase entstehen Ausscheidungen anderer Phasen (vgl. hierzu [16]). All dies kann sich auch in mikroskopischen Bereichen vollziehen. Solche Mikroinhomogenitäten [17, 18] können starke Auswirkungen besonders auf die Transporteigenschaften der Kristalle haben (s. Abschn. 7.2.4.). Hierauf beruht auch eine erfolgreich praktizierte Nachweismethode. In Abb. 7.2 ist deutlich die mit einer Thermospannungssonde gemessene starke Variation des Seebeck-Koeffizienten in Abhängigkeit vom Kristallort auf einer Kristallfläche zu sehen. Dabei zeigt der Vorzeichenwechsel der differentiellen Thermospannung sogar das Alternieren von elektronen- und löcherleitenden Gebieten in Mikrometerabständen an.

Zur Gewinnung von Einkristallen hat sich auch das Czochralski-Verfahren bewährt, wenn die Ziehrichtung mit der Richtung der *c*-Achse zusammenfällt. Erzwingt der Keim ein Wachstum senkrecht zur *c*-Achse, dann wird dem Kristall eine unnatürliche Anisotropie aufgeprägt, die die durch die Kristallsymmetrie (s. Abschn. 7.2.1.) geforderte Richtungsunabhängigkeit von physikalischen Eigenschaften innerhalb der Spaltfläche verletzt [19].

Die Chalkogenide des Arsens As_2S_3, As_2Se_3 und As_2Te_3 können als Kristalle auch mit Hilfe des Bridgman-Verfahrens dargestellt werden. Wegen der ausgeprägten Tendenz zur Glasbildung ist es besonders schwierig, As_2S_3 in kristalliner Form aus der Schmelze zu züchten [20]. Selbst bei geringen Abkühlgeschwindigkeiten von etwa 10^{-3} K · s^{-1} – bei Abkühlung von typischen Schmelzampullen von einigen 10 g Inhalt an Luft betragen die Geschwindigkeiten 1 bis 10 K · s^{-1} – verfestigen sich Arsensulfid und Arsenselenid noch im amorphen Zustand [21]. Von kristallinem As_2S_3 gibt es auch natürliche Aufkommen (das gelbe Mineral Auripigment), und solche Kristalle werden – besonders im Vergleich zur technisch wichtigeren und leicht darstellbaren amorphen Modifikation – durchaus ebenfalls zum Gegenstand der Grundlagenforschung gemacht [22]. Arsentellurid läßt sich relativ leicht nach dem Bridgman-Verfahren kristallisieren. Einkristalline As_2Se_3-Schichten wurden auch durch Abscheiden aus der Dampfphase erzeugt.

7.1.2. Darstellung glasartiger Strukturen

Zur Darstellung amorpher Halbleiter gibt es eine Reihe gebräuchlicher Verfahren, die in ihren wesentlichen Grundlagen in zusammenfassender Weise von Süptitz [21, 23] und Feltz [24] beschrieben wurden.

Will man den Glaszustand durch Abkühlen einer Schmelze erreichen, so gilt es, die Kristallisation zu unterbinden. Besonders der Glasbildungsbereich und die Abkühlgeschwindigkeit spielen hier eine entscheidende Rolle. Für den Prozeß der Glasbildung besitzen Abweichungen von der Stöchiometrie eine untergeordnete Bedeutung. Während Abkühlraten von 1 bis 10 K · s^{-1} noch völlig ausreichen, um z. B. As_2S_3 oder As_2Se_3 amorph darstellen zu können, sind z. B. für das glasige Erstarren von As_2Te_3 schon Abkühlgeschwindigkeiten von 10^2 bis 10^3 K · s^{-1} erforderlich. Solche Verhältnisse erzielt man durch das rasche Abkühlen von Schmelztropfen in einer Flüssigkeit oder zwischen zusammenschlagenden Platten. Die Aufbereitung der Schmelze erfolgt in ähnlicher Weise wie bei der beschriebenen Kristallisation nach Bridgman.

Eine häufig angewendete Methode zur Herstellung besonders amorpher halbleitender Schichten ist das thermische Verdampfen. Dabei erfolgt eine Aufheizung der vorgelegten Substanz – dies kann auch in vorteilhafter Weise durch Elektronenbeschuß geschehen – mit anschließendem Niederschlag auf einem gekühlten Substrat. Insbesondere bei den mehrkomponentigen Systemen der Chalkogenidhalbleiter kann das thermische Verdampfen zu einer Fraktionierung führen. Eine zu starke Fraktionierung läßt sich dadurch verhindern, daß eine Flash-Verdampfung erfolgt. Dabei werden kleine Mengen der zu verdampfenden Substanz auf dem erhitzten Verdampfer blitzartig in den gasförmigen Zustand überführt. Der damit erzielte Abbau der Fraktionierung wurde für As_2Se_3 nachgewiesen (s. [21]). Ein Verfahren zur Herstellung von Schichten, das bei fast allen Substanzen, die eine amorphe Modifikation besitzen, angewendet werden kann, ist die Zerstäubung eines Materialtargets durch Ionenbeschuß mit anschließender Kondensation. In der Regel weisen dabei das Targetmaterial und die amorphe Schicht bezüglich ihrer Zusammensetzung keine Unterschiede auf.

Zur Darstellung bestimmter Substanzen können neben den genannten universell einsetzbaren Verfahren auch spezielle naßchemische Methoden zum Einsatz kommen. Z. B. läßt sich amorphes As_2S_3 aus einer As_2O_3/HCl-Lösung ausfällen, durch die man H_2S leitet. In analoger Weise kann ein amorpher Sb_2S_3-Niederschlag hergestellt werden [21].

7.2. Eigenschaften

Bei der Aufzählung und Bewertung von Eigenschaften der V_2VI_3-Halbleiter stellt der hier zur Verfügung stehende Umfang die größte Einschränkung dar. In dem gesteckten Rahmen sollen die Akzente auf die kristallinen Halbleiter gelegt werden. Dabei ergibt es sich, daß die Substanzen Bi_2Te_3, Sb_2Te_3 und Bi_2Se_3 einschließlich ihrer Mischkristalle sich von den übrigen Vertretern dieser Gruppe bezüglich des erreichten Wissensstandes und der anwendungstechnischen Bedeutung klar positiv abheben.

7.2.1. Kristallstruktur und chemische Bindung

Einige Eigenschaften der kristallinen V_2VI_3-Verbindungen sind in Tab. 7.1 zusammengestellt. Weil durch die Kristallstruktur schon wesentlich die physikalischen Eigenschaften geprägt werden, soll die auffällige Gliederung der anisotropen Gitter in das *trigonale*, *orthorhombische* und *monokline* Kristallsystem auch weiterhin als Einteilung dienen.

Das Gitter der im *trigonalen* System kristallisierenden isomorphen Halbleiter Sb_2Te_3, Bi_2Te_3 und Bi_2Se_3 (Struktur des Bi_2Te_2S: Tetradymitstruktur) besitzt eine rhomboedrische Elementarzelle, deren Basis entsprechend dem

Tabelle 7.1.
Ausgewählte Eigenschaften halbleitender V_2VI_3-Kristalle

Verbindung	Gitterparameter Längen in 10^{-10} m	Schmelzpunkt in °C	Dichte (20 °C) in g cm^{-3}
	trigonal $R\bar{3}m$ (D_{3d}^5)		
Sb_2Te_3	$a =$ 4,26	622 [26]	6,57 [8]
	$c =$ 30,46 [25]		
Bi_2Te_3	$a =$ 4,38	585 [26]	7,82 [12]
	$c =$ 30,49 [25]		
Bi_2Se_3	$a =$ 4,14	706 [26]	7,40 [12]
	$c =$ 28,64 [25]		
	orthorhombisch $Pbnm$ (D_{2h}^{16})		
Sb_2Se_3	$a =$ 11,62	617 [27b]	5,89 [28]
	$b =$ 11,77		
	$c =$ 3,96 [28]		
Sb_2S_3	$a =$ 11,25	550 [27b]	4,61 [29]
	$b =$ 11,33		
	$c =$ 3,84 [29]		
Bi_2S_3	$a =$ 11,15	775 [27a]	6,81 [27a]
	$b =$ 11,30		
	$c =$ 3,98 [27a]		
	monoklin $P2_1/n$ (C_{2h}^5)		
As_2Se_3	$a =$ 12,13	358 [34]	4,85 [30]
	$b =$ 9,94		
	$c =$ 4,30		
	$\beta =$ 90,5° [30]		
As_2S_3	$a =$ 11,48	300 [31]	3,43 [31]
	$b =$ 9,58		
	$c =$ 4,26		
	$\beta =$ 90,7° [32]		
Bi_2O_3	$a =$ 7,50	824 [27a]	9,20 [33]
	$b =$ 8,17		
	$c =$ 5,85		
	$\beta =$ 112,8° [33]		
	monoklin $C2/m$ (C_{2h}^3)		
As_2Te_3	$a =$ 14,4	362 [12]	6,0 [12]
	$b =$ 4,05		
	$c =$ 9,92		
	$\beta =$ 97° [8]		

Molekül aus fünf Atomen besteht. Um den für diese Kristalle typischen Schichtaufbau besser demonstrieren zu können, erfolgt häufig auch eine Transformation in das hexagonale System, wie in Abb. 7.3 am Beispiel des Bi_2Te_3-Kristalls dargestellt. Charakteristisch für diese hexagonale Elementarzelle ist die dreimalige Schichtfolge

$$---Te^1–Me–Te^2–Me–Te^1---.$$

Me steht dabei für die Elemente Bi oder Sb. Für Bi_2Se_3 gilt dies analog. Eine wesentliche mechanische Eigenschaft der Kristalle dieser Gruppe ist ihre ausgeprägt leichte Spaltbarkeit senkrecht zur trigonalen c-Achse, die bindungschemisch ihre Ursache in der schwachen van-der-Waals-Wechselwirkung zwischen den benachbarten Te^1- bzw. Se^1-Schichten hat. Bei Einkristallen ist

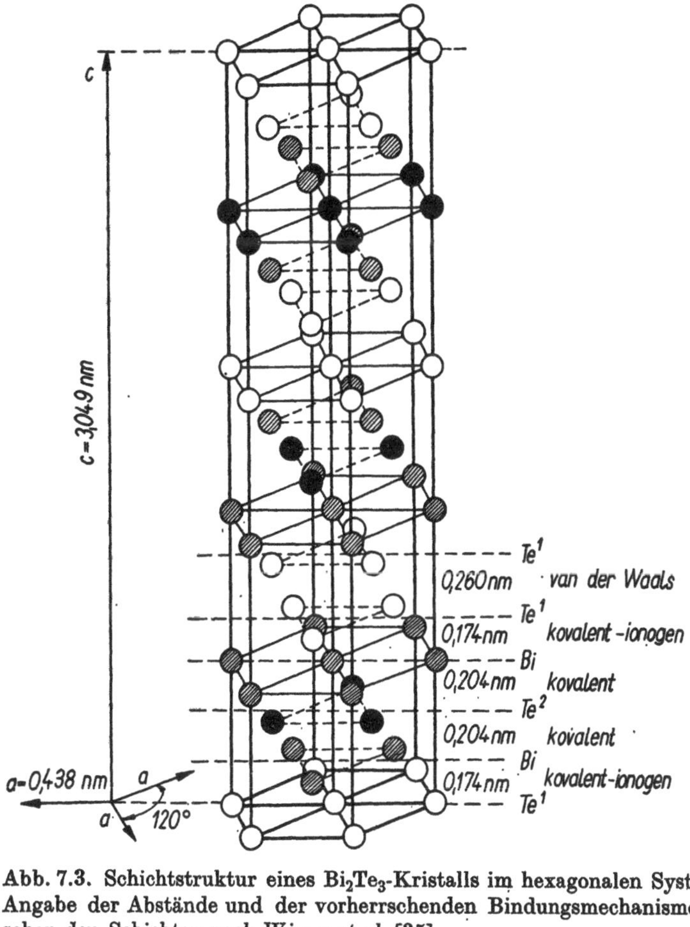

Abb. 7.3. Schichtstruktur eines Bi_2Te_3-Kristalls im hexagonalen System mit Angabe der Abstände und der vorherrschenden Bindungsmechanismen zwischen den Schichten nach Wiese et al. [35]

diese Spaltebene eine hochspiegelnde Fläche. Der Charakter der chemischen Bindung von Bi_2Te_3, Sb_2Te_3 und Bi_2Se_3 unterscheidet sich nur quantitativ, wobei besonders der ionogene Anteil bei Bi_2Se_3 erhöht ist.

Trotz dieser kristallographischen Analogien weisen die Realkristalle auch bemerkenswerte Unterschiede auf. Die durch Stöchiometrieabweichungen erzeugten Punktdefekte – die Metallkomponenten Sb bzw. Bi werden bevorzugt eingebaut – bewirken, daß aus stöchiometrischen Schmelzen Bi_2Te_3 und Sb_2Te_3 stets als p-Halbleiter kristallisieren, während Bi_2Se_3 aber n-leitend ist. Bei Sb_2Te_3 ist diese Fehlordnung so gravierend, daß keine Invertierung zum n-Leitungstyp möglich ist. Auf die unterschiedliche Art der Gitterfehlordnung in Bi_2Te_3 und Sb_2Te_3 haben Süßmann et al. [36] und Priemuth [37] hingewiesen. Das Verhalten von Fremddotierungen (Cu, J, Ge, Mn) in den trigonalen V_2–VI_3-Kristallen wurde ausführlich von Horák et al. [38–42] studiert. Quasibinäre Systeme aus Bi_2Te_3, Sb_2Te_3 und Bi_2Se_3 bilden jeweils lückenlose Mischkristallreihen.

Auf dem ältesten Stand befinden sich heute noch die Kenntnisse über die Struktur und die Bindung der *orthorhombischen* Kristalle Sb_2S_3, Bi_2S_3 und Sb_2Se_3 [27b], die in der Antimonsulfid-Struktur kristallisieren. Die Atome werden hier im wesentlichen durch kovalente Bindungen zusammengehalten, und zwar derart, daß sie Ketten der Zusammensetzung $(Sb_4S_6)_n$ bilden, die parallel zur c-Achse verlaufen. Die Ketten ordnen sich in Ebenen an, deren Normale die b-Achse ist. Längs dieser Ebenen spaltet z. B. Sb_2S_3 mit spiegelnder Oberfläche. Ferner bestehen Resonanzbindungen.

In dem niedersymmetrischen *monoklinen* System kristallisieren As_2S_3, As_2Se_3, Bi_2O_3 und As_2Te_3, wobei die Gitter der ersten drei Verbindungen isomorph sind. Das Auripigment (As_2S_3) gibt diesem Strukturtyp seinen Namen. Die Kristalle besitzen eine stark ausgeprägte Schichtstruktur, die von Zallen et al. [22], Mullen et al. [32] und Klein et al. [43] beschrieben wurde. Sie ist in Abb. 7.4 veranschaulicht. Die Spaltfläche ist hier die a-c-Ebene. Die Elementarzelle enthält 20 Atome, entsprechend vier Formeleinheiten. Die Schichten untereinander sind nur durch van-der-Waals-Kräfte sehr schwach gebunden, weshalb diese Substanzen auch als Molekülkristalle aufgefaßt werden können. Weil sich die Symmetrie des vollständigen Kristalls von der der einzelnen Schicht unterscheidet, hat das auch spürbare Auswirkungen auf das Gitterschwingungsspektrum und die elektronische Bandstruktur (s. Abschn. 7.2.2. und 7.2.3.).

7.2.2. Gitterdynamische Eigenschaften

Die gitterdynamischen Eigenschaften von Kristallen sind auf das engste mit den mechanischen und den infrarot-optischen Eigenschaften verbunden. Jenkins et al. [44] ermittelten durch Ultraschallmessungen an Bi_2Te_3-Kristallen die sechs voneinander unabhängigen Elastizitätsmoduln über einen weiten Temperaturbereich (4–280 K) und gaben eine Debye-Temperatur von $T_D = 164{,}9 \pm 0{,}2$ K an. Alle Moduln fallen monoton mit wachsender Temperatur und sind in der Größenordnung von einigen 10^{10} N · m^{-2}. Die Ergebnisse wurden zur Konstruktion eines Born-Karman-Gittermodells genutzt, bei dem Zentral- und Winkelkräfte zwischen nächsten Nachbarn berücksichtigt wurden. Die damit berechnete Debye-Temperatur T_D für Null K ist in guter Übereinstimmung mit kalorischen Messungen. Allerdings zeigt ein Vergleich zwischen der berechneten und der gemessenen spezifischen Wärme an, daß das gewählte Modell zu einfach ist, um das Bi_2Te_3-Gitter richtig zu beschreiben. Ähnlich wie beim Bi-Kristall ist es auch hier erforderlich, noch die Kräfte zwischen dritt- und viertnächst benachbarten Atomen im Gittermodell mit zu erfassen.

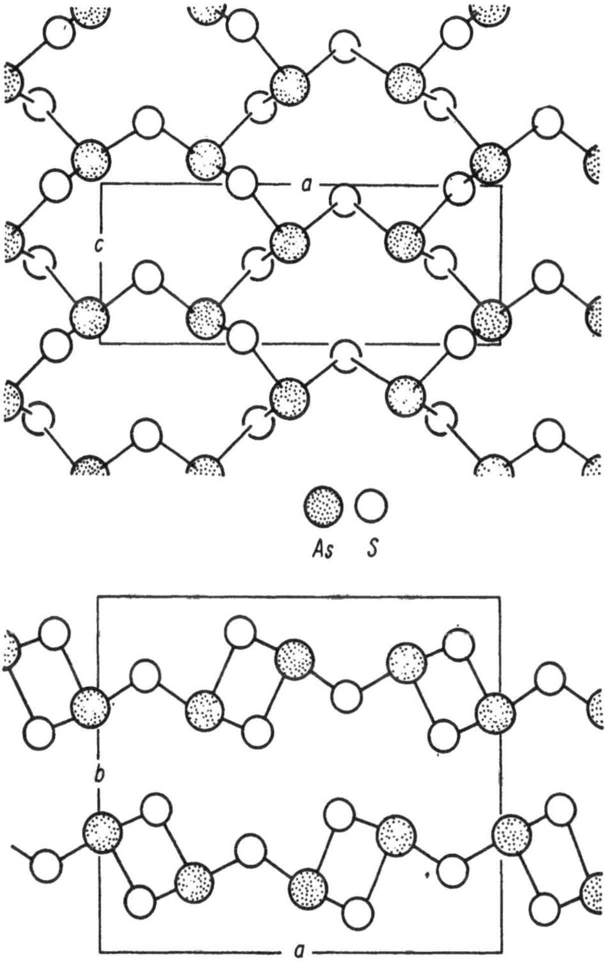

Abb. 7.4. Auripigment-Kristallstruktur von As_2S_3 nach Zallen et al. [22]. Das obere Bild zeigt eine Schichtdraufsicht entlang der *b*-Achse, das untere eine Sicht entlang der *c*-Achse

Da die primitive rhomboedrische Elementarzelle der trigonalen Kristalle Bi_2Te_3, Sb_2Te_3 und Bi_2Se_3 fünf Atome enthält, gibt es dementsprechend im Phononenspektrum 15 Schwingungsmoden, drei akustische und 12 optische Zweige. Gruppentheoretisch wurden die Gitterschwingungsmoden bei $\boldsymbol{q}=0$

(q Wellenvektor der Phononen) von Unkelbach [45] klassifiziert. Danach existieren von den 12 optischen Moden 6 mit Infrarot- und 6 mit Raman-aktivität entsprechend den Darstellungen $2A_{1g}$, $2E_g$, $2A_{1u}$ und $2E_u$. Die ausgewählte Basis mit den dazugehörigen Moden ist in Abb. 7.5 veranschaulicht und wurde von Richter et al. [46] veröffentlicht.

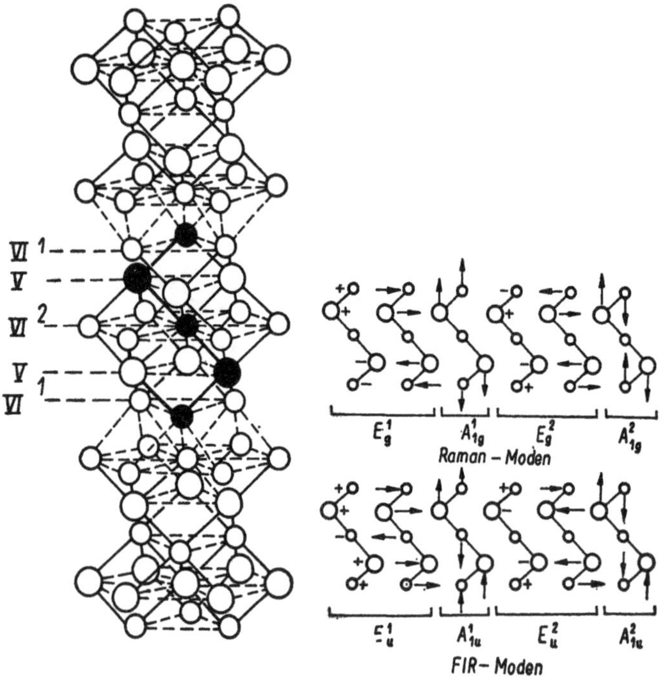

Abb. 7.5. Rhomboedrische Kristallstruktur ($R\bar{3}m$) der V_2VI_3-Verbindungen Bi_2Se_3, Bi_2Te_3 und Sb_2Te_3 nach Richter et al. [46].
V: Bi, Sb; VI: Se, Te.
Die ausgewählte Basis ist hervorgehoben, und die 12 optisch aktiven Schwingungsmoden sind mit ihren atomaren Auslenkungen dargestellt. Die Superscripts 1,2 an den Darstellungssymbolen E_g, A_{1g}, E_u und A_{1u} entsprechen den tief- bzw. hochfrequenten Moden

Zu den wichtigsten Symmetrieelementen des direkten und reziproken Gitters gehören eine trigonale Achse senkrecht zu den Atomschichten (c-Achse, z-Richtung), drei zweizählige Achsen innerhalb der Atomschichten, drei Spiegelebenen, welche senkrecht zu den zweizähligen Achsen stehen und die trigonale Achse gemeinsam enthalten, und ein Inversionszentrum, das in den $VI^{(2)}$-Atomen verankert werden kann. Bei den trigonalen Kristallen trennt die Inversion alle Schwingungsmoden in infrarot- und Raman-aktive, während das bei den Kristallen mit Auripigmentstruktur nicht mehr der Fall ist. Abb. 7.6a zeigt die Brillouinzone der Kristalle vom Bi_2Te_3-Typ und definiert ein übliches Kristallkoordinatensystem, das sowohl der Beschreibung der Phononenspektren als auch der der elektronischen Bandstruktur zugrunde liegt. Als x-Achse wird die binäre gewählt, und als y-Achse ergibt sich dann die Richtung der bisectrischen Achse.

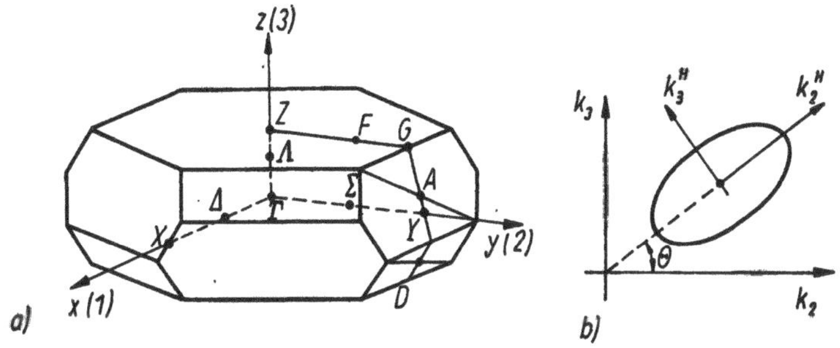

Abb. 7.6. a) Brillouinzone der Kristalle vom Bi_2Te_3-Typ; x binäre Achse, y bisectrische Achse, z trigonale Achse.
b) Lage eines Isoenergieellipsoids auf der (k_2, k_3)-Ebene. Die Ellipsoidhauptachsen k_2^H und k_2^H schließen mit den Kristallachsen den Neigungswinkel Θ ein (s. 7.2.3.)

Aus tunnelspektroskopischen und infrarotoptischen Messungen konnte Drope [19] auf das Phononenspektrum der trigonalen Chalkogenid-Halbleiter schließen. Abb. 7.7 demonstriert am Beispiel eines Sb_2Te_3-Kristalls das Phononenspektrum für die transversalen und longitudinalen Normalschwingungen, die sich in Richtung der trigonalen Achse Γ–Z ausbreiten. Für Bi_2Te_3 und Bi_2Se_3 sind die vergleichbaren Phononenspektren qualitativ analog [19]. Die Änderung der Raman-Verschiebung in Abhängigkeit von der Zusammensetzung der Mischkristallsysteme $(Bi_{1-x}Sb_x)_2Te_3$ und $Bi_2(Te_{1-x}Se_x)_3$ wurde in [46] untersucht. Es zeigte sich dabei, daß im System $(Bi_{1-x}Sb_x)_2Te_3$ eine kontinuierliche Verschiebung der Phononenfrequenzen zwischen denen der reinen Verbindungen auftritt, während in $Bi_2(Te_{1-x}Se_x)_3$-Mischkristallen Diskontinuitäten für mittlere x-Werte in den hochfrequenten A_{1g}- und E_g-Moden beobachtet wurden. Wagner et al. [47] ergänzten die Untersuchungen zum Phononenspektrum des Bi_2Te_3 durch Experimente zur kohärenten unelastischen Neutronenstreuung. Dabei konnten die Ergebnisse, die aus Messungen der elastischen Konstanten [44] gefolgert wurden, im wesentlichen bestätigt werden. Größere Abweichungen ergeben sich aber zu den infrarot-spektroskopisch gewonnenen Phononendaten [46].

Ausführliche Ergebnisse zu den Gitterschwingungen der Kristalle mit Auripigmentstruktur As_2S_3 und As_2Se_3 liegen von Zallen et al. [22] und Klein et al. [43] vor. Die 20 Atome pro Elementarzelle (s. Abb. 7.4) führen zu 60 verschiedenen Gittermoden, von denen entsprechend der Kristallsymmetrie 30 als Raman-aktiv und 27 als infrarot-aktiv feststellbar sein sollten. Durch den ausgeprägten Schichtcharakter können die Eigenschaften innerhalb der Schicht einschließlich der Symmetrieverhältnisse die Eigenschaften des ganzen Kristalls weitgehend bestimmen. Weil in der Schichtsymmetrie kein Inversionszentrum vorhanden ist, können dort Moden auftreten, die bei der gleichen Frequenz sowohl Raman-aktiv als auch infrarot-

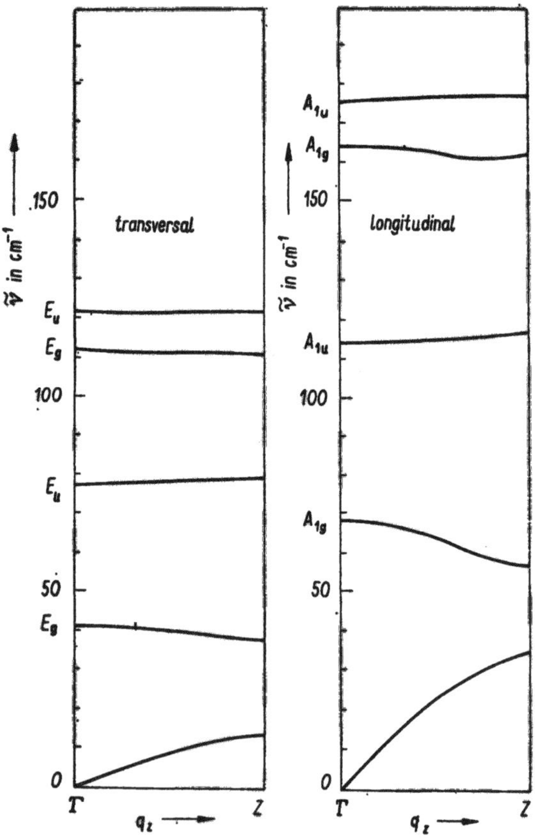

Abb. 7.7. Phononendispersion eines Sb_2Te_3-Kristalls nach Drope [19] (transversal: Schwingungsrichtung gleich x-Richtung)

aktiv sein können. Das hat große Bedeutung bei der vergleichenden Interpretation von Reststrahlenbanden und Raman-Spektren bei Kristallen mit Auripigmentstruktur [43].

7.2.3. Elektronische Bandstruktur

Besonders Bi, aber auch Sb und Te sind zu den schweren Elementen zu zählen. Berechnungen zur elektronischen Bandstruktur ihrer Verbindungen müssen deshalb von vornherein die Spin-Bahn-Kopplung mit berücksichtigen und sind daher relativ aufwendig. Theoretische Bandstrukturrechnungen liegen nur für Bi_2Te_3 vor. Die Rechnungen nach Lee et al. [48] wiesen eine Überlappung von Leitungs- und Valenzbandkante von 0,5 eV auf und waren daher unvereinbar mit dem halbleitenden Charakter von Bismuttellurid. Die theoretischen Ergebnisse zur Bandstruktur wurden von Borghese et al. [49] und Katsuki [50] deutlich verbessert. Dabei ist die berechnete Bandstruktur des Bi_2Te_3 von [50] gut geeignet, mit von Drabble und Wolfe [51] schon früher entwickelten Bandstrukturmodellen verglichen zu werden. Die in dieser Arbeit dargelegten Modellvorstellungen zu Teilen der elektronischen Bandstruktur des Bi_2Te_3 griffen unmittelbar die Vorstellungen zur Vieltalstruktur der Leitungsbänder von Si und Ge von Abeles und Meiboom [52] sowie von Herring [53] auf und wandten sie auf die trigonalen Kristalle mit der Symmetrie $\bar{3}m$ an. Das in [51] entwickelte Bandstrukturmodell (DW-Modell) erwies sich als grundlegend für die Interpretation von elektronischen Transporteigenschaften in diesen anisotropen Kristallen (s. Abschn. 7.2.4.). Bei allen Veränderungen und Modifikationen dient es auch heute noch als bewährte Basis, insbesondere für die Beschreibung der Anisotropie der Transportphänomene.

Das DW-Modell, erstmals begründet zur Erklärung der anisotropen galvanomagnetischen Effekte in p-Bi_2Te_3 [54], geht davon aus, daß entsprechend der Kristallsymmetrie 6 äquivalente Energieextrema sowohl des Leitungs- als auch des Valenzbandes auf den Spiegelebenen der Brillouinzone (s. Abb. 7.6a) im $\boldsymbol{k}$-Raum energetisch lokalisiert sind. Für die Energiedispersion $E(\boldsymbol{k})$ des auf der durch die Punkte Γ, D, Y, G, Z markierten Spiegelfläche (z, y-Ebene) gelegenen Energieextremums gilt im Hauptachsensystem des Isoenergieellipsoids

$$E(\boldsymbol{k}^{\mathrm{H}}) = \frac{\hbar^2}{2m_0}\left(a_{11}^{\mathrm{H}} k_1^{\mathrm{H}^2} + a_{22}^{\mathrm{H}} k_2^{\mathrm{H}^2} + a_{33}^{\mathrm{H}} k_3^{\mathrm{H}^2}\right)$$

(m_0 Masse des freien Elektrons; $\hbar$ Plancksches Wirkungsquantum, dividiert durch 2π). Das Hauptachsensystem k_i^{H} des Fermiellipsoids ist gegenüber dem Kristallsystem k_i ($i = 1, 2, 3$), das mit den Kristallachsen (x, y, z) korrespondiert, gedreht. Während die Richtungen k_1 und k_1^{H} übereinstimmen, schließen die Hauptachsen k_2^{H} und k_3^{H} mit den Kristallrichtungen k_2 und k_3 den Ellipsoid-Neigungswinkel Θ ein (s. Abb. 7.6b). $(m_{ii}^{\mathrm{H}})^{-1} = m_0^{-1} \cdot a_{ii}^{\mathrm{H}}$ sind die reziproken effektiven Hauptachsenmassen an der Bandkante; die Energiezählung beginnt dabei am Extremum. Ersetzt man nach Zawadzki [55] die Energie der Ladungsträger E durch die Funktion $\gamma(E)$, kann man noch mögliche Nichtparabolizitäten des Energiebandes zumindest näherungsweise mit berücksichtigen. Das DW-Modell konnte bezüglich der Lage der Energieextrema durch die Bandrechnungen [50] voll bestätigt werden. In Abb. 7.8 ist die elektronische Bandstruktur von Bi_2Te_3 längs ausgewählter Symmetrielinien dargestellt. Die maximale Energie des Valenzbandes ist nach [50] nur wenig different von der Energie im Punkt A und liegt auf der Spiegelebene etwa ein Zehntel der Länge der Strecke Γ–D vom Γ-Punkt entfernt. – Das Ein Band 6 Tal-Modell (DW-Modell) ist auch stets Ausgangspunkt für die Simulierung der extremwertnahen Teile der elektronischen Bandstruktur der isomorphen Verbindungen Bi_2Se_3 und Sb_2Te_3, für die keine Bandrechnungen vorliegen.

Obwohl As_2S_3, As_2Se_3 und As_2Te_3 zum monoklinen Kristallsystem gehören (s. Tab. 7.1), werden sie aufgrund des nur wenig von 90° verschiedenen

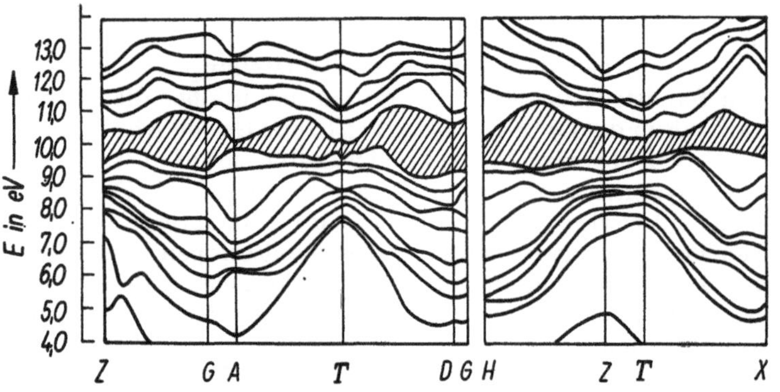

Abb. 7.8. Die Bandstruktur von Bi_2Te_3 entlang verschiedener Symmetrielinien nach Katsuki [50]. Die schraffierten Bereiche stellen die verbotene Zone dar

Winkels zwischen den Kristallachsen besonders bei Betrachtungen zur Bandstruktur wie orthorhombische Kristalle behandelt. Durch Kombination von XPS-Daten und semiempirischen Bandstrukturrechnungen konnten Bishop et al. [56] Angaben zur Energiedispersion von As_2S_3, As_2Se_3 und As_2Te_3 machen, wobei aber die Wechselwirkung zwischen den Schichten vernachlässigt wurde. Für As_2Se_3 konnten unter Einbezug dieser Wechselwirkung verbesserte Ergebnisse von Althaus et al. [57] vorgelegt werden (s. Abb. 7.9).

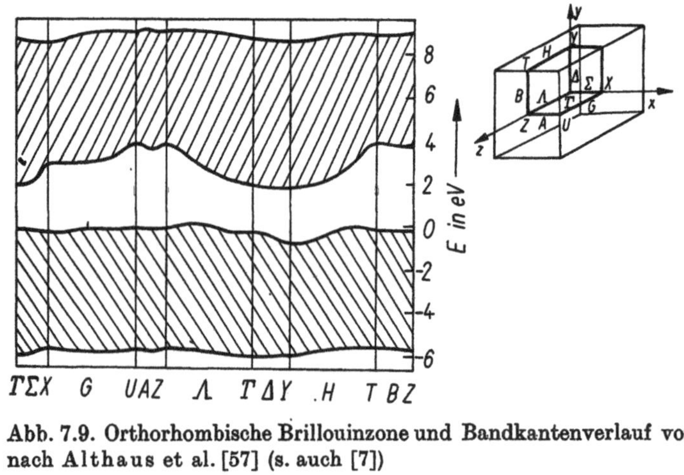

Abb. 7.9. Orthorhombische Brillouinzone und Bandkantenverlauf von As_2Se_3 nach Althaus et al. [57] (s. auch [7])

Nach diesem Bandverlauf ist zu erwarten, daß die Energielücke indirekt ist und durch die relativ ausgedehnten Kanten in der Nähe der Punkte Γ und Z begrenzt wird. Die erste direkte Bandlücke liegt dann am Γ-Punkt bei etwa 2,2 eV und ist etwa 0,2 bis 0,3 eV größer als die indirekte Lücke. Im allgemeinen verlaufen die Bänder relativ flach, was große effektive Massen für die Elektronen und Löcher bedingt.

Weitere Informationen zur elektronischen Bandstruktur wurden aus dem Studium der Transportprozesse und der optischen Eigenschaften gewonnen. Für ausgewählte Beispiele soll darauf in den folgenden Abschnitten eingegangen werden.

7.2.4. Elektronische Transporteigenschaften

Die technische Nutzung der guten thermoelektrischen Eigenschaften von Bi_2Te_3, Sb_2Te_3, Bi_2Se_3 einschließlich ihrer Mischkristalle stimulierte besonders die gezielte und detaillierte Erforschung der elektronischen Transporteigenschaften. Die meisten Ergebnisse liegen dabei für die löcherleitenden Kristalle vor. Um einen Eindruck von der Temperaturabhängigkeit, der Größenordnung und der Anisotropie der galvanomagnetischen und thermoelektrischen Effekte in p-Bi_2Te_3 und p-Sb_2Te_3 zu vermitteln, sind gemessene Transportkoeffizienten in Abb. 7.10 nach Stordeur et al. [58] und in Abb. 7.11 nach Simon et al. [59] dargestellt. Trotz der Isomorphie beider Kristalle treten bei einem Vergleich der Schwachfeld-Transporteffekte bezüglich der Anisotropie und der Temperaturabhängigkeit der Koeffizienten markante Unterschiede auf. Während der Seebeck-Effekt von p-Bi_2Te_3 richtungsunabhängig ist, weist die differentielle Thermospannung von Sb_2Te_3 eine deutliche Anisotropie zwischen den Koeffizienten senkrecht und parallel zur trigonalen c-Achse auf. Wesentliche Unterschiede lassen sich auch an den Hallkoeffizienten und am Magnetowiderstand erkennen. Während der Halleffekt von p-Bi_2Te_3 etwa um den Faktor 2 anisotrop ist, weist der von Sb_2Te_3 nur eine geringe Anisotropie auf, die sich im Temperaturgang in den Größenverhältnissen noch umkehrt.

Betrachtet man die transversalen Magnetowiderstandskoeffizienten, dann setzen sich die Unterschiede noch dadurch fort, daß diese Koeffizienten von p-Bi_2Te_3 monotone Funktionen der Temperatur sind, bei Sb_2Te_3 aber teilweise ausgeprägte Minima aufweisen. In guter Übereinstimmung mit [58] wurden die Schwachfelddaten von p-Bi_2Te_3 schon früher von Efimova et al. [60] mitgeteilt. Die typische Anisotropie der Seebeck- und Hallkoeffizienten sind durch die Ergebnisse von Stordeur et al. [61] und Kühnberger et al. [62] abgesichert. Weitere, das gesamte Mischkristallsystem $(Bi_{1-x}Sb_x)_2Te_3$ charakterisierende Daten sind in Tab. 7.2 zusammengestellt.

Die qualitativen Unterschiede der Transporteigenschaften von p-Bi_2Te_3 und p-Sb_2Te_3 sind entweder bedingt durch eine verschiedene Realstruktur beider Kristalle – hier könnten dann auch beim Kristallisieren bisher unvermeidbare Mikroinhomogenitäten (s. Abschn. 7.1.1.) eine bedeutende Rolle spielen – oder durch die unterschiedlichen „mikroskopischen“ Transportbedingungen, die durch die elektronische Bandstruktur und durch die Wechselwirkung der Ladungsträger mit den Kristallstörungen determiniert werden. Hier soll nur auf den letzten Aspekt näher eingegangen werden.

Die thermoelektrischen und galvanomagnetischen Transporteigenschaften des p-Bi_2Te_3 lassen sich bezüglich der elektronischen Bandstruktur im Rahmen eines Ein-Valenzband-6-Tal-Modells (DW-Modell) deuten [58, 60]. Das trifft

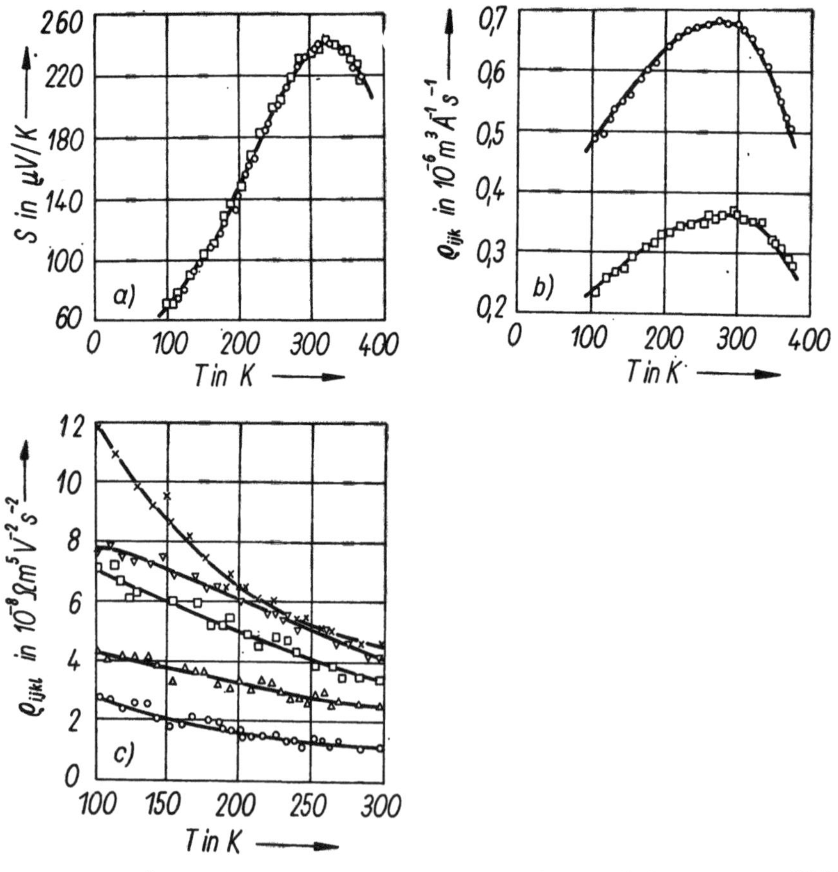

Abb. 7.10. Thermoelektrische und galvanomagnetische Koeffizienten von p-Bi_2Te_3-Einkristallen in Abhängigkeit von der Temperatur nach Stordeur et al. [58].

a) Seebeck-Koeffizienten ○ $S_{\perp c}$, □ $S_{\parallel c}$;

b) Hall-Koeffizienten □ ϱ_{123} ($\boldsymbol{j} \perp \boldsymbol{c} \parallel \boldsymbol{B}$), ○ ϱ_{231} ($\boldsymbol{j} \perp \boldsymbol{c} \perp \boldsymbol{B}$) ($\boldsymbol{j}$ elektrische Stromdichte, $\boldsymbol{B}$ magnetische Induktion);

c) Magnetowiderstandskoeffizienten
○ ϱ_{1111} ($\boldsymbol{j} \parallel \boldsymbol{B} \perp \boldsymbol{c}$), △ ϱ_{1122} ($\boldsymbol{j} \perp \boldsymbol{B} \perp \boldsymbol{c}$),
□ ϱ_{1133} ($\boldsymbol{j} \perp \boldsymbol{B} \parallel \boldsymbol{c}$), △ ϱ_{3311} ($\boldsymbol{j} \parallel \boldsymbol{c} \perp \boldsymbol{B}$),
◇ ϱ_{3333} ($\boldsymbol{j} \parallel \boldsymbol{B} \parallel \boldsymbol{c}$)

Tabelle 7.2.
Halbleiterdaten des Systems p-$(Bi_{1-x}Sb_x)_2Te_3$ bei Zimmertemperatur nach Stordeur et al. [63], Langhammer et al. [64] und Heiliger [65]

x	$\sigma_{\perp c}$	$\sigma_{\perp c}/\sigma_{\parallel c}$	$m_{\parallel c}/m_{\perp c}$	$\varrho_{312}/\varrho_{123}$	$\bar{\tau}_{opt}$	p	$\mu_{\perp c}$	E_F	$S_{\perp c}$	$\varkappa_{G\perp c}$
0	0,377	2,75	2,59	1,81	3,5	0,47	464	−24,0	270	1,31
0,1	0,592	2,64	3,10	1,93	3,1	0,58	606	−12,5	237	
0,2	0,917	2,58	2,68	1,76	3,0	1,11	516	5,9	190	0,79 ($x=0,25$)
0,3	1,28	2,54	2,74	1,63	2,4	1,31	604	11,6	178	
0,4	1,49	2,50	2,63	1,36	2,4	2,27	400	22,7	156	
0,5	1,87	2,45	2,46	1,52	2,2	2,67	436	29,2	144	0,60
0,6	2,37	2,44	2,41	1,37	2,0	3,71	399	35,5	134	
0,7	2,50	2,42	2,47	1,38	1,9	4,35	359	38,1	130	0,70 ($x=0,75$)
0,8	2,72	2,41	2,34	1,10	2,0	5,53	308	39,9	127	
1	5,21	2,38	2,31	1,01	1,9	12,9	251	83,4	69	0,96

σ elektrische Leitfähigkeit in $10^3\,\Omega^{-1}\,cm^{-1}$, m effektive Suszeptibilitätsmasse, p Trägerdichte in $10^{19}\,cm^{-3}$, $\bar{\tau}_{opt}$ mittlere optische Relaxationszeit in 10^{-14} s, μ Leitfähigkeitsbeweglichkeit in $cm^2\,V^{-1}\,s^{-1}$, ϱ_{ijk} Hallkoeffizienten, E_F Fermienergie von der Valenzbandkante aus gerechnet in meV, S Seebeck-Koeffizient in μVK^{-1}, $\varkappa_G$ Gitterwärmeleitfähigkeit im $Wm^{-1}K^{-1}$

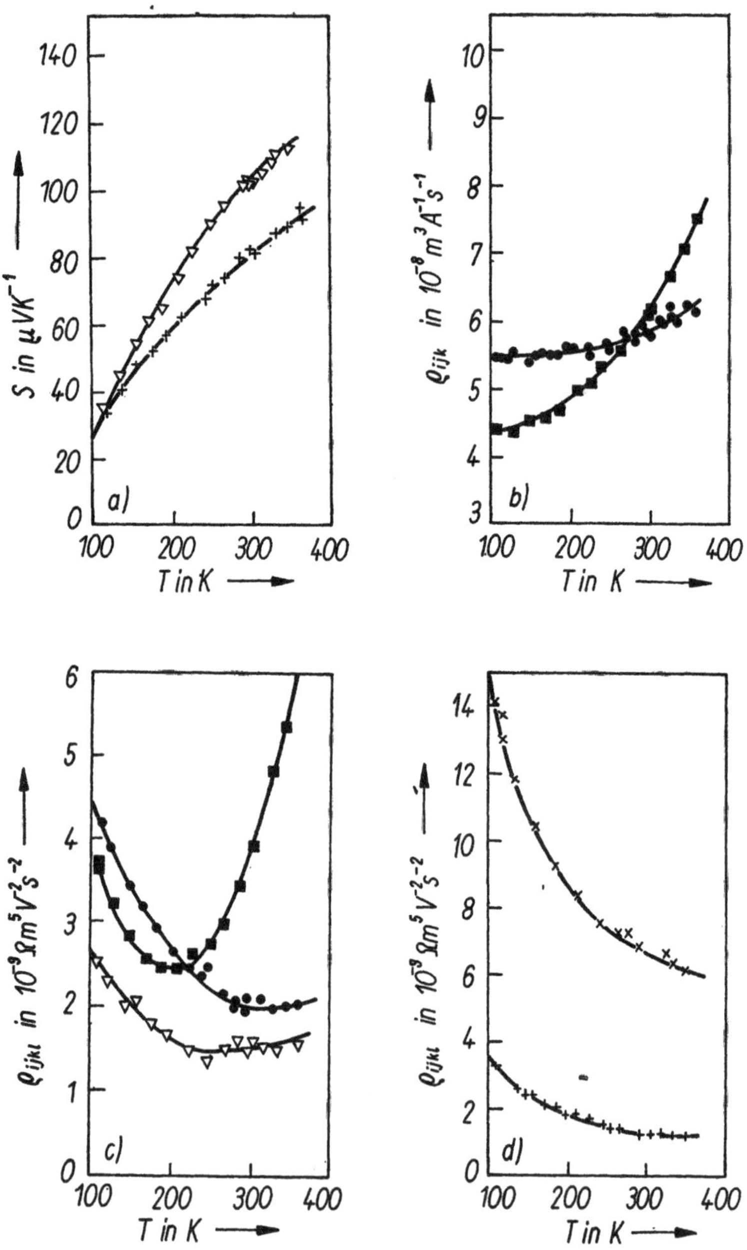
140
120
100
80
60
40
20
0
S in μVK⁻¹
a)
100
200
300
400
T in K
10
9
8
7
6
5
4
3
ϱijk in 10⁻⁸ m³A⁻¹s⁻¹
b)
100
200
300
400
T in K
6
5
4
3
2
1
0
ϱijkl in 10⁻⁹ Ωm⁵V⁻²s⁻²
c)
100
200
300
400
T in K
14
12
10
8
6
4
2
0
ϱijkl in 10⁻⁹ Ωm⁵V⁻²s⁻²
d)
100
200
300
400
T in K

nach Caywood et al. [66] auch für n-Bi_2Te_3 zu. Zumindest für das löcherleitende Bismuttellurid kann dabei die Streuung am akustischen Zweig der Gitterschwingungen durch eine energieabhängige Relaxationszeit $\tau(E)$ in der Form

$$\tau^{ak}(E) = \tau_0^{ak} \left(\frac{\partial \gamma}{\partial E}\right)^{-1} \gamma_{(E)}^{-1/2}$$

approximativ in der Boltzmannschen Transportgleichung berücksichtigt werden. Dafür spricht auch die $T^{-3/2}$-Abhängigkeit der (vom Temperatureinfluß der effektiven Massen befreiten) Leitfähigkeitsbeweglichkeit [58].

Die Gültigkeit des DW-Modells für Bi_2Te_3 wurde von Köhler [67, 68] auch durch Shubnikov-de-Haas-Messungen bestätigt. Die Existenz bevölkerter zweiter Valenzbänder, die in [67, 68] und auch von Ashworth et al. [69] und Sologub et al. [70] gefunden wurde, spielt offenbar nur bei tiefen Temperaturen und für Trägerdichten größer als 10^{19} cm^{-3} eine Rolle. Unterschiedliche Auffassungen bestehen noch zur Stärke der Nichtparabolizität der Energiebänder von Bi_2Te_3. Süßmann [71] deutete die Abhängigkeit der differentiellen Thermospannung von der elektrischen Leitfähigkeit über einen weiten Konzentrationsbereich des Systems $(Bi_{1-x}Sb_x)_2Te_3$ bei Raumtemperatur mit einer parabolischen Energiedispersion, während in [67] davon ausgegangen wird, daß das Valenzband noch stärker nichtparabolisch ist, als es in [58] durch den Ansatz $\gamma(E) = E\ (\gamma_1 E + 1)$ in erster Näherung berücksichtigt wurde (γ_1 energieunabhängige Konstante).

Entschieden unklarer als beim Bi_2Te_3 sind die mikroskopischen Transportbedingungen beim Antimontellurid. Sieht man von solchen Kristalldefekten wie Mikroinhomogenitäten ab, dann ist die Anisotropie des Seebeck-Effektes im Rahmen des DW-Modells bei reiner Streuung nicht zu erklären. Für eine Erklärung durch ein Zwei-Valenzband-Modell spricht eigentlich nur die Analyse des Shubnikov-de-Haas-Effektes von v. Middendorff et al. [72]. Die quantitativen Angaben zur Zwei-Valenzband-Struktur von Rönnlund et al. [73] erwiesen sich als unrichtig [71], und die Zweiband-Interpretation von Roy et al. [74] basiert auf Meßwerten, die offenbar an mechanisch grob defekten Sb_2Te_3-Kristallen gewonnen wurden, worauf das dort angegebene Anisotropieverhältnis der elektrischen Leitfähigkeit $\sigma_{\perp c}/\sigma_{\parallel c}$ von etwa 50 hinweist. Simon et al. [75] konnten darüber hinaus zeigen, daß die Tem-

Abb. 7.11. Thermoelektrische und galvanomagnetische Koeffizienten von p-Sb_2Te_3-Einkristallen in Abhängigkeit von der Temperatur nach Simon et al. [59].
a) Seebeck-Koeffizienten $+ S_{\perp c}$, $\triangledown S_{\parallel c}$;
b) Hall-Koeffizienten ■ ϱ_{123} $(\boldsymbol{j} \perp \boldsymbol{c} \parallel \boldsymbol{B})$, ● ϱ_{231} $(\boldsymbol{j} \perp \boldsymbol{c} \perp \boldsymbol{B})$;
c) transversale Magnetowiderstandskoeffizienten
● ϱ_{3311} $(\boldsymbol{j} \parallel \boldsymbol{c} \perp \boldsymbol{B})$, $\triangledown \varrho_{1122}$ $(\boldsymbol{j} \perp \boldsymbol{c} \perp \boldsymbol{B})$, ■ ϱ_{1133} $(\boldsymbol{j} \perp \boldsymbol{c} \parallel \boldsymbol{B})$;
d) longitudinale Magnetowiderstandskoeffizienten
$\times \varrho_{3333}$ $(\boldsymbol{j} \parallel \boldsymbol{c} \parallel \boldsymbol{B})$, $+ \varrho_{1111}$ $(\boldsymbol{j} \parallel \boldsymbol{B} \perp \boldsymbol{c})$

peraturabhängigkeit der galvanomagnetischen Koeffizienten von Sb_2Te_3 nicht durch ein Zwei-Valenzband-Modell erklärt werden kann. Für die Interpretation, insbesondere auch der Anisotropie der Schwachfeld-Transporteffekte, scheint deshalb die Berücksichtigung einer simultan wirkenden anisotrop-gemischten Streuung nach Samoilovich et al. [76, 77], Stordeur [78] und Heiliger [65] erfolgversprechender zu sein. Die entsprechenden Angaben in Tab. 7.2 wurden alle im Rahmen des DW-Modells unter der Annahme reiner isotroper Streuung an akustischen Phononen aus der Kombination von Transportdaten und optisch-spektroskopischen Messungen (s. Abschn. 7.2.5.) gewonnen; für Sb_2Te_3 ($x=1$) besitzen sie deshalb nur Näherungscharakter.

Der Verlauf der effektiven Hauptachsenmassen m_{ii}^H im System p-$(Bi_{1-x}Sb_x)_2Te_3$ ist nach [63, 64] in Abb. 7.12 dargestellt. Der Verlauf des

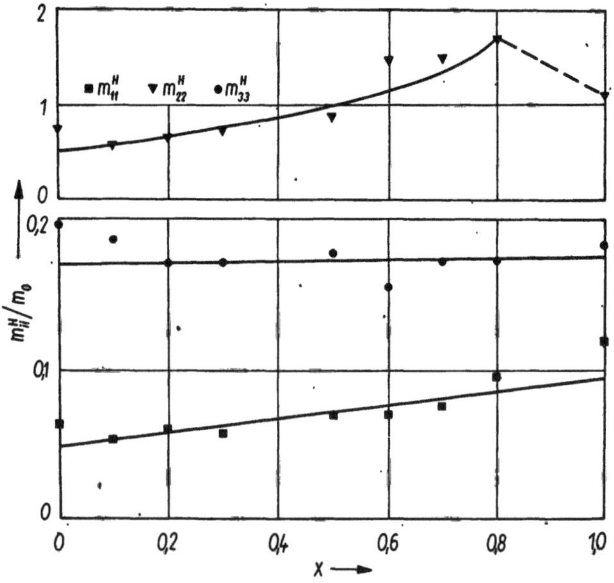

Abb. 7.12. Effektive Hauptachsenmassen m_{ii}^H des Systems p-$(Bi_{1-x}Sb_x)_2Te_3$ in Abhängigkeit vom Parameter der Zusammensetzung x bei Raumtemperatur nach [63, 64]

Ellipsoid-Neigungswinkels Θ ist ziemlich stetig und variiert zwischen etwa 50° bei Sb_2Te_3 bis zu etwa 40° bei p-Bi_2Te_3. Damit stimmt er relativ gut mit dem aus Shubnikov-de-Haas-Messungen von Köhler et al. [79] gefolgerten überein.

Erste ausführlichere Betrachtungen zu den Transporteigenschaften von n-Bi_2Se_3 wurden von Hashimoto [80] veröffentlicht und für ihre Interpretation das 6-Tal-Modell des Leitungsbandes von Bi_2Te_3 zugrunde gelegt. Trotz der zu Recht in [66] geübten Kritik an den experimentellen Daten fällt auf, daß der Halleffekt nahezu isotrop ist und im Vergleich zu den transversalen Magnetowiderstands-Koeffizienten die longitudinalen wesentlich kleiner sind. Diese Fakten deuteten schon an, daß es für die Erklärung der Transporteigenschaften des n-Bi_2Se_3 ausreichend ist, anzunehmen, daß nur *ein* Energieextremum, welches dann im Γ-Punkt lokalisiert ist, von Bedeutung ist.

In systematischer Weise wurden von Köhler et al. [81–85] galvanomagnetische Messungen und Messungen in quantisierenden Magnetfeldern am Bismutselenid durchgeführt. Die wesentlichsten Ergebnisse waren dabei, daß das Ein-Tal-Modell für das energetisch tiefste Leitungsband bestätigt werden konnte. Der Fermi-Körper besitzt bezüglich der $k_{\|c}$-Richtung eine nahezu rotationssymmetrische Form mit geringfügiger Verzerrung von dreizähliger Symmetrie. Senkrecht zur c-Richtung wurde ein parabolischer Verlauf und parallel zur c-Achse eine mit wachsender Konzentration zunehmende Nichtparabolizität gefunden, die oberhalb einer Dichte von etwa 10^{19} cm^{-3} eine deutliche Abweichung der Isoenergiefläche von der Gestalt eines Rotationsellipsoids bewirkt.

Als die dominierenden Streumechanismen werden im Temperaturbereich 35 bis 60 K eine gemischte Streuung an akustischen Phononen und ionisierten Störstellen angesehen, wobei die Streuung am akustischen Zweig der Gitterschwingungen sich mit wachsender Temperatur immer mehr durchsetzt. Nicht in dieses Bild paßt allerdings, daß der Anteil der Streuung an geladenen Störstellen sich bei Variation der Trägerdichten von 10^{18} bis 10^{19} cm^{-3} nicht verändern läßt.

Neue Aspekte zur Streuung in n-Bi_2Se_3 wurden von Tichý et al. [86] in die Diskussion gebracht. Aus der Korrelation zwischen Hall- und Seebeck-Koeffizienten und des Plasma-Reflexionsvermögens wurde bei Zimmertemperatur die Streuung an polar-optischen Phononen als der bestimmende Streuprozeß ermittelt. Damit muß die sichere Charakterisierung der in Bi_2Se_3 wirkenden Streumechanismen noch als offen angesehen werden.

Entschieden weniger Informationen liegen zu den Transporteigenschaften der orthorhombischen und monoklinen V_2VI_3-Halbleiter vor. Nach Roy et al. [87] ist die mittlere Leitfähigkeit von Sb_2S_3 bei Zimmertemperatur 10^{-8} bis 10^{-9} Ω^{-1}cm^{-1}, und der positive Seebeck-Koeffizient beträgt etwa 1000 μV K^{-1}. Die stark anisotrope Leitfähigkeit zeigt oberhalb 300 K Eigenleitungsverhalten mit einer Aktivierungsenergie von etwa 1,5 eV.

7.2.5. Optische Eigenschaften

Während die optischen Eigenschaften der im Vergleich sehr hochohmigen orthorhombischen und monoklinen V_2VI_3-Halbleiter im wesentlichen nur durch die optisch aktiven Gitterschwingungen und durch Interbandübergänge bestimmt werden, liefern in den trigonalen Verbindungen Bi_2Te_3, Sb_2Te_3 und Bi_2Se_3 sowie deren Mischkristallen auch die freien Ladungsträger einen bedeutenden Beitrag. In Reflexion bedingen die freien Ladungsträger die typische Gestalt der Spektren mit Plasmakante und Plasmaminimum.

In Abb. 7.13 ist das Reflexionsvermögen R in Abhängigkeit von der Wellenzahl $\tilde{\nu}$ im infraroten Bereich von etwa 300 bis 2000 cm^{-1} mit der Polarisation $\boldsymbol{E} \perp \boldsymbol{c}$ für die Mischkristallreihe p-$(Bi_{1-x}Sb_x)_2Te_3$ dargestellt ($\boldsymbol{E}$ elektrische Feldstärke der Welle).

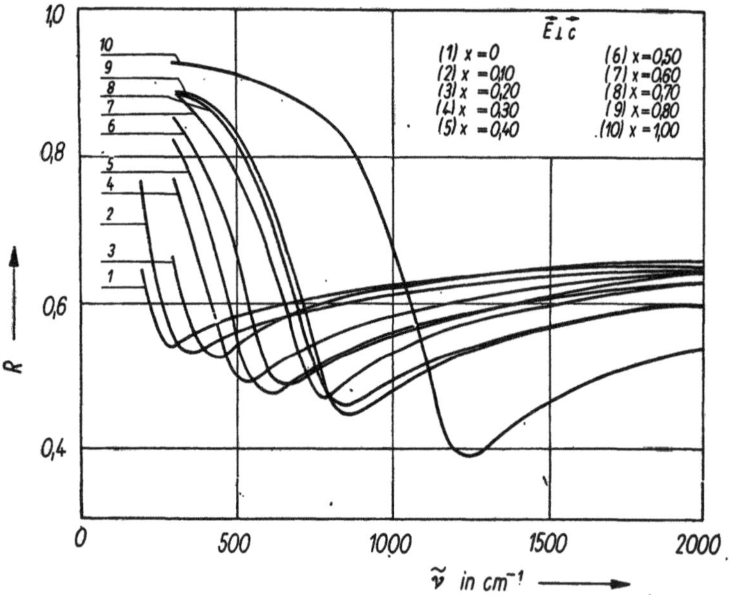

Abb. 7.13. Abhängigkeit des Reflexionsvermögens R von der Wellenzahl $\tilde{\nu}$ bei der Polarisation $\boldsymbol{E} \perp \boldsymbol{c}$ für Einkristalle des Systems p-$(Bi_{1-x}Sb_x)_2Te_3$ nach [63, 64]

Die Verschiebung der Plasmakante zu kleineren Wellenzahlen mit wachsendem Bi-Anteil im Mischkristall ist in erster Linie auf die fallende Trägerdichte zurückzuführen (s. Tab. 7.2). Gleichzeitig erhöht sich die Dämpfung und läßt die charakteristische Struktur abflachen. Völlig analoge Spektren lassen sich auch bei Bi_2Se_3 [86] beobachten. Ausführlich wird die Plasmareflexion und ihr Zusammenhang mit dem Bandstrukturmodell in [37–41] diskutiert, außerdem von Sehr et al. [88, 89], Hurych et al. [90] zur Thermomodulation und von Langhammer et al. [91] zum Studium der optischen Anisotropie in Abhängigkeit von der Dotierung bei Sb_2Te_3.

Bedingt durch die hohe Trägerdichte ist die Messung und exakte Auswertung von Absorptionsspektren erschwert. Basierend auf einem umfangreichen experimentellen Material wurden von Greenaway et al. [92] und Sobolev et al. [93] die Interbandübergänge der trigonalen Verbindungen klassifiziert. Von Köhler et al. [94] wurde die Burstein-Verschiebung der Absorptionskante von n-Bi_2Se_3 untersucht. Während die kleinste energetische Interbandlücke von Bi_2Te_3 bzw. Sb_2Te_3 bei Zimmertemperatur als indirekt mit 145 meV [92] bzw. 240 meV [88] angegeben wird, soll es sich bei

Bi_2Se_3 nach [94] um einen direkten Halbleiter handeln, dessen Bandlücke bei 300 K 115 meV beträgt und einen Temperaturkoeffizienten von etwa -2×10^{-4} eV · K^{-1} hat. Das ist in guter Übereinstimmung mit den Angaben in [92].

Die optischen Eigenschaften der orthorhombischen Kristalle sind in zusammenfassender Weise von Evans [95] beschrieben. Danach besitzt Sb_2Se_3 ein direktes Gap von etwa 1 eV. Die mit 2,2 eV berechnete direkte Bandlücke von Sb_2S_3 erweist sich deutlich größer als die thermisch ermittelte [87] und soll dezentral bei $k=0{,}85\ \pi/c$ liegen.

Von den Kristallen mit monokliner Struktur sind As_2S_3 und As_2Se_3 einschließlich ihrer amorphen Modifikation am meisten optisch untersucht

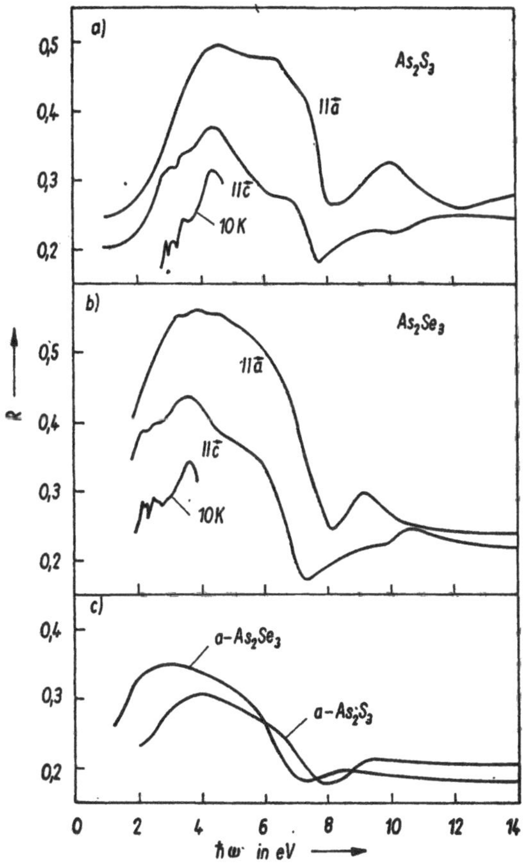

Abb. 7.14. a) und b) Interband-Reflexionsspektren der Kristalle As_2S_3 und As_2Se_3 bei Raumtemperatur für die Polarisationen $\boldsymbol{E} \parallel \boldsymbol{a}$ und $\boldsymbol{E} \parallel \boldsymbol{c}$ nach [96]. Die Spektren für 10 K sind im Reflexionsvermögen um 0,1 nach unten versetzt gezeichnet.
c) Reflexionsspektren der amorphen Modifikationen

worden. Die Spektren im Bereich der Interband-Reflexion sind nach Zallen et al. [96] in Abb. 7.14 wiedergegeben. Die Ähnlichkeit der Spektren, selbst in Strukturdetails, die sich bei 10 K auflösen lassen, betont nochmals die Isomorphie der Kristalle As_2S_3 und As_2Se_3. Vergleicht man die Kristallspektren mit denen von amorphen Proben, ist festzustellen, daß sie in ihrer Frequenzabhängigkeit deutliche Analogien aufweisen. Offenbar wird durch die fehlende Fernordnung im amorphen Festkörper das optische Verhalten der Substanzen nicht entscheidend geändert. Allerdings zeigen amorphe Präparate dieser Verbindungen bei tiefen Temperaturen auch keinerlei zusätzliche Strukturen. Nach [96] läßt sich die Frequenzabhängigkeit der Fundamentalabsorption in Kantennähe durch direkte Übergänge mit Anregungsenergien bei 10 K von 2,0 eV bei As_2Se_3 und 2,9 eV bei As_2S_3 beschreiben. Im Gegensatz dazu wird in [57] für As_2Se_3 ein indirektes Gap angegeben (vgl. 7.2.3.). Der sich durch die optischen Messungen ergebende Verlauf von Real- und Imaginärteil der dielektrischen Funktion konnte durch Elektronenenergieverlust-Experimente von Perrin et al. [97] im wesentlichen bestätigt werden.

7.2.6. Thermische Eigenschaften

Von den thermischen Eigenschaften soll nur die den Wärmetransport in den Kristallen bestimmende Wärmeleitfähigkeit betrachtet werden. Bei den Verbindungen Bi_2Te_3, Sb_2Te_3 und Bi_2Se_3 sowie ihren Mischkristallen setzt sich die Wärmeleitfähigkeit $\varkappa$ summarisch aus dem Gitteranteil $\varkappa_G$ und den elektronischen Anteilen $\varkappa_e$ und $\varkappa_b$ zusammen. Für $\varkappa_e$ gilt dabei das Wiedemann-Franz-Gesetz $\varkappa_e = L \cdot \sigma \cdot T$; L ist die vom reduzierten Ferminiveau, den Streumechanismen und im allgemeinen Fall auch von der elektronischen Bandstruktur abhängige Lorenz-Zahl. Der Anteil $\varkappa_b$ erfaßt den Wärmetransport durch bipolare Diffusion. Transport durch Strahlung oder Excitonen spielt wegen der relativ hohen Dichte freier Träger keine Rolle. Für schwache Punktdefektstreuung kann man gesichert davon ausgehen, daß für Temperaturen größer als etwa ein Drittel der Debye-Temperatur ($T_D \approx \approx 150$ K) der spezifische Gitterwärmewiderstand W_G eine lineare Funktion der Temperatur ist,

$$\varkappa_G^{-1} = W_G = AT + B .$$

Ist der bipolare Anteil vernachlässigbar, dann ergibt diese Linearität eine Bedingung zur Ermittlung der Lorenz-Zahl und gestattet dadurch die Separation von elektronischer $\varkappa_e$ und Gitterwärmeleitfähigkeit $\varkappa_G$,

$$W_G = \varkappa_G^{-1} = (\varkappa - L\sigma T)^{-1} .$$

Neuere ausführliche Angaben zur Wärmeleitfähigkeit unter besonderer Berücksichtigung ihrer Anisotropie im System p-$(Bi_{1-x}Sb_x)_2Te_3$ finden sich bei Heiliger [65]. Abb. 7.15a zeigt als Beispiel die Temperaturabhängigkeit der Wärmeleitfähigkeit $\varkappa$ und der thermoelektrischen Effektivität Z (s. Abschn. 7.3.) eines Sb_2Te_3-Kristalls senkrecht und parallel zur trigonalen

Achse. Ähnlich wie bei der elektrischen Leitfähigkeit ist das Anisotropieverhältnis $\varkappa_{\perp c}/\varkappa_{\parallel c} \approx 2{,}4$ und gleichfalls nahezu temperaturunabhängig. Während der Verlauf $\varkappa_{\perp c}(T)$ recht gut mit den experimentellen Daten von Yokota et al. [98] übereinstimmt, erweisen sich die dort gefolgerten Angaben zur Gitterwärmeleitfähigkeit als deutlich zu hoch. Die Gitterwärmeleitfähigkeit $\varkappa_{G\perp c}$ für den Kristall entsprechend Abb. 7.15a beträgt nach [65] bei 300 K 0,96 $Wm^{-1}K^{-1}$ (s. Tab. 7.2); in [98] wird etwa 1,8 bis 2,2 $Wm^{-1}K^{-1}$ angegeben. Die Diskrepanzen lassen sich nur dadurch erklären,

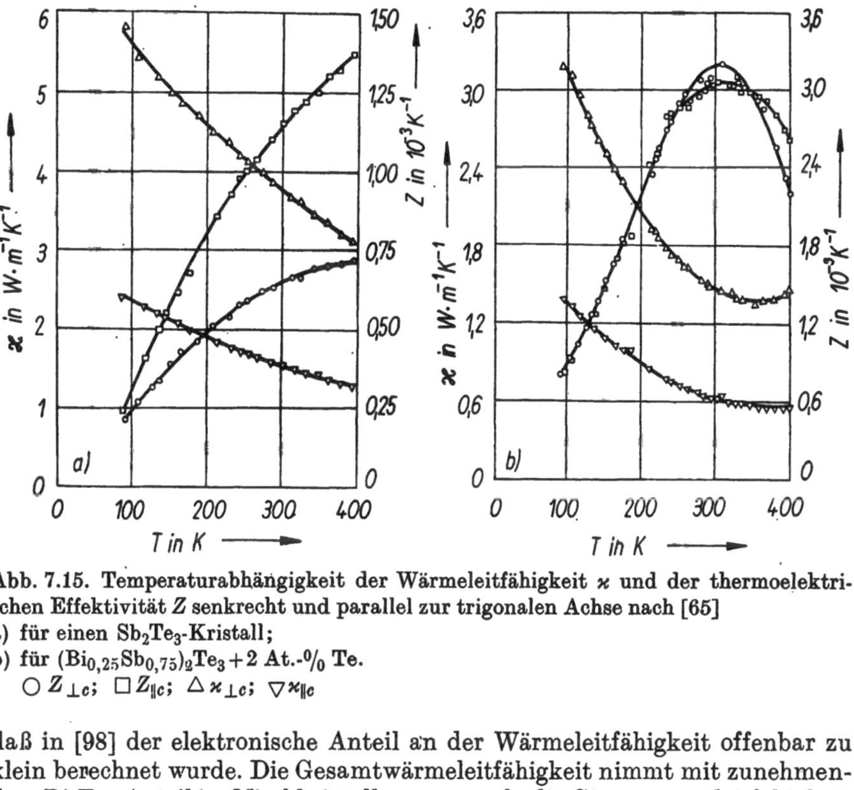

Abb. 7.15. Temperaturabhängigkeit der Wärmeleitfähigkeit $\varkappa$ und der thermoelektrischen Effektivität Z senkrecht und parallel zur trigonalen Achse nach [65]
a) für einen Sb_2Te_3-Kristall;
b) für $(Bi_{0,25}Sb_{0,75})_2Te_3 + 2$ At.-% Te.
○ $Z_{\perp c}$; □ $Z_{\parallel c}$; △ $\varkappa_{\perp c}$; ▽ $\varkappa_{\parallel c}$

daß in [98] der elektronische Anteil an der Wärmeleitfähigkeit offenbar zu klein berechnet wurde. Die Gesamtwärmeleitfähigkeit nimmt mit zunehmendem Bi_2Te_3-Anteil im Mischkristall monoton ab, die Gitterwärmeleitfähigkeit bildet bei $x = 0{,}5$ ein Minimum mit $\varkappa_{G\perp c} = 0{,}6$ $Wm^{-1}K^{-1}$ (bei 300 K) aus. Die quantitative Interpretation der in [65] gewonnenen Temperaturabhängigkeit der Lorenz-Zahl deutet auf eine anisotrop-gemischte Streuung an akustischen Phononen und ionisierten Störstellen hin (s. Abschn. 7.2.4.).

Amirchanov et al. [34] untersuchten die Wärmeleitfähigkeit an Polykristallen des Systems $As_2(Se_{1-x}Te_x)_3$ im Temperaturbereich von 300 bis etwa 500 K. Dabei ergibt sich auch der für die Mischkristalle typische Verlauf, daß durch Zulegieren die Wärmeleitfähigkeit der reinen Verbindungen herabgesetzt wird. Für 300 K wurde bei As_2Se_3 etwa 1,4 $Wm^{-1}K^{-1}$ und bei

As_2Te_3 etwa 1,1 $Wm^{-1}K^{-1}$ gefunden. Im Gegensatz zu den niederohmigen trigonalen Kristallen spielt hier der Wärmetransport durch freie Träger keine Rolle, der Strahlungsanteil muß aber besonders bei höheren Temperaturen berücksichtigt werden.

7.2.7. Eigenschaften von Chalkogenidgläsern

Um sich einen guten Überblick über die Eigenschaften von solch typischen Vertretern der amorphen Chalkogenide wie As_2S_3, As_2Se_3 und As_2Te_3 zu verschaffen, sei nochmals auf die Monographien [5–7] und die dort zitierte umfangreiche Literatur hingewiesen. Neuere Ergebnisse zum Schwingungsverhalten von As_2Se_3-Sb_2Se_3-Gläsern und zum Elektronentransport in Sb-Te-Se-Gläsern wurden von Kato et al. [99] und Nagels [100] mitgeteilt.

Trotz der besonders in den letzten zehn Jahren erzielten Erfolge ist z. B. das Problem des Elektronentransports in amorphen Halbleitern theoretisch noch nicht befriedigend geklärt. Wohl aber haben sich Modellvorstellungen zu den elektronischen Zuständen in amorphen Halbleitern stärker ausgeprägt und können, durch zahlreiche experimentelle Befunde bestätigt, als gesichert gelten. Eines dieser Modelle (Cohen-Fritzsche-Ovshinsky) für den Verlauf der energetischen Zustandsdichte $N(E)$ demonstriert schematisch Abb. 7.16. Wo

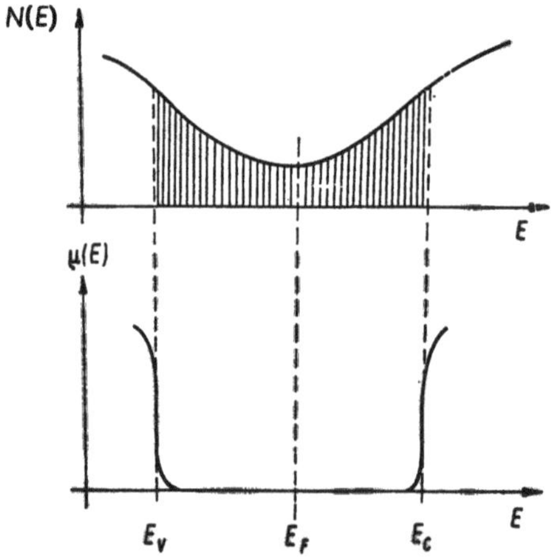

Abb. 7.16. Schematische Abhängigkeit ($T = 0$ K) der Zustandsdichte $N(E)$ und der Beweglichkeit $\mu(E)$ für einen amorphen Halbleiter (Cohen-Fritzsche-Ovshinsky-Modell). Im schraffierten Gebiet sind die elektronischen Zustände lokalisiert

im kristallinen Halbleiter ein reales Bandgap vorhanden ist, treten durch die Unordnung des amorphen Zustandes bedingte lokalisierte Zustände auf, die Lage der „Bandkanten" (E_C und E_V des Leitungs- und Valenzbandes im kristallinen Fall) äußert sich hier nur noch durch Beweglichkeitsschultern.

E_F ist die Fermienergie. Weil die Beweglichkeit der Träger in den lokalisierten Zuständen um Größenordnungen kleiner ist (hopping-Leitung) als in den bandartigen, ausgedehnten Zuständen, kommt es zu dem steilen Anstieg der Beweglichkeit $\mu(E)$ im Übergangsgebiet. Die Temperaturabhängigkeit der Leitfähigkeit (bandartige Leitung) läßt sich wie die eines Eigenhalbleiters in der Form

$$\sigma(T) = \sigma_0 \exp\left(-\Delta E/kT\right) \quad (k \text{ Boltzmannkonstante})$$

beschreiben. $2\Delta E = E_C - E_V$ wird als Beweglichkeitsgap bezeichnet.

Weiser et al. [101] ermittelten an amorphen As_2Te_3-Filmen in der Größenordnung auch für andere Chalkogenidgläser typische Daten. σ_0 beträgt hier 600 Ω^{-1} cm^{-1}. Aus der Temperaturabhängigkeit der elektrischen Leitfähigkeit zwischen 200 und 400 K ergibt sich für $\Delta E \approx 0{,}4$ eV. Das entspricht einem Beweglichkeitsgap von etwa 0,8 eV. Die Trägerbeweglichkeiten selbst liegen zwischen 0,3 und 4 cm^{2}V^{-1}s^{-1} und sind charakteristisch für die Drift nichtlokalisierter Träger in Chalkogenidgläsern. Die Leitfähig-

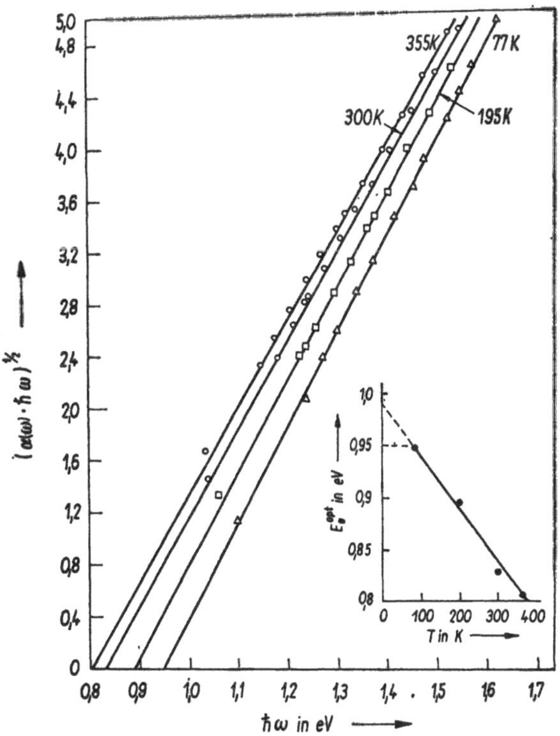

Abb. 7.17. Frequenzabhängigkeit der Funktion $(\alpha(\omega)\cdot\hbar\omega)^{1/2}$ eines amorphen As_2Te_3-Films bei verschiedenen Temperaturen nach Weiser et al. [101]. Die sich ergebende Abhängigkeit $E_g^{opt}(T)$ ist extra dargestellt

keit bei Zimmertemperatur beträgt bei As_2Te_3 etwa $10^{-4}\Omega^{-1}cm^{-1}$ und bei As_2Se_3 $10^{-12}\Omega^{-1}cm^{-1}$ mit einem Beweglichkeitsgap von etwa 1,9 eV.

Gleichfalls für amorphe As_2Te_3-Filme ist in Abb. 7.17 die Frequenz-(Energie-)Abhängigkeit der Funktion $[\alpha(\omega)\cdot\hbar\omega]^{1/2}$ (α Absorptionskoeffizient; ω Frequenz) nach [101] aufgetragen. Der Darstellung läßt sich entnehmen, daß die Proportionalität

$$\alpha(\omega)\sim(\hbar\omega-E_g^{opt})^2/\hbar\omega$$

gültig ist. Im kristallinen Fall würde das phononenassistierten, erlaubten Übergängen zwischen Zuständen in parabolischen Bändern entsprechen. Offenbar lassen sich auch im amorphen Halbleiter die Zustände nahe der „Kanten“ E_C und E_V durch eine parabolische Energiedispersion beschreiben. Aus der Temperaturabhängigkeit des optischen Gaps E_g^{opt} ergibt sich für Null K 0,95 bis 0,98 eV.

7.3. Anwendungen und Ausblick

V_2VI_3-Halbleiter besitzen sowohl in der kristallinen als auch in der amorphen Modifikation ein breites Anwendungsfeld, das sich ständig erweitert, besonders auf dem Gebiet des mikro- und optoelektronischen Einsatzes amorpher V_2-Chalkogenide. Unter den kristallinen Vertretern nehmen die aus den trigonalen Verbindungen Bi_2Te_3, Sb_2Te_3 und Bi_2Se_3 gebildeten Mischkristalle dank ihrer hervorragenden thermoelektrischen Eigenschaften anwendungstechnisch eine dominierende Rolle ein. Der Beginn ihres technischen Einsatzes in den thermoelektrischen Bauelementen (Kühlelement, Thermogenerator und Wärmepumpe) liegt etwa Ende der fünfziger Jahre, als man erkannt hatte, daß diese Substanzgruppe im Arbeitstemperaturbereich 300 ± 100 K unter allen anderen in Frage kommenden Halbleitermaterialien das größte Leistungsvermögen besitzt. Während für höhere Temperaturen GeTe, PbTe (500 bis 800 K) und Si-Ge-Mischkristalle (800 bis 1200 K) günstigere thermoelektrische Eigenschaften besitzen, sind für Temperaturen unter 200 K bis etwa 100 K Bi-Sb-Legierungen zumindest als n-Leiter besser geeignet. Eine ausführliche Darstellung des Funktionsprinzips der auf dem Seebeck-Peltier-Effekt beruhenden Thermogeneratoren bzw. Wärmepumpen findet man in [10]. Die das thermoelektrische Leistungsvermögen charakterisierende Materialgröße ist die thermoelektrische Effektivität

$$Z=\frac{S^2\sigma}{\varkappa}.$$

Um eine möglichst hohe Effektivität zu erreichen, müssen die teilweise gegenläufigen Forderungen nach einem hohen Seebeck-Koeffizienten S bei ebenfalls hoher elektrischer Leitfähigkeit σ und dabei niedriger Wärmeleitfähigkeit $\varkappa$ optimiert werden. Dazu ist es nötig, sowohl durch Dotierung eine optimale Ladungsträgerkonzentration einzustellen als auch die Gitterwärmeleitfähigkeit zu minimieren. Letztere Forderung versucht man durch die Verwendung von Mischkristallen zu erfüllen. Während als n-Leiter meist

Halogen-dotierte $Bi_2(Te_{1-x}Se_x)_3$-Mischkristalle zum Einsatz kommen, verwendet man als p-Leiter Sb-reiche $(Bi_{1-x}Sb_x)_2Te_3$-Mischkristalle. Die dabei erreichten maximalen Effektivitätswerte liegen bei etwa $3 \times 10^{-3} K^{-1}$. Dies scheinen auch die mit V_2VI_3-Halbleitern maximal erreichbaren Werte zu sein. In Abb. 7.15b ist die Temperaturabhängigkeit der thermoelektrischen Effektivität für das Material $(Bi_{0,25}Sb_{0,75})_2Te_3 + 2$ At.-% Te als Beispiel dargestellt.

Thermogeneratoren besitzen in Relation zu anderen, vergleichbaren Energiequellen i. allg. einen niedrigeren Wirkungsgrad und höhere Investitionskosten. Trotzdem ergeben sich überall dort günstige Anwendungsmöglichkeiten, wo ihre spezifischen Vorzüge wie lange, wartungsfreie Lebensdauer, keine bewegten Teile, robuster, kompakter Aufbau, lageunabhängiger Betrieb, Unempfindlichkeit gegenüber energiereicher Strahlung und geringes Masse-Leistung-Verhältnis Vorteile gegenüber anderen Lösungen bieten. Neueste Anwendungen ergeben sich auf dem Gebiet der Miniaturisierung in Form von Mikrothermogeneratoren für die Stromversorgung mikroelektronischer Anordnungen. Die Anpassungsfähigkeit thermoelektrischer Aggregate an die geforderten Leistungen sowie ihre bequeme Regelbarkeit über den Betriebsstrom sichern auch der thermoelektrischen Kühlung und Heizung vielfältige Anwendung. Das geringe Gewicht und die Möglichkeit kleiner Abmessungen machen thermoelektrische Anordnungen besonders geeignet für Kühlzwecke auf eng begrenztem Raum („Punkt"-Kühlung). Während einstufig Temperaturen von etwa -40 °C erzielt werden, gelangt man durch Kaskadierung bis in das Gebiet um -100 °C [102]. Eingesetzt werden thermoelektrische Kühler im wissenschaftlichen Gerätebau (u. a. Kühlung von Halbleiterstrahlungsempfängern), in der Medizintechnik (z. B. Kryochirurgie), auf dem Konsumsektor (Campingkühlboxen) usw. Ein weiteres Anwendungsgebiet ist die Raumklimatisierung mit Peltier-Wärmepumpen. Hierbei wird die leichte Umsteuerbarkeit von Kühl- auf Heizbetrieb durch Umkehr des elektrischen Stromes besonders vorteilhaft ausgenutzt.

Auf dem Anwendungsfeld der amorphen V–VI-Halbleiter gibt es zur Zeit im wesentlichen zwei unterschiedliche Gebiete. Das sind zum einen die mit den photoelektrischen Eigenschaften verbundenen und zum anderen die das Schaltverhalten einer Reihe amorpher Halbleiter ausnutzenden Anwendungen. Für die Bildspeicher- und Übertragungstechnik wird die Tatsache genutzt, daß die Chalkogenidgläser As_2S_3, As_2Se_3 und As_2Te_3 neben ihrer hohen Photoleitfähigkeit im unbelichteten Zustand relativ hochohmig sind. Diese Eigenschaften werden bei der Zwischenspeicherung latenter Ladungsbilder in der Elektrophotographie und in Fernsehaufnahmeröhren benötigt. Die Elektrophotographie ist das z. Z. ökonomisch bedeutsamste Anwendungsgebiet amorpher Halbleiter [21]. Es liegen dazu mehrere zusammenfassende Darstellungen vor (s. z. B. [103]).

Seit der grundlegenden Entdeckung von Ovshinsky [2] haben die Bauelemente auf der Basis gläserner Chalkogenidhalbleiter mit Schaltverhalten eine ständige Entwicklung sowohl im grundlagenmäßigen Verständnis als auch in der Technologie und der Verbesserung ihrer Leistungs- und Zuverlässigkeitsparameter erfahren. Das Schaltphänomen amorpher Halbleiter besteht darin, daß oberhalb einer bestimmten Schwellwertspannung das Material von einem hochohmigen Zustand („Aus") in einen niederohmigen Zustand („Ein") umschaltet. Die reine Schaltzeit ist sehr kurz (größenordnungsmäßig 10^{-10} s), wobei allerdings vom Anlegen der äußeren Spannung bis zum Beginn des Umschaltens erst eine gewisse Verzögerungszeit vergeht. Senkt man im niederohmigen Zustand die Spannung, werden zwei unterschiedliche Verhaltensweisen beobachtet. Es sind die der Schalteffekt- und die der Speichereffektgläser. Bei ersteren tritt unterhalb einer bestimmten Spannung (Haltespannung) der Rücksprung in den hochohmigen Zustand ein, wogegen bei letzteren die Spannung bzw. der Strom bis auf Null gesenkt werden können, ohne daß der leitende Zustand auch bei neuerlichem Stromanstieg wieder verlorengeht. Der Rücksprung in den „Aus"-Zustand wird in diesem Falle durch einen hohen Stromimpuls erreicht. Eine vollständige, in sich konsistente Theorie dieses Verhaltens existiert bis jetzt noch nicht. Die vorliegenden Deutungen mit thermischen oder elektronischen Vorgängen berücksichtigen immer nur einige Züge des Schalteffektes und das oft nur qualitativ [21, 104]. Im Prinzip ist jedoch das Schaltverhalten immer mit einer Phasenumwandlung amorph-kristallin in bestimmten Stromkanälen verbunden. Während die Schwellwertschalterbauelemente sich bisher kommerziell nicht durchsetzen konnten, da entsprechende Bauelemente in der hochentwickelten und weltweit angewendeten Si-Technologie ähnliches zu leisten vermögen, ist für die amorphen Speicherbauelemente in integrierter Form dank ihrer spezifischen Vorzüge ein sich sicher, wenn auch langsam erweiterndes Anwendungsfeld entstanden. Die wichtigsten Vorteile sind leistungslose, statische Speicherung, vernachlässigbarer Informationsschwund auch nach langer Zeit (mehrere Jahre) sowie eine um mindestens zwei bis drei Größenordnungen höhere Unempfindlichkeit gegen ionisierende Strahlung bzw. Teilchenbeschuß im Vergleich zu kristallinen Halbleiterbauelementen [104]. Die während der frühen siebziger Jahre aufgetretenen Probleme der Zuverlässigkeit und Reproduzierbarkeit amorpher Bauelemente bestehen dank verbesserter Herstellungstechnologien heute nicht mehr [104].

Neben dem elektrischen reversiblen Speichereffekt existieren im amorphen Halbleiter auch reversible optische Effekte, die ebenfalls über eine Strukturumwandlung amorph-kristallin zur optischen Informationsspeicherung in entsprechenden Bauelementen ausgenutzt werden. Die Verwendung eines Laserstrahls zum Einschreiben, Auslesen und Löschen der Information gestattet hierbei Speicherflächen von 1 µm im Durchmesser pro Bit, wodurch unter Berücksichtigung entsprechender Sicherheitsabstände Dichten von $>10^6$ bit · cm^{-2} erreicht werden bei verhältnismäßig kurzen Speicheroperationszeiten (größenordnungsmäßig 1 ns [21]). Auch auf den Gebieten der Höchstfrequenztechnik, der Akustooptik, der IR-Technik u. a. eröffnen sich weitere Anwendungen amorpher Chalkogenidhalbleiter.

Literatur zu Kapitel 7

[1] Mott, N. F.: Phil. Mag. **19** (1969) 835.
[2] Ovshinsky, S. R.: Phys. Rev. Lett. **21** (1968) 1450.
[3] Proceedings: Amorphous Semiconductors 76. (Ed. Somogyi, K.), Budapest: Akademiai Kiado 1977.
[4] Proceedings: 9. Conference on Amorphous and Liquid Semiconductors. (Ed. Chakraverty, B. K.; Kaplan, D.), J. Phys. (France) **42** C-4II (1981).
[5] Mott, N. F.; Davis, E. A.: Electronic Processes in Non-Crystalline Materials, 2nd Edition. Oxford: Clarendon Press 1979.
[6] Amorphous and Liquid Semiconductors (Ed. Tauc, J.). London, New York: Plenum Press 1974.
[7] Amorphous Semiconductors (Ed. Brodsky, M. H.). Berlin: Springer-Verlag 1979.
[8] Golcman, B. M.; Kudinov, W. A.; Smirnov, I. A.: Poluprovodnikovye termoelektritscheskie materialy na osnove Bi_2Te_3. Moskva: Izdatelstvo nauka 1972.
[9] Stecker, K.; Süßmann, H.; Eichler, W.; Heiliger, W.; Stordeur, M.: Wiss. Z. Univ. Halle **27** (1978) 5.
[10] Stecker, K.; Süßmann, H.: Physikalische Grundlagen thermoelektrischer Bauelemente. In: Halbleiterbauelementeelektronik. Berlin: Akademie-Verlag 1977, S. 347.
[11] Weißmantel, Ch.; Hamann, C.: Grundlagen der Festkörperphysik. Berlin: VEB Deutscher Verlag der Wissenschaften 1979, S. 512.
[12] Tschishikov, D. M.; Stschastlivyj, W. P.: Tellur i telluridy. Moskva: Izdatelstvo nauka 1966, S. 214, nach Abrikosov, N. Ch.
[13] Offergeld, G.; van Cakenberghe, J.: J. Phys. Chem. Solids **11** (1959) 310.
[14] Brebrick, R. F.: J. Phys. Chem. Solids **30** (1969) 719.
[15] Poreckaja, C. V.: Z. neorg. Chimij **8** (1963) 1196.
[16] Süßmann, H.: Wiss. Z. Univ. Halle **2** (1973) 105.
[17] Süßmann, H.; Heiliger, W.: Konferenzbericht Transport in Verbindungshalbleitern, WKB-Reihe der MLU Halle (1982) 100.
[18] Süßmann, H.; Priemuth, A.; Langhammer, S.: s. [17] S. 149.
[19] Drope, R.: Zur Gitterdynamik von V_2VI_3-Verbindungen. Dissertation RWTH Aachen (1975).
[20] Bagley, B. G.: s. [6] S. 12.
[21] Süptitz, P.; Böttger, H.: Probleme der Festkörperelektronik 7 (1975) 131.
[22] Zallen, R.; Slade, M. L.; Ward, A. T.: Phys. Rev. **B3** (1971) 4257.
[23] Süptitz, P.: Festkörperphysik. (Hrsg. Unger, K.; Schneider, H. G.), Leipzig: Akademische Verlagsgesellschaft Geest & Portig K.-G. 1979, S. 69.
[24] Feltz, A.: Probleme der Festkörperelektronik 7 (1975) 82.
[25] Hulliger, F.: Structural Chemistry of layer-type phases. (Vol. 5 of Physics and Chemistry of materials with layered structures), (Ed. Levy, F.). Dordrecht and Boston: D. Reidel Publishing Company 1977, S. 197.
[26] Lovett, D. R.: Semimetals and narrow-bandgap semiconductors. (Vol. 10 of Appl. Phys. Series), (Ed. Goldsmid, H. J.). London: Pion Ltd. 1977.
[27] Gmelins Handbuch der anorganischen Chemie. a) Bd. 19 (Erg. Bd.) Wismut, 8. Auflage. Weinheim/Bergstraße: Verlag Chemie GmbH 1964; b) Bd. 18 Antimon, 8. Auflage, Clausthal-Zellerfeld: Gmelin-Verlag GmbH 1949.
[28] Tideswell, N. W.; Kruse, F. H.; McCullough, J. D.: Z. anorg. Chemie **263** (1950) 289.
[29] Šćavničar, S.: Z. Kristallogr. **114** (1960) 85.

[30] Renninger, A. L.; Averbach, B. L.: Acta Cryst. **B29** (1973) 1583.
[31] Chimica – ein Wissensspeicher, (Bd. 1), (Hrsg. Keune, H.). Leipzig: VEB Deutscher Verlag für Grundstoffindustrie 1972.
[32] Mullen, A. J. E.; Nowacki, W.: Z. Kristallogr. **136** (1972) 48.
[33] Landolt-Börnstein: Zahlenwerte und Funktionen aus Naturwissenschaften und Technik. Neue Serie, Gruppe III, Bd. 7b1, (Hrsg. Hellwege, K.-H.). Berlin: Springer-Verlag 1975.
[34] Amirchanov, Ch. J.; Magomedov, Ja. B.; Ismailov, S. M.: Fiz. Tverd. Tela **19** (1977) 3144.
[35] Wiese, J. R.; Muldaver, L.: J. Phys. Chem. Solids **15** (1960) 13.
[36] Süßmann, H.; Loof, K.: phys. stat. sol. (a) **37** (1976) 467.
[37] Priemuth, A.: phys. stat. sol. (a) **67** (1981) 505.
[38] Tichý, L.; Horák, J.; Vaško, A.; Frumar, M.: phys. stat. sol. (a) **20** (1973) 717.
[39] Horák, J.; Tichý, L.; Vaško, A.; Frumar, M.: phys. stat. sol. (a) (1972) 289.
[40] Horák, J.; Tichý, L.; Frumar, M.; Vaško, A.: phys. stat. sol. (a) **9** (1972) 369.
[41] Vaško, A.; Tichý, L.; Horák, J.; Weissenstein, J.: J. Appl. Phys. **5** (1974) 217.
[42] Horák, J.; Matyaš, M.; Tichý, L.: phys. stat. sol. (a) **27** (1975) 621.
[43] Klein, P. B.; Taylor, P. L.; Treacy, D. J.: Phys. Rev. **B16** (1977) 4501.
[44] Jenkins, J. O.; Rayne, J. A.; Ure, R. W.: Phys. Rev. **B5** (1972) 3171.
[45] Unkelbach, K. H.: Nachweis optisch aktiver Gitterschwingungen und optische Eigenschaften von Antimontellurid. Dissertation RWTH Aachen (1973).
[46] Richter, W.; Köhler, H.; Becker, C. R.: phys. stat. sol. (b) **84** (1977) 619.
[47] Wagner, V.; Dolling, G.; Powell, B. M.; Landwehr, G.: phys. stat. sol. (b) **85** (1978) 311.
[48] Lee, P. L.; Pincherle, L.: Proc. Phys. Soc. **81** (1963) 461.
[49] Borghese, F.; Donato, E.: Nuovo Cimento **53** (1968) 283.
[50] Katsuki, S.: J. Phys. Soc. Jap. **26** (1969) 58.
[51] Drabble, J. R.; Wolfe, R.: Proc. Phys. Soc. **11** B (1956) 1101.
[52] Abeles, B.; Meiboom, S.: Phys. Rev. **95** (1956) 31.
[53] Herring, C.: Bell Syst. Techn. J. **34** (1955) 237.
[54] Drabble, J. R.: Proc. Phys. Soc. **72** (1958) 380.
[55] Zawadzki, W.: Adv. Phys. **23** (1974) 435.
[56] Bishop, S. G.; Shevchik, N. I.: Phys. Rev. **B12** (1975) 1567.
[57] Althaus, H. L.; Weiser, G.; Nagel, S.: phys. stat. sol. (b) **87** (1978) 117.
[58] Stordeur, M.; Kühnberger, W.: phys. stat. sol. (b) **69** (1975) 377.
[59] Simon, G.; Eichler, W.: phys. stat. sol. (b) **103** (1981) 289.
[60] Efimova, B. A.; Korenblit, I. J.; Novikov, W. I.; Ostroumov, A. G.: Fiz. Tverd. Tela **3** (1961) 2746.
[61] Stordeur, M.; Heiliger, W.: phys. stat. sol. (b) **78** (1976) K103.
[62] Kühnberger, W.; Stordeur, M.: Untersuchungen zu Transporteigenschaften von Bi_2Te_3 und Sb_2Te_3 unter Berücksichtigung nichtparabolischer Energiebänder. Dissertation, MLU Halle (1973).
[63] Stordeur, M.; Langhammer, H. T.; Sobotta, H.; Riede, V.: phys. stat. sol. (b) **104** (1981) 513.
[64] Langhammer, H. T.; Stordeur, M.; Sobotta, H.; Riede, V.; Dannfald, H.: Proceedings of the European Meeting on Crystal Growth, Prague 1982, Poster D21, S. 352.
[65] Heiliger, W.: Untersuchungen der thermoelektrischen Eigenschaften im Misch-

kristallsystem p-$Bi_{2-x}Sb_xTe_3$ unter besonderer Berücksichtigung ihrer Anisotropie. Dissertation, MLU Halle 1980.
[66] Caywood, L. P.; Miller, G. R.: Phys. Rev. **B2** (1970) 3209.
[67] Köhler, H.: phys. stat. sol. (b) **74** (1976) 591.
[68] Köhler, H.: phys. stat. sol. (b) **73** (1976) 95.
[69] Ashworth, H. A.; Rayne, J. A.; Ure, R. W.: Phys. Rev. **B3** (1971) 2646.
[70] Sologub, V. V.; Goletskaja, A. D.; Lang, I. G.; Pavlov, S. T.: phys. stat. sol. (b) **58** (1973) 457.
[71] Süßmann, H.: Thermoelektrische Eigenschaften des Mischkristallsystems Bi_2Te_3/Sb_2Te_3. Dissertation B, MLU Halle, 1979.
[72] Von Middendorff, A.; Dietrich, K.; Landwehr, G.: Solid State Commun. **13** (1973) 443.
[73] Rönnlund, B.; Beckmann, O.; Levy, H.: J. Phys. Chem. Solids **26** (1965) 1281.
[74] Roy, B.; Chakraborty, B. R.; Bhattacharya, R.; Dutta, A. K.: Solid State Commun. **25** (1978) 617.
[75] Simon, G.; Eichler, W.: phys. stat. sol. (b) **107** (1981) 201.
[76] Samoilovich, A. G.; Klinger, M. I.: Fiz. Tverd. Tela Sbornik statei **2** (1959) 143.
[77] Samoilovich, A. G.; Nitsovich, M. V.; Nitsovich, V. M.: phys. stat. sol. **16** (1966) 459.
[78] Stordeur, M.: phys. stat. sol. (b) **98** (1980) 199.
[79] Köhler, H.; Freudenberger, A.: phys. stat. sol. (b) **84** (1977) 195.
[80] Hashimoto, K.: J. Phys. Soc. Japan **16** (1961) 1970.
[81] Köhler, H.: phys. stat. sol. (b) **58** (1973) 91.
[82] Von Middendorff, A.; Köhler, H.; Landwehr, G.: phys. stat. sol. (b) **57** (1973) 203.
[83] Köhler, H.: phys. stat. sol. (b) **62** (1974) 57.
[84] Köhler, H.; Fischer, H.: phys. stat. sol. (b) **69** (1975) 349.
[85] Köhler, H.; Fabricius, A.: phys. stat. sol. (b) **71** (1975) 487.
[86] Tichý, L.; Horák, J.: Phys. Rev. **B19** (1979) 1126.
[87] Roy, B.; Chakraborty, R.; Bhattacharya, R.; Dutta, A. K.: Solid State Commun. **25** (1978) 937.
[88] Sehr, R.; Testardi, L. R.: J. Phys. Chem. Solids **23** (1962) 1219.
[89] Sehr, R.; Testardi, L. R.: J. Appl. Phys. **34** (1963) 2754.
[90] Hurych, Z.; Wood, C.: Solid State Commun. **9** (1971) 181.
[91] Langhammer, H. T.; Stordeur, M.; Sobotta, H.; Riede, V.: phys. stat. sol. (b) **109** (1982) 673.
[92] Greenaway, D. L.; Harbeke, G.: J. Phys. Chem. Solids **26** (1965) 1585.
[93] Sobolev, V. V.; Shutov, S. D.; Popov, Yu. V.; Shestatskii, S. N.: phys. stat. sol. **30** (1968) 349.
[94] Köhler, H.; Hartmann, J.: phys. stat. sol. (b) **63** (1974) 171.
[95] Evans, B. I.: Optical and electrical Properties (Vol. 4 of Physics and Chemistry of Materials with layered Structures). (Ed. Lee, P. A.). Dordrecht and Boston: D. Reidel Publishing Company 1977, S. 93.
[96] Zallen, R.; Drews, R. E.; Emerald, R. L.; Slade, M. L.: Phys. Rev. Lett. **26** (1971) 1564.
[97] Perrin, J.; Cazaux, J.; Soukiassian, P.: phys. stat. sol. (b) **62** (1974) 343.
[98] Yokota, K.; Katayama, S.: Jap. J. Appl. Phys. **12** (1973) 1205.
[99] Kato, M.; Seinosuke, O.; Arai, T.: Jap. J. Appl. Phys. **20** (1981) 2013.
[100] Nagels, P.: phys. stat. sol. (a) **59** (1980) 505.

[101] Weiser, K.; Brodsky, M. H.: Phys. Rev. B1 (1970) 791.
[102] Daniel, D.; Stecker, K.: Z. elektr. Inf. Energietechnik, Leipzig 12 (1982) 4, S. 358.
[103] Schaffert, R. M.: Electrophotography. London: Focal press 1965.
[104] Kostylev, S. A.; Schkut, W. A.: Elektronnoe pereklјutschenie v amorfnych poluprovodnikach. Kiev: Izdatelstvo naukova dumka 1978.

Neuere Literatur (ergänzt während der Drucklegung)

Landolt-Börnstein: Neue Serie, Band 17, Teilband f (Hrsg. Madelung, O.). Berlin, Heidelberg, New York, Tokyo: Springer-Verlag 1983.

Dato, P.; Köhler, H.: J. Phys. C – Solid State Phys. 17 (1984) 3711.

Richter, W.; Krost, A.; Nowak, M.; Anastassakis, Z.: Z. Phys. B – Cond. Matter 49 (1982) 191.

Stordeur, M.: phys. stat. sol. (b) 124 (1984) 439.

Stordeur, M.; Simon, G.: phys. stat. sol. (b) 124 (1984) 799.

Süßmann, H.; Heiliger, W.: phys. stat. sol. (a) 80 (1983) 535.

Süßmann, H.; Priemuth, A.; Pröhl, H.: phys. stat. sol. (a) 82 (1984) 561.

Horák, J.; Lošťák, P.; Matyáš, M.: phys. stat. sol. (b) 129 (1985) 381.

Lošťák, P.; Horák, J.; Koudelka, L.: phys. stat. sol. (a) 84 (1984) K 143.

Abrikosov, N. Ch.; Ivanova, L.D.: Izv. akad. nauk SSSR neorg. materialyi 18 (1982) 560.

Gaidukova, V. S.,; Erofejev, R. S.; Oveshkina, V. N.: Izd. akad. nauk SSSR neorg. materialyi 17 (1981) 244.

Richter, W.; Kullmann, W.; Eichhorn, G.; Geick, R.: Konferenzbericht „Transport in Verbindungshalbleitern und Mischkristallen". KTB-Reihe der MLU Halle 1985 (im Druck).

Stordeur, M.; Langhammer, H.-T.; Dannfald, H.; Stölzer, M.; Sobotta, H.; Riede, V.: Konferenzbericht „Transport in Verbindungshalbleitern und Mischkristallen". KTB-Reihe der MLU Halle 1985 (im Druck).

8. II–IV–V_2-Halbleiter

Von H. Boudriot, E. Buhrig, H. Oettel und H. G. Schneider

Seit Beginn der 60er Jahre begegnet man in der Literatur systematischen Arbeiten zur Synthese und Eigenschaftscharakterisierung ternärer halbleitender Verbindungen des Typs II–IV–V_2. Die Beschäftigung mit ihnen entspringt dabei nicht nur dem Bestreben, das Grundlagenwissen über halbleitende Verbindungen zu bereichern, sondern auch der Erkenntnis, daß die Gruppe der in elektronischen Bauelementen praktisch genutzten III–V-Halbleiter durchaus nicht alle Anforderungen optimal erfüllt. So fehlt z. B. für effiziente Leuchtdioden im sichtbaren Bereich ein direktes Material mit breitem Gap und niederohmiger amphoterer Dotierbarkeit. Als Gunnmaterial wäre eine Substanz mit hoher Grenzfrequenz und geringerer Schwellfeldstärke als bei GaAs wünschenswert. Weitere Aspekte ließen sich anführen. Es lag daher nahe, auf der Suche nach einer breiteren nutzbaren Substanzpalette auch die den bewährten III–V-Verbindungen strukturell und elektronisch am engsten verwandten ternären Halbleiter zu synthetisieren und hinsichtlich ihrer physikalischen Eigenschaften zu untersuchen. Diese ternären Analoga kann man sich entstanden denken durch Ersatz zweier A III-Kationen der III–V-Verbindungen durch ein A II- und ein B IV-Kation:

$$\begin{array}{ccc} \multicolumn{2}{c}{\text{A III}} & \text{B V} \\ / & \backslash & \backslash \\ \text{A II} & \text{B IV} & \text{C } V_2 \end{array}$$

Es ergeben sich dabei wieder vier Valenzelektronen pro Gitterplatz und eine nahezu tetraedrische Koordination. Mögliche Kombinationen läßt der folgende Ausschnitt aus dem Periodensystem erkennen:

		(N)
(Mg)	Si	P
Zn	Ge	As
Cd	Sn	(Sb)

In Klammern stehen solche Atome, die als Komponenten nicht in jedem Fall zu stabilen Verbindungen führen. Die Vielzahl der Kombinationsmöglichkeiten führt zu einer breiten Substanzpalette mit weitem Eigenschaftsspektrum.

Die meisten Verbindungen des Typs II–IV–V_2 kristallisieren in der Struktur des Minerals Chalkopyrit ($CuFeS_2$) mit der Raumgruppe $I\bar{4}2d$ (tetragonal-skalenoedrische Kristallklasse), die als Variante einer Kationenüberstruktur der Sphalerit-(Zinkblende-)Struktur verstanden werden kann. Die Sphalerit-Struktur tritt bei einigen dieser Verbindungen als Hochtemperaturmodifikation in der Nähe des Schmelzpunktes auf. Folge dieses Überstrukturcharakters sind auch eine Reihe kristallographischer Besonderheiten (z. B. Ausbildung von Paarversetzungen und Antiphasengrenzen).

Die Herstellung der II–IV–V_2-Verbindungen weist einige Besonderheiten auf, die in ihren thermodynamischen Eigenschaften begründet sind. Schwierigkeiten entstehen durch den relativ hohen Dampfdruck der Verbindungen sowie durch das Auftreten von Peritektika und thermodynamisch stabiler binärer Verbindungen in den ternären Zustandsdiagrammen. Erleichtert wird die Darstellung der ternären Verbindungen durch ihren gegenüber den binären Analoga niedrigeren Schmelzpunkt. Die für die II–IV–V_2-Verbindungen typischen Herstellungsverfahren sind der Gasphasentransport und die Lösungszüchtung im geschlossenen System. In einigen Fällen ist auch die Kristallisation aus der stöchiometrischen Schmelze möglich. Die Entwicklung von Verfahren zur zuverlässigen Züchtung großer nahezu perfekter Einkristalle steht dagegen noch aus.

Die Chalkopyrit-Brillouinzone ist der gegenüber Sphalerit größeren Elementarzelle entsprechend viermal kleiner als die Sphalerit-Brillouinzone. Verschiedene Punkte der Sphalerit-Brillouinzone können danach in *einen* Punkt der Chalkopyrit-Brillouinzone übergehen. Dadurch haben indirekte III–V-Halbleiter „pseudodirekte“ II–IV–V_2-Analoga. Es bestand demgemäß Hoffnung, II–IV–V_2-Kristalle mit einer effizienten Lumineszenz bei $h\nu \geqq 2$ eV zu finden.

In einigen II–IV–V_2-Verbindungen wurden strahlende Rekombination im Kantenbereich sowie Lasereffekte nachgewiesen. Versuche, diese Lumineszenz in Leuchtdioden zu nutzen, waren bisher wegen der Schwierigkeit einer niederohmigen amphoteren Dotierung und des entsprechenden Fehlens geeigneter Homo-pn-Übergänge nicht erfolgreich. Dafür ist in den letzten Jahren recht intensiv das physikalische Verhalten verschiedener Heteroübergänge, Schottkydioden und OF-Raumladungsbarrieren auf II–IV–V_2-Basis untersucht worden. Dabei interessierte besonders die spektrale Fotoempfindlichkeit solcher Strukturen im Hinblick auf breitbandige Strahlungsdetektoren im Sichtbaren bzw. auf einen speziellen Laserlichtnachweis im IR. Beachtung fand dabei auch die starke Polarisation der in Frage kommenden Elektronenübergänge.

Einen weiteren Schwerpunkt der Arbeiten an den II–IV–V_2-Halbleitern stellt das nichtlineare optische Verhalten dieser Substanzgruppe dar. Wegen der Anisotropie des Chalkopyritgitters zeigen die II–IV–V_2-Kristalle Doppelbrechung. Einige Substanzen zeigen große nichtlineare Suszeptibilitäten. Durch die Doppelbrechung ist die Phasenanpassung zwischen der Erregerwelle und der Oberwelle und damit eine effiziente Nutzung nichtlinear optischer Phänomene möglich.

Einige II–IV–V_2-Verbindungen haben Bandstrukturdaten, die das Auftreten des Gunn-Effektes ermöglichen. In $CdSnP_2$-Kristallen sind Gunnschwingungen bei Raumtemperatur und anwendungstechnisch interessanter Schwellfeldstärke auch experimentell nachgewiesen worden.

$CdGeAs_2$, $CdGeP_2$ und $ZnGeAs_2$ lassen sich kompakt amorph herstellen. Bei anderen Halbleitern ist dies meist nur in dünnen Schichten möglich. Die U-I-Kennlinien der genannten drei Substanzen zeigen ein reversibles Umschalten zwischen einem niederohmigen und einem hochohmigen Zustand.

Im folgenden soll nach Darstellung von Herstellungsmethoden auf die physikalischen Eigenschaften eingegangen werden. Anschließend werden die Anwendungsmöglichkeiten diskutiert, die II–IV–V_2-Halbleiter auf Grund ihrer strukturellen und elektronischen Besonderheiten bieten. Der Vergleich mit den Binär-Halbleitern und die Berücksichtigung der Schwierigkeiten, große strukturell perfekte, stöchiometrische und niederohmige Einkristalle zu erhalten, sollen einer realistischen Bewertung der Einsatzmöglichkeiten dienen.

8.1. Darstellung

8.1.1. Thermodynamische Grundlagen

Die Auswahl und Gestaltung der Herstellungsverfahren sowie das technologische Verhalten bei der Untersuchung und Anwendung der II–IV–V_2-Verbindungen wird in entscheidendem Maße durch ihre thermodynamischen Eigenschaften bestimmt. Dabei müssen nicht nur die ternären Verbindungen selbst, sondern auch die auftretenden binären Verbindungen und die Ausgangselemente Beachtung finden. Um die Übersichtlichkeit der Darstellung zu erhöhen, werden die II–IV–V_2-Verbindungen in Gruppen mit jeweils gleicher Komponente aus der V. Gruppe des periodischen Systems der Elemente eingeteilt, d. h., es wird zwischen Nitriden (II–IV-N_2), Phosphiden (II–IV-P_2), Arseniden (II–IV-As_2) und Antimoniden (II–IV-Sb_2) unterschieden [1].

Bei der Behandlung der thermodynamischen Eigenschaften hat sich bewährt, Gruppentrends oder Korrelationen zur Stellung der Konstituenten im Periodensystem zu beachten, um damit Möglichkeiten zur Abschätzung unbekannter Daten und zur Erkennung von Fehlmessungen abzuleiten. Solche Abschätzungen stellen allerdings nur grobe Näherungen dar.

8.1.1.1. Zustandsdiagramme

Die Schmelzpunkte der II–IV–V_2-Verbindungen steigen in der Reihenfolge Antimonide – Arsenide – Phosphide an.

Für die Nitride existieren noch keine verläßlichen Angaben über Schmelzpunkte, deren Einordnung oberhalb der Phosphide kann jedoch vermutet werden. Die wahrscheinlichsten Werte der Schmelzpunkte sind in Tab. 8.1 zusammengestellt. Daraus geht hervor, daß der Schmelzpunkt der ternären Verbindungen in der Regel um mehr als 100 K niedriger liegt, als der der Element- oder Binär-Halbleiter mit annähernd gleichem Bandabstand (Bsp. GaP–$CdSiP_2$ oder Si–$ZnSnAs_2$).

In den ternären Zustandsdiagrammen [2] treten in den Randsystemen binäre Phasen auf, die bei der Züchtung der II–IV–V_2-Verbindungen stören können oder auch die direkte Synthese aus einer stöchiometrischen Schmelze unmöglich machen. Die binären II–IV-Systeme sind am einfachsten auf-

Tabelle 8.1.
Schmelztemperaturen, Bildungsenthalpien und Normalentropien von II–IV–V_2-Verbindungen

Verbindung	Schmelztemperatur[1]) in °C	Bildungsenthalpie in kJ/mol	Normalentropie in J/K · mol
$ZnSiP_2$	1360	123,9	108,8
$ZnGeP_2$	1020	96,7	121,4
$ZnSnP_2$	968	86,6	138,6
$CdSiP_2$	1120	108,8	122,2
$CdGeP_2$	776	97,2	135,6
$CdSnP_2$	570	89,8	150,7
$ZnSiAs_2$	1067	92,9	133,9
$ZnGeAs_2$	875	73,2	150,7
$ZnSnAs_2$	775	58,6	163,7
$CdSiAs_2$	857	74,5	150,8
$CdGeAs_2$	668	64,8	164,1
$CdSnAs_2$	606	60,7	173,3

[1]) bzw. peritektische oder Liquidustemperatur.

gebaut und besitzen eutektischen Charakter. Infolge der niedrigen Schmelzpunkte der Elemente Zn und Cd sowie Sn sind diese bei der Züchtung aus der unstöchiometrischen Schmelze geeignete Lösungsmittel. Die binären IV–V- und II–V-Systeme weisen mehrere Verbindungen mit teilweise hohen thermodynamischen Stabilitäten und Schmelztemperaturen [3] auf. Während der Züchtung der II–IV–V_2-Verbindungen muß insbesondere mit dem Auftreten von II–V-Fremdphasen gerechnet werden. Die Verbindungen CdP_2, ZnP_2, $CdAs_2$ und $ZnAs_2$ eignen sich infolge ihres dem der ternären Verbindung entsprechenden Atomverhältnisses II : V = 1 : 2 jedoch auch als Ausgangssubstanzen für die Synthese stöchiometrischer ternärer Verbindungen.

Die Kenntnisse über den Phasenaufbau der ternären Systeme selbst sind noch sehr lückenhaft. Als wahrscheinlich kann angesehen werden, daß in den Systemen II–IV-P und II–IV-As außer den II–IV–V_2-Verbindungen keine weiteren ternären auftreten, wenn von den teilweise weit ausgedehnten Homogenitätsbereichen abgesehen wird. Einige der II–IV–V_2-Verbindungen schmelzen inkongruent. Als typisches Beispiel kann die Verbindung $CdSnP_2$ angeführt werden. Wie in Abb. 8.1 zu sehen ist, zersetzt sich $CdSnP_2$ oberhalb von 570 °C nach der Reaktion

$$CdSnP_{2(s)} \xrightarrow{570\,°C} CdP_{2(s)} + \text{Schmelze} \qquad (1)$$

Inkongruentes Schmelzen wurde z. B. auch für die Verbindungen $ZnSnSb_2$, $ZnSnAs_2$ und evtl. $CdSnAs_2$ nachgewiesen. Eine weitere Besonderheit der II–IV–V_2-Verbindungen besteht darin, daß sie in mehreren Modifikationen existieren können. Diese Erscheinung wird im Abschn. 8.2.1.2. näher behandelt.

Zahlreiche (II–V_2)–IV-Systeme sind quasibinär. Die diesen Schnitten entsprechenden Konzentrationen können z. B. im System Zn–Si–P nach der allgemeinen Formel

$$Zn_xSi_{3(1-x)}P_{2x} \qquad (0<x<1)$$

beschrieben werden. Teilweise werden im Bereich $x=0$ bis $x=0{,}75$, d. h. im Teilsystem IV–(II–IV–V_2) merkliche Löslichkeiten [3] beobachtet, was offensichtlich mit der strukturellen Ähnlichkeit beider Randphasen in Zu-

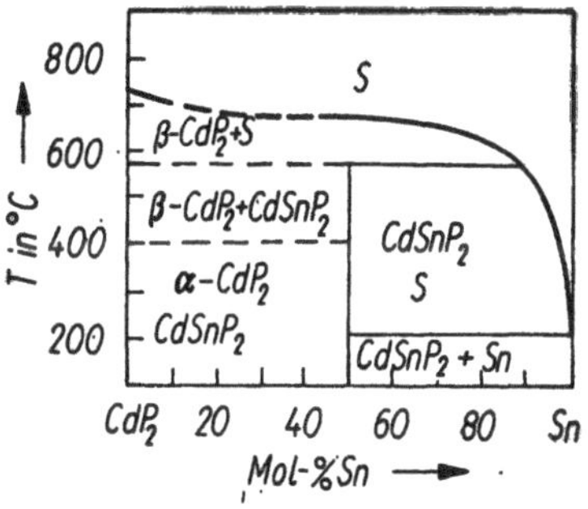

Abb. 8.1. System CdP_2–Sn [2]

sammenhang steht. Für die Anwendung der Lösungszüchtung ist ein quasibinärer Charakter der Teilsysteme II–(II–IV–V_2) allerdings ohne Löslichkeit erwünscht. Als Beispiel eines solchen Diagrammtyps ist das System Zn–$ZnSiP_2$ zu nennen.

8.1.1.2. Dampfdrücke

Die Elemente Zn und Cd (II. Gruppe des PSE) sowie N, P, As und Sb (V. Gruppe des PSE) besitzen bei Temperaturen, die für die Züchtung der II–IV–V_2-Verbindungen geeignet sind, besonders aber am Schmelzpunkt der ternären Verbindung einen hohen Dampfdruck. Auch die ternären Verbindungen selbst und die binären Verbindungen der II–V- und IV–V-Randsysteme weisen Dampfdrücke auf, die spezielle Maßnahmen bei der Züchtung erforderlich machen.

Die Elemente Si, Ge, Sn (IV. Gruppe des PSE) haben nur eine geringe Verdampfungsneigung, so daß deren Dampfdrücke vernachlässigt werden können. In den Abb. 8.2 bis 8.4 sind experimentell gemessene Dampfdrücke zusammengestellt [4]. Offensichtlich ist, daß der Dampfdruck des Phosphors durch die Verbindungsbildung stark herabgesetzt wird. Bei Variation der Elemente der 4. Gruppe des PSE in der Reihenfolge Si–Ge–Sn zeigt sich eine deutliche Tendenz. Danach besitzt die Sn-Verbindung die geringste und die Si-Verbindung die höchste Stabilität. Diese Tatsache wird auch durch die im Abschn. 8.1.1.3. behandelten Bildungsenthalpien bestätigt. Es ist des weiteren typisch, daß die Phosphide höhere Dampfdrücke aufweisen als die

Arsenide. Gesicherte Angaben über die Dampfdrücke der Nitride und Antimonide liegen z. Z. noch nicht vor.

Eine Besonderheit im Verdampfungsverhalten wurde für die Verbindung $ZnSiP_2$ nachgewiesen [3]. Diese besteht darin, daß der Dampfdruck in star-

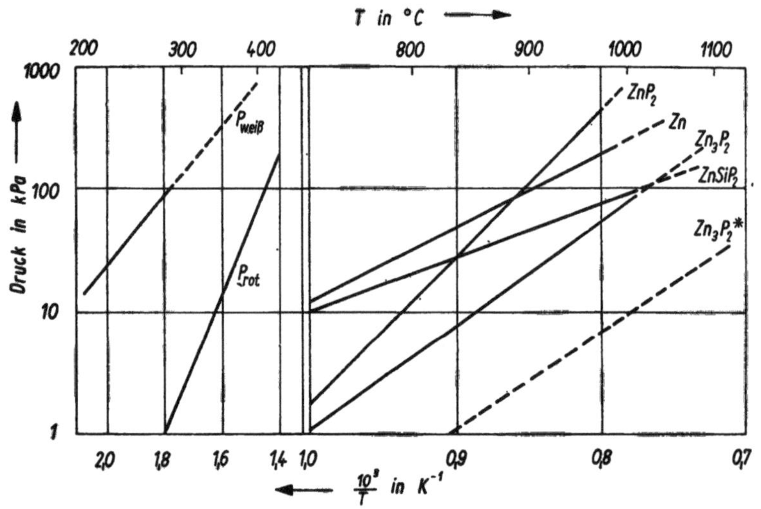

Abb. 8.2. Dampfdrücke im System Zn–Si–P (* P-Partialdruck, – – – extrapolierte Werte)

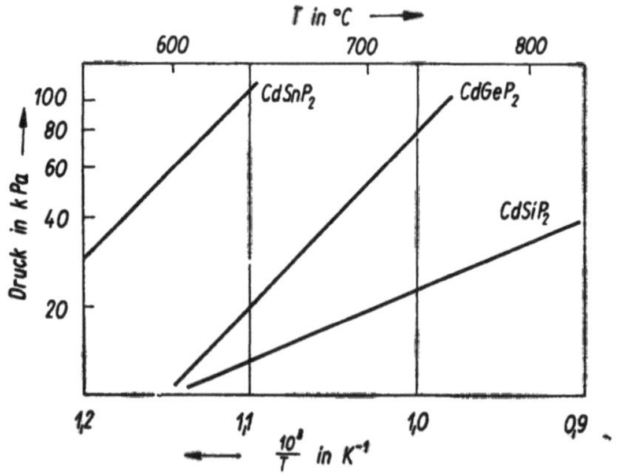

Abb. 8.3. Dampfdrücke von Cd–IV–P_2-Verbindungen [4]

kem Maße von dem aus der Verbindung abgedampften Substanzanteil bestimmt wird. In geschlossenen Reaktoren ergibt sich dadurch eine Abhängigkeit des Dissoziationsdruckes von der Einwaage. Aus Abb. 8.4 ist zu entnehmen, daß erst bei Einwaagen oberhalb von 1000 mg cm^{-3} (annähernd vollständige Füllung) der maximale, die stöchiometrische Verbindung charakterisierende Druck erreicht wird. Diese Erscheinung muß bei der Messung des Dampfdruckes, aber auch bei der Züchtung, beachtet werden. Eine Übersicht über die wichtigsten, experimentell bestimmten Druck-Temperatur-Beziehungen ist in Tab. 8.2 zusammengestellt.

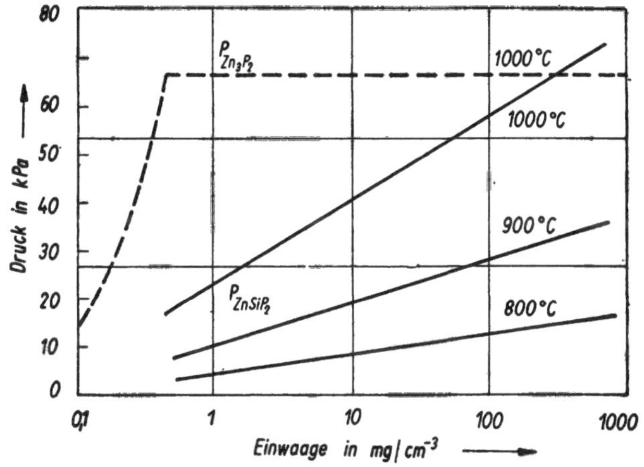

Abb. 8.4. Dampfdrücke als Funktion der Einwaage

Tabelle 8.2.
Dampfdruckgleichungen von II–IV–V_2-Verbindungen
Gleichungstyp $\lg p = A - B/T$ (p in Pa, aus Literaturdaten berechnet)

Verbindung	A	B	Bereich in K	Lit.
$ZnSiP_2$	8,27	4422	1073–1273	[9]
	7,7	2262	1173–1523	[5]
$ZnGeP_2$	8,3	3318	1095–1433	[5]
	13,2	10543	1053–1243	[6]
$CdSiP_2$	8,2	2664	1073–1373	[5]
	6,9	2578	858–1188	[4]
$CdGeP_2$	11,4	6722	879–1022	[7]
	11,9	6960	880–1005	[4]
$CdSnP_2$	10,8	5298	783–918	[4]
$ZnSiAs_2$	17,5	16730	910–1000	[8]
$ZnGeAs_2$	15,3	13361	830–970	[8]
$ZnSnAs_2$	16,6	13070	800–850	[8]
$CdSiAs_2$	14,4	10920	680–820	[8]
$CdGeAs_2$	14,9	10176	635–765	[8]
$CdSnAs_2$	12,9	85333	595–715	[8]

8.1.1.3. Thermodynamische Daten

Die von verschiedenen Autoren experimentell ermittelten thermodynamischen Werte weisen ähnlich wie die Dampfdrücke große Unterschiede auf, die methodisch oder stofflich bedingt sind. Um einen ersten Überblick zu erhalten, wird deshalb auf Werte von Korb [9] zurückgegriffen, die unter Verwendung einheitlicher Methoden geschätzt wurden (Tab. 8.1). Aus diesen Daten können auch Informationen über das Dissoziationsverhalten der Verbindungen gewonnen werden [1, 4]. Dabei sind mehrere Gleichgewichte zu beachten. Am Beispiel des $CdGeP_2$ dargestellt, ergeben sich folgende Möglichkeiten:

$$CdGeP_2 \rightleftarrows Cd + Ge + {}^1/_2\, P_4\,, \tag{2}$$

$$CdGeP_2 \rightleftarrows CdP_2 + Ge\,, \tag{3}$$

$$CdGeP_2 \rightleftarrows {}^1/_3\, Cd_3P_2 + Ge + {}^1/_3\, P_4\,, \tag{4}$$

$$CdGeP_2 \rightleftarrows {}^1/_3\, Cd_3P_2 + GeP + {}^1/_{12}\, P_4\,. \tag{5}$$

Desweiteren sind die Folgereaktionen

$$CdP_2 \rightleftarrows Cd + {}^1/_2\, P_4\,, \tag{6}$$

$$Cd_3P_2 \rightleftarrows 3\, Cd + {}^1/_2\, P_4\,, \tag{7}$$

$$GeP \rightleftarrows Ge + {}^1/_4\, P_4 \tag{8}$$

und das Gleichgewicht

$$P_2 \rightleftarrows {}^1/_2\, P_4 \tag{9}$$

zu berücksichtigen.

Welche der o. g. Reaktionen bei der Zersetzung bzw. Synthese dominieren, hängt von der Art der Verbindung sowie von den vorliegenden Temperatur- und Druckverhältnisse ab.

8.1.2. Verfahren

8.1.2.1. Darstellung von Kompaktkristallen

Bei der Synthese und Kristallzüchtung müssen folgende Besonderheiten der II–IV–V$_2$-Verbindungen beachtet werden:
- hoher Dampfdruck;
- teilweise inkongruentes Schmelzen;
- Auftreten binärer Phasen in den Randsystemen;
- teilweise Umwandlung Chalkopyrit – Sphalerit;
- hohe chemische Reaktivität der Konstituenten.

Trotz dieser Besonderheiten können jedoch die auch von der Herstellung anderer komplizierter Verbindungen bekannten Verfahren eingesetzt werden. Vorherrschend ist dabei die Verwendung geschlossener Züchtungssysteme, insbesondere abgeschmolzener Quarzampullen.

Bei der Kristallisation aus der stöchiometrischen Schmelze besitzen die flüssige und die feste Phase bezüglich der Hauptkomponenten die gleiche Zusammensetzung, so daß die Schmelztemperatur der reinen Verbindung überschritten werden muß. Deshalb werden diese Züchtungsverfahren vor allen Dingen für die niedrigschmelzenden Antimonide und Arsenide verwendet, wobei allerdings die peritektische Kristallisation zu beachten ist. In geringerem Umfang wird auch über die Züchtung von Phosphiden ($ZnGeP_2$; $ZnSiP_2$) aus der stöchiometrischen Schmelze berichtet. Masumoto [10] beschreibt die Anwendung einer Druckapparatur, die bis zu einem Druck von 15 MPa ausgelegt ist.

Als Ausgangsmaterial werden sowohl die reinen Elemente, binäre Verbindungen wie ZnP_2, CdP_2 und $CdAs_2$, als auch die vorsynthetisierte ternäre Verbindung eingesetzt. Werden die Ausgangssubstanzen in elementarer Form eingegeben, so erfolgt die Synthese während des Aufheizungsvorganges. Dieser muß deshalb ausreichend langsam (70 bis 50 K/h) ablaufen. Bei 450 bis 600 °C wird in der Regel die Temperatur längere Zeit (z. B. 24 h) konstant gehalten, um ein möglichst vollständiges Abbinden der leichtflüchtigen Bestandteile zu sichern. Als Züchtungsprozeß wird am häufigsten die gerichtete Kristallisation benutzt. Erfolgreich wurde auch das Temperaturgradientverfahren z. B. für $ZnSnAs_2$ und das Zonenschmelzen z. B. für $CdSnAs_2$ [11] angewandt. Die hergestellten Proben besitzen meistens grobkristallines Gefüge, so daß die für Untersuchungen benötigten einkristallinen Bereiche aus dem Kristallverband herausgetrennt werden müssen.

Bei der Lösungszüchtung läuft der Kristallzüchtungsprozeß unterhalb des Schmelzpunktes ab. Als Vorteile ergeben sich dadurch: geringerer Dampfdruck, Kristallisation unterhalb der peritektischen Temperatur bzw. teilweise auch unterhalb der Umwandlungstemperatur. Nachteilig ist dagegen, daß ein Lösungsmittel benutzt werden muß und die Wachstumsgeschwindigkeit geringer ist. Als Lösungsmittel sind für die Züchtung der II–IV–V_2-Verbindungen bisher vorzugsweise niedrigschmelzende Metalle, wie Sn, Cd, Sb, Bi, Pb oder deren Legierungen untereinander verwendet worden. Solche Legierungen dienten z. B. zur Züchtung von $ZnSiP_2$ (Sn–Zn) oder $ZnGeP_2$ (Pb–Bi) [12]. Der Anteil an Lösungsmittel beträgt üblicherweise 80 bis 95%. Als Züchtungsgefäße werden evakuierte, abgeschmolzene Quarzampullen mit Durchmessern von 10 bis 50 mm eingesetzt. Die Reaktion zwischen den Ausgangsmaterialien und die Bildung der homogenen Lösung erfolgt während der gesteuerten Aufheizung. Nach dem Erreichen der Maximaltemperatur und einer Homogenisierungstemperung (etwa 1 d) verläuft die eigentliche Züchtung während der streng kontrollierten Abkühlung. Die Geschwindigkeit der Temperaturabsenkung wird in der Literatur sehr unterschiedlich angegeben und liegt zwischen 1 K/h und 20 K/h. In der Endphase der Abkühlung wird das überschüssige Lösungsmittel kurz vor dessen Erstarrung durch Dekantation von den entstandenen Kristallen abgetrennt. Teilweise verbleiben die Kristalle auch bis zur völligen Abkühlung im Lösungsmittel. In diesem Falle muß das Lösungsmittel auf chemischem Wege, durch Sublimation oder Amalgamation entfernt werden.

Es entstehen aber bei der Erstarrung des Lösungsmittels starke mechanische Belastungen der II–IV–V_2-Kristalle, die zur Bildung von Rissen führen. Des weiteren konnte nachgewiesen werden [3], daß die Qualität der Kristalle nicht nur von den thermischen und chemischen Bedingungen beeinflußt wird, sondern auch von der Anordnung der Einzelkristalle abhängt. Diese müssen insbesondere ohne gegenseitige Berührung wachsen, wenn grobe Realstrukturfehler vermieden werden sollen. Unter optimalen Bedingungen hergestellte, meist nadlige Kristalle können gut ausgebildete Flächen mit Abmessungen von über 100 mm^2 und Volumina um 100 mm^3 aufweisen, die für physikalische Untersuchungen geeignet sind. In Tab. 8.3 sind Richtwerte für die technologischen Parameter bei der Lösungszüchtung zusammengestellt. Verbindungsspezifische Besonderheiten wurden, wie auch in Tab. 8.4, nicht berücksichtigt.

Tabelle 8.3.
Herstellung von II–IV–V_2-Verbindungen durch Lösungszüchtung

Verbindungen	$ZnSiAs_2$, $ZnSnAs_2$, $CdSiAs_2$, $ZnSnSb_2$, $ZnSiP_2$, $ZnSnP_2$, $CdSiP_2$, $CdGeP_2$, $CdSnP_2$ ($MgSiP_2$, $MgGeP_2$)
Lösungsmittel	Zn, Cd, Sn (Bi, Pb, In) (nicht für alle Verbindungen anwendbar)
Anteil der Verbindung im Lösungsmittel	20 Vol-%
örtlicher Temperaturgradient	1 K/cm
Maximaltemperatur	50 K über Liquidus
Abkühlgeschwindigkeit	3 K/h

Tabelle 8.4.
Herstellung von II–IV–V_2-Verbindungen durch Gasphasentransport

Verbindungen	$ZnSiAs_2$, $ZnGeAs_2$, $CdSiAs_2$, $CdGeAs_2$, $ZnSiP_2$, $ZnGeP_2$, $CdSiP_2$, $CdGeP_2$ ($MgSiP_2$, $MgGeP_2$)
Kristallisationstemperatur	wenig unterhalb der Schmelz- bzw. Umwandlungstemperatur oder des Peritektikums
Temperaturdifferenz	25–100 K
Transportmittel	Cl_2, J_2, $PbCl_2$, $ZnCl_2$, $CdCl_2$ (nicht für alle Verbindungen anwendbar)

Neben der Lösungszüchtung kann auch der Gasphasentransport als Standard-Verfahren zur Darstellung von II–IV–V_2-Verbindungen angesehen werden (Tab. 8.4). Auch bei dieser Methode liegt die Züchtungstemperatur unterhalb des Schmelzpunktes der ternären Verbindungen. Beim Gasphasentransport wird in der abgeschmolzenen Züchtungsampulle ein gestuftes Temperaturprofil erzeugt (s. Abb. 8.5). Die Ausgangssubstanzen befinden sich zunächst im Gebiet hoher Temperatur. In der Anfangsphase sublimieren die zwei leichtflüchtigen Komponenten des II–IV–V-Systems und reagieren dabei zu einer II–V-Verbindung. Durch diese Verbindungsbildung wird der Dampfdruck in der Quarzampulle stark abgesenkt. Neben den Komponenten der II–IV–V_2-Verbindung muß in das Reaktionsvolumen noch ein Transportmittel eingesetzt worden sein, das eine leichtflüchtige Verbindung mit dem Si oder Ge bilden kann. Vorzugsweise werden dafür Halogene verwendet.

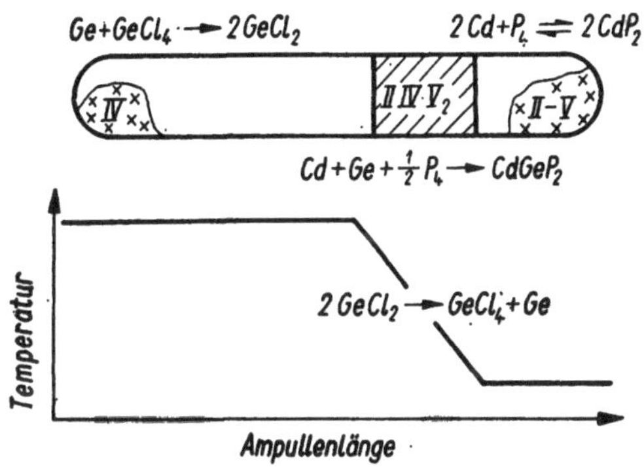

Abb. 8.5. Prinzip des Gasphasentransportes (Beispiel $CdGeP_2$)

Unter den geschilderten thermischen und chemischen Bedingungen läuft die Synthese in der Form ab, daß Si bzw. Ge als Halogenid durch Diffusion oder Konvektion in die Ampullenmitte transportiert wird und dort mit den dampfförmigen II- und V-Komponenten zur II–IV–V_2-Verbindung reagiert. Gesteuert wird dieser Vorgang durch den Ablauf der sog. Transportreaktion. Für Si bzw. $ZnSiP_2$ gilt

$$Si + SiCl_4 \rightleftarrows 2\ SiCl_2\,. \tag{10}$$

Dieses Gleichgewicht ist temperaturabhängig. Im Bereich hoher Temperatur befindet sich elementares Si, das ständig zu $SiCl_2$ reagiert. Im kälteren Bereich erfolgt die Rückreaktion und setzt dabei das zur Verbindungsbildung benötigte Si frei. Die Gesamtreaktion kann damit in folgender Weise beschrieben werden:

$$2\ SiCl_2 + Zn + {}^1/_2\ P_4 \rightarrow ZnSiP_2 + SiCl_4\,. \tag{11}$$

Der Gasphasentransport wird vorzugsweise für die Darstellung der (Cd, Zn)–(Si, Ge)–$(P, As)_2$-Verbindungen verwendet, während die Herstellung der Sb- und Sn-haltigen Verbindungen kaum erfolgversprechend ist. Größe und Qualität der GPT-Kristalle sind mit denen, die aus der Lösung gezüchtet wurden, vergleichbar.

Lösungszüchtung und Gasphasentransport sind relativ einfache Verfahren zur Darstellung der II–IV–V_2-Verbindungen. Der spontane Charakter der Keimbildung und Kristallisation hat allerdings zur Folge, daß die Kristalle keine vorgegebene Form oder Orientierung besitzen, sie sind häufig hohl und weisen bei nichtoptimaler Prozeßführung Zwillinge sowie Fremdphasen auf. Deren Entstehung ist mit dem prinzipiellen Problem verbunden, daß die II–IV–V_2-Verbindungen bei der Züchtung mit binären II–V-Verbindungen im Gleichgewicht stehen können. Das gilt sowohl für die Wirkung der Reaktion

$$S_1 + \text{II–V-Verbindung} \rightleftarrows S_2 + \text{II–IV–V}_2\text{-Verbindung} \tag{12}$$

als auch für die Sublimationsgleichgewichte [13]. Des weiteren begrenzen die relativ niedrigen Kristallisationsgeschwindigkeiten von etwa 1 mm/d die Erzeugung großer Kristalle. Aus diesen Gründen werden Gasphasentransport und Lösungszüchtung auch in Zukunft zur Herstellung der II–IV–V_2-Verbindungen nur im Labormaßstab geeignet sein.

Die Nitride besitzen eine Komponente, die bei Raumtemperatur gasförmig ist. Daraus leiten sich spezielle technologische Wege bei der Darstellung ab. Nach Angaben von Gorjunowa [1] existieren Informationen über folgende II–IV–N_2-Verbindungen: $BeSiN_2$, $MgSiN_2$, $MgGeN_2$, $CaSiN_2$, $CaGeN_2$, $ZnGeN_2$, $SrSiN_2$, $BaSiN_2$. Es ist zu sehen, daß besonders die Elemente der Gruppe II A des PSE II–V-Nitride bilden. Die erzeugten Nitride sind pulverförmig und enthalten neben der ternären Verbindung häufig noch Anteile der Ausgangssubstanzen (Si_3N_4, Mg_3N_2 usw.) oder auch Reaktionsprodukte als Fremdphasen. Die Herstellung von II–V-Nitriden als Einzelkristalle ist offensichtlich mit größeren Schwierigkeiten verbunden als bei den anderen II–IV–V_2-Verbindungen und muß z. Z. noch als ungelöstes Problem angesehen werden.

8.1.2.2. Epitaxie

Viele technisch genutzte Bauelemente enthalten Epitaxieschichten. Aus diesem Grunde sind die Herstellbarkeit und die Eigenschaften epitaktischer Schichten auch für die II–IV–V_2-Verbindungen eine Frage, die weitgehend ihre perspektivische, technische Bedeutung mitbestimmen. Die Herstellung von Epitaxie-Substraten erfolgt durch mechanisches Abtrennen der Scheiben von großen kompakten Einkristallen, deren Erzeugung für die meisten II–IV–V_2-Verbindungen noch nicht gelungen ist. Aus diesem Grunde enthalten die in Tab. 8.5 zusammengestellten Literaturangaben zahlreiche Beispiele von Heteroepitaxie. Dieser Epitaxietyp ist auch deshalb von großer Bedeutung, weil die amphotere Dotierung bei II–IV–V_2-Verbindungen nur selten reproduzierbar gelingt und die Erzeugung von Hetero-pn-Übergängen als Ausweg gesucht wird.

Als Züchtungsverfahren wird, wie Tab. 8.5 ausweist, vorzugsweise der Gasphasentransport und die Lösungskristallisation im geschlossenen System benutzt. Während die GPT-Epitaxie-Anordnungen den Apparaturen zur Züchtung kompakter Kristalle sehr ähnlich sind, werden für die Flüssigphasen-Epitaxie spezielle Vorrichtungen benötigt [14]. Unter Berücksichtigung der bei der Kompakt-Kristallzüchtung aus Lösungen erzielten guten

Tabelle 8.5.
Heteroepitaxie mit II–IV–V_2-Verbindungen

System (Schicht/Substrat)	Verfahren
$CdSnAs_2$/Si	SS
$ZnSnAs_2$/GaAs	LZ
$ZnSnAs_2$/InAs	LZ
$ZnSnAs_2$/Ge	LZ
$ZnSiAs_2$/Ge	GP
$ZnSiAs_2$/GaAs	GP
$CdSnP_2$/InP	LZ
$CdSnP_2$/$CdGeP_2$	LZ
$CdSnP_2$/InSb	LZ
$CdSnP_2$/$CdGeAs_2$	LZ
$ZnSiP_2$/Si	GP
$ZnSiP_2$/Si	LZ
$ZnSiP_2$/GaP	LZ
Ge/$ZnSiAs_2$	GP
Cu_2S/$CdSnP_2$	GP
Ge/$CdSnP_2$	LZ
Ge/$ZnGeP_2$	GP
Ge/$CdSiP_2$	LZ
Ge/$ZnSiP_2$	GP
Si/$ZnSiP_2$	GP

SS Stöchiometrische Schmelze, LZ Lösungszüchtung
GP Züchtung aus der Gasphase

Ergebnisse erscheint es möglich, daß diese Variante der Schichtdarstellung für die meisten II–IV–V_2-Verbindungen geeignet ist.

Die großtechnisch, z. B. für Si am häufigsten benutzte Epitaxiemethode ist die Abscheidung aus der Gasphase im offenen System. Von besonderer Bedeutung ist deshalb die Tatsache, daß dieses Verfahren auch für die II–IV–V_2-Verbindungen geeignet ist.

Als Beispiel können die erfolgreichen Untersuchungen von Andrews [15] zur Erzeugung von $ZnSiAs_2$-Schichten auf Ge- und GaAs-Substraten angeführt werden. Es wurde ein offener Reaktor verwendet, in dem verdampftes Zn mit SiH_4 und AsH_3 im H_2-Strom zur Reaktion gebracht wurden. Die Abscheidung erfolgte auf (100)-orientierten Substraten. Die Synthesereaktion wird durch die Pyrolyse des SiH_4 gesteuert und ergibt je nach den eingestellten experimentellen Bedingungen $ZnSiAs_2$-Schichten mit einheitlicher oder gemischter Orientierung. Es wird auch eine verbesserte Variante zur Herstellung von $ZnSiAs_2$-Epitaxieschichten beschrieben, bei der die metallorganische Verbindung $Zn(CH_3)_2$ als Zn-Träger Verwendung findet. Der dabei benutzte Reaktor besitzt heiße Wände (hot walls), so daß die Bildung störender binärer Zn-Arsenide unterbunden wird.

Durch die erfolgreiche Darstellung epitaktischer II–IV–V_2-Schichten werden die Chancen zur perspektivischen technischen Nutzung der ternären Verbindungen nachdrücklich dokumentiert.

Untersuchungen zur Erzeugung von dünnen Cd–Si–As-Filmen beschreibt Caroll [16]. Dabei werden Sputterverfahren mit vorsynthetisiertem $CdSiAs_2$ oder einer Kombination von Si und $CdAs_2$ als Targetmaterial verwendet. Die Sputtertechnik erscheint ebenfalls als aussichtsreiches Herstellungsverfahren für II–IV–V_2-Verbindungen. Die dabei bisher noch auftretenden Stöchiometrieprobleme und die Fragen der thermischen Nachbehandlung (Ausheilung) bedürfen weitergehender Bearbeitung.

8.1.2.3. Morphologie

Die durch Gasphasentransport oder Lösungszüchtung hergestellten II–IV–V_2-Kristalle entstehen durch spontane Keimbildung an der Tiegel- oder Ampullenwand, ohne vorgegebene Orientierung. Dadurch können sich die kristallographischen Besonderheiten der II–IV–V_2-Verbindungen voll entfalten. Obwohl bei der Züchtung sehr unterschiedliche und komplizierte Kristallformen auftreten, läßt sich deren Morphologie in sehr vielen Fällen auf einfache Habitusvarianten zurückführen. Die beim $ZnSiP_2$ beobachteten Kristallflächen sind: {112} A und B, {011}, {100} und {001} [22]. Diese Flächen sind auch bei den meisten anderen II–IV–V_2-Verbindungen vorherrschend. Sehr häufig treten Zwillinge auf mit (112)-Zwillingsflächen. Dadurch ergibt sich die typische Kristallform mit einer [111]-Hauptwachstumsrichtung (Abb. 8.6). Wegen des Fehlens eines Inversionszentrums

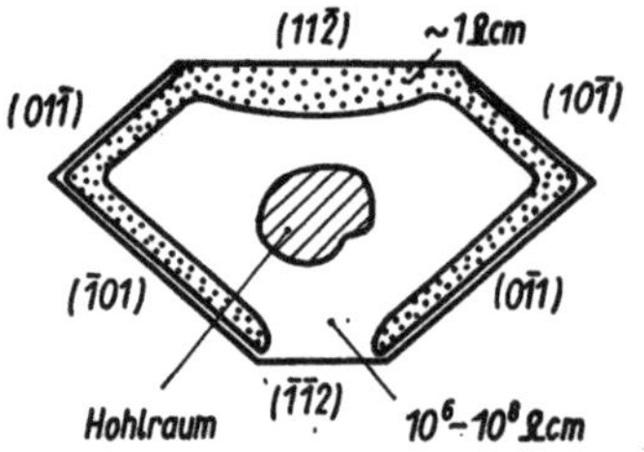

Abb. 8.6. Leitfähigkeitsunterschiede in einem $ZnSiP_2$-Kristall [17]

in der Chalkopyritstruktur tritt eine Polarisation, insbesondere der {112}-Flächen auf. Die dadurch entstehenden A- bzw. B-Flächen besitzen ausgeprägt unterschiedliche Eigenschaften. Diese äußern sich im Reflexionsvermögen bzw. im Ätzverhalten, in der Benetzbarkeit und in der Wachstumskinetik.

Für die Durchführung von Eigenschaftsuntersuchungen ist des weiteren bedeutsam, daß die Kristallbereiche, die durch Wachstum verschiedener Flächen entstanden sind, sich durch Unterschiede im physikalischen Verhalten markieren können. In Abb. 8.6 ist als Beispiel die elektrische Leitfähigkeit eines Kristalls in einem Schnitt senkrecht zur [111]-Wachstumsrichtung gemessen worden [17]. Die auftretenden Leitfähigkeitsunterschiede, die Größenordnungen überstreichen, sind offensichtlich.

8.2. Eigenschaften

8.2.1. Kristallstruktur

8.2.1.1. Elementarzellengeometrie

Mit Ausnahme der Nitride kristallisieren die Verbindungen des Typs II–IV–V_2 in der Struktur des Minerals Chalkopyrit ($CuFeS_2$) mit der Raumgruppe $I\bar{4}2d$ bzw. D_{2d}^{12} (tetragonal skalenoedrische Kristallklasse). In der c-Achse tritt eine vierzählige Inversionsachse auf, ein Symmetriezentrum fehlt. Die Elementarzelle des Chalkopyrits ist tetragonal raumzentriert (Abb. 8.7) und enthält vier Formeleinheiten bzw. 16 besetzte Atompositionen. Diese sind 0,0,0 und 1/2, 1/2, 1/2 mit je vier Lagen für die V-Atome (x, 1/4, 7/8; $\bar{x}$, 3/4, 7/8; 3/4, x, 1/8; 1/4, $\bar{x}$, 1/8), je zwei Lagen für die II-Atome (0,0,0; 0, 1/2, 1/4) und die IV-Atome (0, 0, 1/2; 0, 1/2, 3/4). Die Abweichungen des Anionenlageparameters x vom Wert 1/4, wie er für eine streng tetraedrische Koordination charakteristisch wäre, resultieren aus den unterschiedlichen

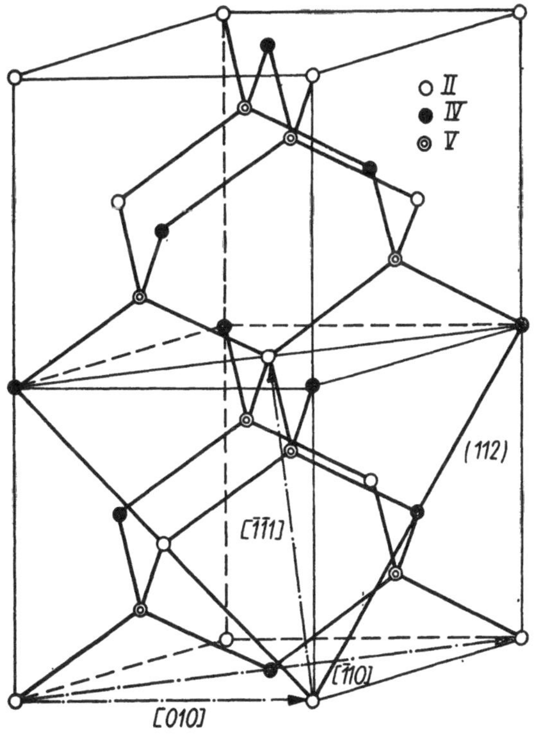

Abb. 8.7. Geometrie der Elementarzelle von II–IV–V_2-Verbindungen und Richtungen möglicher Burgersvektoren für vollständige Versetzungen

Bindungslängen l_{II-V} und l_{IV-V} zwischen den II- und V- bzw. IV- und V-Atomen. Sie führen bei $x > 1/4$ zu einem Achsenverhältnis $c/a < 2$ (s. Tab. 8.6) bzw. bei $x \leq 1/4$ unabhängig von x selbst zu $c/a = 2$ (ZnSn-Verbindungen).

Tabelle 8.6.
Geometrische Charakteristika der Elementarzellen von II–IV–V_2-Verbindungen mit Chalkopyritstruktur (Gitterkonstanten und Bindungslängen in nm) [1, 2, 18, 19]

Verbindung	Gitterkonstanten a	c	x	τ	l_{II-V}	l_{IV-V}
$MgSiP_2$	0,5718	1,0114	0,3122	0,231	0,26132	0,21897
$ZnSiP_2$	0,53997	1,04377	0,2670	0,0670	0,23671	0,22600
$CdSiP_2$	0,5678	1,0431	0,2929	0,1629	0,25458	0,22578
$ZnGeP_2$	0,5465	1,0707	0,2573	0,0406	0,23739	0,23275
$CdGeP_2$	0,574187	1,077222	0,2821	0,1239	0,25490	0,23322
$ZnSnP_2$	0,5651	1,1302	0,239	0	0,24116	0,24834
$CdSnP_2$	0,590180	1,151350	0,2624	0,0492	0,25781	0,24929
$ZnSiAs_2$	0,5611	1,0886	0,2646	0,0599	0,24543	0,23588
$CdSiAs_2$	0,5885	1,0881	0,2893	0,1511	0,26293	0,23563
$ZnGeAs_2$	0,5672	1,1153	0,2585	0,0337	0,24706	0,24147
$CdGeAs_2$	0,59427	1,12172	0,2790	0,1004	0,26310	0,24286
$ZnSnAs_2$	0,58515	1,1703	0,231	0	0,24712	0,25996
$CdSnAs_2$	0,60937	1,19184	0,2612	0,0441	0,26596	0,25803
$ZnSnSb_2$	0,6273	1,2546	0,228	0	0,26390	0,27982

Geometrisch erweist sich die Elementarzelle des Chalkopyrits als eine in c-Richtung gestauchte verdoppelte Elementarzelle der Sphalerit-(Zinkblende-)Struktur ($F\bar{4}3m$ bzw. T_d^2) mit geordneter Verteilung der zwei- und vierwertigen Kationen. Die näherungsweise tetraedrische Koordination der Kationen und der fünfwertigen Anionen zueinander ist wie bei den analogen III–V-Verbindungen ursächlich mit der dominierend kovalenten Bindung zwischen ihnen verknüpft, der sich ein ionogener Bindungsanteil überlagert. Die Tetraeder der V-Atome um die IV-Atome bilden sich wegen der starken IV–V-Bindungen praktisch ungestört aus, während die II–V-Tetraeder „verdrückt" werden. Auf Grund dessen gilt nach [20]

$$x = 0{,}5 - 1/4\,\sqrt{c^2/2a^2 - 1}\,. \tag{13}$$

Diese Beziehung liefert x-Werte, die gut mit experimentell aus Röntgendaten ermittelten übereinstimmen. Die Bindungslängen

$$l_{II-V} = a\,\sqrt{x^2 + 1/16 + c^2/64a^2}$$

und

$$l_{IV-V} = a\,\sqrt{(1/2 - x)^2 + 1/16 + c^2/64a^2} \tag{14}$$

können als Summe der effektiven Kovalenzradien r_j aufgefaßt werden, deren genaue Werte jedoch vom Ionizitätsgrad der jeweiligen Bindungen abhängen. Die Differenzen Δl_{II-IV} der experimentell ermittelten Bindungslängen l_{II-IV} und der Summe der entsprechenden Kovalenzradien $\bar{r}_j$ nach van Vechten und Phillips [21] nehmen mit wachsender Ionizität der Verbindungen f_i zu [22] (Abb. 8.8), wobei sich dieser Effekt für die Zn- und die Cd-Verbindungen unterscheidet. Dagegen lassen die analog errechneten Differenzen Δl_{IV-V} für die Si- und die Ge-Verbindungen praktisch keine Abhängigkeit von der Ionizität erkennen, was auf die höheren Bindungsenergien und geringeren Elektronegativitätsdifferenzen der IV–V-Bindungen im Vergleich zu den II–V-Bindungen zurückzuführen ist.

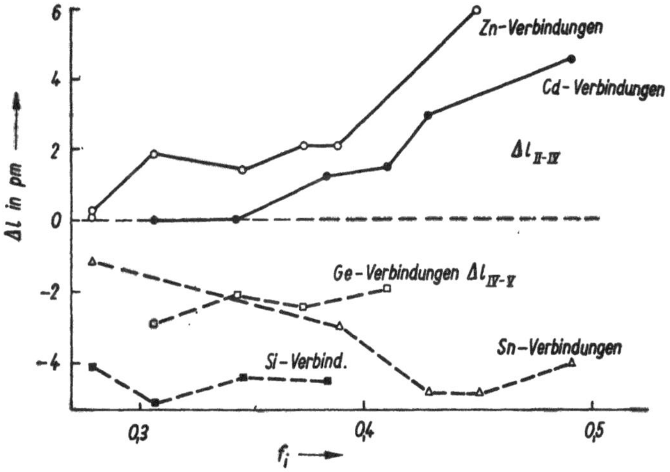

Abb. 8.8. Differenz experimenteller und berechneter Bindungslängen in Abhängigkeit von der Ionizität

Unter der Voraussetzung, daß die vierwertigen Elemente in den II–IV–V_2-Verbindungen die gleichen Radien wie in den betreffenden Elementhalbleitern aufweisen ($r_{Si} = 0{,}11758$ nm, $r_{Ge} = 0{,}12249$ nm und $r_{Sn} = 0{,}14050$ nm) [22], ergeben sich effektive Radien r_{II} und r_V, deren Mittelwerte sowie ihre Standardabweichungen als Ausdruck der unterschiedlichen Ionizitäten der jeweiligen Bindungen in Tab. 8.7 zusammengestellt worden sind. Sie stimmen etwas besser mit den Radien nach Pauling [23] als mit denen nach van Vechten und Phillips [21] für III–V- bzw. II–VI-Verbindungen überein.

Aus den Atomradien erhält man für Verbindungen mit $\tau > 0$

$$c = (8/\sqrt{3}) \cdot (r_{IV} + r_V) \tag{15}$$

bzw. nach [22]

$$a = 4\,(r_{II} + r_V) \cdot (3 + 3{,}06\delta + 9{,}78\delta^2)^{-1/2} \tag{16}$$

mit

$$\delta = (r_{II} - r_V)/(r_{II} + r_{IV} + 2r_V)\,.$$

Für Verbindungen mit $\tau = 0$ findet man [22]

$$a = c/2 = (2/\sqrt{3}) \cdot (r_{II} + r_{IV} + 2r_V) \tag{17}$$

Tabelle 8.7.
Kovalenzradien der zwei- und fünfwertigen Elemente, die an der Bildung von tetragonalen II–IV–V_2-Verbindungen beteiligt sind (in nm)

Element	Radien nach Pauling [23]	van Vechten und Phillips [21]	mittl. effektive Radien	Standard-abweichung
Mg	0,140	0,1301	0,1599[1])	–
Zn	0,131	0,1225	0,1280	0,0026
Cd	0,148	0,1405	0,1459	0,0025
P	0,110	0,1128	0,1090[2])	0,0012
As	0,118	0,1225	0,1188	0,0010
Sb	0,136	0,1405	0,1393[1])	–

[1]) jeweils nur ein Wert vorhanden.
[2]) ohne $MgSiP_2$.

Die Tetragonalität τ steht nach Phillips [24] in quantitativem Zusammenhang mit den dielektrischen Elektronegativitäten X_i der Verbindungspartner:

$$\tau = -0{,}60 \cdot X_{II} + 0{,}25 \cdot X_{IV} + 0{,}15 \cdot X_V + 0{,}01 \qquad (18)$$

(X-Werte: Mg 0,95; Zn 0,91; Cd 0,83; Si 1,41; Ge 1,35; Sn 1,15; P 1,64; As 1,57; Sb 1,31). Gl. (18) liefert für nicht zu große τ befriedigende Übereinstimmungen mit dem Experiment.

Die Nitride unter den II–IV–V_2-Verbindungen weisen eine orthorhombische Überstrukturvariante (Raumgruppe $P\,n\,a\,2_1$ bzw. C_{2v}^9) des Wurtzit-Gitters ($P\,6_3\,m\,c$ bzw. C_{6v}^4) auf [25]. Für den Zusammenhang zwischen den Gitterparametern a, b und c (Tab. 8.8) der orthorhombischen Zelle und denen der analogen Wurtzitzelle (a_w und c_w) gilt

$$a = \sqrt{3}\,a_w; \quad b = 2a_w; \quad c = c_w\,. \qquad (19)$$

Tabelle 8.8.
Gitterparameter ternärer Nitride des Typs II–IV–N_2 in nm [25]

Verbindung	a	b	c	$2c/b$
$BeSiN_2$	0,4977	0,5747	0,4674	1,627
$MgSiN_2$	0,5279	0,6476	0,4992	1,542
$MgGeN_2$	0,5494	0,6611	0,5166	1,563
$MnSiN_2$	0,5248	0,6511	0,5070	1,557
$MnGeN_2$	0,5486	0,6675	0,5246	1,572

8.2.1.2. Phasenumwandlungen im festen Zustand

Bei einer Reihe von II–IV–V_2-Verbindungen mit Chalkopyritstruktur beobachtet man bei Temperaturen kurz unterhalb des Schmelz- bzw. Zersetzungspunktes eine Phasenumwandlung, die zu einer Hochtemperaturmodifikation mit kubischer Zinkblendestruktur führt. Das bedeutet, daß diese Verbindungen bei der Phasenumwandlung ihre geordnete Kationenverteilung im Kristallgitter aufgeben, wobei die Zahl der II–V- bzw. IV–V-Bindungen unverändert bleibt (Ordnungs-Unordnungsumwandlung).

Über derartige Phasenumwandlungen im Temperaturbereich von 0,8 bis 0,98 T_S (T_S Schmelz- bzw. Solidustemperatur) wird für die Verbindungen $ZnSnAs_2$, $ZnSnP_2$, $ZnGeAs_2$, $ZnGeP_2$ und $CdSnAs_2$ berichtet (Tab. 8.9).

Tabelle 8.9.
Phasenumwandlung Chalkopyrit–Sphalerit bei II–IV–V_2-Verbindungen [1, 2, 22, 18]

	$ZnSnAs_2$	$ZnSnP_2$	$ZnGeAs_2$	$ZnGeP_2$	$CdSnAs_2$
T_S in K	1045–1053	1080–1200	1123–1140	1293–1300	866–869
T_U in K	908–923	990?	1085	1223–1225	842–860
T_U/T_S	0,87	0,87?	0,96	0,94	0,98
$\Delta V/V_{el}$ in %	0	0	+0,2	+0,3	+0,1
τ	0	0	0,034	0,041	0,044
W_0 in eV	0,22	0,23	0,26	0,29	0,20

Im Rahmen der quasichemischen Näherung erhält man aus den Umwandlungstemperaturen T_U die Ordnungsenergien W_0 [22] gemäß

$$W_0 = 2E_{II-IV} - [E_{II-II} + E_{IV-IV}] = 2{,}73 \cdot k \cdot T_U \qquad (20)$$

(E_{i-j} Wechselwirkungsenergie zwischen den Kationen i und j; k Boltzmannkonstante). Sie sind im Vergleich zu metallischen ordnungsfähigen Systemen hoch und deuten auf eine beträchtliche Wechselwirkung zwischen den beiden Kationenarten hin (Tab. 8.9). Die Ursachen hierfür sind nach [26] in der unterschiedlichen effektiven Ladung der Kationen (ionische Wechselwirkung) und deren effektiven Radienunterschieden im Sinne des von Hume-Rothery [27] eingeführten geometrischen Ordnungsfaktors zu sehen. Letzteres äußert sich darin, daß eine Phasenumwandlung offensichtlich nur bei den Verbindungen mit $\tau \leqq 0{,}05$ beobachtet wird (s. auch [28]).

8.2.1.3. Mischkristallbildungen

Ausgedehnte Mischkristallreihen erwartet man zwischen verschiedenen II–IV–V_2-Verbindungen selbst und auch zwischen diesen und den elektronischen Analoga, den III–V-Verbindungen. Dagegen ist eine Mischkristallbildung zwischen den ternären und den II–VI-Verbindungen oder gar den vierwertigen Elementhalbleitern trotz geometrisch ähnlicher Gitter nicht so leicht möglich, da sich hier schon die Unterschiede im Bindungscharakter zu stark bemerkbar machen.

Lückenlose Mischbarkeiten im festen Zustand wurden in den Systemen $ZnSi(P, As)_2$, $Cd(Si, Ge)P_2$, $Cd(Ge, Sn)P_2$, $CdGe(P, As)_2$, $Cd(Ge, Sn)As_2$ und

(Cd, Zn)$SnAs_2$, begrenzte Mischbarkeiten in den Systemen Zn(Si, Sn)P_2, Zn(Ge, Sn)P_2 und CdSn(P, As)$_2$ gefunden (s. [1, 2, 29]).

Im Rahmen der Meßunsicherheiten wurden lineare Abhängigkeiten der Gitterparameter von der Zusammensetzung ermittelt.

Über Mischkristallbildungen in quasibinären Systemen der Art (II–IV–V_2) –2(III–V) mit gleichartigen V-Komponenten wird in der Literatur vielfach berichtet (s. [1, 2, 29]). Charakteristisch für diese Systeme ist, daß eine verhältnismäßig starke Löslichkeit der II–IV–V_2- in der III–V-Komponente (kubische Struktur), dagegen eine relativ geringe der III–V- in der II–IV–V_2-Komponente (tetragonale Struktur) in Erscheinung tritt. Die Lage des Zweiphasengebietes kubisch – tetragonal ist meist nur vage bekannt.

Mischkristallbildungen in quasibinären Systemen des Typs (II–IV–V_2)–2(II–VI) wurden bisher kaum untersucht. Lediglich von [30] stammt eine Information, nach der 5 bis 6 Mol-% 2(CdSe) bzw. 2(CdTe) in $CdSnAs_2$ löslich sein sollen.

Mischkristallbildungen in den Systemen 4(IV)–(II–IV–V_2), die bei Züchtungen mit nicht genau definiertem IV–V-Verhältnis Anlaß zu Unstöchiometrien der II–IV–V_2-Verbindungen geben können, führen zu einem amphoteren Einbau der IV-Komponente sowohl auf Kationen- als auch auf Anionengitterplätzen. Günstige Bedingungen dafür sind geringe Radienunterschiede zwischen den vierwertigen sowie den zwei- und fünfwertigen Atomen, Ähnlichkeit der Schmelztemperaturen der ternären Verbindung und des IV-Elementes sowie möglichst gleiche Hauptquantenzahlen der sich substituierenden Partner [22, 31].

Dementsprechend sind Verbindungen mit merklicher Mischkristallbildung $ZnSiP_2$, $ZnSiAs_2$, $ZnGeP_2$, $ZnGeAs_2$ und $ZnSnSb_2$, Verbindungen mit geringer Mischkristallbildung $CdGeP_2$ und $CdGeAs_2$, Verbindungen mit praktisch

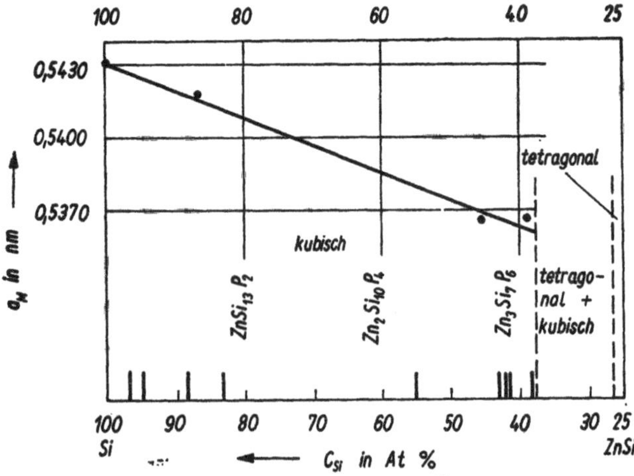

Abb. 8.9. Abhängigkeit der Gitterkonstanten kubischer Mischphasen im System 4Si–$ZnSiP_2$

fehlender Mischkristallbildung $CdSiP_2$, $ZnSnP_2$, $CdSnP_2$, $CdSiAs_2$, $ZnSnAs_2$ und $CdSnAs_2$.

Die Abhängigkeit der Gitterkonstanten von der Zusammensetzung der Mischkristalle wurde bisher kaum untersucht, da die Herstellung einphasiger Proben und damit eine eindeutige Konzentrationsbestimmung recht schwierig ist. Für die kubischen Mischkristalle des Systems Si–$ZnSiP_2$ konnte gezeigt werden, daß eine näherungsweise lineare Abhängigkeit besteht [22, 31] (Abb. 8.9).

8.2.1.4. Amorphe Verbindungen

Die Verbindungen $CdGeP_2$, $CdGeAs_2$, $CdSiP_2$ und $CdSiAs_2$, die sich durch hohe Tetragonalitäten τ zwischen 0,103 und 0,163 auszeichnen, können mit amorpher bzw. glasartiger Struktur hergestellt werden [1]. Die kritischen Abkühlgeschwindigkeiten betragen etwa 50 bis 150 $K \cdot s^{-1}$. Auch in Mischkristallsystemen mit Beteiligung der genannten Verbindungen lassen sich durch rasches Abkühlen amorphe halbleitende Substanzen herstellen ($CdGe(P_{1-x}As_x)_2$ [32] und $CdGe_{1-x}Sn_xAs_2$ [33].

Voraussetzung für die Herstellung amorpher II–IV–V_2-Verbindungen ist, daß diese kongruent schmelzen und ihre Schmelzen nahgeordnete und näherungsweise tetraedrisch koordinierte Struktur aufweisen. Diese Bedingungen werden von den Verbindungen erfüllt, deren Tetragonalitäten groß sind. Bei ihnen treten hohe geometrische Ordnungsfaktoren und starke Wechselwirkungsenergien zwischen den Kationen auf, die eine tetraedrische Koordination stabilisieren [1, 34]. Untersuchungen im System $CdGe_{1-x}Sn_xAs_2$ [33] weisen aus, daß sich Mischphasen mit mehr als 50 Mol-% $CdSnAs_2$, d. h. mit Tetragonalitäten kleiner als etwa 0,07, nicht in amorpher Form darstellen lassen.

8.2.1.5. Eigendefekte

Punktdefekte

Bei den ternären Verbindungshalbleitern ergibt sich eine Reihe von Möglichkeiten für die Bildung von Punktdefekten, die nicht im Zusammenhang mit dem Einbau von Fremdatomen in Form von Verunreinigungen bzw. Dotierungen stehen.

a) *Kation–Kation- und Kation–Anion-Antidefekt:*
Die Kation–Kation-Antidefektbildung entspricht einer Erniedrigung des Ordnungsgrades für das Kationenteilgitter und ist um so wahrscheinlicher, je niedriger die relative Umwandlungstemperatur für den Phasenübergang Chalkopyrit – Sphalerit der Verbindung bzw. je geringer ihre Tetragonalität τ ist (s. Abschn. 8.2.1.2.). Zur Abschätzung der Kation–Kation-Antidefektkonzentration c_{II-IV} läßt sich im Rahmen der quasichemischen Näherung die Beziehung

$$c_{II-IV} = \exp\left[-5{,}46\, T_U/T\right] \tag{21}$$

verwenden [22]. Danach dürften bei Temperaturen nahe dem Schmelzpunkt bzw. dem Umwandlungspunkt Konzentrationen bis zu 10^{-2} möglich sein.
Günstige Bedingungen für eine Kation–Anion-Antidefektbildung liegen dann vor, wenn der Radienunterschied zwischen den positionswechselnden Atomen und ihre Elektronegativitätsdifferenzen klein sind [22]. Das bedeutet, daß eine II–V-Antidefektbildung stets unwahrscheinlicher ist als eine IV–V-Antidefektbildung. Höhere Konzentrationen c_{IV-V} sind bei den Verbindungen $ZnSnSb_2$, $CdSiAs_2$ und $ZnSiAs_2$, eine merkliche bei $CdGeP_2$, $CdSiP_2$, $ZnGeP_2$, $ZnGeAs_2$ und $CdGeAs_2$ sowie eine besonders niedrige bei den Verbindungen $CdSnAs_2$, $ZnSnAs_2$, $CdSnP_2$ und $ZnSnP_2$ zu erwarten. Ein direkter experimenteller Nachweis der IV–V-Antidefektbildung mit Hilfe der Elektronenspinresonanz gelang für die Verbindungen $CdSiP_2$ und $ZnGeP_2$, in denen P–P_4-Cluster gefunden wurden [35].

b) *Amphoterer Einbau von IV-Atomen auf II- und V-Gitterplätzen:*
Diese Variante der Punktdefektbildung stellt eine Mischkristallbildung der II–IV–V$_2$-Verbindung mit dem entsprechenden IV-Element dar (s. Abschn. 8.2.1.3.).

c) *Leerstellen:*
Wegen der differierenden Bildungsenergien und -entropien sind die temperatur- und druckabhängigen thermodynamischen Gleichgewichtskonzentrationen der Leerstellen in den beiden Kationen- und den Anionenteilgittern unterschiedlich. Über die Größe der Bildungsenergien können derzeit keine konkreten Aussagen gemacht werden.

d) *Eigendotierungen:*
Als Eigendotierung bezeichnet man die partielle Substitution einer Atomart durch eine der beiden anderen der Verbindung. In gewissen Grenzen lassen sich Eigendotierungseffekte durch Tempern der Verbindungen in Dampfatmosphären der leichtflüchtigen Komponenten hervorrufen bzw. rückgängig machen, wobei jedoch stets eine zusätzliche Leerstellenbildung in Erscheinung tritt. So ergeben sich beispielsweise beim Tempern von $CdSiAs_2$ in As-Dampf elektrische Effekte, die als Ausheilung von As-Leerstellen, Austreibung von Si auf As-Gitterplätzen und Leerstellenbildung im Cd- bzw. Zn-Gitter verstanden werden können [36, 37]. Eine Ausheilung von Kationenleerstellen, die auf Grund eines Sb-Überschusses beim Züchten von $ZnSnSb_2$ entstanden sind, führt zu einer Verringerung der Löcherkonzentration von $ZnSnSb_2$ nach Tempern im Zn-Dampf [38].

Versetzungen, Stapelfehler, Antiphasengrenzen

Als wahrscheinlichste Gleitebenen treten in Analogie zu den {111}-Ebenen der Diamant- bzw. Sphalerit-Strukturen die {112}-Ebenen in Erscheinung. Sie wurden anhand der Gleitlinienbilder in plastisch-gebogenen $ZnSiP_2$-Kristallen experimentell nachgewiesen [31].

Im Chalkopyritgitter sind die ⟨100⟩-Vektoren die kürzesten Gittervektoren (Abb. 8.7), sie liegen jedoch nicht in den bevorzugten Gleitebenen {112} und kommen daher kaum als Burgersvektoren gleitfähiger Versetzungen, wohl aber als solche in fixierten Versetzungsnetzwerken in Frage. Der kürzeste Burgersvektor für vollständige, in den {112}-Ebenen gleitfähige Versetzungen lautet 1/2 ⟨111⟩ (Abb. 8.7).

Mittels der Transmissionselektronenmikroskopie wurden sowohl Versetzungen mit $\boldsymbol{b}_1 = \langle 100 \rangle$ (in $ZnSiP_2$ [39] und $ZnSiAs_2$ bzw. $CdSnAs_2$ [40]) als auch mit $\boldsymbol{b}_2 = 1/2\ \langle 111 \rangle$ (in $ZnSiP_2$ [41]) nachgewiesen. Eine Deutungsmöglichkeit für das Auftreten von ⟨100⟩-Burgersvektoren wäre die von [39] angegebene Reaktion

$$1/2\,[111] + 1/2\,[1\bar{1}\bar{1}] \rightarrow [100]\,. \qquad (22)$$

Die an dieser Reaktion beteiligten Versetzungen liegen nicht in einer gemeinsamen Gitterebene, so daß dabei beiderseits verankerte ⟨100⟩-Versetzungen als Teile eines Versetzungsnetzwerkes entstehen.

1/2 ⟨111⟩-Versetzungen können in den Gleitebenen {112} gemäß

$$1/2\,[111] \rightarrow 1/4\,[201] + 1/4\,[021] \qquad (23)$$

aufspalten (Abb. 8.10) [39, 41, 42]. Die dabei entstehenden Partialversetzungen spannen zwischen sich einen Planardefekt auf, der durch einen Verschiebungsvektor $\boldsymbol{t}_1 = 1/4\,[201]$ gekennzeichnet ist. Eine Translation um $\boldsymbol{t}_1$ führt zwar zur Identität des Anionenteilgitters, bewirkt aber eine Antiphasenstellung im Kationenteilgitter, weshalb man diesen Defekt auch als Antiphasengrenze bezeichnen kann.

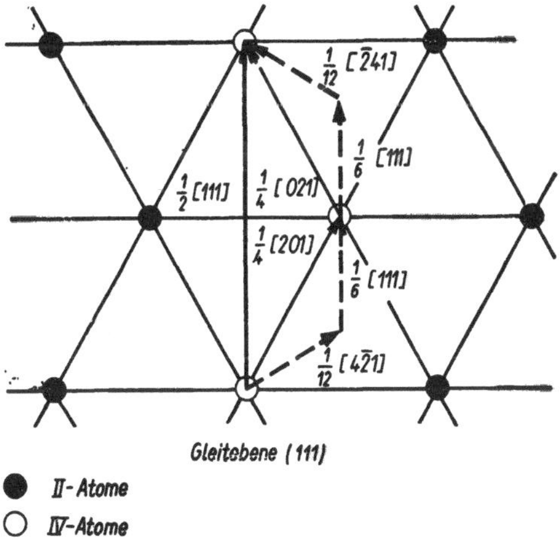

Abb. 8.10. Zur Geometrie der Versetzungsaufspaltung im Chalkopyritgitter

Die Reaktion läßt sich als Paarversetzungs- oder Superversetzungsreaktion verstehen, die charakteristisch für geordnete Strukturen ist. Diese Paarversetzungen konnten in $ZnSiP_2$-Kristallen elektronenmikroskopisch nachgewiesen werden [39, 42], ihr Abstand bzw. die Breite der Antiphasengrenze lag zwischen 20 und 100 nm (Abb. 8.11).

Entsprechend der Aufspaltung von 1/2 ⟨110⟩-Versetzungen im Diamant- bzw. Sphaleritgitter in Shockleysche Halbversetzungen des Typs 1/6 ⟨211⟩ können auch die 1/4 ⟨201⟩-Versetzungen in der Chalkopyritstruktur unter Bildung eines geometrischen Stapelfehlers vom intrinsic-Typ dissoziieren (Abb. 8.10):

$$1/4\,[201] \rightarrow 1/12\,[4\bar{2}1] + 1/6\,[111]\,. \qquad (24)$$

Hinweis auf die Realität der Reaktion (24) ist die Existenz großflächiger intrinsischer Stapelfehler in $ZnSiP_2$ [39, 41] (s. auch [43] für $CuFeS_2$).

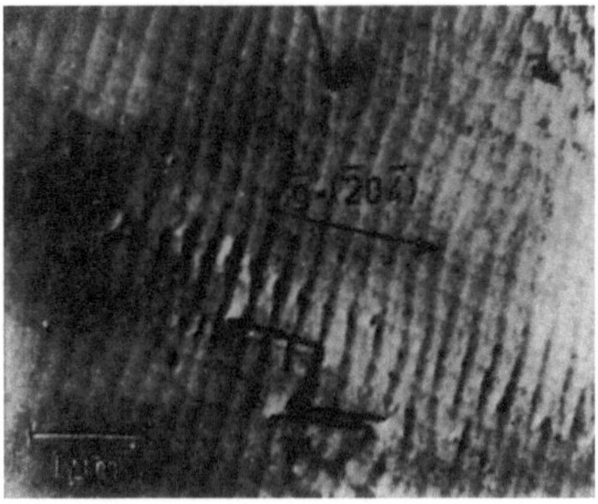

Abb. 8.11. TEM-Aufnahme eines $ZnSiP_2$-Kristalles mit Paarversetzungen [42]

In Gleitsystemen der Art ⟨100⟩–{012} ist nach [40] die Aufspaltungsreaktion

$$[100] \rightarrow 1/12\,[421] + 1/12\,[8\bar{2}\bar{1}] \qquad (25)$$

möglich. Denkbar, aber noch nicht experimentell bestätigt, ist auch die Reaktion

$$[110] \rightarrow 1/2\,[110] + 1/2\,[110] \qquad (26)$$

für Gleitsysteme der Art ⟨110⟩–{112} unter Bildung einer Antiphasengrenze mit dem Verschiebungsvektor $t_2 = 1/2\,[110]$.

Typisch für all diese Versetzungsaufspaltungen ist das Auftreten von Antiphasengrenzen, deren spezifische Flächenenergie proportional zur Ordnungsenergie W_0 zu setzen ist. In [22, 39] wurden für die Verschiebungsvektoren $t_1 = 1/4\,\langle 201\rangle$ und $t_2 = 1/2\,\langle 110\rangle$ in $ZnSiP_2$ diese spezifischen Flächenenergien zu $\gamma_{201} = 1{,}2 \times 10^{-6}$ J cm^{-2} und $\gamma_{110} = 2{,}4 \times 10^{-6}$ J cm^{-2} abgeschätzt, wobei eine hypothetische Ordnungsenergie von $W_0 = 3 \times 10^{-20}$ J ($\triangleq 0{,}38$ eV) vorausgesetzt wurde.

8.2.2. Mechanische Eigenschaften

Systematische Untersuchungen der elastischen und plastischen Eigenschaften der II–IV–V_2-Verbindungen sind bisher nicht bekannt geworden. Lediglich Ergebnisse von Mikrohärtemessungen für Belastungen zwischen 0,2 und 0,5 N (Tab. 8.10) finden sich in der Literatur (s. z. B. [1]), aus denen qualitativ auf die Relationen zwischen den E-Moduli der Verbindungen geschlossen werden kann. Es ist eine eindeutige Abhängigkeit der Härte von der Molmasse zu verzeichnen.

Tabelle 8.10.
Mikrohärten und röntgenographische Dichten von II–IV–V_2-Verbindungen

Verbindung	Mikrohärte HV_m	röntg. Dichte in $g \cdot cm^{-3}$	Molmasse
$MgSiP_2$	–	2,296	114,35
$ZnSiP_2$	1160	3,391	155,41
$ZnGeP_2$	1020	4,152	199,91
$CdSiP_2$	920	3,997	202,42
$ZnSiAs_2$	875	4,715	243,30
$ZnSnP_2$	680	4,527	246,01
$CdGeP_2$	680	4,618	246,94
$ZnGeAs_2$	640	5,327	287,80
$CdSiAs_2$	600	5,117	290,33
$CdSnP_2$	500	4,853	293,04
$ZnSnAs_2$	520	5,534	333,90
$CdGeAs_2$	495	5,613	334,83
$CdSnAs_2$	385	5,716	380,93
$ZnSnSb_2$	250	5,752	427,56

In Tab. 8.10 sind außerdem Angaben zur röntgenographischen Dichte enthalten. Direkte Dichtemessungen liefern meist von diesen Angaben stark abweichende Werte, was auf zahlreiche, z. T. mikroskopische Einschlüsse und Hohlräume in den gezüchteten Kristallen zurückgeführt werden kann.

Als Spaltebenen treten bei den II–IV–V_2-Verbindungen bevorzugt die {110}/{102}-Ebenen in Erscheinung [22], jedoch beobachtet man nach Schleifbehandlungen auch mikroskopische Spaltflächen der Art {101}, {102} und auch {112} [44].

8.2.3. Gitterschwingungen

Wegen der strukturellen und elektronischen Analogie sind bei Zinkblende- und Chalkopyritmaterialien auch Ähnlichkeiten in den Phononenspektren zu erwarten. Ursachen für Abweichungen sind dagegen:
- Unterschiede in den Brillouinzonen von Sphalerit und Chalkopyrit (z. B. Abbildung verschiedener Punkte der Zinkblende-Zone in den Punkt Γ bei Chalkopyrit);
- unterschiedliche Gitterstruktur (z. B. Anionenverrückung);

– unterschiedliche Kraftkonstanten für die Bindungen AII–CV und BIV –CV;
– unterschiedliche Kationenmassen m_A und m_B.

Mit zwei Formeleinheiten (8 Atome) pro Elementarzelle sind 24 Freiheitsgrade und damit Phononenzweige gegeben. Diese $3s$ (s Anzahl der Atome) Schwingungsmoden untergliedern sich in 3 akustische und $(3s-3)$ optische Zweige. Die aus gruppentheoretischen Betrachtungen resultierende Charaktertafel für die Schwingungsmoden der Chalkopyrit-Raumgruppe $\bar{4}\,2\,m$ ist zusammen mit der Modensymmetrie und -anzahl für das Zonenzentrum Γ in [45] angegeben. Von den optischen Moden sind ramanaktiv: $1A_1+3B_1+$ $+2B_2(T)+2B_2(L)+1B_2\,(L+T)+2E(T)+2E(L)+4E\,(L+T)$. Infrarotaktiv sind $3B_2$- und 6E-Moden. Die infrarotaktiven, nichtentarteten $B_2(z)$-Moden erscheinen im Spektrum, wenn der elektrische Vektor des Lichtes parallel zur c-Achse schwingt, während die entsprechenden doppelt entarteten $E(x, y)$-Moden im Spektrum für polarisiertes Licht mit $\boldsymbol{E} \perp \vec{c}$ beobachtbar sind.

In den experimentellen Spektren sind einige Schwingungsbanden nur durch Phononen mit gemischtem Charakter (L + T) deutbar. Misch-Phononen, die sich in willkürlichen Richtungen zur Kristallachse c ausbreiten, können durch das makroskopische elektrische Feld polarer Gitterschwingungen in L- und T-Phononen aufgespaltet werden. Die LO-, TO-Aufspaltung gemischter Phononen wurde experimentell z. B. bei $ZnGeP_2$ beobachtet [46].

In vielen Fällen sind im Phononenspektrum auch Mehrphononenprozesse nachweisbar. Durch sie wird bei den meisten II–IV–V$_2$-Halbleitern die langwellige Grenze der optischen Durchlässigkeit bestimmt. Die Zuordnung der einzelnen Moden zu bestimmten Atombewegungen ist schwierig (Ansätze dazu finden sich in [47]).

Die theoretische Berechnung zugehöriger Oszillatorstärken bzw. Dipolmomente und der Vergleich mit experimentell beobachteten Linienintensitäten führen meist nur zu qualitativen Aussagen bezüglich der Intensitätsverhältnisse der Linien untereinander.

Die Frequenzverschiebung bestimmter Moden beim Vergleich des Phononenspektrums verschiedener II–IV–V$_2$-Verbindungen ist auf die unterschiedlichen Kraftkonstanten und wesentlich auch auf die unterschiedlichen Kationenmassen zurückzuführen. Die gleichen Ursachen führen zu den unterschiedlich starken Aufspaltungen einiger Moden. Am besten ist die Frequenzverschiebung innerhalb einer Substanzgruppe verfolgbar (für ternäre Phosphide s. [47]).

Änderungen in den Kraftkonstanten bei Chalkopyritmaterialien gegenüber Zinkblende-Substanzen korrelieren gut mit Änderungen der Bindungslängen, wobei die Chalkopyritstruktur gegenüber Zinkblende durch den Beitrag einer komprimierten homöopolaren und einer gestreckten heteropolaren Bindung charakterisiert ist. Werte für das Verhältnis $\varepsilon(0)/\varepsilon(\infty)$ können mittels der Lyddane-Sachs-Teller-Beziehung aus den Phononenfrequenzen berechnet werden. Solche Werte sind neben Angaben für $\varepsilon(0)$, $\varepsilon(\infty)$ und Δn, die aus Infrarotmessungen folgen, in Tab. 8.13 angeführt.

8.2.4. Bandstruktur

Beim Übergang von der Sphalerit-Brillouinzone zu der uns hier interessierenden viermal kleineren Chalkopyrit-Brillouinzone können verschiedene Punkte der Sphalerit-Brillouinzone in ein und denselben Punkt der Chalkopyrit-Brillouinzone transformiert werden. Die gegenseitige Zuordnung solcher hochsymmetrischer Punkte ist z. B. in [48] zu finden.

Das nichtkubische Kristallpotential der II–IV–V_2-Halbleiter wird hervorgerufen durch die Anordnung der Kationen untereinander und deren unterschiedliches Pseudopotential, die Stauchung der Elementarzelle in *c*-Richtung sowie die Verschiebung der Anionen gegenüber ihrer Ideallage bei ($^1/_4$, $^1/_4$, $^1/_4$). Dieses nichtkubische Gitterpotential bewirkt eine Aufspaltung des dreifach entarteten $\Gamma_{15\text{v}}$-Zinkblende-Valenzbandes in ein nichtentartetes $\Gamma_{4\text{v}}$-Valenzband und ein doppelt entartetes $\Gamma_{5\text{v}}$-Valenzband. Der Einfluß der Spin-Bahn-Wechselwirkung hebt noch die Entartung des $\Gamma_{5\text{v}}$-Valenzbandes auf. Das Valenzband $\Gamma_{4\text{v}}$ geht über in $\Gamma_{7\text{v}}$. $\Gamma_{5\text{v}}$ geht über in $\Gamma_{7\text{v}}$ und $\Gamma_{6\text{v}}$ (Abb. 8.12).

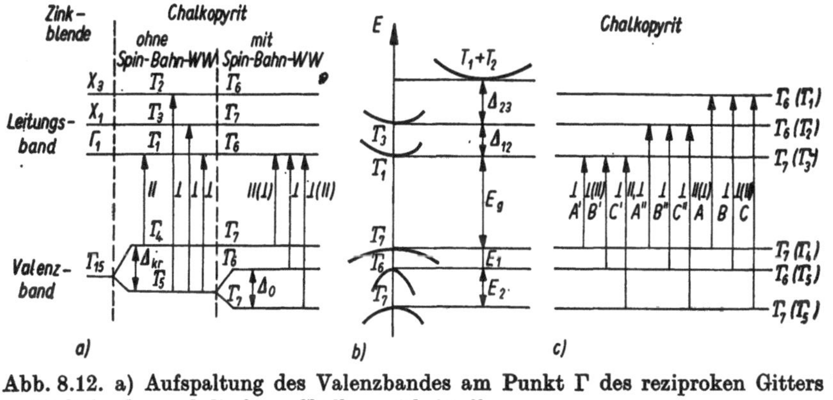

Abb. 8.12. a) Aufspaltung des Valenzbandes am Punkt Γ des reziproken Gitters bei Zinkblende- und direkten Chalkopyritkristallen.
Optische Übergänge.
b) Direkter II–IV–V_2-Halbleiter mit Nebenminimum des Leitungsbandes.
c) Optische Übergänge am Punkt Γ bei einem pseudodirekten II–IV–V_2-Halbleiter

Gleichzeitig geht das Leitungsbandminimum $\Gamma_{1\text{c}}$ von Sphalerit infolge der Spin-Bahn-Wechselwirkung über in $\Gamma_{6\text{c}}$. Der größte Beitrag zum Spin-Bahn-Aufspaltungsparameter Δ_0 stammt von den Anionen. Bei ternären Phosphiden ist die Spin-Bahn-Aufspaltung geringer als bei Arseniden, da die Spin-Bahn-Kopplung mit der Ordnungszahl wächst. Der energetische Abstand der beiden $\Gamma_{7\text{v}}$-Valenzbänder vom $\Gamma_{6\text{v}}$-Valenzband kann nach einem quasikubischen Modell [49] berechnet werden mit Hilfe der Gleichung

$$E_{1/2} = \frac{1}{2}\,(\Delta_0 + \Delta_{\text{kr}}) \pm \left[(\Delta_0 + \Delta_{\text{kr}})^2 - \frac{8}{3}\,\Delta_0 \Delta_{\text{kr}}\right]^{1/2}. \qquad (27)$$

Für die durch das nichtkubische Kristallfeld bedingte Aufspaltung Δ_{kr} gilt

$$\Delta_{kr} = \frac{3}{2} b\,(2 - c/a)\,. \tag{28}$$

Dabei ist b das Deformationspotential, das die Valenzbandaufspaltung unter axialem Druck bei den analogen III–V-Verbindungen beschreibt. Da der Hauptbeitrag zum nichtkubischen Kristallfeld von der tetragonalen Kompression herrührt, wird die Kristallfeldaufspaltung Δ_{kr} um so größer, je kleiner c/a bei einer bestimmten Verbindung ist bzw. je kleiner $(r_A/r_B)_{cov}$ ist. Die drei Leitungsbandminima Γ_1, Γ_2, Γ_3, (Abb. 8.12) der II–IV–V_2-Verbindungen gehen hervor aus den Niveaus Γ_{1c}, X_{1c} und X_{3c} bei Zinkblende.

Die optischen Übergänge aus den Valenzbändern Γ_7, Γ_6, Γ_7 in das Leitungsbandminimum sind polarisiert. Das Intensitätsverhältnis für beide Polarisationsrichtungen ($\boldsymbol{E} \parallel \vec{c}$, $\boldsymbol{E} \perp \vec{c}$) ist gegeben durch

$$\frac{I_\parallel}{I_\perp} = \left(2 - \frac{3E}{\Delta_0}\right)^2. \tag{29}$$

E ist die durch Gl. (27) festgelegte Energie.

Für II–IV–V_2-Halbleiter sind inzwischen zahlreiche Bandstrukturberechnungen durchgeführt worden. Sie beruhen fast ausschließlich auf der bereits bei Metallen, Element- und Binär-Halbleitern bewährten Pseudopotentialmethode. Die anspruchsvolleren Berechnungen berücksichtigen u. a. die Gitterstauchung, die Anionenverrückung, die Spin-Bahn-Wechselwirkung und ein nichtlokales Pseudopotential. Aus den Bandstrukturberechnungen ergeben sich bei den II–IV–V_2-Chalkopyrit-Halbleitern zwei verschiedene

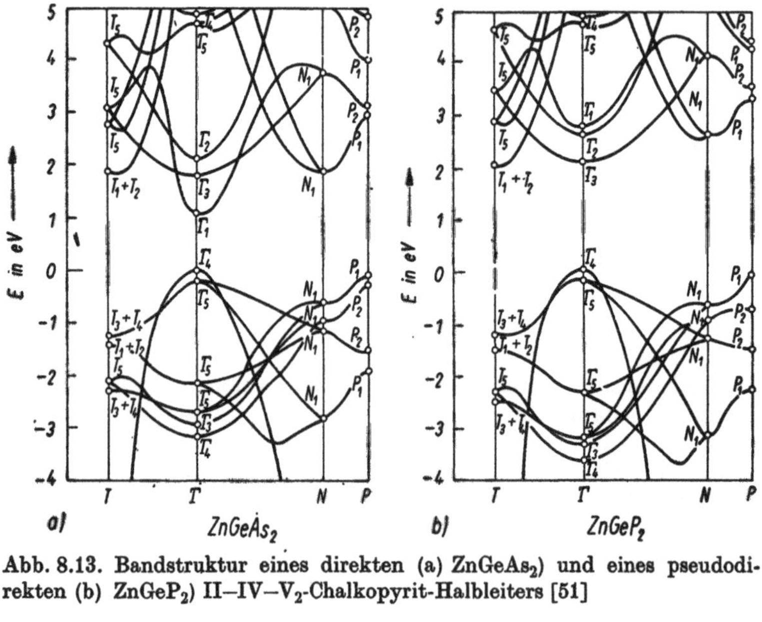

Abb. 8.13. Bandstruktur eines direkten (a) $ZnGeAs_2$) und eines pseudodirekten (b) $ZnGeP_2$) II–IV–V_2-Chalkopyrit-Halbleiters [51]

Typen von Bandstrukturen. Der eine Typ (Abb. 8.13a) leitet sich ab von der Bandstruktur direkter III–V-Halbleiter und gehört zu den direkten II–IV–V_2-Halbleitern, der andere Typ (Abb. 8.13b) leitet sich ab von der Bandstruktur indirekter III–V-Halbleiter und gehört zu den „pseudodirekten" II–IV–V_2-Halbleitern.

Das absolute Valenzbandmaximum liegt bei allen II–IV–V_2-Halbleitern im Zentrum der Brillouinzone und hat in den meisten Fällen Γ_7- bzw. Γ_4-Symmetrie (bei Vernachlässigung der Spin-Bahn-Wechselwirkung). Eine Ausnahme bildet z. B. $CdSiP_2$, bei dem als Folge der starken Anionenverrückung ein Kreuzen der oberen Valenzbänder auftritt und $\Gamma_6(\Gamma_5)$, $\Gamma_7(\Gamma_5)$ oberhalb $\Gamma_7(\Gamma_4)$ liegen.

Das absolute Leitungsbandminimum liegt bei den direkten ternären Halbleitern bei Γ und hat Γ_1-Symmetrie. Bei den anderen ternären Verbindungen ist gemäß der Korrespondenz $X \leftrightarrow \Gamma$ das Leitungsbandminimum im Punkt X der Brillouinzone indirekter III–V-Halbleiter in den Punkt Γ (Γ_3-Symmetrie) übergegangen, so daß nunmehr die erwähnten pseudodirekten Übergänge möglich sind. Zusätzlich tritt meist noch bei T ein konkurrierendes Leitungsbandminimum mit der Symmetrie $T_1 + T_2$ auf. Experimentelle Aussagen zur Bandstruktur sind wesentlich aus Reflexions- und Absorptionsmessungen erhalten worden – die genauesten und detailliertesten unter Verwendung von Modulationstechniken und unter Berücksichtigung von Druck-, Temperatur- und Polarisationsabhängigkeiten.

8.2.5. Elektrische Eigenschaften

8.2.5.1. Ladungsträgerkonzentration, Streuprozesse und Beweglichkeit, effektive Masse

In Tab. 8.11 sind einige elektrische Daten für ausgewählte Substanzen zusammengestellt worden. Die angegebenen Wertebereiche entsprechen den verschiedenen Literaturdaten. Sie gelten für 300 K und undotiertes (keine bewußte Zugabe von Fremdatomen) Material. Bei den Halbleitern mit großem Gap ist bei Raumtemperatur naturgemäß keine Eigenleitung möglich. Die Ladungsträgerkonzentration wird bei diesen Verbindungen durch Störstellen (Herkunft meist unbekannt) bestimmt. Bei einigen Verbindungen mit geringer Breite der verbotenen Zone ist bei hohen Temperaturen Eigenleitung beobachtet worden. Die Hochohmigkeit vieler II–IV–V_2-Verbindungen mit großem E_g ist in den meisten Fällen nicht Folge einer großen Reinheit (Fehlen elektrisch aktiver flacher Störstellen), sondern Folge einer hohen Ladungsträgerkompensation. Die effektiven Massen der Ladungsträger sind der Bandstruktur bzw. der Gitterstruktur entsprechend anisotrop. Je größer die Stauchung der Elementarzelle ist, desto größer werden die Unterschiede von m^* in den ausgezeichneten Kristallrichtungen (parallel und senkrecht zur optischen Achse). Vom Wert her entsprechen die effektiven Massen denen der analogen binären Verbindungen. Der unterschiedlichen Krümmung der Valenz-Subbänder wegen kann von schweren und leichten Löchern gesprochen werden (Tab. 8.11).

Tabelle 8.11.
Elektrische Daten einiger II–IV–V$_2$-Verbindungen

	E_g in eV	Leitungs-typ	σ in $cm^{-1}\Omega^{-1}$	n in cm^{-3}	p in cm^{-3}
$ZnSiP_2$	2,13 pd	n(p)	$10^{-2} \dots 10^{-4}$	$7\times10^{16} \dots 2\times10^{17}$	6×10^{19}
$ZnSiAs_2$	1,74 pd	p(n)	$8 \dots 3\times10^{-2}$	10^9	$10^{15} \dots 3\times10^{16}$
$ZnGeP_2$	1,81 pd	p	$4\times10^{-4} \dots 5\times10^{-6}$		$10^{13} \dots 2\times10^{14}$
$ZnGeAs_2$	1,05 d	p	17 ... 70		$7\times10^{18} \dots 10^{19}$
$ZnSnP_2$	1,45 d	p			$(3 \dots 9)\times10^{16}$
$ZnSnAs_2$	0,66 d	p	12 ... 100		$5\times10^{17} \dots 2\times10^{20}$
$CdSiP_2$	2,21 pd	n	$10^{-2} \dots 10^{-4}$	$10^{11} \dots 10^{15}$	
$CdSiAs_2$	1,52 d	p	0,1 ... 6		$10^{15} \dots 6\times10^{16}$
$CdGeP_2$	1,72 d	n(p)	$10^{-5} \dots 10^{-7}$	$10^{11} \dots 10^{14}$	
$CdGeAs_2$	0,53 d	p, n	0,1 ... 1	$4\times10^{16} \dots 5\times10^{18}$	$5\times10^{15} \dots 7\times10^{18}$
$CdSnP_2$	1,16 d	n	0,1 ... 100	$5\times10^{16} \dots 8\times10^{17}$	$5\times10^{12} \dots 3\times10^{14}$
$CdSnAs_2$	0,26 d	n(p)	$2,8\times10^3$	$3\times10^{17} \dots 5\times10^{18}$	$(1,1 \dots 1,6)\times10^{18}$

Bei Zimmertemperatur scheint den Experimenten zufolge die Beweglichkeit der Ladungsträger in den meisten II–IV–V$_2$-Chalkopyrit-Halbleitern durch Streuung an ionisierten Störstellen bestimmt zu werden. Bei $ZnSiP_2$ ist aber auch ein wesentlicher Einfluß von Raumladungsbarrieren (Folge einer inhomogenen Störstellenverteilung) nachgewiesen worden. Bei $ZnGeP_2$ dominiert bei $T = 300$ K die Streuung an neutralen Störstellen, bei $CdSiAs_2$ die Wechselwirkung mit den Gitterschwingungen (bei entsprechender Reinheit der Kristalle). Bei hohen Temperaturen wird bei allen II–IV–V$_2$-Verbindungen die Beweglichkeit durch Phononenstreuung begrenzt. Untersuchungen an $ZnSiP_2$-Kristallen [50] ergaben, daß bei II–IV–V$_2$-Halbleitern bei hohen Temperaturen nicht die polar optische Streuung und die nichtpolar optische Streuung nullter Ordnung von $\boldsymbol{k}$ dominieren, sondern die experimentellen

	μ_n in cm²/Vs	μ_p in cm²/Vs	m_n/m_0	m_p/m_0
8 0; 0,32; 0,62	100 ... 200	2 ... 10	0,3 ... 0,4	V_1: 0,006 V_2: 0,10 V_3: 0,49
2; 0,28; 0,52 5	40	20 ... 100	0,099	V_1: 0,071 V_2: 0,13 V_3: 0,33
; 0,21; 0,33 5; 0,62	$10^3 ... 10^4$	10 ... 25		0,5
	10^3	4 ... 70		0,74
	$(1 ... 4) \times 10^3$	50 ... 70	0,07	0,12 ... 0,34
6		20 ... 190; 2×10^4?	0,016 ... 0,04	V_1: 0,02 V_2: 0,04 V_3: 0,16
8	80 ... 150		0,092	V_1: 0,002 V_2: 0,18 V_3: 0,45
2; 0,03		100 ... 500		
49;0,32;0,397 0; 0,51	150 ... 400	40		
0; 0,15; 0,38 5; 0,50	400 ... 2500	150 ... 400	0,028 ... 0,057	0,24 ... 0,3
8 3 ... 0,17	1000 ... 3000	90 ... 155	c_1: 0,036 c_2: 1	0,2
	4000 ... 18200	50 ... 370	c_1: 0,02 c_2: 0,035...0,07 c_3: 0,035...0,07	V_1: 1 V_2: 0,02 V_3: 0,1

3eweglichkeitswerte lassen sich nur durch Berücksichtigung der nichtpolar ptischen Streuung erster Ordnung von k erklären.

Die Streuung an akustischen Phononen spielt erwartungsgemäß bei den I–IV–V_2-Verbindungen eine untergeordnete Rolle. Prinzipiell sollte man ei den ternären Verbindungen wegen der komplizierteren Struktur (mehr)efektmöglichkeiten) und der größeren Zahl von Phononen etwas geringere 3eweglichkeitswerte erwarten als bei binären Halbleitern. Der Vergleich der 3eweglichkeitsdaten bestätigt das. Die im konkreten Fall nicht immer einleutige Klärung des Streumechanismus aus dem $\mu(T)$-Verlauf heraus wäre infacher, wenn zusätzlich die unterschiedliche m^*-Abhängigkeit dieser Proesse beachtet würde. Derartige Untersuchungen stehen aus. In einigen Fällen vurden aus den experimentellen Verläufen $R_H(T)$ (R_H Hall-Konstante) unter vereinfachenden Annahmen (z. B. Nichtentartung, Vorliegen *eines* Donatorniveaus) Kompensationsgrade bestimmt. Beweglichkeiten und effektive Massen der $II–IV–V_2$-Verbindungen haben Werte, die größenordnungsmäßig denen der III–V-Halbleiter entsprechen und Anwendungen in Bauelementen nicht entgegenstehen.

Die in der Literatur angeführten Fotoleitungsmessungen ergaben Informationen zur Breite der verbotenen Zone, zur Lage von Störniveaus und zur spektralen Empfindlichkeit.

8.2.5.2. Dotierung, Diodenstrukturen

Bei wenigen $II–IV–V_2$-Halbleitern sind verschiedene Leitungstypen im undotierten (keine bewußte Fremdstoffzugabe) Material festgestellt worden. Bestrebungen, durch gezielt Fremdstoffzugabe niederohmiges p- und n-Material reproduzierbar zu erhalten, waren bisher fast immer erfolglos. Je nach ihrer Wertigkeit im Vergleich zur Wertigkeit des substituierten Atoms der $II–IV–V_2$-Verbindung wirken Dotierungsatome als Donatoren oder Akzeptoren. Atome der III. Gruppe des Periodensystems wirken z. B. auf einem A II-Platz als Donatoren, auf einem B IV-Platz als Akzeptoren. Abhängig vom tetraedrischen Radius ist bei II-, IV- und C-Atomen auch eine Mischkristallbildung durch Einbau auf einen der Wertigkeit entsprechenden Gitterplatz zu erwarten. Das Fremdatom erzeugt dann kein Störniveau in der verbotenen Zone. Es gibt experimentelle Hinweise, daß Elemente der IV. Gruppe amphoter wirken können. Dotierungseffekte können selbstverständlich auch durch Eigendefekte des Gitters hervorgerufen werden. B IV-Atome auf A II-Plätzen und A II-Atome auf Zwischengitterplätzen sind z. B. als Donatoren nachgewiesen worden. Akzeptoren können sein A II- und B IV-Leerstellen, C V-Atome auf Zwischengitterplätzen und B IV-Atome auf C V-Plätzen. Damit ist eine Vielzahl von Möglichkeiten gegeben, von denen aber im konkreten Beispiel nur wenige praktische Bedeutung haben. Die jeweilige Dotierungswirkung muß durch das Experiment geprüft werden. Dotierungsbeispiele bei $II–IV–V_2$-Halbleitern sind in [22] zusammengefaßt worden.

Reproduzierbare, niederohmige und großflächige Homoübergänge konnten in $II–IV–V_2$-Kristallen bis heute noch nicht erzeugt werden. Als Ersatz dafür wurden zunächst Heteroübergänge, Schottkydioden und Oberflächenbarrieren hergestellt und hinsichtlich ihrer physikalischen Daten untersucht. Bei diesen Versuchen interessierten insbesondere Intensität und spektrale Verteilung einer durch Lichtabsorption in der Raumladungsschicht hervorgerufenen Fotospannung bzw. einer entstehenden Injektionslumineszenz.

8.2.5.3. Gunn-Effekt

Bei einigen $II–IV–V_2$-Halbleitern sind die Kriterien für das Auftreten des Gunn-Effektes (z. B. Vorliegen eines indirekten neben einem direkten Leitungsbandminimum, $m_1 \ll m_2$, $\mu_1 \gg \mu_2$, die Indizes beziehen sich auf die beiden

Minima) erfüllt. Nachdem bei $CdSnP_2$ durch Messungen der mittleren Driftgeschwindigkeit der quasifreien Ladungsträger zunächst Bereiche eines negativen differentiellen Volumenwiderstandes nachgewiesen wurden, konnten später in niederohmigem Material bei Raumtemperatur und Normaldruck auch Gunnschwingungen beobachtet werden, wobei die Schwellfeldstärken zwischen 4 und 8 kV/cm lagen. Bisher konnten intervalley-Übergänge in anderen II–IV–V_2-Halbleitern experimentell nicht nachgewiesen werden. Hauptursache dafür dürfte die Inhomogenität des vorliegenden Kristallmaterials sein.

8.2.6. Optische Eigenschaften

8.2.6.1. Absorption

Absorptionsmessungen im langwelligen Spektralbereich erbrachten Aussagen zur Gitterdynamik (s. Abschn. 8.2.3.). Für die Verwendbarkeit eines Halbleitermaterials in aktiven Bauelementen sind Art und Größe des Hauptgaps zwischen Valenz- und Leitungsband wesentlich. Informationen hierüber lassen sich aus Lage und Form der Absorptionskante ableiten. Eine formale Bewertung des Kurvenverlaufs kann leicht zu Fehlschlüssen führen. Klarheit ist nur dann möglich, wenn durch experimentelle Erfassung der Temperatur- und Druckabhängigkeit des Absorptionskoeffizienten zusätzlich Aussagen über Phononen- und Excitonenbeteiligung sowie den Charakter des Gaps erhalten werden. So konnte z. B. die Beobachtung, daß bei III–V-Halbleitern der Druckkoeffizient für das Energiegap $\Gamma_{15v} \pm \Gamma_{1c}$ positiv und im Betrag etwa 10mal größer ist als der negative Koeffizient des Bandabstandes $\Gamma_{15v} - X_{1c}$, unter Berücksichtigung der Korrespondenz zwischen Punkten der Brillouinzonen von Zinkblende und Chalkopyrit benutzt werden, um experimentell zwischen den pseudodirekten (kleiner negativer Druckkoeffizient) und den direkten (großer positiver Druckkoeffizient) Bandgaps von II–IV–V_2-Halbleitern unterscheiden zu können [51]. Bei vielen II–IV–V_2-Halbleitern konnten die pseudodirekten Übergänge lange Zeit nicht experimentell nachgewiesen werden, da sie wegen der Wirkung von Störniveaus im Untergrund verschwinden. Erst durch Wellenlängenmodulation bei den Absorptionsuntersuchungen gelang ihr Nachweis und die genaue Ermittlung ihrer Energien. Im gemessenen Spektrum finden sich dann drei Strukturen, bezeichnet mit A′, B′, C′, die sich den pseudodirekten Übergängen $\Gamma_{7v} \to \Gamma_{7c}$, $\Gamma_{6v} \to \Gamma_{7c}$, $\Gamma_{7v} \to \Gamma_{7c}$ (Abb. 8.12) zuordnen lassen. Die Berechtigung dazu ergibt sich aus dem beobachteten Polarisationsverhalten und der Gleichheit der Energiedifferenzen zwischen A′, B′, C′ einerseits und A, B, C andererseits. Wichtig ist, daß die Strukturen A′, B′, C′ verglichen mit A, B, C bei direkten II–IV–V_2-Halbleitern sehr viel weniger intensiv sind. Die Intensität pseudodirekter Übergänge hängt ab von der Differenz der Pseudopotentiale der beiden Kationenarten, von der Stauchung der Elementarzelle und von der Anionenverrückung. Die Absorptionskante der pseudodirekten II–IV–V_2-Halbleiter wird – abgesehen von der Beteiligung von Störniveaus – durch die pseudodirekten Übergänge und direkte Übergänge in Zustandsdichteschwänze des Leitungsbandes Γ_{1c} sowie u. U. durch direkte Übergänge in das Minimum $T_1 + T_2$ bestimmt. Die aus Absorptionsmessungen erhaltenen Gap-Daten sind mit in Tab. 8.11 enthalten. Für die einzelnen Substanzen gelten natürlich noch Besonderheiten hinsichtlich konkreter Störstellenbeteiligung, Phononen- und Excitonenbeteiligung (Einzelheiten s. [22]).

8.2.6.2. Reflexion

Die zahlreichen an II–IV–V_2-Halbleitern vorgenommenen Reflexionsmessungen – häufig unter Nutzung von Modulationstechniken (Elektroreflexion, wellenlängenmodulierte Reflexion, Thermoreflexion) und bei Berücksichtigung der Druck-, Temperatur- und Polarisationsabhängigkeit – dienten im wesentlichen der Aufklärung der Bandstruktur. Ein typisches Reflexionsspektrum zeigt Abb. 8.14. Die Ergebnisse der bisherigen Reflexionsmessungen an II–IV–V_2-Halbleitern sind in Tab. 8.12 zusammengefaßt worden. Die Deutung der einzelnen Reflexionspeaks im Spektrum, d. h. ihre Zuordnung zu bestimmten Elektronenübergängen im Energiebandschema der betreffenden Verbindung, beruht auf dem Vergleich mit den Ergebnissen von Bandstrukturberechnungen, dem Vergleich mit Reflexionsspektren von III–V-Halbleitern sowie auf der Berücksichtigung von Polarisations-, Druck- und evtl. Temperaturabhängigkeiten. Die Interpretation der höherenergetischen Reflexionspeaks ist nicht in jedem Falle als gesichert zu betrachten. Neben der energetischen Lage des Reflexionspeaks und der zugehörigen Charakterisierung sind in Tab. 8.12 Bandstrukturparameter wie Spin-Bahn-Aufspaltung Δ_0 und Kristallfeldaufspaltung Δ_{kr} angegeben, die sich aus Reflexionsmessungen ergaben. Folge der großen Anionenverrückung

Tabelle 8.12.
Daten aus Reflexionsspektren von II–IV–V_2-Verbindungen. $T = 300$ K

Peak Nr.	Bezeichnung	Elektronenübergang	Zinkblende-Analogon	Lage der Peaks in eV: $ZnSiP_2$	$ZnSiAs_2$	$ZnGeP_2$	$ZnGeAs_2$	$ZnSnP_2$	
1	A	$\Gamma_7-\Gamma_6$	E_0, $E_0+\Delta_0$	3,42/A′ 2,07	2,12/A′ 1,74	2,34/2,39 A′ 1,99	0,85 (1–3) 1,15?	1,45 (1–3)	1,6… (1–2)
2	B	$\Gamma_6-\Gamma_6$		(3,56)/B' 2,16	2,22/B' 1,84	2,40/2,46 B′2,05/2,05	1,19? 1,48?		
3	C	$\Gamma_7-\Gamma_6$		3,63/C′ 2,21	2,47/C′ 2,09	2,48/2,52 C′2,11/2,12			1,7…
4	$E_1(1)$		E_1, $E_1+\Delta_1$	3,46	2,74	2,97	2,26	2,85	
5	$E_1(2)$			3,75	2,90	3,09	2,41	2,96	
6	$E_1(3)$			3,91	3,25	3,13	2,74	3,11 (6–7)	
7	$E_1(4)$			4,08	–	3,41	2,92		
		Δ_0 in eV		0,07/0,056	0,28	0,075/0,13 0,07	0,09	0,09	
		Δ_{kr} in eV		0,13	0,12/0,13	0,084 −0,04/0,08	0,31	<0,04	
		Δ_1 in eV			0,34	0,08			
		E_g in eV		2,08	2,12	2,25		1,45	
		$\frac{dEg}{dT}$ in $10^{-4}\,\frac{eV}{K}$		3,1	5,0/(4,2)	2,3–2,8		2,1–4,3	

in $CdSiP_2$ ist ein Überkreuzen der Valenzbänder, so daß bei dieser Substanz $\Gamma_7(\Gamma_5)$ und $\Gamma_6(\Gamma_5)$ oberhalb von $\Gamma_6(\Gamma_4)$ liegen. Dementsprechend liegt der Übergang *C* energetisch niedriger als *A* (Tab. 8.12).

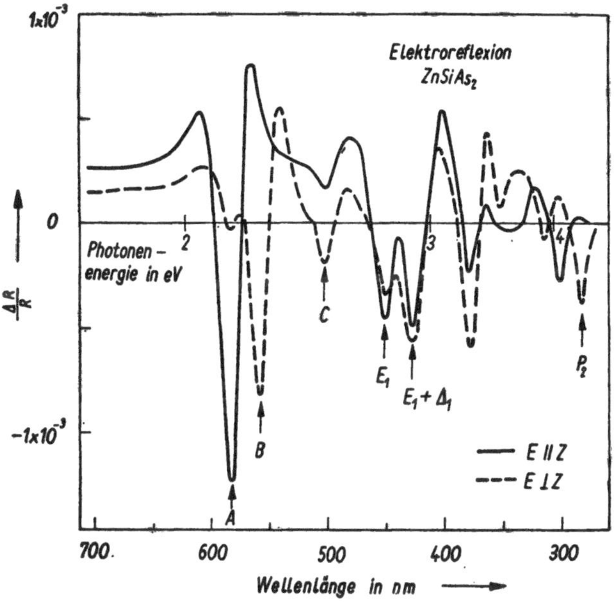

Abb. 8.14. Elektroreflexionsspektrum von $ZnSiAs_2$ [63]

ler in eV s_2	$CdSiP_2$	$CdSiAs_2$	$CdGeP_2$	$CdGeAs_2$	$CdSnP_2$	$CdSnAs_2$
	2,95/A′ 2,38/2,86	1,55	1,72/1,70	0,57	1,17	}
5	2,71/B′ 2,08	1,74	1,90/1,89	0,73	1,25	} 0,27
1,07	2,75/C′ 2,11/2,65	1,99	1,99/1,97	1,02	1,33	} 0,77
3 2 5	3,34/3,27 3,41/3,33 3,71/3,64 3,82/3,74 (bei 90 bzw. 95 K)	2,50 2,57 2,99 3,10	2,59/2,70 – /2,75 3,12/3,04 –/3,22	2,01? 2,15? 2,43 2,60	2,56 2,69 2,90 3,00	2,13/2,12 2,23 2,36?/2,42 2,60?
4	0,09/0,07	0,29	0,11	0,33/0,34	0,10	0,50/0,48
4	0,20/0,49 0,56	0,24	0,20/0,22	0,21/0,2	0,10	0,03
3				0,15		0,15
9) 1)	(2,08)	1,55 (1,62)	1,72	(0,53)	1,16	0,27/(0,254)
				(1,9)		(2,3)/2,5 Abs.

Tabelle 8.13.
Brechungsindex, Doppelbrechung und Dielektrizitätskonstante von II–IV–V_2-Halbleitern

Substanz	c/a	$\varepsilon(0)$ o	$\varepsilon(0)$ ao	ε_∞ o	ε_∞ ao	$n=\varepsilon_\infty^{1/2}$ o	$n=\varepsilon_\infty^{1/2}$ ao	Δn_∞	Δn (theor.)	$\frac{\varepsilon_\parallel(0)}{\varepsilon_{\parallel\infty}}$	$\frac{\varepsilon_\perp(0)}{\varepsilon_{\perp\infty}}$
$ZnSiP_2$	1,93								0,097	1,16	1,28
								0,03 (1 µm)			
		11,64	11,47	9,4		3,07					
				9,6		3,1				1,23	1,21
		11,2						0,007		1,157	1,1994
$ZnSiAs_2$	1,943			10,308	10,475	3,211	3,237	0,0261			
						3,1685	3,1953	0,0268			
$ZnGeP_2$	1,960									1,15	1,15
						3,0623	3,1008	0,0385			
				9,749	9,991	3,122	3,161	0,0373			
								0,09 (1 µm)			
				12	15	3,464	3,87			1,12	1,156
$ZnGeAs_2$	1,967								0,010		
$ZnSnP_2$ Ch	2,00	10,0		8,1		2,84					
$ZnSnP_2$ Sph		10,8		8,3		2,88					
$CdSiP_2$	1,84							−0,06	0,022		
								0,05 (1 µm)		1,23	1,24
$ZnSnAs_2$	2,00			13,0		3,61					
$ZnSnSb_2$	2,00			28,6		5,35					
$CdSiAs_2$	1,849			11,6		3,4					
$CdGeP_2$ Ch	1,88	16,1		10,6		3,26				1,240	1,200
						3,8[1])	3,6[1])	−0,2[1])	0,11 (3 µm)		
				10,221	10,274	3,198	3,205	0,0086			
								≧0,12			
				9,81	9,90	3,1321	3,1470				

$CdGeAs_2$ Ch	1,889	18,7	14,3		3,78			
			12,405	12,984	3,522	3,603	0,0821	
			12,253	12,867	3,5004	3,5871	0,1	
$CdGeAs_2$ am		18,2	14,3		3,78			
$CdSnP_2$	1,952	11,8	10,0		3,16			0,004
					3,1 (1,6 µm)			
$CdSnAs_2$	1,956		13,69		3,70			
		12,1	13,7		3,70		0,061–0,164[2])	0,023

[1]) bei 1,03 µm Schichtdicke.
[2]) abhängig vom Probenmaterial.

Bei ternären Substanzen mit fehlender Stauchung ($c/a = 2{,}00$) wie z. B. $ZnSnAs_2$ ist die Kristallfeldaufspaltung Δ_{kr} sehr klein, so daß im Spektrum meist nur die zwei Übergänge E_0 und $E_0 + \Delta_0$ wirksam werden.

Die in Tab. 8.12 mit $E_1(1)$, $E_1(2)$, $E_1(3)$, $E_1(4)$ bezeichneten Reflexionspeaks entsprechen mit großer Wahrscheinlichkeit dem Dublett E_1, $E_1 + \Delta_1$, das den UV-Bereich der III–V-Reflexionsspektren beherrscht und durch Übergänge in Λ-Richtung der Zinkblende-Brillouinzone erzeugt wird. Die Aufspaltung ist durch die Spin-Bahn-Wechselwirkung bedingt. Δ_1 ist die Spin-Bahn-Aufspaltung von Λ_{3v}. Bei III–V- und II–IV–V_2-Halbleitern gilt $\Delta_1 \approx 3/5\,\Delta_0$. Über den Einfluß von Dotierungen oder Verunreinigungen auf das Reflexionsspektrum ist bisher nur wenig bekannt.

Ternäre Substanzen mit fehlender oder geringer Stauchung in c-Richtung können – abhängig von den Abkühlbedingungen nach dem Züchten oder Tempern – auch bei Raumtemperatur in der Sphaleritstruktur auftreten. Der Beitrag der Gitterkompression zur Kristallfeldaufspaltung Δ_{kr} entfällt dann. Wegen der anderen Einflußfaktoren wird aber Δ_{kr} nicht Null. Dementsprechend bestehen nur geringe Unterschiede zwischen den Reflexionsspektren der Chalkopyrit- und der Sphaleritstruktur bei diesen II–IV–V_2-Halbleitern.

8.2.6.3. Brechung und Doppelbrechung

Brechungs- und Doppelbrechungsdaten von II–IV–V_2-Halbleitern sind in ihrer Wellenlängenabhängigkeit entweder mittels direkter Messungen oder durch Kramers-Kronig-Analyse von IR-Absorptions- und Reflexionsmessungen bestimmt worden. Wegen der hohen Brechungsindizes der II–IV–V_2-Materialien versagen übrigens kommerzielle Refraktometer bei der Bestimmung der Brechzahl, und es kann nur noch an schmalen Prismen der Substanz die minimale Ablenkung gemessen und daraus unter Beachtung der bei willkürlicher Versuchsgeometrie notwendigen Umrechnung auf die Hauptachsen n berechnet werden. Entsprechende Daten sind in Tab. 8.13 und

Abb. 8.15 zusammengefaßt worden. Sind in Tab. 8.13 bei einer Größe mehrere Werte angegeben, beziehen sich diese auf unterschiedliche Literaturdaten.

Im Bereich der Absorptionskante läßt sich der experimentelle Verlauf des Brechungsindex in Abhängigkeit von der Wellenlänge beschreiben durch die

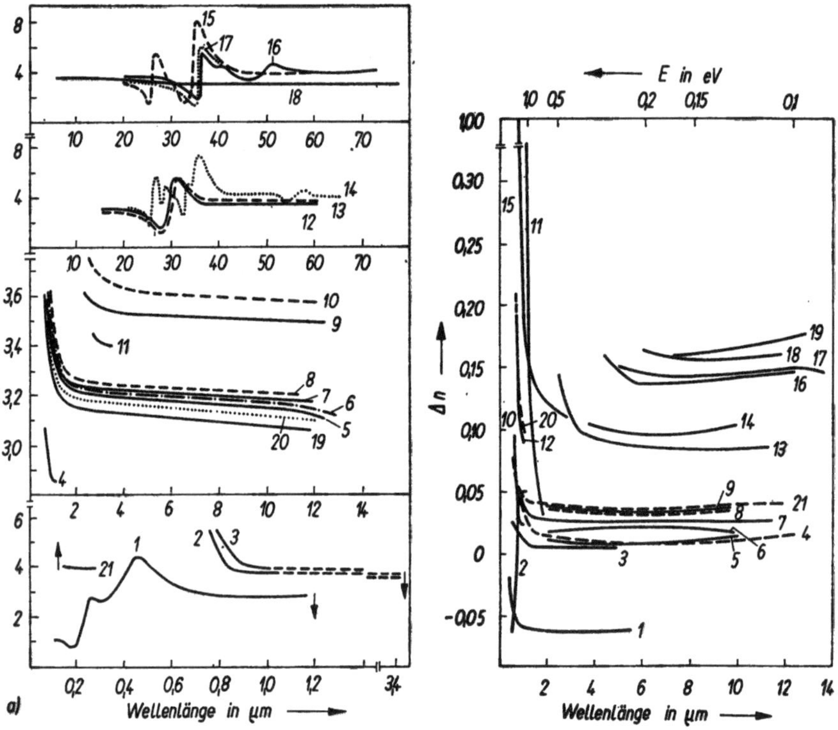

Abb. 8.15. Brechungsindex und Doppelbrechung von II–IV–V_2-Halbleitern. $T = 300$ K.
a) Brechungsindex
1 $ZnSnP_2$ [64]; *2* $CdGeP_2$, n^o [65]; *3* $CdGeP_2$, n^{ao} [65]; *4* $ZnSnP_2$ [66]; *5* $CdGeP_2$, n^o [58]; *6* $CdGeP_2$, n^{ao} [58]; *7* $ZnSiAs_2$, n^o [58]; *8* $ZnSiAs_2$, n^{ao} [58]; *9* $CdGeAs_2$, n^o [58]; *10* $CdGeAs_2$, n^{ao} [58]; *11* $CdGeAs_2$ [68]; *12* $ZnSnP_2$ (Kr.-Kr.) [67]; *13* $ZnSnP_2$ (Disp.-An.) [67]; *14* $CdGeP_2$ (Kr.-Kr.) [69]; *15* $CdGeP_2$ [70]; *16* $CdGeAs_2$ (Kr.-Kr.) [70]; *17* $CdGeAs_2$ (Dis.-An.) [70]; *18* $ZnGeP_2$, n^{ao} [71]; *19* $ZnGeP_2$, n^o [61]; *20* $ZnGeP_2$, n^{ao} [61]; *21* $CdGeAs_2$, amorph [72].
b) Doppelbrechung
1 $CdSiP_2$ [73]; *2* $CdSiP_2$ [65); *3* $ZnSiP_2$ [73]; *4* $CdGeP_2$ [58]; *5* $CdGeP_2$ [74]; *6* $CdSiAs_2$ [74]; *7* $ZnSiAs_2$ [58]; *8* $ZnGeP_2$ [74]; *9* $ZnGeAs_2$ [74); *10* $ZnSiP_2$ [65]; *11* $CdSnP_2$ [75]; *12* $ZnGeP_2$ [65]; *13* $CdGeAs_2$ [58]; *14* $CdGeAs_2$ [74]; *15* $CdGeP_2$[65]; *16* $CdSnAs_2$ (10 K) [76]; *17* $CdSnAs_2$ (83 K) [76]; *18* $CdSnAs_2$ [76]; *19* $CdSnAs_2$ [76]; *20* $ZnGeP_2$ [77]; *21* $ZnGeP_2$ [61]

Gleichung

$$n^2 = 1 + \frac{F}{E_0^2 - (hc/\lambda)^2}, \quad (30)$$

F und E_0 sind Konstanten. Für die II–IV–V_2-Chalkopyritgruppe gilt näherungsweise $F/E_0 = 36$ eV. Da die Energie der Elektronenübergänge proportional $1/\varepsilon^2$ ist, läßt sich in dieser Gleichung der Zusammenhang $n^4 \sim \lambda$ als Beitrag der Band–Band-Elektronenübergänge zum Brechungsindex verstehen. Der weitere Verlauf der Dispersionskurve $n(\lambda)$ bzw. der dielektrischen Funktion ist durch den Beitrag der freien Elektronen (z. B. Plasmaschwingung) und den Einfluß von Interbandübergängen ebenfalls verständlich.

Die Doppelbrechung ist natürlich Folge der strukturellen Anisotropie des Chalkopyritgitters. Ein Zusammenhang mit der Größe c/a und damit auch zu dem Verhältnis der Kationenradien liegt nahe. Tatsächlich läßt sich z. B. innerhalb der Phosphidgruppe ($ZnSiP_2$, $CdGeP_2$, $CdSiP_2$, $ZnGeP_2$) eine Vergrößerung von Δn bei ansteigendem Kationenradius (Zn → Cd, Si → Ge) nachweisen. Bemühungen, *quantitative* empirische Beziehungen herzuleiten, blieben aber erfolglos. Die verschiedenen Einflußgrößen wie Bindungspolarisierbarkeiten, Oszillatorstärken von Elektronenübergängen usw. lassen sich – zumal unter der notwendigen Beachtung ihrer Richtungsabhängigkeiten – verständlicherweise nicht durch einige wenige einfache Strukturparameter charakterisieren. Versuche, die Wellenlängenabhängigkeit der Doppelbrechung theoretisch exakt zu beschreiben, brachten bisher noch kein befriedigendes Ergebnis.

Wegen der Regularität der IV–V-Tetraeder trägt im Vergleich zur B–C-Bindung nur die Anisotropie der Polarisierbarkeit der II–V-Bindung zur Doppelbrechung bei. Für die Doppelbrechung Δn ergibt sich dann [52]

$$\Delta n = -64\pi \cdot \tau \cdot \delta\alpha^{(+)}/3n \cdot V. \quad (31)$$

Dabei ist V das Volumen der Elementarzelle und $n = (n^{ao} + 2n^{o})/3$. Experimentell wurde bei allen bisher untersuchten II–IV–V_2-Chalkopyritkristallen nur positive Doppelbrechung gefunden (Ausnahme: im Langwelligen gilt für $CdSiP_2$ $\Delta n < 0$). Da andererseits $\tau = 2 - c/a > 0$ gilt, müßte die Polarisierbarkeitsanisotropie $\delta\alpha^{(+)}$ der A–C-Bindung negativ sein. Dies steht im Widerspruch zu Berechnungen von Schott und Tang [56]. Von Chemla [52] wird daraus gefolgert, daß $\delta\alpha^{(+)}$ nicht allein aus der Irregularität der A–C-Tetraeder abgeleitet werden darf, sondern daß der bestimmende Beitrag zur Doppelbrechung von der Anisotropie des Lokalfeldes herrührt. Der positive Beitrag der Lokalfeldanisotropie ist nach Chemla [52] im Betrag größer als der negative Beitrag durch die Bindungsanisotropie und bedingt so die positive Doppelbrechung der II–IV–V_2-Gruppe.

8.2.6.4. Lumineszenz

Das Lumineszenzverhalten der II–IV–V_2-Verbindungen ist von unmittelbarem Interesse bei der immer noch aktuellen Suche nach effizienten Festkörper-Lichtemittern im kurzwelligen sichtbaren Spektralbereich. Wichtig sind außerdem die Aussagen zur Bandstruktur, zu Rekombinationsmechanismen und Störstellenreaktionen, die sich aus den Spektren ableiten lassen.

Ein wesentlicher Aspekt bei Beginn der Untersuchungen von II–IV–V_2-Verbindungen war die Hoffnung, die aus indirekten Bandgaps in III–V-Halbleitern abgeleiteten pseudodirekten Gaps in den analogen II–IV–V_2-Verbindungen für eine intensive Lumineszenzstrahlung im sichtbaren Spektralbereich nutzen zu können. Strahlende Rekombination wurde bisher bei $CdSnP_2$, $ZnSiP_2$, $ZnSnP_2$, $ZnGeAs_2$, $CdSiP_2$, $CdSiAs_2$, $CdGeP_2$ und $CdGeAs_2$ gefunden und untersucht. Die meist mit Laserlicht oder schnellen Elektronen angeregten Lumineszenzspektren sind von Temperatur, Anregungsintensität (spontane und stimulierte Emission) und Kristallqualität (Stöchiometrie, Fremdstoffgehalt) abhängig. Einige Spektren sind in Abb. 8.16 gezeigt – des Anwendungsaspektes wegen nur Spektren, die bei 300 K aufgenommen wurden. Die Art der Rekombination ist wegen der Vielzahl von

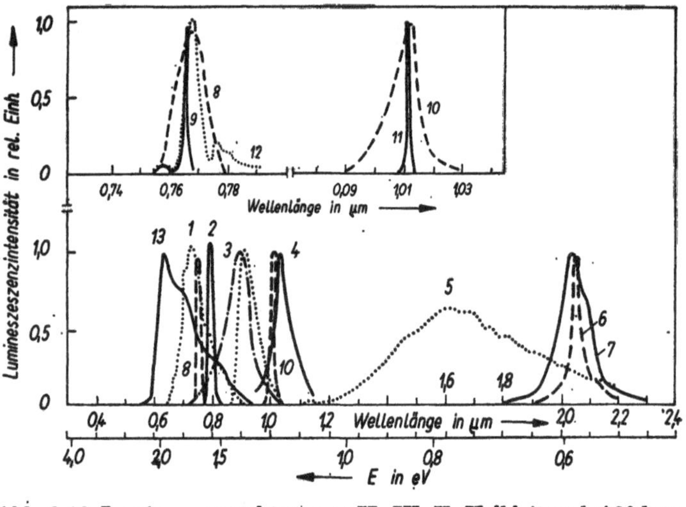

Abb. 8.16. Lumineszenzspektren von II–IV–V_2-Halbleitern bei 80 bzw. 300 K. *1* $ZnSiP_2$, 80 K; *2* $CdGeP_2$, 80 K; *3* $CdGeP_2$: In, 80 K; *4* $CdSnP_2$, 80 K; *5* $CdSnP_2$/InP-Diode, 300 K; *6* $CdGeAs_2$, 80 K; *7* $CdGeAs_2$, stim. Emission, 80 K; *8* $CdSiAs_2$, 80 K; *9* $CdSiAs_2$, stim. Emission, 80 K; *10* $CdSnP_2$, 80 K; *11* $CdSnP_2$, stim. Emission, 80 K; *12* $CdSiAs_2$, 4,2 K; *13* $ZnSiAs_2$, 80 K; *14* $ZnSnP_2$, 80 K

möglichen Mechanismen und der häufig ungenügenden Reinheit und Perfektion des Kristallmaterials im konkreten Fall nur schwer zu klären. Am besten untersucht ist bisher das Lumineszenzverhalten von $CdSnP_2$. Bei 2 K besteht das Spektrum aus drei benachbarten schmalen Linien im Bereich der Fundamentalabsorptionskante sowie drei breiten Bändern bei 1,03; 1,05 und 1,075 µm. Die schmalen Linien werden auf direkte Band–Band-Rekombination unter Beteiligung eines wahrscheinlich gebundenen Excitons und die Bänder auf Rekombination über Störniveaus zurückgeführt. Bei $CdSnP_2$ wurde durch Elektronenbeschuß eine stimulierte Emission bei 1,011 μm (80 K) erreicht. Ähnliches gelang bei Laserbestrahlung in $CdSnP_2$: Ag mit Fabry-Pèrot-Anordnung. Daß die Energieshift der Laserlinie bei Temperaturänderung nicht der Gapänderung $\Delta E_g/\Delta T$ entspricht, wurde von Shay auf eine Elektron-Plasmon-Wechselwirkung (Plasmaron) zurückgeführt, die damit zum ersten Mal bei Halbleiterlasern experimentell nachgewiesen worden wäre. Ähnlich wie bei der Absorption sind selbstverständlich auch bei der strahlenden Rekombination die Banden im Kantenbereich linear polarisiert.

Bei den direkten Übergängen von II–IV–V_2-Halbleitern wird die Strahlungseffizienz durch Rekombination über flache Störniveaus beeinträchtigt. Durch Erhöhung der Kristallgüte sollte sich der Wirkungsgrad der kurzwelligen Strahlung verbessern lassen. Angaben zum inneren und äußeren Wirkungsgrad fehlen bei den veröffentlichten Lumineszenzuntersuchungen fast immer, so daß leider Vergleiche mit den binären Halbleitern in dieser Hinsicht schwierig sind. Auf die konkreten Einflüsse unterschiedlicher Züchtungsbedingungen, Dotierungen oder der Temperatur kann hier im einzelnen nicht eingegangen werden.

Wegen der Schwierigkeit einer amphoteren Dotierung von II–IV–V_2-Halbleitern konnten bisher keine Lumineszenzuntersuchungen mit Homo-pn-Übergängen vorgenommen werden. Besonders interessant ist daher, daß durch Flüssigphasenepitaxie von n-$CdSnP_2$ aus Sn-Lösung auf einem p-InP-Substrat ein Hetero-pn-Übergang erzeugt werden konnte, der in Durchlaßrichtung eine effiziente Injektionslumineszenz-Strahlung mit dem Peakmaximum bei 1,6 μm (0,8 eV) bei 300 K emittiert [53]. Ungeklärt ist die Lage des Strahlungsmaximums, verglichen mit den Gapdaten von $CdSnP_2$ (1,17 eV) und InP (1,34 eV). Eventuell ist eine Mischkristallbildung im Bereich der Grenzschicht dafür verantwortlich. Der innere Wirkungsgrad dieser Injektionslumineszenz war größer als 2 % bei 300 K.

8.2.6.5. Nichtlinear-optische Suszeptibilitäten, Phasenanpassung bei Frequenzmischen bzw. Frequenzvervielfachung

Für die Polarisation P von Kristallen der Raumgruppe $\bar{4}\,2\,m$ gilt:

$$P_x(2\omega) = 2d_{14}E_yE_z$$
$$P_y(2\omega) = 2d_{14}E_zE_x$$
$$P_z(2\omega) = 2d_{36}E_xE_y$$

(Die Indizes der nichtlinear-optischen Koeffizienten d sind verschlüsselte Koordinatenangaben.)

Im Durchlässigkeitsbereich (Arbeitsbereich) zwischen Absorptionskante und Gitterabsorption gilt wegen der geringen Dispersion die Kleinmann-Symmetriebeziehung, so daß $d_{14} = d_{36}$ eintritt. Die bisher gemessenen nichtlinear-optischen Koeffizienten der II–IV–V_2-Halbleiter sind in Tab. 8.14 angeführt. Die Werte sind sehr groß, wie der Vergleich mit anderen Halbleitern zeigt.

Um die Bildung der zweiten Harmonischen oder ein beliebiges Frequenz-

Tabelle 8.14.
Nichtlinear-optische Koeffizienten von II–IV–V_2-Verbindungen. Durchlässigkeitsbereiche. Belastungsgrenzen bei Laserbestrahlung

Substanz	c/a	E_g in eV	χ_{36}	d_{36}	χ_{14}	d_{14}	Durchlässigkeitsbereich in µm	Schadensschwelle in MW/cm^2	Zitat
$ZnSiP_2$	1,933	2,1				$3,4\times10^7$ esL	0,69–9,8 1)		[56]
									[57]
$ZnSiAs_2$	1,94	1,74		109×10^{-12} mV^{-1}			4–12		[56]
						2×10^7 esL			[58]
						$1,1\times10^{-4}$ mV^{-1}	1,4–12		
$ZnGeP_2$	1,96	1,99		111×10^{-12} mV^{-1}			1,5–12		[61]
						$4,8\times10^7$ esL			[59]
						$1,1\times10^{-4}$ mV^{-1}	0,9–12;	3	[58]
				114×10^{-12} mV^{-1}		113×10^{-12} mV^{-1}	100		[56]
									[60]
$ZnGeAs_2$	1,967	0,85–1,2				$4,3\times10^7$ esL			[56]
$ZnSnP_2$	2,0	1,45				$6,3\times10^7$ esL			[56]
$ZnSnAs_2$	2,0	0,7				$7,7\times10^7$ esL			[56]
$CdSiP_2$	1,837	2,3				$5,3\times10^7$ esL			[56]
							0,71–10,0 1)		[57]
$CdSiAs_2$	1,849	1,55	1450 KDR-E		1465 KDR-E				[62]
						$7,6\times10^7$ esL			[56]
$CdGeP_2$	1,877	1,72	2050 KDR-E		2110 KDR-E				[62]
				162×10^{-12} mV^{-1}			1,5–12		[58]
						$6,4\times10^7$ esL			[56]
$CdGeAs_2$	1,887	0,57	296 KDR-E		285 KDR-E				[62]
				351×10^{-12} mV^{-1}		$9,8\times10^7$ esL	2,8–18,4		[55]
							2,8–18,4 1)		[58]
						4×10^{-4} mV^{-1}	2,8–18	38	[56]

mischen zweier eingestrahlter Wellen so effektiv wie möglich zu machen, muß Phasenanpassung zwischen Grund- und Oberwelle gewährleistet sein. Phasenanpassung ist erreichbar, wenn der betreffende Kristall so stark doppelbrechend ist, daß die Dispersion durch die Doppelbrechung ausgeglichen werden kann. Im Falle der Phasenanpassung bei Frequenzmischprozessen müssen Energie und Impuls erhalten bleiben:

$$h\nu_3 = h\nu_1 + h\nu_2 \qquad \text{Energiesatz}$$

$$\left.\begin{aligned} \frac{h}{c}\cdot n_3^{o}\nu_3 &= \frac{h}{c}\cdot n_2^{ao}\nu_2 + \frac{h}{c}\cdot n_1^{ao}\nu_1 \quad \text{Typ 1} \\ \frac{h}{c}\cdot n_3^{o}\nu_3 &= \frac{h}{c}\cdot n_2^{o}\nu_2 + \frac{h}{c}\cdot n_1^{ao}\nu_1 \quad \text{Typ 2} \end{aligned}\right\} \text{Impulssatz.} \qquad (32)$$

Der Typ 1-Prozeß wird auch als parallele Phasenanpassung bezeichnet, da die zwei niedrigsten Frequenzen parallel polarisiert sind. In analoger Weise spricht man bei Typ 2 von orthogonaler Phasenanpassung.

Für positiv doppelbrechende Substanzen wie die II–IV–V_2-Chalkopyrite wird die Richtung, in der Phasenanpassung und damit eine effiziente Erzeugung der zweiten Harmonischen möglich sind, festgelegt durch die Bedingung

$$n^{o}(2\omega) = n^{ao}(\omega)$$

bzw. (33)

$$n^{o}(2\omega) - n^{o}(\omega) = n^{ao}(\omega) - n^{o}(\omega)\,.$$

Phasenanpassung herrscht dementsprechend für die zweite Harmonische $n^{o}(2\omega)$ in derjenigen Kristallrichtung, bei der die Dispersion der ordentlichen Welle gerade durch die Doppelbrechung $n^{ao}(\omega) - n^{o}(\omega)$ kompensiert wird.

Aus den Gl. (32), (34) ergibt sich, daß für orthogonale Phasenanpassung eine wesentlich größere Doppelbrechung des verwendeten Kristallmaterials notwendig ist als für parallele Anpassung.

Für Frequenzmischexperimente (z. B. Summenmischen mit $\nu_1 \ll \nu_2$) sind die Anforderungen an die Größe der Doppelbrechung gemäß Gl. (34) wesentlich geringer als im Falle der zweiten Harmonischen.

Die effektiven nichtlinear-optischen Koeffizienten positiv doppelbrechender Substanzen unterscheiden sich bei paralleler und orthogonaler Phasenanpassung voneinander:

$$\begin{aligned} d_{\text{eff}} &= d_{36}\sin 2\vartheta\cos 2\Phi \quad \text{Typ 1} \\ d_{\text{eff}} &= d_{36}\sin\vartheta\sin 2\Phi \quad \text{Typ 2} \end{aligned} \qquad (34)$$

$CdSnAs_2$	1,956	0,26	740 KDR-E	14×10^{7} esL	[56]
$CdSnP_2$	1,952	1,16	695 KDR-E	$6{,}0\times10^{7}$ esL	[62] [56]
GaAs	–	1,44	134×10^{-12} mV^{-1}	570 KDR-E	[62] [58] [56]

[1]) 3 cm^{-1} cut off.

Dabei ist ϑ der Winkel zwischen optischer Achse und Ausbreitungsrichtung. Φ ist der Winkel zwischen [100]-Achse und der Ausbreitungsebene, die durch c-Achse und Ausbreitungsrichtung bestimmt wird. Aus der Abhängigkeit $d_{\text{eff}}(\vartheta)$ folgt, daß parallele Phasenanpassung optimal ist für $\vartheta = 45°$ und orthogonale Phasenanpassung für $\vartheta \approx 90°$.

8.3. Anwendungen und Ausblick

Mögliche Anwendungen von II–IV–V_2-Halbleitern müssen selbstverständlich auf gruppen- bzw. substanzspezifischen Eigenschaften beruhen, in denen sich diese Halbleiter vorteilhaft gegenüber anderen Halbleitermaterialien abheben. Solche Eigenschaften sind: die strukturbedingte Doppelbrechung, die großen nichtlinearen Suszeptibilitäten, das Auftreten benachbarter Leitungsbandminima, die Aufspaltung des Γ_{15}-Zinkblende-Valenzbandmaximums und die Polarisationsabhängigkeit der zugehörigen optischen Übergänge, das Auftreten pseudodirekter Übergänge und die Herstellbarkeit in kompakt-amorpher Form. Interessant ist insbesondere für den Lichtnachweis der breite spektrale Bereich der Lichtempfindlichkeit, der auf Grund der zahlreichen optischen Übergänge (pseudodirekte, direkte; Aufspaltung von Bändern) zu erwarten ist, sowie die Polarisation der Übergänge. Daraus leiten sich Anwendungsmöglichkeiten ab, die im folgenden – vom Standpunkt der physikalischen Grundlagenforschung – besprochen werden. Auf Fragen der Herstellungstechnologie und der Kosten kann hier nicht eingegangen werden.

8.3.1. Lumineszenzdioden (LED)

Lumineszenzdioden werden in unterschiedlicher Weise zur Signalanzeige verwendet. Erwünscht sind mindestens drei Farben (z. B. Rot, Gelb, Blau), die den verschiedenen Anzeigeproblemen genügen und sich auch zu Weiß mischen lassen. Um bei der in Lumineszenzdioden genutzten Injektionslumineszenz am pn-Übergang eine effiziente Injektion von Minoritätsträgern und eine befriedigende Strahlintensität zu erhalten, müssen der n- und der p-Bereich niederohmig sein. Wird Laserstrahlung angestrebt („Diodenlaser“), müssen weitere Bedingungen erfüllt sein (z. B. Besetzungsinversion, Kohärenz).

In Abb. 8.16 sind Lumineszenzspektren von II–IV–V_2-Halbleitern angegeben. Der Abb. 8.16 und den oben getroffenen Aussagen entsprechend kann heute ziemlich zweifelsfrei gesagt werden, daß die früheren Hoffnungen, mit II–IV–V_2-Halbleitern unter Nutzung direkter oder pseudodirekter Übergänge Lumineszenzdioden für den sichtbaren Bereich erhalten zu können, als gescheitert betrachtet werden müssen. Drei Gründe gibt es dafür:

1. $CdGeP_2$ ist mit $E_g = 1{,}72$ eV der II–IV–V_2-Halbleiter mit dem größten direkten Gap. Alle II–IV–V_2-Halbleiter mit größerem Gap sind pseudodirekt oder indirekt (nicht berücksichtigt sind Verbindungen, die nur

äußerst schwierig und inhomogen synthetisierbar sind oder die sich mit der Zeit zersetzen).

2. Experimenten zufolge haben pseudodirekte Übergänge eine Übergangswahrscheinlichkeit, die höchstens den zwanzigsten Teil der Übergangswahrscheinlichkeit direkter Übergänge in II–IV–V_2-Halbleitern beträgt. Andere Messungen ergaben, daß die Intensität der pseudodirekten Übergänge um den Faktor 10^3 geringer ist als diejenige direkter Übergänge in III–V-Halbleitern. Es muß an dieser Stelle hinzugefügt werden, daß umfassende Untersuchungen des Lumineszenzwirkungsgrades und exakte Vergleichsmessungen ausstehen.
3. Es ist bisher bei II–IV–V_2-Halbleitern mit $E_g \geqq 2$ eV nicht gelungen, reproduzierbar und in größeren Bereichen homogen eine niederohmige p- und n-Dotierung zu erzielen.

Mit $E_g = 1{,}72$ eV stellt $CdGeP_2$ keine Alternative zu dem in der Praxis bewährten GaAs dar. Auch die anderen II–IV–V_2-Halbleiter bieten keinerlei Vorteil bezüglich einer Strahlungserzeugung im sichtbaren Spektralbereich gegenüber den bereits eingeführten III–V-Halbleitern. Für Sonderzwecke im IR sind Anwendungen nicht auszuschließen.

8.3.2. Fotodioden

Die spektrale Charakteristik heute genutzter Fotodioden ist in Abb. 8.17 (oberer Teil) angegeben. In dieser Abbildung ist weiterhin die Fotospannung einiger II–IV–V_2-Dioden in ihrer spektralen Abhängigkeit dargestellt. Berücksichtigt sind nur die im Sinne einer Anwendung günstigsten Daten von II–IV–V_2-Halbleitern. Ein Vergleich ist schwer, da in der Literatur meist nur Relativwerte angegeben sind. Bei objektiver Beurteilung ist auf der Basis der Literaturdaten eine klare Aussage über Anwendungschancen im Vergleich zu kommerziellen Fotodioden nicht möglich. Beachtenswert ist aber die hohe Empfindlichkeit bei $CdSiAs_2$ (ohne wesentliche Polarisationsabhängigkeit) sowie der breite Empfindlichkeitsbereich einer $CdGeAs_2$-Diode. Über Qualität, Größe und Reproduzierbarkeit der jeweils genutzten pn-Übergänge liegen nur wenige Angaben vor. Ohne Zweifel sind aber weiterführende Grundlagenuntersuchungen gerade in dieser Applikationsrichtung bei II–IV–V_2-Halbleitern von besonderem Interesse. Speziell sollten die Erzeugung guter und reproduzierbarer pn-Übergänge und exakte Vergleichsmessungen mit Detektoren auf Binär-Basis im Vordergrund stehen.

8.3.3. Fotowiderstände

Die zur Zeit in Fotowiderstandszellen meist benutzten Halbleitermaterialien sind PbS und InSb im infraroten sowie CdS und SeS im sichtbaren Spektralbereich. Die lichtempfindliche Schicht wird in der Regel auf ein Substrat aufgedampft. Wünschenswert ist eine hohe und konstante Lichtempfindlichkeit in einem breiten Spektralbereich oder aber eine maximale Empfindlichkeit in einem vorgegebenen schmalen Bereich – z. B. zum

Nachweis bei einer ganz bestimmten Lichtquelle. Die Dunkelleitfähigkeit sollte möglichst klein sein. In Abb. 8.18 ist die spektrale Verteilung der Fotoleitfähigkeit in Widerstandszellen praktisch genutzter Halbleiter sowie interessanter II–IV–V_2-Verbindungen angegeben. Für die II–IV–V_2-Verbindungen wurde jeweils der günstigste Kurvenverlauf unter zum Teil zahl-

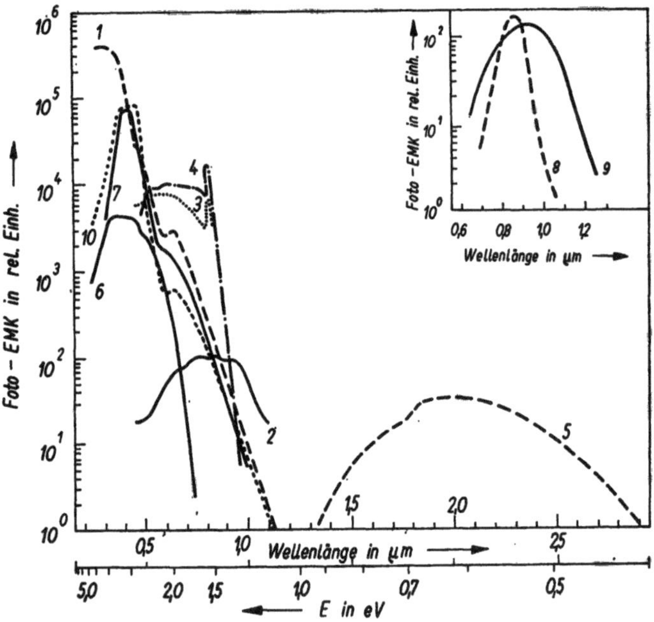

Abb. 8.17. Spektren der Fotoempfindlichkeit von II–IV–V_2-Dioden, $T = 300$ K.
1 Cu/n–$ZnSiP_2$; *2* p–InP/n–$CdSnP_2$; *3* $CdSiAs_2$, pn, $E \perp c$; *4* $CdSiAs_2$, pn, $E \parallel c$; *5* $CdGeAs_2$, pn, $E \perp c$; *6* Cu/n–$ZnSiAs_2$; *7* Cu/n–$MgSiP_2$; *8* p–GaAs/n–$Al_xGa_{1-x}As$; *9* Si; *10* Cu/n–$CdSiP_2$

reichen Einzelkurven (Berücksichtigung von Herstellverfahren und Dotierungseinflüssen) ausgewählt. Es wurden nur für 300 K gültige Kurven betrachtet, da Nutzungsmöglichkeiten hauptsächlich für Raumtemperatur interessieren. Dazu muß ergänzend gesagt werden, daß die Fotoempfindlichkeit bei abnehmender Temperatur beträchtlich steigen kann. Auf die wirksamen Anregungsmechanismen wird nicht eingegangen, da sie im gegebenen Zusammenhang kaum von Interesse sind.

Ein exakter Vergleich zwischen den verschiedenen Substanzen hinsichtlich ihrer Fotoempfindlichkeit ist in Abb. 8.18 nicht möglich, da in den Veröffentlichungen fast immer nur relative Werte angegeben sind und der Bezug zur jeweiligen Dunkelleitfähigkeit fehlt oder durch den Kurvenverlauf nur angedeutet ist.

Mit entsprechendem Vorbehalt sind aber doch einige Aussagen möglich:

– $CdGeAs_2$ kann trotz eines im Vergleich zu anderen II–IV–V_2-Verbindungen weiten Spektralbereiches der Fotoempfindlichkeit kaum als Konkurrent für PbS und InSb betrachtet werden, da die letztgenannten Substanzen einen größeren Empfindlichkeitsbereich haben. Die Fotoleitfähigkeit von $CdGeAs_2$ ist im übrigen stark von Oberflächenzuständen und damit von der Bearbeitung abhängig.

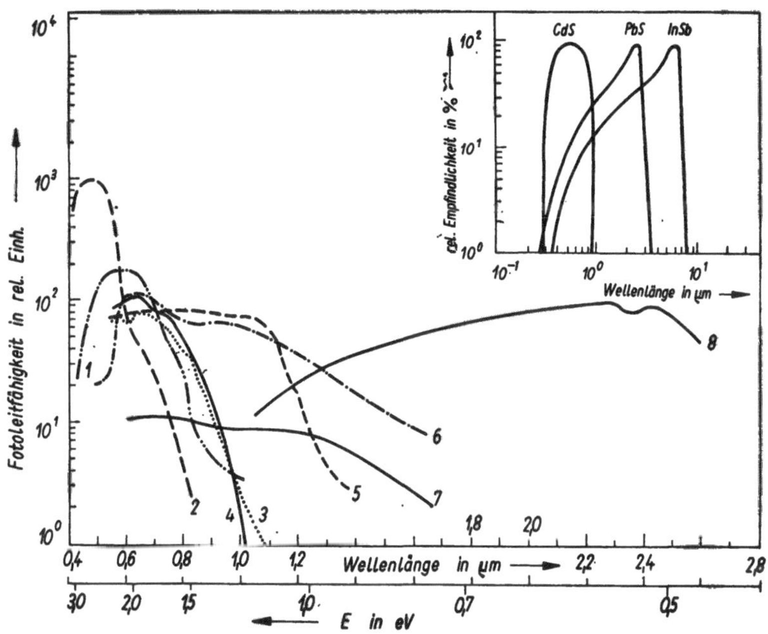

Abb. 8.18. Spektren der Empfindlichkeit von Fotowiderständen, $T = 300$ K.
1 p–$ZnSiAs_2$; *2* $ZnSiP_2$; *3* $CdGeP_2$, $\boldsymbol{E} \parallel c$; *4* $CdGeP_2$, $\boldsymbol{E} \perp c$; *5* p–$CdSnP_2$: Cu; *6* $CdSiP_2$: Na; *7* $CdSiAs_2$; 8 $CdGeAs_2$

– $CdGeP_2$ zeigt hohe Fotoempfindlichkeit und überdeckt einen mindestens so großen Spektralbereich wie CdS. Die Empfindlichkeitsunterschiede für Licht mit $\boldsymbol{E} \parallel \vec{c}$ bzw. $\boldsymbol{E} \perp \vec{c}$ sind gering.
– $CdSiP_2$, $CdSiAs_2$ sind in einem größeren Spektralbereich empfindlich als CdS, zeigen aber nur eine geringe Fotoempfindlichkeit.
– $ZnSiP_2$ ist gut lichtempfindlich, der Empfindlichkeitsbereich ist aber relativ klein. Vorteile gegenüber CdS sind nicht absehbar.
– $CdSnP_2$ ist in einem schmalen Bereich empfindlich, in dem aber der Nd: YAG-Laser emittiert und in dem Glasfaseroptiken ein Durchlässigkeitsmaximum haben. Als selektiver, polarisationsabhängiger Detektor bestehen Anwendungschancen.

Die Herstellung dünner Fotowiderstandsschichten ist bei II–IV–V_2-

Verbindungen ganz sicher komplizierter als bei den genutzten Binär-Halbleitern. Werden polykristalline Filme betrachtet, entfällt natürlich die genannte, für Chalkopyrit-Halbleiter typische Polarisationsabhängigkeit der Fotoleitfähigkeit.

8.3.4. NLO-Anwendungen

Strukturbedingt zeigen viele ternäre Chalkopyrit-Halbleiter eine große Doppelbrechung. In Verbindung mit den großen nichtlinear-optischen Koeffizienten ergeben sich daraus für diese Halbleitergruppe spezifische Anwendungsmöglichkeiten im Bereich der nichtlinearen Optik, für die z. B. Binär-Halbleiter wegen fehlender Doppelbrechung und der daraus resultierenden Schwierigkeit der Phasenanpassung zwischen Erregerwelle und Oberwelle kaum in Frage kommen. Prinzipielle Einsatzmöglichkeiten sind dabei Summen- oder Differenzmischen zweier eingestrahlter Laserfrequenzen, Erzeugung der zweiten Harmonischen, durchstimmbarer Festkörperlaser.

Neben Grundlagenuntersuchungen zur optischen Durchlässigkeit, Brechung und Doppelbrechung und zur Suszeptibilität sind bei ternären Verbindungshalbleitern bereits frühzeitig anwendungsorientierte NLO-Experimente durchgeführt worden. Dabei verfolgte Anliegen waren z. B.:

- Die orthogonale Phasenanpassung der zwei Wellenlängen 10,6 μm und 1,064 μm des Nd^{3+} : YAG-Lasers gelang in $ZnGeP_2$ nahe der Normalen zur z-Richtung [54]. Um die 10,6 μm-YAG-Strahlung hochempfindlich nachzuweisen, wurden drei Detektionsarten miteinander verglichen: direkter Nachweis mittels Ge : Hg-Fotowiderstand, Avalanche-Fotodioden-Nachweis unter Ausnutzung eines Frequenzmischens mit der 1,064 μm-Strahlung des YAG-Lasers, Fotomultiplier-Nachweis bei 1,0343 μm ebenfalls unter Ausnutzung des bereits erwähnten Frequenzmischens. Es zeigte sich, daß das Frequenzmischen mit Hilfe von $ZnGeP_2$ bei höheren Signalleistungen infolge eines günstigeren Rauschverhaltens dem direkten Nachweis der 10,6 μm-Strahlung überlegen ist.
- Ein stufenweise durchstimmbares Differenzmischen von CO_2- und CO-Laserstrahlung ist in $ZnGeP_2$- und $CdGeAs_2$-Kristallen gelungen. Bei $ZnGeP_2$ speziell ist unter Nutzung eines durchstimmbaren zweistufigen CO_2-Lasers die phasenangepaßte Erzeugung der Frequenzen $70\ \mathrm{cm}^{-1} < \tilde{\nu} < 110\ \mathrm{cm}^{-1}$ durch Differenzmischen erreicht worden. Es wird die Meinung vertreten, daß damit durchstimmbare Strahlungsquellen für die hochauflösende Spektroskopie im Submillimeter-Bereich realisierbar sind, und daß für diesen Einsatzzweck die größten NLO-Anwendungschancen für ternäre Chalkopyrit-Halbleiter bestehen.
- $CdGeAs_2$ hat einen etwa 10mal größeren Wirkungsgrad für die Bildung der zweiten Harmonischen des CO_2-Lasers als Te, ein Material mit sehr großem nichtlinear-optischen Koeffizienten. Auch der Koeffizient d_{14} von $CdGeAs_2$ hat mit $d_{14}\ (CdGeAs_2)/d_{14}(GaAs) = 3{,}4$ einen erstaunlich hohen Wert. Theoretischen Tuningkurven zufolge [55] zeigt $CdGeAs_2$ Phasenan-

passung für parametrische Verstärkung im Bereich 3 bis 18 μm bei einer 5,3 μm-Pumpwelle.

- SHG für den Rubinlaser wurde in $CdGeAs_2$, $CdGeP_2$, $CdSiAs_2$, $CdSnP_2$ beobachtet.

$ZnGeP_2$ ist geeignet für SHG der YAG-Laserstrahlung [54] und $CdGeAs_2$ für SHG der 10,6 μm-CO_2-Laserstrahlung.

Die angeführten vorteilhaften physikalischen Daten und erfolgreichen Experimente sind aber nur der eine Aspekt einer realistischen Bewertung. Einem probeweisen Praxiseinsatz stehen derzeit entgegen: die geringe Größe der Kristalle (Fortschritte inzwischen bei $ZnGeP_2$ und $CdGeAs_2$) und die durch Risse, Korngrenzen und chemische Inhomogenitäten begrenzte IR-Durchlässigkeit. Stöchiometrieabweichungen nehmen auch Einfluß auf das NLO-Verhalten wegen der durch Intrabandübergänge hervorgerufenen Änderungen von $n(\lambda)$ und $\Delta n(\lambda)$.

Prinzipiell gesehen sind von den ternären Chalkopyrit-Halbleitern die I–III–VI_2-Verbindungen wegen ihrer negativen Doppelbrechung und ihrer größeren Gapwerte (erweiterter Arbeitsbereich im Sichtbaren) für NLO-Anwendungen fast noch interessanter als die II–IV–V_2-Halbleiter. Es dürfen andererseits auch keinesfalls die Bedeutung und die Möglichkeiten anderer nichtlinear-optischer Kristalle wie z. B. $LiNbO_3$, Ag_3AsS_3 (Proustit), Te, ε-$GaSe_2$ vergessen werden. So ist im Submillimeter-Bereich Phasenanpassung selbst mit GaAs erreichbar, da die notwendige Dispersion des Brechungsindex durch die Reststrahlbanden garantiert wird.

Als NLO-Material für durchstimmbare Submillimeter-Quellen auf der Basis von Differenzmischprozessen haben Chancen: $CdGeAs_2$, $ZnGeP_2$. Dieselben Substanzen sind auch für spezielle SHG-Zwecke und parametrische Oszillation interessant. Parametrische Oszillation wurde bei ternären Chalkopyrit-Halbleitern bisher nicht verwirklicht. Über Möglichkeiten des Einsatzes in integrierten optischen Systemen kann z. Z. nichts gesagt werden. Jedoch ist z. B. eine durch Mischtechnologien oder hybride Lösungen ermöglichte Kombination von Optokopplern mit Logikschaltkreisen denkbar, die in der Sensorik Bedeutung haben würde.

8.3.5. Gunn-Elemente

Abgesehen von den physikalischen Grundforderungen (z. B. effektive Masse im direkten Minimum ≪ effektive Masse im benachbarten indirekten Leitungsbandminimum) werden für praktische Anwendungen noch angestrebt: niedrige Schwellfeldstärke, hohe Domänenwanderungsgeschwindigkeit ($f = v_D/L$), hoher Wirkungsgrad und Betrieb bei Normaldruck und -temperatur. Innerhalb der II–IV–V_2-Gruppe wurde bisher nur bei $CdSnP_2$ der Gunn-Effekt experimentell nachgewiesen. Dabei hat $CdSnP_2$ verglichen mit dem heute für Gunn-Zwecke genutzten GaAs anwendungstechnisch durchaus interessante Daten.

Die bisherigen Messungen bei $CdSnP_2$ erfolgten an Material, das bezüglich Größe, Homogenität und Gitterperfektion zu wünschen übrig ließ. Da perfektes Kristallmaterial fehlt und außerdem ungeklärt ist, ob ein solches Material gegenüber GaAs bessere Daten, wie niedrigere Schwellfeldstärke, höhere Grenzfrequenz, höherer Wirkungsgrad und größere Leistung aufweisen würde, ist die Frage nach der Verwendbarkeit von $CdSnP_2$ für Gunndioden heute noch nicht aktuell. Nach heutiger Kenntnis sind andere II–IV–V_2-Halbleiter als $CdSnP_2$ für Gunn-Anwendungen uninteressant.

8.3.6. Schwellwert- und Gedächtnisschalter

$ZnGeAs_2$, $CdGeP_2$ und $CdGeAs_2$ lassen sich auch in kompakt-amorpher Form herstellen. Auch wenn im vorliegenden Beitrag auf amorphes Material kaum eingegangen wurde, sollen die in der Literatur gelegentlich prognostizierten Anwendungschancen des amorphen Materials angeführt werden.

Forderungen an ein amorphes Ausgangsmaterial für Schwellwert- und Gedächtnisschalter sind: weitgehende Temperaturunabhängigkeit und langzeitige Konstanz der elektrischen Daten (Vermeiden von Rekristallisationserscheinungen), kurze Schaltzeiten, hoher Widerstand im offenen Zustand und niedriger Widerstand im geschlossenen Zustand des Schalters, Realisierbarkeit von Schichtstrukturen. Diese Kriterien werden von $CdGeAs_2$ durchaus erfüllt, jedoch ohne daß ein Vorteil gegenüber derzeit genutzten Materialien besteht. Die Werte liegen im Gegenteil – eventuell auch infolge mangelnder Optimierung des Materials – etwas ungünstiger. Ein Praxiseinsatz amorpher II–IV–V_2-Halbleiter muß nach dem heutigen Kenntnisstand als unwahrscheinlich gelten.

8.3.7. Ausblick

Zur Zeit gibt es noch keine kommerziellen Bauelemente auf II–IV–V_2-Basis. Gegenüber binären Halbleitern ist die Substanzpalette bei den II–IV–V_2-Verbindungen größer und dementsprechend auch die Eigenschaftsbreite. Herstellung und Struktur sind zwar relativ kompliziert, analoge Schwierigkeiten bestehen aber z. B. auch bei binären Mischkristallen.

Aus heutiger Sicht bestehen für die II–IV–V_2-Verbindungen die größten Anwendungschancen auf dem Gebiet der nichtlinearen Optik sowie der Lichtdetektion. Die besondere Eignung dafür ist gegeben durch die großen nichtlinear-optischen Koeffizienten, die Möglichkeit der Phasenanpassung durch Ausnutzen der Doppelbrechung sowie andererseits durch den großen Empfindlichkeitsbereich infolge direkter und pseudodirekter Übergänge zwischen den aufgespalteten Valenz- und Leitfähigkeitsbändern und Beteiligung von Störniveaus. Für spezielle Anwendungen sollte bei der Lichtdetektion auch die Polarisationsabhängigkeit von Vorteil sein.

Bezüglich eines Praxiseinsatzes ist die Bearbeitung folgender Grundlagenprobleme von besonderem Interesse:

- Verbesserung der Kristallqualität (Reinheit, Perfektion, Größe); Beherrschung der Abscheidung dünner epitaktischer Schichten hoher Stöchiometriehomogenität;

- exakte Vergleichsmessungen mit Binär-Halbleitern bezüglich Wirkungsgrad und Empfindlichkeitsbereich beim Lichtnachweis;
- weitere Bemühungen um definierte, reproduzierbare, niederohmige pn-Übergänge;
- Untersuchungen des Gunn-Effektes an einem verbesserten $CdSnP_2$-Kristallmaterial (Verminderung der Schwellfeldstärke, Erhöhung des Wirkungsgrades).

Wichtig wäre außerdem generell die Erzeugung und Untersuchung dünner Schichten von $II-IV-V_2$-Halbleitern sowie Kristallzüchtung und Eigenschaftscharakterisierung ternärer Nitride und $Mg-IV-V_2$-Verbindungen, u. a. wegen ihrer großen Bandabstände.

Literatur zu Kapitel 8

[1] Goryunova, N. A.; Valov, Yu. A.: $II-IV-V_2$-Halbleiter. Moskva: „Sovetskoje Radio“ 1974.
[2] Shay, J. L.; Wernick, J. H.: Ternary chalcopyrite semiconductors Growth, Electronic Properties and Applications. Pergamon Press 1975.
[3] Winkler, K.; Buhrig, E.: Dissertation B, Bergakademie Freiberg 1977.
[4] Süß, B.: Dissertation A, Bergakademie Freiberg 1983.
[5] Buehler, E.; Wernick, J. H.: J. Cryst. Growth 8 (1971) 324.
[6] Borshchevsky, A. S.; Shancovoj, T. M.: I. A. N. USSR, Neorg. Mat. **11** (1975) 2158.
[7] Borshchevsky, A. S.; Undalov, J. K.; Shancovoj, T. M.: I. A. N. USSR, Neorg. Mat. **13** (1977) 22.
[8] Glasov, V. M.; Lebedev, V. V. et al.: I. A. N. USSR, Neorg. Mat. **15** (1979) 1730.
[9] Korb, J.: Dissertation A, Bergakademie Freiberg 1975.
[10] Masumoto, K.; Isomura, S.; Goto, W.: J. Phys. Chem. Sol. **27** (1966) 1939.
[11] Venkrebec, J.: Kristall und Technik **6** (1971) K 13.
[12] Bertodi, I.; Somogyi, K.: Phys. stat. sol. **6** (1971) 439.
[13] Dittrich, V.; Hein, K.; Buhrig, E.: Neue Hütte **9** (1972) 526.
[14] Shay, J. L.; Bachmann, K. J. et al.: Appl. Phys. Lett. **23** (1973) 226.
[15] Andrews, J. E.; Stadelmaier, H. H. et al.: J. el. Soc. 7 (1981) 1563.
[16] Caroll, A. F.; Smith, C. F. et al.: J. el. Soc. 8 (1981) 1769.
[17] Siegel, W.; Kühnel, G. et al.: Kristall und Technik **15** (1980) 947.
[18] Borshchevskij, A. S.; Goryunova, N. A.; Kesamanly, F. P.; Nasledov, D. N.: phys. stat. sol. **21** (1967) 9.
[19] Oettel, H.; Heide, G.; Šedivy, J.: Czech. J. Phys. **B33** (1983) 175.
[20] Abrahams, S. C.; Bernstein, J. L.: J. Chem. Phys. **55** (1971) 796.
[21] Van Vechten, J. A.; Phillips, J. C.: Phys. Rev. **B2** (1970) 2160.
[22] Boudriot, H.; Oettel, H.: Physikalische Eigenschaften von Verbindungshalbleitern des Typs $II-IV-V_2$, insbesondere von $ZnSiP_2$. Dissertation, Bergakademie Freiberg 1979.
[23] Pauling, L.: Die Natur der chemischen Verbindung. Weinheim: Verlag Chemie GmbH 1962.
[24] Phillips, J. C.: J. Phys. Chem. Sol. **35** (1974) 1205.
[25] Thompson, D. P.: Proceedings of the Conference on Applied Crystallography. Kozubnik 1978, VR Polen, S. 439.

[26] Palatnik, L. S.; Koshkin, V. M.; Galchineckij, L. P.: Fiz. tverd. tela 4 (1962) 2365.
[27] Hume-Rothery, W.; Raynor, G. W.: Structure of Metals and Alloys. London: Institute of Metals 1954.
[28] Binsma, J. J. M.; Giling, L. J.; Bloem, J.: phys. stat. sol. (a) **63** (1981) 595.
[29] Spravochnik „Tverdye rastvory v poluprovodnikovykh sistemakh". Moskau: Verlag Nauka 1978.
[30] Dovletmuradov, Ch.; Dovletov, K.; Krzhivickaja, S. N.; Mamaev, S.; Allanazarov, A.; Ashirov, A.: in: Trojnye poluprovodniki $A^2B^4C^5_2$ i $A^2B^3_2C^6_4$. Kishinev: Verlag Shtiinca 1972, S. 96.
[31] Oettel, H.; Günther, F.; Klimanek, P.: in: Herstellung, Struktur und Eigenschaften von $ZnSiP_2$. Freiberger Forschungshefte **B207** (1980) 45.
[32] Borisova, Z. U.; Vaipolin, A. A.; Goryunova, N. A.: Zh. Prikl. Khimii **42** (1969) 43.
[33] Aksenov, V. V.; Petrov, V. M.; Kharakhorin, F. F.; Yurushkin, B. I.: Neorg. Materialy 6 (1970) 826.
[34] Aksenov, V. V.; Kharakhorin, F. F.; Petrov, V. M.: Neorg. Materialy 8 (1972) 828.
[35] Kaufmann, U.; Schneider, J.; Räuber, A.: Appl. Phys. Letters **29** (1976) 312.
[36] Averkieva, G. K.; Prochukhan, V. D.: Dokl. AN SSSR **206** (1972) 1055.
[37] Averkieva, G. K.; Goryunova, N. A.; Prochukhan, V. D.; Rud, Yu. V.; Serginov, M.: phys. stat. sol. (a) **5** (1971) 571.
[38] Khudolij, V. A.; Zayachkovskij, M. P.; Voroshilov, Yu. V.: in: Trojnye poluprovodniki i ikh primenenie. Tagungsbericht. Kishinev: Verlag Shtiinca 1979, S. 164.
[39] Pasemann, M.: Dissertation, Bergakademie Freiberg 1974.
[40] Montfort, Y.; Vizot, J.; Deschanvers, A.: phys. stat. sol. (a) **29** (1975) 551.
[41] Pasemann, M.; Klimanek, P.: Kristall und Technik 8 (1973) 1141.
[42] Pasemann, M.; Klimanek, P.; Oettel, H.: phys. stat. sol. (a) **22** (1974) K1.
[43] Murr, L. E.; Lerner, S. L.: J. Mat. Sci. **12** (1977) 1349.
[44] Borshchevskij, A. S.; Vaipolin, A. A.; Goryunova, N. A.; Undalov, Yu. K.; Upatova, T. V.: Kristallografija **15** (1970) 1259.
[45] Kaminov, I. P.; Buehler, E.; Wernick, J. H.: Phys. Rev. **B2** (1970) 960.
[46] Grigoreva, V. S.; Markov, J. F.; Rybakova, T. V.: Fiz. Tverd. Tela **17** (1975) 1983.
[47] Bettini, M.: phys. stat. sol. (b) **69** (1975) 201.
[48] Donetskich, V. I.; Poplavnoi, A. S.; Sobolev, V. V.: phys. stat. sol. (b) **48** (1971) 541.
[49] Rowe, J. E.; Shay, J. L.: Phys. Rev. **B3** (1971) 451.
[50] Siegel, W.; Heinrich, A.; Ziegler, E.: phys. stat. sol. (a) **35** (1976) 269.
[51] Shileika, A.: Surf. Sci. **37** (1973) 730.
[52] Chemla, D. S.: Phys. Rev. **B12** (1975) 3275.
[53] Shay, J. L.; Bachmann, K. J.; Buehler, E.: J. Appl. Phys. **45** (1974) 1302.
[54] Boyd, G. D.; Gandrud, W. B.; Buehler, E.: Appl. Phys. Lett. **18** (1971) 446.
[55] Byer, R. L.; Kildal, H.; Feigelson, R. S.: Appl. Phys. Lett. **19** (1971) 237.
[56] Schott, F. W.; Tang, C. L.: Phys. Rev. **B8** (1973) 4607.
[57] Bahr, G. C.; Smith, R. C.: phys. stat. sol. (a) **13** (1972) 157.
[58] Boyd, G. D.; Buehler, E.; Storz, F. G.; Wernick, J. H.: IEEE J. QE 8 (1972) 419.
[59] Turner, E. H.; Buehler, E.; Kasper, H.: Phys. Rev. **B9** (1974) 558.
[60] Smith, R. C.: J. Phys. **36** (1975) C 3–53.

[61] Boyd, G. D.; Buehler, E.; Storz, F. G.: Appl. Phys. Lett. **18** (1971) 301.
[62] Goryunova, N. A.; Ryvkin, S. M.; Fischmann, I. M.; Schpenkov, G. P.; Jaroschezki, I. D.: Fiz. Tekh. Poluprovodn. **2** (1968) 1525.
[63] Shay, J. L.; Buehler, E.; Wernick, J. H.: Phys. Rev. **B3** (1971) 2004.
[64] Zlatkin, L. B.; Ivanov, E. K.: J. Phys. Chem. Solids **32** (1971) 1733.
[65] Goryunova, N. A.; Zlatkin, L. B.; Ivanov, E. K.: J. Phys. Chem. Solids **31** (1970) 2557.
[66] Goryunova, N. A.; Belle, M. L.; Zlatkin, L. B.; Loschakova, Z. B.; Poplavnoi, A. S.; Chaldyschev, V. A.: Fiz. Tekh. Poluprovodn. **2** (1968) 1344.
[67] Zlatkin, L. B.; Markov, J. F.; Stekhanov, A. I.; Shur, M. S.: phys. stat. sol. **32** (1969) 473.
[68] Tauc, J.; Stanrac, L.; Vorlicek, V.; Zavetova, M.: 9. Intern. Conf. Phys. Semicond., Moskau 1968.
[69] Markov, J. F.; Reschetnjak, N. B.: Fiz. Tverd. Tela **14** (1972) 47.
[70] Markov, J. F.; Reschetnjak, N. B.: Opt. Spektrosk. **33** (1972) 520.
[71] Boyd, G. D.; Bridges, T. J.; Patel, C. K. N.: Appl. Phys. Lett. **21** (1972) 553.
[72] Abraham, A.; Vorlicek, V.; Żavotova, M.: Czech. J. Phys. **B18** (1968) 958.
[73] Ambrazevicius, G.; Babonas, G.; Shileika, A.: Litov. Fiz. Sb. (USSR) **17** (1977) 205.
[74] Borshchevski, A. A.; Grigoreva, V. S.; Undalov, J. K.; Upatova, G. V.: Fiz. Tekh. Poluprovodn. **6** (1972) 396.
[75] Shay, J. L.; Buehler, E.: Phys. Rev. Lett. **26** (1971) 506.
[76] Karymschakov, R. K.; Uchanov, J. I.; Schmarzev, J. V.: Fiz. Tekh. Poluprovodn. **4** (1970) 362.
[77] Ivanova, I. M.; Ivanov, E. K.; Zlatkin, L. B.; Prochukhan, V. D.: Fiz. Tekh. Poluprovodn. **12** (1969) 1871.

9. I–III–VI_2-Halbleiter

Von H. Neumann

Die in der Chalkopyritstruktur kristallisierenden ternären Verbindungen vom Typ I–III–VI_2 mit I=Cu, Ag, III=Al, Ga, In und VI=S, Se, Te sowie ihre Mischkristalle haben in den vergangenen Jahren beachtliches Interesse für praktische Anwendungen in der nichtlinearen Optik, in lichtemittierenden Bauelementen, in Fotodetektoren und in terrestrischen Solarzellen gefunden [1–14]. Von besonderer Aktualität ist dabei der Einsatz der Cu–III–VI_2-Verbindungen für die Herstellung von Dünnschichtsolarzellen, die auf Grund vorliegender theoretischer Abschätzungen als auch der bisher bereits erzielten experimentellen Daten durchaus als mögliche Alternative für die Solarzellen auf Siliciumbasis angesehen werden können [14]. In Anbetracht dieser potentiellen Nutzungsmöglichkeiten der I–III–VI_2-Verbindungen ist es nicht verwunderlich, daß auch der Frage der Darstellung sowie der Untersuchung der Grundeigenschaften dieser Materialien in den letzten Jahren steigende Aufmerksamkeit geschenkt worden ist. Auch hierzu liegen bereits zusammenfassende Berichte vor [4, 16–19], die jedoch insbesondere im Hinblick auf die technologischen Probleme bei der Dünnschichtherstellung sowie auf neuere Daten zu den physikalischen Grundeigenschaften nicht den gegenwärtig erreichten Kenntnisstand erfassen. Es ist deshalb das Ziel des vorliegenden Beitrags, neuere experimentelle Daten zur Darstellung und zu einigen ausgewählten physikalischen Eigenschaften der I–III–VI_2-Verbindungen zusammenzustellen und zu diskutieren. Außerdem wird ein kurzer Überblick über mögliche praktische Anwendungsgebiete dieser Verbindungen gegeben.

9.1. Darstellung

9.1.1. Einkristallzüchtung

Die Synthese der I–III–VI_2-Verbindungen erfolgt in der Regel durch Umsatz der stöchiometrischen Mengen der Elemente. Dazu wird das stöchiometrische Gemisch in einer abgeschlossenen Ampulle aus Quarzglas (teilweise auch Aluminiumoxid, Graphit oder Glasgraphit) bis auf eine Temperatur oberhalb der Schmelztemperatur der Verbindung erhitzt und solange bei dieser Temperatur gehalten, bis die Synthesereaktion abgeschlossen ist. Die Temperatur der Ampullen muß dabei langsam gesteigert werden, um eine Explosion infolge des hohen Chalkogendampfdrucks zu vermeiden. Diese Schwierigkeit kann umgangen werden, wenn man die Synthesereaktion in einem Zwei-Zonen-Ofen ablaufen läßt, in dem sich die I–III-Schmelze auf einer höheren Temperatur befindet als das Chalkogen, was eine separate Regelung des Chalkogendampfdrucks ermöglicht.

Als Methoden für die Einkristalldarstellung sind bisher die Züchtung aus der stöchiometrischen Schmelze (gerichtete Erstarrung, horizontales und vertikales Bridgman-Verfahren, Zonenschmelzen), aus Lösungen und über chemische Transportreaktionen (meist abgeschlossene Ampullen mit Iod als Transportmittel) eingesetzt worden. Die Züchtung aus der stöchiometrischen Schmelze erweist sich in vielen Fällen als problematisch wegen der teilweise recht hohen Schmelztemperaturen, der peritektischen Bildung sowie der inkongruenten Erstarrung einiger I–III–VI_2-Verbindungen, der teilweise beträchtlichen Anisotropie der thermischen Ausdehnungskoeffizienten und schließlich der bei hohen Temperaturen mitunter auftretenden Reaktion der Substanz mit dem Wandmaterial der Ampullen [2, 4, 5, 15, 19, 20]. Hinzu kommt, daß viele I–III–VI_2-Verbindungen polymorphe Phasenübergänge zeigen [4], die eine sehr sorgfältige Wahl des Abkühlprogramms erfordern. Unter Beachtung aller genannten Aspekte hat sich die Züchtung aus der stöchiometrischen Schmelze vor allem für die Einkristalldarstellung der Selenide und Telluride als gangbarer Weg erwiesen.

Experimente zur Züchtung aus der Lösung sind vor allem für $CuGaS_2$ durchgeführt worden [19]. Dabei haben detaillierte Untersuchungen gezeigt, daß es im Falle metallischer Lösungsmittel zur Abscheidung zusätzlicher Phasen kommen kann [18, 19]. Außerdem treten merkliche Schwankungen in der Stöchiometrie der Kristalle auf. Bessere Ergebnisse lassen sich offenbar erzielen, wenn Halogenide wie $CdCl_2$ oder CdI_2 als Lösungsmittel verwendet werden, wobei allerdings die Löslichkeit des $CuGaS_2$ und wahrscheinlich auch der anderen I–III–VI_2-Verbindungen in den Halogeniden geringer ist als in metallischen Lösungsmitteln [21].

Die Untersuchungen zur Einkristallzüchtung über chemische Transportreaktionen haben sich vor allem auf die bei höheren Temperaturen schmelzenden Sulfide konzentriert [4, 19], aber auch bei Seleniden konnten erfolgreiche Züchtungsexperimente dieser Art durchgeführt werden [19, 22, 23]. Nachteilig wirkt sich bei diesem Verfahren aus, daß die Einkristalle meist in Form von Nadeln oder dünnen Plättchen entstehen. Eine höhere Ausbeute an größeren Einkristallen ist durch die Wahl spezieller Temperaturprogramme möglich [24–26]. Über eine erfolgreiche Züchtung von Telluriden mit Hilfe chemischer Transportreaktionen ist bisher nicht berichtet worden.

9.1.2. Dünne Schichten

Die Herstellung dünner Schichten von I–III–VI_2-Verbindungen mit stöchiometrischer Zusammensetzung stößt auf eine Reihe von Schwierigkeiten. Beim Einsatz von Verfahren, die auf der thermischen Verdampfung des Materials basieren, ist zu beachten, daß alle I–III–VI_2-Verbindungen inkongruent verdampfen [18]. Das bedeutet, daß die Temperatur der Verdampferquelle so hoch gewählt werden muß, daß auch noch diejenige Komponente der Verbindung mit dem geringsten Partialdampfdruck vollständig verdampft. Im Falle der Cu–III–VI_2-Verbindungen liegt diese Temperatur einheitlich bei etwa 1500 K [18]. Als besonders günstiges

Verfahren hat sich hier die Flash-Verdampfung erwiesen, mit der nahezu stöchiometrische Schichten einer ganzen Reihe von I–III–VI$_2$-Verbindungen auf unterschiedlichen Substratmaterialien hergestellt werden konnten. Lediglich im Falle des $CuInS_2$ ergeben sich Schichten mit größeren Stöchiometrieabweichungen [27, 28].

Für $CuInSe_2$, welches im Hinblick auf die Nutzung in Solarzellen das interessanteste Material darstellt, sind auch andere auf thermischer Verdampfung basierende Verfahren zur Dünnschichtherstellung untersucht worden, und zwar die Einquellenverdampfung [29], die Zweiquellenverdampfung ($CuInSe_2$ und Se [30] oder Cu_3Se_2 und InSe bzw. In_2Se_3 [31]), die separate Verdampfung von Cu, In und Se in einem Dreiquellenverfahren [32] wie auch die Molekularstrahlepitaxie [33].

Die Abscheidung dünner I–III–VI$_2$-Schichten mittels Flüssigphasenepitaxie erfordert Lösungsmittel, die einen geringen Dampfdruck aufweisen, eine hohe Löslichkeit für die Substanz und eine geringe oder verschwindende Löslichkeit für das Substratmaterial besitzen und bei der Schichtabscheidung nicht zum Auftreten zusätzlicher unerwünschter Phasen in der Schicht führen. Bezüglich des letztgenannten Punktes steht man also vor demselben Problem wie bei der Einkristallzüchtung aus der Lösung. Obwohl Experimente zur Flüssigphasenepitaxie für eine ganze Reihe von I–III–VI$_2$-Verbindungen bekannt geworden sind ($CuGaS_2$ [34], $CuGaSe_2$ [35], $CuGaTe_2$ [36], $CuInS_2$ [37, 38], $CuInSe_2$ [39]), lassen die mitgeteilten Ergebnisse keine Aussage darüber zu, inwieweit es tatsächlich gelungen ist, einphasige Schichten herzustellen. Zur Abscheidung dünner Schichten der I–III–VI$_2$-Verbindungen mit Hilfe der Gasphasenepitaxie sind bisher nur Ergebnisse für $CuInS_2$ veröffentlicht worden [40, 41].

Im Hinblick auf den praktischen Einsatz von I–III–VI$_2$-Verbindungen in Dünnschichtsolarzellen sind Verfahren von Interesse, die die Herstellung großflächiger dünner Schichten mit vertretbarem ökonomischem Aufwand ermöglichen. Hierzu gehört vor allem die Katodenzerstäubung. Sie ist bisher für die Herstellung dünner Schichten von $CuInS_2$ [42, 43] und $CuInSe_2$ [44, 45] ausführlicher untersucht worden, wobei jedoch festgestellt wurde, daß die Reproduzierbarkeit in den Eigenschaften der mit diesem Verfahren hergestellten Schichten noch unbefriedigend ist. Da die bei der Katodenzerstäubung von I–III–VI$_2$-Verbindungen auftretenden Prozesse bisher nicht im Detail untersucht worden sind, bleibt vorläufig offen, wie eine Optimierung dieses Verfahrens erreicht werden kann.

Ein ebenfalls billiges und für die Herstellung großflächiger Dünnschichtsolarzellen geeignetes Verfahren ist die Spray-Pyrolyse. Sie ist bisher für die Darstellung von $CuGaS_2$ [46], $CuGaSe_2$ [46], $CuInS_2$ [46, 47], $CuInSe_2$ [46, 48–50], $AgInS_2$ [51] sowie einer Reihe von Mischsystemen [46] eingesetzt worden. Bezüglich der Reproduzierbarkeit in den Schichteigenschaften gelten jedoch dieselben Aussagen wie im Falle der Katodenzerstäubung.

Neben den bisher genannten Verfahren gibt es Versuche zur Ausnutzung einer „Quasi-Rheotaxie" zur Herstellung dünner Schichten von $CuGaSe_2$, $CuInSe_2$ und einigen Mischsystemen [52]. Im Falle des $CuInS_2$ ist auch versucht worden, zunächst eine Cu-In-Schicht herzustellen und danach in einer schwefelhaltigen Umgebung eine Reaktion zu $CuInS_2$ zu erreichen [53, 54].

Faßt man den gegenwärtigen Kenntnisstand zur Dünnschichttechnologie der I–III–VI_2-Verbindungen zusammen, so kann festgestellt werden, daß bisher die Flash-Verdampfung das geeignetste Verfahren darstellt, um Schichten mit reproduzierbarer Zusammensetzung herzustellen und damit auch eine kontrollierbare Einstellung der elektrischen Parameter der Schichten zu erreichen [18]. Die höchsten Wirkungsgrade für $CuInSe_2$-Dünnschichtsolarzellen sind dagegen mit einer Dreiquellenverdampfung von Cu, In und Se erreicht worden [14]. Es bleibt abzuwarten, welches der hier genannten Verfahren sich schließlich in der Praxis durchsetzen wird.

9.2. Eigenschaften

9.2.1. Gitterschwingungen

Alle I–III–VI_2-Verbindungen kristallisieren bei 300 K in der Chalkopyritstruktur mit der Raumgruppe D_{2d}^{12} [4]. Da die bisher vorliegenden experimentellen Informationen zu den Gitterschwingungen der I–III–VI_2-Verbindungen ausschließlich über Ramanstreuung erster Ordnung und infrarotoptische Messungen gewonnen wurden und damit die langwelligen Phononen im Zentrum der Brillouin-Zone betreffen, wollen wir uns auf die Betrachtung dieses Falls beschränken. Die gruppentheoretische Analyse der Gitterschwingungen ergibt für die irreduzible Darstellung der Normalmoden im Zentrum der Brillouin-Zone

$$\Gamma = A_1 \oplus 2A_2 \oplus 3B_1 \oplus 4B_2 \oplus 7E\,.$$

Hiervon sind eine B_2- und eine E-Mode akustische Moden, die verbleibenden drei B_2- und sechs E-Moden sind infrarotaktiv für die Polarisationsrichtungen $\boldsymbol{E} \parallel \vec{c}$ und $\boldsymbol{E} \perp \vec{c}$, alle A_1-, B_1-, B_2- und E-Moden sind Raman-aktiv, und die A_2-Moden sind inaktiv.

Am ausführlichsten sind bisher die Gitterschwingungen in $CuGaS_2$ und $AgGaS_2$ untersucht worden. Die durch Ramanstreuung (R) und infrarotoptische Messungen (IR) ermittelten Modenfrequenzen für diese Verbindungen sind in den Tab. 9.1 und 9.2 zusammengestellt. Es fällt auf, daß sowohl für $CuGaS_2$ als auch für $AgGaS_2$ die experimentellen Ergebnisse verschiedener Autoren lediglich in den Frequenzen der A_1-Mode und der hochenergetischen B_2- und E-Moden annähernd miteinander übereinstimmen. Hingegen stellt man beträchtliche Diskrepanzen in den Angaben für die B_1-Moden und die niederenergetischen B_2- und E-Moden fest. Die Ursache hierfür liegt offenbar darin, daß die strenge Einhaltung der durch die Auswahlregeln vorgegebenen Streugeometrien bei der Ramanstreuung und der Polarisationsbedingungen bei den infrarotoptischen Messungen schwierig ist, was insbesondere die eindeutige Identifizierung der Symmetrie intensitätsschwacher Moden erschwert.

Tabelle 9.1.
Frequenzen (in cm^{-1}) der optischen Phononen in $CuGaS_2$

Mode	[55]	[56]	[57]	[58]
A_1	312	312	312	312
B_1	243	358	401	–
	203	203	238	203
	138	97	116	137
B_2	371/402	368/401	367/393	366/399
(TO/LO)	339/369	262/281	286/288	260/280
	259/284	95/95	95/95	95/95
E	365/387	363/384	367/385	366/386
(TO/LO)	335/352	332/352	332/347	332/ –
	260/278	262/276	273/283	260/275
	147/167	156/160	167/167	147/164
	95/98	–	147/147	–
	75/76	74/74	75/75	74/74

Tabelle 9.2.
Frequenzen (in cm^{-1}) der optischen Phononen in $AgGaS_2$

Mode	[55]	[56]	[57]	[59]
A_1	295	295	293	295
B_1	–	334	–	334
	179	190	–	191
	118	54	125	54
B_2	366/400	367/399	367/ –	364/399
(TO/LO)	215/239	212/238	213/215	212/238
	195/199	65/65	65/65	64/64
E	368/392	368/396	–/392	368/391
(TO/LO)	323/347	325/349	–	322/346
	225/230	226/232	213/224	224/230
	158/160	157/160	160/161	160/160
	93/96	95/96	96/ –	95/95
	63/64	34/34	36/36	85/85

Neben den beiden bereits genannten Substanzen sind noch $CuAlS_2$ und $CuInS_2$ ausführlich untersucht worden (Tab. 9.3), wobei im Falle des $CuInS_2$ wiederum Unterschiede in den Angaben zu den niederenergetischen B_2- und E-Moden vorhanden sind.

Für eine Reihe weiterer Verbindungen liegen vor allem infrarotoptische Messungen vor. Die für $CuGaSe_2$, $CuInSe_2$ und $CuInTe_2$ vorliegenden Daten sind in Tab. 9.4 zusammengestellt. Im $CuGaSe_2$ konnte durch Ramanstreuung nur noch die A_1-Mode mit einer Frequenz von 187 cm^{-1} nachgewiesen werden [64], während im $CuInSe_2$ neben der A_1-Mode bei 186 cm^{-1} noch zwei B_1-Moden bei 158 cm^{-1} und 117 cm^{-1} gefunden wurden [65]. Auffällig ist, daß sich im Falle des $CuInSe_2$ deutliche Unterschiede in allen Modenfrequenzen ergeben, wenn man die Angaben verschiedener Arbeiten

Tabelle 9.3.
Frequenzen (in cm^{-1}) der optischen Phononen in $CuAlS_2$ und $CuInS_2$

Mode	$CuAlS_2$ [56]	$CuInS_2$ [56, 60, 61]	[62]
A_1	316	294	
B_1	443	–	
	269	167	
	102	110	
B_2	446/498	323/352	326/345
(TO/LO)	271/284	234/266	292/312
	114/114	79/79	248/258
E	444/499	321/339	340/352
(TO/LO)	433/ –	295/314	324/ –
	265/267	244/260	296/312
	218/220	140/140	248/264
	142/142	88/88	–
	78/78	67/67	–

Tabelle 9.4.
Frequenzen (in cm^{-1}) der infrarotaktiven optischen Phononen in $CuGaSe_2$, $CuInSe_2$ und $CuInTe_2$

Mode	$CuGaSe_2$ [63, 64]	$CuInSe_2$ [65]	[66]	$CuInTe_2$ [67]	[68]
B_2	254/278	248/274	214/233	168/179	170/ –
(TO/LO)	178/196	188/196	181/192	154/157	101/ –
	–	96/96	64/65	–	46/ –
E	250/276	248/274	213/230	167/180	172/ –
(TO/LO)	170/190	188/196	207/212	158/162	157/ –
	–/154	153/153	179/182	–	126/ –
	–/96	78/78	–	–	50/ –
	–/86	61/61	–	–	–
	–/60	–	–	–	–

miteinander vergleicht (s. Tab. 9.4). Für $CuAlSe_2$ [69] und $CuGaTe_2$ [70] sind bisher nur Messungen an polykristallinen Proben durchgeführt worden. Danach treten im $CuAlSe_2$ starke Reststrahlenbanden bei etwa 340 cm^{-1} und 305 cm^{-1} auf, während im $CuGaTe_2$ TO-Moden-Frequenzen von 209 cm^{-1}, 200 cm^{-1}, 166 cm^{-1} und 72 cm^{-1} gefunden wurden. Für $CuAlTe_2$ liegen bisher noch keine experimentellen Messungen vor.

Frequenzen der infrarotaktiven optischen Moden für einige weitere Ag–III–VI_2-Verbindungen sind in Tab. 9.5 zusammengefaßt. Im $AgGaSe_2$ ist auch die A_1-Mode mit einer Frequenz von 179 cm^{-1} nachgewiesen worden [55]. Für die Ag–Al–VI_2-Verbindungen liegen bisher keine experimentellen Untersuchungen zu den Gitterschwingungen vor.

Aus den Tab. 9.1. bis 9.5. folgt, daß lediglich in $CuAlS_2$, $CuGaS_2$, $AgGaS_2$ und, abgesehen von der hochenergetischen B_1-Mode, auch in $CuInS_2$ alle

Tabelle 9.5.
Frequenzen (in cm^{-1}) der infrarotaktiven optischen Phononen in $AgGaSe_2$, $AgGaTe_2$, $AgInS_2$, $AgInSe_2$ und $AgInTe_2$

Mode	$AgGaSe_2$ [55]	[71]	[72]	$AgGaTe_2$ [72]	$AgInS_2$ [73]	$AgInSe_2$ [74]	$AgInTe_2$ [74]
B_2	–/272	248/269	246/271	198/217	325/345	208/234	168/181
(TO/LO)	–	154/160	149/164	130/137	279/305	149/161	131/136
	–	–	–	52/53	–	41/43	44/44
E	–/276	250/274	247/273	204/221	349/353	215/231	166/181
(TO/LO)	–/238	208/213	–	200/203	325/345	200/212	130/138
	–/160	159/163	157/161	134/137	281/305	153/162	42/43
	–/112	133/139	134/137	115/117	209/227	106/111	–
	–/73	–	79/80	–	–	60/62	–
	–/48	–	–	–	–	–	–

Frequenzen der optischen Phononen bekannt sind. Für die anderen Verbindungen sind die Daten unvollständig und teilweise widersprüchlich, so daß weitere experimentelle Untersuchungen zur Aufklärung ihres gitterdynamischen Verhaltens erforderlich sind.

9.2.2. Elektronische Struktur

9.2.2.1. Absorptionskante

Aus den bisher durchgeführten Untersuchungen zu den optischen Eigenschaften der I–III–VI$_2$-Verbindungen in der Nähe der Absorptionskante folgt, daß sie eine direkte Bandlücke im Zentrum der Brillouin-Zone besitzen. Da das oberste Valenzband im wesentlichen aus den p-Zuständen der Anionen gebildet wird, spaltet dieser im Punkt Γ der Brillouin-Zone dreifach entartete Zustand unter dem Einfluß des tetragonalen Kristallfeldes und der Spin-Bahn-Wechselwirkung in drei Zustände auf, wobei die Größe dieser Aufspaltung und die gegenseitige Lage der entsprechenden Zustände durch Betrag und Vorzeichen der Kristallfeldaufspaltung Δ_{cf} und der Spin-Bahn-Aufspaltung Δ_{so} bestimmt werden. Das absolute Leitungsbandminimum wird von den s-Zuständen der Kationen gebildet. Nimmt man an, daß Δ_{cf} und Δ_{so} klein sind gegenüber dem Abstand der Energien E_s und E_p der atomaren s- und p-Zustände sowie dem Abstand der Energieniveaus E_s und E_p zu anderen noch vorhandenen Zuständen, so läßt sich der Einfluß der Spin-Bahn-Wechselwirkung und des Kristallfeldes im Rahmen des quasikubischen Modells beschreiben [75]. Danach bleibt der Energiezustand E_s durch die Spin-Bahn-Wechselwirkung und das Kristallfeld unbeeinflußt. Der dreifach entartete Zustand E_p spaltet durch das Kristallfeld in zwei Zustände $E(\Gamma_{4v})$ und $E(\Gamma_{5v})$ auf. Berücksichtigt man noch die Spin-Bahn-Wechselwirkung, so ergibt sich zusätzlich eine Aufspaltung des zweifach entarteten Zustands $E(\Gamma_{5v})$ in $E(\Gamma_{6v}^5)$ und $E(\Gamma_{7v}^5)$. Außerdem tritt eine Kopplung der Zustände

$E(\Gamma^5_{7v})$ und $E(\Gamma^4_{7v})$ auf. Damit ergibt sich schließlich das in Abb. 9.1 dargestellte Aufspaltungsbild.

Somit folgt, daß in der Nähe der Absorptionskante der I–III–VI_2-Verbindungen stets drei optische Übergänge A, B und C mit charakteristischen Energien $E_A = E(\Gamma^1_{6c} - E(\Gamma^4_{7v})$, $E_B = E(\Gamma^1_{6c}) - E(\Gamma^5_{6v})$ und $E_C = E(\Gamma^1_{6c}) - E(\Gamma^5_{7v})$ auftreten werden, die polarisationsabhängig sind. Der Übergang B ist nur

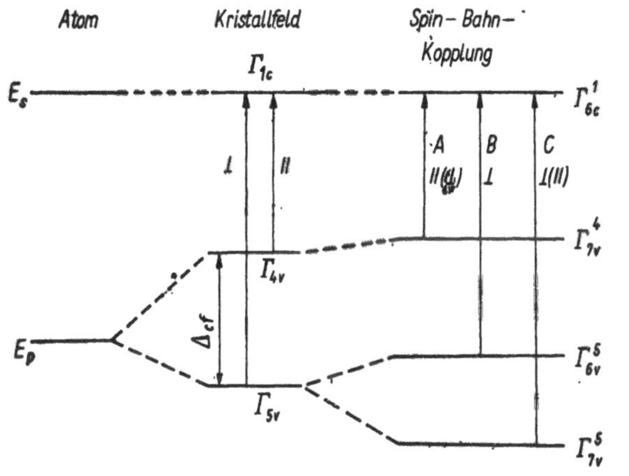

Abb. 9.1. Aufspaltungsbild der obersten Valenzbandzustände im Chalkopyritgitter

für die Polarisation $\boldsymbol{E} \perp \vec{c}$ erlaubt, während die strenge Polarisationsabhängigkeit der Übergänge A ($\boldsymbol{E} \parallel \vec{c}$) und C ($\boldsymbol{E} \perp \vec{c}$) durch die Spin-Bahn-Wechselwirkung teilweise aufgehoben wird.

Durch polarisationsabhängige optische Messungen (Absorption, Reflexion, Modulationsspektroskopie) ist es gelungen, die Energien E_A, E_B und E_C für die meisten I–III–VI_2-Verbindungen zu bestimmen. Tab. 9.6 gibt eine Zusammenstellung der für 300 K ermittelten Energiewerte. Im Rahmen des quasikubischen Modells läßt sich aus den E_A, E_B und E_C die Kristallfeldaufspaltung Δ_{cf} und die Spin-Bahn-Aufspaltung Δ_{so} berechnen. Definiert man das Vorzeichen der Kristallfeldaufspaltung so, daß das in Abb. 9.1. dargestellte Aufspaltungsbild einer positiven Kristallfeldaufspaltung entspricht, so gilt

$$E_B - E_{A,C} = E_{1,2} = -\frac{1}{2}(\Delta_{so} - \Delta_{cf}) \pm \frac{1}{2}\left[(\Delta_{so} - \Delta_{cf})^2 + \frac{8}{3}\Delta_{so}\Delta_{cf}\right]^{1/2}, \quad (1)$$

woraus sich

$$\Delta_{cf,so} = \frac{1}{2}\left[(E_1 + E_2)^2 - 6E_1E_2\right]^{1/2} \pm \frac{1}{2}(E_1 + E_2) \quad (2)$$

ergibt. Die mit Gl. (2) berechneten Werte für Δ_{cf} und Δ_{so} sind ebenfalls in Tab. 9.6 angegeben.

Tabelle 9.6.
Experimentelle Werte für E_A, E_B und E_C der I–III–VI$_2$-Verbindungen und daraus berechnete Werte für Δ_{cf}, Δ_{so} und α (alle Energien in eV)

Verbindung	E_A	E_B	E_C	Δ_{cf}	Δ_{so}	α	Lit.
$CuAlS_2$	3,49	3,62	3,62	0,13	0	0,35	[76]
$CuGaS_2$	2,40	2,52	2,52	0,12	0	0,35	[76]
$CuGaSe_2$	1,68	1,75	1,96	0,09	0,23	0,34	[76]
$CuGaTe_2$	1,24	1,27	1,85	0,04	0,59	0,33	[77]
$CuInS_2$	1,53	1,53	1,53	0	0	0,35	[76]
$CuInSe_2$	1,01	1,01	1,24	0	0,23	0,35	[78]
$CuInTe_2$	1,06	1,06	1,67	0	0,61	0,32	[77]
$AgGaS_2$	2,69	2,94	2,94	0,25	0	0,20	[76]
$AgGaSe_2$	1,80	1,98	2,28	0,23	0,35	0,10	[79]
$AgGaTe_2$	1,31	1,43	2,23	0,16	0,85	0,08	[79]
$AgInS_2$	1,88	2,03	2,03	0,15	0	0,20	[80]
$AgInSe_2$	1,24	1,33	1,60	0,12	0,30	0,17	[81]
$AgInTe_2$	1,03	1,04	1,77	0,02	0,74	0,17	[82]

Vergleicht man die für die I–III–VI$_2$-Verbindungen gefundenen Spin-Bahn-Aufspaltungen mit denen der II–VI-Verbindungen (etwa 0,07 eV für Sulfide, 0,42 eV für Selenide und 0,95 eV für Telluride [83]), in denen das oberste Valenzband ebenfalls durch die p-Zustände der Chalkogenatome gebildet wird, so fällt auf, daß sie durchgehend kleiner sind und teilweise sogar verschwinden. Dieser Effekt läßt sich durch die Hybridisierung der p-Zustände der Chalkogenatome mit den d-Zuständen der Edelmetalle Kupfer und Silber erklären [84], da die d-Zustände dieser Atome eine negative Spin-Bahn-Aufspaltung aufweisen [85]. Der relative Beitrag α der d-Zustände der Edelmetalle zum obersten Valenzband kann in erster Näherung mit Hilfe der einfachen Formel

$$\Delta_{so} = (1-\alpha)\,\Delta^{p}_{so} + \alpha\Delta^{d}_{so} \qquad (3)$$

abgeschätzt werden, wenn man für Δ^{p}_{so} die aus den II–VI-Verbindungen bekannten Werte für die Spin-Bahn-Aufspaltung der p-Zustände der Chalkogenatome und für Δ^{d}_{so} die Werte $\Delta^{d}_{so}(\mathrm{Cu}) = -0{,}13$ eV und $\Delta^{d}_{so}(\mathrm{Ag}) = -0{,}28$ eV einsetzt [84, 85]. Die sich ergebenden Werte für α sind ebenfalls in Tab. 9.6. angegeben. Man sieht, daß insbesondere in den Cu–III–VI$_2$-Verbindungen der Anteil der d-Zustände des Kupfers am obersten Valenzband relativ hoch ist.

Es konnte nachgewiesen werden, daß die p-d-Hybridisierung des obersten Valenzbandes auch die Breite der verbotenen Zone der I–III–VI$_2$-Verbindungen und ihre Temperaturabhängigkeit beeinflußt [76, 77, 79, 86].

9.2.2.2. Effektive Massen

Die Kenntnis der effektiven Massen der Ladungsträger an der unteren Kante des Leitungsbandes und der oberen Kante des Valenzbandes ist eine wichtige Voraussetzung für das Verständnis der Transporteigenschaften der

I–III–VI_2-Verbindungen. Hierzu liegen nur für $CuInSe_2$ und $CuInTe_2$ zuverlässige Messungen vor.

Die effektive Masse der Elektronen im $CuInSe_2$ ist aus Faraday-Effekt-Messungen ermittelt worden und beträgt $m_c = 0{,}09\ m_0$ [87]. Unter Annahme isotroper parabolischer Bänder erhält man aus kombinierten thermoelektrischen, elektrischen und optischen Messungen für die schweren Löcher eine effektive Masse von $m_{hh} = 0{,}71\ m_0$, für die leichten Löcher von $m_{lh} = 0{,}092\ m_0$ und für die Löcher im durch Spin-Bahn-Wechselwirkung abgespaltenen Valenzband $m_{sh} = 0{,}085\ m_0$ [88, 89]. Im Falle des $CuInTe_2$ ist die effektive Masse der Elektronen zu $m_c = 0{,}14\ m_0$ abgeschätzt worden [90]. Für die Löchermassen haben sich im $CuInTe_2$ aus optischen Messungen die Werte $m_{hh} = 0{,}98\ m_0$, $m_{lh} = 0{,}097\ m_0$ und $m_{sh} = 0{,}158\ m_0$ ergeben [91].

Für die Cu–Ga–VI_2-Verbindungen liegen Abschätzungen zur effektiven Zustandsdichtemasse m_{hd} der Löcher aus elektrischen Meßdaten vor: $m_{hd} = 0{,}69\ m_0$ in $CuGaS_2$ [92], $m_{hd} = 1{,}2\ m_0$ in $CuGaSe_2$ [93] und $m_{hd} = 1{,}3\ m_0$ in $CuGaTe_2$ [94]. Da in diesen Verbindungen das schwere und leichte Löcherband nicht mehr entartet sind (s. Tab. 9.6), gilt hier $m_{hd} = m_{hh}$. Damit folgt, daß die effektive Masse der schweren Löcher zumindest in den Cu–III–VI_2-Verbindungen von der Größenordnung der freien Elektronenmasse m_0 ist.

Für alle anderen I–III–VI_2-Verbindungen liegen keine einigermaßen sicheren Abschätzungen zu den effektiven Massen vor.

9.2.2.3. Valenzband

Durch modulationsspektroskopische Untersuchungen im Energiebereich unmittelbar oberhalb der Absorptionskante ist es gelungen, das Vorhandensein der d-Zustände des Kupfers bzw. Silbers im oberen Teil des Valenzbandes für eine ganze Reihe von I–III–VI_2-Verbindungen nachzuweisen. Die fünffache Entartung des atomaren d-Zustands wird im Chalkopyritgitter vollständig aufgehoben. Das tetraedrische Feld in der Umgebung des Edelmetallatoms (Symmetrie T_d) führt zunächst zu einer Aufspaltung in einen dreifach entarteten Zustand Γ_{15} und einen zweifach entarteten Zustand Γ_{12}, durch das tetragonale Kristallfeld des Chalkopyritgitters erfolgt eine weitere Aufspaltung von Γ_{15} in Γ_4 und Γ_5 und von Γ_{12} in Γ_1 und Γ_3, während schließlich die Spin-Bahn-Wechselwirkung noch zu einer Aufspaltung des Zustands Γ_5 und zu einer Mischung der Zustände gleicher Symmetrie führt. Damit ergibt sich das in Abb. 9.2 dargestellte Aufspaltungsbild des atomaren d-Zustands [95].

Polarisationsabhängige modulationsspektroskopische Messungen haben nun gezeigt, daß in $CuGaS_2$, $CuGaSe_2$, $CuInS_2$, $CuInSe_2$, $CuInTe_2$, $AgGaSe_2$, $AgInSe_2$ und andeutungsweise auch in $AgGaTe_2$ in den optischen Spektren fünffache Strukturen auftreten, die energetisch im Bereich von 1 eV bis etwa 4 eV oberhalb der Absorptionskante liegen und Übergängen aus den d-Zuständen in das unterste Leitungsband zugeordnet werden können [76, 96–99]. Die eindeutige Zuordnung der in den Spektren beobachteten Strukturen zu den entsprechenden optischen Übergängen und damit die Bestimmung der Aufspaltungsparameter ist bisher jedoch nur im Falle des $AgGaSe_2$ gelungen [97].

Einigermaßen zuverlässige Aussagen zur Valenzbandzustandsdichte erhält

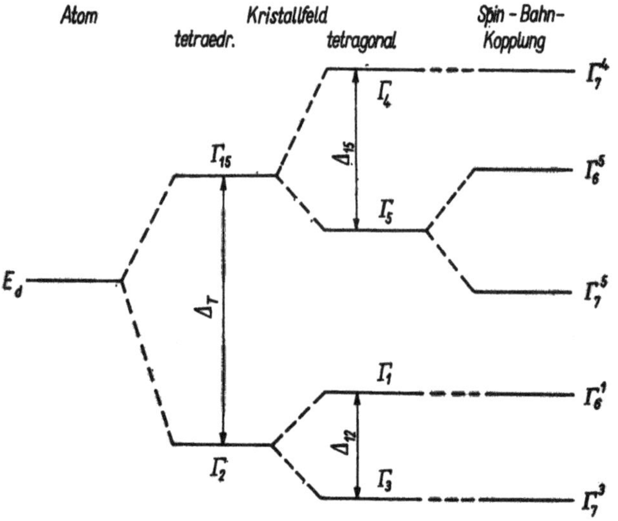

Abb. 9.2. Aufspaltung der d-Zustände der Edelmetalle im Chalkopyritgitter

Tabelle 9.7.
Charakteristische Strukturen in Röntgenemissions- und Photoelektronenspektren von I–III–VI$_2$-Verbindungen (alle Energien in eV)

Verbindung	*A*	*B*	*C*	*D*	*E*	Lit.
$CuAlS_2$	0,7	3,0	–	8,5	–	[101]
	–	2,7	4,7	8,2	–	[102]
$CuGaS_2$	1,6	2,1	3,4	7,1	13,0	[103]
	1,5	2,9	4,9	6,7	–	[102]
	1,9	3,4	4,4	–	–	[104]
	2,3	3,4	5,8	8,9	13,4	[105]
$CuGaSe_2$	1,2	3,1	5,1	7,4	12,3	[104]
$CuGaTe_2$	1,1	2,8	3,8	6,3	10,9	[100]
$CuInS_2$	1,1	2,5	4,3	–	–	[102]
	–	2,4	3,6	7,0	–	[106]
$CuInSe_2$	–	2,1	3,3	6,3	13,0	[103]
	1,3	–	3,7	–	–	[104]
$CuInTe_2$	1,2	2,7	3,3	6,0	11,0	[100]
$AgGaS_2$	2,6	5,4	–	–	–	[102]
	3,2	4,7	5,8	8,2	13,9	[105]
	2,8	5 0	–	–	12 8	[107]
$AgGaSe_2$	2,8	6,2	–	–	12,0	[108]
$AgInSe_2$	1,7	4,3	–	–	12,4	[103]
$AgInTe_2$	2,0	5,0	6,0	–	–	[106]

man nur durch Kombination von Röntgenemissions- und Photoelektronenspektren. Als Beispiel hierfür sind in Abb. 9.3 entsprechende Spektren für $CuGaTe_2$ dargestellt. Bei der Anregung der Photoemission durch Röntgenstrahlung (XPS) erhält man im wesentlichen eine Aussage zur Lage des Schwerpunkts der d-Zustände des Edelmetalls (Maximum *B*), da die Anregungswahrscheinlichkeit für d-Elektronen wesentlich größer ist als für p-Elektronen. Außerdem enthalten diese Spektren noch eine Information über die Lage der tiefer liegenden s-Zustände des Chalkogenatoms (Maximum *E*). Die Auflösung der durch die p-Elektronen des Chalkogenatoms bedingten Strukturen in der Valenzbandzustandsdichte (Maxima *A*, *C* und *D*) gelingt nur durch die Kombination der durch ultraviolette Strahlung angeregten Photoemissionsspektren (UPS) mit Röntgenemissionsspektren (XES), in der Regel der CuKβ-Strahlung.

Wie die Abb. 9.3 zeigt, stimmt die theoretisch berechnete Valenzbandzustandsdichte recht gut mit den experimentellen Daten überein. Interessant ist dabei, daß die Struktur *D* durch die 4s-Elektronen des Galliums verursacht wird.

Das Auftreten von fünf ausgeprägten Maxima in der Valenzbandzustands-

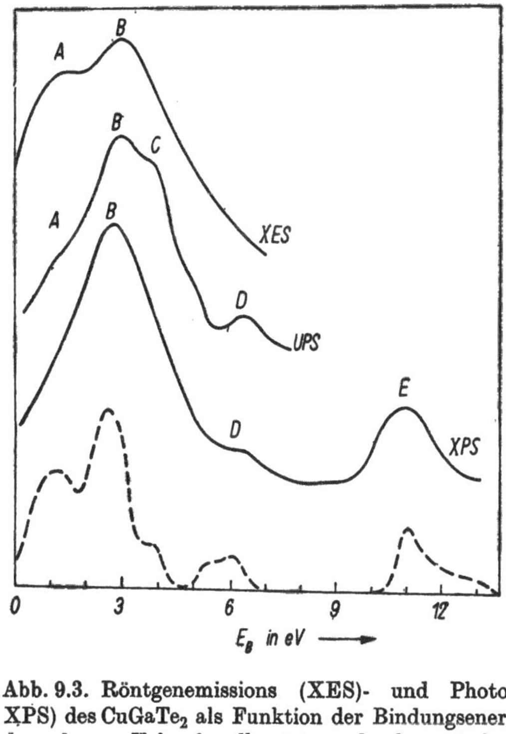

Abb. 9.3. Röntgenemissions (XES)- und Photoemissionsspektren (UPS, XPS) des $CuGaTe_2$ als Funktion der Bindungsenergie E_B ($E_B = 0$ entspricht der oberen Valenzbandkante) und theoretische berechnete Valenzband zustandsdichte (gestrichelte Kurve) [100]

dichte ist auch für eine ganze Reihe weiterer Cu–III–VI_2-Verbindungen charakteristisch (Tab. 9.7). In den Ag–III–VI_2-Verbindungen findet man dagegen in vielen Fällen nur drei Zustandsdichtemaxima, die offenbar den Strukturen *A*, *B* und *E* entsprechen (Tab. 9.7).

Ein wichtiges Ergebnis dieser Untersuchungen ist der direkte Nachweis des Vorhandenseins der d-Elektronen der Edelmetalle im oberen Teil des Valenzbandes der I–III–VI_2-Verbindungen. Der Schwerpunkt der d-Zustände des Kupfers (Lage des Maximums *B*) liegt im Bereich von 2,1 bis 3,4 eV unterhalb der obersten Valenzbandkante, im Falle des Silbers dagegen etwa 5 bis 6 eV unterhalb der Valenzbandkante (Tab. 9.7). Hierdurch erklärt sich auch die Tatsache, daß die Beimischung von d-Zuständen des Edelmetalls zu den am oberen Valenzbandrand liegenden p-Zuständen des Chalkogenatoms in den Cu–III–VI_2-Verbindungen größer ist als in den Ag–III–VI_2-Verbindungen (s. Tab. 9.6).

9.2.3. Elektrische Eigenschaften

9.2.3.1. Störstellen in I–III–VI_2-Verbindungen

Für die I–III–VI_2-Verbindungen ist charakteristisch, daß Abweichungen von der idealen Stöchiometrie auftreten [4, 17]. Das hat zur Folge, daß elektrisch aktive Störstellen durch Eigendefekte gebildet werden können. Selbst wenn man nur einfache Punktdefekte wie Vakanzen (V_I, V_{III}, V_{VI}), Atome auf Zwischengitterplätzen (I_i, III_i, VI_i) und Fehlbesetzungen des Gitters (I_{III}, I_{VI}, III_I, III_{VI}, VI_I, VI_{III}) berücksichtigt, hat man bereits zwölf Möglichkeiten für die Bildung elektrisch aktiver Zentren, so daß zu erwarten ist, daß durch geeignete Wahl der Darstellungsbedingungen eine weite Variation der elektrischen Eigenschaften der I–III–VI_2-Verbindungen erreicht werden kann. Diese Vermutung ist durch eine Vielzahl experimenteller Untersuchungen an undotiertem Material bestätigt worden [4, 6, 17, 18]. Eine Analyse der in den Cu–III–VI_2-Verbindungen auftretenden Störstellenionisierungsenergien hat jedoch gezeigt, daß offenbar unabhängig vom Darstellungsverfahren und nachfolgenden Temperexperimenten stets nur zwei Arten von Donatoren und drei Arten von Akzeptoren auftreten, die Eigendefekten zugeschrieben werden können [109]. Andererseits läßt schon die vereinfachende Annahme, daß nur die bereits genannten Punktdefekte auftreten, die Bildung von sechs Donatoren und sechs Akzeptoren zu [17]. Somit erhebt sich die Frage, welche der möglichen Punktdefekte tatsächlich gebildet werden und zur beobachteten elektrischen Leitfähigkeit führen.

Erste Hinweise in dieser Richtung erhält man, wenn man die allgemeinen Betrachtungen zur Eigendefektchemie in ternären Verbindungen [110] auf die I–III–VI_2-Verbindungen überträgt. Dabei ist zu beachten, daß nicht jede Abweichung von der idealen atomaren Stöchiometrie zur Bildung elektrisch aktiver Eigendefekte führt. Hat das betrachtete Material etwa die Zusammensetzung $I_xIII_yVI_z$, die von der idealen Stöchiometrie $x:y:z = 1:1:2$ abweicht, so werden elektrisch aktive Eigendefekte nur dann auftreten, wenn die Größe

$$\Delta z = z - \frac{1}{2}\,x - \frac{3}{2}\,y \tag{4}$$

von Null verschieden ist [17, 111]. Die Größe Δz gibt die Abweichung von der sogenannten Valenzstöchiometrie an, die Abweichung des Verhältnisses x/y vom Idealwert 1 wird als Abweichung von der Molekularität bezeichnet. Nimmt man nun an, daß die Abweichung von der Stöchiometrie so klein bleibt, daß die Ausscheidung sekundärer Phasen ausgeschlossen werden kann, so lassen sich aus dem Vorzeichen von Δz und der Abweichung des Verhältnisses x/y vom Idealwert 1 Aussagen darüber treffen, welche Defekte vorwiegend auftreten werden. Das Ergebnis dieser Betrachtungen ist in Tab. 9.8. zusammengefaßt, wobei in der letzten Spalte die Defekte in Klammern angegeben sind, die in früheren Überlegungen [110, 111] nicht berücksichtigt worden sind.

Tabelle 9.8.
Vorherrschende elektrisch aktive Eigendefekte in $I-III-VI_2$-Verbindungen in Abhängigkeit von der Abweichung von der Molekularität und der Valenzstöchiometrie

$\frac{x}{y}$	Δz	Vorherrschende Defekte
1	<0	$V_{VI}(I_{VI}, III_{VI})$
	>0	$VI_i\ (VI_I, VI_{III})$
<1	<0	$III_i, III_I\ (V_{VI}, III_{VI})$
	>0	$V_I\ (VI_i, VI_I)$
>1	<0	$I_i\ (V_{VI}, I_{VI})$
	>0	$V_{III}, I_{III}\ (VI_i, VI_{III})$

Wie man aus Tab. 9.8. sieht, erhält man bei vorgegebener Stöchiometrieabweichung zwar bereits eine wesentliche Einschränkung bezüglich der auftretenden elektrisch aktiven Eigendefekte, eine eindeutige Festlegung im Hinblick auf den tatsächlich vorherrschenden Defekttyp ist jedoch noch nicht möglich. Eine weitere Einschränkungsmöglichkeit würde sich bei Kenntnis der entsprechenden Defektbildungsenergien ergeben. Leider liegen hierzu bisher keine experimentellen Messungen vor, man kann jedoch die für binäre Verbindungen entwickelten Modellvorstellungen für die Berechnung von Defektbildungsenergien [112] auf die ternären $I-III-VI_2$-Verbindungen übertragen. Entsprechende Abschätzungen sind bisher nur für $CuInSe_2$ durchgeführt worden (Tab. 9.9). Es ist zu vermuten, daß auch für die anderen $I-III-VI_2$-Verbindungen ähnliche Relationen zwischen den Defektbildungsenergien gelten.

Ein Vergleich der Tab. 9.8 mit Tab. 9.9 zeigt, daß nunmehr eine weitere Einschränkung bezüglich der unter bestimmten Stöchiometrieabweichungen auftretenden Defekte möglich ist, wenn man voraussetzt, daß Defekte mit

Tabelle 9.9.
Abgeschätzte Bildungsenergien (in eV) für Punktdefekte in $CuInSe_2$

Defekt	Energie	Defekt	Energie
V_{Cu}	2,6	Cu_{In}	1,3
V_{In}	2,8	Cu_{Se}	5,6
V_{Se}	2,4	In_{Cu}	1,4
Cu_i	4,4	In_{Se}	2,9
In_i	9,1	Se_{Cu}	6,7
Se_i	22,4	Se_{In}	2,6

kleineren Bildungsenergien wahrscheinlicher sind als solche mit höheren Bildungsenergien. Das Ergebnis dieses Vergleichs für den Fall des $CuInSe_2$ ist in Tab. 9.10. angegeben.

Tabelle 9.10.
In $CuInSe_2$ zu erwartende elektrisch aktive Eigendefekte in Abhängigkeit von der Abweichung von der Molekularität und der Valenzstöchiometrie (D = Donator, A = Akzeptor)

$\frac{x}{y}$	Δz	Eigendefekte
1	<0	V_{Se} (D)
	>0	Se_{In}(D)
<1	<0	In_{Cu}(D)
	>0	V_{Cu} (A)
>1	<0	V_{Se} (D)
	>0	Cu_{In}(A)

Es ist nun interessant, die Voraussetzungen der Tab. 9.10 mit experimentellen Daten für $CuInSe_2$ zu vergleichen. In n-leitenden Einkristallen [88, 113–117] wie auch dünnen Schichten [118] findet man stets einen flachen Donator mit einer Ionisierungsenergie von $E_{D1} \approx 21$ meV. Eine Analyse der chemischen Zusammensetzung solcher Einkristalle und dünner Schichten hat gezeigt, daß dieser Donator immer dann auftritt, wenn die Abweichung von der Stöchiometrie durch $x/y < 1$ und $\Delta z < 0$ gegeben ist [28, 119]. Damit folgt aus Tab. 9.10, daß dieser Donator offenbar mit dem Defekt In_{Cu} identifiziert werden muß. Neben diesem flachen Donator wird gelegentlich ein tieferer Donator mit einer Ionisierungsenergie von $E_{D2} \approx$ ≈ 75 meV gefunden [114, 117, 120], und zwar bei Einkristallzüchtung aus einer Schmelze mit beträchtlichem Indiumüberschuß [114] oder in dünnen Schichten mit einer größeren Abweichung von der Molekularität mit $x/y < 1$ und $\Delta z < 0$ [120]. Auf Grund des großen Indiumüberschusses in diesem Material kann vermutet werden, daß dieser sonst nicht beobachtete Donator einem Indiumatom auf Zwischengitterplatz In_i entspricht, wobei die relativ hohe Bildungsenergie dieses Defektes (s. Tab. 9.9) offenbar durch ein entsprechend hohes Indiumangebot kompensiert wird. Werden nun solche Kristalle in einer Selenatmosphäre getempert, so tritt ein Übergang von n- zu p-Leitung auf [114, 116, 121]. Für die Ionisierungsenergie des hierfür verantwortlichen Akzeptors wurde ein Wert von $E_{A2} = 70$ bis 80 meV ermittelt [116]. Da die Stöchiometrieabweichung in diesem Falle durch $x/y < 1$ und $\Delta z > 0$ gegeben ist, folgt aus Tab. 9.10, daß es sich bei diesem Akzeptor offenbar um eine Kupfervakanz V_{Cu} handelt.

Bei der Züchtung von $CuInSe_2$-Einkristallen aus der stöchiometrischen Schmelze tritt ebenfalls häufig p-Leitung auf, wobei dieser Effekt durch Zugabe von etwas überschüssigem Selen zur Schmelze noch verstärkt werden kann [88, 114, 116, 121, 122]. In diesem Falle wird die p-Leitung durch einen flachen Akzeptor mit einer Ionisierungsenergie von $E_{A1} = 30$ bis 40 meV verursacht [88, 116, 122]. An solchen Kristallen sind bisher keine Untersuchungen zur chemischen Zusammensetzung durchgeführt worden, jedoch ist auf Grund der Dampfdruckrelationen des $CuInSe_2$ zu erwarten, daß in diesem Falle $x/y > 1$ und $\Delta z > 0$ gilt [111]. Unter diesen Bedingungen folgt aus Tab. 9.10 der Defekt Cu_{In} als wahrscheinlichster Akzeptor. Interessant ist allerdings, daß in p-leitenden Epitaxieschichten des $CuInSe_2$, für die ebenfalls $x/y > 1$ und $\Delta z > 0$ gefunden wurde [28, 123], meist ein anderer Akzeptor mit einer Ionisierungsenergie von $E_{A3} = 110$ bis 120 meV auftritt [29, 118, 123, 124], während der flache Akzeptor mit E_{A1} nur gelegentlich beobachtet wird [120, 123, 124]. Geht man davon aus, daß der flache Akzeptor mit E_{A1} der Fehlbesetzung Cu_{In} zuzuordnen ist, so kann der Akzeptor mit E_{A3} offenbar nur durch Indiumvakanzen V_{In} verursacht werden, da der dritte mögliche Akzeptor Se_i eine zu hohe Bildungsenergie besitzt (Tab. 9.9). Die Ursache für das Auftreten unterschiedlicher Akzeptoren in Einkristallen und epitaktischen Schichten unter gleichen Stöchiometrieabweichungen ist bisher nicht geklärt, kann aber unter Umständen durch die verschiedenen Züchtungstemperaturen bedingt sein.

Neben den genannten zwei Donatoren D1 und D2 und drei Akzeptoren A1, A2 und A3, die stets nur bei bestimmten Stöchiometrieabweichungen auftreten, wurden im $CuInSe_2$ noch ein weiterer tiefer Donator mit $E_{D3} = 220$ meV [87, 88, 115, 125] und ein tiefer Akzeptor mit $E_{A4} = 400$ meV [116, 118, 125] gefunden, die keine Korrelation zu einer bestimmten Stöchiometrieabweichung zeigen und damit offenbar durch Fremdstörstellen bedingt sind. Es kann vermutet werden, daß Eisenverunreinigungen die Ursache für diese beiden Störstellen sind, da das Vorhandensein von Eisen in $CuInSe_2$ eindeutig durch EPR-Untersuchungen nachgewiesen werden konnte [126, 127].

Auch in einigen anderen Cu–III–VI_2-Verbindungen sind Störstellen mit unterschiedlichen Ionisierungsenergien gefunden worden, wobei jedoch auf Grund mangelnder Daten zur chemischen Zusammensetzung des untersuchten Materials meist keine eindeutige Korrelation zu entsprechenden Stöchiometrieabweichungen hergestellt werden kann. Im $CuInS_2$ sind zwei Donatoren mit $E_{D1} = 18$ bis 40 meV und $E_{D2} = 72$ meV sowie drei Akzeptoren mit $E_{A1} \approx 60$ meV, $E_{A2} = 100$ meV und $E_{A3} = 150$ meV beobachtet worden [128–133], im $CuInTe_2$ ein Donator mit $E_{D1} = 45$ meV und drei Akzeptoren mit $E_{A1} = 10$ bis 25 meV, $E_{A2} \approx 60$ meV und $E_{A3} = 135$ bis 150 meV nachgewiesen [134–138]. Die Analogien zum $CuInSe_2$ sind offensichtlich und lassen vermuten, daß die im $CuInS_2$ und $CuInTe_2$ gefundenen Störstellen den gleichen Eigendefekten zugeschrieben werden können wie im Falle des $CuInSe_2$.

Elektrische Messungen und Lumineszenzuntersuchungen am $CuGaSe_2$ haben einen Donator mit einer Ionisierungsenergie von etwa 80 meV und drei Akzeptoren mit Ionisierungsenergien von 30 bis 50 meV, 110 meV und etwa 150 meV ergeben [93, 109, 139–143], die wahrscheinlich den in den Cu–In–VI$_2$-Verbindungen gefundenen Störstellen D2, A1, A2 und A3 entsprechen. Im $CuGaS_2$ sind ein flacher Donator mit einer Ionisierungsenergie von etwa 50 meV, ein flacher Akzeptor bei etwa 50 meV und ein tieferer Akzeptor bei etwa 100 bis 140 meV [92, 109, 144–146], im $CuGaTe_2$ ein flacher Akzeptor sowie ein tieferer Akzeptor bei 140 meV nachgewiesen worden [86, 94]. In diesen beiden letztgenannten Substanzen reichen die experimentellen Daten jedoch noch nicht aus, um eine Zuordnung zu bestimmten Eigendefekten zu treffen [111, 146].

Für die Ag–III–VI$_2$-Verbindungen liegen zwar ebenfalls Untersuchungen zu den elektrischen Eigenschaften vor [4, 147], jedoch kann hier aus den experimentellen Daten noch keine den Cu–III–VI$_2$-Verbindungen analoge Tendenz in den auftretenden Störstellenionisierungsenergien abgelesen werden.

Für einige Cu–III–VI$_2$-Verbindungen sind auch Experimente zur Fremddotierung durchgeführt worden [6, 114, 148–151]. Dabei konnte nachgewiesen werden, daß die Elemente Zn, Cd, Bi, Br und Cl als Donatoren wirken. Über Elemente, die in den I–III–VI$_2$-Verbindungen zu Akzeptoren führen, liegen bisher keine Informationen vor.

9.2.3.2. Ladungsträgerbeweglichkeit

Wie in [115] nachgewiesen werden konnte, wird die Beweglichkeit der Ladungsträger in den I–III–VI$_2$-Verbindungen durch dieselben Streumechanismen bestimmt wie in den III–V-Verbindungen (s. Abschn. 2.2.4.) mit der optischen Deformationspotentialstreuung in erster Ordnung des Wellenzahlvektors der Phononen als zusätzlichem Streumechanismus. Ausführliche Untersuchungen zur Ladungsträgerbeweglichkeit liegen bisher nur für $CuInSe_2$ vor [89, 115, 117, 152, 153]. Die durch die Streuung an Gitterschwingungen bedingte Elektronenbeweglichkeit für 300 K liegt im $CuInSe_2$ nach den bisherigen experimentellen Daten bei etwa 1000 cm^2/Vs. Berücksichtigt man als zusätzlichen Streumechanismus nur noch die Streuung an ionisierten Störstellen und berechnet diesen Beitrag zur Elektronenbeweglichkeit mit Hilfe der Brooks-Herring-Formel, so ergeben sich für 300 K die in Abb. 9.4 dargestellten Kurven für die Abhängigkeit der Elektronenbeweglichkeit von der Elektronenkonzentration mit dem Kompensationsgrad als Parameter. Zum Vergleich sind auch die bisher veröffentlichten experimentellen Beweglichkeitswerte eingetragen. Bemerkenswert ist die beträchtliche Streuung der Beweglichkeitswerte bei gleicher Trägerkonzentration, die

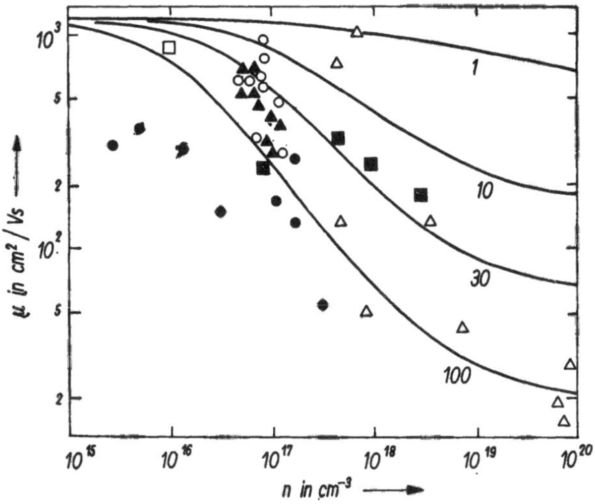

Abb. 9.4. Berechnete Elektronenbeweglichkeit (ausgezogene Kurven) in $CuInSe_2$ als Funktion der Elektronenkonzentration n mit dem Kompensationsgrad $(N_D + N_A)/n$ als Parameter. Die experimentellen Werte wurden [88] (□), [114] (■), [115] (●), [117] (○), [118] (△) und [150] (▲) entnommen

darauf hindeutet, daß der Kompensationsgrad von Probe zu Probe großen Schwankungen unterliegt. Diese Aussage gilt unabhängig davon, daß bei der Interpretation experimenteller Beweglichkeitsdaten mitunter auch weitere Streumechanismen berücksichtigt werden müssen, wie beispielsweise die Streuung an neutralen Störstellen [115].

Für die Löcherbeweglichkeit in $CuInSe_2$ liegt gleichfalls eine Vielzahl experimenteller Daten vor (Abb. 9.5). In vollständiger Analogie zum n-$CuInSe_2$ beobachtet man auch hier eine große Streuung in den für die gleiche Trägerkonzentration ermittelten Beweglichkeitswerten. Die in Abb. 9.5 angegebene gestrichelte Kurve stellt die obere Einhüllende der bisher bekannten experimentellen Beweglichkeitswerte dar und repräsentiert damit den empirischen Maximalwert der Löcherbeweglichkeit als Funktion der Löcherkonzentration. In der Literatur sind auch theoretische Rechnungen zur Löcherbeweglichkeit in $CuInSe_2$ und einigen anderen Cu–III–VI_2-Verbindungen veröffentlicht worden [43, 88, 128, 138, 152], wobei für die Beschreibung der Streuung an ionisierten Störstellen ebenfalls die Brooks-Herring-Formel verwendet worden ist. In Anbetracht der Tatsache, daß die Brooks-Herring-Beziehung in ihrer üblichen Form nicht für die Berechnung der Löcherbeweglichkeiten geeignet ist (s. Kap. 2., Abschn.

2.2.4.) und die I–III–VI_2-Verbindungen eine den III–V-Verbindungen sehr ähnliche Valenzbandstruktur besitzen, sind die Ergebnisse dieser Rechnungen mit einer gewissen Zurückhaltung zu betrachten.

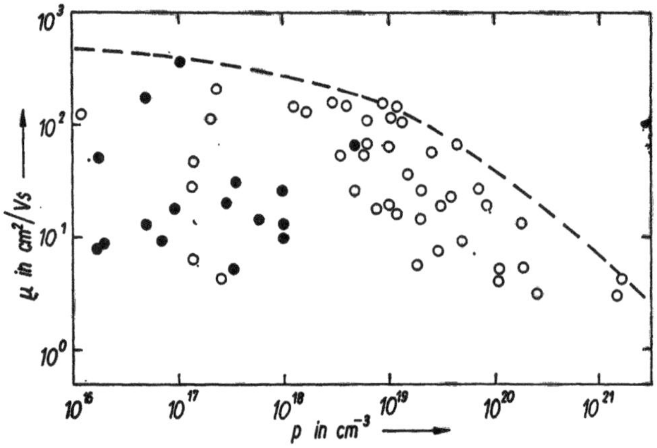

Abb. 9.5. Experimentelle Werte für die Löcherbeweglichkeit in Abhängigkeit von der Löcherkonzentration p für Einkristalle (●) und dünne epitaktische Schichten (○) des $CuInSe_2$ [153]

Auch für andere I–III–VI_2-Verbindungen ist über experimentelle Untersuchungen zu Elektronen- und Löcherbeweglichkeiten berichtet worden [4, 13, 17, 94, 117, 128, 134, 136, 138, 152, 154]. Dabei handelt es sich jedoch in vielen Fällen nur um wenige Einzelwerte, die es noch nicht erlauben, ähnliche Trends wie im Falle des $CuInSe_2$ (s. Abb. 9.4 und 9.5) zu ermitteln.

Generell ist festzustellen, daß die bisher nur unzureichende Kenntnis der Gitterschwingungen (insbesondere in den praktisch interessierenden Cu–In–VI_2-Verbindungen) sowie das Fehlen jeglicher Daten über elastische Konstanten eine theoretische Analyse der Ladungsträgerbeweglichkeiten infolge Gitterstreuung und damit auch der Gesamtbeweglichkeit außerordentlich erschwert bzw. unmöglich macht.

9.3. Anwendungen und Ausblick

9.3.1. Nichtlineare Optik

Der effektive Einsatz eines Materials in der nichtlinearen Optik erfordert die Erfüllung von drei Bedingungen. Die erste Forderung besteht darin, daß das Material sowohl für die auftreffende als auch für die generierte Lichtwelle durchsichtig sein muß. Beim Fehlen von Absorption durch freie Ladungsträger und Kristalldefekte wird der effektive Transmissionsbereich von Halbleitern und Isolatoren durch die Absorptionskante auf der kurzwelligen

Seite und durch die Absorption durch Gitterschwingungen (Zwei-Phononen-Prozesse) auf der langwelligen Seite begrenzt. Die zweite geforderte Eigenschaft ist eine möglichst große nichtlineare optische Suszeptibilität, da der Wirkungsgrad der Frequenzumwandlung dem Quadrat dieser Größe proportional ist. Die dritte Bedingung ist eine ausreichend hohe Doppelbrechung $n_e - n_0$ (n_e und n_0 sind die Brechungsindizes für den außerordentlichen bzw. ordentlichen Strahl), um die Phasenanpassung zwischen Wellen unterschiedlicher Frequenzen zu ermöglichen. In der Tab. 9.11 sind diese

Tabelle 9.11.
Optische Parameter einiger I–III–VI_2-Verbindungen (nach [1, 4, 5, 13])

Verbindung	Transmissionsbereich (μm)	$n_e - n_0$	d_{14} in 10^{-22} As/V²
$AgGaS_2$	0,45 – 12,5	−0,0540	1,1 – 1,9
$AgGaSe_2$	0,68 – 18,1	−0,0328	2,9 – 5,1
$AgGaTe_2$	0,95 – 22,6		7,1
$AgInSe_2$	1,00 – 20,9	+0,0030	5,6
$CuGaS_2$	0,50 – 12,4	−0,0057	1,4
$CuGaSe_2$	0,74 – 18,0	+0,0070	4,4
$CuInS_2$	0,81 – 14,2	−0,0082	1,1

Parameter für diejenigen I–III–VI_2-Verbindungen zusammengestellt, für die Werte der nichtlinearen optischen Suszeptibilität d_{14} gemessen worden sind. Wie man sieht, sind vor allem $AgGaS_2$ und $AgGaSe_2$ für den Einsatz in der nichtlinearen Optik geeignet, da sie über eine hinreichend hohe Doppelbrechung verfügen. Die Verbindung $AgGaTe_2$ besitzt zwar einen hohen Wert d_{14}, inwieweit dieses Material aber für die nichtlineare Optik von Bedeutung sein kann bleibt abzuwarten, da bisher noch keine Daten zu den Brechungsindizes bekannt geworden sind.

Die meisten Experimente sind bisher mit $AgGaS_2$ durchgeführt worden, wo es gelungen ist, Quantenwirkungsgrade bis zu 40 % bei der Frequenzmischung zu erzielen [13]. Die Verbindung $AgGaSe_2$ hat sich ebenfalls für den Einsatz in der nichtlinearen Optik als geeignet erwiesen [5], jedoch bereitet hier die Züchtung hinreichend defektfreier Kristalle wesentlich mehr Schwierigkeiten als im Falle des $AgGaS_2$.

Wie man aus Tab. 9.11 sieht, sind $AgInSe_2$ und vermutlich auch alle Cu–III–VI_2-Verbindungen auf Grund der zu geringen Doppelbrechung nicht für eine Anwendung in der nichtlinearen Optik geeignet.

9.3.2. Solarzellen

Das Interesse an den Cu–In–VI_2-Verbindungen und an $CuGaSe_2$ für den Einsatz als Absorbermaterial in Solarzellen beruht im wesentlichen darauf, daß alle diese Verbindungen direkte Halbleiter mit einer Breite der verbotenen Zone im Bereich $E_g = 1$ bis 2 eV sind (s. Tab. 9.6.) was einmal hohe Wirkungsgrade garantieren sollte, zum anderen aber wegen der hohen

Absorptionskoeffizienten unmittelbar oberhalb der Breite der verbotenen Zone die Herstellung von Solarzellen in vollständiger Dünnschichtausführung ermöglicht. Der Wirkungsgrad einer Solarzelle ist definiert als Quotient aus maximaler Ausgangsleistung P_m der Zelle und einfallender Leistung P_s des Sonnenlichts und wird üblicherweise in der Form

$$\eta = \frac{P_m}{P_s} = \frac{j_{sc} U_{oc} F.F.}{P_s} \tag{5}$$

geschrieben, wobei j_{sc} die Stromdichte unter Kurzschlußbedingungen, U_{oc} die Leerlaufspannung und $F.F. = P_m / j_{sc} U_{oc}$ der sogenannte Füllfaktor ist. Theoretische Abschätzungen der in Gl. (5) eingehenden Größen für Solarzellen auf der Basis von $CuInSe_2$ haben nun ergeben, daß Werte von $F.F. \approx \approx 0{,}8$, $j_{sc} \approx 0{,}04$ A/cm² und $U_{oc} \approx 0{,}6$ eV erreichbar sind, was unter terrestrischen Bedingungen einen Wirkungsgrad oberhalb von 20 % ergibt [155, 156]. Auch für $CuInS_2$, $CuInTe_2$, $CuGaSe_2$ sowie Cu–III–VI_2-Mischkristalle mit entsprechender Breite der verbotenen Zone können ähnliche Werte für den maximal erzielbaren Wirkungsgrad angenommen werden [156]. Gegenwärtig konzentrieren sich die Untersuchungen auf $CuInSe_2$, da dieses Material technologisch am besten beherrscht wird. Außerdem konnte selbst ohne spezielle Optimierung der Herstellungsbedingungen mit einer Solarzelle auf der Basis der Heterostruktur p-$CuInSe_2$ (Einkristall) – n-CdS (Schicht) ein Wirkungsgrad von 12 % erzielt werden [157].

Seit 1976 wird über Dünnschichtsolarzellen mit p-$CuInSe_2$ als Absorbermaterial in der Literatur berichtet. Neben verschiedenen Verfahren für die Herstellung der $CuInSe_2$-Schichten sind auch unterschiedliche Kollektormaterialien (CdS, ZnO, (CdZn)S) eingesetzt worden. Tab. 9.12 gibt in chronologischer Reihenfolge die erzielten Parameter von Dünnschichtsolarzellen an. Wie man sieht, ist inzwischen die aus ökonomischer Sicht wichtige Grenze von $\eta = 10$ % überschritten worden. Der entscheidende

Tabelle 9.12.
Parameter von Dünnschichtsolarzellen auf der Basis von $CuInSe_2$ (V2 Zweiquellenverdampfung, V3 Dreiquellenverdampfung, K Katodenzerstäubung, S Spray-Pyrolyse) (nach [13, 14])

Absorber/Kollektor	U_{oc} in V	j_{sc} in mA/cm²	F.F.	η in %	Jahr
$CuInSe_2$(V2)/CdS	0,32	25,2	0,54	3,6	1976
$CuInSe_2$(V2)/CdS	0,49	25,1	0,54	6,6	1977
$CuInSe_2$(V2)/ZnCdS	0,53	25	0,59	7,7	1978
$CuInSe_2$(MBE)/CdS	0,34	31	0,44	4,7	1980
$CuInSe_2$(V3)/CdS	0,34	31	0,54	5,7	1980
$CuInSe_2$(K)/CdS	0,45	22	0,51	5,1	1980
$CuInSe_2$(S)/CdS	0,3	1	0,3	0,1	1980
$CuInSe_2$(V3)/CdS	0,40	39	0,63	9,4	1980
$CuInSe_2$(K)/CdS	0,31	29	0,45	4,0	1981
$CuInSe_2$(S)/ZnO	0,3	23	0,3	2,0	1982
$CuInSe_2$(V3)/ZnCdS	0,42	41	0,62	10,6	1982

Nachteil besteht gegenwärtig ohne Zweifel in dem für die Herstellung der Solarzellen mit dem höchsten Wirkungsgrad verwendeten Dreiquellenverfahren (s. Abschn. 9.1.2.), dessen großtechnischer Einsatz einige Schwierigkeiten bereiten sollte [14].

Unter Verwendung mehr oder weniger komplizierter I–III–VI_2-Mischkristalle (bis hin zu fünfkomponentigen Systemen) sind ebenfalls Wirkungsgrade bis zu 13 % erreicht worden [13], allerdings nicht in Dünnschichtsolarzellen. Es ist jedoch kaum anzunehmen, daß sich diese Varianten wegen der wachsenden Komplikationen im Hinblick auf die Technologie gegenüber dem $CuInSe_2$ durchsetzen werden.

9.3.3. Ausblick

Aus gegenwärtiger Sicht kann eingeschätzt werden, daß sich die praktische Anwendung der I–III–VI_2-Verbindungen auch in unmittelbarer Zukunft auf ihren Einsatz in Dünnschichtsolarzellen konzentrieren wird. Das bedeutet, daß technologische Aspekte auch weiterhin in der Forschung eine wesentliche Rolle spielen werden, und zwar mit dem Ziel der reproduzierbaren Herstellung dünner Schichten mit vorgegebenen elektrischen Eigenschaften. Da die elektrischen Parameter der I–III–VI_2-Verbindungen entscheidend durch Eigendefekte bestimmt werden und nach dem gegenwärtigen Kenntnisstand kaum durch Fremddotierung beeinflußbar sind, ist die Aufklärung der Natur der für die elektrisch aktiven Störstellen verantwortlichen Eigendefekte eine wichtige Voraussetzung für die Optimierung der technologischen Prozesse. Zum gegenwärtigen Zeitpunkt gibt es nur im Falle des $CuInSe_2$ einigermaßen sichere Aussagen über die Korrelation zwischen vorhandenen Stöchiometrieabweichungen und den auftretenden Störstellen; die Zuordnung dieser Störstellen zu bestimmten Eigendefekten basiert jedoch ausschließlich auf defektchemischen Überlegungen unter der vereinfachenden Annahme, daß nur einfache Punktdefekte gebildet werden. Inwiefern sich diese Modelle als richtig erweisen, können erst künftige Untersuchungen mit verfeinerten experimentellen Methoden zeigen.

Es sind auch Überlegungen angestellt worden, $CuInSe_2$ als Grundmaterial für lichtemittierende Bauelemente und optische Detektoren zu verwenden, und zwar für den Einsatz in der Lichtleiternachrichtenübertragung [6, 8, 13]. Obwohl bei den hierzu durchgeführten Untersuchungen teilweise recht gute Bauelementeparameter erzielt worden sind, kann wohl mit Sicherheit angenommen werden, daß auf diesem Gebiet die technologisch wesentlich besser beherrschbaren III–V-Verbindungen und ihre Mischkristalle nicht zu verdrängen sind.

Literatur zu Kapitel 9

[1] Smith, R. C.: J. Physique Suppl. **36** (1975) C3–89.
[2] Bachmann, K. J.; Buehler, E.; Shay, J. L.; Wagner, S.: Z. phys. Chem. (Neue Folge) **98** (1975) 365.

[3] Wagner, S.: J. Crystal Growth **31** (1975) 113.
[4] Shay, J. L.; Wernick, J. H.: Ternary Chalcopyrite Semiconductors: Growth, Electronic Properties, and Applications. Oxford: Pergamon Press 1975.
[5] Iseler, G. W.; Kildal, H.; Menyuk, N.: Inst. Phys. Conf. Ser. **35** (1977) 73.
[6] Wagner, S.: Inst. Phys. Conf. Ser. **35** (1977) 205.
[7] Kazmerski, L. L.: Inst. Phys. Conf. Ser. **35** (1977) 217.
[8] Wagner, S.: Topics Appl. Phys. **17** (1977) 171.
[9] Wagner, S.; Bridenbaugh, P. M.: J. Crystal Growth **39** (1977) 151.
[10] Bucher, E.: Appl. Phys. **17** (1978) 1.
[11] Romeo, N.: Mater. Chem. **4** (1979) 571.
[12] Romeo, N.: Japan. J. appl. Phys. Suppl. **19-3** (1980) 5.
[13] Neumann, H.: Proc. 3rd Intern. School Semicond. Optoelectronics, Cetniewo 1981.
[14] Kazmerski, L. L.: Proc. 5th Intern. Conf. Ternary and Multinary Compounds, Cagliari 1982.
[15] Gorjunowa, N. A.: Halbleiter mit diamantähnlicher Struktur. Leipzig: BSB B. G. Teubner Verlagsges. 1971.
[16] Kaufmann, U.; Schneider, J.: Festkörperprobleme **14** (1974) 229.
[17] Pamplin, B. R.; Kiyosawa, T.; Masumoto, T.: Progr. Crystal Growth Character. **1** (1979) 331.
[18] Neumann, H.; Kühn, G.; Schumann, B.: Progr. Crystal Growth Character. **3** (1981) 157.
[19] Shah, J. S.: Prog. Crystal Growth Character. **3** (1981) 333.
[20] Neumann, H.: Chrystal Res. Technol. 18 (1983) 659.
[21] Höbler, H.-J.; Kühn, G.; Tempel, A.; Neumann, H.: Japan. J. appl. Phys. **20** (1981) 307.
[22] Bodnar, I. V.: Izv. Akad. Nauk SSSR, Neorg. Mater. **18** (1982) 1104.
[23] Bodnar, I. V.; Bologa, A. P.; Korzun, B. V.: Kristall und Technik **15** (1980) 1285.
[24] Curti, M.; Paorici, C.; Zanotti, L.: Mater. Chem. **4** (1979) 309.
[25] Paorici, C.; Zanotti, L.: Mater. Chem. **5** (1980) 337.
[26] Binsma, J. J. M.; van Enckevort, W. J. P.; Staarink, G. W. M.: J. Crystal Growth **61** (1983) 138.
[27] Hwang, H. L.; Tu, C. C.; Maa, J. S.; Sun, C. Y.: Solar Energy Mater. **2** (1980) 433.
[28] Höbler, H.-J.; Flagmeyer, R.; Schumann, B.: Crystal Res. Technol. **18** (1983) 61.
[29] Neumann, H.; Nowak, E.; Schumann, B.; Kühn, G.: Thin Solid Films **74** (1980) 197.
[30] Kazmerski, L. L.; White, F. R.; Morgan, G. K.: Appl. Phys. Lett. **29** (1976) 268.
[31] Don, E. R.; Baber, S. R.; Hill, R.: Proc. 3rd EEC Solar Energy Conf., Cannes 1980, 897.
[32] Mickelsen, R. A.; Chen, W. S.: Appl. Phys. Lett. **36** (1980) 371.
[33] Grindle, S. P.; Clark, A. H.; Rezaie-Serej, S.; Falconer, E.; McNeily, J.; Kazmerski, L. L.: J. Appl. Phys. **51** (1980) 5464.
[34] Nelkowski, H.; Petermann, K.: phys. stat. sol. (a) **49** (1978) K 13.
[35] Asai, H.; Sugiyama, K.: Japan. J. appl. Phys. **20** (1981) 1401.
[36] Takenoshita, H.; Imai, S.; Nakau, T.; Nishira, M.: Japan. J. appl. Phys. **21** (1982) L 46.

[37] Hwang, H. L.; Lin, W. J.; Chang, H. J.; Sun, C. Y: Electron Lett. **17** (1981) 245.
[38] Takenoshita, H.; Nakau, T.: Japan. J. appl. Phys. **21** (1982) 18.
[39] Takenoshita, H.; Nakau, T.; Nakao, I.: Japan. J. appl. Phys. Suppl. **19-3** (1980) 33.
[40] Hwang, H. L.; Tseng, B. H.; Sun, C. Y.; Loferski, J. J.: Solar Energy Mater. **4** (1980) 67.
[41] Hwang, H. L.; Sun, C. Y.; Fang, S. D.; Cheng, C. H.; Yang, M. H.; Lin, H. H.; Tuwan-Mu, H.: J. Crystal Growth **55** (1981) 116.
[42] Hwang, H. L.; Cheng, C. L.; Liu, L. M.; Liu, Y. C.; Sun, C. Y.: Thin Solid Films **67** (1980) 83.
[43] Samaan, A. N. Y.; Al-Saffar, I. S.; Wasim, S. M.; Hill, A. E.; Armour, D. G.; Tomlinson, R. D.: Proc. 5th Intern. Conf. Ternary and Multinary Compounds, Cagliari 1982.
[44] Samaan, A. N. Y.; Abdul-Hussein, N. A. K.; Tomlinson, R. D.; Hill, A. E.; Armour, D. G.: Japan. J. appl. Phys. Suppl. **19-3** (1980) 15.
[45] Piekoszewski, J.; Loferski, J. J.; Beaulieu, R.; Beall, J.; Roessler, B.; Shewchun, J.: Solar Energy Mater. **2** (1980) 363.
[46] Pamplin, B. R.; Feigelson, R. S.: Thin Solid Films **60** (1979) 141.
[47] Gorska, M.; Beaulieu, R.; Loferski, J. J.; Roessler, B.: Solar Energy Mater. **1** (1979) 313.
[48] Gorska, M.; Beaulieu, R.; Loferski, J. J.; Roessler, B.; Beall, J.: Solar Energy Mater. **2** (1980) 343
[49] Bates, C. W.; Nelson, K. F.; Raza, S. A.; Mooney, J. B.; Recktenwald, J. M.; McIntosh, L.; Lamoreaux, R.: Thin Solid Films **88** (1982) 279.
[50] Tomar, M. S.; Garcia, F. J.: Thin Solid Films **90** (1982) 419.
[51] Gorska, M.; Beaulieu, R.; Loferski, J. J.; Roessler, B.: Thin Solid Films **67** (1980) 341.
[52] Romeo, N.: J. Crystal Growth **52** (1981) 692.
[53] Grindle, S. P.; Smith, C. W.; Mittleman, D.: Appl. Phys. Lett. **35** (1979) 24.
[54] Binsma, J. J. M.; van der Linden, H. A.: Thin Solid Films **97** (1982) 237.
[55] Van der Ziel, J. P.; Meixner, A. E.; Kasper, H. M.; Ditzenberger, J. A.: Phys. Rev. **B9** (1974) 4286.
[56] Koschel, W. H.; Bettini, M.: phys. stat. sol. (b) **72** (1975) 729.
[57] Carlone, C.; Olego, D.; Jayaraman, A.; Cardona, M.: Phys. Rev. **B22** (1980) 3877.
[58] Anedda, A.; Bongiovanni, G.; Raga, F.; Fortin, E.; Quintero, M.: Proc. 5th Intern. Conf. Ternary and Multinary Compounds, Cagliari 1982.
[59] Lockwood, D. J.; Montgomery, H.: J. Phys. **C8** (1975) 3241.
[60] Joshi, N. V.: Japan. J. appl. Phys. **20** (1981) L 733.
[61] Joshi, N. V.: J. Raman Spectr. **11** (1981) 517.
[62] Bodnar, I. V.; Karoza, A. G.; Korzun, B. V.; Smirnova, G. F.: Zh. Prikl. Spektr. **36** (1982) 451.
[63] Bodnar, I. V.; Karoza, A. G.; Smirnova, G. F.: phys. stat. sol. (b) **84** (1977) K 65.
[64] Bodnar, I. V.; Golubev, L. V.; Plotnichenko, V. G.; Smolyaninova, E. A.: phys. stat. sol. (b) **105** (1981) K 111.
[65] Gan, J. N.; Tauc, J.; Lambrecht, V. G.; Robbins, M.: Phys. Rev. **B13** (1976) 3610.
[66] Neumann, H.; Tomlinson, R. D.; Kissinger, W.; Avgerinos, N.: phys. stat. sol. (b) **118** (1983) Nr. 1.

[67] Riede, V.; Neumann, H.; Sobotta, H.; Tomlinson, R. D.; Elliott, E.; Haworth, L.: Solid State Commun. **33** (1980) 557.
[68] Holah, G. D.; Schenk, A. A.; Perkowitz, S.; Tomlinson, R. D.: Phys. Rev. **B23** (1981) 6288.
[69] Bhar, G. C.; Smith, R. C.: phys. stat. sol. (a) **13** (1972) 157.
[70] Riede, V.; Sobotta, H.; Neumann, H.; Nguyen, H. X.; Möller, W.; Kühn, G.: Solid State Commun. **28** (1978) 449.
[71] Miller, A.; Holah, G. D.; Dunnett, W. D.; Iseler, G. W.: phys. stat. sol. (b) **78** (1976) 569.
[72] Kanellis, G.; Kampas, K.: J. Physique **38** (1977) 833.
[73] Bodnar, I. V.; Karoza, A. G.; Lukomski, A. I.; Smirnova, G. F.: Zh. Prikl. Spektr. **31** (1979) 880.
[74] Kanellis, G.; Kampas, K.: Mater. Res. Bull. **13** (1978) 9.
[75] Rowe, J. E.; Shay, J. L.: Phys. Rev. **B3** (1971) 451.
[76] Shay, J. L.; Tell, B.: Surf. Sci. **37** (1973) 748.
[77] Thwaites, M. J.; Tomlinson, R. D.; Hampshire, M. J.: Inst. Phys. Conf. Ser. **35** (1977) 237.
[78] Neumann, H.; Perlt, B.; Abdul-Hussein, N. A. K.; Tomlinson, R. D.; Hill, A. E.: Crystal Res. Technol. **17** (1982) 469.
[79] Sermage, B.; Barthe-Lefin, F.; Papadopoulo-Scherle, A. C.: J. Physique Suppl. **36** (1975) C3–137.
[80] Abdurakhimov, A. A.; Parimbekov, Z. A.; Rud, Yu. V.: Ukr. Fiz. Zh. **28** (1983) 121.
[81] Shay, J. L.; Tell, B.; Kasper, H. M.; Schiavone, L. M.: Phys. Rev. **B7** (1973) 4485.
[82] Vaidhyanathan, R.; Pinjare, S. L.; Sobhanadri, J.: Thin Solid Films **105** (1983) 157.
[83] Lawaetz, P.: Phys. Rev. **B4** (1971) 3460.
[84] Shay, J. L.; Tell, B.; Kasper, H. M.; Schiavone, L. M.: Phys. Rev. **B5** (1972) 5003.
[85] Cardona, M.: Solid State Physics Suppl. **11** (1969).
[86] Hörig, W.; Kühn, G.; Möller, W.; Müller, A.; Neumann, H.; Reccius, E.: Kristall und Technik **14** (1979) 229.
[87] Weinert, H.; Neumann, H.; Höbler, H.-J.; Kühn, G.; Nam, N. V.: phys. stat. sol. (b) **81** (1977) K 59.
[88] Irie, T.; Endo, S.; Kimura, S.: Japan. J. appl. Phys. **18** (1979) 1303.
[89] Neumann, H.; Sobotta, H.; Kissinger, W.; Riede, V.; Kühn, G.: phys. stat. sol. (b) **108** (1981) 483.
[90] Wasim, S. M.: phys. stat. sol. (a) **75** (1983) K 69.
[91] Neumann, H.; Kissinger, W.; Tomlinson, R. D.; Avgerinos, N.: phys. stat. sol., im Druck.
[92] Yu, P. W.; Downing, D. L.; Park, Y. S.: J. Appl. Phys. **45** (1974) 5283.
[93] Mandel, L.; Tomlinson, R. D.; Hampshire, M. J.; Neumann, H.: Solid State Commun. **32** (1979) 201.
[94] Neumann, H.; Peters, D.; Schumann, B.; Kühn, G.: phys. stat. sol. (a) **52** (1979) 559.
[95] Fishman, G.; Sermage, B.: Phys. Rev. **B18** (1978) 7099.
[96] Tell, B.; Shay, J. L.; Kasper, H. M.: Phys. Rev. **B9** (1974) 5203.
[97] Sermage, B.; Fishman, G.: Inst. Phys. Conf. Ser. **35** (1977) 139.
[98] Thwaites, M. J.; Tomlinson, R. D.; Hampshire, M. J.: Solid State Commun. **27** (1978) 727.

[99] Thwaites, M. J.; Tomlinson, R. D.; Hampshire, M. J.: phys. stat. sol. (b) **94** (1979) 211.
[100] Neumann, H.; Bullett, D. W.; Sommer, H.; Tomlinson, R. D.; John, W.: phys. stat. sol. (b) **121** (1984) 641.
[101] Luciano, M. J.; Vesely, C. J.: Appl. Phys. Lett. **23** (1973) 453.
[102] Kono, S.; Okusawa, M.: J. Phys. Soc. Japan **37** (1974) 1301.
[103] Rife, J. C.; Dexter, R. N.; Bridenbaugh, P. M.; Veal, B. W.: Phys. Rev. **B16** (1977) 4491.
[104] Sommer, H.; Leonhardt, G.; Meisel, A.; Hirsch, D.: Japan. J. appl. Phys. Suppl. **17-2** (1978) 278.
[105] Domashevskaya, E. P.; Marshakova, L. N.; Terekhov, V. A.; Lukin, A. N.; Ugai, Ya. A.; Nefedov, V. I.; Salyn, Ya. V.: phys. stat. sol. (b) **106** (1981) 429.
[106] Braun, W.; Goldmann, A.; Cardona, M.: Phys. Rev. **B10** (1974) 5069.
[107] Luciano, M. J.; Vesely, C. J.: Appl. Phys. Lett. **23** (1973) 60.
[108] Romand, M.; Roubin, M.; Deloume, J.-P.: J. Solid State Chem. **25** (1978) 59.
[109] Neumann, H.: Wiss. Z. Karl-Marx-Univ. Leipzig, Math.-Naturwiss. Reihe **28** (1979) 537.
[110] Groenink, J. A.; Janse, P. H.: Z. phys. Chem. (Neue Folge) **110** (1978) 17.
[111] Neumann, H.: Crystal Res. Technol. **18** (1983) 483.
[112] Van Vechten, J. A.: Handbook on Semiconductors **3** (1980) 1.
[113] Parkes, J.; Tomlinson, R. D.; Hampshire, M. J.: Solid State Electron. **16** (1973) 773.
[114] Migliorato, P.; Shay, J. L.; Kasper, H. M.; Wagner, S.: J. Appl. Phys. **46** (1975) 1777.
[115] Neumann, H.; Nam, N. V.; Höbler, H.-J.; Kühn, G.: Solid State Commun. **25** (1978) 899.
[116] Neumann, H.; Nowak, E.; Kühn, G.: Crystal Res. Technol. **16** (1981) 1369.
[117] Neumann, H.; Tomlinson, R. D.; Avgerinos, N.; Nowak, E.: phys. stat. sol. (a) **75** (1983) K 199.
[118] Schumann, B.; Georgi, C.; Tempel, A.; Kühn, G.; Nam, N. V.; Neumann, H.; Hörig, W.: Thin Solid Films **52** (1978) 45.
[119] Möller, W.; Kühn, G.; Beier, W.: Kristall und Technik **13** (1978) 1439.
[120] Neumann, H.; Nowak, E.; Kühn, G.; Heise, B.: Thin Solid Films **102** (1983) 201.
[121] Parkes, J.; Tomlinson, R. D.; Hampshire, M. J.: J. Crystal Growth **20** (1973) 315.
[122] Neumann, H.; Tomlinson, R. D.; Nowak, E.; Avgerinos, N.: phys. stat. sol. (a) **56** (1979) K 137.
[123] Neumann, H.; Nowak, E.; Crystal Res. Technol. **18** (1983) 779.
[124] Schumann, B.; Neumann, H.; Nowak, E.; Kühn, G.: Crystal Res. Technol. **16** (1981) 675.
[125] Sobotta, H.; Neumann, H.; Riede, V.; Kühn, G.; Seltmann, J.; Oppermann, D.: phys. stat. sol. (a) **60** (1980) 531.
[126] Von Bardeleben, H. J.; Tomlinson, R. D.: J. Phys. **C13** (1980) L 1097.
[127] Tchapkui-Niat, J. M.; Goltzene, A.; Schwab, C.: J. Phys. **C15** (1982) 4671.
[128] Look, D. C.; Manthuruthil, J. C.: J. Phys. Chem. Solids **37** (1976) 173.
[129] Jagadeesh, M. S.; Seehra, M. S.: Solid State Commun. **34** (1980) 257.
[130] Lahlou, N.; Massé, G.: J. Appl. Phys. **52** (1981) 449.
[131] Massé, G.; Lahlou, N.; Butti, C.: J. Phys. Chem. Solids **42** (1981) 449.
[132] Binsma, J. J. M.; Giling, L. J.; Bloem, J.: J. Lumin. **27** (1982) 35.

[133] Gonzalez, J.; Torres, J. A.; Perez, G. S.: phys. stat. sol. (a) **69** (1982) K 37.
[134] Neumann, H.; Nowak, E.; Schumann, B.; Tempel, A.; Kühn, G.: Kristall und Technik **15** (1980) 61.
[135] Haworth, L.; Tomlinson, R. D.; Al-Saffar, I. S.: Japan. J. appl. Phys. Suppl. **19-3** (1980) 77.
[136] Neumann, H.; Tomlinson, R. D.; Nowak, E.; Elliott, E.; Haworth, L., Crystal Res. Technol. **16** (1981) K 112.
[137] Gilevich, M. P.; Samal, G. I.; Valyukevich, L. P.: Izv. Akad. Nauk SSSR, Neorg. Mater. **17** (1981) 1490.
[138] Wasim, S. M.; Porras, G. S.; Tomlinson, R. D.: phys. stat. sol. (a) **71** (1982) 523.
[139] Susaki, M.; Miyauchi, T.; Horinaka, H.; Yamamoto, N.: Japan. J. appl. Phys. **17** (1978) 1555.
[140] Schumann, B.; Tempel, A.; Kühn, G.; Neumann, H.; Nam, N. V.; Hänsel, T.: Kristall und Technik **13** (1978) 1285.
[141] Stankiewicz, J.; Giriat, W.; Ramos, J.; Vecchi, M. P.: Solar Energy Mater. **1** (1979) 369.
[142] Massé, G.; Lahlou, N.; Yamamoto, N.: J. Appl. Phys. **51** (1980) 4981.
[143] Poure, A.; Leyris, J. P.; Aicardi, J. P.: J. Phys. **C14** (1981) 521.
[144] Joshi, N. V.; Quintero, M.: J. Phys. Chem. Solids **39** (1978) 811.
[145] Hörig, W.; Neumann, H.; Reccius, E.; Weinert, H.; Kühn, G.; Schumann, B.: phys. stat. sol. (a) **51** (1979) 57.
[146] Schwab, C.: Japan. J. appl. Phys. Suppl. **19-3** (1980) 59.
[147] Neumann, H.; Nowak, E.; Schumann, B.; Kühn, G.: Crystal Res. Technol. **18** (1983) 477.
[148] Yu, P. W.: J. Appl. Phys. **47** (1976) 677.
[149] Mittleman, S. D.; Singh, R.: Solid State Commun. **22** (1977) 659.
[150] Takenoshita, T.; Nakau, T.: Japan, J. appl. Phys. **20** (1981) 1333.
[151] Wasim, S. M.; Porras, G. S.; Tomlinson, R. D.: phys. stat. sol. (a) **71** (1982) K 73.
[152] Wasim, S. M.; Marcano, G.; Porras, G. S.: Japan. J. appl. Phys. Suppl. **19-3** (1980) 133.
[153] Abdul-Hussein, N. A. K.; Tomlinson, R. D.; Hill, A. E.; Neumann, H.: Crystal Res. Technol. **20** (1985) 509.
[154] Neumann, H.; Schumann, B.; Peters, D.; Tempel, A.; Kühn, G.: Kristall und Technik **14** (1979) 379.
[155] Spitzer, M.; Loferski, J. J.; Shewchun, J.: Proc. 14th IEEE Photovolt. Spec. Conf. 1980, 585.
[156] Loferski, J. J.; Kwietniak, M.; Piekoszewski, J.; Spitzer, M.; Arya, R; Roessler, B.; Beaulieu, R.; Vera, E.; Shewchun, J.; Kazmerski, L. L: Proc. 15th IEEE Photovolt. Spec. Conf., Orlando 1981.
[157] Shay, J. L.; Wagner, S.; Kasper, H. M.: Appl. Phys. Lett. **27** (1975) 89.

10. Halbleiter mit Defektstruktur

Von K. Kreher

Der Begriff „Defektstruktur“ hat nur einen Sinn, wenn man eine als „normal“ betrachtete Bezugsstruktur zugrunde legt. Als solche wählen wir die Zinkblende- bzw. die Wurtzitstruktur, in der die meisten binären Halbleiter kristallisieren.

Die Zinkblendestruktur läßt sich als kubisch dichteste Anionenpackung auffassen, in der alle Oktaederlücken (B-Plätze) leer, die Hälfte der Tetraederlücken (A-Plätze) in geordneter Weise mit Kationen besetzt sind (s. Abb. 10.1). Im Unterschied dazu entsteht die NaCl-Struktur, wenn alle

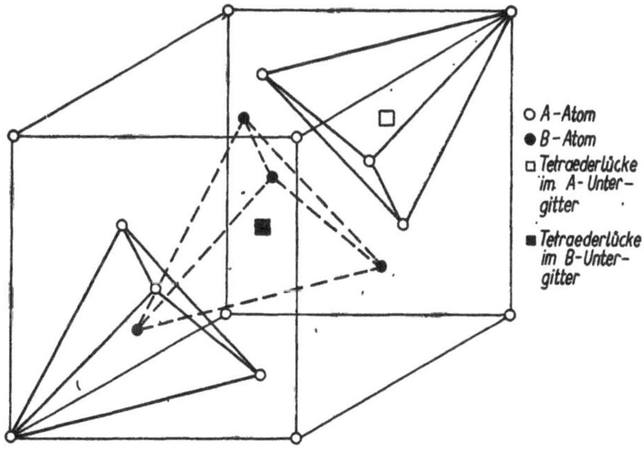

10.1. Elementarzelle einer kubisch-flächenzentrierten Anionenpackung mit eingezeichneten Tetraederlücken.
Die Oktaederlücken (Kantenmitten) bilden ein, die Tetraederlücken zwei kubisch-flächenzentrierte Gitter. In der Zinkblendestruktur ist eines der beiden A-Lücken-Gitter voll mit Kationen besetzt

Tetraederlücken leer, alle Oktaederlücken mit Kationen besetzt sind. Daraus geht hervor, daß Kationen mit Tendenz zur sp^3-Hybridisierung die tetraedrisch koordinierten A-Plätze, Kationen mit Tendenz zur d^2sp^3-Hybridisierung die oktaedrisch koordinierten B-Plätze bevorzugen, was bei 2-Kationen-Verbindungen zu Spinellstrukturen führen kann. Die Wurtzitstruktur hat als Grundlage eine hexagonal dichteste Anionenpackung mit ebenfalls zwei Tetraeder- und einer Oktaederlücke pro Anion. Die Tetraederlücken bilden hier analog wie in der Zinkblendestruktur zwei hexagonale Gitter, von denen eines mit Kationen besetzt ist. Die Oktaederlücken bilden dagegen kein Gitter, sondern Kanäle längs der hexagonalen c-Achse [1].

Betrachtet man zunächst nur rein tetraedrisch koordinierte Strukturen, so liegt bei weniger als vier besetzten A-Plätzen in der Elementarzelle eine Defektstruktur, bei mehr als vier eine Überschußstruktur vor. Im folgenden beschränken wir uns auf valenzmäßig abgesättigte (chemisch stabile) Verbindungen mit acht Valenzelektronen/Anion, die auch als Adamantine-Strukturen bezeichnet werden und keine Anion-Anion-Bindungen aufweisen. Dann läßt sich zeigen [2], daß Defektstrukturen eine mittlere Valenzelektronenzahl $\bar{z}>4$ Elektronen/Atom haben, während Überschußstrukturen durch $\bar{z}<4$ und normale tetraedrische Strukturen durch $\bar{z}=4$ charakterisiert werden.

Faßt man formal die stöchiometriebedingt nichtbesetzten Lücken (Pseudovakanzen) als Atome mit der Valenz Null auf, so ergibt sich eine mittlere Zahl von vier Valenzelektronen pro Platz der Bezugsstruktur. Damit erfüllen die valenzmäßig abgesättigten Defektstrukturen die Grimm-Sommerfeld-Regel [3] und sollten Halbleiter sein.

Die Charakterisierung der Defektstruktur durch $\bar{z}>4$ läßt sich auch auf dichteste Anionenpackungen mit teilweise besetzten Oktaederlücken (Spinellstrukturen) ausdehnen, so daß wir definieren:

> Defektstrukturen sind valenzmäßig abgesättigte Verbindungen mit einem zumindest annähernd dichtgepackten Anionengitter und einer mittleren Valenzelektronenzahl $\bar{z}>4$.

Die dieser Definition entsprechenden binären und ternären Substanzen wurden in [2] klassifiziert; die wichtigsten sind die im folgenden näher betrachteten III_2–VI_3-Halbleiter ($\bar{z}=4{,}80$) und die II–III_2–VI_4-Halbleiter mit 2 Kationen ($\bar{z}=4{,}57$). Wird $\bar{z}$ wesentlich größer, so bilden sich keine Koordinationsstrukturen, sondern Molekülkristalle (z. B. SnJ_4 mit $\bar{z}=6{,}4$), d. h., die von einem dichtgepackten Anionengitter abgeleiteten Defektstrukturen werden bei hohen Konzentrationen von Pseudovakanzen instabil. Aber auch bei den II–III_2–VI_4- und besonders bei den III_2–VI_3-Verbindungen haben die Pseudovakanzen Auswirkungen auf die Kristallstruktur: Je nach Anordnung der Leerstellen sind bei unterschiedlichen Temperaturen unterschiedliche Phasen stabil.

Die Bindungsverhältnisse und die daraus abgeleitete Elektronenstruktur sollen zunächst für rein tetraedrisch koordinierte III_2–VI_3-Verbindungen diskutiert werden, für die offenbar ein näherungsweise kovalentes Bindungsschema angemessen ist. Die 8 sp^3-Hybride der (freien) Kationen und 12 sp^3-Hybride der (freien) Anionen bilden im Kristall 8 bindende und 8 antibindende „Molekülorbitale“ sowie 4 nichtbindendes- und p-Anionenzustände; die 24 Valenzelektronen füllen vollständig die bindenden sp^3-Orbitale und die nichtbindenden Anionenzustände. Man erwartet daher ein Valenzband mit Anionen-p-Zuständen an der oberen Kante, die durch eine Energielücke von den antibindenden Zuständen des Leitungsbandes getrennt sind, also Halbleiterverhalten.

Die gleiche Aussage ergibt sich für die rein tetraedrisch koordinierten II–III_2–VI_4-Verbindungen; hier konnten Photoemissionsuntersuchungen [4] diese Vorstellungen bestätigen (vgl. Abschn. 10.2.2.). Für Spinellstrukturen sind die entsprechenden Überlegungen infolge der unterschiedlichen Koordination der A- und B-Kationen komplizierter [5], lassen jedoch ebenfalls Halbleiter mit Anionen-p-Zuständen an der Oberkante des Valenzbandes erwarten, die ihren Ursprung in den Pseudovakanzen haben.

Schließlich beeinflussen die Pseudovakanzen entscheidend das Dotierungsverhalten und ermöglichen z. T. beträchtliche Abweichungen von der stöchiometrischen Zusammensetzung, was beides zu ungewöhnlichen elektrischen Eigenschaften dieser Halbleiter führt.

10.1. III_2–VI_3-Halbleiter

10.1.1. Gitterstrukturen

Einige der III_2–VI_3-Verbindungen ($\bar{z}=4{,}80$) wurden erstmals 1949 hergestellt [6], wobei auch ihre Defektstruktur nachgewiesen wurde; ihr Halbleitercharakter wurde 1955 bestätigt [7].

Die Synthese erfolgt aus der stöchiometrischen Schmelze oder – insbesondere bei den Sulfiden und Al-Verbindungen – durch Gasphasen-Transportreaktionen. Grundsätzlich entstehen dabei dem Wurtzit bzw. der Zinkblende verwandte Strukturen mit z. T. mehreren Phasenübergängen, wobei sich die einzelnen Phasen bezüglich der Verteilung der Leerstellen in Kationen-Untergitter unterscheiden. Eine reproduzierbare Züchtung wird durch komplizierte Phasendiagramme mit Verbindungen unterschiedlicher Zusammensetzung erschwert (Abb. 10.2). Teilweise treten auch relativ breite Homogenitätsgebiete (Stöchiometrieabweichungen) als Folge der hohen Defektkonzentration auf. All dies führt dazu, daß diese Halbleiter noch nicht

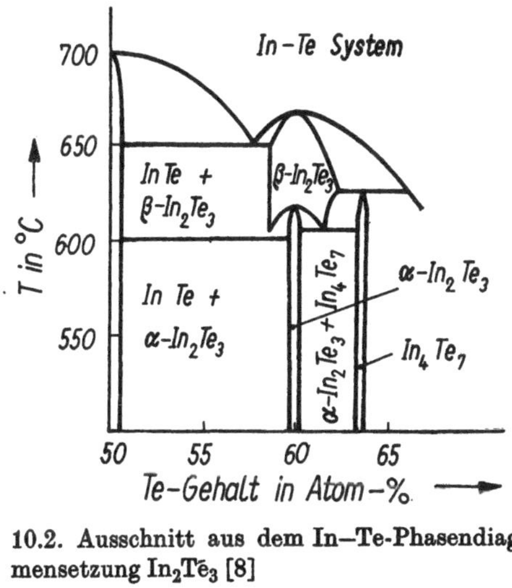

10.2. Ausschnitt aus dem In–Te-Phasendiagramm in der Nähe der Zusammensetzung In_2Te_3 [8]

Tabelle 10.1.
Strukturen der III_2–VI_3-Halbleiter [9]

Substanz (Schmelzpunkt)		Struktur	Z[1])	Gitterkonstanten in nm[2])		Raumgruppe
Al_2S_3	(1130 °C)	α: hexagonal (Wurtzit, geordnet)	6	$a=0{,}6423$	$c=1{,}783$	
α→β:	900 °C	β: hexagonal (wurtzitähnlich, ungeordnet)	2	$a=0{,}6200$	$c=0{,}5829$	$P6_3/mmc \triangleq D^4_{6h}$ oder $P6_3\,mc \triangleq C^4_{6v}$
		γ: rhomboedrisch (α-Al_2O_3-Typ)	6	$a=0{,}647$	$c=1{,}227$	$R\bar{3}c \triangleq D^6_{3d}$
Al_2Se_3	(953 °C)	hexagonal (Wurtzit, ungeordnet)[3])	2/3	$a=0{,}389$	$c=0{,}630$	$P6_3mc = C^4_{6v}$
Al_2Te_3	(895 °C)	hexagonal (Wurtzit, ungeordnet)	2/3	$a=0{,}4087$	$c=0{,}6944$	$P6_3mc$
Ga_2S_3	(1250 °C)	α: monoklin (wurtzitähnlich, geordnet)	4	$a=1{,}114$ $b=0{,}6411$ $c=0{,}7038$	$\beta=121{,}22°$	$Cc = C^4_s$
α→β:	600 °C	β: hexagonal (Wurtzit, ungeordnet)	2/3	$a=0{,}3685$	$c=0{,}6028$	$P6_3mc$
β→γ:	1015 °C	γ: kubisch (Zinkblende, ungeordnet)	4/3	$a=0{,}5181$		$F\bar{4}3m \triangleq T^2_d$
Ga_2Se_3	(1020 °C)	α: kubisch (Zinkblende, ungeordnet)[4])	4/3	$a=0{,}5429$		$F\bar{4}3m$
α→β:	600 °C	β: tetragonal		$a=0{,}5487$	$c=0{,}5411$	
β→γ:	800 °C	γ: kubisch (Zinkblende, ungeordnet)[5])	4/3	$a=0{,}5463$		$F\bar{4}3m$
Ga_2Te_3	(792 °C)	kubisch (Zinkblende, ungeordnet)[6])[7])	4/3	$a=0{,}5906$		$F\bar{4}3m$
In_2S_3	(1098 °C)	α: kubisch (spinellartiger Al_2O_3-Typ)	4/3	$a=0{,}537$		
α→β:	330 °C	β: tetragonal (Spinell-Überstruktur)[8])	16	$a=0{,}7618$	$c=3{,}2322$	$I4_1/amd \triangleq D^{19}_{4h}$
		β′: kubisch (Spinell)		$a=1{,}0746$		$Fd3m \triangleq O^7_h$
In_2Se_3	(888 °C)	α: rhomboedrisch (tetraedrisch koordinierte Schichtstruktur)[9])	3	$a=0{,}405$	$c=2{,}877$	$R3m \triangleq C^5_{3v}$
α→β:	200 °C	β: rhomboedrisch (oktaedrisch koordinierte Schichtstruktur)[10])	3	$a=0{,}405$	$c=2{,}941$	$R\bar{3}m \triangleq D^5_{3d}$
β→γ:	650 °C	γ: hexagonal[10])	2	$a=0{,}4025$	$c=1{,}912$	
In_2Te_3	(667 °C)	α: kubisch (geordnete Zinkblende-Überstruktur)[11])	36	$a=1{,}850$		$F\bar{4}3m$
α→β:	600 °C	β: kubisch (Zinkblende ungeordnet)[12])	4/3	$a=0{,}616$		$F\bar{4}3m$

umfassend untersucht sind, daß z. T. widersprechende Angaben über Strukturen und physikalische Eigenschaften vorliegen und sie technisch nicht genutzt werden.

Eine Übersicht über die Gitterstrukturen gibt Tabelle 10.1. Bei den Phasen mit geordneten Leerstellen sind zwar in den meisten Fällen die Raumgruppen, nicht jedoch die genauen Atomanordnungen bekannt. Die Al- und Ga-Verbindungen sowie In_2Te_3 sind rein tetraedrisch koordiniert, dagegen sind in In_2S_3 und β-In_2Se_3 auch Oktaederplätze zum Teil mit Kationen besetzt, so daß spinellartige Strukturen entstehen, die sehr eingehend auch mittels Elektronenmikroskopie und -beugung untersucht wurden [13, 14]. In der ungeordneten α-Phase von In_2S_3 sind die In-Atome zu 70 % ungeordnet auf Oktaederplätze, zu 30 % ungeordnet auf Tetraederplätze verteilt. Die Atomanordnung in der β-Phase wurde von Rooymans [15] als eine geordnete Überstruktur des Spinells bestimmt, wobei drei Spinell-Elementarzellen mit unterschiedlicher Verteilung der Pseudovakanzen in c-Richtung übereinanderliegen; β-In_2S_3 kann daher in der Form $In_6(In_2\,\square)_{okt}S_{12}$ geschrieben werden. Elektronenmikroskopische Beobachtungen von Antiphasen- und Zwillingsgrenzen [13] führen zu dem Schluß, daß oberhalb von 420 °C eine Fehlordnung der tetraedrischen, oberhalb von 750 °C eine Fehlordnung der oktaedrischen Kationen vorliegt. In_2Se_3 kristallisiert in rhomboedrischen Schichtstrukturen, wobei die unterhalb 200 °C stabile α-Phase rein tetraedrisch, die oberhalb 200 °C stabile β-Phase dagegen oktaedrisch koordiniert ist [16]. Unterhalb von −125 °C existiert eine vermutlich orthorhombische α'-Phase, die entweder infolge von Paarbildung von In-Ionen oder durch das „Einfrieren" einer longitudinalen Gitterschwingungsmode (Peierls-Deformation) entsteht [14].

10.1.2. Physikalische Eigenschaften

Einen Überblick über die Eigenschaften der III_2–VI_3-Halbleiter gibt Tabelle 10.2. Dabei sind alle Angaben zu den optischen und elektronischen Eigenschaften als relativ grobe Richtwerte zu betrachten, da der Grad der

---

1) Z ist die Zahl der Formeleinheiten in der Elementarzelle.

2) Bei rhomboedrischen Strukturen sind die Gitterkonstanten der hexagonalen Elementarzelle angegeben

3) Nach [10] monoklin mit der Struktur des α-Ga_2S_3.

4) Nach [11] orthorhombisch ($a = 0{,}776$ nm, $b = 1{,}164$ nm, $c = 1{,}0822$ nm; $Z = 8$, Raumgruppe $Pcca = D_{2h}^{8}$).

5) Nach anderen Angaben orthorhombisch; die kubische Hochtemperaturphase wird dann als δ-Phase bezeichnet.

6) Nach [12] orthorhombische Zinkblende-Überstruktur ($a = 0{,}417$ nm, $b = 2{,}36$ nm, $c = 1{,}252$ nm; $Z = 8$).

7) Nach [2] erfolgt bei 670 °C ein Übergang in eine β-Phase unbekannter Struktur.

8) Innerhalb der β-Phase werden oberhalb von 420 °C In-Atome auf Tetraederplätzen, oberhalb 750 °C auch In-Atome auf Oktaederplätzen beweglich [13].

9) Nach [14] existiert bei tiefen Temperaturen eine vermutlich orthorhombische Phase, die bei −125 °C in die α-Phase übergeht.

10) In der Nähe der Phasenumwandlungspunkte existieren noch metastabile Phasen [14]. Außerdem gibt es vermutlich noch mehrere Dünnschichtmodifikationen.

11) In [15] werden für die α-Phase eine Zinkblende-Überstruktur mit der Raumgruppe $Imm2 \mathrel{\hat{=}} C_{2v}^{20}$ ($a = 0{,}4359$ nm, $b = 1{,}3073$ nm, $c = 0{,}6165$ nm) und eine CaF_2-Überstruktur mit der Raumgruppe $I4mm \mathrel{\hat{=}} C_{4v}^{9}$ ($a = 1{,}3078$ nm, $c = 0{,}6165$ nm) angegeben.

12) Außerdem ist noch eine Hochdruckform II mit der Raumgruppe $R\bar{3}m \mathrel{\hat{=}} D_{3d}^{5}$ ($a = 0{,}428$ nm, $c = 2{,}95$ nm) bekannt, der Phasenübergang $\alpha \rightarrow$ II erfolgt bei 400 °C und 3200 MPa.

Tabelle 10.2.
Eigenschaften der III_2–VI_3-Halbleiter [2]

Verbindung	Modifikation	Dichte [9] in g/cm³	E_g in eV¹)		Leitungstyp	Beweglichkeit (bei 300 K) in cm²/Vs	
Al_2S_3	α	2,32	4,1	[17]	n		
	β	2,47			n		
	γ	2,36					
Al_2Se_3		3,91	3,1	[17]	n		
Al_2Te_3		4,54	2,5	[17]	n		
Ga_2S_3	α	3,65	2,85	[17]			
	β		2,5 ... 2,7	[25]	n	30	
Ga_2Se_3	α	4,92	1,75		p	10	
	β		1,9	[17]			
			1,98 (elektr.)	[18]			
Ga_2Te_3	α	5,57	1,0	[17]			
			1,08 ... 1,11 (elektr.)	[7]	p	50	
			0,94 (i, verb.)	[19]			
In_2S_3	β	4,61	2,0 (d)	[17]			
			2,03 (d)				
			1,0 (i)	[20]	n	20 ... 100	[20]
			1,1 (elektr.)				
In_2Se_3	α	5,48	1,25	[17]	n	125	
			1,2 ... 1,5	[21]	n	≈300	[21]
	β		1,2 ... 1,5	[21]	n		
			1,42 (elektr.)	[21]			
In_2Te_3	α	5,79	1,0	[17]			
			0,85 (i, verb.)	[19]			
			1,12 (elektr.)	[22]	n	15 ... 70	[22]
			1,11	[24]			
			1,15 (elektr.)				
			1,026 (i)	[23]			
	β	5,73	1,020 (i)	[23]	n	50	

¹) Breite der verbotenen Zone bei 300 K (optische Werte, sofern keine anderen Angaben). d direkter, i indirekter Übergang.

technologischen Beherrschung dieser Stoffe noch recht gering ist und Messungen nur an wenigen, z. T. polykristallinen Proben durchgeführt wurden.

Sehr viele Untersuchungen stammen aus den Jahren 1955 bis 1965. Für die Al-Verbindungen liegen nur orientierende optische Remissionsmessungen an pulverförmigen Proben vor [17]. Untersuchungen der Absorptionskante von Ga_2S_3 und Ga_2Se_3 zeigten im Unterschied zu den Schichtkristallen GaS und GaSe keinerlei excitonische Effekte, was in [25] auf die hohe Konzentration der Pseudovakanzen zurückgeführt wird, ohne daß es dafür eine überzeugende Begründung gibt. Beide Verbindungen, ferner In_2S_3 und die Mischkristalle $Ga_2(S, Se)_3$ und $(Ga, In)_2S_3$ zeigen Photolumineszenz im Bereich von 0,6 bis 1,0 µm Wellenlänge [26, 27]; detaillierte Aussagen über die dafür verantwortlichen Zentren sind jedoch nicht möglich. In_2S_3-Einkristalle weisen eine extrem starke Variation der Temperaturabhängigkeit der elektrischen Transportgrößen und ein kompliziertes Dotierungsverhalten auf [20], bleiben jedoch stets n-leitend. In hochohmiger Form (wobei offenbar ein komplizierter Kompensationsmechanismus vorliegt) ist In_2S_3 ein guter Photoleiter [28].

Im In_2Se_3 liegt die Umwandlungstemperatur von der α- in die β-Phase (200 °C) in einem bequem zugänglichen Temperaturbereich. Abb. 10.3

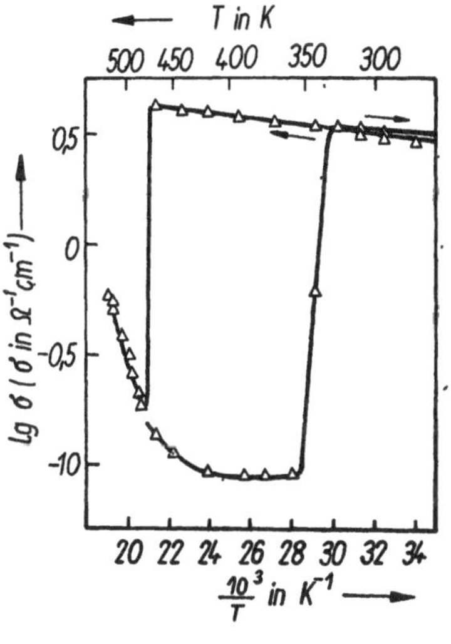

10.3. Temperaturabhängigkeit der Leitfähigkeit eines stöchiometrischen In_2Se_3-Einkristalls [21]

zeigt die Temperaturabhängigkeit der elektrischen Leitfähigkeit stöchiometrischer In_2Se_3-Einkristalle [29]. In der α-Phase ist die Leitfähigkeit hoch und steigt nur schwach mit der Temperatur an; am Phasenumwandlungspunkt fällt sie um mehr als eine Größenordnung; in der β-Phase steigt sie exponentiell mit einer Aktivierungsenergie, aus der (unter der Annahme von Eigenleitung) auf eine auf 0 K extrapolierte Breite der verbotenen Zone von E_g (elektr.) = 1,42 eV geschlossen werden kann. Die β-Phase läßt sich beträchtlich unterkühlen. Hall-Messungen zeigen, daß n-Leitung vorliegt und die Elektronenkonzentration in der α-Phase temperaturunabhängig ist, die Leitung also durch flache Donatoren verursacht wird; die Beweglichkeit erreicht Werte von mehr als 300 cm²/Vs. Optische Untersuchungen führen auf E_g = 1,5 eV mit wenig Unterschieden zwischen α- und β-Phase.

Dotierungen durch nichtstöchiometrische Atome beeinflussen die Leitfähigkeit in beiden Phasen (Se erniedrigt, In erhöht die Leitfähigkeit, die Proben bleiben jedoch stets n-leitend). Eine genaue Interpretation wird durch das komplizierte Phasenverhalten [14] mit dem Auftreten metastabiler, evtl. defektstabilisierter Phasen erschwert.

Von den Telluriden mit relativ schmaler verbotener Zone ist Ga_2Te_3 oberhalb Zimmertemperatur eigenleitend [30], In_2Te_3 bereits oberhalb −100 °C [22]. Ihr Dotierungsverhalten unterscheidet sich prinzipiell von dem üblicher Halbleiter: Dotierungskonzentrationen bis zu 10 Atom-% sind möglich und bewirken keine Änderung der elektrischen Leitfähigkeit [22, 31] (s. Abb. 10.4a, b).

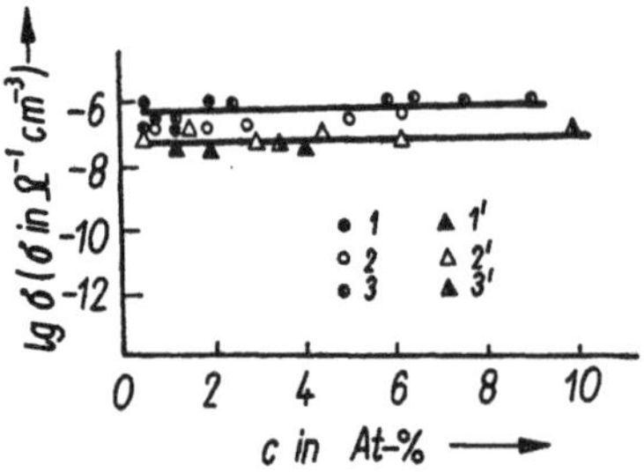

10.4. Dotierungsabhängigkeit der elektrischen Leitfähigkeit von In_2Te_3 (*1–3*)- und Ga_2Te_3 (*1'–3'*)-Proben bei 300 K [31].
1 In-; *1'* Ga-; *2, 2'* Zn-; *3, 3'* Cu-Dotierung

Die elektrische Unwirksamkeit der Dotierungsatome wurde von Koschkin et al. [32–34] auf einen neutralen Einbau ohne chemische Bindung auf Pseudovakanzplätzen erklärt, wodurch weder die Elektronenkonzentration noch die Beweglichkeit (über den Streubeitrag ionisierter Zentren) beeinflußt werden. Mit diesem Modell wurden bereits Stöchiometrieabweichungen und Löslichkeitsgrenzen von Fremdatomen in diesen Halbleitern sowie ihre Stabilisierung durch nichtstöchiometrische Gitter- oder Fremdatome erklärt. Messungen der Isomerieverschiebung der γ-Kernresonanzabsorption (Mößbauer-Effekt) von ^{119}Sn und ^{57}Fe in In_2Te_3 [35, 36] sowie Messungen der chemischen Verschiebung der $Sn{-}L_{\alpha 1}$ Röntgenemission von Sn-dotiertem In_2Te_3 [37] deuteten ebenfalls auf einen Einbau mit der Elektronenkonzentration des neutralen Sn (Konfiguration $4d^{10}5s^25p^2$) hin, und Mößbauer-Messungen am ^{119}Sn-dotierten Ga_2Te_3 lassen sich in gleicher Weise interpretieren.

Darüber hinaus liefert der Vergleich der Isomerieverschiebung in Ga_2Te_3 mit der von ^{119}Sn in den sehr „weichen" Edelgaskristallen (Ar, Kr, Xe), daß im Ga_2Te_3 die Elektronenhülle des Sn-Atoms beträchtlich komprimiert ist, d. h., die Elektronenkonzentration am Kernort ist höher als im freien Sn-Atom [8].

Demgegenüber wird die Dotierungsunabhängigkeit der elektrischen Eigenschaften von In_2Te_3 beim Einbau von Sn in [39] durch einen Valenzwechsel

$$In^{3+} + Sn^0 \rightleftarrows In^{1+} + Sn^{2+}$$

gedeutet, eine Vorstellung, die ebenfalls durch Mößbauer-Untersuchungen gestützt wird [40], die auf einen zumindest teilweisen Einbau von Sn^{2+} auf Oktaederplätzen in In_2Te_3 hinweisen.

Bei hohen elektrischen Feldstärken ((2 bis 10) $\times 10^4$ V/cm) beobachtet man in Ga_2Te_3-Einkristallen Schaltprozesse von einem hochohmigen in einen niederohmigen Zustand [41] (Abb. 10.5), wie sie ähnlich in chalkogeniden

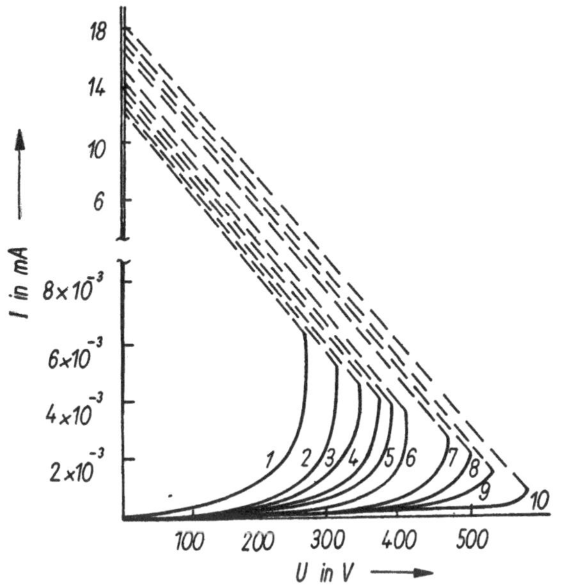

10.5. **Strom-Spannungs-Kennlinien von Ga_2Te_3-Einkristallen bei verschiedenen Temperaturen [41].**
1 294 K; *2* 270 K; *3* 232 K; *4* 208 K; *5* 187 K; *6* 169 K; *7* 129 K; *8* 106 K; *9* 93 K; *10* 77 K

Gläsern bekannt sind. Vermutlich sind hierfür thermisch bedingte Strukturänderungen verantwortlich, die durch injizierte Ladungsträger und feldbedingte Ionisation von Störstellenzuständen ausgelöst werden.

10.2. II–III$_2$–VI$_4$-Halbleiter

10.2.1. Gitterstrukturen [9]

Die 2-Kationen-Chalkogenide des Typs II–III$_2$–VI$_4$ sind formal pseudobinäre Mischkristalle der Form (II–VI) · (III$_2$–VI$_3$). Infolge der relativ niedrigen Konzentration stöchiometrischer Vakanzen ($\bar{z} = 4{,}57$, $^1/_4$ der Kationenplätze unbesetzt) haben sie jedoch fast ausschließlich geordnete Gitter, sind also echte ternäre Verbindungen.

Die Herstellung der Verbindungen mit niedrigem Schmelzpunkt erfolgt oft aus der stöchiometrischen Schmelze; Verbindungen mit hohem Schmelzpunkt werden bevorzugt mittels chemischer Transportreaktionen (meist Halogentransport) hergestellt [42]. Bekannt sind alle 27 Verbindungen von (Zn, Cd, Hg) und (Al, Ga, In) mit S, Se, Te sowie die Mg-Sulfide. Grundlage der meisten Gitterstrukturen ist eine nahezu kubisch-dichteste Packung der Chalkogenatome; nur bei $MgAl_2S_4$, der γ-Modifikation von $ZnAl_2S_4$ und $ZnIn_2S_4$ liegt eine hexagonal dichteste Packung der S-Atome vor.

Die wichtigsten Strukturtypen sind in Abb. 10.6 dargestellt. Der über-

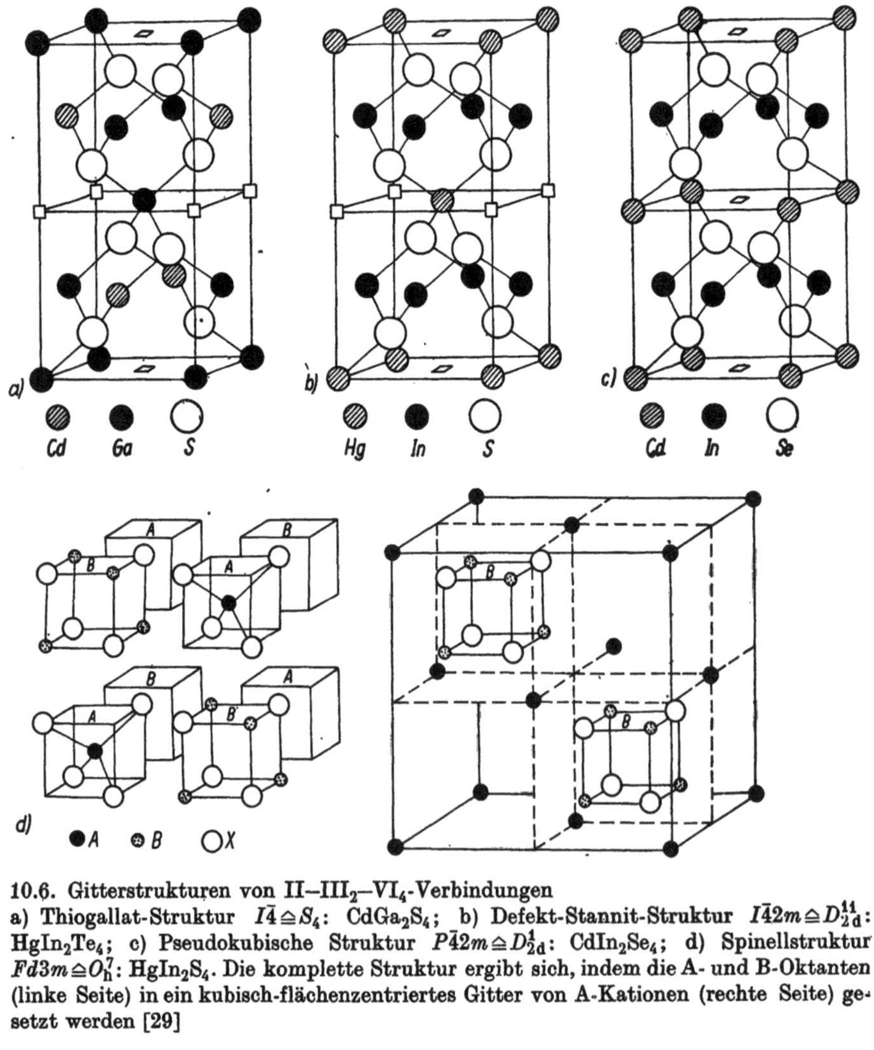

10.6. Gitterstrukturen von II–III_2–VI_4-Verbindungen
a) Thiogallat-Struktur $I\bar{4} \triangleq S_4$: $CdGa_2S_4$; b) Defekt-Stannit-Struktur $I\bar{4}2m \triangleq D_{2d}^{11}$: $HgIn_2Te_4$; c) Pseudokubische Struktur $P\bar{4}2m \triangleq D_{2d}^{1}$: $CdIn_2Se_4$; d) Spinellstruktur $Fd3m \triangleq O_h^7$: $HgIn_2S_4$. Die komplette Struktur ergibt sich, indem die A- und B-Oktanten (linke Seite) in ein kubisch-flächenzentriertes Gitter von A-Kationen (rechte Seite) gesetzt werden [29]

wiegende Teil der Substanzen (alle Selenide außer $CdIn_2Se_4$, alle Telluride außer $HgGa_2Te_4$ und $HgIn_2Te_4$, ferner die Ga-Sulfide sowie $HgAl_2S_4$ und $CdAl_2S_4$) kristallisieren in der Thiogallatstruktur (Raumgruppe $I\bar{4} \triangleq S_4^2$), die sich aus der Chalkopyritstruktur (s. Abb. 8.7) ableiten läßt, indem $^1/_4$ der Kationenplätze leer bleibt. In einigen Fällen kann an Hand der Röntgenstrukturdaten das Vorkommen nahe verwandter tetragonaler bzw. pseudokubischer Strukturen nicht ausgeschlossen werden.

$CdIn_2Se_4$ kristallisiert in der pseudokubischen Struktur $P\bar{4}2m \triangleq D_{2d}^1 = V_d^1$, hat jedoch noch mindestens zwei polytype Modifikationen [43]. $HgIn_2Te_4$ hat mit hoher Wahrscheinlichkeit die Defekt-Stannit-Struktur [44] mit der Raumgruppe $I\bar{4}2m \triangleq D_{2d}^{11}$. Im $HgGa_2Te_4$ liegt ein Zinkblendegitter (Raumgruppe $F\bar{4}3m \triangleq T_d^2$), im γ-$ZnAl_2S_4$ ein Wurtzitgitter (Raumgruppe $P6_3mc = C_{6v}^4$) vor; in beiden sind die Kationen ungeordnet auf die Tetraederplätze verteilt.

Bei den In-Sulfiden dominieren Spinellstrukturen (Raumgruppe $Fd3m \triangleq O_h^7$). $HgIn_2S_4$ ist ein normaler Spinell (Hg-Atome auf Tetraeder-, In-Atome auf Oktaederplätzen), $MgIn_2S_4$ dagegen ein inverser Spinell, bei dem die Hälfte der In-Atome Tetraederplätze, die andere Hälfte der In-Atome und die Mg-Atome Oktaederplätze einnehmen, so daß man genauer $In[MgIn]S_4$ schreibt.

Im $CdIn_2S_4$ fand Czaja [45] bei 130 °C einen Phasenübergang 2. Ordnung, woraus nach Überlegungen von Haas [46] auf eine partiell invertierte Spinellstruktur $Cd_{1/2}In_{1/2}$ $[Cd_{1/2}In_{1/2}]S_4$ geschlossen werden muß; der Phasenübergang ist ein Ordnungs-Unordnungs-Übergang der Kationen auf Tetraederplätzen. Diese Struktur konnte von Joshi [47] durch den Nachweis einer Linienaufspaltung in IR-Spektrum, durch Brown et al. [48, 49] durch EPR-Untersuchungen an Er- bzw. Yb-dotierten Kristallen bestätigt werden.

Im $ZnIn_2S_4$ (Raumgruppe $R3m \triangleq C_{3v}^5$) liegt eine schwach verzerrte hexagonale Kugelpackung der S-Atome vor; die Hälfte der In-Atome besetzen Oktaederlücken; die andere Hälfte und die Zn-Atome Tetraederlücken [50], d. h., es besteht eine gewisse Verwandtschaft zur Spinellstruktur. Außerdem existiert eine metastabile normale Spinellmodifikation [51, 52], bei der sich alle In-Atome auf Oktaederplätzen befinden.

Zn, Cd- und $HgGa_2S_4$ sowie Cd- und $HgAl_2S_4$ haben Thiogallatstruktur. $MgAl_2S_4$ kristallisiert in einer rhombischen Struktur ($a_{rh} = 1{,}222$ nm, $\alpha = 17°17'$), vermutlich ähnlich dem $ZnIn_2S_4$; $MgGa_2S_4$ in einer monoklinen Struktur (Raumgruppe $C2/c \triangleq C_{2h}^6$) mit 12 Formeleinheiten in der Elementarzelle. Vom $ZnAl_2S_4$ sind drei Modifikationen bekannt: die α-Form mit Spinellstruktur ($a = 0{,}9988$ nm), die β-Form mit orthorhombischer Struktur (Raumgruppe $Pna2_1 \triangleq C_{2v}^9$) und die γ-Form mit Wurzitstruktur ($a = 0{,}3764$ nm, $c = 0{,}6142$ nm) und ungeordneter Kationenverteilung.

10.2.2. Physikalische Eigenschaften

In ihren physikalischen Eigenschaften ähneln die $II\text{–}III_2\text{–}VI_4$-Halbleiter stark den II–VI-Halbleitern: Sie sind – mit Ausnahme von $HgIn_2Te_4$ – nur n-leitend herstellbar; bei genügend großer Breite der verbotenen Zone sind

Tabelle 10.3.
Eigenschaften der II–III_2–VI_4-Halbleiter

Verbindung	Raumgruppe [9]	Gitterkonstanten in nm [9] a	c	μ_n in cm²/Vs¹)	Breite der verbotenen Zone in eV²) E_g^i	E_g^d	
$ZnGa_2S_4$	$I\bar{4}$ ³)	0,5274	1,044				
$CdGa_2S_4$	$I\bar{4}$	0,5577	1,008	60 [53]	3,05	3,25 (verb.)	[55]
$HgGa_2S_4$	$I\bar{4}$	0,5507	1,023		2,79	2,84	[53]
$ZnIn_2S_4$	$R3m$ ⁷)	0,3850 ⁸)	3,706 ⁸	20 [54]	–	2,86 (erl.)	[56]
$CdIn_2S_4$	$Fd3m$	1,0819	–	56 [54]	2,28 (erl.)	2,62 (erl.)	[57]
$HgIn_2S_4$	$Fd3m$	1,0834	–	2 [54]	–	2,0	[58]
$ZnGa_2Se_4$	$I\bar{4}$ ³)	0,5496	1,099				
$CdGa_2Se_4$	$I\bar{4}$	0,5743	1,073	33 [53]		2,32 (erl.)	[59]
$HgGa_2Se_4$	$I\bar{4}$	0,5715	1,078	400 [53]	1,79	1,95	[53]
$ZnIn_2Se_4$	$I\bar{4}$	0,5711	1,142	35 [53]	1,74	1,82	[53]
$CdIn_2Se_4$	$P\bar{4}2m$ ⁴)	0,5817	–	22 [53]	1,61	1,72	[53]
$HgIn_2Se_4$	$I\bar{4}$	0,5764	1,180	290 [2]	0,6		[60]
$ZnGa_2Te_4$	$I\bar{4}$ ³)	0,5937	1,87				
$CdGa_2Te_4$	$I\bar{4}$ ³)	0,6093	1,181				
$HgGa_2Te_4$	$F\bar{4}3m$ ⁵)	0,6017	–				
$ZnIn_2Te_4$	$I\bar{4}$	0,6122	1,224		0,86 … 1,4		[2], [60]
$CdIn_2Te_4$	$I\bar{4}$	0,6205	1,240	4000 [2]	0,9 … 1,38		[2], [60]
$HgIn_2Te_4$	$I\bar{4}2m$ ⁶)	0,6186	1,237	200 [2]	0,8 … 1,25		[2], [60]

¹) Grobe Richtwerte der Elektronenbeweglichkeit bei Zimmertemperatur. Nur $HgIn_2Te_4$ wurde bisher auch p-leitend ($\mu_p \approx 140$ cm²/Vs [2]) hergestellt.
²) Bei 300 K, aus optischen Messungen.
³) Die Raumgruppe $I\bar{4}2m$ kann nicht ausgeschlossen werden.
⁴) Außerdem existieren noch mindestens zwei polytype Modifikationen [43].
⁵) Die Raumgruppen $I\bar{4}2m$ oder $I\bar{4}$ sind ebenfalls möglich.
⁶) Die Raumgruppe $I\bar{4}$ kann nicht mit Sicherheit ausgeschlossen werden.
⁷) Außer der stabilen $R3m$-Modifikation existiert noch eine metastabile normale Spinellmodifikation ($Fd3m$) [51].
⁸) Angaben für die 3fach primitive hexagonale Elementarzelle; die primitive rhombische Elementarzelle wird durch $a_{rh} = 1{,}250$ nm, $\alpha = 17°50'$ charakterisiert.

sie Photoleiter und Luminophore, jedoch fehlen auch bei tiefen Temperaturen die für die II–VI-Halbleiter charakteristischen Excitoneneffekte.

Die Mg- oder Al-haltigen Verbindungen sind bisher nicht näher untersucht worden; die wichtigsten Eigenschaften der übrigen sind in Tab. 10.3 zusammengestellt. Dabei sind die meisten Angaben zur Breite der verbotenen Zone und vor allem zur Beweglichkeit nur als relativ grobe Richtwerte anzusehen, da Reinheit und kristallographische Perfektion der Proben bei weitem noch nicht den Stand erreichen, der z. B. für die technisch genutzten III–V- bzw. II–VI-Halbleiter üblich ist.

Neuere Untersuchungen konzentrieren sich auf wenige ausgewählte Substanzen, an denen meist spezielle Grundlagenfragen untersucht werden:

– Infrarot- und ramanspektroskopische Untersuchungen ermöglichten eine Präzisierung von Strukturangaben und liefern dadurch auch Informationen über die Verteilung der stöchiometrisch bedingten Pseudovakanzen ($CdGa_2Se_4$ [61]; $HgIn_2Te_4$ [44]) sowie die Verteilung der Kationen auf Tetraeder- und Oktaederplätze ($CdIn_2S_4$ [47, 52]; $ZnIn_2S_4$ [52, 62]).

  IR- und Raman-Spektren von $HgIn_2Te_4$ sind trotz relativ komplizierter Gitterstruktur, die viele Phononen erwarten läßt, bemerkenswert einfach. Im Raman-Spektrum [12] dominiert eine Linie bei 100 cm^{-1}, die auf eine totalsymmetrische Mode der vier Te-Atome um eine Pseudovakanz zurückzuführen ist. Die gleiche Mode sollte auch Anlaß zu starken Multiphononeffekten im IR-Spektrum geben. Die entsprechenden Übergänge sind in $HgIn_2Te_4$ mit einer Pseudovakanz pro Elementarzelle jedoch verboten, konnten jedoch an der Defektverbindung $Hg_3In_2Te_6$ nachgewiesen werden [63].

– Bandstrukturberechnungen an den rein tetraedrischen Verbindungen $\begin{pmatrix}Zn\\Cd\end{pmatrix}In_2\begin{pmatrix}S\\Se\end{pmatrix}_4$ [64], $HgGa_2\begin{pmatrix}S\\Se\end{pmatrix}_4$ [65], $HgAl_2S_4$ [66], $CdAl_2Te_4$ [67] und $ZnGa_2\begin{pmatrix}S\\Se\end{pmatrix}_4$ [68] wurden bisher ausschließlich im empirischen Pseudopotentialschema ausgeführt, wobei die erforderlichen Atomformfaktoren von den binären II–VI- bzw. III–V-Halbleitern übernommen wurden. Dieses Vorgehen ist durch das Fehlen experimenteller Daten für die ternären Halbleiter und ihre relativ komplizierte Gitterstruktur notwendig, führt jedoch nicht zu quantitativ verläßlichen Aussagen, so daß diese Rechnungen als Interpretationshilfen für die Deutung von Experimenten nur von begrenztem Wert sind.

  Wichtig sind jedoch die qualitativen Ergebnisse über die Bandstruktur von $CdAl_2Te_4$ [67] in den vier Raumgruppen $I\bar{4}$, $I42m$, $P\bar{4}2m$ und $I\bar{4}m2$. Während sich die Bandstrukturen für die drei tetragonalen Strukturen untereinander nur wenig unterscheiden, ähnelt die für die pseudokubische Struktur $I\bar{4}m2$ sehr stark den Bandstrukturen von Zinkblendekristallen und unterscheidet sich deutlich von den drei übrigen. Da sich aus den übrigen Rechnungen analoge Aussagen ergeben, gilt dies vermutlich allgemein für die gesamte Substanzklasse.

– Für $CdIn_2Se_4$ wurden außer der Bandstruktur auch die totale räumliche

Valenzelektronenkonzentration und die Valenzbandzustandsdichte berechnet [64, 69]. Danach ist die Valenzelektronenkonzentration in der Nähe der Anionen hoch, am Ort der Pseudovakanzen praktisch gleich Null. Das bedeutet, daß die Anionen nichtbindende p-Elektronen (lone-pair-Elektronen) besitzen, die die obersten Valenzbandzustände in Form eines etwa 1 eV breiten Bandes bilden, die nach [26] von den übrigen (sp^3-Hybrid-)Zuständen durch ein etwa 0,5 eV breites „Pseudo-Leerstellen-Gap" getrennt sein sollten.

Photoelektronenemissionsmessungen mit Synchrotronstrahlung an $CdIn_2Se_4$ und $ZnIn_2Se_4$ [4] bestätigen, daß der obere Valenzbandrand von den Pseudovakanzzuständen (Anionen-p-Zuständen) gebildet wird, lassen jedoch kein Pseudo-Leerstellen-Gap erkennen. Vermutlich ist das auf Anionenverschiebungen in der Umgebung der Pseudovakanzen zurückzuführen, die in [69] nicht berücksichtigt wurden, jedoch nach Rechnungen für die Spinellstruktur in $CdIn_2S_4$ [70] die oberen Valenzbandzustände stark beeinflussen. Gleichartige Untersuchungen am $ZnIn_2S_4$ [71, 72] liefern ebenfalls das Vorherrschen von Anionen-p-Zuständen am oberen Rand des Valenzbandes. Das Vorhandensein von In-Atomen auf nichtäquivalenten Gitterplätzen führt hier zu einer Verbreiterung des charakteristischen In-4d-Dubletts um 0,2 bis 0,3 eV gegenüber anderen In-Verbindungen (z. B. InSe); das Fehlen einer gitterplatzbedingten Aufspaltung deutet aber darauf hin, daß die oktaedrische In-S-Bindung nicht wesentlich ionischer ist als die tetraedrische.

– Besondere Aufmerksamkeit hat $CdIn_2S_4$ gefunden. Das hat seine Ursache vor allem in der Spinellstruktur, die wegen der teilweise oktaedrischen Koordination ein von den rein tetraedrisch koordinierten Verbindungen abweichendes Dotierungsverhalten erwarten läßt, indem sich auch Atome mit Tendenz zur oktaedrischen Koordination einbauen lassen.

$CdIn_2S_4$ ist n-leitend, die Minima des Leitungsbandes liegen in den [100]-Richtungen des $\boldsymbol{k}$-Raumes [73]. Neben ausführlichen optischen Messungen an der Absorptionskante [57] wurden Photolumineszenz [74] und Photoleitung [75] genauer untersucht. Dabei wurden vor allem auch Kristallfeld-Übergänge in Cr- und Fe-dotiertem Material betrachtet [75, 76]. Alle diese Untersuchungen sind auch wegen der engen Verwandtschaft von $CdIn_2S_4$ mit den magnetischen Thiospinellen $\begin{pmatrix}Zn\\Cd\end{pmatrix} Cr_2 \begin{pmatrix}S\\Se\end{pmatrix}_4$ bedeutsam.

Literatur zu Kapitel 10

[1] Hullinger, F.: Helv. Phys. Acta **32** (1959) 615.
[2] Gorjunova, N. A.: Halbleiter mit diamantähnlicher Struktur (Dt. Übersetzung). Leipzig: B. G. Teubner 1971.
[3] Grimm, H. G.; Sommerfeld, A.: Z. Phys. **36** (1926) 36.
[4] Margaritondo, G.; Katnani, A. D.; Lévy, F.: phys. stat. sol. (b) **103** (1981) 725.
[5] Rehwald, W.: Phys. Rev. **155** (1967) 861.

[6] Hahn, H.; Klingler, W.: Z. Anorg. Allg. Chemie **259** (1949) 135.
[7] Gorjunova, N. A.; Grigoreva, V. S.; Konovalenko, B. M.; Ryvkin, S. M.: Sh. Tekhn. Fiz. **25** (1955) 1675.
[8] Holmes, P. J.; Jennings, I. C.; Parrott, J. E.: J. Phys. Chem. Sol. **23** (1962) 1.
[9] Landolt/Börnstein, Neue Serie, Bd. 6: Strukturdaten der Elemente und intermetallischen Phasen. Berlin/Heidelberg/New York: Springer-Verlag 1971.
[10] Steigmann, G. A.; Goodyear, J.: Acta Cryst. **20** (1966) 617.
[11] Karamon, M. I.; Mushinski, V. P.; Palaki, L. J.: Inorg. Mater. **8** (1972) 1301.
[12] Newman, P. C.; Cundal, J. A.: Nature **200** (1963) 876.
[13] Van Landuyt, J.; Amelinckx, S.: phys. stat. sol. **31** (1969) 589.
[14] Van Landuyt, J.; van Trendeloo, G.; Amelinckx, S.: phys. stat. sol. (a) **30** (1975) 299.
[15] Rooymons, C. J. M.: J. Inorg. and Nucl. Chem. **11** (1959) 78.
[16] Osamura, K.; Murakami, Y.; Tomie, I.: J. Phys. Soc. Jap. **21** (1966) 1848.
[17] Kauer, E.; Rabenau, A.: Z. Naturf. **13a** (1958) 531.
[18] Nasledov, D. N.; Feltinsh, I. A.: Fiz. tverd. tela **2** (1960) 823.
[19] Harbeke, G.; Lautz, G.: Z. Naturf. **13a** (1958) 775.
[20] Rehwald, W.; Harbeke, G.: J. Phys. Chem. Sol. **26** (1965) 1309.
[21] Bidjin, D.; Popović, S.; Celustka, B.: phys. stat. sol. (a) **6** (1971) 295.
[22] Zhuse, V. P.; Sergeeva, V. M.; Shelych, A. I.: Fiz. tverd. tela **2** (1960) 2858.
[23] Petrusevich, V. A.; Sergeeva, V. M.: Fiz. tverd. tela **2** (1960) 2881.
[24] Koschkin, V. M.; Karas, V. R.; Galtchinezki, L. P.: Fiz. tekh. poluprov. **3** (1969) 1417.
[25] Gross, E. F.; Novikov, B. W.; Rasbirin, B. S.; Suslina, L. G.: Optika i Spektr. **6** (1959) 569.
[26] Garlick, G. F. J.; Springford, M.; Checinska, H.: Proc. Phys. Soc. **82** (1963) 16.
[27] Springford, M.: Proc. Phys. Soc. **82** (1963) 1020 und 1029.
[28] Gilles, J. M.; Hatwell, H.; Offergeld, G.; van Cakenbergh, J.: phys. stat. sol. **2** (1962) K73.
[29] Manolikas, C., et al.: phys. stat. sol. (a) **59** (1980) 621.
[30] Harbeke, G.; Lautz, G.: Z. Naturf. **11a** (1956) 1015.
[31] Koschkin, V. M.; Galchinetsky, L. G.; Korin, A. I.: Fiz. tekh. poluprov. **5** (1971) 1983.
[32] Koschkin, V. M.; Freiman, Ju. A.; Atroschenko, L. V.: Fiz. tverd. tela **9** (1967) 3120.
[33] Koschkin, V. M.; Freiman, Ju. A.; Atroschenko, L. V.: Dokl. A. N. SSR **183** (1968) 83.
[34] Koschkin, V. M.; Atroschenko, L. V.: Fiz. tverd. tela **11** (1969) 816.
[35] Koschkin, V. M.; Ovechkina, E. E.; Romanov, V. P.: J. exp. theor. fiz. **69** (1975) 2218.
[36] Romanov, V. P.; Ovechkina, E. E.; Koschkin, V. M.: Fiz. nisk. temp. **3** (1977) 1486.
[37] Zalyubovsky, I. I.; Koschkin, V. M.; Kulagin, N. A.; Ovechkina, E. E.; Podus, L. P.: Fiz. tekh. poluprov. **14** (1980) 2081.
[38] Ovechkina, E. E.; Romanov, V. P.; Zabrodsky, Ju. R.; Koschkin, V. M.: J. exp. theoret. fiz. **72** (1977) 329.
[39] Drabkin, I. A.; Moizhes, B. Ja.; Sanfirov, Ju. Z.: Fiz. tekh. poluprov. **13** (1979) 134.
[40] Seregin, P. P.; Nasredinov, F. S.; Nistirjuk, P. V.; Regel, A. A.; Kostikov, Ju. P.: Fiz. tekh. poluprov. **16** (1982) 227.

[41] Aliev, S. I.; Niftiev, G. M.; Pliev, F. I.; Tagiev, B. G.: Fiz. tekh. poluprov. **13** (1979) 579.
[42] Nitzsche, R.: J. de Physique, suppl. au n°9 **36** (1975) C3–9.
[43] Manolikas, C.; Bartzokas, D.; van Trendeloo, G.; van Landuyt, J.; Amelinckx, S.: phys. stat. sol. (a) **59** (1980) 425.
[44] Miller, A.; Lockwood, D. J.; MacKinnon, A.; Weaire, D.: J. Phys. **C 9** (1967) 2997.
[45] Czaja, W.: Phys. kondens. Materie **10** (1970) 299.
[46] Haas, C.: J. Phys. Chem. Sol. **26** (1965) 1225.
[47] Joshi, N. V.: J. Phys. Chem. Sol. **41** (1980) 943.
[48] Brown, M. R.; Roots, K. G.; Shand, W. A.: J. Phys. **C3** (1970) 1323.
[49] Brown, M. R.; Martin, M. D.; Shand, W. A.: J. Phys. **C3** (1970) 1329.
[50] Lappe, F.; Niggli, A.; Nitsche, R.; White, I.: Z. Kristallogr. **117** (1962) 146.
[51] Range, K.-J.; Becker, W.; Weiss, A.: Z. Naturf. **24b** (1969) 811.
[52] Unger, W. K.; Menth, H.; Irwin, J. C.; Pink, H.: phys. stat. sol. (a) **46** (1978) 81
[53] Beun, J. A.; Nitsche, R.; Lichtensteiger, M.: Physica **27** (1961) 448.
[54] Beun, J. A.; Nitsche, R.; Lichtensteiger, M.: Physica **26** (1960) 647.
[55] Radautsan, S. I.; Syrbu, N. N.; Nebola, I. I.; Tyrzin, V. G.; Bercha, D. M.: Fiz. tverd. tela **11** (1977) 69.
[56] Shionoya, S.; Ebini, A.: J. Phys. Soc. Jap. **19** (1964) 1150.
[57] Nakanishi, H.: Jap. J. appl. Phys. **19** (1980) 103.
[58] Nitsche, R.; Merz, W. J.: Helv. Physica Acta **35** (1962) 274.
[59] Guseinova, D. A.; Kerimova, T. G.; Nani, R. Kh.: Fiz. tverd. tela **11** (1977) 1135.
[60] Busch, G.; Mooser, E.; Pearson, W. B.: Helv. Phys. Acta **29** (1956) 192.
[61] Bacewicz, R.; Lottici, P. P.; Razzetti, C.: J. Phys. C. **12** (1979) 3603; Mac Kinnon, A.: J. Phys. C. **12** (1979) L655.
[62] Herrmann, H.: phys. stat. sol. (b) **82** (1977) 513.
[63] Mac Kinnon, A.: in: Festkörperprobleme **XXI** (Hrsg. J. Treusch). Braunschweig: Fr. Vieweg u. Sohn 1981, S. 149.
[64] Meloni, F.; Aymerich, F.; Mula, G.; Baldereschi, A.: Helv. Phys. Acta **49** (1976) 687.
[65] Panyutin, V. L.; Ponedelnikov, B. E.; Rozenson, A. E.; Chizhikov, V. I.: Fiz. tekh. poliprov. **13** (1979) 1211.
[66] Panyutin, V. L.; Ponedelnikov, B. E.; Rozenson, A. E.; Chizjokov, V. I., Fiz. tekh. poluprov. **14** (1980) 1230.
[67] Chizhikov, V. I.; Panyutin, V. L.; Ponedelnikov, B. E.; Rozenson, A. E.: phys. stat. sol. (b) **106** (1981) 91.
[68] Panyutin, V. L.; Ponedelnikov, B. E.; Rozenson, A. E.; Chizhikov, V. I.: Fiz. tekh. poluprov. **15** (1981) 311.
[69] Baldereshi, A.; Meloni, F.; Aymerich, F.; Mula, G.: Solid State Commun. **21** (1977) 113.
[70] Balderischi, A.; Meloni, F.; Aymerich, F.; Mula, G.: in: Ternary Compounds (Hrsg. G. D. Holah). Bristol and London: The Institute of Physics 1977, S. 193.
[71] Mararitondo, G.; Stoffel, N. G.; Levy, F.: J. Phys. **C13** (1980) 277.
[72] Cerrina, F.; Abbati, J.; Braicovich, L.; Levy, F.; Margaritondo, G.: Solid State Commun. **26** (1978) 99.
[73] Endo, S.; Irie, T.: J. de Physique, Suppl. au n°9 **36** (1975) C3–77.
[74] Grilli, E.; Guzzi, M.; Cappelletti, P.; Moskalonov, A. V.: phys. stat. sol. (a) **59** (1980) 755.
[75] Larsen, P. K.; Wittekoek, S.: Phys. Rev. Letters **29** (1972) 1597.
[76] Wittekoek, S.; van Stapele, R. P.; Wijma, A. W. J.: Phys. Rev. **B7** (1973) 1667.

Sachregister

Technisch-physikalische Monographien

M. KUNZE, Dresden

Dynamische Optimierung im Gerätebau

267 Seiten mit 233 Abbildungen und 16 Tabellen. (Band 41)
Leinen DDR 54,– M; Ausland 54,– DM
Bestell-Nr. 6696779 Bestellwort: Kunze, Geraetebau

Inhalt:

1. Prozeß und Varianten der Gerätefertigung
2. Elektronische Geräte (Naturwissenschaftliche Grundlagen · Diffusion · Ionenimplantation · Schichtherstellung · Fotomasken · Technische Bedingungen · Mikroelektronischer Aufbau des elektronischen Gerätes · Möglichkeiten zur Integration im Festkörper · Beispiele integrierter Schaltungen · Haupteinflußgrößen auf die Mikrostruktur · Topologische Grundlagen · Technologisches Regime · Zyklus 0 · Zyklus I · Zyklus II)
3. Mechanische Geräte
4. Optische Geräte
5. Hydraulische und pneumatische Geräte
6. Mathematische Beschreibung des Systems (Zielstellung · Kausalitätsprinzip · Funktionalgleichungen · Elementarisierung des Systems · Verknüpfung der Elementarfunktionen · Definition und Aufstellung der Funktionen des physikalisch-technischen oder technologischen Zusammenhanges · Zeitfunktionen · Flächen-, Volumen- und Werkstoffbedarf · Stochastische Ausschußverteilung im FKS-Prozeß · Kraft- und Energieprobleme · Umbewertung der Teilfunktionen · Technisch-ökonomische Bewertung · Technisch-ökonomische Grundfunktion)
7. Dynamisches System und Transformation
8. Probleme der Modellierung
9. Numerische Probleme
10. Dynamische Optimierung eines komplexen Fertigungsablaufes (Der Fertigungsprozeß elektronischer Geräte auf der Basis bipolarer Festkörperschaltkreise als Modellbeispiel · Diskussion der Ergebnisse des gewählten Beispiels · Scheibenoptimierung · Optimierung des Integrationsgrades von bipolaren Bausteinen · Optimierung des Geräteintegrationsgrades · Einfluß der Leiterplattengröße)
11. Methoden zur Projektierung und Auswahl geeigneter Verfahren und Ausrüstungen mit Hilfe der dynamischen Programmierung

AKADEMISCHE VERLAGSGESELLSCHAFT
GEEST & PORTIG K.-G., LEIPZIG

Bei Fragen zur Produktsicherheit wenden Sie sich bitte an:
If you have any questions regarding product safety,
please contact:

Walter de Gruyter GmbH
Genthiner Straße 13
10785 Berlin
productsafety@degruyterbrill.com